小城镇供水安全技术指南

陈　立　主编
朱开东　主审
郭兴芳　陶润先　等编著

中国建筑工业出版社

图书在版编目（CIP）数据

小城镇供水安全技术指南/陈立主编．—北京：中国建筑工业出版社，2012.5
ISBN 978-7-112-14196-8

Ⅰ.①小…　Ⅱ.①陈…　Ⅲ.①小城镇-城市给水-安全技术-指南
Ⅳ.①TU991-62

中国版本图书馆 CIP 数据核字（2012）第 056597 号

本书是“十一五”科技支撑计划 2006BAJ08B03“小城镇供水输送系统水质保障技术研究”课题的最新研究成果，内容包括小城镇供水系统调研、供水水质安全影响、供水规划、水源选择与保护、净水工艺、优化消毒工艺、水厂水质控制技术集成、水质生物稳定性评价与技术、水质化学稳定性评价、水质化学稳定性技术、供水管网管材选择、外源污染阻控技术和水质预警技术、管壁生物膜控制技术、水质控制技术集成和输配水系统设计与运行管理技术规程等。

本书内容可以为供水设计单位、政府管理部门、供水运行管理等企事业单位的技术人员、工作人员以及高等院校的教师、学生提供参考、借鉴和技术支持。

* * *

责任编辑：俞辉群
责任设计：董建平
责任校对：张　颖　刘　钰

小城镇供水安全技术指南
陈　立　主编
朱开东　主审
郭兴芳　陶润先　等编著
*
中国建筑工业出版社出版、发行（北京西郊百万庄）
各地新华书店、建筑书店经销
北京红光制版公司制版
北京中科印刷有限公司印刷
*
开本：787×1092 毫米　1/16　印张：33¼　字数：824 千字
2012 年 8 月第一版　　2012 年 8 月第一次印刷
定价：**85.00** 元
ISBN 978-7-112-14196-8
(22257)

版权所有　翻印必究
如有印装质量问题，可寄本社退换
（邮政编码 100037）

作 者 介 绍

陈　立　中国市政工程华北设计研究总院给排水技术研究院总工。

朱开东　中国市政工程华北设计研究总院副院长。

郭兴芳　中国市政工程华北设计研究总院给排水技术研究院副总工程师。

陶润先　中国市政工程华北设计研究总院给排水技术研究院工程师。

前 言

大中小城市、小城镇和农村是我国社会发展的一个有机的整体，而小城镇在这个社会结构中起着承前启后、继往开来的重要作用；且“水是生命之源，是人类生存发展的最基本要素”，饮用水的安全保障是我国城镇化基础设施建设的重要组成内容。本书内容是“十一五”科技支撑计划 2006BAJ08B03“小城镇供水输送系统水质保障技术研究”课题的研究成果，内容涵盖了水质稳定技术、外源污染阻控技术和水质预警技术以及在此集成基础上建立的不同区域、不同类型小城镇从水源到用户的水质安全保障体系，符合城镇化发展的国家战略方向，适合我国地域辽阔、发展不平衡、水资源短缺、城镇化快的特色，可以满足建设社会主义新农村，全面建设小康社会的重大需求，对全面提升小城镇基础设施的规划、运行与管理水平，促进小城镇发展，具有可观的经济效益。同时供水水质的提高一方面可以使居民摆脱水污染困扰，保障人民的身体健康，提高生活质量，另一方面还可以改善投资环境，吸引外商投资，加速经济发展。可以用于指导我国不同区域不同类型小城镇供水建设和运行管理，为供水设计单位、政府管理部门、供水运行管理等企事业单位的工作人员以及高等院校的教师、学生提供参考、借鉴和技术支持。

本书编写分工：陈立全书统稿主编，朱开东主审；郭兴芳编著第 1～3 章、第 5～6 章、第 17～18 章，陶润先编著第 4 章、第 7～12 章、第 16 章，刘遂庆、信昆仑编著第 15 章、参与编著第 3 章，袁一星、编著第 13～14 章、参与编著第 3 章；全书的计算机编辑工作由陶润先、郭兴芳完成。

本书的编写工作得到同济大学张亚雷教授、教育部科技司明炬处长的大力支持，中国水协刘志琪秘书长、哈尔滨工业大学赵洪宾教授、清华大学张晓健教授、南开大学王启山教授对课题的研究工作做了相关指导，上海市奉贤自来水公司郑小明总经理、天津自来水公司韩宏大经理对课题的研究工作提供了热情帮助，水科院的王浩院士、成都自来水公司的何唯华先生、深圳自来水公司的杜红经理、浙江自来水公司的洪觉民先生、哈尔滨工业大学于水利教授提供了部分基础资料，参加课题研究工作的还有张玲玲、申世峰，在此一并表示衷心感谢。

目　录

第1章　总　　论

1.1　立项目的与意义

小城镇普遍处于农村与大中城市的结合地带，其产业特征以小型工业及第二、第三产业为主，农业、畜牧业生产对城镇环境具有较为直接的影响。由于我国中小型工业企业对水环境的非法排放污染，使小城镇饮用水安全受到直接威胁。此外，小城镇的排水体系往往相对简陋，发展程度落后于供水系统，一方面对小城镇的地表、地下水源水质造成威胁，同时也存在着由于给水、排水管道的交叉和错接，对管网水质形成直接污染。

我国小城镇经济条件差别甚大，当前的供水方式较为单一，具有管网距离长、供水制度间断、用水户分散、用水时间集中等特点。若管网材质、管线连接部位、供水压力等方面出现问题，将严重地污染管网水质。我国小城镇供水管网总长度约100万km，其中50%左右的管线出现了不同程度的老化。根据实测资料，管龄在10年以上的金属管道，其内部会出现生长环，严重影响了供水水质与通水能力，不仅降低了供水水质，而且增加了供水电耗。

此外，小城镇大都坐落于航道、公路、铁路交通运输的主要位置，由于交通事故造成的污染泄漏也是我国环境突发污染事故的主要形式。小城镇供水系统的信息化建设相对落后，受技术条件等因素限制，小城镇供水管网目前仍局限于传统的管理手段，影响到其对水质控制、污染事故响应的能力。

由于大部分小城镇地区受经济条件、技术手段和技术人员短缺的制约，基础设施严重匮乏，管网不配套，水质普遍得不到适时检测，存在严重的水质安全隐患。因此在城镇化程度相对较高的我国，建立具有实用价值的小城镇管网水质稳定性评价指标体系和评价方法，开发管网水质稳定性控制技术、管网外源污染控制技术以及小城镇管网水质预警技术，建立小城镇管网水质安全保障体系是保障小城镇饮水安全的当务之急。这符合我国城镇化发展的国家战略方向，可以满足建设社会主义新农村以及全面建设小康社会的重大需求，所形成的以供水用户端水质安全保障体系为核心的小城镇管网水质稳定技术、管网外源污染阻控技术及供水预警技术的集成将为小城镇饮用水输配系统的合理规划与安全运行管理提供政策支持和技术支撑，其推广、应用将全面提升小城镇基础设施的规划、运行与管理水平，有利于促进小城镇发展。

城镇供水是一个完整的系统，它包括水源、取水、输水、净水、输配管网以及用户，从水源取水到净水厂，从净水厂到管网，从管网到用户，是一个完整的全过程，用户端是这个全过程的终端。原水经水厂净化、消毒处理后，通过输配水管网供给用户，出厂水在输送至用户端的过程中，因供水环境的变化，可能会导致供水水质被污染。城镇供水的最终目标就是供给用户安全、健康的饮用水，因此，保障供水水质的安全，就是保障供水用户端水质安全，也就是保障饮用水水质安全。

保障供水水质安全，就要从供水全过程的每个环节进行水质控制，包括水源、水厂、输配水管网，既包括供水设施硬件的规划、建设、运行维护管理，还包括法规、政策以及水质检测与管理等软件的规章制度，这是从硬件到软件的一个规划、运行、维护、管理的完整的技术行政体系。供水用户端水质安全保障体系其涵义就是为保障供水饮用水水质的安全，从水源、水厂、输配水管网三个环节上，在规划、运行和维护管理三个层面上，建立一系列的政策保障和技术措施，形成完整的包括小城镇水源选择与保护策略、水厂水质控制技术集成、供水模式与规划、管网水质控制技术集成与输配水系统运行管理技术规程在内的小城镇饮用水系统安全保障技术指南。

1.2 国内外小城镇供水系统

由于经济发展水平和地域的不同，不同国家小城镇有其各自的供水发展现状、特点、饮用水标准以及水资源管理方法等，我们选择了亚洲、欧洲、美洲及大洋洲的若干发达国家，在上述几方面进行了相关对比。

1.2.1 亚洲

1.2.1.1 日本

日本小城镇净水厂的原水大多取自地表水，以江河、湖泊、水库水为主，少部分地区，由于资金不足，采用地下水。例如，南河原村水厂，原水80%采用地下水，20%是地表水。日本小城镇的供水全部为国家所有，净水厂直接归城市政府部门管理，水厂的管理人员均为政府公务员。如大阪的水厂统一归大阪市水道局管，水厂的管理人员为水道局公务员。水厂一般没有维修人员和施工队伍，设备的维修、调试及水厂的大修、改造等施工，全部是委托专业设备生产企业和施工企业，即除水厂日常管理外的其他方面全部由社会上的企业来承担。

出厂水通过管网输送至用户，居民可直接饮用（简称直饮）。各净水厂在原水输送管网上都安装有在线检测仪，可连续监测记录色度、浊度、余氯、pH、电导率、水温、水压等7个指标数据，并及时将其传送至净水厂的控制中心，使净水厂能根据原水水质的变化随时调整净水处理的相关程序。除使用原水在线检测仪外，每月还进行一次原水调查，通过水样分析掌握原水水质情况，从而验证原水在线检测仪的准确程度。

日本小城镇的自来水厂多数采用常规的净水工艺：混凝、沉淀、过滤和消毒，也有的会根据不同原水情况，采用不同的给水工艺。例如，南河原村水厂的原水锰和铁超标，采用锰砂压力过滤的去除工艺，出厂采用次氯酸钠消毒，出厂水可以直饮。神川町的阿久原村水厂的原水是水库下游的地表水，常年浊度在2～5度，大肠杆菌为0。原水水质良好，所以，在保证出厂水水质符合标准的前提下，为了节省投资，该水厂只采用了简单的慢过滤工艺，加次氯酸钠消毒后供给村民，水质也可以达到直饮。

日本执行的自来水水质标准是参照世界卫生组织（WHO）制定并颁发的《饮用

水水质准则》制定的。水质标准囊括了从微生物到化学物质等多种指标值，检测基准大都要求在μg/L。日本城镇供水管网的管材基本上选用球墨铸铁管，供水管网压力一般保持在0.2MPa以上，用户水龙头的出水浊度≤0.1NTU，高层建筑采用屋顶水箱或二次加压供水。为防止二次污染，现已着手采用水泵加压方式供水，逐步取消屋顶水箱。

日本的供水形式分为集中供水和分散的单户供水两种，集中供水占96%以上。国家对用水人口超过100人和一日最大给水量超过政令中规定的基准的自来水进行管理，包括生活用水和工业用水。日本城镇供水无论是集中供水还是分散的单户供水，建设资金主要是靠政府投入，中央政府和地方政府出资及城镇（当地）自筹，建成以后归国家和政府所有，不允许私有。在管理上，由政府部门的水道局管理。

自来水的水资源管理体制大致可分为三级管理。三级管理指的是最高是国家，其次是都、道、府、县，第三级是市、町、村。自来水厂视其供水规模和供水范围的大小，有两种管理模式，一种是供水规模和范围较大，甚至跨行政区时，一般实行分级管理。另一种是供水规模和供水范围有限，水厂的管理，从水源到用户，从水的净化到水费计收自成一个完整的系统，这种管理模式主要是专用自来水或者小型自来水工程。

1.2.1.2 新加坡

新加坡全国共有9座供水厂，采用的是集中供水模式，全国没有针对小城镇的供水管网，都是采用的城市供水系统。新加坡城镇有四大供水来源，即国内集水、进口原水、新生水、淡化海水。其中国内集水和进口原水占用水总量的75%，其余25%为新生水和淡化海水。

新加坡与我国给水水源最大的不同在于"新生水"。"新生水"就是对污水进行再循环处理，使之清洁并可供人饮用的水，新加坡人称为"新生水"。废水经过回收、过滤、再生，每一滴都获得了"新生"。新加坡具有完善的阴沟和排水处理系统，使得100%的用户废水都可以排入废水管网，输送到供水回收厂，经过处理后成为新生水。目前，新加坡供水水源主要来自马来西亚柔佛州，引水量可达1137000m^3/d。

净水厂大部分采用膜处理工艺，针对不同的来水水质和不同的出水水质要求，净水厂选用不同材料的膜和膜工艺，包括微滤、超滤、反渗透以及紫外线消毒等措施。为了减少渗漏率，新加坡城镇的供水管网主要采用铜/不锈钢和钢/水泥砂浆内衬的球墨铸铁管。饮用水质标准参考了世界卫生组织（WHO）的饮用水质标准，规章要求饮用水提供者制定水安全及其监测计划。

管网水的监测由公用事业局的下属的监测单位负责，在新加坡有专门的机构监管用水。早在1979年，新加坡便建立了节水监察办公室，其主要职权是：制定节水计划；调查节水方面的违法活动，采取法律手段打击违法者等。1981年又成立了节水办公室，其职能包括：向用水大户提供节水措施建议，进行用水审查；审查新的或附加的用水申请；引导集约化用水工业的设立；对公众进行节水宣传和教育等。

新加坡水资源开发和利用，归国家的公用事业局（PUB）管理，具体业务由水务署负责。水务署是具有一定政府职能的国有企业，负责全国的水政策、水规划、水生产、水供给和用水管理。在供水的经营中，新加坡政府注重发挥私人机构的作用，并承诺有吸引力的投资回报。例如在新生水厂的海水淡化厂是通过公开招标方式选定私人机构 Sing-Spring 财团作为投资运营商。通过水务的市场化运作，同时吸引民间资本、国际资本保证了水务投资有充足的资金来源。

1.2.1.3 韩国

韩国小城镇的主要给水水源为地下水和河流水，韩国将全国分成 12 个区，供水服务基于不同地区水需求的轻重缓急，以达到区域间的水平衡。2003 年，韩国制定了大面积供水的基本标准，要求将韩国城市供水覆盖率达到 98% ，但城镇、农村的供水覆盖率相对较低，城镇为 83%，农村为 38%。目前，韩国的供水服务正由城市向农村扩展，目标是到 2016 年建成 143 个由当地市政直接管理的供水系统，使农村的供水覆盖率也达到 83%。在韩国，大约 70% 的降雨集中于夏季，为了克服国内水资源的短缺，韩国政府修建了很多水坝，如昭阳江坝、poldang 坝和 changu 坝等，这些水坝为城镇供水提供了给水水源。韩国小城镇的地表水质富营养化比较严重，地下水质较好。以生化需氧量、pH，悬浮物，溶解氧，总磷，总氮和总大肠杆菌为监测指标，以 2007 年为例，全国达标的有 71.9%，其中韩河达标 82.1%，洛东江河达标 78.8%，今河达标 59.1%，龙山河达标 37.5%，蟾津达标 88.9%。韩国的饮用水指标要求达到 WHO（ 世界卫生组织）规定的安全标准。

小城镇的供水模式有集中供水模式、分散供水模式和区域供水模式。集中供水模式是在全镇集中建厂，建设统一而完整的取水工程、净水工程及输配水工程，将取水、净化、配水统一集中建设。分散式供水模式主要针对的是目前尚无条件建造集中式供水模式的小城镇，可根据当地具体情况，以家庭或小区为单位设计、建造分散式供水系统用于分散给水。区域供水模式主要在经济较为发达且小城镇密集的地区采用。韩国水资源管理组织体系包括三部分：水管理政策协调机构；水行政主体—各主管部门；地方政府—政策执行机构。水管理政策协调委员会隶属于总理办公室，主要是从宏观上对水管理政策进行调控。水行政主管部门由 8 个部门组成，即交通建设部、环境部、农林部、行政自治部和产业资源部。交通建设部和环境部分别负责水资源数量与水质的全面管理，地方国土管理厅和环境管理厅为与之相对应的地方执行机构。农林部负责农业用水库坝建设、农田水利设施建设等，行政自治部负责地方河流管理、暴雨洪水防治等，产业资源部负责水力发电等。具有水力发电、生活用水、工业用水和农业用水等多种目的的综合性水库的开发建设也由建设交通部负责。

1.2.2 欧洲

1.2.2.1 英国

英国城镇的饮用水水源约 50%取用地表水，其中 45%以上为贮存蓄水库长达 2 年的地表水。部分河流受到畜牧、工厂、家庭废水排放的严重污染，原水还含深度处理后的排污水和农田排水，因此水库富营养化，滋生大量的藻类和浮游生物，且含有高浓度天然有机物和痕量合成有机物，其中包括农药。原水的另一半取用地下水，铁、锰含量较高，若干地区硝酸盐严重超标。英国人素有直接生饮自来水的习惯，为了取得更好的水质，达到国家供水水质的要求，针对铁、锰含量较高，硝酸盐超标时，采取常规与深度处理相结合的新工艺，流程如下：预臭氧——（铁盐）混凝——沉淀——双层滤料过滤——后臭氧——颗粒活性炭吸附——加氯消毒。对于一般的原水，采用常规处理技术或是慢速过滤水处理技术。

在英国的小城镇以社区供水模式的为主，也有分散供水的和手动井供水的。英国小城镇的水质监测是由一些社区、小规模的独立供水供应商和省市供水部门负责监测的，监测的指标为一些常规的监测指标，浊度、色度、pH 等。

英国的出厂水水质以欧盟的《饮用水水质指令》为基准。在英国负责水管理的机构是环境部，其主要职责是制定水方面的所有政策，包括水资源的供应、水环境和水工业规章系统，英国环境机构下设水务局。目前，由英国议会立法的其中最重要保护原水的法律包括《1989 年水法》、《1991 年水资源法》、《1990 年环境保护法》和《2003 年水法》等。英国尤其对地下水的保护工作在很久前便成了鲜明的特色，走在了世界的前列。英国地下水资源保护的主要法律法规有：（1）欧共体 80/ 68 号地下水保护法令：此法令把可能污染地下水的物质分为两大类：一为不允许直接或间接进入地下水的物质（ 如卤化有机物等)，二为被限制进入地下水的物质（准金属、金属及其化合物）；（2）1974 年污染控制法：主要涉及向地面倾倒废物问题。如果废物管理局（WRA）颁发的废物倾倒许可证不符合保护地下水的要求。河流管理局可报请有关主管大臣宣布该许可证无效；（3）1990 年环境保护法：该法令的第一部分涉及欧共体 80/68 号法令提到的两类物质的污染管理问题：第二部分规定实行倾倒废物许可证制度；（4）1991 年水资源法：国家河流管理局有权对直接或间接向地下水排放的工业和其他各类污水、地下水的抽取实行管制，有权对地下水污染事故采取补救措施；（5）1991 年工业法根据此法律制定了 1991 年私营供水公司供水条例，主要涉及私营供水公司水质监测问题；（6）1991 规划与赔偿法：许多开发项目均有可能对地下水构成威胁，因此在制定规划时，必须考虑到地下水保护问题。充分听取地下水管理与保护机构的意见。

小城镇或村镇供水设施是由当地政府、慈善事业的非政府组织机构和当地的社区居民投资建设的，在供水的管理上是由当地政府和供水的供应商共同管理的。英国目前实行的是中央对水资源的按流域统一管理与水务私有化相结合的管理体制。

1.2.2.2 荷兰

荷兰小城镇生活用水的 70%源自地下水，其余 30%来自河流和其他地表水体。荷兰的土地由低地、高地组成。低地，指的是境内地面高程高出海平面不到 2m 的一部分土地，余下的都称为高地，低地占荷兰总面积的 60%左右。高地的最高处高出海平面以上 40m，地面坡度大都较缓。荷兰的高地下面，储藏有大量的地下淡水，水质良好，是饮用水和灌溉用水的重要来源。低地的地下水通常都含有盐分，但在北海沿岸的沙丘中也储藏有水质较好的地下水。

随着工业的发展和人口的增长，荷兰的水污染问题日趋严重。1990 年，荷兰全国 41%的浅层地下水的硝酸盐浓度仍然超过饮用水标准（50mg/L）。在农药的残存方面，据估计，荷兰每年使用的农药平均为 2700 万 kg，其中 1%～2%残存在土壤和地下水中。在被监测的50种农药中，在地下水中可以检测到35种，33种农药的浓度超过0.1μg/L的饮用水标准。目前，全国大约有25000个地下水监测点，通常一个月观测2次。所有监测数据经过严格质量检查后贮存在地下水档案中心数据库中。荷兰小城镇的净水厂为了消除水中的有机物和硝酸盐的浓度超标时，采用渗透膜膜处理工艺。地下水处理的核心问题是由于缺氧而留在水中的金属离子（如铁和镁），还有甲烷、氨、硫化氢等气体。荷兰通过喷洒和制造多级小瀑布向水中加氧、曝气，以加速这些离子的氧化，形成絮状沉淀物，再经过砂层快速过滤去掉，从而得到清洁饮用水。地表水的净化处理要比地下水复杂得多。首先经蓄水池沉淀，并通过去污栅除去较粗的杂质，有时还要通过细网滤除水藻等微生物。剩余杂质通过添加化学物质凝结成絮状沉淀，再经过快滤池去除。然后，经过慢速砂滤，除去有机杂质。有时，要在水中加石灰或纯碱进行去酸处理，沉淀钙盐或用离子交换器来软化水。最后一道工序是消毒。出厂水的指标满足荷兰的《饮用水水质标准》。

荷兰政府制定的供水水源保护政策适用于全国的情况，也包括小城镇的。目前，荷兰政府制定了四个法律、法规来保护供水水源。(1) 1989～1993年，荷兰政府出台了“水政策文献及其附件”，解释了所有与水相关的各种政策并详细说明了对水质的要求；(2)“关于地表水污染治理的条例”，它提供废水排放许可制度体系，由国家和省级的有关部门操作；(3)“地下水资源管理条令”，包括地下水管理的规划和调控框架，由省级部门操作实施；(4)“土壤保护条令”，包括地下水质保护的规定，由各省级部门制定的地下水质规划要依照这项条例执行。

荷兰的供水公司，从水源到水龙头，全过程质量管理，其中也包括水质的监测。荷兰供水公司一般都是公有公司，公司股份主要由省和市政府控制，供水公司通过荷兰水厂协会形成一体。水厂协会的职责是根据饮用水供应条例的规定，保证公共供水事业的健康发展。政府设有水管会，它是荷兰在城镇设立的受政府指导、经济上独立的水利部门，其主要职责是防洪、水量管理、水质管理、污水处理和依法收费（税），它在水利建设和管理中发挥着重大作用。目前，荷兰12个省中共有125个水管会。水质管理上，水管会采取“治水”的方法，把重点放在消灭、减少污染源上。在修建供水工程时，荷兰形成了以社区和政府为股东的股份制公司。各社区都拥有相等的股份，个人通过社区入股。股东只获得一定的利息而不分红。供水工程实际上属地方政府和社区所有。

1.2.3 美洲

1.2.3.1 美国

美国小城镇的供水主要是由公共供水系统所提供的，全美大约有160000个的公共供水系统，其中包括54000个社区供水系统和106000个非社区供水系统。社区供水系统全年为固定用户提供用水，美国多数居民的生活用水由该系统供应。美国城镇的供水水源以地下水和地表水为主，在所有公共供水系统中，以地下水为水源的供水系统（以中小型系统为主）数量占91%；大型供水系统通常依赖地表水源。在美国南部和西部部分缺水地区也存在以海水作为饮用水水源的供水系统，以海水淡化方式为用户提供生活用水。以美国坦帕湾地区为例，该地区计划到2008年使整个地区供水总量分别由地下水、地表水和海水组成，且各占1/3。

美国的水质监测仍以野外采样和实验室分析为主，各大区和各州环保局负责组织对本地区水体进行定期的监测。在水源、水厂净化处理、管网输送的检测方面，根据规定，所有水厂，无论大小，都必须设置水质检测室，配备必要的检测设备，自行检测有关指标，定期报水质监督部门，并接受监督部门的不定期抽查。

美国现行饮用水水质标准是在1996年《安全饮用水法修正案》的框架内制定的，根据其要求，为每种污染物制定了污染物最大浓度目标值（MCLGs）和污染物最大浓度值(MCLs)，由于两者的目的不同，制定方法也有所不同。从内容上，该标准分为一级标准（NPDWRs）和二级标准（NSDWRs）。一级标准为强制性标准，适用于公用给水系统；二级标准为非强制性标准，用于控制水中对美感或感官有影响的污染物浓度。美国的水环境管理法律和条款很多，多数都基于《安全饮用水法》(SDWA)和《清洁水法》（CWA），共同为饮用水水源地的保护提供法律基础，尽管美国在国家层面上也没有为水源水设立专门的标准，但由于其标准各州制定，并由美国环境保护署（EPA）统一管理饮用水和水源地，其标准体系之间可以达到协调统一。供水管理体制大致可分为三级管理：联邦、州和地方。联邦一级的政府管理机构是环保局。州一级的管理机构因地域、人口、水资源及其分布等自然和经济社会情况不同，差别很大。例如，美国加州与供水有关的有加州水委员会、加州水资源管理委员会、加州水资源局和加州公用事业局。地方包括县级和市级，因联邦、州和地方之间没有任何隶属关系，机构设置也无对口要求，地方的管理机构完全根据需要设立，没有统一固定的模式。

美国的小城镇和村镇都是采用的集中供水模式，只是根据集中供水规模和供水范围分为两种集中供水模式。一种是供水规模和供水范围有限，水厂的管理，从水源到用户，从水的净化到水费计收，自成一个完整的系统。如加州的圣路易斯匹斯堡市自来水厂。另一种是供水规模和范围较大，甚至跨地区跨城市时，则实行分级管理。有关地区和城市协商成立一个专门机构，负责整个供水系统的一级管理，包括水源工程，净水厂及向下一级管理系统配水等。如南加州大都会水管局。有关县或市再成立二级管理机构，负责本县或本市范围内各管网和加压站的建设和管理，根据合同接受上一级管理系统的来水，再按零售价转输和分配给用户。

小城镇供水为了保证水质，很多自来水厂在采用传统的净水工艺混凝、沉淀、过滤和消毒之前，都增加了预处理设施。根据水源水质的不同，采用臭氧接触法或空气（或氧气）曝气法，以氧化原水中的有机物和降低水体中的臭阈值，并减少引起产生消毒副产物的前体物质，降低自来水中的致突变物。例如，加州圣路易斯匹斯堡市自来水厂，原水为沙林拉斯水库水，水源中含有有机物和藻类，其中TOC值为3mg/L，水厂中增设了臭氧预处理设施。内华达州阿尔费莱德自来水厂，原水为米德湖水源，主要处理工艺为微絮凝直接过滤的水处理方法，在整个流程也增加了一座预处理池，采用空气（必要时用纯氧）曝气以除去水中的腥臭气。

1.2.3.2 加拿大

加拿大水资源十分丰富，拥有世界9%的可更新淡水储量，38%的城镇依赖于地下水。加拿大对水资源实行流域水资源管理机构的组织模式，联邦政府流域水资源管理机构负责对水这一基础性资源的综合管理，其职能主要由环境部、渔业与海洋部、农业部等承担，特别强化了流域水资源综合管理的职能。省级政府成立了专门负责流域水资源管理的机构，将原来分布于政府诸多机构的流域水资源管理权集中于一个或少数几个机构，各地方政府为了适应联邦和省政府的流域水资源管理机构的改革，也将流域水资源管理机构进行了较大的调整，使调整后的地方政府更能高效地执行联邦和省政府流域水资源管理机构的各项政策和法律。

城镇供水水源主要为地表水和地下水，加拿大宪法规定由联邦、省、地方三级政府共同承担保障饮用水安全的职责，联邦政府并未设立专门的水源保护机构，水资源的分配、使用、开发以及与供水相关的立法工作主要由省级政府负责。加拿大的供水模式采用三级供水模式。加拿大的卫生部以社区为基础进行水质的检测，有采用在线监测的，主要的监测项目为溶解氧，pH，电导率，浊度和温度等。小城镇供水是由政府和私人企业合作建设、投资和管理的，加拿大的省级部门专门成立了水管理机构，有的地方政府把供水厂划归公司管理经营，同时把水资源与水环境的各项行政管理任务也交由公司负责。

加拿大政府为了保护水资源制定了许多的政策，从2002年起先后通过《安全饮用水法》（Safe Drinking Water Act）和《水与污水系统可持续发展法》（Sustainable Water and Sewage Systems Act），前者规定了供水保证率的安全标准，强调饮用水质标准、饮用水系统标准、饮用水检测标准的重要性；后者要求全面评估供水以及污水处理成本，使水价能够充分反映供水所需费用，确保市政基础设施和水资源得到有效利用。地表水源保护主要策略为生态系统与集水区管理。生态系统管理与集水区管理是加拿大地表水源保护的有效方式，其中生态系统管理方式重视水资源系统各组成要素间以及水资源系统与人类、社会、经济、环境间的联系，强调水资源管理应更多地关注水系统而非水资源本身；集水区管理方式是一种综合利用集水区自然资源（水、土壤、植被、野生生物）的原理和方法，强调地方分权，突出分担决策、相互合作、引入利益方等措施。加拿大约90%的农田、38%的城镇、30%的人口依赖于地下水。目前加拿大的地下水管理由联邦、省、地方三级政府以及相关保护机构负责。联邦政府负责解决跨界水源的纠纷；省级政府负责水资源管理；地方政府则负责当地土地利用规划的制定；保护机构通常是集水区管理机构，主要负责地表水的管理。近年来也开始负责地下水的管理工作。对于地下饮用水源的保护，其重点在于保持地下水水质与水量的可持续性、地下水与地表水的互补性以及水与土地利用间的关联性。

1.2.4 大洋洲

澳大利亚城镇的饮用水水源多数采用水库水，部分采用沼泽地水源、河水和雪水。澳大利亚为半干旱地区，主要降水集中在东部沿海、东南部及北部地区，中部内陆为干旱的戈壁、沙漠地区。澳大利亚是一个水资源相对缺乏的国家，全境年平均降水只有470mm。由于水资源缺乏，为加强城镇供水的水源保护，各州都有专门机构控制水污染，制定了保护水质的法规，并加强全民法制教育，凡饮用水的水源水库，均有严格管理控制措施。

澳大利亚城镇水厂常采用的工艺为：水源→混凝→沉淀→过滤→消毒→清水池→用户。澳大利亚主要用氯和一氯胺消毒自来水。水厂检验设备主要是在线余氯、浊度、流量等检验设备，其他常规检验设备较少，每小时有完整水厂运行和水质记录。水厂检验设施多数不是进行日常监测，而是采用危害分析的临界控制点（HACPP）分析体系进行确保水质供水安全。饮用水出厂水执行澳洲饮用水卫生准则。

澳大利亚的水资源管理实行行政管理和流域管理相结合的体系。水资源管理大体分联邦、州和地方三级，但基本上以州为主。各州政府有权力制定本州的《水法》，对本州的地表和地下水资源进行统一管理。为了保护饮用水源，制定了《国家水质管理策略》和《澳大利亚地下水保护指南》。澳大利亚联邦政府理事会是全国的水资源咨询机构，主要负责组织协调跨州的水资源研究和开发利用规划。联邦一级的水利由初级产业能源部管理，并通过流域机构对其流域内各州的水资源开发、水工程建设和供水水量分配进行协调。各州政府设有水主管部门，代表政府掌握水资源管理、开发建设和供水的实权，在联邦确定各州水量配额之后，制定相应的水政策，对州内用水户按一定年限确定水权并收取有关费用，组织实施州内水工程建设和供水等方面的宏观管理。各地方政府的水管理机构。主要负责执行州政府有关水的政策，承担具体事项。城镇的供水工作由政府拥有的公司负责，这些水公司与政府机构是分开的。政府对供水公司采用颁发营业执照、引入竞争机制、进行独立审计等制度和管理方法，以加强供水的管理。自来水公司必须是向州的自然资源和环境部申请营业执照，必须按照确定的标准供水。

1.2.5 小结

我国小城镇供水与其他国家相比，在给水水源、水处理工艺、现用的管材和给水模式上大体相同，不同之处在于给水厂的出水标准和水资源管理政策等方面。

各国小城镇的常规给水水源为地下水和地表水。当给水水源未受到污染或受到微污染时，常用的给水工艺为常规处理工艺；当饮用水源受到有机物污染或铁锰超标时，常增加深度处理工艺，例如膜工艺以达到出水标准。目前，各国小城镇为了防止管网的二次污染和管网水的泄露，常采用球墨铸铁管作为管材，在给水模式上，常采用集中供水模式，对于经济较为发达的小城镇采用分质供水的模式。

目前，全世界具有国际权威性、代表性的饮用水水质标准有三部：世界卫生组织（WHO）的《饮用水水质准则》、欧盟（EC）的《饮用水水质指令》以及美国环保局（USEPA）的《国家饮用水水质标准》，其他国家或地区的饮用水标准大都以这三种为标准。亚洲的韩国、新加坡、中国香港等国家或地区都是采用 WHO 的饮用水标准；欧洲的荷兰、英国（英格兰和威尔士、苏格兰）等欧盟成员国和中国澳门则均以 EC 指令为指导；而其他一些国家如澳大利亚、加拿大、日本同时参考 WHO、EC、USEPA 标准。我国的《生活饮用水标准》GB 5749—2006，与经济发达国家相比，制定的饮用水水质标准还存在一定的差距。我国现行的生活饮用水卫生标准有 106 项指标，而世界卫生组织制定的有 206 项，澳大利亚为 248 项。另外，从饮用水标准制定颁布的周期看，我国是 20 年左右修订颁布一次，而发达国家是 3～5 年就要修订一次。

我国的水资源管理体制也与其他的国家不同。我国传统的水资源管理体制，是将防洪、灌溉、供水、排水、节水、污水处理、污水回用等涉及水事务的管理职能，分别交给水利、城建、市政、地矿、环保等不同部门负责，实行多部门分割管理。这种管理体制，造成管水量的不管水质、管水质的不管供水、管供水的不管排水、管排水的不管治污、治污的不管污水回用。水资源、利用与保护的统属性被人为分割、肢解，不仅违背了水循环的自然规律，而且也无法按照市场经济原则建立从供水、排水到污水处理回用的合理价格体系和经济调节机制。其他国家为了保护和利用水资源多采用水务一体化管理，例如，新加坡、美国、加拿大等国。实行水务一体化管理即在市（县、区）及其以上行政区域内，由一个政府职能部门（水行政主管部门或水务局）对城镇和农村的防洪、除捞、抗旱、水源建设、供水、排水、节水、污水处理与回用、地下水同灌、河道治理、水土保持、水资源保护等约 12 个方面的涉水事务实行统一管理和监督。近年来，我国部分省、市也已开始改革水资源管理体制，建立相应的水务局统一管理水资源，在水资源管理体制的改革上迈出了可喜的一步。

1.3 研究目标、内容与技术路线

1.3.1 研究目标

课题的总研究目标为：通过对管网水质稳定性的影响因素和外源污染途径的深入分析研究，重点突破包括管网水质稳定性控制技术、管网外源污染控制技术以及小城镇管网水质预警技术等关键技术，形成一系列具有实际应用价值、适合我国小城镇所面临的水源水质条件、人民生活需求和经济发展要求的供水管网安全输配策略、技术和相关产品，建立小城镇管网水质安全保障体系，从而为全面提升我国小城镇供水管网水质安全保障水平提供技术支持。

1.3.2 研究内容

主要研究任务包括：

- 小城镇供水管网的水质稳定技术集成

研究供水输配系统中管网水的生物稳定性和化学稳定性的影响因素，建立小城镇管网水质稳定的评价体系，形成具有技术、经济可行性的管网水质稳定性评价方法；重点研究去除营养基质的出厂水水质控制技术和强化管网消毒剂余量作用的优化消毒技术；结合水质化学稳定性研究，探讨供水管道腐蚀机理和管道腐蚀的控制技术路线；在此基础上，结合小城镇供水管网的分布特点和水质特性，完成不同类型供水管网的水质稳定性评价体系的建立。

- 小城镇供水管网外源污染阻控技术集成

结合小城镇供水管网建设特点，分析不同管材对水质的影响，根据不同的水质特点，选择适合我国小城镇供水特点、适合不同地域的管材，开发具有管壁腐蚀防护作用的内壁涂料；进行“高压水射流法”和“智能气压脉冲法”除垢原理及试验研究，从管网水质稳定性保障角度出发，开发移动式灵活方便的管道清洗设备；研究小城镇二次供水设施的水质特点，结合经济高效的安全消毒技术，研究二氧化氯、紫外线等新型消毒方式在小城镇管网水二次消毒中的应用，研制开发小型一体化二次消毒设备。

- 小城镇供水管网水质预警技术集成

通过管网饮用水中余氯、TOC、微生物的反应动力学参数确定，管网水质模拟与校核，管网水质评价指标体系研究完成给水管网水质模拟技术研究；通过确定水质监测点合理布置方法，监测系统设计与集成完成小城镇给水管网水质监测技术与设备集成研究；通过水质监测系统与管网地理信息系统、管网水力水质模型的集成策略，管网污染事故的模拟与污染源识别技术，管网预警系统软件开发完成管网水质预警及事故响应系统软件的开发。

- 小城镇供水用户端水质安全保障体系研究

通过多项关键技术的突破，分不同地域，选择典型小城镇进行相关技术集成应用的宣传推广和工程调研，将水源条件、水厂技术和管网技术作为一个有机整体，用系统工程的观点，统筹考虑三者对供水用户端水质安全的复合影响，提出小城镇供水输配水质安全保障政策策略和与之相关的技术集成路线与输配水系统运行管理的技术规程，最终建立小城镇管网水质安全保障体系。

1.3.3 技术路线

课题研究总的技术路线如下：

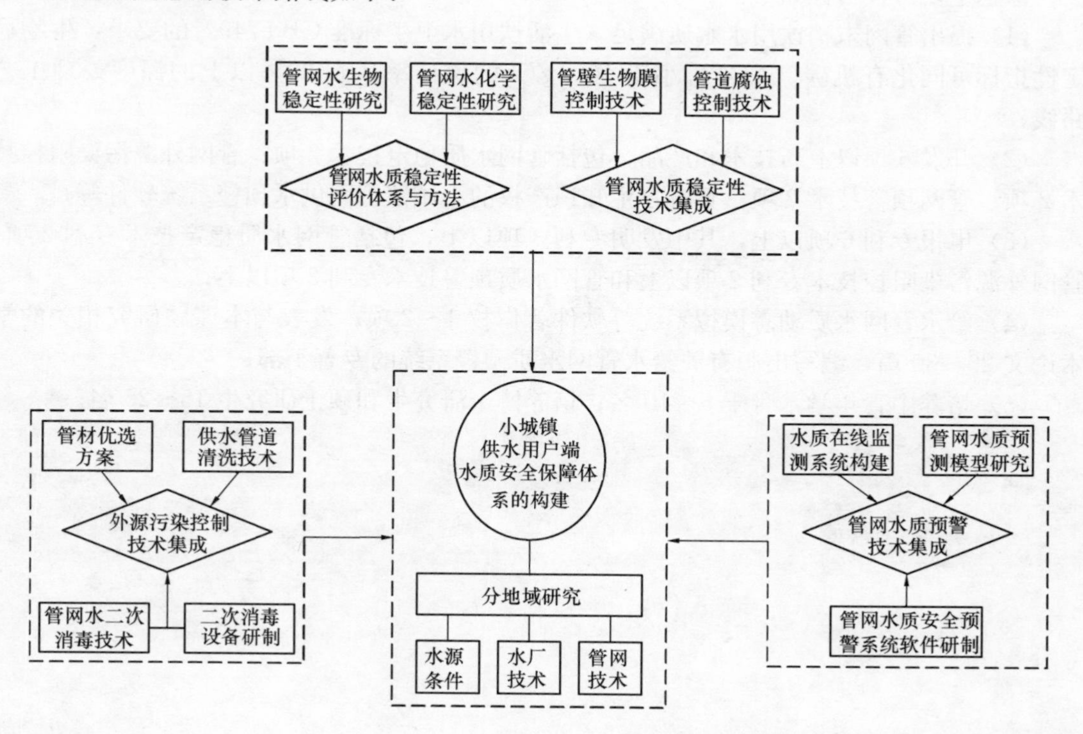

（1）选择有代表性的地域，进行全国不同地域小城镇供水现状、存在问题和管网水质稳定技术需求的工程调研与资料分析，针对小城镇的供水体制、水源条件、水厂与管网技术各个环节的分析结果，制定各分课题的实施方案；

（2）分别独立开展小城镇供水管网的水质稳定技术集成、小城镇供水管网外源污染阻控技术集成、小城镇供水管网水质预警技术集成和小城镇供水用户端水质安全保障体系研究各分项研究，重点突破各自的技术难点，包括简单管网水质稳定性控制技术在小城镇中的移植、适合小城镇特点的管网材质、管网水二次消毒技术与设备、管网水质反应动力学模型与参数确定、供水管网水质可靠性评价与监测点的优化布置、分地域建立小城镇供水用户端水质安全保障体系等；

（3）以阶段性书面汇报或课题研讨会的形式将各分课题研究成果定期汇总，与各地自来水公司（也简称水厂）建立起通信网络，沟通课题组与各地自来水公司的信息渠道，确定需求意向，成立课题咨询专家组，为课题研究成果的工程化和进一步推广奠定基础；

（4）将课题阶段性成果和报告提交课题咨询专家组和各地自来水公司广泛征求意见和建议，并将其吸纳到课题的进一步研究工作中，完善课题的研究成果，形成“从实践中来，到实践中去”的良性循环，最终完成城市管网水质稳定技术在小城镇领域的移植，形成小城镇供水用户端水质安全保障体系，服务于我国的小城镇供水管理。

1.4　课题考核指标

课题主要考核目标如下：

（1）提出管网末梢饮用水水质满足《生活饮用水卫生标准 GB 5749》的要求，生物稳定性指标可同化有机碳（AOC）小于 100μg/L 的保证率达到 90%以上的深度处理工艺路线；

（2）开发 6 项以上新技术和产品，包括管网水质稳定技术 2 项；管网外源污染阻控技术 2 项；管网预警技术 2 项；具有自主知识产权的小城镇管网供水预警系统软件等；

（3）申报专利 6 项以上，其中发明专利 3 项以上，包括管网水质稳定技术专利 2 项、管网外源污染阻控技术专利 2 项以上和管网水质预警技术专利 2 项以上；

（4）给水管网水质动态模拟系统等软件著作权 1～2 项；发表与本课题研究相关的学术论文 20～30 篇，编写出版有关给水管网水质预警系统的专著 1 部；

（5）培养中青年学术骨干 5～10 名；培养博士研究生和硕士研究生 15～25 名。

第2章　小城镇定义与特点

2.1　小城镇定义及界定

2.1.1　小城镇的定义

费孝通先生在1978年提出“小城镇、大问题”，并将小城镇定义为“城（市）尾，乡（村）头”，把小城镇界定为农村经济与社会的中心。20世纪80年代以来，中国农村的城镇化步伐加快，“小城镇”的理念呼之欲出。关于小城镇概念与范围的界定，历来颇有争议，对“小城镇”涵盖范围的认识众说纷纭，不同地区不同行政主管部门对小城镇的涵盖范围都有不同的理解，不同的理论工作者和实际工作者对小城镇的定义和范围往往也存在着许多不同的观点和看法。

2.1.1.1　不同文献的定义及界定

屠玲娟在“小城镇供水工程探讨”中对小城镇的定义为：小城镇即规模最小的城市聚落，是指一种正从乡村性的社区变成多种产业并存的向现代化城市转变的过渡性社区。客观上讲，小城镇处于城乡过渡的中介状态，是我国的农村中心。

冯凯在“小城镇基础设施防灾减灾决策支持系统的研究与开发”中对小城镇的定义和界定为：小城镇是农村一定区域内的政治、经济、文化中心，从实体角度看，小城镇包括小型城市、建制镇及集镇。

王耀琴在“小城镇水环境污染综合防治路线的探讨”中对小城镇定义为：小城镇是指农村地区一定区域内工商业比较发达，具有一定市政设施和服务设施的政治、经济、文化、科技和生活服务中心，即最小的城市聚落。

赵庆良在“我国小城镇水污染治理主要问题与解决途径的探讨”对小城镇定义和界定为：小城镇一般是指建制镇政府所在地，具有一定的人口、工业、商业的聚集规模，是当地农村、社区的政治、经济和文化中心，并具有较强的辐射能力。我国小城镇包括县城镇、中心镇和一般镇3级，其人口规模分别为大于3万人、1～3万人和小于1万人。目前我国建制镇人口大多在0.3～1.0万人。

根据1984年中华人民共和国民政部制定的标准，小城镇在行政管理上指的是建制镇及其所在的镇域范围；从城镇建设来看，是依法设立的建制镇和农村集镇（通常为乡政府所在地），有时也泛指10万人以下的县级市；从统计上看，只有镇区非农业人口达到一定规模才能称为小城镇。在实际工作中，民政部门所说的“小城镇”专指“建制镇”，经济部门把“县级市”列入小城镇的范畴，建设部门把“集镇”列入小城镇的管理范围。

《小城镇规划标准研究》对小城镇的界定为：作为介于（狭义）城市与农村居民点之

间过渡型居民点的一种，小城镇专指行政建制“镇”或“乡”的“镇区”部分，且“建制镇”应作为行政建制“镇”的“镇区”部分的专称；小城镇的基本主体是建制镇（含县城镇），但其涵盖范围视不同地区、不同部门的事权需要，应允许上下适当延伸。此研究中将小城镇分为以下几个等级：一级镇，指县驻地镇、经济发达地区3万以上人口的中心镇、经济发展一般地区2.5万以上镇区人口的中心镇；二级镇，经济发达地区一级镇以外的中心镇和2.5万以上人口的一般镇、经济发展一般地区一级镇以外的中心镇、2万以上镇区人口的一般镇、经济欠发达地区1万以上镇区人口县城镇以外的其他镇；三级镇，二级镇以外的一般镇和在规划期将发展的建制镇。

《中国西部小城镇环境基础设施技术指南－卷Ⅰ：城镇供水》，本指南中的“小城镇”界定为：县级市、建制镇（主要指县城镇和发展潜力大的中心镇）以及部分非农业人口有一定规模的集镇，同时还包括一定数量的大、中城市的区（如重庆市涪陵区的李渡区），其中建制镇是小城镇的主体。本指南的小城镇主要针对镇区及其一定范围内的规划区。本指南将小城镇的人口规模界定为2000～10万人，重点是10000～5000人这一中间范围内的小城镇。

以上对小城镇的定义虽众说不一，但大体上可归纳为3种观点：第1种认为，小城镇就是建制镇；第2种则认为小城镇是指建制镇和集镇区（即非建制镇）；第3种定义小城镇包括了小城市、建制镇和非建制镇（包括乡集镇和乡以下集镇）。

2.1.1.2 不同区划和空间位置

1. 区划界定

按行政区划，小城镇包括了建制镇和集镇。

按建成区、规划区以及辖区等划分：建成区基本指城镇非农人口居住的其政府机关所在地的城镇区域，抑或区别于农村村落的城镇建筑集中的区域；与行政区划相一致，建成区基本是一个或几个城镇居民委员会管辖连片区域及其周边地区，简称“镇区”。为统一规划，考虑未来发展，往往在城镇建成区基础上，延伸形成包括周边地区的规划区。规划区往往是建成区的延伸，很多开发区、工业小区往往是在规划区内。因此有人认为小城镇在面积上应包括建成区在内的整个规划区更确切；而辖区是是以行政区划的所属关系确定的，以建成区为中心的，辐射并管理的具有农村村落和农村村民委员会建制的区域，它同一般完整的城市区域不同，所辖区域还有比建成区更大的一块农村区域。

2. 空间位置界定

小城镇区位是指小城镇在地理空间上的位置，其对小城镇的经济发展、社会发展等有着不可忽视的影响。区位条件包括周边区域系统的资源条件、环境条件等，它决定了一个小城镇在大的区域系统内以及经济发展等大格局中的位置以及其地位、作用等，可以依据小城镇的空间位置或区位，对其进行不同的界定分类。

(1)“城市周边地区”的小城镇和“经济发达、城镇具有带状发展趋势地区”的小城镇以及相对独立发展的小城镇三类

第一类“城市周边地区”的小城镇，包括大中城市周边和小城市及县城周边，也即通常所说的城乡结合部。这类小城镇有的就分布在中心城的城区之内（其镇区与镇所辖的村往往以“城中村”的形式出现），它们事实上已成为了城市建成区的一部分；有的则散布

在城区的周边，甚至有的与城区只有一条街、一条河之隔，在不远的将来随着城区的向外扩展，它们将极有可能成为城市中心区的一部分；还有一些虽然不一定在中心城的规划建设用地范围之内，但它们距离中心城很近，它们的发展与中心城紧密相关，互为影响；

第二类“经济发达、城镇具有带状发展趋势地区”的小城镇，该类小城镇主要沿交通轴线分布，具有明显的交通与区位优势，最具有经济发展的潜能，发展的趋势是极有可能形成城镇带，较易形成规模而发展起来；

第三类是远离城市，在目前和将来都相对独立发展的小城镇。此类小城镇虽然多数也都靠近公路，但相对第二类小城镇而言总体上分布较散，多以“独立”的城镇形态存在，主要是不大有连片发展的可能性。这类小城镇又可分为两种情况：其中一少部分因地理位置、历史渊源、地形条件等原因而实力相对较强，有一定发展潜力，大部分城镇经济实力较弱，城镇面貌改变不大。

(2) 都市边缘区小城镇、郊区小城镇和乡村地带小城镇三类

都市边缘区小城镇，位于大城市的边缘地区，主要居民是在大都市上班的中产阶级。其内部以环境优雅的住宅建设和生活服务等第三产业为主，第二产业较缺乏，这里由于地价、房价相对较低，交通极度发达与大都市往来便利。

郊区小城镇，位于大都市和乡村的中间地带。该类型的小城镇往往是附近地区的经济、文化中心，有自己独立的特色产业和支柱行业，一般来说，这类小城镇的交通较为发达，在附近的大都市的经济辐射范围之内。

乡村地带小城镇，位于与城市相距较远的农村地带，它们通常是一广阔乡村地带的经济活动中心。

(3) 大城市地域小城镇和县域小城镇两类

大城市地域小城镇，主要是针对我国行政建制地级市以上（包括地级市）或人口超过50万（包括50万人）的城市地域内的小城镇，这些小城镇处于区域中心城市的强辐射范围之内，已经步入了大城市圈层化体系之中。大城市地域小城镇，又可细分为大城市中心城区（内圈）周边小城镇即城乡结合部、大城市中心城区近外围区域（中圈）小城镇和大城市中心城区外围区域（外圈）小城镇。城乡结合部小城镇是经济最发达的乡镇区域，又是生态最敏感的区域，同时也是“城中村”重点分布区域；大城市中心城区近外围区域小城镇主要分布在大城市地域半小时时距范围之内，是大城市“村中城”重点分布区域；大城市中心城区外围区域小城镇，主要分布在大城市地域1～2h的时距范围内。

县域小城镇主要是针对我国县级建制镇、行政建制镇和独立工矿区等，这些小城镇处于区域中心城市弱辐射范围之内，远离现代城市文明地域，有步入“边缘化”的危险。县域小城镇又可细分为县级建制镇或县级市所在地建制镇和县级建制镇或县级市所在地建制镇以外的建制镇、独立工矿区，前者是整个县域的政治、经济、文化、交通及信息中心。

2.1.2 本研究的界定

不同角色如研究者、行政管理者等都会根据自己的研究内容和目的，从不同的角度对小城镇进行概念和范围的界定。目前对小城镇概念及范围各种各样的界定，概括地说，可

主要分为从人口规模、行政区划、空间位置（区位）等角度进行界定。

小城镇供水是小城镇的重要基础设施之一，小城镇供水建设是其重要基础设施建设之一。小城镇的基础设施建设与其空间位置密切相关，受其周边城市区域系统的资源、环境等条件的影响，处于优越经济地理区位的小城镇，拥有中心城市辐射的现金要素资源等，其经济发达，基础设施建设就相对完善。本课题研究的是小城镇供水输配水系统供水水质安全保障，涉及输配水管网系统的规划、设计与布置、建设、运行维护等相关内容，小城镇供水的输配水管网系统其规划和布置等与小城镇的空间位置密切相关，供水水质的优劣也与当地以及周边的经济发展水平密切相关。另外，从国家的发展规划来说，保障供水水质安全，也是经济发展和社会发展所需，无论是重点镇还是一般的建制镇，还是集镇，也不论人口的多少，规模的大小，都要考虑的问题。因此，本研究的小城镇从其空间位置来界定，不考虑其行政区划等因素，不再细分重点镇、中心镇、一般建制镇、集镇等，界定为3类小城镇：Ⅰ类小城镇，为城郊型小城镇，指大中小城市周边的小城镇即城乡结合部，受周边城市辐射影响较大，经济发展相对发达；Ⅱ类小城镇，为“边缘化”小城镇，指位于县域周边或远离大中小城市但城镇群相对较密集的小城镇，地理位置相对较好，经济发展相对较发达；Ⅲ类小城镇，为独立小城镇，指远离城市和县城，位置相对偏远、发展相对独立的小城镇，经济发展相对欠发达。

2.2 我国城镇化进程

改革开放以来，我国城镇化水平一直处于稳步增长的发展态势，尤其是进入21世纪以来，随着城镇非农产业的迅猛发展、城市产业的不断升级、行政地域的划拨变动以及一些诸如户口等政策的松动或变化，大量农村人口向城镇迁移，城镇人口数量呈现不断上升态势。统计1979年以来我国城镇化率增长情况，如图2-1所示。

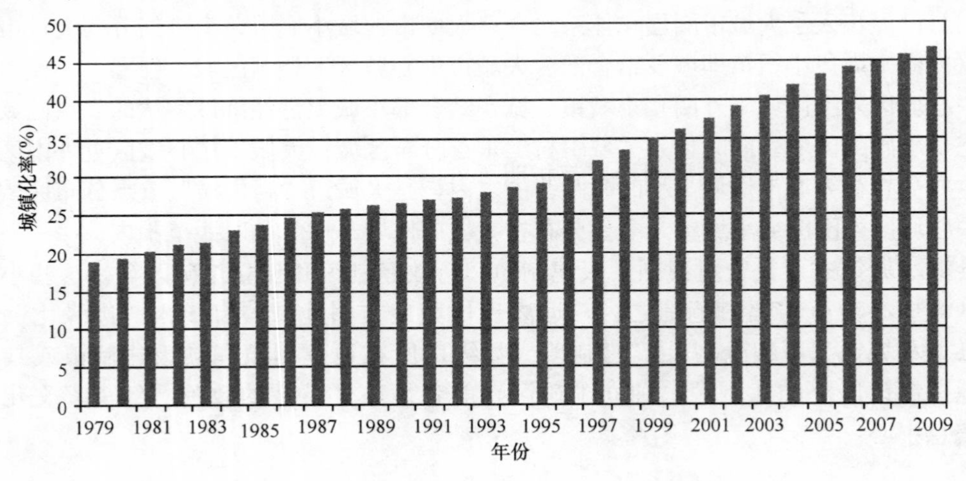

图2-1 我国城镇化率增长情况

“十一五”时期，中国已进入城镇化快速增长时期，城镇化水平从2005年的42.99%提高到2009年的46.59%，年均增长0.9个百分点。2006到2009年，中国每年新增城镇人口数量约1500万人。截至2009年底，中国城镇人口达6.2亿，为美国人口总数的两倍，比欧盟多出1/4，城镇化规模居全球首位。“十一五”规划纲要提出，到2010年中国城镇化率达到47%；预计“十二五”期间，城镇化率将突破50%，城镇人口将首次超过农村人口，出现所谓“刘易斯拐点”，这意味着有着千年历史的“农村中国”从此进入“城市中国”时代。

然而，在我国持续快速的城镇化进程中，也出现了城乡差距不断加大、资源大量耗竭、生态环境持续破坏、大量农村人口安置等诸多问题，而作为城乡二元结构的过渡，小城镇被认为是中国未来城镇化发展的重点方向。

1983年，费孝通先生发表《小城镇，大问题》一文，促使以小城镇为主的分散式发展道路成为当时理论界与决策层的主流思潮，全国小城镇得到了快速发展。1998年10月，十五届三中全会通过了《关于农业和农村工作若干重大问题的决定》中，中共中央第一次明确提出小城镇战略。全国的小城镇数量从1954年的5400个增加到2008年的19234个，成为繁荣农村经济、转移农村劳动力和提供公共服务的重要载体。但是近十年来，中国城镇化进程基本是以“大城市化”为主要方向，如北京、上海等特大城市的快速扩张模式，而小城镇的发展则自20世纪80、90年代后出现了难以为继的尴尬境地，大量小城镇缺乏发展活力。为此，2010年的中央一号文件明确提出：“当前和今后一个时期内，我国将积极稳妥推进城镇化，提高城镇规划水平和发展质量，把中小城市和小城镇发展作为重点，促进城市的各种资源要素更多地向农村覆盖”。

目前，我国“十一五”已经进入尾声，关于“十二五”发展规划的各项议题正迅速成为全国上下关注的焦点。在刚刚召开的十七届五中全会上发布的《中共中央关于制定国民经济和社会发展第十二个五年规划的建议》中，对十二五期间我国城镇化发展提出了“坚持走中国特色城镇化道路，科学制定城镇化发展规划，促进城镇化健康发展”的目标，要“按照统筹规划、合理布局、完善功能、以大带小的原则，遵循城市发展客观规律，以大城市为依托，以中小城市为重点，逐步形成辐射作用大的城市群，促进大中小城市和小城镇协调发展”；要“强化中小城市产业功能，增强小城镇公共服务和居住功能，推进大中小城市交通、通信、供电、供排水等基础设施一体化建设和网络化发展”。

从国家战略决策中可以看出，今后一段时间，我国小城镇的发展将进入“重质轻速”的科学发展轨道。本研究以“小城镇”为研究目标载体，我国小城镇今后的发展战略无疑为研究方向的选择、研究成果的推广都指明了方向。

2.3 小城镇的地域特点

2.3.1 供水发展及特点

2.3.1.1 供水发展

从农村到小城镇，再从小城镇到作为区域经济文化中心的较大城镇，这种人口的机械增长、各项基础设施和各种商业网络的快速发展，都将会使现有的供水规模及水源工程无法满足需要。供水设施建设成为小城镇发展极其重要的组成部分，小城镇供水作为小城镇建设的重要基础设施，为小城镇的健康有序发展和小城镇企业发展提供重要的物质保障，是小城镇经济发展的必要前提条件。小城镇供水的发展与小城镇的提出、发展、经济的发展等密切相关，可以说供水发展是伴随着小城镇发展以及其经济发展、人民生活水平提高而发展的，其发展历程与农村供水、乡镇供水发展历程是一致的。20世纪70年代“小城镇”概念被提出，80年代“小城镇”这种概念和理念得到普遍响应，随着这种响应以及国家政策，小城镇的建设和发展开始加快。纵观从农村、乡镇到小城镇的发展过程，小城镇供水发展可以划分为四个阶段。

第一阶段——缓慢发展阶段

从建国初期到改革开放前。这一阶段由于当时国家经济基础薄弱，农村经济很不发达，小城镇还没有得到发展，乡镇企业很少，群众生活水平低下，加之建设资金缺乏，乡镇供水事业发展缓慢。早年的农村、乡镇及小城镇供水除人畜饮水困难国家积极支持解决外，基本处于一种自然取水、自然发展的状态。

第二阶段——较快发展阶段

从改革开放到20世纪90年代中期。这一发展阶段又可细分为两个不同时期。第一时期从改革开放到1988年，这一时期虽党的十一届三中全会以后，随着农村经济体制的改革，乡镇企业的增多和人民生活水平的提高，乡镇供水得到较快的发展。但这一时期，由于从中央到地方，都没有统一的归口管理部门负责农村、乡镇及小城镇供水，供水缺乏科学合理的规划，建设资金渠道很少，大都是以当地政府为主建设水厂，因此所建的工程中，相当一部分存在设备简陋，标准偏低，设计不合理等缺陷。

第二时期从1988年到90年代中期。这一时期随着我国国民经济特别是农村经济的进一步发展，农村产业结构的进一步优化，以及小城镇的出现，县、乡（镇）、村的工、副业已呈现出蓬勃发展的势头，人民生活不断改善，对乡镇供水提出了更高和更迫切的要求。为了适应这一形势，保证乡镇（小城镇）供水镇事业的持续、快速、健康发展，国务院1988年批准水利部“归口管理乡镇供水”，明确提出把乡镇供水作为水利工作的一项重要内容，责成水利部农自来水公司负责全国乡镇供水的行业管理。自此，乡镇（小城镇）供水进入了一个新的发展时期。水利部首先在江苏、湖北、山东、河南、吉林等省进行了乡镇供水工程试点，摸索不同地区、不同条件下工程建设和管理的经验。同时，其他一些省、区、市水利部门也因地制宜地兴建了一批乡镇供水工程，取得了很好的经济效益和社会效益。1991～1992年，水利部又在吉林、山东、江苏、江西、河南、湖北、湖南、广东、陕西等试点省开展利用贷款兴建乡镇供水工程的试点工作。从1993年起，国家利用专项贴息贷款发展乡镇供水，进一步加快了乡镇供水的建设速度。截至1994年底，我国5万多个乡镇中有2.5万多个乡镇用上了自来水，乡镇供水已发展到1.8万多个，日供水能力达到900多万吨，乡镇自来水受益人口达1亿，约占乡镇总人口的一半。其中由水利部门建设和管理的乡镇供水工程近8000处，受益人口2000多万。

第三阶段——快速发展阶段

从20世纪90年代中期到2003年。这一阶段可以说是我国国民经济持续高速发展、城镇化进程加快、小城镇及其建设得到迅速发展的阶段，也是国家加大投资力度和投入力度的阶段。随着国家对农村供水、乡镇供水、小城镇供水的大力投资和支持，以及不少地区当地水厂的建设投资改革，我国小城镇供水进入到一个快速发展阶期。据统计，“九五”期间，全国解决农村饮水困难人口5100万，城乡供水新增供水能力1700万m^3/d，新增受益人口7500多万，农村自来水普及率由1990年底的23%提高到1999年底的41%。截至2000年底，全国建制镇自来水普及率为80.71%。以山东为例，2002年累计建成建制镇自来水厂（站）37324座，受益人口2265.1万。据统计，“九五”期间全国共投入农村解困资金135亿元，其中，中央约38亿元，地方政府38亿元，受益群众投资和投劳折资59亿元。

第四阶段——健康有序发展及提升（提高）阶段

从2003年至今。在农村供水、乡镇供水、小城镇供水不断发展过程中也暴露了一些问题，如水务管理存在着城建与水利部门职能交叉，政出多门，权责不清，自成规划，自成体系，导致供水规划、投资、建设、管理重叠，水量余缺失调，水资源得不到科学调度和合理配置，供需关系失衡，镇村无所适从，引发部门分割、区域为界，管理体制混乱的局面。随着这些问题的暴露及国家、部门、当地政府等对供水的认识以及当地政府、国家有关政策的出台，近年来小城镇供水走上了健康有序发展及提升阶段，小城镇供水的规划、投资、建设、管理等走上了健康有序发展道路。不少经济发达地区，如我国江浙一带，几年前就针对各市、县的具体情况，制定了小城镇供水规划或供水专项规划，在供水模式、供水体制、经营管理、供水价格等方面进行了改革和完善，打破了区域界限，合理配置和利用水资源，实行了城乡供水一体化或区域供水，目前更多地是扩大这种城乡供水一体化或区域供水的覆盖面，更好地完善和加强，保障小城镇用水。对于经济欠发达地区的小城镇，在国家政策以及当地政府的关注下，针对当地小城镇供水现状，正在借鉴经济发达地区小城镇供水经验，根据当地实际情况，积极探索符合自己实际情况的供水发展之路。

2.3.1.2 供水特点

小城镇既不同于城市，也不同于农村，应该说是兼有二者的特点。小城镇的居民生活、生产活动规律、居住状况、卫生设施、生活习惯、经济水平、地理环境、水资源条件等都有着自己的特点，这就决定了小城镇供水与一般大、中城市供水不可一概而论。与城市供水相比，我国小城镇供水具有以下特点：

1. 供水规模小

小城镇供水厂规模一般在每天几千吨或几万吨，有的甚至只有几百吨。小城镇供水的主要对象为居民生活用水、乡镇工业用水、畜禽饲养用水、公共建筑用水、消防用水以及其他用水。目前大多数小城镇的住房和城市相比较为分散，且人口较少，居民用水点多相对分散，用水点较小，彼此独立，单位供水管线相对供水量小。但小城镇发展速度较快，随着企业的发展和人口的增长，需水量在不断增长，特别是企业用水量增长快，特别是经济发达地区的小城镇。

2. 原水种类复杂，水质差异大

我国水资源具有地域特点，各地区水资源各有其特点，这就决定了小城镇供水水源的种类、水量、水质有差别。小城镇一般采取就近取水，水源的类型较为复杂。既有江河、湖泊（水库）水、山溪等地表水作为供水水源，又有一般地下水和特殊水质的地下水（如高氟水、苦咸水或含铁水等）作为水源。山区、丘陵地带的水源以泉水和山溪河水为主，一般情况下，水源浊度较低且细菌含量较少，水质良好，但洪水季节山溪河水含砂量较大，且浊度较高，漂浮物较多，而泉水一般无须处理；江、河、湖水网地带的小城镇，常以江河、湖泊水作为水源，由于水质随水体流量的变化而变化，易受周围环境的影响，且细菌含量较高。所以一般需经过净化处理、消毒后方可作为饮用水；取用承压地下水为小城镇供水水源时，其水质较江、河、湖泊水要好，直接受污染的机会少，浊度低且细菌含量较少，一般只需消毒后即可作为饮用水；在某些地区的小城镇地下水水源中，有些是高氟水、苦咸水等，还有一些小城镇以含铁、锰的地下水为水源。

3. 净水处理工艺一般比较简单

鉴于小城镇供水工程的规模较小，供水系统净化处理工艺流程一般都较简单：以地下水为水源的给水，其工艺流程通常采用高位水池利用重力自流或用泵抽升原水通过水塔、高位水池供水；以地表水为水源的给水工艺流程，通常采用简单的净化工艺，如慢滤、快滤或易管理的常规净化工艺流程，将原水净化处理后，通过调节构筑物或水泵供水。供水水质的消毒一般采用氯消毒（液氯、漂白粉或漂粉精、次氯酸钠溶液）。

4. 供水管网结构简单，供水安全性差

我国小城镇供水管道属于中小口径、中低压管道，压力一般在0.4MPa以下，多采用灰口铸铁管，配水管径一般在$DN75$～$DN400$之间，多在$DN300$以下。管网布置主要采用树枝状，输送至某一管段的水只能由一个方向供给，管网中任一段管线损坏时，在该管段以后的所有管线就会断水。在树状网的末端，因用水量较小，管中的水流缓慢，甚至停滞不流动，水质容易变坏，有出现浑水和红水的可能。同时，管网建设基础薄弱，发展不平衡。有些管网使用年限过久，有资料统计，20世纪60、70年代新发展的一些小城镇供水管网，水量净漏损率有的达到14%。另外，当前小城镇供水技术管理力量不足，技术人员偏少，对调度工作不够重视，很少配备专业调度机构，造成发生管网漏水爆管等事故时检修不及时，此外，小城镇供水管网地理位置分散，给供水管网的运行调度管理增加了一定的困难。

5. 供水时间相对集中，时变化系数大

由于小城镇本身特有的特点、居民生活习惯等原因，相对城市供水，小城镇供水管网节点数量少，流量集中，时变化系数大。用水高峰时几乎是户户用水，用水低峰（夜间）用水量很小，有些时段（如凌晨时）无人用水，部分水厂和泵房甚至停止工作，仅靠水塔的贮水量供应用户。

6. 经济效益差

由于小城镇供水规模小，单方水的供水成本远比有规模效益的大中型城市供水企业高，其经济效益较差，所以对于小城镇供水来说，更多地是公益和社会效益，而不是经济效益，特别对于人口较少的小城镇以及地理位置偏僻的小城镇。

7. 地域性特点显著，发展不平衡

由于我国小城镇数量多，分布广，各地区的自然条件特别是经济发展水平等不同，不同地区的小城镇供水表现出很大的差异性。经济发达地区的小城镇，分布密度一般较高，往往以城镇群出现或在发达城市周边，易于实现城乡一体化供水或联片或区域集中供水，供水发展较快也较完善，这样的小城镇，工商企事业用水所占比重较大，对连续供水要求较高，公共建筑、消防用水也较高，供水特点类似于城市供水；而对经济欠发达或落后地区的小城镇，城镇分布较分散，小城镇分布密度较低，使得联片或区域集中供水存在一定的难度，供水发展较落后，甚至没有完善的供水设施。这样的小城镇，居民生活用水所占比例较大，其他方面的用水要求较低，一般采取间歇供水，间歇供水对居民生活影响不大，造成的经济损失也不大。

8. 不是以行业为渠道，非专业条线式管理

小城镇供水不是以行业为渠道。小城镇在发展供水方面当地政府担当了主角，在规划、管理和运行上难以得到自来水专业技术方面的支撑。和农村其他公共服务设施如电力、通信、邮政、广电等相比，它们的发展是以行业为主渠道，依托各级政府，城乡一体化发展，由此在发展规划上、在运行管理上、在技术支持上都能以行业为依托，上下形成产业体系。

9. 供水安全性差

一方面由于小城镇水源受污染越来越严重、净化处理工艺相对简单，供水设施落后或不完善，输水管道老化、技术力量薄弱，水质监测跟不上，监管力度不足，应急管理缺乏等原因，使得小城镇供水在水质方面存在很大的安全性问题。另一方面，地域分割、城乡分割、部门分割体制是目前不少地区小城镇供水存在的特点，对于封闭性的小城镇，或城市管辖范围内水资源难以合理配置，难以统筹解决水量及水质供求矛盾，从而也不能保障小城镇的供水安全。

10. 建设资金匮乏，技术水平较低，水质监测和管理能力严重不足

建设资金匮乏，特别对于经济较落后地区的小城镇。对于城镇人口在10000人以下的小城镇，城镇供水基础设施建设资金和运行成本很难保证，尤其是在《生活饮用水卫生标准》GB 5749—2006实施后，资金匮乏问题更加突出。技术水平较低，水质监测和管理能力严重不足。尤其对于单独设置的小城镇水厂来说，运行维护管理存在一定的问题，在新的国家标准下，运行管理和水质达标的问题将更为突出。

2.3.2 供水影响因素

小城镇供水的发展，既受水资源、地形、水文地质等自然条件的限制，也受经济社会发展水平的影响，同时还与政府资金投入力度、管理技术水平等有关。概括起来，水资源条件、经济发展水平、自然地理条件、城镇规模及其地域区位等都是影响小城镇供水及其发展的主要因素。

2.3.2.1 水资源条件

水资源条件的好坏直接影响着供水水源的状况、类型及供水水量，是供水的最直接和最关键影响因素，其对小城镇供水的影响主要体现在以下几个方面：

一是水资源总量不足、降水时空分布不均影响供水水源选择及供水建设。我国人均水资源量不高，且水资源区域分布很不平衡，总体上呈现南多北少、西多东少的空间分布特征。我国东南沿海年降水量可达1600mm以上，华北和东北地区在400～800mm之间，西北许多地区则少于250mm。以山东为例，山东省当地水资源量为310.24亿m^3，人均占用量为351 m^3，不足全国人均水平的1/6，低于世界公认的500 m^3严重缺水标准。受季风气候影响，山东省多年平均6～9月的最大降水量占全年降水量的70%以上，而12

月至次年2月的降水量严重偏少，导致部分依赖溪流、塘坝吃水的小城镇出现季节性缺水。由于这种水资源总量不足和降水时空分布不均，我国各地区水资源情况很不相同。比如，江南水乡河网密布，西北黄土高原干旱缺水，西南岩溶地区水资源分布极不平衡，华北平原人均水资源量很少且水质污染严重，沿海小城镇缺乏优质淡水、面临苦咸水问题等等。

二是供水水源水质不合格影响供水水质。我国某些地区虽水资源量较大，但受污染较严重或由于地质、周边环境等原因，造成水质型缺水，使小城镇供水面临着水源危机。像江南地区，虽水乡河网密布，但河流受污染较严重；鲁西北、鲁西南地区，浅层地下水含盐量严重偏高；环渤海地区，不同程度的海水内侵等。

三是部分地区水资源开发利用难度大影响供水建设。我国地域辽阔，地形地质条件复杂，部分地区水资源开发利用存在较为严重的困难。在深山区，山高坡陡，沟谷深切，不易取水；在滨海地区，河流源短流急，井水不易拦蓄；在海岛地区，降水不少，但汇流面积小，降雨径流难以拦蓄利用。

2.3.2.2　经济发展水平

经济发展水平的高低直接决定着对供水的投资力度，从而影响供水设施的建设和完善、供水水质的提高以及供水系统的管理等，可以说经济发展水平是供水的决定性影响因素。其对小城镇供水的影响主要体现在以下几方面：

一是经济发展水平提高，会加大供水的投资力度，随着资金投入水平的提高，城乡供水发展步伐加快。例如，山东省青岛市城阳区1994年6月设区时只有4家城乡集中供水工程，且制水工艺简单、规模小。随着区域经济的发展和人民生活水平的日益提高，对水量、水质的要求越来越高，优先发展城乡供水基础设施成为全区建设的重点之一。几年来，全区共投入城乡供水建设资金6900万元，其中财政投入900万元，银行贷款3280万元，受益单位自筹2320万元，个人投资400万元，到2004年初步形成了区、镇、村三级供水网络，自来水普及率达到98%。

二是随着国民经济发展水平的提高，小城镇自来水普及率逐步提高。有关研究资料分析表明，就全国范围来说，小城镇、农村自来水发展水平随GDP的增长而提高，大体上人均GDP增长10%左右，农村自来水普及率提高约2个百分点。人均GDP较低时（小于10000元左右），自来水普及率与GDP值增长的相关性不是太明显，人均GDP达到10000元左右，自来水普及率可达到60%左右。

三是小城镇居民收入水平的提高，促进小城镇供水的发展，小城镇自来水普及率也会逐步提高。

四是经济发展水平的高低影响社会进步、信息流通、观念更新以及决策体制等，从而影响社会对供水的支撑力。经济发展水平高，社会发展进步，信息灵通，观念较超前，决策体制等较健全，使水污染控制等环境治理及供水的社会支撑较强大，从而促进供水的发展和建设，更好地保障供水安全，提高居民生活质量。

2.3.2.3　自然地理条件

自然地理条件对小城镇供水的影响主要体现在地形、地貌、气候、气温等条件对供水设施的建设、运行管理等的影响。对于地形地貌或地质条件复杂、差的地区，如地形高差大的地区、湿陷性黄土地区、深山区，山高坡陡区、沟谷深切区等，建设用地条件差，施工费用高，取水、输水、配水、净水用地条件都有一定难度，而且供水系统的运行维护管理也有一定难度。例如，我国西南地区多山地和丘陵，加上河流的分割，往往形成多中心、多组团的空间形态，地形高差大，地势陡峭，用地条件极差。以三峡库区为例，平地仅占14.4%，坡耕地多达50%，其中大于25°的陡坡地占25%，加上滑坡、泥石流等地质灾害频繁发生，建设用地条件差，加大了小城镇供水建设和管理的难度。

对于气候干旱地区，河流流量年内变化大，地下水位持续下降，无论是采用地表水为水源还是采用地下水为水源，由于气候条件的变化，水源条件会发生变化，一方面会增加供水设计的难度，另一方面会影响供水质量或造成新的饮水困难。对于高寒地区或气温昼夜温差大的地区，也会影响小城镇供水系统的建设和正常运行。

2.3.2.4 城镇规模及其地域区位

小城镇的地域位置、小城镇与中心城市之间的区位关系以及小城镇规模大小等都会对小城镇供水产生影响，影响小城镇供水的规划、建设、管理，具体说影响对供水的政策、资金投入、小城镇供水模式选择、水源选择、输配管线布置、净水技术选择等。

对于大城市地域小城镇，以及分布在各省会城市地区的小城镇，这些小城镇由于处于优越的经济地理区位，拥有中心城市辐射的现金要素资源，经济发达，易于发展区域供水或城乡一体化供水，规模较大，水质水量较有保障。如分布在经济发达地区的珠江三角洲、长江三角洲、京津唐地区、胶东半岛、辽中南地区等地的小城镇；对于那些不属于大城市地域小城镇，但处于小城镇分布密度较大地区或城镇密集区，这些小城镇按城镇群趋势发展，发展一般较快，经济也较发达，供水发展一般也较快，易于实现联片或区域集中供水，易于实现规模效应；而对于处于劣势的经济地理区位的小城镇或小城镇分布密度较小地区的小城镇或独立的小规模小城镇，这些小城镇发展相对较慢，经济相对落后，使区域集中供水基础设施的建设具有一定的困难，难以实现环境基础设施的规模效应。

同样，小城镇规模大小对供水产生的影响与其区位相类似。对于大规模的小城镇，人口一般在3万人以上，工业较发达，用水量较大，其供水与用水类似于中小城市，这种小城镇供水发展一般也较快，有自己集中的供水厂，供水设施也有一定的规模效应；对于小规模的小城镇，人口一般在5千人左右，甚至更少，这种小城镇工业不发达，甚至没有工业，用水点较分散，用水量也较少，供水基础设施产生不了规模效应，经济效益很差，供水发展一般较缓慢，供水基础设施的建设较滞后。

2.3.3 地域区位性特点

小城镇发展受地理区位、交通、资源、经济发展水平等多种因素影响，这些因素对各个小城镇的影响程度不同，它们的影响作用叠加共同决定了不同小城镇发展的条件优劣差异。我国地域辽阔，东西南北各地自然地理条件各异，经济发展水平不平衡等，这就引起了我国小城镇发展具有很大的地域性特点。同时同一地域，处于不同区位或处于全国总体格局中不同地位的小城镇其发展也不同，如处于大中城市周边的小城镇与远离城市相对偏僻且较孤立的小城镇，因此小城镇的发展还具有区位性。小城镇发展的这种地域区位性特点主要体现在以下几个方面：

1. 从大的地域来看，我国东部地区小城镇发展迅速，不仅数量增长快，分布密度高，且经济相对发达，基础设施建设及发展相对完善，东西部地区小城镇发展存在很大的非均衡性。

小城镇发展的非均衡性是与我国区域经济发展的非均衡性相适应。东部是我国经济最发达，发展最迅速的地区，其建制镇的数量增长最快，分布密度也最高。根据第三次全国人口普查资料，1982年全国有建制镇2660个，其中，东部有916个，中部有998个，西部有746个。到了2000年，全国建制镇增长到19780个，其中，东部有8617个，中部有6070个，西部有5093个，分别是1982年的9.4倍、6.1倍和6.8倍。东部建制镇数量的增长速度明显高于中部、西部地区。从1982年到2000年，东部地区建制镇数量占全国建制镇总数的比重从34.44%上升到43.6%，上升了约9个百分点；中部地区所占比重则从37.52%下降到30.7%，西部地区从28.05%下降到25.7%。东部沿海沿江地区如长江三角洲地区、京津唐地区、闽南三角洲、珠江三角洲、辽中南地区、胶济沿线地区、胶东半岛等，城镇化进程最快，存在体系比较健全，存在密度大，沿海的一些小城镇发展水平已接近中小城市。而西部地区城镇化进程缓慢，人少地广，存在密度小数量少，小城镇规模相对也小，尚有相当一部分地区处于城镇发展的第一阶段即低级城镇化阶段。

新中国成立以来建制镇的分布密度，总是东部高于中部，中部又高于西部；总是东部、中部建制镇的分布密度都比全国平均分布密度高，而西部建制镇的分布密度又总是比全国平均分布密度低。1953年全国建制镇的平均分布密度为5.6个/万km^2，其中，东部为16.2个/万km^2，中部为7.1个/万km^2，西部为2.3个/万km^2。2000年全国建制镇的平均分布密度为20.6个/万km^2，其中，东部为65.5个/万km^2，中部为21.5个/万km^2，西部为9.5个/万km^2。

2. 从同一地域的不同区位或其处于全国总体格局中不同地位来看，市辖或市辖以上小城镇发展迅速，经济发展以及基础设施建设、发展相对要快要完善。

市辖或市辖以上建制镇数量的增长远快于县辖建制镇数量的增长，市域内建制镇的分布密度比县域内建制镇的分布密度有更大的提高。从1984年到2000年，市辖建制镇从612个增加到7622个，增加了11.5倍；县辖建制镇从6211个增加到12158个，增加了约1倍。市辖镇的迅速增长，使市域内建制镇的分布密度迅速提高。例如，1984年市域内建制镇的分布密度为8.4个/万km^2，到1996年增加到39.7个/万km^2，是1984年的4.7倍。1984年县域内建制镇的分布密度为7.0个/万km^2，1996年增加到13.8个/万km^2，约是1984年的2倍。

1984年平均每个市拥有市辖镇2.04个，2000年拥有11.4个，是1984年的5.6倍。1984年平均每个县拥有3个县辖镇，比市平均拥有的建制镇还多1个；2000年平均每个县拥有的县辖镇增加到7.2个，是1984年的2.4倍，却比市平均拥有的建制镇少了4个。

3. 从同一地域的不同区位来看，大城市周围及城市群地区小城镇分布密度高，经济发展相对较发达，基础设施建设及发展等相对完善。

小城镇发展受周边城市区域系统的资源、环境等条件的影响，大城市周围及城市群地域小城镇，由于处于优越的经济地理区位，拥有中心城市辐射的现金要素资源，这些小城镇发展较快，建制镇的分布密度比市域内建制镇的平均分布密度高，且经济发展相对较发达，基础设施建设及发展等相对要快和完善。我国较为成熟的城市群有沪宁杭地区城市群、京津唐地区城市群、珠江三角洲地区城市群、辽宁中部地区城市群等。此外，还有若干近似城市群的城镇密集区，如武汉地区城镇密集带。在这些大城市周围和城市群地区，建制镇的分布密度都明显高于全国市域内建制镇的平均密度。

例如，1991 年和 1996 年全国市域内建制镇的平均分布密度分别是 23.3 个/万 km^2 和 39.7 个/万 km^2，而同期上海、北京、天津这 3 个直辖市周围建制镇的分布密度还要更高。1991 年上海市市区和 9 个辖县占地总面积为 0.8 万 km^2，有 46 个建制镇（其中，县辖镇 33 个，市辖镇 13 个），镇分布密度为 57.5 个/万 km^2；北京市市区和 8 个辖县占地总面积为 1.7 万 km^2，有 78 个建制镇（其中，县辖镇 65 个，市辖镇 13 个），镇分布密度为 45.9 个/万 km^2；天津市市区和和 5 个辖县占地总面积为 1.2 万 km^2，有 37 个建制镇（其中，县辖镇 26 个，市辖镇 11 个），镇分布密度为 30.8 个/万 km^2。1996 年上海市的建制镇增加到 206 个（其中，县辖镇 121 个，市辖镇 85 个），镇分布密度为 257.5 个/万 km^2；北京市的建制镇增加到 100 个（其中，县辖镇 81 个，市辖镇 19 个），镇分布密度为 58.8 个/万 km^2；天津市的建制镇增加到 66 个（其中，县辖镇 43 个，市辖镇 23 个），镇分布密度为 55 个/万 km^2。

辽宁中部城市群地区、珠江三角洲城市群地区的建制镇分布密度都比同期全国市域内建制镇的平均分布密度高。辽宁中部城市群地区 1990 年是一个由沈阳、鞍山、抚顺、本溪和辽阳 5 个地级市及其所辖的 10 县 1 市（县级市海城）所形成的城镇群体，面积 3.72 万 km^2，其中有 142 个建制镇，镇分布密度为 38.2 个/万 km^2。珠江三角洲城市群地区包括广州、深圳、珠海、东莞、中山、佛山、江门、惠州市区及惠阳、惠东、博罗、肇庆市端州区、鼎湖区及四会、高要，面积 4.16 万 km^2，1986 年底共有建制镇 252 个，镇分布密度 60.6 个/万 km^2；1994 年有 391 镇，镇分布密度为 94 个/万 km^2。

2.3.4 典型地域分区

小城镇供水的发展与小城镇所在地的经济条件、自然条件、水资源条件等有着密切关系。我国地域辽阔，小城镇众多，小城镇具有明显的地域和区位性特点。不同地域的小城镇，在经济发展水平、地形地貌、自然条件、水资源条件等方面各异，即便是处于同一地域或同一经济发展水平地区的小城镇与小城镇之间也会因区位的不同存在差异。同一地域或同一经济发展水平地区的小城镇，还可根据其区位等至少可细分为 3 类，如经济发达地区的Ⅰ类小城镇、Ⅱ类小城镇、Ⅲ类小城镇。由于受时间和经济因素等的限制，不可能对全国不同地域的小城镇和同一地域或同一经济发展水平地区的不同类的所有小城镇进行全部调研，只能根据全国情况和地域主流特点，选定地域划分基本原则，将全国划分为不同的典型地域，再选择典型地域的典型小城镇进行供水情况调研。

2.3.4.1 区域划分原则

研究了解全国小城镇供水现状，进行全国地域小城镇供水调研，应在充分了解各地的经济发展水平的基础上，结合各地行政区划充分考虑地理环境因素、自然条件以及已建供水系统的模式、运行、管理等，分地域进行，力求在划分的同一区域内其经济发展水平、水资源条件等主流要素能够处于相似水平，使分区具有较强的科学性和可操作性。本文基于以下划分基本原则和地势与水源的基本走向，将全国划分为三个区，一区、二区和三区，详见图 2-2。

（1）同一区内不同地域的经济发展水平、社会发展水平其主流应基本一致；

（2）同一区内不同地域的小城镇发展水平、小城镇供水发展状况等应基本一致；

（3）同一区内不同地域的水资源条件应基本一致或相似；

（4）适当考虑已有行政区划。

图 2-2 全国不同区域划分

一区——东部区域，指我国东部沿海和东南沿海的长江三角洲地区和珠江三角洲地区，具体包括江苏、浙江、广东、上海三省一市；二区——中部区域，主要包括我国的东北、华北、华中以及华南的部分地区，具体包括黑龙江、吉林、辽宁、北京、天津、河北、山西、山东、河南、安徽、江西、湖北、湖南、福建以及海南 13 省 2 市；三区——西部区域，主要指我国的西部地区，包括西北和西南，具体包括内蒙古自治区、陕西、甘肃、青海、宁夏、新疆、四川、重庆、贵州、云南、广西、西藏 12 个省（市、区）。

2.3.4.2 一区——东部区域

一区所处我国东部和东南部，地理位置优越，自然条件好，气候温暖湿润，地形总的来说以平原居多，也有一定的丘陵、山地和盆地，其中江苏省地形以平原为主，地势低平，河湖众多。浙江地形复杂，西南以山地为主，中部以丘陵为主，东北部是低平的冲积平原，山地和丘陵占 70.4%，平原和盆地占 23.2%，河流和湖泊占 6.4%。广东山地占

31.7%，丘陵占28.5%，台地占16.1%，平原占23.7%。上海除少数残丘外，基本上为坦荡的平原，平原水网稠密。像一区江苏、上海这种以平原为主地形的地区利于区域供水的实施。

一区优越条件为其经济发展和社会发展奠定了基础，长江三角洲和珠江三角洲是中国经济总量规模较大、高新产业发展聚集的经济板块，是中国经济最发达的地区，已经形成了具有较大规模和经济实力的完整城市群，如以上海、南京、杭州、宁波为核心的长江三角洲城市群，以广州、深圳为中心的珠江三角洲城市群。

一区是我国的经济发达地区，交通发达便利，地理位置优越，降雨量相对较高，但其水资源并不丰富，水资源占有量在全国范围内较低，但水资源的开发利用程度较高，如此区的江苏地下水严重超采。随着城镇化水平的迅速提高和工业生产的迅猛发展，长江、珠江上游地区由于工业和生活污水未经处理或收集处理率不高排入水域，致使江河湖库水质日趋恶化，珠江上游北盘江、红水河等水环境恶化，造成污染型缺水。同时，一些沿海城镇或海岛城镇，如浙江的舟山、广东的珠海，存在潮汐影响、海水倒灌等问题，引起淡水资源的缺乏。总的来说，一区的水资源相对其经济和社会的发展是相对缺乏的，水资源问题以污染型缺水为主，同时也存在一定的资源型缺水。

一区发达的经济条件和特定的地域优越条件为其小城镇的兴起、发展以及壮大奠定了基础。一区可以说是我国城镇化率最高的地区，小城镇数量多，规模大、发展快，工业经济发达，居民经济收入高。区域内小城镇的环境基础设施无论在建设和运行，还是政策的制定与执行，都在很大程度上受到邻近大城市或组团式城市群的影响，小城镇的基础设施建设颇具规模，有的甚至接近邻近城市水平，如广东中山小揽、深圳龙岗、浙江台州路桥、温州龙港等镇。小城镇已成为区域发展中的一个重要组成部分和新的增长点，并成为当地城市化率提高的主要动力。

总之，一区的特点是地形平缓，全国区位优势明显，经济发达，城市的集聚辐射功能较强，城镇化水平很高，水资源开发利用程度高，以污染型缺水为主，同时也存在一定的资源型缺水。

2.3.4.3 二区——中部区域

二区包括了我国相当部分的省份（市），地域从北到南，跨度较大，地形、地貌、气候等自然条件各地区不同，但不论是东北地区、华北地区还是中部地区和华南的海南和福建，总的来说自然条件较好、水陆交通也方便，但改革开放相对较迟、经济起步相对较晚，相对东部沿海地区来说，经济处于中等发达水平，城镇化总体水平偏低。二区所涉及的地区除北京、天津、山东、海南及福建经济相对要比较发达外，其他省像山西、河北、河南等经济条件相对要较差。二区区域所在中心城市的集聚辐射功能相对较弱，再加之经济的影响，所以二区的小城镇发展水平相对要低，规模普遍偏小，多以农业或旅游为主，工业发展没有东部沿海地区小城镇工业发达，产业优势没有建立起来，小城镇的基础设施建设和发展相对不完善和健全，只有部分经济相对发达地区的城郊型小城镇发展要好些。

东北地区水资源总体不足，且存在水资源量空间分布不均衡和开发利用不平衡的问题。水资源量分布总体上是东多西少，北多南少，松花江多辽河少，边境多腹地少。水资源过度开发与开发不足并存，辽河区水资源开发过度，松花江区开发利用不足，全地区地下水开发利用程度偏高。同时，东北地区是我国著名的老工业基地，同时也是我国重要商品粮基地之一，工农业十分发达，城市密集，大量的工、农业和城市生活污水，未经处理或处理未达标就直接排入江河，加上枯水期江河流量小，冬季河道封冻，河水自净能力低，水质污染也是东北地区水资源的一个严重问题；华北地区水资源紧缺，人均水资源拥有量很少，水资源开发利用程度很高，很多地区地下水超采严重，沿海地区如鲁东半岛形成海水入侵，地下水受到污染，部分地区还存在高氟水、苦咸水等特殊水质，如山西、山东的部分地区，水资源开发利用潜力已经很小。同时，随着经济的发展和人口密度的提高等，水污染状况又较严重，华北地区也面临着水资源污染型短缺问题；中部地区处于南北气候过渡地带，大部分地区气候温暖，雨量充沛，名山大川多，江河湖库星罗棋布，具有得天独厚的水资源条件，水资源丰富，2000年水资源总量占全国的23.8%。但随着中部地区经济的崛起和发展，以及人口规模的扩大等，水污染问题已越来越突出，所以中部地区的水资源问题主要是污染型短缺的问题；华南地区的海南和福建两省，气候湿润，雨量丰沛，水资源相对丰富，但由于自然地理条件和气候特征的影响，降水量分布时空不均，水资源时空分布上严重不均，水资源的时空分布与用水季节和用水地区很不均衡，导致部分地区存在资源型和工程型缺水问题。同时，一些地区由于废水和污水处理率偏低，聚居区分散，大量的污废水直接或通过地面径流进入河流和水库，水污染严重，呈现水质型缺水状况。总的来说，二区的水资源问题主要是污染型短缺问题，对于东北和华北地区，也存在资源型短缺问题。

总之，二区的特点是区位有一定优势，但起步较晚，发展较缓慢，经济处于中等发达水平，城市的集聚辐射功能相对较弱，城镇化总体水平偏低，水资源问题主要是污染型短缺，同时资源型短缺和工程型短缺也并存。

2.3.4.4　三区——西部区域

三区包括了我国的大部分区域，包括西部地区以及内蒙古自治区的东部、北部区域。该地区位于我国地势的第一、二级阶梯上，自然地理环境复杂多样，气候条件差异显著，地质条件多变，地貌类型多样，地形以高原、山地和盆地为主，可分为高原寒冷区、西北缺水区、西南丘陵地区（三峡库区）、平原（盆地）地区。高原寒冷区包括青海省、四川省西南部、云南省的西部和西藏自治区等地区，具有海拔高、温差大、年均气温低等特点；西北缺水地区包括新疆、内蒙古自治区、甘肃、宁夏等省区，具有冬季严寒、夏季酷热、昼夜温差较大、日照充足、降雨量小、荒漠化严重等特点；西南丘陵地区（三峡库区）主要包括重庆、四川的部分地区，具有四季分明、气候温和、冬无严寒、夏多炎热、雨量充沛的特点，但多山地和丘陵，地形高差大，地势起伏较大，用地条件极差，水土流失严重；平原（盆地）地区主要包括成都平原、广西盆地和关中盆地等，该地区地形平坦、人口密集、经济相对发达，交通条件相对便利。

西部地区自然条件恶劣，生态环境脆弱，且交通不便，总体上经济发展相对落后，社会发展水平较低，属于我国经济欠发达地区。由于经济发展水平落后，融资水平不高，地方财力有限，主要依靠中央财政支持，各种基础设施投入力度不足，再加上自然条件恶劣，建设难度大等原因，城镇基础设施相对落后。该区农业人口比例较大，城镇化水平较低，小城镇发展滞后，数量较少，空间分布分散、规模小、经济实力弱，对区域经济的辐射能力和带动力弱，正是因为西部地区城镇规模密度小，使区域供水基础设施的建设具有一定的困难，难以实现环境基础设施的规模效应。

西北大部分地区处于干旱地区、高寒区和沙漠区，年均水资源量2344亿m^3，仅占全国水资源总量的8%左右，可利用量不足1200亿m^3，水资源条件先天不足，资源型缺水严重。西南地区降雨丰沛，水资源丰富，年均水资源量12752亿m^3，可利用水资源量3470亿m^3，但西南地区水资源分布与集中用水的地区不匹配，经济相对发达、耕地集中的盆地和坪坝区降水量少，水资源缺乏，同时由于西南地区高原山地为主的特殊地理地貌特征，地面存不住水，地下水开采难度大，水资源利用条件不佳，存在季节性工程缺水问题，尤其是对于广大分散的小城镇来说，取水困难是城镇供水处理设施建设一大难点。此外，西部地区由于基础设施建设资金匮乏，水污染难于得到有效的控制，导致地表水和地下水污染较为普遍，西南局部地区水污染问题日渐突出。长江上游干流攀枝花、重庆等城市附近江段已形成岸边污染带。昆明的滇池，贵阳的南明河，重庆的濑溪河等水环境恶化，问题均相当严重。所以，总的来说，三区资源型、工程型和污染型水资源短缺问题并存。

总之，三区的特点是地形地貌复杂，区位优势差，经济整体处于欠发达水平，城镇化率偏低，水资源问题主要是资源型、工程型和污染型短缺并存。

第3章　全国小城镇供水系统调研

3.1　东部区域（一区）

本研究调研覆盖了长江三角洲、珠江三角洲，东北、华北及中部地区、西部地区，包括北京、天津、上海、江苏、浙江、广东、黑龙江、吉林、辽宁、四川十个省、直辖市，具体调研了江苏省无锡、南京、吴江，浙江省嘉兴、湖州、桐乡、杭州、温州，广东省东莞、深圳，吉林省永吉、辉南，黑龙江省双城、肇州，辽宁省辽中、法库，四川成都以及北京、天津等地20多个小城镇，进行小城镇调研时注意了不同小城镇的选取，包括同一地域不同区位的小城镇，有处于大、中城市一、两小时经济圈内的小城镇，也有距离市区或县中心较远的小城镇，如距离60km以外，既有县辖镇，也有市辖镇，既有规模较大、人口较多的小城镇，也有规模较小、人口较少的小城镇。一区具体实地调研了上海奉贤区建制镇，江苏吴江的建制镇，如松陵镇、盛泽镇、汾湖镇等，浙江湖州的双林镇、南浔镇、菱湖镇、练市镇等，杭州的浦沿街道，温州的龙港镇、鳌江镇，东阳的横店镇，武义的柳城镇，嘉兴的凤桥镇等，深圳的龙岗区建制镇等。

3.1.1　现状与特点

受经济发展水平和地理位置优势等因素影响，一区小城镇供水系统建设走在全国的前列，无论是供水规划、供水理念、供水设施、供水水质还是供水的经营管理等水平都较其他地区高，有些小城镇供水建设甚至已经接近城市水平。一区在全国率先实施了区域供水，将城市自来水厂的出水送至小城镇。

3.1.1.1　供水规划

一、规划内容

源于先进的供水发展理念，长江三角洲和珠江三角洲两个地区是全国供水规划做得最多和最完善的地区，也是全国实行区域供水最早且最好的地区，包括城市延伸区域供水即管网延伸供水和镇镇组合区域供水即联片集中供水。

1. 江苏省

苏南地区在全国率先以“政府推动、政策带动”来推行城乡统筹发展区域供水。从1990年开始，江阴市根据“谁出资、谁得益”以及市政府和自来水公司负责筹资建水厂、乡镇筹资建管网，市供水到镇，镇到村，由镇负责的供水原则，实施乡镇长江自来水供水工程。1990年，南闸、西郊镇成功地饮用上长江自来水，开创了公司对乡镇供水的先河。自2000年以来，江苏省先后组织开展了《苏锡常地区区域供水规划》、《宁镇扬泰通地区区域供水规划》和《苏北地区区域供水规划》的编制工作，三大规划分别于2001年、2003年和2006年经省政府组织论证并批准实施。除这三大地区区域供水规划外，还有《江苏省乡镇供水规划（2002～2010）》，各个不同城市也针对自己的特点制定了相应的区域供水规划，如《南京市区域供水规划》、《江宁区区域供水规划》、《扬州市区域供水规划》、《江都市区域供水规划》、《泰州市区域总体供水规划》、《南通市区域供水规划》、《泰兴市区域供水规划》、《淮安市区域供水规划》、《武进区城市供水规划（2005～2020）》以及《苏锡常镇地区区域联网安全供水规划》等。

规划的主体思想就是：太湖流域推动跨城市的区域联网供水工程建设，实现“原水互补、清水互联、科学调度、井水应急”，对部分老化、漏损严重的供水管网进行改造。采用区域统筹方法，对有条件地区实施区域供水，通过合理划分供水片，统一布置水源地，以水量充沛、水质优良的长江、太湖、京杭运河、通榆运河为主建设主要水源地，为应对主要水源地污染事故，各供水片将部分条件较好的内河、湖泊、水库和地下水作为备用水源。规划依托长江布置32处水源地，依托太湖布置10处水源地，依托京杭运河、通榆运河分别布置21处、17处水源地。同时，充分利用现有市、县水厂能力，逐步扩建、新建区域水厂，完善区域供水管网，保障供水安全，相邻片间不同水源供水管互联互备，当某片突发事故时，能按应急方案调度应急供水，满足正常供水量30%～40%的基本用水量需求。再者，规划分批改造现有水厂制水工艺，针对水源水质状况区别对待，必要时可降低制水规模以满足水质要求。现有太湖水源水厂主要增加化学（高锰酸盐）氧化预处理和臭氧活性炭深度处理设施；长江水源水厂主要调整工艺参数强化常规处理工艺，必要时增加臭氧活性炭深度处理设施；京杭运河、通榆运河等水源水厂主要增加生物氧化预处理和臭氧活性炭深度处理设施。规划至“十一五”期末，江苏省规划将集中建成区域水厂78座，供水规模2040万m^3/d：其中苏锡常地区18座，规模630万m^3/d：宁镇扬泰通地区30座，规模940万$m^3/$；苏北地区30座，规模470万m^3/d。另外，还有供水能力600万m^3/d的约220座中小型水厂作为其有效的补充。同时，苏锡常镇地区将建成16条片间清水联络管线，联络管平时组成片内主干管环网，事故时按调度向邻片应急供水。

以这些规划为龙头，苏南的常熟市率先形成了市镇联网、镇镇联网、镇村联网的供水格局。到2008年底，苏锡常地区区域供水完成了所有规划乡镇的联网供水，同步开展进村入户管网建设和改造，95%以上的行政村已经受益；《宁镇扬泰通地区区域供水规划》有289个规划乡镇已经实施了区域供水工程；苏北地区区域供水规划于2006年批准实施后，也已经有143个规划乡镇实施了区域供水工程。

2. 广东省

20世纪90年代初，东莞市委、市政府提出了实现区域供水的构想，并且在规划方面确立了以下原则：(1) 全市各镇（区）供水设施统一规划、统一建设，充分发挥水质好、径流量大的东江水源的优势，建设跨镇（区）大型供水工程；(2) 各镇（区）必须尽力保护本底水源，以作为本镇（区）供水的补充及备用；(3) 逐步取消那些水源受污染、水质得不到保证、供水能力低的水厂。1996年，市政府委托北京市市政工程设计研究总院编制东莞市中西部7镇、水乡片6镇及中部4镇供水工程规划，1997年三项大型区域供水工程开始建设。除东莞外，从2000年开始深圳市先后编制了《深圳市水中长期供求计划报告》、《深圳市城市供水系统布局规划》、《深圳市村镇供水2010年发展规划》、《深圳市宝安区给水系统专项规划》、《深圳市龙岗区中信组团分区规划》、《深圳市供水系统整合及建设专项规划》、《龙岗区社区给水管网改造专项规划》，规划提出，在充分利用现有厂站设施的基础上，从工艺先进化、管理集中化、运行安全化、效益最大化方面考虑，通过对现状30座水厂进行整合，优胜劣汰，资源优化配置，打破以往各街道供水系统各自为政的僵局，使水厂向集中化、规模化方向发展；并且根据水厂及管网的建设情况，结合当地相关部门意见和建议，对部分小水厂制定分期关停淘汰的时间表，而不是采取一刀切的方式。规划各镇水源联网，互为备用水源，同一区实现全区供水系统一体化管理，全面提升辖区供水安全保障能力。其他市像珠海等相继也做了供水专项或专业规划，如《保障澳门、珠海供水安全专项规划报告》，规划水厂及管网以区域性集中供水为主。

3. 浙江省

浙江省从2000年开始，编制了《余杭区城乡供水规划》、《舟山本岛城乡一体供水规划》、《长兴县2010年乡镇供水规划》、《长兴县城镇供水水源规划报告》、《长兴县区域供水初步规划》、《温岭市市域给水工程专项规划报告》、《温岭市城镇供水水源规划报告》、《兰溪市乡镇供水2010年发展规划》、《浙江省重点镇供水设施改造和建设规划》以及永康、义乌、浦江等的城乡供水一体化规划。重点镇供水设施改造和建设的规划原则是："以城带镇，以镇促城"扩大供水半径，实行城镇供水一体化。充分利用现有供水设施，共同建设服务半径覆盖周边若干乡镇的供水工程，以规模经营、降低成本，达到"供需"双赢；集约利用水资源，实施联片共建。对于区域饮用水资源短缺且人口密集、经济发展较快的区域，如沿海平原河网地区，应集中财力，共同建设联片服务的供水设施，实施供水资源共享；人口稀疏，居住分散，应因地制宜建设。从各地实际出发，建设经济合理的独立供水设施或小规模的组团水厂。各地区的具体规划大都规划通过新建水源工程、区域调水工程和调整现有水源工程功能等方式，建立起相应的引水、蓄水配套工程，同一市或县根据不同区域的地形地势特点和水源情况，可实施分片分区域供水或统一供水。

4. 上海市

上海市编制了《上海市供水专业规划》，还针对不同区的供水情况，做了各个区的供水专业规划，如《奉贤区供水专业规划》、《上海市奉贤区"十一五"供水工程规划》等。上海市现辖101个街道、107个镇、3个乡采用内河水为水源水的乡镇水厂，规划至2012年全部取消这些乡镇水厂，采用统一一体化供水，将其变成加压泵站。

二、供水模式

一区的小城镇供水以区域供水为主，只有部分相对独立小城镇或少数地形地势不宜实行区域供水的小城镇实行独立集中供水，只有极少数相对独立小城镇因地形地势或水源原因实行分散供水。此处的区域供水包括了区域性集中供水和区域性供水集中管理两种模式，其中区域性集中供水包括城市延伸区域供水即管网延伸供水和镇镇组合区域供水即联片集中供水，也包括原水联网以及独立集中供水但几个镇之间或镇与主城区或中心城或城市间清水联网。"城市延伸区域供水"中的"城市"可是一个城市的主城区，也可是一个中心城。区域供水主要实行了3种供水管理模式：直接接收管理模式、兼并模式和零售制供水模式。直接接收管理模式即在市政府的统一协调下，由国有供水企业直接接管乡镇水厂，停止制水，人、财、物，债权、债务均由接管企业承担。接管后该地区供水设施的规划、建设、发展、运行均由接管企业承担，供水价格实行同网同价。如绍兴市水务集团有限公司接管原斗门、马山、皋埠等乡镇水厂，通过改造后成为集团下属的分支机构，使当地居民迅速享受到与市区一样的公司水质和服务；兼并模式即原乡镇水厂关闭，将评估后的资产以一定的价格转让给国有供水企业，由国有供水企业直接从事该地区的供水运行。如上虞市的一些乡镇就采用这一模式；零售制供水模式即原乡镇水厂停止制水，由国有供水企业按统一价格将优质水批发给乡镇水厂，再由乡镇水厂再向用户销售。如绍兴县采用这种供水模式。

一区调研的 17 个小城镇中有 10 个实施了管网延伸水和镇镇组合区域供水，占 58.8%，有 7 个小城镇实施了镇单独集中供水，但 5 个实施了统一一体化管理，共 88.2%的小城镇实施了区域供水。具体见表 3-1。

1. 江苏省

江苏省以平原为主，地势低平的地形特点使得其实施城市延伸区域供水具有优势，它是全国实行城市延伸区域供水最早最好的地区，下面以昆山、无锡、吴江、南京为例，介绍区域供水情况。

昆山实施区域供水工程，逐步以阳澄湖为水源的规模化水厂供水，替代分散在乡镇的地下水及以内河和淀山湖、澄湖为水源的各乡镇水厂。2003 年底完成全市所有乡镇通水工程，同步建设区域供水配套管网和增压站，实现全市统一供水。全市两座净水厂，一座水源厂，5 座增压站，一个统一管网，一个调度系统供水，两座水厂的出厂管线及输水主管线互相接通，两水厂联合向全昆山城镇区域供水。水源不能用作饮用水水源的原镇级水厂，根据当地或就近的工业区或工业用水情况，改建管网，将镇级水厂变成专供工业用水的水厂。

无锡市周边共有 33 个乡镇，截止到 2008 年 12 月已有 32 个乡镇的供水均有市自来水总公司负责管理，实现城乡供水一体化，原来的乡镇水厂（绝大部分是地下水）关闭，统一由市区各大水厂联网供水。市区到最远乡镇的供水干管长达 40km 以上。原来乡镇水厂及供水系统的员工统一归到市自来水总公司统一管理，对于部分年龄较大的员工办理退休。

吴江市现辖 9 个大镇，有水厂 24 座，其中市区水厂 1 座，镇级水厂 23 座，截止 2008 年年底，所有原镇级水厂都不再制水，由市区吴江净水厂送清水到 23 个镇级水厂，再由镇级水厂经加压补氯或直供送到用户供使用。原来的镇级水厂作为加压泵站或二次加氯点。

南京市区的 5 座自来水厂城北水厂、上元门水厂、浦口水厂、北河口水厂以及城南水厂，供水能力达到 204 万吨/天，均由南京市自来水总公司负责管理，其也计划实施区域供水及城乡供水一体化，负责整个南京地区的供水，包括市区及郊区的，但推动起来存在一定难度；主城区周边的江宁区、浦口区、六合区供水主管已延伸到周边街镇，基本实现优质自来水镇镇通；周边的高淳县和溧水县也实现了县自来水公司与周边镇联网或部分联网供水。

2. 上海市

像江苏省，上海基本为坦荡平原的地形地势特点也使得其实施城市延伸区域供水具有很大的优势。2004 年上海开始实行供水集约化（即城乡一体化也即区域供水），规划归并所有的以地面水为原水的镇级小水厂，将它们的供水范围纳入区级自来水公司体系。随之

一区小城镇供水调研

表 3-1

项目 \ 小城镇		上海市	广东省
		奉贤区建制镇	龙岗街道、龙城街道（距市中心 23.3km）
基本情况	所属行政区划	奉贤区	深圳龙岗区
	人口	72万	71万
供水规划		有较完善的供水规划，《奉贤区供水专业规划》《上海市奉贤区“十一五”供水工程规划》	有较完善的供水规划，深圳市龙岗区中心组团分区规划、龙岗区社区给水管网改造专项规划
供水模式		城市区水厂延伸区域供水	中心城水厂延伸区域供水
水源	类型	江河	水库
	名称	黄浦江水（中上游）	龙口水库
	污染情况	水源受污染，劣于Ⅲ类水体标准，富营养化较重，主要污染物是氨氮、TN、总磷、耗氧量	轻度的生活污水污染
	保护政策与措施	建立上游水源保护区，在黄浦江取水口安装原水生物预警系统	限制人员进入库区；库区建造防护林等
	水质检测	每天监测水温、色度、臭和味、肉眼可见物、浑浊度、pH、氨氮、铁、锰、细菌总数、大肠菌、耗氧量	每天监测水温、pH、浑浊度、氨氮、耗氧量等
	水质	水温：5.5～27.5℃，pH：7.1～7.9，COD_{Mn}：5.3～8.0mg/L，NH_3-N：0.2～2.9mg/L	Ⅱ类水质，水温：12.3～28.5，pH：6.4～7.6，浊度：3～10NTU，COD_{Mn}：1.0～3.7mg/L，NH_3-N：0.1～0.4mg/L
净水厂	名称	一水厂、二水厂、三水厂	中心城水厂
	规模	三水厂分别为10、10（规划20）、30万 m^3/d	11万 m^3/d（一期）
	工艺	原水泵房 →（↑絮凝剂）絮凝沉淀 → 滤池 →（↑加氯）清水库 →（↑补加氯）吸水井 → 送水泵房	配水井 →（↑前加氯、石灰）折板絮凝平流沉淀 → V型滤池 →（↑加氯）清水池 →（↑补加氯）吸水井 → 送水泵房
	消毒	液氯	液氯
	水源应急	夏季藻类较多时采用预氯化；必要时采用高锰酸钾预氧化	加氯预氧化
	管理	水厂配备完善的化验检测设备；严格的运行管理制度和规程；不同情况的应急预案	水厂配备完善的化验检测设备，严格的运行管理制度和规程

续表

项目		上海市	广东省
小城镇		奉贤区建制镇	龙岗街道、龙城街道（距市中心23.3km）
净水厂	出厂水检测	水厂配有流量、压力、溶解氧、pH、浊度和余氯在线监测设备，每日对出厂水进行包括色度、浊度、臭和味、肉眼可见物、氨氮、pH、COD_{Mn}、菌落总数、总大肠菌群和余氯在内的10项常规检测，每半年监测37项指标	配备在线浊度计、在线pH计、在线余氯计、生物报警系统，日常监测色度、浑浊度、臭和味、pH、肉眼可见物、细菌总数、总大肠杆菌、耐热大肠菌群、余氯、水温、COD_{Mn}11个项目
	出厂水水质	pH：6.7～7.7，浊度：0.1～1.0NTU，余氯：1.0～2.5mg/L，总硬度：144～197mg/L，总溶解性固体：425～572mg/L，COD_{Mn}：2.6～4.4mg/L，细菌总数：0～11，总大肠菌群：未检出	pH：7.17～7.83，浊度：0.10～0.46，余氯：0.35～1.1，总硬度：36.0～44.0，总溶解性固体：96～126，COD_{Mn}：0.6～1.2，总大肠菌群：未检出
输配系统	管网规划与建设	2008年管网更新改造，（1）敷设年代较早，材质差，漏水爆管严重的管段以淘汰为主；（2）强度较好，爆管频率低，但内壁腐蚀影响水质的管段，以管网冲洗，改善内衬为主；（3）管径较小难以满足规划水量要求的管段，以改大或增设并列管径等方案比较而定；（4）漏水隐患较多的老管段，采用新型管材代替原有管材；（5）主要道路或主要绿带下面的管道更新改造应积极推行非开挖施工措施	龙岗区社区给水管网改造专项规划，规划给水管道沿道路敷设，呈环状布置，管网建设较完善
	管材	主要是PVC、水泥、白铁、生铁和球墨铸铁管	主要是钢管，球墨铸铁管
	管道内衬	内衬水泥砂浆涂料	内衬水泥砂浆涂料
	老化与腐蚀	老化较轻，部分老化，腐蚀较轻	老化较轻，部分老化，腐蚀较轻
	维护管理	及时完善更新管网资料，由专人负责在管网地理信息系统中及时加以更新；定期冲洗，刮管；抢修组对管道事故及时处理	日常对管网进行冲洗、防腐等
	管网水检测	不同镇区域设不同数量的管网水采样点，监测包括浊度、色度、臭和味、余氯、COD_{Mn}、细菌总数、总大肠菌数在内的7项水质指标，检测频率为每月2次；半年一次监测35项指标	从2009年开始对管网水检测，包括总大肠杆菌、耐热大肠菌群、菌落总数、氟化物、色度、浑浊度、臭和味、肉眼可见物、pH、铁、锰、氯化物、总硬度、耗氧量、氨氮
	管网水质	浊度：0.25～0.43NTU，色度：8～12，臭和味：无，pH：6.8～7.7，余氯：0.3～2.2mg/L，COD_{Mn}：3～4mg/L，细菌总数：0～3CFU/mL，总大肠菌数：未检出	
	水质安全预警	建设SCADA系统	无
用户对水质反映		无	高峰期水质变黄

续表

项目 \ 小城镇		江苏省		
		松陵镇（距市中心17km）	盛泽镇（距市中心45km）	汾湖镇（距市中心40km）
基本情况	所属行政区划	吴江市	吴江市	吴江市
	人口	约25万	约28万	约25万
供水规划		1998年城镇总体规划，管网专项规划	2004年城镇总体规划，管网专项规划，2007年修订	1992年城镇总体规划
供水模式		中心城市水厂延伸区域供水		
水源	类型	湖泊		
	名称	（东）太湖		
	污染情况	水源受一定的污染，主要污染物为耗氧量		
	保护政策与措施	2006年颁布《吴江市饮用水源保护细则》		
	水质检测	每日检测水温、色度、浑浊度、DO、臭和味、NH_3-N、COD_{Mn}、总大肠菌群等；吴江疾病预防控制中心定期对管网水进行水质全分析		
	水质	基本上为Ⅱ类水质，水温：0～27℃，浊度：5～250NTU，pH：7～8，COD_{Mn}：1～6mg/L，NH_3-N：0.1～0.3mg/L		
净水厂	名称	吴江净水厂		
	规模	60万m^3/d		
	工艺	原水泵房→（前加氯）机械混合→折板絮凝→平流沉淀→V型滤池→（加氯）清水池→（补加氯）吸水井→送水泵房		
	消毒	液氯		
	水源应急	当源水温度高于16℃时，对源水加氯以抑制藻类生长		
	管理	配有完善的化验室和化验、检测设备；完善和严格的安全管理责任制、水厂管理制度和管理规范；不同情况的应急预案，如管网、电气系统等应急预案		
	出厂水检测	配备流量、压力、浊度、余氯、pH在线监测仪表；每日监测包括色度、浊度、臭和味、肉眼可见物、氨氮、pH、COD、菌落总数、总大肠菌群和余氯在内的10项常规指标；每月1次35项指标检测。原镇级水厂配有化验室的，每天还对其出水进行10项指标监测；吴江疾病预防控制中心定期对管网水进行水质全分析		
	出厂水水质	pH：7～8，浊度：0.6NTU以下，余氯：0.3～0.6mg/L，总硬度：90～130mg/L，总溶解性固体：100～300mg/L，COD_{Mn}：1.8～2.2mg/L，总大肠菌群：未检出		

续表

项目		江苏省		
		松陵镇（距市中心 17km）	盛泽镇（距市中心 45km）	汾湖镇（距市中心 40km）
输配系统	管网规划与建设	管网专项规划，针对老化严重的管道进行了改造以及新建部分管道，目前管网建设较完善	2007年修改管网专项规划，针对老化严重的管道进行了鼓造以及新建部分管道，目前管网建设较完善	90年代管网规划，针对老化严重的管道进行了改造以及新建部分管道，目前管网建设较完善
	管材	原管材以塑料管（PE、PPR、UPVC）、铸铁管、钢管、球墨铸铁管为主，后改造多采用球墨铸铁管	主要管材为混凝土管（自应力、预应力）、铸铁管、球墨铸铁管、钢管、	主要管材为钢管、铸铁管、PVC管、水泥管
	管道内衬	原无内衬，改造和新建采用水泥砂浆作内衬材料	原无内衬，改造和新建采用水泥砂浆作内衬材料	原无内衬，改造和新建采用水泥砂浆作内衬材料
	老化与腐蚀	原管段老化和腐蚀严重，后改造	小口径镀锌管老化腐蚀较严重，近年针对DN200以下管段改造较多	老镇区管道老化和腐蚀严重，后改造和新建
	维护管理	缺乏维护管理措施，日常不冲洗	针对水质较差的管网末端，区域制定了定期的排污措施	针对用户对水体浊度的反映，进行局部管段排污冲洗
	管网水检测	按每2万人口设置一个采样点，共10个采样点，每月2次，监测包括浊度、色度、臭和味、余氯、COD、细菌总数、总大肠菌数在内的7项水质指标；吴江疾病预防控制中心定期对管网水进行水质全分析	6个管网水质采样点，每月2次，检测浊度、色度、臭和味、余氯、COD、细菌总数、总大肠菌数；吴江疾病预防控制中心定期对管网水进行水质全分析	7个管网水质采样点，每月2次，检测浊度、色度、臭和味、余氯、COD、细菌总数、总大肠菌数；吴江疾病预防控制中心定期对管网水进行水质全分析
	管网水质	pH：7.0～7.3，浑浊度：0.4～2.0NTU，色度：＜5，臭和味：无，余氯：0.1～0.3mg/L，COD_{Mn}：1.3～3.4mg/L，NH_3-N：0～0.3mg/L，总大肠菌群：未检出，细菌总数：0～1CFU/mL，粪大肠菌群：未检出	pH：7.0～7.3，浑浊度：0.4～2.0NTU，色度：＜5，臭和味：微弱，余氯：0.1～0.3mg/L，COD_{Mn}：1.3～3.4mg/L，NH_3-N：0～0.3mg/L，总大肠菌群：未检出，细菌总数：1～2CFU/mL，粪大肠菌群：未检出	pH：7.0～7.3，浑浊度：0.4～2.0NTU，色度：＜10，臭和味：微弱，余氯：0.1～0.3mg/L，COD_{Mn}：1.3～3.4mg/L，NH_3-N：0～0.3mg/L，总大肠菌群：未检出，细菌总数：1～2CFU/mL，粪大肠菌群：未检出
	水质安全预警	无水质安全预警措施	无水质安全预警措施	无水质安全预警措施
用户对水质反映		夏天水发黄，浑浊	浑浊、有味道	浑浊、有味道和颜色
其他情况说明		施工造成管网损坏事故多；建筑物、绿化带等的修建，地面重新平整，导致一些阀门被掩盖，维护工作难度大	建有工业水厂，铺设单独供水管网，实行分质供水，由政府经营管理，水厂供水量日渐下降；施工造成管网损坏事故多	

续表

项目＼小城镇		浙江省				
		埭溪镇（距市中心27km）	菱湖镇（距市中心27km）	双林镇（距市中心30km）	练市镇（距市中心45km）	南浔镇（距市中心26km）
基本情况	所属行政区划	湖州市	湖州市南浔区	湖州市南浔区	湖州市	湖州市
	人口	5万	9万	8.6万	9万	11万
供水规划		2001年城镇规划，2007年南浔新区供水管网规划，相对而言，镇级较没有较完善的供水专项规划或管网规划				
供水模式		镇独立集中供水，但实行区域集中供水管理（即一体化管理），由湖州市水务集团统一管理				
水源	类型	水库	江河	江河	江河	江河
	名称	老虎潭水库	莲花漾	双林塘河（京杭运河复线）	京杭运河	南浔镇排水港
	污染情况	污染较轻，Ⅱ类水质	氨氮及有机污染较重	附近农田、上游工业废水污染，主要污染物为氨氮，一年四季浊度变化较大	氨氮及有机污染较重，一年四季浊度变化较大	水源一级保护区内生活污水排放口，有网箱养鱼，水域富营养化情况严重，有机污染较重
	保护政策与措施	设立水源保护区	设置水源标志，设立一级、二级水源保护区	上游1000m，下游500m为水源保护区。取水口围栏外的水源保护区设立鱼类作为生物指示器，设立摄像头监视鱼类生长情况	设立一、二级水源保护区	设立水源保护区
	水质检测	定时对水温、浑浊度、臭和味、肉眼可见物、DO、pH等监测	定时对水温、浑浊度、臭和味、肉眼可见物、DO、pH、COD_{Mn}、NH_3-N等监测			
	水质	水温：5～26℃，浑浊度：10～20NTU	Ⅳ类，水温：1～30℃，枯水期、丰水期浊度变化不大，有船时可达到一两百度，pH：7.0～7.4，COD_{Mn}：3.5～6mg/L，NH_3-N：0.5～6mg/L	水温：5～30℃，浊度：20～200NTU，pH：7.0～7.2，COD_{Mn}：3.5～4.5mg/L，NH_3-N：0.5～6mg/L	水温：5～30℃，浊度：30～200NTU，pH：6.9～7.3，COD_{Mn}：4.5～6mg/L，NH_3-N：0.5～3（雨季较高）	水温：5～32℃，浊度：15～36NTU，pH：7.0～7.40，COD_{Mn}：3.5～6.5mg/L，NH_3-N：0.8～0.9mg/L

续表

项目		浙江省				
小城镇		埭溪镇（距市中心 27km）	菱湖镇（距市中心 27km）	双林镇（距市中心 30km）	练市镇（距市中心 45km）	南浔镇（距市中心 26km）
净水厂	名称	埭溪水厂	菱湖水厂	双林自来水有限公司	练市自来水有限公司	南浔自来水厂
	规模	0.7m³/d（远期 3 万 m³/d）	3 万 m³/d	2 万 m³/d	3 万 m³/d	3.2 万 m³/d
	工艺	原水→折板絮凝 斜管沉淀→无阀滤池→（加氯）→清水池→用户	取水泵房→（预加氯）→折板絮凝 平流沉淀→普通快滤池→（加氯）→清水池→用户	取水泵房→（预加氯）→折板絮凝 斜管沉淀→无阀滤池→（加氯）→清水池→用户	取水泵房→折板絮凝 斜管沉淀→普通快滤池→（加氯）→清水池→用户	原水→折板絮凝 斜管沉淀→双阀滤池→（加氯）→清水池→用户
	消毒	二氧化氯	液氯	液氯	液氯	液氯
	水源应急	预加氯氧化	预加氯氧化	预加氯、高锰酸钾预氧化，取水口投加 PAC，絮凝池投加 PAC 强化处理	预加氯、高锰酸钾预氧化，取水口投加 PAC，絮凝池投加 PAC 强化处理	预加氯、高锰酸钾预氧化，取水口投加 PAC，絮凝池投加 PAC 强化处理
	管理	配有完善的化验室和化验、检测设备，严格的操作规章制度和操作规程				
	出厂水检测	出厂水配备流量、压力、浊度、余氯在线监测仪表；日常监测浊度、pH、余氯、水温、色度、肉眼可见物、氯化物、总硬度、大肠杆菌、臭和味、细菌总数	出厂水配备流量、压力、浊度、余氯在线监测仪表；日常监测浊度、pH、余氯、水温、色度、肉眼可见物、氯化物、总硬度、大肠杆菌、臭和味、氨氮、耗氧量、细菌总数	出厂水配备流量、压力、浊度、余氯在线监测仪表；日常监测浊度、色度、游离氯、氨氮、COD、氯化物、Fe、总碱度、总酸度、细菌总数、大肠菌数	出厂水配备流量、压力、浊度、余氯在线监测仪表；日常监测水温、浊度、色度、游离氯、氨氮、COD、氯化物、Fe、总碱度、总酸度、细菌总数、大肠菌群	出厂水配备流量、压力、浊度、余氯在线监测仪表；日常监测 pH、浊度、余氯、耗氧量、细菌总数、总大肠菌、耐热大肠菌、总硬度等
	出厂水水质	pH：6.8～7.2，浊度：0.3～0.4NTU，余氯：0.5～0.8mg/L，总大肠菌群：未检出	pH：6.8～7.2，浊度：0.3～0.4NTU，余氯：0.5～0.7mg/L，总大肠菌群：未检出	pH：6.8～7.2，浊度：0.4～0.5NTU，余氯：0.5～0.6mg/L，总硬度：160mg/L，总溶解性固体：350mg/L，COD_{Mn}：2.0～2.8mg/L，总大肠菌群：未检出	pH：6.9～7.3，浊度：0.4～0.5NTU，总余氯：0.8mg/L 游离余氯：0.5mg/L，总硬度：130mg/L，COD_{Mn}：2.5mg/L，总大肠菌群：未检出	pH：7.05，浊度：0.45NTU，余氯：0.40mg/L，总硬度：120～130mg/L，COD_{Mn}：2.70mg/L，总大肠菌群：未检出

续表

项目	小城镇	浙江省				
		埭溪镇（距市中心 27km）	菱湖镇（距市中心 27km）	双林镇（距市中心 30km）	练市镇（距市中心 45km）	南浔镇（距市中心 26km）
输配系统	管网规划与建设	1992 年建设的管网为辅，2005 年的为主，逐步更换	逐步更新改造	逐步更新改造	逐步更新改造	逐步更新改造
	管材	钢筋混凝土管、PE 管、球墨铸铁管为主	铁管，PE 管，球墨铸铁管，水泥管，铸铁管	自应力钢筋混凝土管、球墨铸铁管、PE 管	自应力钢筋混凝土管、铸铁管、球墨铸铁管、PE 管	球墨铸铁管、钢筋混凝土管
	管道内衬	原管道无内衬，新建及改造的采样水泥砂浆内衬				
	老化与腐蚀	部分老化及腐蚀	部分老化及腐蚀	部分老化及腐蚀	部分老化及腐蚀	部分老化及腐蚀
	维护管理	定期 1～2 月 1 次冲洗	国庆、五一，春节前冲洗，每年至少 3 次，排掉死水，弄堂里端的消火栓防水	定期 1～2 月 1 次冲洗	定期 1～2 月 1 次冲洗	定期冲洗、测漏
	管网水检测	浊度、余氯	每月 4 次，每次 4 个采样点监测浊度、pH、细菌总数、大肠菌群、Fe	6 项 pH、浊度、余氯、铁、COD_{Mn}、粪大肠杆菌	pH、浊度、余氯、铁、COD_{Mn}、粪大肠杆菌	浊度、余氯、细菌总数、大肠菌群、色度、臭味、肉眼可见物、COD_{Mn}
	管网水质	浊度：0.4～0.6NTU，余氯：0.1mg/L 左右	浊度：0.5NTU，余氯：0.1mg/L，细菌总数：<1 CFU/mL，铁：0.2mg/L，色度：<15，肉眼可见物：无，大肠杆菌：未检出，耗氧量 4mg/L			
	水质安全预警	目前还没有管网水质安全预警措施				
用户对水质反映		用户反应末端浑水情况普遍，多为入户管老化或管网检修后再通水所致				
其他情况说明				工厂自备水源多，丝得莉工厂向工业园区供水，致使实际供水量小于设计规模		

续表

项目 \ 小城镇		浙江省		
		凤桥镇	浦沿镇	横店镇（距市中心 15km）
基本情况	所属行政区划	嘉兴市秀洲区	杭州市滨江区	东阳市
	人口	约 30000	约 50000	约 108000
供水规划		《嘉兴城乡一体化供水规划》、《嘉兴市区域供水近期实施规划方案》，《嘉兴市城市总体规划》		2004 年做了供水和管网规划
供水模式		城市区水厂延伸区域供水	镇单独集中供水	多个镇联片集中式供水
水源	类型	江河	江河	水库
	名称	南郊河	钱塘江闸堰镇段	南江水库
	污染情况	水源污染较严重，主要是有机污染、氨氮污染以及铁、锰、色度	受到一定的污染，基本为Ⅱ类水质	轻微的污染
	保护政策与措施	设有水源保护区和措施，当水源水质较差时，关闭南郊河进水闸，实施从长水塘、海盐塘取水调配	设有一些水源保护措施	设立了水源保护区和采取了相应的保护措施
	水质检测	水源进行二十四小时的摄像头监测，及时观察水质的变化；定时监测水温、浊度、臭和味，肉眼可见物、COD、NH_3-N 等项目	定时监测水温、浊度、臭和味，肉眼可见物等	定时监测水温、浊度、臭和味，肉眼可见物等
	水质	Ⅳ～Ⅴ类水质，水温 4.0～31.0℃。源水的 NH_3-N 浓度高达 5mg/L，COD 浓度高达 10mg/L，浊度高时达 60NTU 以上，低时 30NTU 左右，pH7.2～7.4，铁 0.75～1.65mg/L，锰 0.13～0.4mg/L，一般在春夏两季源水水质较差	浊度：31NTU，pH：7.1，COD_{Mn}：1.76mg/L，NH_3-N：0.1mg/L	水温：4.5～28.0℃，浊度：4～83NTU，pH：6.83～9.43，COD_{Mn}：1.5～4.6mg，NH_3-N：0.02～0.40mg/L

续表

项目		浙江省		
		凤桥镇	浦沿镇	横店镇（距市中心15km）
净水厂	名称	嘉兴南郊贯泾港水厂	杭州市浦沿镇自来水厂	横店集团自来水厂
	规模	15万m^3/d（远期45m^3/d）	2万m^3/d	5万m^3/d（远期20万m^3/d）
	工艺	取水泵房→生物预处理→机械絮凝→高密度沉淀→臭氧氧化→生物活性炭滤池→快速微絮凝→砂滤（加氯）→清水池→用户	原水→絮凝沉淀→无阀滤池→（加氯）→清水池→用户	原水→折板絮凝斜管沉淀→虹吸滤池→（加氯）→清水池→用户
	消毒	液氯和臭氧	液氯	液氯
	水源应急	高锰酸钾预氧化，絮凝池投加PAC强化处理		
	管理	配有完善的化验室和化验、检测设备；严格的操作规章制度和操作规程；不同情况的应急预案，如水源应急等	配有完善的化验室和化验、检测设备；严格的操作规章制度和操作规程	配有完善的化验室和化验、检测设备；严格的操作规章制度和操作规程
	出厂水检测	出厂水的浊度和余氯在线监测，日常检测浊度、余氯、色度、pH、细菌总数、CODMn、NH_3-N等	水温、色度、pH、总铁、总锰、氯化物、总硬度、氨氮、亚硝酸盐氮、细菌总数、大肠菌群、耐大肠菌	日常监测浊度、余氯、色度臭和味、肉眼可见物、pH、总硬度、氨氮、铁、耗氧量、氯化物、亚硝酸盐、锰、细菌总数、总大肠菌群
	出厂水水质	浊度0.04～0.2NTU；当源水$COD_{Mn}<6$时，$COD_{Mn}<2$；当源水$COD_{Mn}>6$时，$COD_{Mn}<3$，余氯：0.67～0.57mg/L，总大肠菌数：未检出	（均值）pH：7.01，浊度：0.2NTU，余氯：0.6mg/L，总硬度：80mg/L，COD_{Mn}：0.96mg/L，总大肠菌群：未检出	（均值）pH：6.99，浊度：0.3NTU，余氯0.40mg/L，总硬度：35mg/L，总解性固体：92mg/L，COD_{Mn}：1.4mg/L，总大肠菌群：未检出

续表

项目	小城镇	浙江省		
		凤桥镇	浦沿镇	横店镇（距市中心 15km）
输配系统	管网规划与建设	管网规划和建设基本完成，管网按中心城市水厂向镇区延伸式供水布置	管网建设较早	2004 年做了管网规划，管网建设相对完善
	管材	主要为球墨铸铁管、预应力砼管	主要为球墨铸铁管、PE 管、预应力砼管	主要为球墨铸铁管、PE 管、预应力砼管
	管道内衬	原管道无内衬，后改造和新建的采样水泥砂浆内衬	原建设管道无内衬	采用水泥砂浆内衬防腐
	老化与腐蚀	部分老化、腐蚀	部分老化、腐蚀	部分老化、腐蚀
	维护管理	管道公司 3 个月～6 个月进行 1 次管网冲洗，管网分片冲洗，管道平均 1 年 1 次。过桥明管先除锈再重新做涂层；建有 GIS 系统；抢修公司对管道事故及时抢修	没有固定的维护管理，管道出事故时抢修	定时防腐、防渗和冲洗
	管网水检测	定时对管网压力和水质进行定点监测，监测指标浊度、色度、臭和味	不监测	定时监测浊度、色度、余氯、铁、耗氧量、氨氮、细菌总数、总大肠菌群等
	管网水质	浊度：0.2～0.6NTU，臭和味：无		浊度：0.20～0.8NTU，平均 0.5NTU 色度：＜5，平均＜5，余氯：0.05～0.2mg/L，平均：0.15mg/L，臭和味：无，总铁：＜0.05～0.2mg/L，平均 0.07mg/L，耗氧量：0.8～2.2mg/L，平均 1.4mg/L，氨氮：＜0.02mg/L，平均 0.02＜mg/L，亚硝酸盐：＜0.001mg/L，平均＜0.001mg/L 细菌总数：＜1CFU/mL，总大肠菌群：未检出，耐热大肠菌：未检出
	水质安全预警	目前没有水质安全预警措施	目前没有水质安全预警措施	目前没有水质安全预警措施
用户对水质反映		无	无	无

续表

项目 \ 小城镇		浙江省		
		柳城镇（距县城46km）	鳌江镇（距市中心50km）	龙港镇（距市中心60km）
基本情况	所属行政区划	金华市武义县	温州市平阳县	温州市苍南县
	人口	3万	14万	28万
供水规划		没有系统的供水规划		城乡供水一体化改进规划（2008～2010）
供水模式		镇单独集中供水	多个镇联片集中式供水	多个镇联片集中式供水
水源	类型	水库	江河	水库
	名称	宣平溪	溪水	吴家园水库
	污染情况		基本未受污染	未受污染
	保护政策与措施	建立水源保护区	设立保护区标志和警示牌	专门发布加强自来水水源地保护的通告
	水质检测		监测浊度、pH、COD_{Mn}、NH_3-N、臭和味等	
	水质		（均值）浊度：5NTU，pH：6.8，COD_{Mn}：2.00mg/L，NH_3-N：<0.30mg/L	水温：11～32℃，（均值）浊度：3UTN，pH：6.5，COD_{Mn}：1.60mg/L，NH_3-N：<0.05mg/L
净水厂	名称	武义县宝平自来水有限公司	平阳县鳌江自来水厂	苍南县龙港镇自来水厂
	规模	0.17m^3/d	5万m^3/d	5万m^3/d
	工艺	原水→絮凝沉淀→无阀滤池→（加氯）→清水池→用户	原水→絮凝沉淀→V型滤池→（加氯）→清水池→用户	原水→折板絮凝平流沉淀→四阀滤池→（加氯）→清水池→用户
	消毒	二氧化氯	液氯	液氯
	水源应急			
	管理	没有配备完善的水质检测设备和仪表	配有完善的水质检测设备和仪表，严格的管理制度与操作规程	配有完善的水质检测设备和仪表，严格的管理制度与操作规程

续表

项目	小城镇	浙江省		
		柳城镇（距县城 46km）	鳌江镇（距市中心 50km）	龙港镇（距市中心 60km）
净水厂	出厂水检测		浊度、余氯、pH 每 2 小时 1 次，臭和味、总碱度、总硬度、氯化物、总铁、氨氮、耗氧量、色度肉眼可见度每天 2 次	浊度、余氯、pH、臭和味、总碱度、总硬度、氯化物、总铁、氨氮、耗氧量、色度肉眼可见度等
	出厂水水质		（均值）浊度：0.5NTU，余氯：0.5mg/L，总硬度：16.00mg/L，总溶解性固体：20～30mg/L，COD_{Mn}：1.00mg/L，总大肠菌群：未检出	（均值）pH：7.0，浊度：0.10NTU，余氯：0.60mg/L，总硬度：10.0mg/L，总溶解性固体：27mg/L，COD_{Mn}：1.00mg/L，总大肠菌群：未检出
输配系统	管网规划与建设	没有系统的管网规划，管道更新改造跟不上	老化较严重，目前逐步更新改造和建设	定期作规划，目前根据规划不断建设完善管网
	管材	水泥管、镀锌管	水泥管、PE 管、球墨铸铁管	主要为球墨铸铁管
	管道内衬	无内衬	内衬水泥砂浆	内衬水泥砂浆
	老化与腐蚀	老化、腐蚀严重	老化严重，腐蚀相对轻	腐蚀较轻
	维护管理	日常没有维护管理	定期冲洗	定期冲洗、防腐和防渗
	管网水检测	不检测	定期监测浊度、色度、氨氮、耗氧量、细菌总数、总大肠菌群等	定期监测浊度、色度、氨氮、耗氧量、细菌总数、总大肠菌群等
	管网水质		（均值）浊度：0.75NTU，色度＜5，氨氮：0.15mg/L，pH：6，耗氧量：0.75mg/L，总铁：0.05mg/L，细菌总数：15 个/L，总大肠菌群＜2.2	
	水质安全预警	无	无	无
用户对水质反映			多数是因为管网老化引起的水质发黄	

关闭了很多小水源（河道水质污染严重），区水厂直接供水到小城镇，原来的小水源若水质好的话，作为备用水源，若不好的话就放弃，原来的镇级水厂改造成加压泵站。至2009年上海还有82个乡镇水厂，采用内河水为水源水，规划至2012年这些镇级水厂全部取消，采用统一供水，将其变成加压泵站。这些还没有关闭的镇级水厂，目前其水源和水厂员工都没有改变，但管理模式进行了改变，由区级供水企业统一管理。奉贤区按照“原水统筹、水厂归并、一网调度、规模经营、优质服务”的原则，形成以奉贤一水厂，三水厂为西部供水中心，以奉贤二水厂为东部供水中心的“一网两片”，“直接供水与二次加压供水”相互结合的郊县集约化供水模式，即区域供水模式，8个建制镇和5个开发区统一由区水厂供水。从2005年开始先后切换了区属21家镇级水厂，2010年3月27日关闭奉贤最后一座镇级水厂-金汇镇水厂，先后建成第二水厂和第三水厂二期、三期工程，新建4座输配泵站，新增原水输水管道36公里及清水输水管网200公里。全区集约化供水能力从15万吨/日扩大到45万吨/日，黄浦江原水取水能力从原来10万吨/日扩大到55万吨/日，形成了一网供水、一网调度的集约化格局，水质达到了与市中心城区一样的标准。

3. 浙江省

相对江苏和上海而言，浙江省由于地形地势特点，其小城镇的城市延伸区域供水要弱些，同一个市或县，不同地形地势的区域一般分片分区域实施供水，有的区域是城区水厂延伸区域供水，有的是几个镇级水厂联合向周边镇供水等，对于有条件的市或县，不同供水区域还可联网。

对于平原地区的小城镇，主要是实施城市延伸区域供水。如嘉兴，由市区石臼漾水厂和南郊贯泾港水厂两个水厂向市区周边10个乡镇辐射延伸供水，实施分级供水，一级供水为从市区供水到乡镇的原有水厂，原有镇级水厂关闭，改为加压泵站；如绍兴，实施跨流域引水和区域性供水，小舜江供水工程向绍兴市区、绍兴县、上虞市以及其周边乡镇供水，共关停乡镇水厂26家；如慈溪，市分东南部和中西部两大供水区域，其中中西部供水区域由市自来水公司供水，供水区域包括中心城区3个街道，西部5个镇（周巷、天元、长河、庵东、崇寿）以及北部的杭州湾新区。

对于处于山区半山区丘陵地带的城市周边郊县或县城的镇，不能实施管网延伸区域供水，实行镇镇组合区域供水即联片集中供水或镇集中单独供水，但尽量实行区域性供水集中管理。像慈溪市东南部供水区域，由11家镇属及镇镇联办水厂供水，管网各自独立，向东南部13个镇供水；像杭州余杭区3个供水区域：临平、塘栖，余杭、闲林，瓶窑、良渚，临平、塘栖第一个供水区域，供水范围为临平、南苑、东湖、星 桥4个街道和乔司、运河、塘栖、崇贤、仁和5个镇，由运河、塘栖、獐山3座水厂供水；余杭、闲林第二个供水区域，供水范围为余杭、闲林、仓前和中泰等4个镇乡，由杭州自来水公司向该区域供水，余杭、闲林2座水厂为备用水源。瓶窑、良渚第三个供水区域，供水范围为瓶窑、良渚等2个镇，由瓶窑水厂供水为主，并以獐山水厂作为补充与第一供水区域管网连接；像余杭区的黄湖镇、鸬鸟镇、百丈镇和径山镇基本位于山区，采用统一集中供水较为困难，各镇实行各自的集中供水，但各镇水厂、水利工程设施均由余杭区水利部门统一管理。

对于海岛小城镇，兼并整合本岛各乡镇、村级水厂，依托大陆引水和现有水库供水，进行水库联网，新建水库，水厂联网供水，各区段之间相互连接，形成既可各自利用当地水源，又可相互调剂补充的供水体系。如舟山本岛供水，本岛南部盐仓至东港区段，即现城区，在临城水厂已兼并的基础上，整合勾山水厂，依托大陆引水和现有水库供水；双桥、岑港、烟墩、东海农场、马目、大沙、小沙、长白和册子岛区段，依托马目黄金湾调蓄水库建水厂供水；白泉、北蝉区段，整合白泉、北蝉水源，新建响水坑、白泉平地水库，扩建白泉水厂供水，并与城区联网；展茅区段：依托展茅平地水库和大使岙水库等水源，改扩建水厂供水，并与城区联网。有的由于地理特点和地域的分割，集中式供水难度大，成本高，实施以水库灌区为单位兴建自来水厂的单独集中供水，如玉环县的小城镇。

4. 广东省

广东省建制镇规模较大，镇级水厂规模很大，一般在 5 万吨/天以上，有的甚至在 10 万吨/天以上，像东莞、深圳的一些小城镇。再加上广东省的地形地势和水源特点以及其组团式城镇群的特点，广东省小城镇目前基本有三种供水模式，一种是一镇一水厂，但与周边的镇水厂或市水厂输配管网已联网，目前这种供水模式相对较多，特别是东莞；另一种供水模式就是城区水厂或市水厂向周边街道、镇延伸区域供水，目前不是很多，但不少地区规划要实施，如珠海市，规划以磨刀门和黄杨河作为主要水源，以江为主，江库结合，库库连通，科学调度，水厂及管网以区域性集中供水为主，将城市集中供水系统向各镇、村延伸；最后一种是各镇独立集中供水，但规划水源联网，如深圳的部分区，规划各镇水源联网，互为备用水源，同一区实现全区供水系统一体化管理。

3.1.1.2 水源

1. 水源类型

以地表水为主，主要是江河水、水库水和湖泊水，在调研的 17 个小城镇中，采用江河水的有 8 个，占 47.1%，水库水的有 6 个，占 35.3%，湖泊水的有 3 个，占 17.6%，具体见表 4.1。

江苏省的小城镇目前一般都实施了区域供水，特别是苏南和苏中地区，以集中水源地为主，主要包括长江、太湖以及运河，江苏省规划将依托长江布置 32 处水源地，依托太湖布置 10 处水源地，依托京杭运河、通榆运河分别布置 21 处、17 处水源地；上海小城镇主要以黄浦江、长江为水源，近年随着水环境的恶化，水库也作为了水源；浙江省小城镇主要以水库、运河为水源，也有少部分以河塘为水源。河网水污染严重，目前已有相当部分改用水库水。据统计，2001 年浙江省镇级水厂 134 座，其中 87 座采用水库水，41 座采用江河水，6 座采用地下水；珠江三角洲地区包括两种水源，江河水和水库水，部分采用东江水，部分采用水库水。

2. 水源水质

一区的城镇供水水源受污染在全国可以说最严重，特别是那些内河水源，某些水质指标已严重超过《地面水环境质量标准》中Ⅲ类水体标准，主要污染物为氨氮、有机物等。

对于江苏省及浙江省平原河网地带以内河水为水源的小城镇供水水源，如浙江的嘉兴地区、湖州地区，由于境内水网密布，纵横交错，河网相互贯通，其水质既受上游水污染的影响，又受到本地污染源的危害，水质多以Ⅳ类水为主，高氨氮、高有机污染和臭味严重；对于江苏省和浙江省采用其他地表江河水的，如京杭运河、长江等，有些江段或河段氨氮、有机污染轻，水质较好，但浊度变化较大，特别是有行船经过时，浊度很高；对于黄浦江，其水质劣于Ⅲ类水体，主要污染物是氨氮、总磷及耗氧量，富营养化较重。

对于湖泊和水库水源，由于受污水排放和农业施肥等影响，氮、磷含量较高，湖泊富营养化较严重，特别是在水温较高情况下，造成藻类大量繁殖，如太湖水，这种高藻水给水厂常规净化处理工艺带来困难，像珠江三角洲地区的这种湖库水源，如龙岗区的雁田水库水源，具有明显的低浊、高藻、微污染特征，表现为：(1) 浊度常年维持在10NTU以下；(2) 藻类常年处于10^6～10^7个/L的水平；(3) 铁、锰指标有部分时段超标。

3. 第二水源

一区的小城镇供水保障率相对要高，大多考虑了第二水源，即备用水源，特别是江苏省地区和珠江三角洲地区。为应对主要水源地污染事故，江苏省各供水片将部分条件较好的内河、湖泊、水库和地下水作为备用水源，如无锡地区，当太湖水出现问题时，长江水作为应急水源；如昆山地区，实施长江引水工程，从长江常熟段取水，铺设专用管道，采用非开放式引水至三水厂和傀儡湖，作为备用水源，同时与苏州工业园区供水管网对接，实现互为应急备用水源；珠江三角洲地区为保障供水水源，大多实施引水工程源水管网联网，各镇水源联网，互为备用水源，如深圳地区，在东深、东部二大境外调水水源的前提下，实施以供水网络干线、支线为主的境外水源分配体系，北线引水工程与中部的供水网络干、支线、南部的北环干管形成全市环状的境外水源调配系统，这样可以在宝安区形成“双水源”的供水保障体系，大大提高供水保证率，同时有利于境外水源的灵活调度；上海地区目前正在建设青草沙水库水源地工程，此工程建成后，上海可充分利用长江口青草沙水域优质充沛的淡水资源，北与长江陈行水库输水系统相连，南与黄浦江输水系统相接，互为补充和备用，全面形成“两江并举，三足鼎立”的水源地格局。

4. 改变水源水质，使水源更安全，易于保护

一区的小城镇供水水源还具有一个非常明显的特点，那就是在全国最早关闭小而分散且受污染严重的地表水源和地下水源，尽量采用集中水源，改变了水源水质，使水源更安全，易于保护。一区的小城镇实施区域供水前，乡镇和农村大部分以内河、小水库、地下水为水源，内河、小水库水质总体劣于Ⅲ类水质标准，部分地区的河湖水质总体劣于Ⅳ类，部分地区地下水超采，部分地下水为高氟水、苦咸水、硬水，有的地区铁、锰、氯离子和矿化度含量极高，水质较差，不适宜作为供水水源。在这种供水水源状况下，一区的小城镇特别是江苏省和上海，提出整合现有供水水源，关停小而散的水源地，集中布置水源地，扩大水源保护范围，改善水源水质，保障水源安全。

3.1.1.3 水厂

一区的小城镇水厂建设相对较完善，在水厂规模、处理工艺以及运行管理等方面呈现出一定的特征。

1. 处理规模

一区实行城市延伸区域供水的小城镇水厂规模一般在10万m^3/d以上，那些实行镇镇组合区域供水或单独集中供水的小城镇水厂，其规模一般要小。珠江三角洲地区小城镇水厂规模相对较大，一般都在5万m^3/d以上，有的甚至在10万m^3/d以上，如深圳和东莞的建制镇水厂；浙江省和江苏省没有实施区域供水的小城镇水厂，特别是浙江省的小城

镇水厂，水厂规模一般较小，绝大部分在5万m^3/d以下，在调研的7个单独集中供水的小城镇中，水厂规模都在3.5万m^3/d以下，有的甚至不到1万m^3/d。据统计，2001年浙江省镇级水厂134座，供水能力达到130.31万m^3/d，其中规模1万m^3/d以下的水厂78座，占58.2%，1～5万m^3/d之间的水厂55座，占41.0%，5～10万m^3/d之间的水厂只有1座。

2. 处理工艺

一区的小城镇水厂处理单元建设相对健全，处理工艺相对完善，都包括反应、沉淀、过滤和消毒几个必要处理单元。江苏省针对水源水质状况区别对待水厂制水工艺，现有太湖水源水厂在原常规处理基础上主要增加化学（高锰酸盐）氧化预处理和臭氧活性炭深度处理设施，有时不增加深度处理而是采用粉末活性炭PAC强化常规处理，以应对藻类和有机污染；长江水源水厂主要调整工艺参数强化常规处理工艺，必要时增加臭氧活性炭深度处理设施；京杭运河、通榆运河等水源水厂主要增加生物氧化预处理和臭氧活性炭深度处理设施。目前昆山的全部水厂以及苏州地区的部分小城镇水厂都实现了深度处理。

浙江省除实行城市延伸区域供水且以湖库及内河为水源的小城镇水厂，在常规处理基础上增加生物预处理/预臭氧氧化和臭氧生物活性炭深度处理外，如嘉兴地区，其他小城镇水厂，无论水源情况如何，目前一般都没有深度处理，由于水厂规模较小，一般采用折板絮凝反应、斜管或平流沉淀和无阀滤池或普通滤池或双阀滤池或虹吸滤池，基本没有V型滤池，在调研的17个小城镇水厂中，有9个采用了无阀滤池、普通快滤池、双阀滤池和虹吸滤池。有的水厂为应对水源污染，在常规处理的前面增加加氯或高锰酸钾预氧化，在絮凝反应前投加PAC强化常规处理，如湖州地区的小城镇水厂，有的水厂如以水库为水源或郊县的一些小城镇水厂，没有应对水源污染的应急处理措施。

珠江三角洲地区和上海地区小城镇水厂目前多是采用常规处理，除深圳的部分水厂采用臭氧生物活性炭深度处理外，一般是絮凝反应、沉淀、V型滤池或翻板滤池过滤，根据水源情况增加一些应对水源污染的应急处理措施。

另外，对于实行城市延伸区域供水的小城镇水厂和珠江三角洲地区的小城镇水厂，基本都有污泥处理系统，有的还预留了深度处理系统的建设用地，如奉贤区第二、三水厂等。这些水厂一般采用先进的自控和仪表设备，使水厂生产的自动化程度达到了先进水厂的管理水平。

3. 运行管理

在调研的小城镇中除浙江省经济发展相对不发达的县城的偏远小城镇水厂外，其他地区的小城镇水厂都建有较完善、健全和严格的水厂管理制度和安全操作规程，配有水厂自己的化验室和较完善的水质检测、化验设备及仪表。管理制度包括安全消防安全管理制度、安全管理责任制、化验室管理规范、水质检测制度、实验室安全操作制度以及各工段管理制度，如泵站管理制度、加药间管理制度、澄清池的管理制度、滤池管理制度等。安全操作规程包括氯气使用安全规程、电气安全规程、特种设备安全使用规范、压力容器安全操作规程等。有些小城镇水厂，特别是江苏、上海地区以及珠江三角洲地区的，水厂还制定了一些完备的应急预案或措施，包括饮用水源突发安全事故应急处理预案、液氯泄漏事故应急预案、管网事故应急预案以及火灾救援、危险品爆炸等应急预案或措施。

3.1.1.4 输配系统

1. 管网规划

一区的小城镇供水大多有管网专项规划或专业规划，特别是城市延伸区域供水的小城镇，一般都有较完善的供水规划，管网建设也相对较完善和健全，只有部分经济相对欠发达县城的小城镇管网规划和建设相对不完善，存在如规划和建设落后于发展需求这样的问题。

虽规划和建设相对完善，但随着小城镇工业的发展和人口的增加、使用时间的持续及维护管理不到位以及当初技术的限制等原因，一些小城镇供水管网规划不够合理，管网压力分配不合理，管线设置不合理，管线敷设随意性较大、管网老化、管网腐蚀等问题慢慢呈现出来，如管径较小难以满足用水量需求；不少小城镇建筑物、绿化带等的重新修建或新建，一些用地功能的改变，地面重新平整等，导致原来铺设的管线和一些阀门等被掩盖，给管网的维护带来难度；因管材或管道没有内衬等，部分小城镇或小城镇的部分区域管网老化、腐蚀等导致渗漏、水质恶化较严重等；因管网压力分配不合理，导致某些管段压力不足，供水管网末梢的水压不能满足要求，有些管段压力过高，发生爆管事故。在调研中发现有 2 个小城镇由于管网老化腐蚀以及爆管事故抢修或检修等原因造成水质浑浊，用户对供水水质时有反映。

一区的小城镇供水管网的更新改造和新建相对我国其他地区的小城镇要好得多。目前绝大多数小城镇都针对管网存在的问题，逐步进行更新改造或重新建设原建设管网中不合理、敷设年代较早，材质差，漏水爆管严重的管段、管径较小难以满足规划水量要求的管段以及漏水隐患较多的老管段，考虑采用新型管材代替原有管材，并对部分腐蚀不严重原没有内衬的管段补加水泥砂浆内衬。

枝状管网是小城镇供水管网的主要布置形式，一区的小城镇中枝状管网布置形式占了多数。规模相对较小的小城镇以及相当部分城市延伸区域供水的小城镇，供水管网布置成枝状，只有规模较大的小城镇如珠江三角洲地区的小城镇，供水管网一般布置成环状。昆山市的淀山湖镇，镇区内管网采用环状布置，镇区外采用枝状布置，吴江市区域供水的部分小城镇供水管网采用环状布置，深圳龙岗区的龙岗街道和龙城街道管网采用环状布置。

2. 管材

一区的小城镇供水管网原采用的多是水泥管、铸铁管、镀锌管、球墨铸铁管等，后更新改造或新建多采用球墨铸铁管、钢管、塑料管，有的地区采用夹砂玻璃钢管，如吴江地区和常熟地区多采用夹砂玻璃钢管。埋设较早的管网内部一般无内衬涂料，近期埋设和更新的管网都普遍采用水泥砂浆作为内衬材料防腐等。

一区的小城镇供水主干管管径有的达到 $DN2000$，大多为 $DN100$～2000，在调研的小城镇中多为 $DN300$～800。城市延伸区域供水的小城镇供水主干管长度最长的达到 150km。

3. 运行管理

一区的小城镇供水管网的运行管理相对我国其他地区小城镇要好得多。大多有完善的供水管网图，会及时完善更新管网资料，有的还建设了 SCADA 系统，如上海奉贤区建制镇，会根据管网水质情况，定期对管网进行冲洗，有的还进行定期的防腐和防渗。有的地区供水管理公司或集团还成立了专门的管道公司或管道抢修公司或队，专门负责管道的冲洗以及管道事故的抢修等。在调研的小城镇中定期对管网进行冲洗的有 14 个，占 82.4%。只有部分经济相对不发达县城的小城镇，对管网的维护管理措施较少或不到位，没有镇区系统的管网图，管网不进行定期冲洗等。另外，目前基本没有小城镇有完善的管网水质安全预警系统，在调研的小城镇中只有奉贤区正在筹建生活水质预警系统。

3.1.1.5 供水水质

由于一区的小城镇从水源保护到水厂建设再到管网规划建设都相对较完善，管理较到位，一区的小城镇供水水质相对我国其他地区的小城镇供水水质较优，无论是净水厂出厂水还是管网出厂水。只有部分地区的小城镇由于水源有机污染较严重，处理工艺不能有效去除有机污染物，导致供水水质的 COD_{Mn} 有时超标，或由于管网老化腐蚀等管道原因引起供水水质部分指标相对出厂水恶化，供水发黄或浑浊。对于实施区域供水的小城镇来说，实施区域供水后，供水水质较实施前有了一个较大的提高，水质更安全。以上海奉贤区建制镇供水水质为例，上海奉贤区实施城市延伸区域供水前后，镇级出厂水及管网水水质有较大的提高，2006 年与 2005 年相比，出厂水 4 项合格率由 98.18%提高到 99.86%，管网水四项合格率由 94.75% 提高到 98.83%，出厂水平均浊度由 0.63NTU 提高到 0.31NTU，2008 年达到 0.13NTU；管网水平均浊度由 0.93NTU 提高到 0.50NTU[15]。具体通过建制镇独立供水及实施延伸区域供水两种不同情况下的水质来说明。

镇级水厂胡桥水厂、新寺水厂、钱桥水厂、四团水厂、平安水厂分别建于 1979 年、1973 年、1978 年、1975 年、1978 年，水源均为内河水源，分别为上横泾、竹港、中心河、随塘河、四团港。表 3-2、表 3-3 是这些镇级水厂制水原水和出厂水的水质情况，表 3-4 是区级水厂水源原水水质情况，表 3-5 是实施区域供水这些镇级水厂关闭不再制水改为加压泵站后的水质情况，表 3-6 是这些镇级水厂制水供水区域管网水质情况，表 3-7 是实施区域供水由区级水厂供水管网水质情况。

由表 3-2、表 3-3、表 3-4 的原水数据可看出，原镇级水厂采用的内河水较黄浦江源水受污染较严重，特别是有机污染，水质较差，耗氧量在 6.6mg/L 以上，绝大多数在 8mg/L以上。其次氨氮污染也较重，氨氮浓度一般在 1.1mg/L 以上，另外浊度也较高，一般 25～103NTU，有的水源肉眼还可看到悬浮颗粒物。

由表 3-2、表 3-3、表 3-5 的出厂水数据可看出，实施城市延伸区域供水前，即各个镇级水厂独立制水，出厂水的浊度、耗氧量时常超标。钱桥新水厂、四团水厂、平安水厂的出厂水浊度在 1NTU 以上，有的还在 2NTU 以上。当实施区域供水由区级水厂统一供水后，区级水厂出厂水经管网输配至原镇级水厂，其浊度除钱桥老水厂外，平均均在 1NTU 以下，像邵厂水厂达到了 0.11NTU。可见，实施区域供水后水质明显有了改善。

由表 3-6、表 3-7 的管网水质数据可看出，实施区域供水后镇级管网水质得到较大提高。四团水厂、平安水厂、邵厂水厂、胡桥水厂、新寺水厂实施区域供水前管网水浊度分别为 0.86～3.32、0.84～0.94、0.11～0.19、0.91～1.08、0.57～1.32NTU，实施区域供水后分别为 0.56～1.56、0.46～1.22、0.07～0.19、044～0.98、0.46～0.88NTU，均值分别为 0.85、0.82、0.11、0.7、0.64NTU。

另外，由表 3-2、表 3-3 和表 3-6 以及表 3-5 和表 3-7 的出厂水数据和管网数据可看出，出厂水经管网输配后，某些水质指标在管网内会发生一定程度的变化，如浊度、铁、锰、耗氧量、细菌总数等指标会升高，余氯指标会降低。由表3-2、表3-3和表3-6的浊度数据知，四团水厂、胡桥水厂、新寺水厂、钱桥新水厂这四个水厂经管网输配后其浊度明显升高，出厂水浊度分别为0.87～1.57、0.6～0.72、0.49～0.63、0.11～1.0NTU，经管网后分别为0.86～3.32、0.57～1.32、0.93～1.08、0.73～1.0NTU，管网采样点的监测数据多数在1NTU以上。

上海市奉贤区镇级水厂（奉西）原水和出厂水水质（2007.10）　　**表3-2**

地点 / 时间 / 水样 / 项目	胡桥水厂				新寺水厂			
	2007-10-9		2007-10-24		2007-10-9		2007-10-24	
	出厂水	原水	出厂水	原水	出厂水	原水	出厂水	原水
浊度(NTU)	0.6	34.2	0.72	50.7	0.63	42.6	0.49	34.1
色度(Pt-co mg/L)	10	18	14	25	11	17	12	24
肉眼可见物	无	无	无	无	无	无	无	悬浮颗粒
臭和味	0	0	1	0	0	0	1	0
余氯(mg/L)	1.5		2.5		0.5		2.5	
氨氮($mgNH_3/L$)		1.83		1.66		1.13		1.59
耗氧量(mg/L)	4.8	9.9	4.4	8.7	4.8	8	4.6	8.3
细菌(MPN/mL)	6	520	3	410	9	720	5	580
大肠菌(MPN/100mL)	0	＞1600	0	＞1600	0	＞1600	0	＞1600
耐热大肠菌群(MPN/100mL)	0	＞1600	0	＞1600	0	＞1600	0	＞1600

上海市奉贤区镇级水厂（奉东）原水和出厂水水质（2007.10）　**表 3-3**

项目 \ 地点	钱桥新水厂				钱桥老水厂				四团水厂				邵厂水厂		平安水厂			
时间	2007-10-16		2007-10-24		2007-10-16		2007-10-24		2007-10-10		2007-10-23		2007-10-10	2007-10-23	2007-10-10		2007-10-23	
水样	出厂水	原水	出厂水	原水	出厂水	原水	出厂水	出厂水	出厂水	原水	出厂水	原水	出厂水	出厂水	出厂水	原水	出厂水	原水
浊度(NTU)	1.95	63.4	2.78	103	1.15	20.5	0.19	0.11	1.57	37.4	0.87	56.6	0.19	0.11	1.16	77.7	0.95	25.1
色度(Pt-co mg/L)	11	19	16	27	11	18	2	2	6	21	9	19	2	2	8	21	14	23
肉眼可见物	无	无	无	悬浮颗粒	无	无	无	无	无	无	无	无	无	无	无	无	无	无
臭和味	0	0	0	0	0	0	0	0	0	0	0	0	0	0	0	0	0	0
余氯(mg/L)	0.5		0.6		0.2		0.3	0.4	2.5		2.2		0.3	0.4	2.5		1.5	
氨氮($mgNH_3/L$)		1.81		1.4		1.13				1.72		0.27				1.33		0.45
耗氧量(mg/L)	5.1	8	5.4	7.7	4.6	6.8	3	1	3.1	8.5	3.1	5.7	3	1	3.2	8.1	4.4	6.6
细菌(MPN/mL)	0	480	1	420	10	560	0	2	5	480	1	510	0	2	4	510	2	480
大肠菌(MPN/100mL)	0	>1600	0	1600	0	>1600	0	0	0	>1600	0	>1600	0	0	0	>1600	0	1600
耐热大肠菌群(MPN/100mL)	0	>1600	0	1600	0	>1600	0	0	0	>1600	0	>1600	0	0	0	>1600	0	1600

上海市奉贤区黄浦江原水29项水质年报（2007年） 表3-4

项目	单位	标准(Ⅲ)	最大值	最小值	平均值	检验数	合格数	合格率
水温	℃		27.5	5.5	17.6	12		
pH		6—9	7.9	7.1	7.5	12	12	100.00%
硫酸盐	mg/L	≤250	175	86	124	12	12	100.00%
氯化物	mg/L	≤250	110	65	95	12	12	100.00%
铁	mg/L	≤0.3	1.01	0.19	0.52	12	6	50.00%
锰	mg/L	≤0.1	0.33	0.08	0.16	12	2	16.67%
铜	mg/L	≤1.0	0.026	0.005	0.011	12	12	100.00%
锌	mg/L	≤1.0	0.05	0.01	0.02	12	12	100.00%
硝酸盐	mg/L	≤10	3.47	1.34	2.29	12	12	100.00%
总磷(以P计)	mg/L	≤0.2	0.29	0.1	0.21	12	4	33.33%
高锰酸盐指数	mg/L	≤6	8	5.3	6.3	12	6	50.00%
溶解氧	mg/L	≥5	10.2	1.8	5	12	6	50.00%
化学需氧量(CODcr)	mg/L	≤20	24	13	19.7	12	8	66.67%
生化需氧量(BOD_5)	mg/L	≤4	3.9	0.8	2.4	12	12	100.00%
氟化物	mg/L	≤1.0	0.95	0.46	0.75	12	12	100.00%
砷	ug/L	≤50	3.8	1	2.2	12	12	100.00%
硒	ug/L	≤10	0.5	0.1	0.3	12	12	100.00%
汞	ug/L	≤0.1	0.08	0.01	0.04	12	12	100.00%
镉	mg/L	≤0.005	0.001	<0.001	0.001	12	12	100.00%
铬(六价)	mg/L	≤0.05	<0.004	<0.004	<0.004	12	12	100.00%
铅	mg/L	≤0.05	0.007	<0.001	0.003	12	12	100.00%
氰化物	mg/L	≤0.2	<0.002	<0.002	<0.002	12	12	100.00%
挥发酚类	mg/L	≤0.005	<0.002	<0.002	<0.002	12	12	100.00%
阴离子合成洗涤剂	mg/L	≤0.2	0.3	0.03	0.23	12	3	25.00%
矿物油	mg/L	≤0.05	0.18	0.05	0.11	12	1	8.33%
氨氮	mg/L	≤1.0	2.9	0.2	1.31	12	7	58.33%
硫化物	mg/L	≤0.2	0.028	0.005	0.014	12	12	100.00%
耐热大肠菌群	个/L	≤10000	>16000	8000		12	2	16.67%
总氮	mg/L	≤1	6.72	1.04	1.04	12	0	0.00%

上海市奉贤区实施区域供水后水厂和各加压泵站出厂水浊度均值统计（2008.11）　表 3-5

月份	钱桥新水厂	钱桥老水厂	四团水厂	平安水厂	泰日水厂	邵厂水厂	奉东公司	金汇水厂	胡桥水厂	新寺水厂	齐贤水厂	奉西公司	分公司平均值	一水厂	二水厂	三水厂	公司平均值	全公司平均值
1月份	0.9	0.87	1.56	1.22	0.6	0.19	0.96	0.98	0.98	0.62	0.58	0.8	0.92	0.14	0.11	0.12	0.12	0.72
2月份	0.88	2.47	1	0.82	0.77	0.11	1.01	0.91	0.82	0.88	0.98	0.9	0.96	0.14	0.1	0.12	0.12	0.77
3月份	1.53	—	0.84	0.71	1.14	0.16	0.88	0.72	0.71	0.68	1.22	0.83	0.86	0.14	0.1	0.11	0.12	0.67
4月份	2.16	—	0.72	0.88	0.92	0.08	0.95	0.45	0.44	0.64	0.77	0.57	0.78	0.13	0.1	0.11	0.11	0.62
5月份	0.94	—	0.63	1.16	0.64	0.08	0.69	0.36	0.73	0.6	0.71	0.6	0.65	0.14	0.12	0.11	0.12	0.52
6月份	0.51	—	0.78	0.79	0.54	0.07	0.54	0.35	0.56	0.6	0.47	0.49	0.52	0.13	0.11	0.11	0.12	0.42
7月份	0.42	—	0.56	0.83	0.41	0.12	0.47	0.58	0.65	0.46	0.33	0.5	0.48	0.12	0.1	0.09	0.1	0.39
8月份	0.38	—	0.86	0.92	0.36	0.1	0.52	0.4	—	0.65	0.25	0.43	0.49	0.13	0.12	0.1	0.12	0.39
9月份	—	—	0.73	0.71	0.17	0.09	0.43	0.25	—	—	0.22	0.24	0.36	0.12	0.13	0.11	0.12	0.28
10月份	—	—	0.67	0.46	0.36	0.12	0.4	0.17	—	—	0.31	0.24	0.35	0.12	0.11	0.11	0.11	0.27
11月份	—	—	0.95	0.49	0.5	0.13	0.52	0.27	—	—	0.21	0.24	0.43	0.13	0.12	0.12	0.12	0.32
累计平均	0.97	1.67	0.85	0.82	0.58	0.11	0.67	0.49	0.7	0.64	0.55	0.53	0.62	0.13	0.11	0.11	0.12	0.49

上海奉贤区各镇级水厂管网采样水质检测（2007.10） 表 3-6

乡村水厂	地址	日期	浊度（NTU）	色度（CU）	余氯（mg/L）	臭和味	耗氧量（Mn）	铁（mg/L）	锰（mg/L）	细菌（CFU/mL）	大肠菌（CFU/mL）
前桥水厂	矩贤纸箱	10月16号	0.73	11	0.05	0	4.28	0.07	0.06	1	0
	长安饭店	10月16号	0.96	11	0.4	0		0.08	0.07	2	0
	矩贤纸箱	10月24号	0.85	12	0.05	0		0.06	0.07	0	0
	长安饭店	10月24号	1	14	0.4	0	5.02	0.11	0.2	1	0
邵厂水厂	前哨村706号	10月10号	0.19	7	0.05	0	1.61	<0.05	<0.05	0	0
	杨家宅村54弄111号	10月10号	0.12	2		0		<0.05	<0.05	4	0
	前哨村706号	10月23号	0.11	4	0.05	0	0.71	<0.05	<0.05	1	0
	杨家宅村54弄111号	10月23号	0.13	4		0		<0.05	<0.05	0	0
平安水厂	平福路3号房	10月10号	0.88	7	0.75	0		0.05	0.07	2	0
	新四平公路588号	10月10号	0.94	7	0.3	0	2.74	0.11	0.08	5	0
	平福路3号房	10月23号	0.84	13	1.5	0	4.56	<0.05	0.16	0	0
	新四平公路588号	10月23号	0.94	9	0.15	0		0.13	0.18	0	0
四团水厂	天棚路4号	10月10号	0.86	9	0.75	0		0.23	0.16	3	0
	川南奉公路8561号	10月10号	2.92	11	2.5	0	3	0.34	0.2	0	0
	天棚路4号	10月23号	2.17	9	0.15	0	2.87	0.25	0.26	0	0
	川南奉公路8561号	10月23号	3.32	9	1.6	0		0.44	0.33	1	0
新寺水厂	新桥奉陆路口	10月9号	1.06	12	0.3	0	6.08	0.15	0.09	6	0
	新寺投资服务中心	10月9号	1.08	12	0.4	0		0.37	0.2	8	0
	新桥奉陆路口	10月24号	0.93	12	0.1	0		0.11	0.23	0	0
	新寺投资服务中心	10月24号	0.91	12	0.6	0	5.95	0.15	0.24	2	0
胡桥水厂	双凌空调配件	10月9号	0.57	11	0.05	0		0.08	0.09	5	0
	拓林敬老院	10月9号	0.76	11	0.05	0		0.08	0.07	7	0
	双凌空调配件	10月24号	1.32	15	0.2	0	4.87	0.1	0.27	0	0
	拓林敬老院	10月24号	0.81	14	0.05	0		<0.05	0.21	0	0

上海奉贤区实施区域供水后管网水浊度均值统计(2008.10) 表 3-7

月份	钱桥新水厂	钱桥老水厂	四团水厂	平安水厂	泰日水厂	邵厂水厂	奉东公司	金汇水厂	胡桥水厂	新寺水厂	齐贤水厂	奉西公司	分公司平均值	一水厂	二水厂	三水厂	公司平均值	全公司平均值
1月份	0.90	0.87	1.56	1.22	0.6	0.19	0.96	0.98	0.98	0.62	0.58	0.8	0.92	0.14	0.11	0.12	0.12	0.72
2月份	0.88	2.47	1	0.82	0.77	0.11	1.01	0.91	0.82	0.88	0.98	0.9	0.96	0.14	0.1	0.12	0.12	0.77
3月份	1.53	—	0.84	0.71	1.14	0.16	0.88	0.72	0.71	0.68	1.22	0.83	0.86	0.14	0.1	0.11	0.12	0.67
4月份	2.16	—	0.72	0.88	0.92	0.08	0.95	0.45	0.44	0.64	0.77	0.57	0.78	0.13	0.1	0.11	0.11	0.62
5月份	0.94	—	0.63	1.16	0.64	0.08	0.69	0.36	0.73	0.6	0.71	0.6	0.65	0.14	0.12	0.11	0.12	0.52
6月份	0.51	—	0.78	0.79	0.54	0.07	0.54	0.35	0.56	0.6	0.47	0.49	0.52	0.13	0.11	0.11	0.12	0.42
7月份	0.42	—	0.56	0.83	0.41	0.12	0.47	0.58	0.65	0.46	0.33	0.5	0.48	0.12	0.1	0.09	0.1	0.39
8月份	0.38	—	0.86	0.92	0.36	0.1	0.52	0.4	—	0.65	0.25	0.43	0.49	0.13	0.12	0.1	0.12	0.39
9月份	—	—	0.73	0.71	0.17	0.09	0.43	0.25	—	—	0.22	0.24	0.36	0.12	0.13	0.11	0.12	0.28
10月份	—	—	0.67	0.46	0.36	0.12	0.4	0.17	—	—	0.31	0.24	0.35	0.12	0.11	0.11	0.11	0.27
11月份	—	—	0.95	0.49	0.5	0.13	0.52	0.27	—	—	0.21	0.24	0.43	0.13	0.12	0.12	0.12	0.32
累计平均	0.97	1.67	0.85	0.82	0.58	0.11	0.67	0.49	0.7	0.64	0.55	0.53	0.62	0.13	0.11	0.11	0.12	0.49

3.1.1.6 水质管理

供水水质管理一般涉及水源的保护与管理、出厂水管理、管网水管理以及政府部门制定的一些管理办法、管理意见、管理条例及规定等。

1. 管理办法

当地政府部门或相关监管部门或国家的相关部门会制定一些城镇或村镇供水管理办法、管理条例、管理规定及意见等相关文件或规定，这些文件或规定一般会涉及或包括水源保护、水质管理、供水管理部门、供水设施维护管理、水质检测频次、水质检测项目等内容，如《水利部关于加强村镇供水工程管理的意见》、《永嘉县城镇供水突发事故应急预案》、《岱山县城镇供水管理规定》、《温州市城镇供水水质检验项目及频率》等。除这些国家或政府部门的文件或规定外，一区小城镇各供水集团或供水公司或水务集团一般都还会根据自己的情况对供水设施、供水管理等做出严格的规定，如备用水源、事故应急等都有较明确可行的规定。

2. 水源保护

不少地区根据《地面水环境质量标准》GB 3838—2002的地表水域功能分类及其控制要求、《水污染防治法》和《饮用水水源保护区污染防治管理规定》等规定，划分或设立小城镇供水水源保护区，在不同的区域实施不同的保护措施。在调研的一区小城镇中，所有小城镇均对水源保护作了规定和实施了一定保护措施，但有的小城镇水源地存在保护不合理或措施不到位等现象，水源周边有污废水排放口。

一区的小城镇供水一般对水源进行每日或定时的水质常规指标检测，有的还按一定频次进行全指标或多指标的检测，有的还对水源水质进行预警。在调研的一区17个小城镇中，只有1个浙江的县城小城镇对源水水质不实施检测，上海奉贤区建制镇对水源原水建设有生物预警系统，预警原水的突发污染事故等。

3. 出厂水管理

为使出厂水水质达到国家标准要求，供水厂针对出厂水水质会进行严格管理。一般采取的措施有：针对制水各工艺单元和工段制定严格的检修制度、安全生产制度及操作规程；出厂水配置流量、压力、溶解氧、pH、浊度、余氯等在线监测设备；有的水厂还采用生物预警手段对出厂水进行事故预警；水厂建立完善的化验室和配备较齐全的检测、化验设备，每日对色度、浊度、臭和味、肉眼可见物、pH、总大肠菌群和余氯等指标进行监测，定期进行全项指标监测，有些指标还每2个小时监测一次，如浊度、余氯。一区调研的小城镇中有12个水厂设置了在线水质监测设备，占70.6%，只有1个小城镇的水厂没有建立化验室及配置化验检测设备，日常对出厂水水质检测较少。实施城市延伸区域供水的小城镇，除了供水厂每日进行常规指标监测外，原镇级水厂改为加压泵站的，也会对此处的水质进行日常监测。如上海奉贤建制镇，水质中心对原镇级水厂包括铁和锰在内的9项指标进行日常检测；吴江市的松陵镇、盛泽镇、汾湖镇，原镇级水厂多建有化验室，每日对原镇级水厂的出厂水进行包括色度、浊度、臭和味、肉眼可见物、氨氮、余氯、COD、细菌总数、总大肠菌数和粪大肠菌数的10项检测，每周进行1次16项检测，增加pH、总硬度、铁、锰、氯化物和硝酸盐6项指标。

4. 管网水管理

一区的小城镇供水对管网水水质的管理相对较完善，虽目前还没有设置在线管网水质检测设施和水质预警系统，但在管网水补加氯消毒、管网水的定期水质检测、管网的防腐、防渗、定期冲洗、应对突发的爆管事故、管道抢修、管道检修以及老化腐蚀管道的更新改造等方面相对较到位和完善。实施城市延伸区域供水的小城镇，根据管网长度和用户端余氯情况，一般会在原镇级水厂处（原镇级水厂关闭制水改变为加压泵站和/或加氯站）补加氯，以保证供水水质微生物指标符合要求。一区调研的小城镇中有 14 个小城镇会定期对管网水进行检测，会冲洗管网。如吴江市松陵镇，在镇区按每 2 万人口设置一个采样点，每月 2 次监测浊度、色度、臭和味、余氯、COD、细菌总数、总大肠菌数 7 项指标；盛泽镇针对水质较差的管网末端区域定期冲洗排污；不少小城镇还成立了管道抢修公司或抢修队，为应对突发的爆管或水质污染事件，保障用户用水安全，水厂规定抢修队伍在值班当天及晚上全天待命，保持通信畅通，针对节假日安排相关值班人员，并定期对仓储材料进行补充，保证材料充足。

5. 运营监管

一区的小城镇虽从条例、规定到水源保护、水质检测、管网运行维护管理等建立或拥有相对完善的水质管理系统，不少小城镇也规定或要求对管网水进行检测，但实际上因缺乏技术手段或能力有限或财力有限等等原因，特别是那些县城镇级水厂独立集中供水的小城镇或经济相对欠发达的小城镇，实际上能按照规定或要求做到管网水水质定期检测、管网日常运行维护管理的较少。虽有不少政府部门在管理供水，但目前存在各自监管责任不明确的现象，导致监管力度不够，缺乏对小城镇供水水质特别是出厂后的水质进行有效监管。

3.1.1.7 投融资与经营管理

一、投融资

一区的小城镇供水设施建设的投融资渠道相对广泛，资金来源相对广，资金相对充实，除个别偏远经济欠发达地区外。投融资渠道包括政府补贴、财政拨款、国债资金支持、国际金融组织贷款、银行贷款、吸纳外资、业主自筹、社会参与等，具体到不同省份或同一省份的不同地区，会有差异。

江苏省按照“谁投资、谁受益”的原则，多渠道筹集建设资金，广泛吸纳包括外资和社会资本在内的各种资金，投融资渠道有政府补贴、国债资金支持、国际金融组织贷款、银行贷款、吸纳外资、业主自筹、社会参与等，一般采用分级分段负担投资建设区域供水工程。一种是市自来水公司、市政府、区政府和镇政府共同承担。如无锡，无锡水厂和大型的加压站由市负责建设，市到镇的管网由市、区两级政府共同投资，市（自来水总公司）承担投资的 2/3，区镇承担投资的 1/3；镇到村的管网（含加压站、供电、旧管网改造等）各镇自筹为主，区政府适当补助；青苗赔偿和路面修复由各镇承担；另一种是组建供水股份公司、有限责任公司等多种形式的法人实体，负责区域供水设施的筹资、建设。如吴江、江阴等地，组建了供水股份公司、有限责任公司，按照“谁出资、谁得益，市供水到镇、镇供水到村”的原则，区域水厂和到镇主管道建设资金主要通过银行贷款、财政拨款、争取国债、受益乡镇出资解决；乡镇到村管网建设做到“四个一点”，即财政补贴一点、集体投资一点、群众承担一点、社会筹措一点。

浙江省小城镇供水建设的投融资主要有区财政补贴、乡镇政府补贴、企业自筹以及向镇乡所在地企业、部门筹集等，一般也采用分级分段负担投资。

1. 实施区域供水的，一般由市或区供水集团公司或自来水厂或自来水公司等供水企业主要承担新建（改扩建）自来水厂、敷设供水主干管和部分配水管的建设资金，镇乡政府主要承担供水主干管到各村的配水管网的部分建设资金和整个工程建设期间的借地、拆迁、余土外运等工作并承担相关费用，如杭州市余杭区、嘉兴市、长兴县等。余杭区区财政、镇乡政府、供水集团公司和农户的投入资金平均占工程概算的15%、18%、52%和15%左右；嘉兴市由市水务集团等供水企业投资建设一级管网，由区和建制镇负责筹资并组织建设二级管网及其以下配套管网；长兴县水厂改扩建主要由供水企业自行筹资或由供水企业和乡镇共同投资，供水的一级管网由供水企业和乡镇共同投资，二、三级管网和泵站主要由乡镇政府牵头，由县财政补助、乡镇和村投资、用户集资等，供水企业出资50%，乡镇财政出资30%，县财政补助20%。

2. 实施镇单独集中供水的，水厂、水源及管网投资采用不同形式：自来水厂建设资金以自来水厂筹资投入为主。水厂的水源工程建设，由各镇、街道加大资金投入力度为主，鼓励企事业单位、经济组织、村民委员会、自然人或外商，以股份制、合资、独资等多种形式，参与兴建。供水主管网建设资金采取银行贷款、自筹和民间融资等多渠道。农村净水工程和管网工程由市设立的农民饮用水工程专项资金解决。如温岭市的部分地区。

其他地区像上海市、珠江三角洲，一般也是企业投资和政府补贴两种主要融资渠道，企业投资包括了区自来水公司或区水务集团以及区水务集团下辖的二级自来水公司的自筹，也包括了控股单位如市水务集团或市城市建设投资开发总公司等的投资。

二、经营管理

一区的小城镇大多实行区域供水，经营管理的一大特点就是相对其他地区的小城镇供水，供水产权明确，经营管理主体明确，以企业化、专业化经营管理为主，大多实行两级经营管理和一元化经营管理，部分实行独立经营管理。

1. 实施城市延伸区域供水的小城镇，一般是打破多水厂形式，由原市自来水（总）公司或重新成立水务集团或供水集团公司，可下设专业化公司，统一实行企业化管理，兼并收购或直接接管原镇级水厂，或以其他方式，关停乡、镇、村水厂制水，原供水范围全部由供水集团公司或自来水总公司的自来水厂管网延伸供水。在具体经营管理上一般有两种模式，一元化经营管理模式和分级经营管理模式。

（1）一元化经营管理模式

是指在市政府的统一协调下，由国有供水企业直接接管或兼并或购买镇级水厂，人、财、物，债权、债务均由接管或兼并或购买企业承担，企业如水务集团或供水集团公司或自来水（总）公司统一管理，实行统一生产计划、统一管理制度、统一资金筹集与使用、统一财务核算、统一供水价格。

如浙江绍兴市，其水务集团有限公司接管原斗门、马山、皋埠等乡镇水厂，通过改造后成为集团下属的分支机构，使当地居民迅速享受到与市区一样的公司水质和服务。再如江苏无锡市、靖江市、太仓市、深圳盐田区以及上虞市的一些乡镇都采用这一模式。

（2）分级经营管理模式

是指按照二级投资、二级产权、二级管理的原则，由市水务集团或区水务集团的下级自来水公司管理镇级供水，或市水务集团或供水集团公司或自来水公司负责到镇（街道）供水部门如镇级水厂流量仪前的供水管道运行、维修、保养和管理，各镇供水部门负责流量仪后到各自然村及农户接入点的管网、维护、保养和管理，市自来水公司或供水集团公司按照市物价部门核定的综合水价，扣除供水运行规定的管网漏损率，以趸售的形式给各镇供水部门，再由各供水部门按物价部门审定的水价供应给用水户。各镇供水部门的经营管理，采取独立法人，独立核算，自负盈亏的经营管理模式。后者一般有两种情况：一种是有独立加压设施或不加压直接供水的乡镇，根据市物价部门核定的综合水价供水给镇水厂，在此基础上，经物价部门和镇政府批准，各镇适当加价，用于管理。市公司抄表到镇总表，按照综合水价按月收取水费；另一种是由几个镇共用一个加压站的相关乡镇，组建供水有限公司进行集中供水，各镇独立管理镇域供水。城市自来水公司到镇级水价标准一般在0.80～1.20元/m^3之间，镇级水价在此基础上一般增加0.50元/m^3左右。

如上海市奉贤区，保留原乡镇水厂的建制形式，将原乡镇水厂整合成东西两个分公司，奉贤公司采取供水到户，管理到镇，而分公司负责镇级水厂到用户的管理，建立各厂独立核算但集中管理的财务管理制度，实行收支两条线管理；江苏的江阴市、吴江市以及浙江的嘉兴市都建立供水集团，由供水集团负责将市自来水厂出厂水供到镇，然后由镇级供水部门负责镇及以下供水的管理；另外江苏的常熟市、海宁市，深圳的盐田区以及浙江的绍兴县等地区都采用这种经营管理模式。深圳的龙岗区由各个街道的二级自来水公司直接管理各个镇供水。

2. 实行镇镇组合区域供水或与市区管网或周边镇供水管网进行管网联网或源水联网的小城镇，经营管理模式有两种：独立经营管理和集中统一经营管理。独立经营管理是由所在区或县独立的自来水公司或水务有限公司管理一个镇水厂或几个镇水厂或与市联网供水的镇供水，有的是国有企业，有的是镇集体企业。如广东东莞小城镇供水多是这种经营管理模式；集中统一经营管理是由所在区或县实施区域供水的自来水公司或供水集团等企业管理整个区域的小城镇供水，如浙江慈溪市的部分地区就实行这种管理模式。

3. 实行镇单独集中供水的小城镇，部分由所在区或县实行集中统一经营管理，部分由所在镇实行独立经营管理。如杭州市余杭区的部分小城镇实行集中统一经营管理，广东东莞的部分小城镇以及浙江省的部分小城镇实行独立管理。

3.1.1.8 政策与法规

一、法规

一区的小城镇不同地区除有较完善的供水规划来推动小城镇供水的实施外，还有较健全和完善的法规体系等作为保障。当地政府部门针对小城镇供水围绕水源保护、供水设施建设、供水管理部门、管理体制、水质管理、供水设施维护管理等制定了相关的管理条例、管理办法、管理规定及意见等，如《镇江市乡镇区域供水工程实施意见》、《扬州市区乡镇区域供水工程实施意见》、《苏锡常地区区域供水价格管理暂行办法》、《关于在苏锡常地区限期禁止开采地下水的决定》、《永嘉县城镇供水突发事故应急预案》、《岱山县城镇供水管理规定》、《温州市城镇供水水质检验项目及频率》等，目前江苏省已制定了《江苏省城乡供水管理条例》并正在征求意见，这些条例、办法等促进和推动并保障了当地小城镇供水的顺利实施和作用的正常发挥。

二、政策

一区的小城镇区域供水实施较成功，无论小城镇供水设施的建设、运行管理还是供水安全保障、经营管理等都较二区、三区的要好得多，除了地理位置自然条件等因素外，很重要的一个因素是政府具有良好的政策导向。政府加大投入和政策扶持力度，实施一些鼓励和激励政策以及优惠政策等。以江苏省和浙江省为例：

江苏省：

（1）明确相应的财政扶持政策和优惠政策，支持城乡供水事业

①采用“财政补助、国债扶持、减免规费”等形式加大对区域供水工程建设支持力度，各级政府要加大财政对乡镇区域供水的投入，支持区域供水实业发展。为贯彻省人大《关于在苏锡常地区限期禁止开采地下水的决定》，省政府常务会议研究决定连续3年每年安排1500万元用于苏锡常区域供水规划中跨行政区划工程的实施引导工作；自2006年起，省财政每年安排1.5亿元用于苏中苏北地区区域供水规划以及环境基础设施建设“以奖代补”的引导资金。

②充分利用国家和省有关区域供水、水环境治理等政策向上争取资金。

③区域供水工程列入省、市重点建设项目，享受行政事业性收费和服务性收费等方面的优惠政策。在土地、税收等方面给予一定的优惠政策，并明确在省征收的城市水处理专项费用中，每年安排一定的专项资金，对跨省辖市之间的区域供水设施建设进行补助；对区域供水中新建供水设施实行保本付息、略有盈余的价格政策；供水价格实行同网同价；对乡镇及以下用户实行优惠的水价政策，暂不征缴各种规费，主要目的是要让各地利用好这个价格空间，这样既有利于乡镇供水的经营，也有利于解决现阶段乡镇供水中管网改造和建设资金。

（2）各级政府和供水实施主体要积极筹措资金，明确投资承担额

对新建供水设施和老管网改造都按投资由辖市（区）政府、供水实施主体、镇、用户等按一定比例共同承担。

（3）充分发挥各个部门政策支持作用，同心协力

对区域供水工程建设中涉及的征地、拆迁、青苗补偿、破路等事项由所在辖市区及镇人民政府予以解决。区域供水实行“同网同价”的水价政策，尚未收取污水处理费的地区要适时开征，在自来水费中一并收取，当地政府要帮助项目实施主体协调化解乡镇水费收缴的矛盾和加强区域内供水经营管理，使区域供水得到良性发展。

（4）常熟、苏州、无锡、南通、泰州、江阴等地把推进当地区域供水建设作为一号议案，积极组织各级人大代表对区域供水提出议案。

浙江省：

有些地区除了政府加大投入力度和重视外，在税收、水价、用地、用电等方面也给了一定优惠政策。

（1）财政补助

供水工程完成验收合格后，经审计核定工程造价或核实新增受益人口进行财政补助。

（2）税收政策

凡当地外资金投入供水企业的，增值税当地部门得部分，划定从一个年限开始五年内全部返回供水企业。企业从获利年度起，前二年免征所得税；第三年至第五年减半征收企

业所得税。

（3）水价政策

制定当地的水价定价和调价机制，全面合理地核定企业成本，逐步提高水价，使供水企业的税后净资产利润率为10％左右。

（4）用地政策

取水口、水厂和泵站征地采取国有土地划拨形式。

（5）用电政策

确保各取水口、水厂和泵站的正常供电，用电价格按大工业类的峰谷电价格。

一区的小城镇供水除了有较健全的法规和政府良好的政策导向外，不少地区还相对较注重供水技术的交流和人员的培训等，通过成立水协会或举办一些评比活动、参观活动等促进技术交流。如江苏江阴市成立“江阴市城镇供水协会”，平时经常组织各镇水厂进行技术培训、专业考核、经验交流、加深沟通，不断提高镇水厂的管理水平。

3.1.2 风险与问题

一区的小城镇在地理位置、自然条件、经济发展水平以及政策、法规等因素的影响和推动下，其供水的规划相对完善，投融资渠道相对广，资金相对较充实，供水基础设施包括水厂、管网等建设相对完善，运行管理相对到位，水源相对集中，易于保护，出厂水检测等水质管理相对健全，以企业化和专业化经营管理为主，供水产权和经营管理主体明确，城市延伸区域供水、镇镇组合区域供水、原水联网、清水联网，供水的可靠性和安全性较高，供水较有保障。但同时一区的小城镇供水也存在一定的风险和一些共同问题。

3.1.2.1 供水风险

一区不同地区的小城镇其供水存在的风险不同，较大的供水风险为水源，其次是管道的老化腐蚀引起的管网水质风险。

对于采用太湖水的小城镇来说，随着太湖污染的加剧，水源污染呈现加剧势态，太湖水源目前的处理工艺是常规处理工艺，为应对水温高时藻类的影响，目前采用预氯化，其他应急处理措施基本没有。因此，对于以太湖为水源的小城镇，水源污染是其较大的供水风险。需要进一步加强应急处理，如增加粉末活性炭、高锰酸钾等应急处理措施。

江苏吴江地区的建制镇，由于湖泊水源有机污染较重，且浊度变化大，处理工艺为常规工艺，虽然有时出厂水COD达到标准要求，但管网水有时超标，而且再加上管道的老化、腐蚀等原因，导致管网水出现浑浊和有味道。因此，对于吴江地区采用湖泊为水源的小城镇以及一区类似这种情况的小城镇，水源污染和管网老化腐蚀引起的管网水质恶化是其较大的供水风险，要加强水源的应急处理或更新改造或改善现有工艺和及时更新改造老化管道。

上海奉贤区供水水源有机污染较重，处理工艺为常规工艺，对有机污染物去除有限，导致出厂水以及管网水有时COD超标。因此对于采用有机污染较严重的黄埔江水作为水源的小城镇来说，其供水最大风险在水源污染，要加强工艺对有机污染物的去除，采取应急处理措施或更新改造或改善现有工艺。

对于浙江湖州地区采用地表江河水为水源的小城镇来说，水源一年四季的浊度波动较大，有机污染和氨氮污染较重，同时相当部分的小城镇没有第二水源，特别是对于那些单独集中供水的小城镇。因此对于浙江省采用地表江河水的小城镇来说，供水水源存在较大风险，包括水源污染和水源单一，对于浙江省沿海小城镇，淡水资源缺乏，水源风险也较大。同时小城镇的部分供水管道老化、腐蚀，因管道老化腐蚀导致水质恶化，也存在水质安全风险。为应对水源风险，一方面要加强应急处理及改善处理工艺，对氨氮污染严重的水源增加生物预处理，对有机物污染严重的水源，增加深度处理或其他去除有机污染物效果较明显的处理工艺，另一方面要积极寻找和开辟第二水源；为改善和提高管网水质，避免管网风险，要加强老化腐蚀管网的及时更新改造以及采用新型管材、注意管道的防腐防渗及定时的冲洗等。

对于采用水库水的小城镇，水库水一般没有受到污染或污染较轻，水源风险相对较小。管网老化、腐蚀、爆管、检修等引起水质恶化的风险较大，要加强管网运行的管理及老化腐蚀管道的及时更新改造。

3.1.2.2 存在问题

一区的小城镇供水存在的共同问题如下：

1. 水源污染较严重，水源污染是其较大的供水风险；

2. 水厂净水工艺不能完全适宜原水水质和完全适应供水水质安全需要，供水水质安全保障存在一定的脆弱性；

除长江三角洲的昆山、嘉兴以及珠江三角洲的深圳等少部分地区水厂采用了生物预处理和深度处理工艺外，绝大部分地区都是常规处理工艺，或在常规处理工艺基础上增加一些应急处理措施。目前水源污染较严重，特别是有机污染和富营养化，随着污染态势的加剧，这种常规处理工艺净化的出厂水有些指标并不能达到标准要求，存在水质安全风险。

3. 管网存在老化和腐蚀现象，特别是建设年代较久的一些小城镇供水管道，管网的更新改造较滞后，因管网老化腐蚀等管道原因水质恶化，存在一定的管网供水水质风险；

4. 小城镇供水管网普遍为枝状布置，供水安全保障性较低；

5. 管网水质管理相对落后，相当部分地区小城镇虽制定有管网水质检测规定，但实际上不进行检测。另外，管网水缺乏水质预警措施及应急措施；

6. 缺乏有效监管，监管力度跟不上。

《水利部关于加强村镇供水工程管理的意见》等相关文件对管理部门、管理以及权责、管理体制等内容有所规定和明确，也明确各级水行政主管部门要加强对辖区内村镇供水工程管理的行业指导、监督和检查。一区的小城镇供水的产权和经营管理主体相对较明确，地方政府部门等也制定了不少有关乡镇供水的文件，不少政府部门也都在管理供水，但到底由谁来监管小城镇供水运行管理的好坏、特别是管网水水质的合格、安全与否，谁来执行这种有效的监管权，目前并不十分明确。

3.1.3 小结

一区地理区位优势明显，经济发展最发达，小城镇受周边城市辐射影响较大，小城镇供水的政府政策导向良好，供水投融资水平较高，供水基础设施水源地、水厂和管网发展建设相对完善，水源相对集中，保护措施到位，水厂管理和出厂水检测等健全、严格，小城镇供水发展整体上处于全国最高水平，大部分地区小城镇实施了城市延伸或镇镇组合以及原水联网或清水联网的区域供水，供水的安全性和可靠性较有一定保障。目前小城镇供水向着更集中化的方向发展，包括没有实行区域供水的小城镇向区域供水发展，实施区域供水实行分级管理的向高效一元化管理发展。

一区处于水资源流向的下游，水资源开发利用程度已较高，污染型水资源问题最为突出。相对城市，小城镇水源污染更加突出。目前以常规处理为主流工艺的小城镇净水处理程度已不能适应污染严重的水源水质，出水不能满足日益要求严格的饮用水水质要求。小城镇供水需要处理程度更高的工艺技术，以应对较大的水源污染风险。一区小城镇规模相对其他地区要大些，工业企业发展较快，供水规模要大，加上经济发展程度较高和居民对饮用水水质要求较高，较适宜发展较先进的集约化供水处理工艺技术，如以去除有机污染物和提高安全性为主的生物活性炭工艺与纳滤膜的复合处理技术路线。

相对城市供水，一区小城镇供水管网大多建设年代较久，管网老化较重，因管网老化腐蚀等管道原因引起水质恶化问题存在，大多需更新改造或新建供水管网。同时管网多以枝状布置，且缺乏水质定期检测、水质预警以及应急等措施，再加上监管部门对管网水水质监管不力，管网的供水水质风险也较大。所以一区小城镇供水在向集中化方向发展的同时，需大力投入管网更新改造和建设，加强管网水的水质安全保障建设。

3.2 中部区域（二区）

二区实地调研了吉林省的岔路河镇、辉南镇，黑龙江省的泰康镇、双城镇、肇州镇、肇源镇，辽宁省的辽中镇、法库镇、新民市罗家房子乡和三道岗子乡。通过其他方式还调研了天津、北京等地区的小城镇供水情况。其中，双城镇、肇源镇以及法库镇都是规模较大的镇，人口均在8.0万人以上；双城镇、肇州镇、肇源镇以及辽中镇区位优势较明显，双城镇位于双城市城区内，是全市政治、经济、文化、交通中心，肇州镇处在哈尔滨、大庆、长春“两小时经济圈”的核心位置，肇源镇处于哈、大、长的“金三角”地带，辽中位于沈阳一小时经济圈内，是沈阳西部最具活力的经济增长板块。法库镇等镇离中心城市或县城有一定的距离，区位优势不明显。

3.2.1 现状与特点

二区的小城镇供水状况较一区的要差，地下水水源较多且较分散，供水水源单一，水厂规模较小且分散，供水管网相对独立，自来水普及率要低，同时不同省份或同一省份的不同地区状况也不同。以东北的吉林，华北的北京、河北、山东，中部地区的山西、安徽、湖北，华南的海南等省或城市的供水情况为例：1999年，吉林长春全市有37个镇区用上了自来水，自来水普及率为30.6%。“十五”期间全市使用自来水的小城镇54个，自来水普及率52%，日供水能力56万吨，多数小城镇供水水源以取地下水为主；2002年北京共有121个镇，至2004年，全市正常运行的小城镇集中供水工程共50处，日供水能力30万吨，京郊小城镇聚集人口约350万人，集中供水覆盖的人口仅为70万人，占

20%。在小城镇从业人员约150万人，供水能力只能满足不到50%的需求，至2005年底郊区已建成63处乡镇集中供水工程；河北玉田县共有14个建制镇，至2005年只有县城正在筹建供水厂，其他13个建制镇尚未建设，生产生活用水主要依靠自备井取水；山东全省2003年底建制镇驻地自来水普及率达到71.1%，乡集镇驻地自来水普及率37.8%；山西省2006年8月对太原市的晋祠镇、姚村镇，大同市的古店镇等全省52个重点镇的水质情况、水源井数量、地表水源等进行调查摸底，结果显示，山西省供水等市政公用设施功能极不完善，一些小城镇存在供水量不足、水质不能达标、没有消毒设施、管网供水普及率低等问题；到2004年底，安徽巢湖市建制镇自来水用水普及率达95%，乡集镇用水普及率达80%，阜阳市小城镇供水普及率29%，淮北市建制镇供水普及率60%，大部分建制镇供水能力偏低，供水设施不完善，供水可靠率较低；湖北全省2406个小城镇，截至2004年底，全省建有供水设施的小城镇有1488个，占镇总数的61.8%；海南省至2005年共有163个乡镇建起供水设施，有水厂109个，供水管道2131公里，小城镇供水普及率达到70.4%。

3.2.1.1　供水规划

一、规划内容

随着经济的发展和国家对小城镇、村镇基础设施发展建设的重视以及国家供水水质标准的提高等，二区的小城镇供水在不断发展和完善中，小城镇所属的省、市、区或县都根据国家的政策和当地的实际情况，对当地所辖的小城镇供水做了或多或少的规划，或有专项规划或专业规划，不少省、市在“十一五”规划中或更长远规划中做了统筹水资源配置，实施区域供水即城乡一体化供水与独立集中供水相结合的规划，特别是经济发展相对较发达的地区，如北京、天津等。

1. 北京、天津地区

2001年的《北京市郊区小城镇供水“515”工程建设规划》和2003年的《北京市郊区水利现代化规划》在一定程度上促进和指导了北京小城镇供水工程的建设，提高了小城镇自来水的普及率。近年来，北京市针对它的4级城镇体系市区、卫星城、中心镇、小城镇，对小城镇和乡镇供水又进行了大量规划工作和制定集约化供水指标等，主体思想就是统筹城乡、优化配置水资源、打破行政区界规划供水设施，城市管网覆盖，卫星城水厂扩户、新建乡镇集中供水厂。具体规划内容包括：

（1）统筹城乡、优化配置水资源、打破行政区界规划供水设施

①城市自来水已铺设管道覆盖能力范围内的小城镇，纳入大市政管网，不再建设新的供水工程，主要通过分年度管网改造解决饮水问题；

②在新城水源地供水能力范围内，充分利用新城水厂扩网解决周边小城镇地区供水问题；

③其他地区，根据水资源条件、经济半径和现有设施等条件，综合考虑规划建设集中供水工程；

④对应急水源地、重要地表水源地、中小水库、南水北调水源、优质地下水进行统筹、优化配置，新建工程优先选用地表水源。集约化供水规划中规划不同水源联合供水。

（2）集约化供水指标

①集中供水水源保障率不低于95%；

②平原区，半径10km范围内集中供水，山区，半径4km范围内集中供水；

③平原区，集中供水厂覆盖人口应在50000人以上，日供水规模应在10000m^{3}以上，覆盖区域应在80km^{2}以上；山区，集中供水厂覆盖人口应在5000人以上，日供水规模应在1000m^{3}以上，覆盖区域应在15km^{2}以上。

《天津市城市供水发展规划2008～2020》对环城四区东丽、西青、津南、北辰，位置偏远的近郊两区武清、宝坻、三县蓟县、宁河、静海等的小城镇供水进行了相应的规划。供水系统划分为3个层次：对于中心镇和建制镇均按照就近供水的原则，位于城区附近的如东丽、西青、津南、北辰以及武清、静海的部分小城镇纳入城区供水系统，形成城镇一体化联网统一供水模式，对于原规模较小、工艺落后缺乏扩建条件的水厂，作为配水厂或加压泵站，对于原有的地下水厂，可作为应急备用水源；位置偏远的近郊新城蓟县、宝坻、京津、武清、宁河5个新城位置偏远，有的位于山区，地形复杂各自建立相对独立的供水系统；远离城区，远离引滦、引江水源管渠，且用水量很小的中心镇和建制镇主要依靠当地水源，可开采合格地下水，由井水厂统一供水。并根据实际情况，选择性地连通各个镇域管网，提高供水保证率。具体规划如下：

①2020年天津市共有20座水厂，其中7座水厂为规划新建，分别是津滨水厂、临港工业区水厂、大港水厂、蓟县水厂、武清水厂、宁河水厂及静海水厂；7座水厂为现状水厂扩建，分别是凌庄水厂、新区水厂、新河水厂、开发区水厂、汉沽水厂、石化水厂及宝坻水厂；其余6座为保留现状规模并进行改造挖潜，恢复产水能力，分别是新开河水厂、芥园水厂、新村水厂、乙烯水厂、油田水厂及宝坻南水厂。现状杨柳青水厂、钢管水厂、逸仙园水厂、卧龙潭水厂、安达水厂和原大港水厂规模较小，工艺落后，缺乏扩建条件，随着区域供水系统的日臻完善，以上6座水厂逐步被区域骨干水厂所取代，用地可控制为配水厂或加压泵站。位于规划自来水供水范围的现状11座地下水厂，随城区供水厂网设施建设到位逐步被取代，可作为应急备用水源。

②中心城区、滨海新区核心区位于天津市城市空间的主轴上，是天津市经济社会发展的重点地区，城市化进程较快，居住区和产业区分布较为集中，加之用户对供水服务水平以及供水系统安全保障性要求较高，适宜发展区域供水；滨海新区其他地区以及西青、静海、团泊、津南等4个新城围绕在城市发展主轴两侧，与中心城区和滨海新区核心区紧密相连，现状已有部分供水管网与中心城区相互连通，因此，将上述地区也纳入区域供水范围内，按照天津市自来水集团“十一五”规划，天津市供水管网将向新四区以及武清、静海、滨海新区延伸，供水范围还要扩大到9个新城、30个中心镇和70个一般镇。将区域供水系统划分为七大供水分区，包括中心城区及环城四区、滨海高新城、滨海中心城、汉沽生活旅游城、临港工业及产业区、大港石化产业城及南港工业区、静海及团泊新城。以中心城区和滨海新区为核心，构建自东向西的“主环带”和向南北两向延伸的“副环带”。“主环带”覆盖从中心城区至滨海中心城的范围；“副环带”自滨海中心城向南北两侧延伸，覆盖北起汉沽生活旅游区，南至大港石化产业城及南港工业区的天津市大部分地区。

2. 其他地区

东北的黑龙江省开展了《黑龙江省村镇体系规划》，规划中对部分小城镇的供水做出了专项规划，2007年完成了82个重点小城镇的供水专项规划；山东的枣庄、淄博等地区按照市场化、产业化要求，打破行政区划界限，充分考虑城市卫星村镇的供水。积极配合有关部门统筹布局城镇供水基础设施，扩大供水规模，拓展供水服务范围，使城市供水系统向村镇延伸，实现资源的优化配置与共享并逐步达到城乡供水一体化；湖北省鼓励社会资金、境外资本采取独资、合资、合作等多种形式，参与市政公用设施建设。在供水行业，通过公开向社会招标选择投资和经营主体，实行政府特许经营。积极推行城市供排水和污水处理经营一体化、收费一体制，培育具有一定规模的跨区域性经营的水业集团，规划到2010年，全省建制镇供水普及率达到90%，到2020年，供水普及率达到98%。2004年《武汉市远城区供水规划》规划远城区各乡镇水质差的水厂均要限期整改，那些既不消毒又无净化设备的“直筒式”供水厂，必须停产整改，到2020年，远城区供水管网将延伸进村组，几乎全部的远城区居民都能用上洁净的自来水，供水普及率达到99%以上；海南省进行了《海南城乡总体规划》、《海南省城镇体系规划》、《海南省重点镇供水设施改造和建设规划》等规划，统筹城乡区域供水，统筹考虑供水水源、重点城镇和人口密集区等各方面的情况，打破行政区划的界限，按照一定的供水半径和供水规模，加强城镇供水规划和供水网点的布局，实现水资源的高效、节约利用。以2010年为近期年，2015年为远期年，以2010年为重点，规划范围涉及全省67个重点镇。以城市中心水厂为依托，延伸辐射周边乡镇供水，同时对于远离市区小城镇，新建和改扩建水厂，实施集中供水。

二、供水模式

二区的小城镇供水以独立集中供水为主，部分经济发展和区位有优势且自然条件较好的局部地区，突破了行政界限束缚，实行了区域供水，包括城市延伸区域供水、镇镇组合供水以及原水联网、不同水厂清水联网，个别地区也实行分散供水。同一省份、同一市、同一区或同一县，多是独立集中供水和区域供水并存。目前不少省份地区都在积极规划或实施区域供水，实现城乡供水一体化。在调研的二区9个小城镇中，只有1个实行了区域供水，具体详见表3-8。

二区小城镇供水调研　　表3-8

项目＼小城镇		吉林省	
		岔路河镇（西距长春市53km，东距吉林市55km）	辉南镇（距县城20km）
基本情况	所属行政区划	吉林市永吉县	通化市辉南县
	人口	5.1万（镇区1.4万）	4.5万
供水规划		2007年对镇区供水管网进行规划，规划星星哨水库作为水源	2007年对镇区供水管网进行规划
供水模式		单独集中供水	单独集中供水
水源	类型	河道	水库
	名称	岔路河	
	污染情况	没有受到污染	
	保护政策与措施	水源地周边采取设有围栏等保护措施	尚未建立水源地保护政策与措施
	水质检测	不检测	定期检测
	水质		浊度：25NTU，pH：6.9，COD_{Mn}：5.0mg/L，NH_3-N：1.53mg/L

续表

项目		吉林省：岔路河镇（西距长春市53km，东距吉林市55km）	吉林省：辉南镇（距县城20km）
净水厂	名称		辉南镇供水公司净水厂
	规模	$5000m^3/d$	$4500m^3/d$
	工艺	简单的混凝沉淀过滤	简单的混凝沉淀过滤
	消毒	二氧化氯	二氧化氯
	水源应急		
	管理	配备较简单的化验及检测设备仪表，制定有管理规章制度及操作规程	不配备化验及检测设备仪表，制定有管理规章制度及操作规程
	出厂水检测	日常检测pH、浊度、余氯、COD_{Mn}4项指标	不检测
	出厂水水质	pH：6.5～6.8，浊度：13～15NTU，余氯：0.3～0.5mg/L，COD_{Mn}：<3mg/L	
输配系统	管网规划与建设	原管网老化严重，2007年对镇区供水管网进行规划，目前在逐步建设	原管网老化严重，2007年对镇区供水管网进行规划，目前在逐步建设
	管材	主要是塑料管PVC、PE，原有管道多为铸铁管	主要是塑料管PVC、PE，原有管道多为铸铁管
	管道内衬		
	老化与腐蚀	原建设的管网老化严重	原建设的管网老化严重
	维护管理	不进行冲洗等，维护管理不到位	不进行冲洗等，维护管理不到位
	管网水检测	不检测	不检测
	管网水质		
	水质安全预警	没有预警措施	没有预警措施
用户对水质反映		经常出现浑水现象	在停水或管网压力变化较大时经常发生浑水现象

项目		黑龙江省：泰康镇（距市中心54km）	黑龙江省：双城镇（距哈尔滨市54km）	黑龙江省：肇州镇（距市中心140km）	黑龙江省：肇源镇（距市中心160km）
基本情况	所属行政区划	大庆市杜尔伯特蒙古族自治县	双城市	大庆市肇州县	大庆市肇源县
	人口	6万	20万	4.5万	9万
供水规划		1996年制定的镇区供水规划	2008年制定了新的供水规划		
供水模式		单独集中供水	单独集中供水	单独集中供水	单独集中供水

续表

项目	小城镇	黑龙江省			
		泰康镇(距市中心54km)	双城镇(距哈尔滨市54km)	肇州镇(距市中心140km)	肇源镇(距市中心160km)
水源	类型	地下水	地下水(32个水源地)	地下水	地下水
	名称				
	污染情况	铁超标、锰不超标	铁、锰超标，其中锰超标几十倍	铁、锰超标	水源受到轻微污染，主要是无防渗的厕所、家禽的圈舍等，铁、锰超标
	保护政策与措施	建立水源地保护政策与措施	建立水源地保护政策与措施	建立水源地保护政策与措施	设有保护措施
	水质检测	定期检测	不检测	不检测	定期检测
	水质	浊度：0.4NTU，pH：7.1		pH：6.8	浊度：1.0NTU，pH：6.8，总硬度110mg/L，总溶解性固体120mg/L，总大肠菌群小于2个/100mL
净水厂	名称				
	规模	1.36万m^3/d(实际只有0.5m^3/d)	3.0万m^3/d	2.0万m^3/d	2.0万m^3/d
	工艺	跌水曝气锰砂普通快滤	曝气-絮凝-斜板沉淀池-一级过滤(石英砂除铁)-二级过滤(锰砂除锰)	曝气过滤	简单的过滤
	消毒	二氧化氯(只有7、8、9三个月消毒)	液氯	液氯	液氯
	水源应急				
	管理	配备化验检测设备仪表等，制定规章管理制度等	配备化验检测设备仪表等，制定规章管理制度等	不配备化验检测设备仪表等，制定规章管理制度等	
	出厂水检测	日常检测氯化物、硫酸盐、氟化物、总铁、pH、余氯、色度、浊度、臭味、总硬度、肉眼可见物、细菌总数、总大肠菌群	日常检测pH、浊度、余氯、COD_{Mn}	不检测	不检测
	出厂水水质	pH：7.1，浊度：0.4NTU，余氯：不低于0.3mg/L，总硬度：350～400mg/L，总大肠菌群：检不出	pH：7.8，浊度：0.15～0.3NTU，余氯：0.05～0.1mg/L，总硬度：360mg/L，COD_{Mn}<3mg/L		

续表

项目 \ 小城镇		黑龙江省			
		泰康镇（距市中心 54km）	双城镇（距哈尔滨市 54km）	肇州镇（距市中心 140km）	肇源镇（距市中心 160km）
输配系统	管网规划与建设	1996 年制定管网规划，目前正逐渐改扩建	2008 年制定了新的管网规划，供水管网目前建设较完善	没有完善的管网规划，目前逐步建设	没有完善的管网规划，目前逐步建设
	管材	铸铁管、PVC 管、玻璃钢管	球墨铸铁管、塑料管	球墨铸铁管、塑料管	铸铁管、球墨铸铁管、PE 管、UPVC 管、MPVC 管
	管道内衬				
	老化与腐蚀	部分老化	新铺设管网，基本无老化	部分老化	部分老化
	维护管理	有一定的冲洗、防腐、防渗	不冲洗，维护管理不到位	不冲洗，维护管理不到位	不冲洗，维护管理不到位
	管网水检测	不检测	有时委托检测，细菌、余氯和大肠杆菌	有时委托检测，细菌、余氯和大肠杆菌	有时委托检测，细菌、余氯和大肠杆菌
	管网水质				
	水质安全预警	没有水质预警措施	没有水质预警措施	没有水质预警措施	没有水质预警措施
用户对水质反映		时常会出现浑水			
其他情况		水量少，枝状管网多，造成管网末端水停留时间长，需要经常排污。管网管道中有大量的绿苔等。时常会出现浑水			

项目 \ 小城镇		辽宁省		北 京
		辽中镇（距市中心 75km）	法库镇（距市中心 90km）	高丽营镇
基本情况	所属行政区划	沈阳市辽中县	沈阳市法库县	顺义区
	人口	8 万	8 万	2.3 万（常住人口）
供水规划			规划 2015 年建设 3 万吨/日水厂一座	《顺义区供水规划》、《顺义区高丽营镇镇域规划》、《顺义区高丽营镇镇中心区控制性详细规划》
供水模式		单独集中供水	单独集中供水	镇镇组合区域供水（高丽营镇、金马工业区、空港物流园区、及后沙峪镇北部地区，且与第一、二、三水厂配水管网联网）

续表

项目＼小城镇		辽宁省		北京
		辽中镇（距市中心75km）	法库镇（距市中心90km）	高丽营镇
水源	类型	地下水	地下水	地下水
	名称			顺义区第三水厂水源地
	污染情况	铁、锰超标	铁、锰超标	水质较好，未受污染
	保护政策与措施	建立水源地保护政策与措施	建立水源地保护政策与措施	建立卫生防护带和水源保护区，防止上游城镇污水和污染物排放
	水质检测	定期检测	不检测	定期检测
	水质	浊度：2.0NTU，pH：6.8		水温10～15℃，属重碳酸盐钙镁型水，矿化度0.2～0.3g/L，pH7～7.5，总硬度10～12度，总铁、锰含量小于0.05mg/L
净水厂	名称			高丽营水厂
	规模	1.5万 m^3/d	1.5万 m^3/d	1万 m^3/d（一期），3万 m^3/d（2020年）
	工艺	混凝沉淀普通快滤		
	消毒	二氧化氯	二氧化氯	二氧化氯
	水源应急			顺义第二水厂水源地作为备用水源
	管理	不配备化验检测设备仪表，制定规章管理制度		
	出厂水检测	不检测	只检测余氯	
	出厂水水质			
输配系统	管网规划与建设	没有完善的管网规划，目前逐步建设	没有完善的管网规划，目前逐步建设	完善的管网规划和建设，镇中心环状供水
	管材	铸铁管、钢管、预应力混凝土管、PE管、UPVC管	铸铁管、钢管、预应力混凝土管、PE管、UPVC管	PE管、钢管、球墨铸铁管
	管道内衬			水泥砂浆
	老化与腐蚀	老化严重	老化严重	新建管网，无老化和腐蚀现象
	维护管理	不进行冲洗	不进行冲洗	
	管网水检测	不检测	不检测	不检测
	管网水质			
	水质安全预警	没有水质预警措施	没有水质预警措施	没有水质预警措施

1. 东北地区

多是镇区水厂独立集中供水，管网呈枝状布置，或地下水供水，管网直接布置到用户，少数采用市（区）或县水厂延伸区域供水。

2. 华北地区

除河北省实行区域供水的小城镇少外，北京、天津以及山东都有部分地区的小城镇实行了区域供水。

北京有8个远郊区门头沟、房山、通州、顺义、大兴、昌平、怀柔、平谷和2个远郊县密云、延庆，这些远郊区和远郊县的供水近年来按照统筹城乡、优化配置水资源、打破行政区界规划供水设施的要求，都进行了相应的合理和完善规划。空间区位和自然条件等允许、适宜的地区，按照水源的优化配置，目前大部分实施了卫星城、中心镇、小城镇的区域供水，将卫星城管网延伸至小城镇供水，或几个镇共用一个水源实施镇镇组合区域供水，或几个镇的水源联网或清水联网；空间区位和自然条件等不适宜的地区，如地形较复杂的山区等，实施独立集中供水。以昌平为例：昌平区位于北京市区北部，城区距市区仅33公里，2/3为山区、半山区，地势西北高，东南低。近年来优化配置水资源、优化水厂布局、综合调度，对地下水富水区、贫水区、超采区、限采区进行统筹考虑；优先利用地表水，合理开发地下水，实现近期以地下水为主，地表水为辅，远期以地表水为主、地下水为辅的联合集中供水方式，确保水资源的可持续利用；保护山前地带地下水资源，优先合理利用当地水资源，在当地水资源缺乏情况下进行跨镇调水；在集中供水规划区内管网暂时无法达到的地区以自备井形式单独供水，根据发展规模逐步并网，纳入统一管理。对区内供水厂、自来水供水公司明确供水责任范围，进行统一规划，加快全区供水网络化进程，向统一集中供水方向发展。除沿八达岭高速公路沿线沙河卫星城、昌平卫星城、南口镇由市政供水外，高速公路东、西2个区域的供水形成了网络化供水格局。东部地区形成以南邵、崔村、上苑地区为水源地，向南部小汤山、北七家等贫水区供水的思路，将上苑水厂、小汤山水厂、北七家水厂形成网络，南庄水库地表水厂和南邵水厂补充，基本解决东区的供水问题，包括上苑水厂、兴寿水厂、小汤山水厂和北七家水厂等4座水厂，日供水4.92万m^3，铺设供水管网103km。4座水厂通过电信网络和无线通信网络达到了互视、互动，实现了联合调度和统一管理。西区由阳坊、刘村、马池口、南口等水厂形成网络，王家园水库、响潭水库以及地下水联合调度，解决西区供水。

天津的小城镇目前大部分还是以独立集中供水为主，特别是近郊区县的小城镇，目前大都有自己单独的地表水厂或地下水厂，由自己独立的供水公司负责，只有部分区位优势明显的环城区或近郊区的小城镇即Ⅰ类小城镇实施了城市延伸区域供水。目前津南区政府所在地咸水沽地区和津南开发区、小站、八里台、葛沽等中心镇以及东丽区所在地张贵庄地区和东丽开发区等都由中心城区管网供水。其他地区按照《天津市城市供水发展规划2008～2020》也正在积极开展区域供水建设。

山东除经济发达的东部沿海地区青岛、烟台、威海等地的小城镇在条件允许的情况下大部分实施了区域供水（城乡一体化供水）外，近年来内陆地区也有部分的小城镇实行了区域供水或正在实施。如淄博市的淄川区周边乡镇，采取了城乡供水一体化，实现了区域供水工程的联网；济宁市泗水县泗河两岸平原区的小城镇也采用了城区自来水管网延伸供水。但内陆地区大部分还是以独立集中供水为主。

3. 其他地区

中部地区的山西、河南、湖南等6省以及华南的福建、海南两省的小城镇，多是独立集中供水，福建、海南两省经济发展相对较发达，部分地区的小城镇实施区域供水的比例相对要较高些，其他省份只有一些经济发展和区位有优势且自然条件较好的局部地区的小城镇，即部分Ⅰ类小城镇突破了行政界限束缚，实行了区域供水，安徽、湖南、江西等省经济发展相对欠发达且自然条件不允许的少部分地区，目前还实行分散供水，居民直接取用江河水或井水。如山西的平遥县实行水务一体化管理，成立城乡供水总公司，将城市供水管网向城乡延伸，实施区域供水；河南巩义市的部分小城镇，如西村镇、河洛镇、小关镇、米河镇等九个镇形成了城乡供水一体化的框架，由市区水厂延伸区域供水，区域内合格供水普及率达100%。

3.2.1.2 水源

一、水源类型

二区地区从北到南跨度较大，北方、中部、南方不同地区的小城镇供水主要水源不同。地表水资源丰富的南方地区如湖北、湖南、江西、福建、海南以及安徽南部等多采用地表水，如江河水、水库水，也有小城镇居民采用地下水，如海南某小镇居民用水来源有3种：40%自来水，55%井水，5%河水；地表水资源少的南方地区，如安徽北部小城镇多采用地下水。东北、华北以及华中的部分地区如山西、河南多采用地下水，部分采用地表水库水，极少部分采用江河水，如天津，多数小城镇采用地下水，中心城区延伸区域供水的小城镇，采用地表水滦河水，有时当滦河水水量受限时采用黄河水。在调研的二区9个小城镇中，有7个采用地下水为水源。

二、水源水质

二区的小城镇地表供水水源污染较一区的小城镇要轻，主要是富营养化和有机污染；地下供水水源主要存在铁、锰、氟化物、氨氮等含量超标现象，部分采用浅层地下水的小城镇，由于透河井水等受工业废水、生活污水和农药、化肥等的污染，还存在其他污染物超标现象。具体来说各地水源水质特点如下：

1. 东北、华北的北京、天津、河北、山东的部分地区等北方地区采用地表水库水或江河水的小城镇，如滦河水，其水源水质存在低温低浊特点，同时有的还是高碱度有机微污染水源，而沿海的小城镇有的还存在高溴离子污染；山东、河南等采用黄河水为水源的小城镇，水源水质特点是高浊，对于山东济南、青岛、东营、德州、滨州、淄博等沿黄地区采用黄河水为水源的小城镇，还存在氮磷营养盐含量高、有机物污染较重、藻类污染偏高的特点；

2. 东北、华北以及中部地区的山西等地区以地下水为主的小城镇，由于常年的开采以及污染的加剧，对地下水水质也造成了一定的污染，铁、锰等物质明显超标。东北地区的地下水源大多只有铁、锰含量超标，浊度很低；北京地区的地下水源铁、锰、氟化物、氨氮明显超标，如昌平区、通州区；天津地区的地下水源水质较差，部分地区的地下水浊度、色度、细菌含量比较高，且氯化物、总碱度、pH偏高，总硬度、氟化物超标严重；山西由于地质原因存在高氟水、苦咸水的地下水区域，同时也存在受污染较严重的地下水区域。

三、第二水源

二区的小城镇供水水源单一，大部分没有考虑第二水源或备用水源，只有少部分地区考虑了原水联网或以地表水源为主，地下水源备用，如北京、天津、山东等的部分地区的小城镇。

3.2.1.3　水厂

一、规模

二区的小城镇大多实行独立集中供水，供水水厂规模较小，大都在 2 万 t/d 以下，服务人口在 10 万人以下，且水厂布局相对较分散。在调研的 9 个小城镇中，只有 1 个小城镇的水厂规模为 3 万 t/d，2 个的规模在 5000 万 t/d（含）以下。

二、处理工艺

二区的小城镇供水水厂处理工艺总的来说简单，且有的地区存在工艺水平落后的现象。采用地表水水源的，一般经过简单的混凝沉淀过滤和消毒处理，少数部分仅过滤处理；采用地下水水源的，铁、锰超标的，一般采用曝气过滤处理，后消毒，有的无论铁、锰是否超标，只经简单过滤和消毒，有的直接消毒，少数水厂甚至从深井里抽上水后没有进行任何处理就"直供"用户。

三、管理

二区的小城镇供水水厂管理和技术水平相对一区的要落后。一方面，水厂规模较小，水厂的工作人员大部分未经过供水业务的岗位培训，不具备专业的管理经验和技术技能；另一方面，水厂管理大多不规范。规章管理制度、操作规程、化验检测、应急预案等相对一区建立得不全或不到位，有的水厂没有建立完善和健全的规章管理制度和严格的操作规程以及水质检测制度，大多化验检测设施简陋，有的甚至不能进行出厂水的日常检测。东北地区的小城镇供水水厂配备日常监测设备的较少，部分水厂只能够检测余氯等一些简单水质指标，水厂大多有严格的运行管理制度和规程；华北地区的北京、天津以及山东沿海地区的小城镇，水厂管理相对要规范些。如北京昌平区的小城镇，水厂都配备了自动化控制系统，生产运行管理基本依靠自动化控制，且已建成昌平区乡镇集中供水厂一级调度中心，把各水厂纳入统一管理，水厂配备常规六项指标检测设备；中部经济相对落后的地区，如江西、湖南等的部分地区，水厂设施简陋，制水工艺简单，几乎没有一个水厂能单独完成水质的监控、化验等的常规性工作。在调研的 9 个小城镇中，有 5 个配有相对简单的化验检测设备，能进行出厂水的日常简单检测。

3.2.1.4　输配系统

一、管网规划建设与布置

相对一区的小城镇，供水管网规划与建设要相对滞后，大多没有完善的管网规划，原先建设的管网目前普遍已老化，更新改造与新建跟不上。近年来部分小城镇开始重视供水管网的规划与建设，结合当地的城乡供水一体化策略、水源配置等实际情况，重新对小城镇的供水模式及管网更新改造、建设等进行长远规划，像北京、天津等地以及其他省份经济相对发达且区位优势较明显的地区。

二区的小城镇供水管网相对独立，不论是不同小城镇之间的管网或小城镇与市区之间的管网，还是同一小城镇的管网，不同供水区域的管网之间缺乏有效衔接，且管网以枝状布置为主，管网的供水安全保障性较差。

二、管材

二区的小城镇原供水管材使用较混乱，供水管网中相当一部分是老旧管材，劣质管材也占有相当的比例，使用较多的是铸铁管。更新改造或新建的小城镇供水管材以塑料管如PE管、UPVC管，球墨铸铁管为主，也有少部分钢管、玻璃钢管等。目前二区的小城镇供水管网管材以塑料管、铸铁管、球墨铸铁管为主。

三、运行管理

二区的小城镇供水管网大都不进行冲洗，日常的维护管理较少，管网水质大多不进行检测，也没有管网水质安全预警设施或措施。在调研的二区9个小城镇中，其中8个不进行管网的冲洗，6个不进行管网水质检测，3个有时委托相关部门进行一定的检测。

3.2.1.5　供水水质

随着经济的发展和人口的增加，水体污染加剧，二区的小城镇供水水源地表水特别是江河水也受到或多或少的污染，地下水由于长期开采、污染加剧及地质原因，不少地区水质也不合格，但水厂处理工艺相对简单，特别是那些单独集中供水的小城镇，不能有效去除污染物质，导致出厂水的水质没有一区的优良，有的铁、锰等指标还超标。另外，二区的小城镇供水水厂管理和技术水平相对落后，多数乡镇水厂由于资金和技术水平的限制，水质管理不到位，有的没有建立水质化验室和检测设施，有的即使有也基本成为摆设，管理上没有水质监测制度，有的只能检测余氯、浊度等简单指标，致使出厂水水质得不到保障。由调研结果可看出，二区的小城镇不少出厂水的浊度都在1NTU左右，总体较一区的小城镇供水水质要差。

同时，由于管道老化严重以及对管网不进行日常的冲洗等维护管理，再加上小城镇规模小，用水量少，枝状管网多，造成管网末端水停留时间长，导致管网水水质恶化，有些水质指标如浊度、COD等较出厂水要高，时常发生浑水现象。

3.2.1.6　水质管理

一、管理办法

二区地区针对供水也有很多管理办法、管理规定等，如《安徽省城镇供水管理办法》、《江西省城镇供水管理暂行办法》，不少地区也专门针对小城镇供水进行了一些规定等，如《黑龙江省村镇供水工程管理办法》、《北京市乡镇供水规划建设暂行规定》、《福建省水利水电厅乡镇供水管理暂行规定》。这些管理办法、规定等都或多或少涉及了小城镇供水的水源保护、工程建设、供水管理等内容，但从总体上来说二区的小城镇供水发展较一区的相对滞后，管理规定等相关文件涉及的有关小城镇供水的内容相对不完善，像水质检测频次、项目等相关内容没有严格规定，同时当地的供水部门或水厂也缺乏制定如备用水源、事故应急等相关完备内容。

二、水源保护与管理

随着人们对水源保护意识的增强，不少村镇开始重视对水源的保护与管理。二区的小城镇供水水源大多都制定有保护政策或设有保护措施，注重水源安全，定期对水源水质进行检测，有的还进行水源工程的水资源论证，如北京的小城镇新建供水工程都要求必须编制水源工程的区域水资源论证报告，且严格水源水质检测；只有少部分地区的小城镇对水源地没有实施任何保护政策或措施，水源水质也不进行检测。在调研二区的9个小城镇中，8个都实施了水源保护措施，5个定期检测水源水质。

三、出厂水管理

二区的小城镇对出厂水的管理不大完善和规范。一方面多数乡镇水厂由于资金和技术水平的限制，在水质管理上很欠缺。大多水厂没有建立完善和健全的水质检测制度，大多出厂水没有自动检测设施，大多化验检测设施简陋，有的根本就没有建立水质检测设施，有的即使有也基本成为摆设，相当部分水厂不能进行出厂水的日常检测，即使能检测，也只能检测少数简单的指标，如细菌学指标不能检测；另一方面，水厂的工作人员大部分未经过供水业务的岗位培训，不具备专业的管理经验和技术技能，对出厂水的管理不到位。同时，部分水厂没有建立完善和健全的岗位责任、运行操作、交接班、维护保养等运行管理制度和操作规程，也影响了对出厂水的管理和控制。只有少部分地区的小城镇如实施城市延伸区域供水的小城镇、经济发达地区的小城镇等，出厂水管理较完善。如北京，新建集中供水厂控制系统要求实行微机自动化控制，配备水质检测人员和检测设备，对水质、水量、水压进行自动监测；昌平区的水厂配备常规六项指标检测设备，每日对出厂水进行六项指标检测；同时委托专业机构加大对水质的检测频率，每半月对水厂水进行细菌指标检测，每月对水厂出厂水质进行全分析检测；制定水质检验、岗位责任、运行操作、交接班、维护保养等运行管理制度和操作规程，并上墙明示；同时采取专家授课和实地考察相结合的方式，加强对管理人员的业务培训，提高管理素质和技术水平，使运行管理工作科学化、规范化。

四、管网水管理

二区的小城镇管网水的管理相当不规范和完善，绝大部分小城镇对管网水不进行任何检测，对管网也不进行冲洗等管理，管网水的水质安全预警更是一片空白。只有少部分小城镇，如东北部分地区、北京地区以及山东部分地区的小城镇委托相关部门按一定频次对管网水的细菌、余氯和大肠杆菌等指标进行监测，根据管网末端水的浑浊情况，定期对管网进行冲洗排污。北京昌平区的小城镇每半月对管网水进行细菌指标检测。

五、监管

二区的小城镇供水水质监管体系相当不健全，较一区的监管还要不到位。虽涉及水质管理和用水安全的部门很多，如建设和水利行政主管部门、卫生防疫、环保等，但像水源没有保护措施或保护不到位、出厂水管理不严格、不进行日常检测，管网水不进行检测，管网日常维护管理不到位等问题，到底有谁来监管或落实已有的监管制度，目前监管责任不明确，监管力度相当不够，导致二区的绝大部分小城镇供水水质安全保障性低。只有极少部分地区的小城镇能正常落实水质监督，如北京地区的小城镇，各级卫生部门定期对水厂的出厂水质进行检测，水质化验指标24项；各级水务部门和卫生部门联合对水源井周边30m范围内污染源进行检查，及时发现安全隐患，并责成相关单位进行整改。

3.2.1.7 投融资与经营管理

一、投融资

二区的小城镇供水目前也建立了多元化投资机制，实现了投资主体多元化，基本上按照“谁投资、谁所有、谁受益”的原则，实施多层次、多渠道融资，动员和鼓励各行业、各方面和集体、广大人民群众参与小城镇供水设施建设的投融资，以独资、合资、股份合作等形式进行。有的地区对于已有的小城镇供水设施，面向市场，将存量资产和各种生产要素作为资本通过股权转让、拍卖经营权等多种形式，盘活存量资产，扩大增量资产，最大限度地聚集各方资金；有的地区采用建设—运营—转让、转让—运营—转让、公共民营合作等形式投资乡镇（街、场）供水基础设施建设。

二区的小城镇供水投资虽多元化，融资多渠道化，但投资力度、融资能力相对一区的要弱。二区的小城镇有相当部分经济较不发达，特别是那些没有区位优势的小城镇和处于经济较不发达地区的小城镇，当地市、区、县、镇政府财政力量有限，财政投入和支持受限，企业较少且效益不是很好，企业对基础设施的投入也受限，当地群众的收入和经济实力较弱，对基础设施的投入也要受限，同时由于区位和经济发展原因，也影响到外地企业的投资。由于二区的小城镇供水多为单独集中供水且供水规模小，水厂的资产量要小，有的还不具备独立的法人地位，无法依靠自身资产实力及信用实施银行借贷或股权融资。同时水厂也存在经营能力薄弱，经济效益差，缺乏可持续经营能力，部分贷款难以偿还，现实经营不具备偿还贷款的可能，也导致实施银行借贷存在困难。

二、经营管理

二区的城镇供水行业改革相对滞后，城镇供水的经营管理相对一区要混乱点。小城镇供水根据“谁投资，谁所有，谁经营，谁受益”的原则，鼓励国内企业、个人和外商以多种形式参与小城镇供水基础设施的经营和管理。不同省份或同一省份不同地区或同一市不同区域往往实施不同的经营管理形式，小城镇供水的经营管理分散、不高效，企业化、专业化经营管理水平相对一区要低，以独立经营管理为主，缺乏高效统一的管理机制。大多供水区域分割现象严重，涉水事务管理部门较多，各管理部门职能分散、权责不清，供水企业多、分散，良莠不齐，各自为政，缺乏能按照供需要求合理配置各种水资源，统筹多水源联合调配和科学调度以及水源、水厂、管网统一经营管理等的部门。以经济发展相对较好的天津地区为例，2007年，天津市共有水厂30座，而供水企业有29个，除了中心城区供水由市自来水集团统一经营管理外，其他远郊区、郊县基本上都是多家水厂多家企业分别负责经营管理。如大港区，地表水厂5座，供水由天津石化总公司、大港油田、大港发电厂分别承担；近郊区县武清，供水分别由武清河西自来水公司、河东自来水公司、武清开发区自来水公司、逸仙园自来水公司等负责。

1. 实施城市延伸区域供水的小城镇，企业化经营管理，基本上采取分级管理模式，即市、区或县供水企业负责管理到镇供水主管网，供水主管网外的乡镇（街、场）供水管网和增压站由当地供水企业负责经营管理，有的城市供水企业会以技术入股参与一定的管理。如天津，津南区的小站、八里台、葛沽等中心镇供水由中心城区管网供水，但由津南水务有限公司负责管理；只有极少地区实施城市延伸区域供水的小城镇采取一元化经营管理模式，如山东即墨市，将自来水公司整建制归属市水利局，水行政主管部门实现了从水源地管到水龙头，实现了城乡水资源管理、开发、经营一体化和产、供、销一体化。

2. 实施镇镇组合区域供水即联片集中供水的小城镇，大部分实行供水企业统一集中经营管理，也有部分实行独立经营管理，即各镇负责管理各镇的供水，特别是对于那些原水联网、清水联网的多个小城镇的供水。

3. 实施单独集中供水的小城镇，基本上是独立经营管理，且形式多样，少数实施统一管理，大多企业化、专业化经营管理水平较低。

(1) 水务局管理：由水务局组建水务站，制定供水工程管理制度和水价征收制度，实行专业化管理；

(2)（乡）镇政府管理：以镇政府投资为主建设的小城镇集中供水工程，（乡）镇政府直接管理，他们既是所有者又是经营者；

(3) 企业管理：对由政府投资、群众自筹及社会资金共同投资建设或企业独资建设的集中供水工程，按照“谁投资、谁建设、谁受益”的原则，根据各方投资比例确定股份，按股份制组建具有独立法人资格的供水管理单位，负责工程的建设与运营管理。企业管理这种模式又可细分为独家管理，股份经营；独家管理，独家经营等；

(4) 供水协会组织管理：采取供水协会的组织管理方式。供水协会是粮援项目饮水、灌溉工程受益村联合成立的群众组织，是借鉴德国的管理经验。供水协会在县、乡镇政府的指导下进行自我管理。供水协会的最高权力机构是供水协会全体会员大会。如沂蒙山区，大部分乡镇均成立了供水协会，负责统一管理管水员、统一管理水费、统一工程维修保养。

3.2.1.8 政策与法规

一、法规等

二区不同地区针对城镇供水制定了很多法规等，如《黑龙江省村镇供水工程管理办法》、《依兰县城镇供水系统重大事故应急预案》、《延寿县城镇供水系统事故应急预案》、《呼兰县城镇供水管理办法》、《海林市村镇供水工程管理实施细则》、《北京市乡镇供水规划建设暂行规定》、《北京市郊区水利现代化规划》、《北京郊区水务站（所）建设管理办法（试行）》、《加强城镇供水管理工作的实施意见》（枣建城字〔2006〕13号）、《淄博市乡镇社会化供水管理办法》、《安徽省城镇供水管理办法》、《湖北省建制镇水厂管理暂行办法》、《恩施州城镇供水设施建设技术指导意见》、《江西省城镇供水管理暂行办法》、《上犹县城镇供水用水管理办法》、《宜丰县城镇供水用水管理暂行规定》、《福建省水利水电厅乡镇供水管理暂行规定》、《海南省城镇供水水质监测管理暂行办法》。这些管理规定、办法等法规都涉及了镇供水的相关内容，包括水源保护、供水工程建设、供水管理等，法规相对健全，使小城镇供水从法律或法规方面有了依据和支持。

二、政策

由于受经济发展水平等的影响，大部分的二区地方政府在小城镇供水的发展和建设等方面缺乏良好的、有力的激励、鼓励等支持和优惠政策，但随着经济发展和当地政府对小城镇供水认识的深入，目前二区的小城镇供水越来越享受到一些地方政府的支持和优惠政策等，部分地区在建设区域供水工程、集中供水工程或水价方面已实施了一些优惠政策，如水价方面。有些地区按照“补偿成本、合理盈亏”的原则，实行容量水价和计量水价相结合的水价办法，经济发展好的乡镇高一点，欠发达的乡镇低一些；有些地区将小城镇供水价格纳入价格主管部门的价格管理范围，避免随意定价的弊端，使小城镇供水价格管理走上制度化、规范化的轨道。

3.2.2 风险与问题

二区的小城镇由于受经济发展水平、自然条件以及在全国的区位等因素的影响等，虽相当部分地区的区位较好，供水也有地方政府法规作为支持和依据，部分地区的小城镇供水规划做得较完善，也实施了区域供水，供水得到了一定的保障，但总的来说，由于投融资能力弱、缺乏良好、有力支持和优惠政策以及先进的管理和技术水平，二区小城镇供水的发展和建设并不是很好，相对一区要滞后，存在较大的供水风险和面临一些共同问题。

3.2.2.1 供水风险

二区的大部分小城镇是单独集中供水，水厂小且分散，供水安全性和可靠性相对较脆弱，这是二区小城镇供水存在的最大风险，其次有的地区还存在水源风险和因管道老化腐蚀等引起的管网水质风险。

对于地下供水水源铁、锰、氟化物、氨氮等含量超标的小城镇或采用受污染的浅层地下水的小城镇，如东北的部分地区、华北的鲁北、鲁西等部分地区以及山西的部分地区等，处理工艺简单，未考虑超标物质的去除或去除效果不明显，水源是较大的供水风险。需要改善或强化处理工艺或寻找其他水源；对于山东济南、青岛、东营、德州、滨州、淄博等沿黄下游地区正在实行或规划实行采用黄河水为水源的小城镇，无论是区域供水还是独立集中供水，水源存在较大风险。黄河下游引黄调蓄水库的水夏季多藻，冬季低温低浊，水中藻类和藻毒素、臭味物质、总氮、溴化物以及高锰酸盐指数是共性水质问题，水中无机物、有机物和有害生物并存，难于净化处理，对水厂的稳定运行和出水水质形成冲击。目前黄河下游山东境内尚无一座采用深度处理工艺的自来水厂，水质净化工艺简单，管理粗放，难以应对水源水质；对于南方地表水资源丰富采用地表水江河水和水库水的小城镇，随着经济发展和人口增多，水源已被污染或正面临着被污染，水源也存在一定的风险。

除了以上存在的水源污染风险外，二区的小城镇供水多是单一水源，特别对于那些水源污染严重地区的小城镇，或采用地下水为水源且地下水严重超采地区的小城镇，或淡水资源缺乏的小城镇，水源单一是其供水较大的风险。

对于二区那些供水管网不进行冲洗等日常维护管理或维护管理较少且受经济发展水平影响不能及时更新改造老化管道的小城镇，管网水质是其较大的供水风险。

3.2.2.2 存在问题

二区的小城镇供水存在以下共同问题：

1. 供水规划相对滞后，同一地区或地域缺乏统一规划。

供水规划是供水设施发展和建设的前提和基础，完善健全的供水规划是建设完善供水设施和提高供水保障率的基本前提。二区的小城镇供水规划发展相对滞后，一方面，不少地区没有随着经济和城镇的发展以及水资源变化状况等，从系统角度不断发展和完善本地区的供水规划，使供水设施建设和发展满足经济发展和人口增多所需供水；另一方面，地域分割较严重，同一地区或同一地域缺乏统一的供水规划。部分规模经济集中地区或水源条件自然条件等都允许地区，供水规划没有前瞻性，供水工程跟着开发建设走，供水工程数量多、规模小，重复建设，没有从区域概念上整体规划本地区的供水。

2. 供水布局总体比较分散，供水水源单一，水源地和水厂布局均较分散，水厂与供水管网都相对独立，供水的安全性和可靠度较低，缺乏安全保障，存在较大的供水风险。

二区除了经济发展和区位较有优势的部分小城镇即Ⅰ类小城镇实施区域供水外，大部分小城镇以小型集中供水为主，水源地多，供水厂多，还有部分小城镇没有实现集中供水，不像一区的小城镇那样，原水联网供水、清水联网供水的很少。另外，有的地区自来水用水占有率较低，自备水源井数量多，分散布置在企事业单位内或居民家中。这种分散式供水布局的供水安全性较低，供水较没有保障。

3. 处理工艺相对简单，不能适应原水水质及其变化要求。

二区的小城镇供水水厂处理工艺大都是简单的混凝、沉淀、过滤、消毒，无论是地下水水源还是地表水水源，工艺水平相对较落后，有不少地区的工艺还不配套，只有过滤单元而无反应沉淀单元，或只进行消毒。对于铁、锰、氟化物等物质超标的地下水或受污染较严重的地表江河水或水库水来说，处理工艺与原水水质状况不符合，有些污染物质只经过简单的混凝、沉淀、过滤或根本就不经过混凝沉淀或只进行消毒是无法去除或去除效果不理想，处理出厂水不能满足饮用水水质要求。另外，不少水源水质是变化的，但现有的处理工艺缺乏应急处理等，不能适应原水水质变化。

4. 水质管理不规范，供水工程技术薄弱，缺乏专业技术人员和培训机制。

二区的多数小城镇水厂由于资金和技术水平的限制，在水质管理上较不规范。大多水厂没有建立完善和健全的水质检测制度，大多出厂水没有自动检测设施，大多化验检测设施简陋，有的根本就没有建立水质检测设施，有的即使有也基本成为摆设，相当部分水厂不能进行出厂水的日常检测，即使能检测，也只能检测少数简单的指标，如浊度、余氯；另一方面，受经济制约等，水厂缺乏专业技术人员，大部分工作人员未经过供水业务的岗位培训，不具备专业的管理经验和技术技能，对出厂水的管理不到位。同时绝大部分小城镇对管网水不进行任何检测，管网的运行维护和检修能力低，大多管网不进行定期冲洗，管网水更是没有水质安全预警。

5. 供水投资力度不够，缺乏融资能力。

一方面，二区的小城镇有相当部分经济较不发达，特别是那些没有区位优势的小城镇和处于经济较不发达地区的小城镇，当地各级政府财政单薄，财政投入和支持受限，同时地方企业和群众对基础设施的投入也受到经济发展的影响和限制，由于受区位和经济发展影响等，外地企业和外资的投入也较有限；另一方面，由于二区的小城镇供水多为单独集中供水且供水规模小，水厂的资产量要小，有的还不具备独立的法人地位，无法依靠自身资产实力及信用实施银行借贷或股权融资。同时水厂也存在经营能力薄弱，经济效益差，缺乏可持续经营能力，部分贷款难以偿还，现实经营不具备偿还贷款的可能。这些问题导致二区小城镇供水融资困难。

6. 缺乏高效统一的管理机制，松散型的经营管理模式，不利于供水的安全保障。

二区的小城镇供水大多区域分割现象严重，涉水事务管理部门较多，各管理部门职能分散、权责不清，供水企业多、分散，良莠不齐，各自为政，各自独立经营管理，且相当部分的水厂市场化程度不高，水厂的所有权与经营权不分，经营主体不明确，缺乏能按照供需要求合理配置各种水资源，统筹多水源联合调配和科学调度以及水源、水厂、管网统一经营管理等的部门。这种不健全松散型的经营管理体制，不利于保障供水的安全性和可靠性。

7. 监管体系不健全，缺乏有效监管，供水安全性低。

二区的小城镇供水水质监管体系相当不健全，虽涉及水质管理和用水安全的部门很多，如建设和水利行政主管部门、卫生防疫、环保等，但像水源没有保护措施或保护不到位、出厂水管理不严格、不进行日常检测，管网水不进行检测，管网运行维护和检修能力低等问题，到底有谁来监管或落实已有的监管制度，目前这些监管责任不明确，监管力度相当不够，导致二区的绝大部分小城镇供水水质安全保障性低。

3.2.3 小结

二区地理区位优势相对一区要弱，经济中等发达，小城镇受城市的辐射影响程度不大，小城镇供水缺乏良好的政策导向，供水投融资能力较弱，污染型、资源型和工程型水资源短缺问题并存，供水基础设施水源地、水厂分散，独立集中供水为主，水厂和管网建设及其管理相对落后，小城镇供水整体上发展水平不高，处于发展初步水平和阶段。目前二区小城镇供水在向一区小城镇供水水平发展，借鉴一区小城镇供水成功经验，按照城乡一体化供水与独立集中供水相结合的规划方向，在经济发展相对较好且其他条件允许地区积极推进和发展区域供水，提高小城镇供水的安全性。

二区小城镇供水缺乏统一规划，供水布局总体较分散，水厂与供水管网都相对独立，供水的安全性和可靠性较低，这是其最大的供水风险。同时二区的小城镇供水处理工艺水平相对较落后，供水处理设施不完善，不能适应受污染的水源水质或变化波动的水质要求。因此，对于二区的小城镇来说，供水急需解决或目前发展的必要方向是从区域统筹和整合现有水源、合理利用水资源等角度出发，打破行政区划和区域分割，从发展角度对小城镇公司统一规划，根据区域经济水平、地形条件、水源条件等建设、发展和整顿及改造现有供水设施水源地、水厂和管网，发展应用技术可行、经济合理、管理简便的供水处理工艺技术，提高供水的安全保障性。对于经济发展相对发达且实施区域供水的小城镇，根据水源受污染情况，在常规处理工艺基础上可增加深度处理；对于经济发展相对发达且实施独立集中供水的小城镇，可根据供水规模发展采用集约化程度较高的膜处理技术；对于经济发展相对落后小城镇，应根据现有处理设施进行改造并根据水源污染情况，增加一些应急处理等措施。

3.3 西部区域（三区）

三区主要调研了四川省成都市的周边镇，通过专家咨询等方式还调研了四川省的其他地区和其他省份，如四川的泸沽湖镇、美兴镇、甘孜镇等。

3.3.1 现状与特点

西部小城镇由于其特殊的地理位置、地形地貌及水文地质等自然条件和水资源条件、经济条件等，供水设施投融资水平低，缺乏统一规划，供水设施建设和发展相对全国其他地区要落后。供水水源多为泉水、山溪水或地下水，以小型独立集中供水为主，也有相当部分的分散供水，公共供水普及率相对不高。现有的供水设施包括水厂和管网大多建设年代已久，老化严重，急待改造和重建。现有供水技术落后、管理跟不上，供水水质相对较差。总的来说西部小城镇供水设施有很大的建设空间，需要加大投资力度和融资水平，加强管理。

以新疆维吾尔自治区、陕西、四川、重庆、云南、广西几个典型省份小城镇供水情况为例，来说明我国西部地区小城镇供水发展及现状。新疆维吾尔自治区截止到1999年末，全区共有建制镇113个，总人口105.33万人，供水受益镇106个，实际供水能力仅5.73万立方米/日，供水管道长度仅有137km，人均生活用水量不足60L/d，供水普及率不足70%，建制镇的供水形式十分严峻；陕西省“十五”以来共建成可解决上万人的村镇集中供水工程达到70多处，“十一五”期间以水源建设和管网改造为重点，先后对60个县的供水设施进行了扩建改建，全省85个县城的日供水能力由2000年底的48万m^3增加到71万m^3，年均新增供水能力约4万m^3/d。西安市全市乡镇撤并以后，10个区、县保留的乡镇（街道办事处）为146个，至2000年除区县政府所在地和近郊城市自来水通达的乡镇外，有独立街区的106个乡镇和工业园区无集中供水设施，当地工商业和群众生活用水基本依靠自备水井；2003年部分小城镇开展集中供水建设试点，建成供水工程18处，受益人口31万；四川省全省共有乡镇5025个（乡3320个，镇1705个），因受自然条件的限制，大部分乡镇位于500～800m高程的岭坡地带，据统计，截止2000年底，全省建成乡镇供水工程2854处，供水比例仅占56%，全省还有2171处乡镇（其中有81个县城）没有完整的供水设施；重庆是一个大城市与大农村并存、城乡二元结构特征明显的新兴直辖市，共辖683个建制镇，到2002年底，全市共建成乡镇供水工程1019处（含非政府所在地的居民集中居住地207处），日供水量达88.42万t/d，到2004年仍有538个乡镇无供水设施，481个乡镇的供水设施需要改建、扩建；云南省1999年至2002年全省小城镇新建自来水厂69座，到2002年底，全省小城镇有自来水厂共567座，供水管网长度1万公里，日供水能力达74万吨，自来水普及率75%；据2000年底水利厅规划统计，广西壮族自治区乡镇（含县城）已建供水工程833处，设计供水能力326万t/d，实际供水量102万t/d，其中81个县城所在镇全部兴建了供水工程，供水普及率达到81%；非县城所在1280个乡镇，能满足用水需要的仅247个；无集中供水设施的有391个；虽有供水设施规模太小，不能满足当前用水需扩建的有329个；水源不足或水质不达标的205个；设施陈旧、老化失修的107个；乡镇所在地供水普及率不到40%。

3.3.1.1 供水规划

一、规划内容

受地理位置及经济发展等条件的制约，三区城镇供水专项规划或专业规划的理念淡薄，缺乏统一规划，特别是小城镇的供水。在“十五”之前西部小城镇基本上没有完整的供水规划，后随着国家对西部地区大开发及城镇化政策的推动和按照相关文件要求如《中共中央国务院关于推进社会主义新农村建设的若干意见》、《中华人民共和国国民经济和社会发展第十一个五年规划纲要》、《全国重点镇供水设施改造和建设规划》以及加强村镇基础设施建设的要求等，西部小城镇开始重视基础设施的规划和建设。近年来，西部不少地区根据当地实际水资源情况、自然条件等确立小城镇供水的指导思想和基本原则，开始制定小城镇供水规划，有些地区特别是一些大中城市所辖的小城镇即Ⅰ类小城镇已制定了统一的供水规划，有的已着手实施区域供水。

内蒙古自治区近年来，先后制定出台了《内蒙古自治区小城镇规划建设管理条例》、《内蒙古自治区村庄和集镇规划建设管理实施办法》、《关于搞好小城镇规划建设推进农村牧区经济发展和城市化的意见》、《关于促进全区小城镇健康发展的意见》等文件，至2008年8月全区编制完成69个旗县城关镇总体规划，297个建制镇总体规划，占建制镇的65%，97个集镇总体规划占集镇的40.6%。以推进城镇化为主线，以城乡一体化为目标，以旗县城关镇和部分辐射带动作用强的中心镇为重点，坚持“统筹兼顾、协调发展，科学规划、合理布局，突出重点、注重实效，高效管理、创新机制”的原则，发展和建设小城镇供水设施。《包头市重点镇供水设施改造和建设规划》本着“因地制宜，实事求是，协调发展”的原则，规划“十一五”期间，采取新建项目建设与现有供水设施改造相结合的方式，进一步优化水资源配置，建设新水源工程31处，其中大型水源工程1处，城镇小型水源工程30处；改造城市供水水厂4个；新建、改造供水管网1737公里；新建16个水质监测站，以实现区域资源互补，加快城乡经济建设一体化。

陕西省是西部地区倡导区域供水较早的一个省份，也是西北地区针对小城镇供水最早提出主导思想规划的一个省份。小城镇供水的主导思想是：按照“以城带乡”的思路，采取集中供水，延伸管网，逐步实现自来水入户。以水源建设和管网改造为重点，加快设施扩建改建步伐，力争到“十一五”末，新建成700个乡镇政府所在地的集中供水系统，使乡镇政府所在地的自来水普及率达到80%以上。西安市根据陕西省的这个主导思想和当地实际情况，出台了《西安市人民政府关于加快农村小城镇供水基础设施建设的意见》，提出了较符合实际的小城镇供水规划：供水工程建设原则上要坚持一镇（乡）一水，规划布局一次到位，不搞重复建设。近山近河的乡镇要充分利用丰富的地表水资源，利用天然地形，经过净化处理，发展自压供水；平原地区小城镇以打井取水为主，通过蓄水设施调节，加压供水。渭北平原苦咸水、高氟水地区，寻找符合标准的水源，打破区县、乡镇、村组行政界限，统一规划，统一管理，一律实行集中供水；渭河以南的平原区，根据水文地理条件，合理选择水源，以数村、数乡为单位规划兴建集中供水工程，实施联片集中供水；丘陵区要适度规模，实施联合建集中供水工程或独立集中供水；未央、雁塔、灞桥等近郊区且距离城市自来水管网较近的镇，按照城乡统筹发展和“城市支持农村”的要求，其供水问题按照年度项目计划就近、就便由城市供水管网延伸供水。

重庆市制定了《重庆市重点镇供水设施改造和建设规划》，从水源水质水量、工艺选择、管网系统、建设管理等方面保障重点镇供水安全，将重点镇镇区和城镇域农村供水结合起来，在经济发展水平和地域条件较好地区，进行供水基础设施城乡一体化的改革直接涉及镇区180余万人。规划提出，2015年我市新增供水能力50万余吨、新建和改造管网600多公里，将有效破解重庆市81个重点镇城镇供水突出问题，尤其使渝西地区和库区

120 万人的饮水难题得到基本解决。

四川省成都市的小城镇供水规划主导思想是：打破乡镇行政区划，主要修建Ⅱ型～Ⅲ型水厂，利用Ⅰ型或Ⅱ型水厂的供水管网向外辐射，就近的区域采取区域供水，相邻的小城镇采取联片集中供水。按照城乡统筹发展的要求和“一圈层集中供水，二圈层水量补差，三圈层自成体系”的原则，一圈层的成华区、锦江区、青羊区、金牛区为成都市水六厂管网覆盖区，由水六厂供水，不另设水厂，规划 2010 年由成都市六水厂统一供水；二圈层的龙泉驿、郫县、温江、新都、双流等区县，将打破行政界限，以中心城区与大管网与县城、重点镇骨干水厂结合供水为主，实行城乡一体化供水，缺口部分都将由城区供水管网补差，到 2015 年和 2020 年，也由成都市六水厂统一供水。

二、供水模式

三区的小城镇规模小，分布较分散，大多分布密度较低，使得联片或区域集中供水存在一定的难度，供水总体上较分散，大多是小型集中供水，“一镇一厂”，也有相当部分的分散供水，区域供水极少。

四川成都、重庆这些地区小而分散的小城镇集中供水在西部地区非常典型。成都市包括双流县、武侯区、彭州市、温江区、金堂县、大邑县、成华区、邛崃市、青白江区、崇州市、龙泉驿区、新津县、锦江区、青羊区、都江堰市、金牛区、浦江县、新都区、郫县、高新区，共有 210 处乡镇或跨乡镇集中供水工程，其中规模大于 $1000m^3/d$ 的有 35 处，规模为 $1000～200m^3/d$ 的有 110 处；重庆市 683 个建制镇中，除重庆市水务集团供水区域建制镇和区县级自来水公司供水区域建制镇外，555 个建制镇现有水厂 563 个、日供水能力 74 万吨，水厂综合平均日供水能力 $1300m^3$。

西部地区目前只有部分经济条件、自然条件等较好地区的部分小城镇如部分Ⅰ类小城镇，实施了区域供水。陕西省有极少地区的小城镇实施了管网延伸区域供水或联片集中供水。大荔、澄城、蒲城三县，坚持以城带乡的思路，依托可靠水源，将县城水厂管网延伸到周边乡镇和农村供水；旬邑、富平、汉台等县区，人口居住相对集中、地形高差不大、饮水水源严重匮乏或高氟水地区，采取“发现一处合格水源，辐射解决一片”的办法，实施区域联片集中供水；宝鸡市从石头河水库引水，原水经净化处理供给市区的同时，也向周边陈仓区、眉县、岐山县的部分小城镇供水，如斜峪关、安乐镇、蔡家坡镇，阳平镇、虢镇等。四川成都的双流县大部分小城镇也实施了区域供水。万安镇、白沙镇、新兴镇以及华阳镇等，均由县城区水厂岷江自来水厂（10 万 t/d）统一管网延伸供水。

分散供水在西部小城镇供水中也占有一定的比例，特别是那些地形地貌复杂、水资源缺乏或水资源利用条件较差且人居较分散的地区或边远山区，较典型的地区是贵州省和西北特别干旱的部分地区。贵州是个多民族岩溶山区省，受其特殊的岩溶地形地貌、水文地质条件的限制，加之资金缺乏，人居分散，虽地处长江、珠江分水岭地带，水资源丰富，但水利工程难以实施，不少地区的小城镇及乡镇取水困难，较多实施分散供水。

3.3.1.2 水源

一、水源类型

西部地区是我国地形地貌最复杂地区，也是水资源利用条件最差地区，各种类型供水水源在西部地区均有使用。西北地区主要是水资源条件先天不足，资源型缺水严重，同时也存在一定的湿陷性黄土，供水工程用地条件较差，所以西北地区小城镇供水水源大部分以地下水为主，有的也靠收集利用雨水。陕西省小城镇供水水源普遍采用地下水，约占总供水量的72％。

西南地区水资源丰富，但由于沟深地高，地形高差大，水位变幅大，造成取水、输水、配水、净水用地条件差，所以西南地区小城镇就近利用水源，以地表水为主，主要是山泉水、山溪水、江河水等。云南省小城镇集中式供水工程中，以湖、库水、溪水等地表水为水源的占82.6％，以山泉水为水源的占17.4％；以云南宾川县为代表的西南山谷丘陵地带城镇，以水库水为水源；以云南大理、丽江为代表的存在季节性水量型缺水的西南城镇，丰水期以河水为主要水源，枯水期以水库水为主要水源；以重庆巫溪县为代表的西南山区城镇，多以山溪河流或山泉为水源；靠近嘉陵江、岷江等江的西南小城镇，如重庆城区或近郊区靠近嘉陵江的小城镇，以江水为水源。

二、水源水质

西部小城镇供水水源水质总体来说还算较好。对于西南地表水水源，山泉水和水库水一般为Ⅰ～Ⅱ类水源，水质较好，个别地区为Ⅲ类水，大多湖、库水和溪水等基本上都能达到Ⅲ类及优于Ⅲ类水质，极少数小城镇的取水水源开始出现富营养化现象；次级河流或支流等季节性河流以及江水如长江、嘉陵江、岷江等水源，水源情况相对差些，水质随季节变化而变化，夏秋高浊水。山泉水在雨季，浊度也会增高。地下水水质较好，但由于水污染的加剧，地下水水质也正在出现恶化的现象，个别地区铁、锰、氟化物等含量超标，个别地区总硬度、矿化度、硫酸盐等普遍偏高。前者如西北部分地区、西南四川的新津县等，后者如新疆的部分地区。

三、第二水源

三区的水资源条件不好，资源型、设施型以及污染型缺水并存，同时受其复杂地形地貌的影响，供水设施建设用地条件不好，不少地区存在取水困难。所以三区的小城镇大多根据其附近水源情况和地形情况，就近取水作为供水水源，水源单一，没有备用水源。这在一定程度上造成了供水的安全性较低。

三区小城镇供水调研　　　　**表3-9**

项目＼小城镇		四川省			
		美兴镇(县所在地)	炉城镇(县所在地)	甘孜镇(县所在地)	泸沽湖镇
基本情况	所属行政区划	小金县	康定县	甘孜县	盐源县
	人口	1.3万左右	2.0万左右	1.0万左右	1800
水源情况		采用山溪水，高碉沟水源；水源未受任何污染，雨季水质浑浊	山溪水和地下水；山溪水水质较好，只雨季浑浊；地下水锰含量较高，同时还受到一定程度城市生活污染源、工业污染源和农村面源有机污染，大肠杆菌数超标	地表河水，绒岔河	泉水，以井水作为补充供水水源

续表

项目＼小城镇	四川省			
	美兴镇（县所在地）	炉城镇（县所在地）	甘孜镇（县所在地）	泸沽湖镇
水厂情况	美兴镇自来水厂始建于1975年，生产能力为400m³/d，后采用政府投资和国债，经扩建改造现状7000m³/d，规划远期10000m³/d；原水经过滤、消毒处理	自来水厂三座，其中两座为地表山溪水源水厂，一座为地下大口井，为缓解冬春两季地表水不足，公主桥附近增建泵站，水源为公主桥边多河大口井，设计供水规模2000m³/d。瓦厂沟水厂建于1973年，水源为跑马山上瓦厂沟山溪水，设计供水规模4500m³/d；任家沟水厂水源为折多山麓两叉路村的任家沟山溪水，设计供水能力7000m³/d；北门水厂水源为雅拉河边的大口井，设计供水能力4000m³/d	甘孜县自来水公司成立于1972年，内设财务、收费、安装、查表、制水、供水等部门。现状水厂设计供水能力6000m³/d，实际供水量630m³/d	镇区2003年底建成城镇供水系统，向镇区、沿途4个自然村及未来的旅游开发区供水设计供水能力4000m³/d
输配系统情况	原水靠重力流输送；管网改扩建	供水管网始建于1973年，基本采用无内衬连续铸铁管，局部地区采用钢管，管径*DN*100～*DN*300；1998年改造，但由于城区地势落差大，供水管道所承受的压力变化较大，新旧管道交替复杂，城区管道经常出现爆管现象，供水安全性不高	管网老化严重，急待改造	输水管线总长共计10公里，以铸铁管为主

3.3.1.3 水厂

一、规模

一方面，三区的小城镇规模小，人口少，人均用水定额较低，工业不发达，用水量少；另一方面，小城镇分散，分布密度较低，地质条件复杂，联片或区域集中供水建立大型水厂存在一定的难度；再者，部分小城镇自备水源供水比例较高。这三方面导致三区的小城镇供水大多一镇一水厂，水厂规模小，大多在1000m³/d以下，有的甚至在200m³/d以下。成都210处乡镇或跨乡镇集中供水工程中，35处规模大于1000m³/d，110处规模为1000～200m³/d；重庆市555个建制镇有水厂563个，水厂平均规模在1300m³/d左右。

二、处理工艺

三区小城镇的供水处理工艺普遍较为简陋。以地表水为水源的，处理工艺一般是混凝-沉淀-过滤-消毒，混凝剂一般采用PAC，消毒剂一般采用液氯或二氧化氯；以地下水为水源的，大多直接消毒，铁、锰超标的，采用接触氧化滤池，然后再消毒；也存在一些小城镇原水经简单沉淀或沉砂、过滤后直接供给使用，不经消毒处理，或不经任何处理直接饮用。如重庆的部分建制镇水厂，563座中15％建于60年代，水厂仅是一个简陋的蓄水池，无净水处理设施和消毒系统；67％建于70年代，水厂也只是简易的澄清池、滤池。

三区小城镇简陋的供水处理工艺面临着一些问题。以山泉水为水源的供水处理工艺稳定性有待进一步改进。山泉水在非雨季时水质清澈，水厂的出水水质能达到饮用水水质标准，但在暴雨时山泉水浊度增高，采用简单的“沉淀-消毒”工艺无法使处理出水水质得到保证；以受到轻度污染的地表微污染水为水源的水厂，简单的常规处理工艺不能有效去除有机污染或藻类，需要改进处理工艺；近年来随着水体污染的加剧，一些地区的地下水水质下降，简单的消毒处理工艺已不能保证出水水质，也需要通过增加必要的处理单元等措施来改善处理工艺。

三、管理

三区小城镇供水水厂技术基础和管理能力薄弱，管理很不规范和不到位。一方面，缺乏专业技术人员，水厂工作人员往往没有明确的分工，既是操作人员又是管理人员，一般只有很少数的专业技术人员，普遍存在技术能力较差而又得不到专业培训的问题；另一方面，大多没有建立和制定完善和健全的水厂管理规章制度和操作规程，更没有应急处理措施或预案，大部分水厂疏于管理；其次，水厂技术水平较低，水质监测能力十分不足，大多水厂没有配备水质化验和检测设施，没有能力独立完成水质的化验检测。如重庆市的563座建制镇水厂，80%以上均无水质化验室；再者，由于小城镇财政状况较差，原利用专项基金或世界银行贷款或其他来源渠道资金修建的小城镇水厂，缺乏必要的后续资金支持，水厂净水设施、设备等的后续维护管理跟不上，导致水厂运行维护管理能力不足，出厂水水质受影响。

3.3.1.4　输配系统

三区小城镇供水输配系统的建设较水厂还要不完善和滞后，供水管网质量不完全，管网敷设简陋、大多不符合规范，管道老化较严重，管网漏损率较高。一方面，西部地区自然条件恶劣，大部分为高原寒冷地区，地形高差起伏较大、地质条件复杂，管网建设难度大，管网面临破坏的风险大；另一方面，西部地区缺乏资金，管网建设和后期维护管理保养投入不够，同时选用管材质量不好，致使管网建设不全，或建成运行后后期的运行管理维护跟不上，大部分老化的管网不能及时维护更新等。

三区的小城镇供水管材使用较混乱，大多是老旧管材和劣质管材，使用较多的是铸铁管和水泥管，特别是那些独立小型集中供水的小城镇，管材陈旧老化非常严重。管网布置为枝状，供水可靠性和安全性较差。供水管网缺乏日常的维护管理，日常的冲洗、防腐、防渗都没有，管网水质可以说没有任何管理和安全保障。

3.3.1.5　供水水质

三区的小城镇供水水质质量偏低。一方面，供水基础设施本身建设不完善，大多设施简陋，已有部分设施老化；另一方面，建设好的水厂、管网等基础设施由于技术落后、缺乏资金，后期的运行管理、维护等跟不上，不能可持续地发挥作用；其次，处理工艺本身相对简单，不能适应变化着的原水水质要求，处理出水水质有时不能满足标准要求；再者，水厂和管网缺乏必要的水质管理措施或手段，大多水质不能得到及时化验和检测。这些诸多原因导致了三区的小城镇供水水质质量偏低且供水水质的安全性没有保障。据调查统计，2002～2003年重庆市563座建制镇水厂中，供水水质合格率仅有57%，其中：浊度指标不合格比例占38%，细菌总数、大肠菌群指标不合格比例占47%，色度、肉眼可见物指标不合格比例占15%，管网老化，管道污垢、锈蚀等问题严重影响了供水的安全性与可靠性。

3.3.1.6 水质管理

三区的小城镇供水水质管理非常不规范和到位，相当部分地区可以说根本就不采取任何水质管理措施或手段，特别是那些边远山区的小城镇。小城镇的水源保护、供水管理、水质管理、水质检测等相关内容缺乏相应的管理规定和监督，相关内容的管理办法、管理细则、管理条例或管理规定等相关法规文件相对一区、二区的小城镇要缺乏或制定实施要晚，经济发展和地理位置相对较好的陕西省2006年9月才起草了《陕西省城镇供水管理条例》草案；受资金和供水意识等的制约，水源缺乏有力的保护与管理。随着乡镇企业的发展和乡镇人口的集聚，地表水源及地下水源受工业废水、生活污水及农业面源污染加剧，但水源的保护意识和措施并没有加强，很多水源地特别是地下水源根本不采取任何保护措施；大多水厂没有建立水质化验与检测设施，不能进行出厂水的日常水质检测。管网水更是不进行水质检测，也缺乏管网运行的日常维护管理等。可以说三区的小城镇供水在水质管理方面空白很大，不能保障供水安全。

3.3.1.7 投融资与经营管理

一、投融资

三区的小城镇在供水投融资方面的特点是资金投入力度不足，融资水平不高，主要依靠中央财政支持，以中央和省两级财政转移支付为主，另外还依靠专项基金，世界银行贷款，外国援助等，如荷兰驻华大使馆援助的“中国西部小城镇环境基础设施建设经济适用技术及示范”项目即FTEI项目。目前小城镇供水建设资金实行以自筹为主，国家补助为辅的方针，采取多渠道、多层次筹集资金的办法，按照“谁投资，谁所有，谁经营，谁受益”的办法，鼓励、支持、吸引企业、个人及外商等各方面力量，以多种形式积极参与小城镇基础设施的投资，允许所有权、使用权转让、抵押、继承。具体融资方式和渠道包括银行贷款、专项基金、企业投资、外商投资、地方群众自筹、预收水费等。

二、经营管理

三区的小城镇供水企业化和专业化经营管理水平低，管理体制上存在问题，管理方式较为混乱，供水企业体制不清，产权不明，“多龙管小城镇供水”问题较突出，有些地区的小城镇供水隶属于水利部，有些隶属于市政部门，有些还隶属于建设部门。目前鼓励、支持、吸引企业、个人及外商等各方面力量，以多种形式积极参与小城镇供水设施的经营，允许所有权、使用权的转让、抵押和继承。

实施区域供水的Ⅰ类小城镇，一般实行实施企业化经营管理，一般分级管理，市、区的自来水公司等供水企业负责管理到镇，镇级以下的供水由镇所在供水企业负责经营管理。

实施独立集中供水的Ⅰ类小城镇，一般也实行企业化经营管理，实施独立经营管理，由镇的自来水公司等供水企业直接负责供水设施的经营管理。

Ⅱ类小城镇供水，大多也实行企业化管理，部分实施独立经营管理，由所在镇的供水企业负责管理，部分实施统一管理，由所在县级供水公司统一管理等；少部分实行政府经营管理，由所在镇级政府负责管理。

Ⅲ类小城镇供水，一般企业化管理水平低，且管理较为混乱。相当部分实行政府管理，少部分实行企业化管理，少部分实行个体私营管理。

以重庆市为例，目前有水务集团和水投集团两大供水公司，根据重庆市政府的规定，分别负责相应城市、区、县、镇的供水，但是，具体到城镇一级，除极个别是由上述二公司负责供水之外，其余大多自己安排供水问题，有些由县级水厂负责，有些由镇级水厂负责，有些是集体管，有些已经出售给个人。

3.3.1.8 政策与法规

一、法规

三区地区涉及小城镇供水相关内容的管理条例或管理规定等法规文件相对一区、二区的要缺乏或制定实施得要晚，目前大多数地区已开始加强相关法规的建设和完善，不少地区出台了一些法规文件等，或多或少涉及了一些有关小城镇供水建设、投资、经营管理、水源保护、水质管理等方面的内容。如《陕西省城镇供水管理条例》、《新疆生产建设兵团城镇供水管理办法》、《广西城镇供水管理章程》、《重庆市城镇供水管理规定》、《拉萨市城镇供水管理条例》、《贵州省城镇供水管理实施细则》、《勐力库镇城镇供水管理办法》、《凤冈县城镇供水管理办法》等。

二、政策

三区的小城镇总体经济发展水平低，地方经济实力较弱，除中央和省级财政、中央出台一些优惠、鼓励政策支持小城镇基础设施建设外，地方政府特别是县、镇一级的政府缺乏对小城镇供水建设和发展的支持、鼓励、激励、优惠政策等。近年来随着国家对西部大开发政策支持力度的加强、地方城镇化、新农村建设的加强以及对小城镇基础设施建设认识的深入等，不少西部地区加强、制定和实施了一些小城镇供水的激励、优惠政策等。如在投融资和经营管理方面，鼓励、支持、吸引企业、个人及外商等各方面力量，以多种形式积极参与小城镇供水设施的投资、建设和经营，允许所有权、使用权的转让、抵押和继承。陕西省西安市制定和实施的一系列小城镇供水政策，在西部地区较有代表性：(1) 简化小城镇供水工程项目审批程序；(2) 鼓励民间资本和外资以独资、合资、合作、联营、项目融资、特许经营等方式参与小城镇供水基础设施建设；(3) 加大政府扶持贫困地区的力度；(4) 加大金融信贷支持力度；(5) 建立市、区县两级小城镇供水发展专项资金，保证小城镇供水建设有长期、稳定的投资来源；(6) 允许建设单位在用户自愿的基础上采取预收水费的方法筹集部分建设资金，供水项目投产后按实际用水量折资抵扣；(7) 土地征、转用政策，市、区县国土资源管理部门要为小城镇供水工程建设提供用地保障，小城镇供水工程供水设施及其管护用地补偿按照国家规定的补偿标准下限执行；(8) 税收优惠政策，内资建设的小城镇供水工程自建成投产之日起前两年免征企业所得税，第三年至第五年减半征收企业所得税。外资建设的小城镇供水项目税收优惠按照国家规定执行；(9) 水资源管理政策，城镇供水项目经政府部门立项和取得许可证后，各级水利部门要保证其合法权益，不在同一镇区重复审批供水取水许可，并逐步关闭已有的自备水源。小城镇供水水资源费给予适当优惠；(10) 管网建设管理费政策，允许小城镇供水企业收取自来水用户管网配套建设管理费；(11) 供水水价政策，供水价格由区县级价格主管部门会同水利部门按照“补偿成本，合理收益，优质优价，公平负担”的原则核定。小城镇供水价格在补偿供水生产成本、费用和依法计税的基础上，按供水净资产计提利润，利润率可按不高于12%的标准确定。

3.3.2 风险与问题

三区的小城镇特别是边远山区的经济实力弱，投融资水平低，供水缺乏统一规划，供水设施建设和发展相对全国其他地区要滞后和落后得多，现有供水设施技术水平和经营管理水平低，缺乏必要的维护管理，老化严重，面临很大的供水风险，很多方面存在问题，需要加强和加快三区小城镇供水设施的建设和发展以及供水管理等。

3.3.2.1 供水风险

三区的小城镇供水最大的风险就是供水设施建设不完善，现有供水设施简陋，供水的安全性和可靠性没有保障。具体来说单一的供水水源、相对分散的供水模式、供水设施水厂和管网的简陋老化及维护管理跟不上、水质管理和监督落后都是三区小城镇供水存在的风险，不同地区的供水风险可能不同。水源单一导致的供水风险是三区小城镇供水的共有风险，特别对于那些水源水质受污染的小城镇来说，这种风险会更大；对于西南岩溶地区的小城镇或山区边远小城镇，供水水量不足、取水困难即用水不方便是较突出的供水风险；对于三区的Ⅲ类小城镇和多数的Ⅱ类小城镇，供水设施建设不完善和现有设施简陋、水质缺乏管理是其较突出的供水风险；对于独立小型集中供水的Ⅰ类小城镇，供水分散和管网缺乏日常维护管理等老化而导致管网水恶化是其较突出的供水风险。

3.3.2.2 存在问题

1. 缺乏从区域或流域角度考虑城镇供水，缺乏统一供水规划。

三区的小城镇受经济发展和意识观念等的影响制约，大多供水设施的建设没有经过专项或专业的规划，各地普遍存在一镇一厂的供水模式，布局无序，重复建设，缺乏统一供水规划。

2. 城镇供水设施建设难度大，制约了供水设施的建设和联片集中供水或城市延伸区域供水的实施。

三区是我国地形地貌最复杂地区，地形或地质条件不好，用地条件差。西南地区多山，沟深地高，地形高差大，西北地区存在一定的湿陷性黄土，且两地区多为高原寒冷地区，这就导致取水、输水、配水、净水用地存在难度，尤其是对于广大分散的小城镇来说，建设联片集中供水或城市延伸区域供水难度就更大。

3. 供水水源单一，水资源条件和利用条件不佳，资源型、设施型和污染型缺水并存，供水水源风险较突出。

西南地区水资源丰富，西北地区水资源条件先天不足，资源型缺水严重，但受复杂地形地貌影响，西部地区的水资源利用条件并不好，再加上受供水设施建设用地条件差的制约，大多小城镇只能根据其附近水源情况和地形情况，就近取水作为供水水源，缺乏第二水源或水源联网；同时随水体污染加剧，无论地表水源还是地下水源，都面临受污染的风险，部分地区的水源已受污染。

4. 供水分散，安全性低。

三区的Ⅱ类、Ⅲ类小城镇基本上以及Ⅰ类的大部分小城镇都实行小型集中供水，水厂规模小，分布分散且广，这种不同小城镇之间水厂与供水管网都相互独立的供水模式，供水的安全性和可靠度低，不利于保障供水安全。

5. 水厂处理工艺简单，技术水平落后。

三区的小城镇供水水厂处理技术落后，工艺简单，最完善的处理工艺是常规老三段工艺，而且工艺中的单元技术都是我国六、七十年代的工艺技术，一些边远山区的小城镇水厂就连老三段净化系统都不全，有的甚至没有净化处理设施。对于优质的原水来说，这种简单的处理工艺没有问题，出厂水能达到饮用水标准要求，而对于受到污染的原水或某些特殊原水如铁、锰或氟化物超标的地下水以及水质随季节变化的原水等，这种简单的处理工艺相对原水水质要脆弱，不能满足原水水质要求，运行不稳定，某些物质不能有效去除，导致出厂水水质不稳定，可能不能达标。

6. 供水设施简陋、老化，特别是供水管网质量不过关，管道老化严重，存在较大的管网风险。

三区的小城镇现有供水设施大多都是20世纪建设的，不少还是20世纪六、七十年代建设的，受当时经济条件和技术实力等的制约，所有供水设施简陋，管网质量差，到目前大多已老化，再加上受经济实力等制约，供水设施后期往往不能得到有效的维护管理和及时更新，导致供水设施不能可持续地发挥作用，供水管网普遍管材老化较严重，配水管网漏损率较高，据资料报道，管网漏损率一般在18%以上。另外，再加上复杂的地形地质条件和恶劣的自然条件，三区的小城镇供水设施特别是管网面临的风险较大，供水的不安全性较高。

7. 水质监测和管理能力十分不足。

大多小城镇供水的水质管理能力十分弱，甚至大多是一片空白，严重缺乏水质安全保障措施或手段。管网缺乏日常的运行维护管理，管网水不进行检测。大多水厂没有建立水质化验与检测设施，没有能力进行原水、出厂水等的日常水质检测。尤其是对于那些边远山区较小规模的小城镇来说，没有任何水质检测和管理设施和能力，水质安全问题很突出。

8. 自备水源较多，公共供水普及率并不高。

三区的小城镇自备水源在全国来说是最多的，在三区小城镇中采用自备水源的供水方式较为普遍，特别是三区的Ⅱ类、Ⅲ类小城镇，公共供水普及率并不高。除工矿企业自备水源外，还有一定数量的小城镇居民使用自家打井的方式进行供水。这种多自备水源的局面会进一步影响小城镇水厂规模效益的发挥及维持正常运转。

9. 专业技术人员缺乏，人员得不到专业技术培训。

受地理位置、经济条件等各方面的影响和制约，我国西部地区缺乏技术人才，对经济发展更加落后的小城镇来说，专业技术人员的缺乏问题更是突出。大多小城镇供水设施运行管理的员工都不是专业的技术人员，即使少数地区有专业技术人员在管理供水设施的运转，但由于受经济条件等的制约，这些技术人员也不能得到及时的专业技术培训。

10. 供水水质偏低。

受现有供水设施、水厂净化处理工艺技术、管理水平、专业人员素质、水质管理等的影响与制约，三区的小城镇供水水质普遍要低。随着新的生活饮用水水质标准的实施，三区小城镇供水水质提高任务艰巨。

11. 供水的安全性和可靠性保障率低，安全问题突出。

三区的小城镇供水安全性问题很突出，无论从水源方面还是从供水模式方面、供水设施方面、水质方面、技术方面、管理方面等，供水的安全性和可靠性在全国小城镇中是最低的。

12. 供水设施建设资金匮乏，投资力度不足，融资水平不高。

三区是我国主要的经济落后区，地方财力有限，居民收入较低。由于地理位置没有区位优势，自然条件恶劣，交通不便等，导致其他地区的企业、民间资本以及外商等不愿投资于三区的小城镇基础设施建设。这些因素导致三区的小城镇供水建设缺乏资金，投资不足，在融资方式、融资渠道以及资金运作等方面的能力严重不足。

13. 缺乏企业化、专业化经营管理，管理方式混乱。

相对一区、二区，三区的小城镇供水企业化和专业化经营管理水平低，大多供水企业体制不清，产权不明，不少小城镇供水由当地政府管理或承包或租赁给个体经营。

14. 供水设施难以持续良性运转。

小城镇供水由于供水规模小、用户分散、单位供水能力投资大、供水水源远、单位制水管理费用高等因素供水制水成本很高，这个问题在三区的小城镇供水中更加突出。然而三区的小城镇经济不发达，企业承受力低，居民收入低，无力承担高水价，特别是对于城镇人口在1000以下的小城镇，供水价格严重脱离供水成本，水价过低，供水企业发展缺乏后劲，导致供水企业亏损，不能维持供水设施的正常良性运转。特别是部分高扬程、远距离输水的供水工程，由于供水量小，供水成本会很高。

15. 监管体系不健全，缺乏有效监管，供水安全性低。

三区的小城镇供水如同一、二区，缺乏有效的监管，虽“多龙管小城镇供水”，但监管体系不健全，没有一个明确的部门负责对供水设施、供水水质进行监管，把好供水关。

3.3.3 小结

三区地形地貌复杂，地理区位优势差，水资源利用条件差，资源型、工程型和污染型水资源短缺问题并存，经济欠发达，小城镇供水建设投融资水平低，供水投入力度小，缺乏统一供水规划，供水设施建设不完善，现有供水设施技术水平和管理水平低，缺乏必要的维护管理，供水设施简陋且老化严重，供水水质偏低。总的来说，小城镇供水设施建设和发展相对全国其他地区要滞后和落后得多，小城镇供水整体上处于发展起步阶段和水平。一区小城镇供水发展的较高水平是三区小城镇供水的发展方向和目标，目前三区在借鉴一区、二区小城镇供水建设的成功经验，积极探索和发展建设小城镇供水。对于水源、地形等客观条件允许的小城镇，区域供水和集中化经验管理是供水发展方向，对于水源条件、地形条件等不允许的小城镇，建设完善且供水水质有保障的供水设施并集中化管理是供水发展方向。

三区的小城镇供水也面临着水源污染、水量不足等水源风险，也存在供水分散、供水设施简陋、老化、处理工艺简单、水质检测和管理能力不足等问题，但三区的小城镇供水安全问题更加突出，最大的供水风险是供水设施建设不完善，现有供水设施简陋，缺乏相应的维护管理，供水设施难以持续良性运转。因此，对于三区的小城镇来说，供水急需解决或目前应发展的方向是加大供水投入力度，完善和更新改造现有供水设施，加强运行管理和维护，维持现有供水设施良性运转，保障供水的基本安全性；然后再从区域统筹、合理利用水资源和发展等的角度出发，统一规划小城镇供水，发展建设安全性和可靠性更高水平的小城镇供水。

3.4 供水系统调研分析

3.4.1 整体现状分析

通过全国典型地区不同小城镇供水情况调研及不同地区小城镇供水现状与特点及目前发展的分析，总结提出我国目前小城镇供水共有现状。

1. 发展不平衡

我国地域广阔，受地理区位、地域条件、经济条件、水资源条件及利用条件、自然条件等的影响和限制，我国全国小城镇供水发展很不平衡。首先全国3个典型地区一区、二区、三区之间小城镇供水发展很不平衡，不同地区之间差距较大。一区小城镇供水发展较快，多实施区域供水，供水设施建设发展较完善，总体上供水已形成良性循环；相对一区，二区小城镇供水发展缓慢，以独立集中供水为主，区域供水已起步发展，供水设施建设发展相对不很完善；三区小城镇供水发展落后，供水设施建设落后且简陋，以分散广的小型集中供水为主，也存在相当部分的分散供水。其次，同一典型地区不同省份之间小城镇供水发展也不平衡。一区的上海、江苏两地区的区域供水发展要快于浙江和广东两地，二区的北京、天津以及山东等地的供水发展以及设施要明显好于湖北、湖南、江西等地。再者，同一地域、同一省份，甚至同一市，不同区域或不同区位的小城镇其供水也存在不平衡。三个区的区位优势明显的Ⅰ类小城镇供水发展要明显好于Ⅱ类、Ⅲ类小城镇，Ⅲ类小城镇供水发展最落后。同一省份不同区域间的不平衡，以山东为例，胶东地区整体上小城镇供水发展速度高于其他地区，并且工程规模较大、管理水平较好，而鲁西北、鲁西南地区整体发展速度较慢，甚至连个别县城至2001年尚未实现集中供水。

2. 水源可靠性较差，供水水源风险较大

全国不同地区水资源及其利用条件不同，不同地区的小城镇供水水源类型、水质可能不同，但全国小城镇供水水源的现状基本相同，那就是缺乏水质优良水量充足可持续利用的可靠的供水水源，存在较大的供水水源风险。有些地区，如一区及二区的大部分地区，虽水资源丰富，水量充沛，但水源污染较严重，大部分地表水受到污染，已不适宜作饮用水水源，水源水质风险较大；有些地区，如三区的西南地区，虽水资源丰富，但水资源利用条件不佳，取水困难，存在很大的水源水量不足风险；有些地区，如二区的华北地区和三区的西北地区等，本身是资源型缺水，再加上水源污染，水源水量水质风险都存在，风险更大。另外，除一区的小城镇考虑第二水源（备用水源）外，大多二区及三区的小城镇供水都没有考虑第二水源或根本找不到合适的第二水源，单一水源的供水风险较大。

3. 供水设施与城市供水存在差距

我国小城镇供水落后于城市，据资料报道，截止2007年底，我国城市自来水普及率为93.8%，县镇为81.6%，建制镇为76.5%，乡为59.1%。

（1）缺乏统一、完善的供水专项规划或专业规划

小城镇受经济条件、技术条件、供水意识等的制约，往往不像城市一样，在供水设施建设前把小城镇自身及其周边区域看做一个整体单元，从区域或流域的角度先作一个长期的、科学的、统一的供水专项或专业规划。大多小城镇特别是二区、三区的小城镇供水缺乏统筹规划，水源地、水厂布局分散、无序，管网布置随意性很大，有些像Ⅲ类小城镇，根本就不制定供水规划。其结果导致大多小城镇供水布局和建设不合理，供水建设和发展没有前瞻性，跟着开发建设走，人为分割、区域分割、各自为政现象明显，水源地、水厂、管网各自相互独立，供水的安全保障度较城市低。

（2）水厂设施简陋，规模偏小，处理工艺技术简单落后，水厂制水管理及出厂水水质管理较松散。

我国小城镇供水水厂规模普遍较小，规模较大的主要集中在一区的广东、江苏等地，二区、三区的规模较小，大多在10000m^3/d以下，甚至在几百m^3/d以下；水厂净化处理工艺除一区部分区域供水的小城镇采用较先进的深度处理工艺外，多是常规老三段技术，且单元技术如过滤等都是发展较早的落后技术，部分水厂净化设施简易或根本就没有净化设施；相对城市大水厂，水厂的自动化和信息化技术相当落后，水厂的化验和检测设施、能力相当不足，制水过程缺乏专业技术人员的控制和管理。

（3）管网建设相对不完善，大多枝状布置，管材陈旧老化严重，管线设置不大合理规范，管网缺乏日常的运行维护管理和水质检测。

小城镇供水管网建设和维护管理要滞后和落后于水厂，大多小城镇供水管网建设不完善，随着开发建设不断铺设，设置随意性较大，且大多呈枝状布置，供水安全性和可靠性不高；管材应用种类复杂，新型管材用得少，大多小城镇供水管网老化问题较突出，管网得不到及时更新改造。另外，小城镇供水管网进行定期冲洗等运行维护管理得少，大多供水管网不像城市供水管网那样，按服务面积设置固定采样点，定时进行管网水质检测。

（4）供水设施的自我发展能力差，难以维持持续良性运转。

相对城市供水，大多小城镇供水规模偏小，用户分散、单位供水能力投资大，运行成本偏高。水价合理定价机制缺失，水价过高，水费难收，或水价过低，严重脱离供水成本。这些造成净水厂或供水企业经营性亏损，供水设施的运行管理和维护经费不足，供水设施难以持续良性运转，更谈不上供水管网更新改造和工艺技术革新以及扩大再生产。

4. 相对城市供水，供水安全性低

从水源、供水模式、供水设施运行管理、供水水质、水质管理、水质监督等方面考虑，小城镇供水的安全性和可靠性较低，相对城市供水，小城镇供水保障率低。

5. 相对城市供水，建设资金匮乏，投入不够，投融资水平低

据2006年统计，全国城市供水完成固定资产投资为205.1亿元，而建制镇仅为143亿。小城镇供水建设面广量多、工程投资相对较大，但国家投资有限，小城镇经济发展水平又低，地方财力有限，相当部分地区的小城镇特别是二、三区，供水工程地方配套资金

难以落实；另一方面，虽目前小城镇供水系统建设的贷款绝对数量有所增长，投融资渠道相对以前扩展了，但由于投资政策缺乏灵活性和缺乏有效的政策支持等，再加上受当地经济实力、区位优势等方面的影响制约，特别是二、三区，相对城市供水，社会资本参与的少，融资方式和渠道窄。这些导致我国小城镇安全饮水工程建设资金匮乏，投资缺口还是很大，有资料报道，到2010年全国小城镇供水建设的投资大约需要410亿元，平均每年68亿元，而目前每年小城镇供水建设的实际投资约为16亿元，缺口52亿元。

6. 专业技术人员缺乏，且得不到专业技术的培训

受区位优势、经济实力、工资福利水平以及发展空间等的影响制约，小城镇难以吸引到优秀的技术人才，特别是那些Ⅱ类、Ⅲ类小城镇，所以大多小城镇缺乏供水方面的专业技术人员，供水设施的运行不是由专业的技术人员在控制和管理，大多职员并不懂供水知识和技术。即使像一区的城市延伸区域供水，目前大多都实施分级管理，对于镇级供水设施的运行管理也缺乏专业管理技术人员。同时，供水单位缺乏人才意识和科技意识，忽视对管理技术人员的培训和再教育。

7. 相对城市供水，经营管理粗放，方式多样，体制不完善，缺乏高效统一的经营管理机制

按照“谁投资、谁建设、谁所有，谁受益”原则，允许个人、民间资本、外资等参与供水设施经营管理，全国小城镇目前都在倡导这种理念和做法，经营管理方式总体上已多样化，但实际上全国小城镇供水的经营管理目前还较混乱，没有像城市供水那样，真正放开市场，做到产权和经营管理权明晰化、企业化专业化经营管理高效统一化，特别是我国的二、三区。目前小城镇供水有企业、政府、集体、个体或个人等几种经营管理模式，企业经营管理的专业化并不高，不少一区的区域供水由城市供水企业负责经营管理水厂及到镇级的供水管网，专业化经营管理水平较高，但镇级以下的供水经营管理的企业化和专业化较差，一般镇级以下的供水由镇级政府或带有事业性质的供水管理站或镇供水企业经营管理，即使是由供水企业经营管理，往往政府也并没有完全放开，还参与其中的管理。

8. 水质监管体系不健全，缺乏有效监管

不少管理条例、管理办法等法规涉及小城镇供水的水源保护、供水设施建设、供水管理等有关内容，建设和水利行政主管部门，卫生防疫和环保等部门也都涉及水质管理和用水安全，但到底哪个部门从法规角度具有监督权和必须执行监督权，并没有明确规定。另外，小城镇水质管理上的以企代政问题十分突出，企业自检、行业检测和行政监督相结合的水质管理制度并没有真正实行。总的来说，我国小城镇供水没有建立明确的从上到下的监管体系，缺乏有效的供水监管，供水的安全缺乏保障。

3.4.2 突出问题总结

在全国典型地区不同小城镇供水情况调研及分析总结不同地区小城镇供水现状与特点以及存在问题的基础上，总结提出目前我国小城镇供水所存在的普遍问题。

1. 水源问题——缺乏水质优良水量充足可靠的供水水源。

全国小城镇供水存在的一个较大问题就是水源问题。一是水源污染问题。由于水源保护不当，加之水体严重污染现象由市中心区扩散到城郊结合部、由市区扩大到郊区城镇、

集镇，再加之农村面源污染，使得水资源丰富地区一般是水源污染较严重地区，大部分水源水质已超出地表水Ⅲ类标准，不适宜作饮用水水源，如江浙河网地区，一区的大部分小城镇、二区的部分小城镇及三区的少部分小城镇都面临水源污染问题；二是水量不足问题，资源型缺水地区和水资源利用条件不佳地区可能面临的重要问题不是水质污染问题而是水量充足且足以可靠持续利用问题。由于地表水资源的缺乏地下水超采以及因干旱等气候条件导致水库等供水水量有限，现有水源无法满足日益增长的水量需求；三是由于地质等原因相当部分地区出现高砷区、高氟区、苦咸水区，地下水中的砷、铁、锰、氟化物等含量超标。这诸多因素使全国小城镇缺乏这种水质优良、水量充足且可持续利用的、可靠的水源。

2. 处理工艺技术问题——现有处理工艺技术不能完全适应变化的原水水质要求，缺乏适用可靠的处理技术。

除部分一区实施区域供水的小城镇采用深度处理工艺较能满足日益严格的饮用水水质标准和受污染不断加剧的原水水质外，大部分小城镇供水处理工艺是常规老三段技术，部分单元技术已落后，再加上小城镇供水水源水质复杂且多变，缺乏可靠的应急处理技术或措施，处理出厂水不能满足严格的饮用水水质标准。因此，我国小城镇供水缺乏能适应水源特点、经济状况及管理水平等的适用、可靠、高效、低耗的制水处理工艺技术。

3. 管网问题——管网更新改造建设较滞后，管网老化腐蚀等影响管网水质，存在一定的管网风险。

我国小城镇管网建设较水厂还要滞后和落后，大多管网建设年代较早，管材陈旧，质量不过关，管网老化严重，管网需大量更新改造，管网风险较大。

4. 监管问题——缺乏有效、有力监管。

缺乏有效监管，监管力度跟不上，这是全国小城镇供水普遍存在的一个问题。我国小城镇供水虽多部门管理，但各部门的权责、职能并不明确，虽要求各级水行政主管部门加强对辖区内村镇供水工程管理的行业指导、监督和检查等，但这种监管权以及如何发挥监管职能并不十分明确。目前小城镇供水的水质监管可以说是一片空白，国家、不少部门也意识到这个问题，但到底有谁来执行这种监管权且如何有效的监管小城镇供水，确实小城镇保障供水水质安全，这是一个棘手问题。

5. 安全保障问题——饮用水保障体系相当脆弱，供水的安全性和可靠性较低，缺乏有效的安全保障措施。

全国小城镇供水的安全性较城市供水要低得多，缺乏从水源、供水设施运行管理、处理工艺技术、水质检测到水质监管的系统的安全保障体系或有效的安全保障措施或手段，供水的安全性和可靠性方面存在问题。像一区大部分实施了区域供水，水量、水质有了一定的保障，但镇级供水还缺乏像城市供水那样完善的应急处理等方面的安全保障。

6. 法规、标准、规范等问题——缺乏有针对性的小城镇供水的法规、标准、水质检测管理等方面的规范、规程等。

城市供水发展到今天已有相当完善的供水法规、标准、规范以及一些供水行业较专业的规程等，虽不少省、市等也出台了一些乡镇或村镇供水方面的管理条例、管理规定等，但从国家角度或法规角度，全国还没有一部完全针对小城镇供水的法规、标准、规范或规程等。我国小城镇供水缺乏相应有力度的法规或行业方面的标准、规范、规程等的支持、指导等。

3.5 本章小结

综上所述，我国在城镇供水方面城乡差别和地区之间的发展不平衡问题较突出，小城镇供水具有非常明显的地域性和区位性特点。在我国快速城镇化的今天，针对不同地域、不同类型小城镇供水的共性问题和个性问题以及不同区域的具体情况，从水源、水厂、输配水管网三个环节，规划、技术和管理三个层面上，制定小城镇供水系统安全保障体系，明确政策保障和技术措施，加快小城镇供水建设，加强供水安全建设，提高小城镇供水安全性，是社会、经济发展和全面建设小康社会、提高小城镇居民生活水平和质量的需要，同时对促进以城带乡、城乡统筹和区域协调发展也将具有十分重要的意义。

第4章　供水水质安全影响

水源、制水、输配是城镇供水的3个环节，因此，水源、处理及输配对供水水质的影响最大。水源是保障供水水质安全可靠的先决条件，净水处理工艺是保障出厂水水质是否安全可靠的关键，输配是保障供水水质安全的一个重要环节。分析供水不同环节对供水水质的影响，从而有针对性的采取措施保障供水水质安全，具有很重要的意义。

4.1　水源

水源水质与用户端供水水质良好与否有直接的关系，受污染的水源中的污染物质以及气候和季节变化带来的水质变化都可能会对用户端供水水质产生一定的影响，特别是在净水处理工艺不能有效去除这些污染物、不能适应原水水质波动的情况下，会严重影响供水水质。

4.1.1　有机物

4.1.1.1　天然有机物

在净水处理过程中，天然有机物会与氯或氯胺发生反应生产消毒副产物（DBPs），主要为三卤甲烷（THMs）和卤乙酸（HAAs）。三卤甲烷（THMs）和卤乙酸（HAAs）已被确认为致癌、致畸、致突变的“三致”物质，对人体有严重的危害性。另外，水中的天然有机物腐殖质含量会影响净化工艺中的混凝反应。富里酸是酚类和苯羧酸通过氢键连接而成的具有一定稳定性的多聚结构，具有很大的表面积和较多的极性官能团，可以吸附水中大量有机物。富里酸可在广泛的pH值范围内与许多有机化合物和无机物质竞相发生水合反应形成水溶性络合物，从而给混凝净水过程增加了难度。而腐殖酸仅仅在pH＞6.5时才能发生这种反应，它能吸附有机物质和聚集于有机质表面的无机质，形成有机保护膜，不但使胶体表面电荷密度增加，而且阻碍了混凝过程中胶体颗粒间的结合。水中的这些腐殖质类有机物对胶体保护作用导致混凝剂投量大幅度提高。水中有机物含量过高时，使用的铝盐混凝剂量就会增大，这样有可能使出厂水中铝离子浓度过高，影响居民的身体健康。

4.1.1.2　人工合成有机物

水源中的人工合成有机物在常规处理工艺中很难被去除，尤其是一些毒性大的痕量人工合成有机物（如内分泌干扰物质、硝基苯、多氯联苯等），这会直接影响出水水质中有毒有害的有机物浓度，影响供水用户端水质的安全性。

1. 内分泌干扰物质

内分泌干扰物质（Endocrine Disrupting Chemicals 简称 EDCs）是指一些可影响负责机体自稳、生殖、发育和行为的天然激素的合成、分泌、转运、结合、作用或消除的外源性物质。它们具有类天然激素或抑制天然激素的作用，可干扰神经免疫及内分泌系统的正常调节功能。已发现具有内分泌干扰作用的化学物质主要包括农药、除草剂、防腐剂、重金属及部分植物激素，它们多具有亲脂性或不易降解、易挥发等特点。

目前，我国有许多的给水水源受到了内分泌干扰物的污染。对嘉陵江和长江重庆段河流的检测发现，水中壬基酚（NP）在4月份的最高值为1.12 μg/L，7月份最高值为6.85 μg/L。对我国某河流中的非离子表面活性剂以及NP的调查表明，非离子表面活性剂浓度最高达30 μg/L，NP最高达8 μg/L。对张家口地区的洋河水系及地下水进行了普查，检测出了阿特拉津及其代谢物，发现污染源多年排放使得阿特拉津已进入官厅水库和深入地下水层。130m深的井水中阿特拉津的有毒代谢物，脱乙基阿特拉津（DEA）高达7.2 μg/L，地下水中有毒代谢物，DEA和脱异丙基阿特拉津（DIA）的浓度远远高于母体阿特拉津浓度（6～10倍），成为污染地下水质的主要因素。在官厅水库中检测出痕量污染物阿特拉津残留，浓度为0.67～3.9 μg/L，污染来源可能是水库上游一家生产阿特拉津的农药厂。2000年12月在东湖表层沉积物中检出有机污染物180种，其中属于优先控制污染物和内分泌干扰物有35种。主要污染物是烷基苯、酞酸酯、烷基酚类、异佛乐酮等，检出的杀虫剂包括久效磷和除虫菊酯类，没有检出PCBs和有机氯农药。对浙江省10家城镇水厂的水源水检测发现有邻苯二甲酸二丁酯（DBP）和邻苯二甲酸二酯（DOP）残留，最大值分别为33.0μg/L和17.0μg/L，这可能是由于该地区塑料生产企业使用DBP和DOP作为增塑剂造成的。

我国常用的传统给水处理工艺（混凝、沉淀、过滤和氯消毒）对内分泌干扰物的去除率很低，且有些物质会在消毒过程中生成副产物。例如，常规处理工艺对NP的去除率只有60%左右，且NP易和次氯酸发生反应，会产生包括一氯壬基酚，二氯壬基酚，三氯苯酚在内的7种副产物。城镇水厂现行水处理工艺对邻苯二甲酸酯（PAE）类化合物净化效果甚微。对我国某城镇两个水厂的原水及出厂水的有机污染物进行色谱-质谱联机分析，水样中共分析鉴定出48种有机化合物，种类包括邻苯二甲酸、酚类、杂环、萜类及芳基化合物等，环状化合物所占比例很大（85%～94%），原水及出厂水中所含有机物的种类相似。常规水处理工艺对内分泌干扰物质几乎没有去除效能。因此，对于我国一类区域，饮用水水源污染较严重，小城镇的供水水源其污染程度有些可能较城市更严重，这类污染较重的水源给供水水质带来了安全风险。

2. 硝基苯

硝基苯（nitrobenzene）是工业废水中典型的有机污染物，环境中的硝基苯主要来自化工厂、染料厂的废水废气，硝基苯在水中具有极高的稳定性。由于其密度大于水，进入水体的硝基苯会沉入水底，长时间保持不变。又由于其在水中有一定的溶解度，所以造成的水体污染会持续相当长的时间。当人们饮用含有硝基苯的水时，会影响人体的肝功能。常规水处理工艺对硝基苯类污染物的去除效能有限，常用活性炭吸附法去除饮用水中的硝基苯。具体的工艺为粉状活性炭结合粒状活性炭吸附工艺与高锰酸盐复合药剂结合。在实际运行中该工艺可使出水中硝基苯浓度低于国家标准，保障供水安全。

3. 多氯联苯

多氯联苯（PCBs）是一类以联苯为原料在金属催化剂作用下高温氯化生成的氯代芳烃，分子式（$C_{12}H_{10}$）$_n$$Cl_n$。它是目前国际上关注的12种可持续性有机污染物（POPs）的一种，又称为二噁英类似物。大量使用PCBs的工厂是造成PCBs污染的主要来源。多氯联苯对人体和动物都有危害，它可以经动物的皮肤、呼吸道和消化道而被机体所吸收。其中消化道的吸收率很高。

我国太湖的PCBs污染相当严重，已经达到631ng/L。中国武汉东湖水中均检出了PCBs。海河表层水体中PCBs的含量与国内外类似水体报道的结果相比，海河的污染水平属于中等偏重。珠江三角洲、珠江广州段、青岛近海和厦门西港的PCBs含量相对较高，除珠江三角洲外，均处于中等污染水平，而淮河口、长江口、官厅水库和珠江口沉积物中PCBs的含量较少。在我国33个水体的PCBs检测数据中有19个已经超过《地面水环境质量标准》GB 3838—2002限值，有些水体超标倍数极高。闽江口表层水中，总多氯联苯的含量为204～2473 ng/L，均值为985ng/L。我国松花江水体中PCBs检出率达31.5%，平均含量为13ng/L。这些水源地的检测结果表明，我国水体已经受到PCBs的严重污染。

当水源中含有过量多氯联苯时，常规处理工艺难以去除，常用的去除方法有活性炭和活性炭纤维（ACF）吸附、蒸馏-过氧化技术、放射线照射法以及超声波氧化法等，其中蒸馏-过氧化技术专门用来处理河流沉积物中的PCBs。

4.1.2 营养盐

水源水中的氮、磷营养盐含量丰富除会引起水源富营养化，藻类过渡繁殖，给净化处理带来困难外。磷是微生物生长的一个重要限制因子，其含量会影响微生物在管网中的稳定性，但水源中的磷会在净化处理中的混凝沉淀过程中被大量去除，一般不会直接影响供水水质。氨氮难通过混凝沉淀而去除，且高氨氮源水本身会对供水水质产生一定的影响，因此，本节只针对氨氮论述对供水水质的影响。

地表水体氨氮污染的来源广泛，除主要来自于大量的未经处理的城市生活污水和工业废水外，还有表土沉积中的氮素等养分随水土流失进入水体：农业生产中大量使用的氮肥等营养元素未被充分吸收利用后经地表径流进入水体；另外，动物排泄物未作处理就排入水体，这些均是造成水体氨氮污染的来源。到目前为止还没有看到过饮用水中氨氮直接危害人体健康的报道，但氨氮的存在会对供水水质或净化处理带来一定影响。

（1）氨氮的存在有利于亚硝化菌和硝化菌在水处理构筑物中及配水系统中生长，一方面使水处理增加了困难；另一方面自来水中含高浓度的氨氮可能产生亚硝酸盐的问题，尤其是在我国多层和高层建筑广泛采用的屋顶水箱中，屋顶水箱容易受二次污染，也容易造成死水，使自来水在水箱中停留较长时间才被用户使用。亚硝酸盐浓度高的饮用水可能对人体造成健康危害；（2）在常规处理工艺中，消毒时水中的氨氮与氯消毒剂反应产生氯胺（主要包括一氯胺、二氯胺和三氯胺）等副产物，大大增加了耗氯量，增加了消毒副产物的生成量及致突性，也会使氯消毒效果降低，同时消毒过程中，饮用水中氯化了的氨超过0.2mg/L会引起臭和味的问题；（3）对于锰含量高的原水，原水中的氨氮含量高可能干

扰锰的过滤去除；(4) 当原水中的氨氮不能很好去除时，出厂水中的氨氮超标会使配水管网中自养菌的大量繁殖，使水中氯消毒副产物浓度增加，将造成水质恶化与管网腐蚀。

4.1.3 藻类

受城镇污水排放和农田径流的影响，大量氮、磷等营养成分排入水体，致使水体富营养化，藻类过量繁殖。特别是我国南方地区的一些湖泊和水库水，由于阳光充足、温度较高，藻类成为主要问题。水中的藻类会严重影响给水处理效果。一方面，藻类一般带负电，具有较高的稳定性，难于混凝，同时藻类比重小，沉淀效果差；另一方面，藻类在代谢过程中产生多种臭味，使水难于饮用。而有些藻类（如蓝藻）在代谢过程中产生藻毒素，严重威胁人体健康，某些藻毒素可引起慢性病（如肝炎）；此外，某些藻类尺寸很小，可穿透滤池进入到给水管网中，影响管网内水质；同时，藻类也是典型的氯化消毒副产物前驱物质，在后续消毒过程中与氯作用生成三氯甲烷等多种有害副产物、增加水的致突变活性。

4.1.4 其他物质

4.1.4.1 铁、锰

我国含铁、锰地下水分布甚广，其水量约占全国地下水总贮量的20%以上，遍及东南、华南、中南、西南、东北、华东等地，其中黑龙江地区以高铁高锰的地下水而著称，已经发现铁的含量最高超过60mg/L，锰的含量最高是5mg/L。

目前常用的常规处理工艺对铁、锰的去除效能低，尤其一些地下水的处理工艺简单，对铁、锰的去除效能更加低下，导致出水中铁、锰的含量较高。当出厂水中铁、锰含量高时，不仅铁、锰本身会影响人体的身体健康，还会导致管网的腐蚀与结垢，使饮用水变为“有色水”。

4.1.4.2 钙、镁硬度

饮用水中的钙、镁离子主要来源于土壤和岩石中钙、镁盐类的溶解。我国有些地方为石灰熔岩地区，像西南地区，这些地区的水硬度高，有时达到700多度。当出厂水中钙、镁离子的含量较高时，会促使管网结垢为微生物提供生长的场所，增加管网微生物二次增殖的风险，影响供水水质。同时，钙、镁硬度过高也会影响人体健康。

4.1.4.3 砷

三价砷离子对细胞毒性最强，尤以三氧化二砷的毒性最为剧烈，三价砷进入人体后，可与蛋白质的巯基结合形成特定的结合物，阻碍细胞的呼吸而显出毒性作用，对人体健康的影响最大。三价砷通常以中性分子形式存在，混凝过程对三价砷的去除效率较低，往往不及对五价砷的去除效率。为了保证供水水质安全，对于砷超标的水源，需要在去除三价砷时采用高锰酸钾氧化剂先将三价砷预氧化为五价砷。

4.1.4.4 氟

饮用水中过量氟被摄入人体会给人体的健康带来影响。人体氟中毒将影响到骨骼和牙齿的生长，患上氟骨病和氟斑牙，也会损害人体的肌肉组织、降低血色素、导致红细胞畸形、出现干渴症、神经过敏等疾病。当饮用水为高氟水时，常规的混凝沉淀工艺在混凝剂投量不足时效果不稳定，会影响供水水质。

4.1.4.5 总无机盐类

当饮用水中含盐量较高时，为苦咸水。除黑龙江外，全国乡镇饮水均有不同程度的苦咸水问题，约为3832万人，占饮水不安全人口的12%，其中溶解性总固体大于2000mg/L的为2400多万人。乡镇饮用苦咸水的人口主要分布在华北、西北和华东，80%分布在长江以北。

苦咸水中常见的无机盐有盐酸盐、硫酸盐和硝酸盐等，给水的常规处理工艺对于溶解性盐类的去除率很低，当人们饮用含盐量高的饮用水时，会对人体造成危害。另外，苦咸水还会腐蚀输水管道和设备。

4.1.5 水质变化

气候和季节变化带来的水源水质变化主要包括：某些沿海地区的小城镇或海岛小城镇，当近海咸潮上溯可能会引起海水倒灌或入侵，水源含盐量增大；采用山泉水或山溪水的小城镇，雨季泥砂或悬浮物含量增多，引起原水浊度较高；采用湖、库水的小城镇，高温季节，水中藻类含量可能增多。这种情况，当净化处理工艺不能适应原水水质变化时，原水水质的变化会影响到供水水质。

4.2 处理工艺技术

出厂水中的不同物质可能会影响管网水质，有的体现在管网水质的化学稳定性问题上，有的则体现在管网水质的生物稳定性问题上，因此处理工艺对供水水质的影响主要体现在不同处理工艺对原水中的不同物质的去除效果以及处理过程中会产生某些物质，从而表现出对管网水的生物稳定性和化学稳定性的不同影响。

4.2.1 预处理

4.2.1.1 生物预处理

生物预处理是指在常规工艺处理之前增设生物处理工艺，借助于微生物群体的新陈代谢活动，对水中的可生化有机物特别是低分子可溶性有机物、氨氮、亚硝酸盐及铁、锰离子等氧化分解进行初步净化，减轻后续常规处理及深度处理单元的负荷；生物预处理还可以改善水的混凝沉淀性能，使后续的常规工艺更好地发挥作用。同时，也可去除水中过量的铁、锰、藻类，减少消毒副产物的产生。总之，生物预处理可提高用户饮用水的安全性。

生物预处理工艺目前主要包括生物接触氧化法、生物流化床、曝气生物滤池、河岸渗滤等。采用三级跌水曝气生物接触氧化预处理微污染水，在水温为8～25℃（平均16.9℃），水力停留时间（HRT）为1.5h时，生物接触氧化单元对藻类、UV_{254}的去除率随着温度的升高而增加，其平均去除率分别达到了62.8%和10.7%。采用生物流化床预处理-传统工艺的组合工艺处理微污染原水可降低混凝剂和消毒剂的用量，以氯仿（$CHCl_3$）表示的DBPs水平明显下降。曝气生物滤池（BAF）对原水铁、锰和可同化有机碳（AOC）的去除率分别为40.9%、53.1%和54%。生物陶粒预处理对BDOC的去除率为60%，对AOC的去除率为45%左右，发挥了较好的作用，具有较强的生物降解能力。需注意的一点是：曝气生物滤池处理的出水pH值可能会降低，可能会在一定程度影响水质的化学稳定性。为了保证水质出水的化学稳定性，可以通过加碱的方法，提高出水的pH值。

4.2.1.2 粉末活性炭吸附

粉末活性炭（PAC）的粒径为10～50μm，粉末活性炭预处理工艺能够有效地去除原水中的有机物、浊度、色度、臭味和藻类以及藻毒素，还能降低消毒副产物产生，它对苯酚、硝基苯和阿特拉津等痕量有害有机污染物都有很好的去除效果。对供水水质起到很好的安全保障作用。

4.2.1.3 预氯化

一般为了控制原水输水管道及净水构筑物如滤池内的藻类生长繁殖，在常规工艺之前投加一定量的氯起到灭藻、助凝的作用，即为预氯化。氯具有强氧化能力，可将大分子有机物氧化分解为小分子有机物，将难降解的有机物氧化生成易降解的有机物。众多研究发现，预氯化过程会增加水中可生物利用有机物如AOC和BDOC的含量，影响常规工艺对AOC和BDOC的总体去除效果，会增加出水的生物不稳定性。预氯化后续可选择针对去除可生物利用有机物的适宜工艺，提高水质生物稳定性。

4.2.1.4 臭氧预氧化

臭氧是一种强氧化剂，其在水中的氧化还原电位为2.07V。臭氧预氧化可氧化溶解性铁、锰离子，形成高价沉淀物，而被去除，可以有效地去除微污染水源中的高锰酸盐指数、浊度、色度，还可以去除水中的藻类、杀死致病微生物和降低水中的消毒副产物生成势。这些对保障供水水质安全具有很好的保障作用。但臭氧预氧化可将生物难分解的大分子有机物氧化分解为中小分子量有机物，提高水中有机物的可生化性，单独采用臭氧预氧化工艺会导致水中可生物利用有机基质的增加，降低水质生物稳定性。为保障出水的生物稳定性，必须强化臭氧预氧化单元后续净水工艺对有机基质的去除效果。

4.2.1.5 高锰酸钾预氧化

高锰酸钾是一种强氧化剂，其氧化还原电位在酸性条件下为1.70V，在碱性条件下为

0.59V。高锰酸钾预氧化可应用于控制 THMs 的生成，以高锰酸钾预氧化替代预氯化可以降低水中的三氯甲烷，在适宜的高锰酸钾投量下，水中的三氯甲烷可以降低大约40%。高锰酸钾具有氧化助凝作用，可以将水中的 TOC 去除12%～39%，可以强化常规工艺处理受污染水源，增强浊度、颗粒物、COD_{Mn}及藻类的去除效果，高锰酸钾的氧化能显著提高藻类的去除效率，降低紫外吸收度，其效果明显优于传统的预氯化技术。高锰酸钾预氧化还可以有效地控制原水中的色、臭、味和抑制藻类生长。高锰酸钾预氧化一种有效的预处理技术，对保障供水水质安全具有很好的正面作用。

4.2.1.6 过氧化氢预氧化

过氧化氢的标准氧化还原电位（1.8V），仅次于氟（3.0V）和臭氧（2.1V），高于高锰酸钾（1.7V）、二氧化氯（1.5V）和游离氯（1.4V），能直接氧化水中有机污染物；且只含氢和氧两种元素，分解后生成水和氧气，在使用中不会引入任何杂质，是一种安全、高效的氧化剂。

单独的过氧化氢与水中物质的反应速度较慢，而在光催化或化学催化的作用下持续产生·OH，则可获得较强的氧化效果。化学催化剂中，过渡金属氧化物如 CuO、MnO_2 等对于 H_2O_2 具有很强的催化氧化作用。近年来，UV－H_2O_2 以及 O_3－H_2O_2 组合的高级氧化工艺（AOP）是饮用水化学预氧化技术中的研究热点，对于去除色度、异臭、铁、锰、消毒副产物前体物及其他微污染物等具有良好的效果。

4.2.2 常规处理

常规处理工艺对水质较好的地下水或未经污染的地表水有很好的处理效果，但它不能很好地去除水中的有机物、某些金属离子（铁、锰等）和水中的臭味等。受污染的水源经常规工艺处理后，只能去除水中20%～30%的有机物。原水中未去除的有机物会对胶体有保护作用，这将不利于破坏胶体的稳定性也会使常规工艺对原水浊度去除率下降。水中溶解性有机物也会与氯形成具有“三致”作用的 DBP_S。混凝沉淀工艺对三卤甲烷前体物质（THMFP）的去除率为33%～44%，滤池对 THMFP 的去除率为13%～18%，整个水处理工艺对 THMFP 的去除率仅达到50%左右。常规水处理工艺的某些过程能去除致病微生物，如靠混凝剂水解产物的吸附、卷扫作用可以去除一部分致病微生物，又如靠滤料表面的吸附与截留作用也可以去除水中剩余的大部分微生物。但一些尺寸很小、危害很大的致病微生物如贾第鞭毛虫、隐孢子虫等在常规处理过程中难以被混凝、过滤过程彻底去除，即使很少量的致病微生物进入自来水中也可能对饮用水安全构成很大的风险。所以对于污染较严重的水源，常规处理工艺给饮用水水质可能带来一定的风险，这就需要增加一些预处理和深度处理工艺来去除这些常规处理工艺所不能去除的物质。

4.2.2.1 混凝沉淀

混凝是一种包括混合、凝聚、絮凝等一系列复杂的物理化学反应的综合过程。混凝处理的对象主要是水中微小悬浮物和胶体杂质。去除的有机物主要为憎水性、大分子有机物如腐殖质等，而对小分子的糖类和碳氢化合物去除能力有限，总体上主要去除表观分子量

>10k Dalton 的有机物。所以常规的混凝沉淀不能很好地去除引起生物稳定性的可溶性的生物降解有机物。

混凝会造成水质 pH 值的降低，且不同的混凝剂混凝时对水质化学稳定性的影响也不同。聚合氯化铝 PAC、Al_2SO_4、$FeCl_3$、聚合硫酸铁 PFS、聚合氯化铝铁 PAFC 5 种混凝剂，在相同投量下，铝盐混凝剂与铁盐混凝剂相比，引起 pH 下降的幅度相对较小；聚合态混凝剂与传统的铝盐、铁盐混凝剂相比，引起 pH 下降的幅度相对较小；5 种混凝剂降低 pH 的幅度顺序为 PAC<PAFC<$Al_2(SO_4)_3$<PFS<$FeCl_3$。而每种混凝剂投加的剂量不同时对水质 pH 的影响也不同。在同种原水中随着每种混凝剂投加量的增加，水质的 pH 不断降低。

混凝过程对水质化学稳定性的影响不仅体现为 pH 的变化，混凝过程还会影响水质的碱度。不同混凝剂对水质总碱度的影响表现为，随着每种混凝剂投加量的增加，原水的总碱度不断降低。铁盐混凝剂在投加量为 10mg/L 以上时，原水中碱度全部耗尽，无法检出。5 种混凝剂在相同投量下，铝盐混凝剂与铁盐混凝剂相比，引起总碱度下降的幅度相对较小；聚合态混凝剂与传统的铝盐、铁盐混凝剂相比，引起总碱度下降的幅度相对较小；5 种混凝剂降低总碱度的幅度顺序为 PAC<PAFC<$Al_2(SO_4)_3$<PFS<$FeCl_3$。

综上所述，采用硫酸铝、氯化铁等这些早期常用的混凝剂混凝时，出水的 pH、碱度、重碳酸盐浓度均会明显下降，导致水的腐蚀性变强。而采用现在较常用的 PAC、PAFS 等无机聚合铝盐或铁盐混凝剂对 pH、碱度的影响则相对要小些，但仍然会导致 pH 和碱度的下降。另外混凝剂本身所包含的氯离子、硫酸盐使得水中这些阴离子的浓度升高，而其在常规处理工艺中又很难被有效去除，导致管网水质的化学稳定性变差，加剧了对金属管道的腐蚀。

不同的水源，采用混凝工艺时，混凝后都会导致水质 pH 的降低。此外，由于水污染的日益加重，水厂则希望在常规处理阶段能进一步提高对水中有机物的去除，通常水厂都会为混凝剂提供最适 pH，以保证混凝效果和有机物的去除效能。对于铝盐混凝剂而言其最适 pH 为 6 左右，铁盐的最适 pH 为 5，但 pH 在 5～6 范围内时，混凝的出水具有腐蚀性，这样的水流经管网会缩短管网的使用寿命。同时，水中的 pH 在 5～6 范围内时，水中的 HCO_3^- 的浓度相对会升高，这种水遇到混凝土的管道和构筑物就会产生侵蚀作用，在金属管道中流动时则会溶解管道内壁碳酸钙保护膜，对金属产生腐蚀作用。

总之，混凝工艺在去除水中浊度，降低有机物含量的同时也降低了水质的化学稳定性，要保证出厂水的化学稳定性必须要采取相应的措施，提高水的 pH，保证水质的稳定性。在实际生产中，建议采用投加碱剂（如石灰）以中和混凝剂水解过程中所产生的氢离子 H^+ 的方法保证混凝后水质的化学稳定性。

4.2.2.2 过滤

在常规水处理过程中，过滤一般是指以石英砂等粒状滤料层截留水中悬浮杂质，从而使水获得澄清的工艺过程。过滤的主要作用是悬浮颗粒与滤料颗粒之间的黏附作用的结果。当含有杂质颗粒的水从上而下通过滤料层时，杂质颗粒在拦截、沉淀、惯性、扩散和水动力作用下，会脱离流线而与滤料表面接近。

过滤工艺对水质化学稳定性的影响，主要体现在过滤过程中，滤料自身性能对出水

pH 的影响，石英砂滤池运行初期，出水 pH 比进水 pH 值有所升高，但仍小于 8.5，在水质标准范围内，无需采取措施，降低砂滤出水 pH。砂滤池稳定运行期间，进出水 pH 变化不大，对出水化学稳定性影响不大。

4.2.2.3 消毒

消毒是杀灭水中致病微生物的水处理过程，是饮用水出厂前最后一道处理工艺。消毒工艺对水质化学稳定性的影响，主要体现在消毒剂溶于水后，发生的化学反应对水体 pH 和碱度的影响。虽然液氯和次氯酸钠本质都是依靠与水反应生成次氯酸消毒，但它们水解的不同产物导致了液氯会降低水体的 pH 和总碱度，而次氯酸钠会增加水体的 pH 和总碱度。液氯消毒会降低水质化学稳定性，沿水流前进方向，液氯消毒后的水质对铁制管材的腐蚀性逐渐增强，对水泥砂浆衬里及水泥管材的侵蚀性也逐渐增强，阴离子对管材的腐蚀性也逐渐增强。而使用次氯酸钠则能略微提高水质化学稳定性。当然从消毒效果而言，液氯要强于次氯酸钠。鉴于目前我国小城镇大多数已建成的水厂仍采用液氯消毒，若使用消毒效果相对较差且同样存在消毒副产物问题的次氯酸钠替代，以提高出厂水的化学稳定性，工程改造投资与药剂成本将会增加，实际意义不大。但在新建水厂工程尤其是防氯气泄漏安全措施不甚完善的小水厂、管网二次消毒设施，使用次氯酸钠有积极意义。而为了减缓采用液氯消毒后的水对管材的腐蚀作用，可以采用曝气除 CO_2 的方法提高水的 pH。曝气可以使得水中$[H_2CO_3]/[HCO_3^-]$的比值降低，从而使水体的 pH 升高。

4.2.3 生物深度处理

生物处理法是去除水中溶解性有机物有效而经济的方法，生物活性炭是常用的生物深度处理技术，它集活性炭的吸附与活性炭层内微生物有机分解作用于一体。生物活性炭技术可以完成生物硝化作用，将 NH_4^+-N 转化为 NO_3^-，将溶解有机物进行生物氧化，也可以去除三卤甲烷等物质，能提高出厂水的生物稳定性。但生物活性炭工艺处理的出水比原水的 pH 和碱度都要低，出水的化学稳定性有所下降。为了提高出水的化学稳定性，可以适当调高出水的 pH 值，在经过生物活性炭处理的出水中加入一些碱性物质，例如石灰，或者是在石灰石或高镁石灰石滤池中过滤。

4.2.4 膜处理

饮用水处理中常用的膜可以分为四类，即微滤膜（MF）、超滤膜（UF）、纳滤膜（NF）和反渗透膜（RO）。这四种膜在分离过程中的动力都是压力，在压力作用下溶剂和定量的溶质能够透过膜，而其余的组分被截留。膜分离技术中的微滤可去除悬浮物和细菌，超滤可分离大分子物质和病毒，纳滤可去除部分硬度、重金属和农药等有毒化合物，反渗透几乎可以去除各种杂质。

微滤工艺可有效地去除原水中的固体悬浮物、浊度、原生生物和细菌等有害物质。原水经微滤工艺处理后，水的 pH 和碱度几乎没有变化，出水的水质指标在我国水质标准范围内，对水质的化学稳定性影响不大。

对于水源水质非常好的原水，可采用超滤直接过滤，但这种情况很少，一般超滤与混凝联用。混凝-超滤对浊度、颗粒物和微生物有很好的去除效果，而且对色度、氯化物、铁的去除效果都要好于常规处理工艺，出水的碱度、硬度都在国家规定的饮用水范围之内，且出水水质稳定。

纳滤可很好地去除水中的有机物、碱度、钙、镁离子以及细菌、病毒等，法国巴黎Aurse-Sur-Oise水厂采用纳滤工艺处理Oise的河水，生产表明NF膜能够去除总硬度在80%以上，去除电导率为71%，对TOC的去除率高达92%。能很好地提高出厂水的生物稳定性和水质安全性。但同时随着硬度的去除，会降低出厂水的化学稳定性，增强管网水的腐蚀趋势，但这种增强的腐蚀趋势较小，不会对供水水质形成不良影响。

反渗透与纳滤相似，能大量去除水中的碱度和Ca、Mg等离子，在提高出厂水生物稳定性和水质安全性的同时，也会降低出厂水的化学稳定性，增强管网水的腐蚀趋势，但这种增强的腐蚀趋势很有限，不会对供水水质形成不良影响。

4.3 输配水管网系统

饮用水供水过程中，水在净水厂经过严格处理后，各项水质指标达到国家生活饮用水卫生标准。当饮用水经过供水管网被输送到用户终端时，庞大而又复杂的地下输配管网就如同一个大型的反应器，出厂水在管网中均有一定的停留时间，水在这样的反应器内发生着复杂的物理、化学和生物变化，从而导致饮用水水质发生变化，造成管网水质二次污染。同时，遭受外部的突发污染也会导致管网水质恶化。

研究发现，净水厂出厂水通过供水管网送到用户后，自来水的浊度、色度、细菌总数、铁、铜等离子浓度都比出厂水要高，配水管网有时还会出现黄、黑水。这种水质的变化一般与输配管网管道的腐蚀、结垢，管道内壁的生物膜（生长环），管材以及管网日常运行维护管理等有关。

4.3.1 管网腐蚀与结垢

管网的腐蚀和结垢不仅会导致输水能耗增加，还会影响供水水质。

1. 管网的腐蚀与结垢可形成管垢，其主要成分为铁锈。

当水的流速、流向发生突然变化时，对管垢产生冲刷，冲起松软管垢并加速坚硬管垢溶解。水压发生突然变化，易使坚硬管垢部分破碎溶解。水流过缓，水在管道中滞留时间过长，溶解的Fe^{3+}相对较多，形成“红水”。“红水”现象对供水水质的影响最为典型。“红水”是腐蚀性较强的饮用水与耐蚀性能较差的金属输配水管相互作用，发生腐蚀反应、生成红色铁锈$Fe(OH)_3$的结果。管道中管垢的形成过程中引起的铁释放是产生“红水”现象的根本原因。

2. 增加出水色、臭味和浊度，严重时产生“红水”。

管网水在管壁接触的时候可能发生各种物理化学反应，使得管壁被腐蚀，管壁上的物质被带到管网水中，增加了管网水的色度、浊度等，铸铁管网中的铁释放到管网水中，严重时会使用户出水为红色（主要是因为水中含有大量三价铁的悬浮颗粒物）并带有铁锈味。

3. 引起消毒剂（余氯等）和水中溶解氧的衰减。

长时间的与管壁接触，水中氧化性较强的物质（如余氯和溶解氧）就会将管壁上的物质氧化从而被消耗衰减。

4. 使管网易于生长生物膜，增加出水的生物不稳定性，引发致病菌繁殖。

管网在光滑的时候由于水流的冲刷不易生长生物膜，管网腐蚀之后管壁就会变得凹凸不平，这就为微生物生长创造了稳定的环境，同时由于余氯等消毒剂的衰竭，使得微生物生长更加容易，从而增加了出水的生物稳定性，引发条件致病菌繁殖。

5. 腐蚀管网，降低管网的寿命。

由于腐蚀使得管壁的强度变差，很容易发生爆管或断裂，从而减少管网的使用寿命。

6. 特殊条件下，吸附富集水中的砷和镭，然后释放到水中。

在国外的一些研究中，在给水管网的管垢中发现了较高含量的砷和镭，它们可以富集在管垢中，并随着管垢的脱落而进入自来水中，对人们的身体健康造成了威胁。

4.3.2 管道内壁生长环和微生物

给水管道在长年运行中，沿管道内壁会逐渐形成不规则的环状物，称之为“生长环”。它是给水管道内壁由沉淀物、锈蚀物、黏垢及生物膜相互结合而成的混合体。当出厂水中含有一定量的有机物，随机附着于管壁的细菌将会利用水中营养基质生长。微生物再生长会引起管网水质二次污染，所产生的负面影响主要取决于细菌的数量和特性。“生长环”与微生物再生长对供水水质产生的不利影响主要体现在以下几方面：

1. 管网水中金属元素增加

管道内水流在低流速状态下沿管壁形成很薄的环形近壁层层流，当管中流速骤然变化，层流层被破坏，水流对生长环产生冲刷，金属管道内生长环表面疏松层会被冲下，并随水流送至用户，用户水中铁含量增加，出现“黄水”、“红水”现象。

2. 微生物指标的变化

管道内壁的生物膜质地与水流强度密切相关。水流速大，附着的生物膜结构致密且均匀性好，在水流平缓的管网末梢，生物膜结构疏松。生物膜上细菌数达到每平方厘米数百个到百万个。生物膜自然脱落或被水流冲下，使管网水的细菌数增加。

3. 浊度的变化

管壁上的锈垢、沉积物、生物膜在水流的冲刷下都可进入水中，形成浊度，尤其是管网配件以及管道连接口等未作防腐处理部分，其腐蚀产物疏松，易于脱落进入水中，造成浊度升高。

4. 产生异臭味

放射菌或微型真菌的生长能引起水质臭和味的恶化，特定的放射菌还能破坏管材联结点的橡胶圈。

5. 加速或导致管网腐蚀，进一步引起供水水质的变化

管材表面的细菌增殖会形成生物膜，生物膜能传导氢离子和氧，形成电位梯度，加速管道腐蚀；当水中含有还原性硫时，就会造成硫磺和硫化细菌的繁殖，将还原性硫氧化成

硫磺和硫酸（硫化作用），产生腐蚀作用。当水中含有氧化态硫时，就会造成硫酸还原菌的繁殖，把硫酸盐还原成硫化物，也会加快管道腐蚀结垢速度。

6. 微生物随水体进入人体，产生不利影响

在一定条件下，致病菌会在管网水中生长，严重威胁人类健康。这些细菌有军团菌属，分枝杆菌属，铜绿假单胞菌属，黄杆菌属，气单胞菌属等。当水中有氨氮和氧存在时，亚硝化细菌把氨氮氧化成亚硝酸氮，再通过硝化细菌进一步氧化成硝酸氮。反硝化细菌多为兼性的厌氧菌，当水中存在硝酸盐且缺氧（DO<0.5mg/L）条件下，反硝化细菌将硝酸盐还原成亚硝酸盐和氮气，硝化与反硝化过程都会使水中亚硝酸盐浓度增加，而亚硝酸盐具有致癌性。

4.3.3 管材

目前国内可用于给水管道工程中的主要管材有钢管、球墨铸铁管、预应力钢筋混凝土管、钢套筒预应力混凝土管、硬聚氯乙烯（PVC-U）管（非铅盐稳定剂）、玻璃钢夹砂管（GRP）、聚乙烯（PE）管、聚丁烯（PB）管、钢骨架（含钢丝网骨架）聚乙烯复合管、钢塑复合（PSP）管、不锈钢衬里玻璃钢复合管、不锈钢外缠空腹塑料复合管等。

4.3.3.1 不同管材的性能特点

1. 灰口铸铁管

灰口铸铁管脆性大且接口为刚性膨胀水泥砂浆或铅接口，易爆管，事故率最高，管道无内防腐，易生锈结瘤，影响输水能力，使用年限一般为25年左右。从2004年7月1日起，已被建设部列为被淘汰的供水管材，灰口铸铁管管材、管件不得用于城镇供水。

2. 球墨铸铁管

强度高、耐腐蚀性好、使用寿命长，安装施工方便，有标准配件，接口采用橡胶圈接口，柔性较好，能适用于各种场合，如高压、重载、地基不良、振动等条件并较适合于大、中口径管道。新铺设的球墨铸铁管使用年限可达50年，在具有热喷锌和涂沥青的外防腐条件下，使用寿命可达70～100年。重量较钢管大，造价较高。是国家建设部推荐使用的管材。

3. 水泥管

水泥管是由波特兰水泥、砂子、砾石集料、水和钢筋所构成，它对机械损坏的热震动十分敏感，小的裂缝能自发地与插入的腐蚀产物形成碱性物质，并从水泥中浸出，CaO也能从水泥中浸出。其耐腐蚀比钢管要好，但是其管壁薄。埋设在土壤中受蚀穿孔的速度比铸铁管快得多，其设计使用寿命一般为50年以上。水泥管若外防腐做得不够，几乎在5～8年内就发生腐蚀穿孔。

4. 钢筋混凝土管

钢筋混凝土管主要有承插式自应力钢筋混凝土管和预应力钢筋混凝土管两种。自应力钢筋混凝土管的工作压力为0.4～1MPa，管径为100～600mm。自应力钢筋混凝土管后期会膨胀，可使管材疏松，易出现二次膨胀及横向断裂，过去主要用于小城镇及农村供水系统中，目前使用较少。预应力钢筋混凝土管的最大工作压力1.18MPa，管径为400～

1400mm，管节管长为5m。预应力钢筋混凝土管分两个类型，内衬式管及埋置式管。内衬式和埋置式的区别，前者系指在钢筒内壁成型混凝土层后，在钢筒外表面上缠绕环向预应力钢丝并作水泥砂浆保护层而制成的管子；后者系指在钢筒内、外侧成型混凝土层后，在管芯混凝土外表面上缠绕环向预应力钢丝，并作水泥砂浆保护层而制成的管子。钢筋混凝土管防腐能力强，不需任何防腐处理，有较好的抗渗性和耐久性，但水管重量大、质地脆、装卸和搬运不便，无标准配件，承插接口加工精度要求高，一般采用承插式橡胶圈接口。预应力钢筋混凝土管能够承受一定的压力，抗渗性强，价格较低，在国内大口径输水管中有较多的应用，但接口易渗漏。为克服这个缺陷，现采用预应力钢筒混凝土管（PCCP管），是利用钢筒和预应力钢筋混凝土管复合而成，具有使用寿命长、不宜腐蚀、渗漏的特点，是较理想的大水量输水管材。

5. 钢管

钢管包括钢板直缝焊管与钢板螺旋焊管（适用于大口径管道）、无缝钢管（适用于中小口径管道）、不锈钢管（适用于中小口径管道）、镀锌钢管与钢塑复合管（适用小口径管道）。钢管具有较好的机械强度，耐高压、耐振动、重量较轻、单管长度大、接口方便，有较强的适应性；但耐腐蚀性差，管壁内外防腐不易做好且所需费用大，并且造价较高。钢管的使用年限一般为25年。

6. 塑料管

主要有硬聚氯乙烯（PVC-U）管、改性聚丙烯（PP-R，PP-C）管、交联聚乙烯（PEX管，有的也叫PE-X管）管、PPPE管（PP-R或PP-C与HDPE合成材料）、纳米聚丙烯管（NPP-R）、耐热聚乙烯（PE-RT）、氯化聚氯乙烯（PVC-C）管、聚乙烯（PE管，通常代表高密度HDPE型管）管、聚丁烯（PB）管、丙烯腈-丁二烯-苯乙烯三元共聚物为基材的工程塑料管（ABS）等。

①PVC-U管

PVC-U管是由硬聚氯乙烯塑料通过一定工艺制成的管道。PVC-U管材不导热，不导电，阻燃，耐腐蚀，使用寿命长，通常可达50年，管壁光滑，水力条件好，水流阻力小，施工方便。硬聚氯乙烯管重量轻，小口径（*DN*500以下）管道价格较其他管材低。国内产品PVC-U给水管材主要规格有公称通径*DN*（15～700）10多种，管材最高许可压力为0.6MPa、0.9MPa和1.6MPa 3种规格。但管材强度较金属管低，柔韧性较PE管差，非耐冲击型管材的抗低温冲击强度低。同时，聚氯乙烯管（PVC）生产过程中加入了热稳定剂铅盐，同时PVC本身残存的单体和一些小分子在应用时会转移至水中成为细菌的营养剂，可能会造成水质污染。

②PP-R管

按照不同的PP聚合工艺条件可将其分为均聚聚丙烯（PP-H）、嵌段共聚聚丙烯（PP-B或PP-C管）、无规共聚聚丙烯（PP-R）。无毒、卫生、耐热、保温性能好，PP-R管的导热系数只有钢管的1/200，具有良好的保温和节能性能，安装方便且是永久性的连接。但熔融黏度低，存在一定的低温脆性缺陷，与PE管一样，抗紫外线能力差，不宜室外明敷，市场价格高于PE管材。

③PP-C管

PP-C或PP-B管发明于20世纪70年代。在聚合过程中，投入5%～10%的聚乙烯与丙烯单体进行共聚，就产生了嵌段共聚聚丙烯（PP-B）。耐温性能好、长期高温和低温反复交替管材不变形，质量不降低。不含有害成分，化学性能稳定，无毒无味，抗拉强度和屈服应力大，延伸性能好，承受压力大，防渗漏。

④交联聚乙烯（PEX）

PE-X管是通过自由基反应，使聚乙烯的大分子之间影成化学共价键连接的具有三维网状结构的改性聚乙烯，其交联度可达到65%～9%。具有优良的耐温和隔热性能，耐压力，使用寿命较长，抗振动，耐冲击。

⑤PPPE管

PPPE管是以PP-R或PP-C与HDPE为主要材料，加以一定量的化学助剂等合成材料，经挤压成型的塑料管材。适用温度范围宽（－25～95℃），耐压高（公称压力20MPa），能热熔连接（有专用的PPPE管配套热熔管件），而且还能在现场用普通套丝工具套丝，采用带内螺纹的管件进行螺纹连接。在同等承压件下，PPPE管的管材和管件的壁厚比PP-管（Ⅲ型聚丙烯）的壁厚要小，且口径越大，小的越多，因此PPPE管的价格比PP-R管低。

⑥NPP-R管

NPPR管材是以无机层状硅酸盐插层复合技术制备的含有纳米抗菌剂的纳米聚丙烯（NPP-R）抗菌塑料粒料制成的。其突出特点：质量轻、耐热性能好、耐腐蚀性好、导热性低、管道阻力小、管件连接牢固。

⑦氯化聚氯乙烯（PVC-C）管

PVC-C管是一种氯化聚氯乙烯塑料管。具有良好的耐腐蚀、阻燃性、保温、抗震、耐老化性和抗紫外线性能。无论是在酸、碱、盐、氯化、氧化的环境中，暴露在空气中、埋于腐蚀性土壤里，甚至在95℃高温下，内外均不会被腐蚀。管道夏天不易结露，冬天可节省大部分保温材料及施工费用，也不易扭曲变形，管道具有较好的弹性模量，抗震并能大大降低水锤效应。

⑧聚丁烯（PB）管

聚丁烯（PB）是由聚丁烯-1树脂添加适量助剂，经挤出成型的热塑性管材。具有良好的机械性能、热稳定性、柔韧性，抗紫外线、耐腐蚀，抗冻耐热性好，管壁光滑，不结垢，施工简单，易于维修、改造，热伸缩性好，连接方式先进，连接方式为一体化热熔连接，因此在埋设时，可避免因温度变化和水锤现象引起管的移动及连接处的渗漏。原材料主要依赖进口，管材市场价格昂贵。

⑨耐热聚乙烯（PE-RT）

耐热聚乙烯（PE-RT）是由乙烯和辛烯共聚而成的聚烯烃族热塑性材料。适用条件：适用于长期工作水温小于70℃的冷热水系统。冷水工作压力≤1.5MPa，热水工作压力≤1.0MPa，最低工作温度为－20℃。管道的连接与敷设验收等要求均同PB管。

⑩聚乙烯（PE）管

聚乙烯（PE）是由聚乙烯树脂添加适量助剂，经挤出成型的热塑性管材。分为PE63级（第一代）、PE80级（第二代）、PE100级（第三代）及PE112级（第四代）聚乙烯管材，目前给水中应用的主要是PE80级、PE100级。也分为高密度HDPE型管和中密度MDPE型管，高密度HDPE型管要比中密度MDPE型管刚性增强、拉伸强度提高、剥离强度提高、软化温度提高，但脆性增加、柔韧性下降、抗应力开裂性下降。由于高密度HDPE型管应用较多，通常用高密度HDPE型管代表PE管。聚乙烯（PE）管化学性能稳定，不会发生腐烂，生锈或电化学腐蚀现象，可耐多种化学介质的腐蚀，在一般土壤中存在的化学物质不会对管道造成任何障碍作用。此外它也不滋生细菌不结垢，其流通面积不会随运行时间增加而减小；连接可靠，PE管道系统之间主要是热熔对接连接，接头少，无泄漏，接头的强度高于管道本体强度，它与其他管道采用法兰连接，施工方便快捷。PE管重量轻，搬运和连接都很方便，所以施工快捷，安装费用低，维护工作简单。在工期紧和施工条件差的情况下，其优势更加明显；水流阻力小，采用PE管为材料的管道具有光滑的内表面，其曼宁系数为0.009，比相同口径的其他管材具有更高的输水能力；可挠性好，PE管材轴向可略微挠曲，工程上可通过改变管道走向的方式绕过障碍物，可以不用管件就直接铺在略微不直的沟槽内，可承受地面一定程度不均匀沉降的影响。低温抗冲性好，具有良好的耐低温性能，抗冲击的脆化温度是−70℃，一般低温条件下（−30℃以下）施工时不必采取特殊保护措施，冬季施工方便。而且，PE管有良好的抗冲击性，即使有2倍于公称压力的水锤也不会对管道造成任何伤害；耐磨性能好，PE管道与钢管相比，其耐磨性为钢管的4倍；抗应力开裂性好；多种全新的施工方式，除了可以采用传统的开挖方式进行施工外，还可以采用全新的非开挖技术如顶管，定向钻孔，衬管，裂管等方式进行施工，这对于一些不允许开挖的场所，是很好的选择。其主要缺点是管材造价比PVC-U管高，管材结构单一，线膨胀系数大，保温性能相对较差，受热时易膨胀，因表面色深易吸热，日照环境下易老化，影响其使用寿命，因此不宜室外敷设。

⑪ ABS管

ABS工程塑料是丙烯腈、丁二烯、苯乙烯3种化学材料的聚合物。耐腐蚀性极强，耐撞击性极好，能在强大外力撞击下，材质不破裂。韧性强。

7. 玻璃钢管

GRP管又称玻璃纤维增强树脂塑料管或玻璃钢管。玻璃钢管或加砂的玻璃管又分为两种成型方法，即离心浇铸成型法（Hobas法）及玻璃纤维缠绕法（Veroc法），GRP管在大口径管道上有较大的适用前景。由于玻璃钢管在应用中管料和管件造价高等原因，一般较少采用。

8. 复合管

复合管的金属材料有碳钢、不锈钢、铜、铝合金等，一般是金属在外加强管道的强度和刚度，塑料做内衬。复合管虽然兼有金属管和塑料管的优点，但两种管材的热膨胀系数相差较大，如黏合不牢固而环境温度和介质温度变化又较剧烈，容易脱开，从而导致管材质量下降。

①钢塑复合钢管

主要是给水涂塑复合钢管与给水衬塑复合钢管两大类。给水涂塑复合钢管安全卫生，价格低廉，具有良好的防腐性能和耐冲击机械性能，且耐腐、耐碱、耐高温，强度高，使用寿命长。

给水衬塑复合钢管主要性能与给水涂塑复合钢管比较类似，对给水衬塑复合钢管来说，导热系数低，节省了保温与防结露的材料厚度。另外同外管径条件下，过水断面小，水流损失与流速均增大。常用规格有公称通径 *DN*（15～150）。

②不锈钢衬里复合管

是在玻璃钢管内衬薄壁不锈钢管复合而成。不锈钢内衬管壁厚度根据工作压力、母管材特性及管径而定，常用壁厚为0.2～0.8mm。不锈钢内衬对母管材起到了内壁防腐、提高强度及抗渗能力，内壁光滑，粗糙度在0.08～0.2μm，水力条件好。另外，重量轻，运输、施工方便，维修费用低；耐腐蚀，使用寿命长，可达50年。同时，对水质无污染。但管材造价较高。

③铝塑复合管

管材由5层材料组成，中间层为铝合金，内外层根据材料不同分为搭接焊铝塑复合管聚乙烯/合金/乙烯（PAP）和交联聚乙烯/铝合金/交联聚乙烯（XPAP）和对接焊铝塑复合管聚乙烯/铝合金/交联聚乙烯、交联聚乙烯/铝合金/交联聚乙烯和聚乙烯/铝/聚乙烯（PAP3）。铝塑复合管具有良好的耐腐蚀性能，管壁内外均不存在锈蚀的问题，且不含有害成分，化学性能稳定；具有优良的机械性能，防渗漏，耐压强度较高；抗振动、耐冲击，能有效缓冲管路中的水锤作用，减少管内水流噪声；不用套丝，弯曲操作简单，管线连接施工方便。

④铜塑复合管

性能基本上与铝塑复合管大多类似，铜的韧性比铝要好些，因此造价要高。

⑤孔网钢带聚乙烯（PE）复合管

以孔网钢板为增强骨架，高密度聚乙烯管道专用料为基材，通过复合共挤成型的钢塑复合管道。最小管径为*DN*50，最大管径*DN*400，工作压力2.25～2.0MPa。

⑥给水铝合金衬塑管

外层为无缝铝合金，内衬聚丙烯（PP），两者通过特殊工艺复合。机械性能好，耐压能力高；管道热稳定性好，线性膨胀低；层有铝合金保护，抗老化能力强；两种主材及加工工艺无有害物质遗漏于过水面，有较好的环保持性。

4.3.3.2 不同管材的腐蚀性能

不锈钢表面具有电化学均匀性，没有腐蚀微电池，且表面光滑，不利于微生物和微粒在其表明沉积黏附，所以腐蚀较轻。球墨铸铁管的主要成分是铁和石墨。石墨的电位高于铁，这就造成了球墨铸铁管表面的电化学不均匀性，当与水接触时会在管壁表面上出现许多微小的电极，形成腐蚀微电池，引起铸铁管的腐蚀。当铸铁管涂衬防腐层时，防腐层阻碍水与铸铁管表面接触，使铸铁表面难以形成引起腐蚀的微电池，从而减弱电化学腐蚀。不锈钢、PVC、环氧树脂涂衬球墨铸铁管、球墨铸铁管这几种管材的腐蚀程度依次增强。

4.3.3.3 不同管材的溶出物

不同种类的管材向水体中释放或溶出有机物也不同。有研究表明，铸铁管腐蚀严重的，在水中发生的各类物理、化学、微生物学反应更加复杂，更加剧烈，从而使水中有机物的种类显著增加；玻璃钢管材化学稳定性良好，向水中溶出有机物的可能性较少，在管内发生的各类物理、化学、微生物学反应比较少；PVC管材会向水中溶出一些有机物，使管道水中的有机物种类增加最多；不锈钢管与其他的管材相比，因为不锈钢管材稳定，对水中有机物的影响很小。

4.3.3.4 管材对细菌再生长的影响

在较低余氯浓度下，管材的性质对供水系统中的细菌有一定的影响。供水系统中的管材的粗糙度是影响细菌吸附的因素。同时，管材的稳定性也影响细菌的吸附。

1. 球墨铸铁管容易腐蚀，导致管壁粗糙度增加，为微生物的吸附创造了有利条件，并提供了微生物生长繁殖的场所。所以球墨铸铁管管壁的细菌密度最大。

2. 与没有涂衬的球墨铸铁管相比，涂衬的球墨铸铁管虽然不易腐蚀，但是由于管壁长时间与水接触，会有部分涂层脱落，管壁仍然会产生一定程度的腐蚀；同时，由于大部分涂衬材料均由高分子有机物合成，在与水接触的过程中，会向水中释放一些可生物降解的有机物质。所以涂衬的球墨铸铁管管壁细菌密度也较大。

3. PVC管虽不易发生腐蚀，但是与不锈钢管相比，水中各种有机物可能通过与水相互作用、表面化合反应等较易吸附到PVC管内壁。被吸附的有机物为微生物生长提供了所需的营养物质并为它们黏附于管壁创造了条件。而且，PVC管还可向水中溶出一些可生物降解有机物，所以PVC管管壁的细菌密度也较大。

4. 由于不锈钢管内壁比较光滑，并且不易腐蚀，不利于细菌黏附；同时，不锈钢管不能向水中释放可生物降解物质。所以不锈钢管与其他另外几种管材相比管壁细菌密度最小。

管材对游离性细菌的影响与对管壁吸附性细菌的影响是一致的。同时新、旧管材对游离性细菌有不同的影响：

1. 球墨铸铁管旧管材的游离性细菌浓度要远大于新管材。这主要是因为球墨铸铁管管壁较粗糙、易腐蚀，有利于细菌吸附于管壁上形成生物膜。生物膜的细菌密度是影响游离性细菌的主要因素，所以旧管上的生物膜导致了水中游离性细菌浓度升高；而新管由于在管壁上还没有形成生物膜，水中游离性细菌自身生长繁殖对水中游离性细菌浓度的影响很小，所以新管中游离性细菌较少。

2. 涂衬球墨铸铁管新管材的游离性细菌浓度大于旧管材。这主要是因为涂衬球墨铸铁管的内衬材料为脂或胺，其化学成分为高分子有机物，在管道使用初期可向水中释放大量有机物，容易被微生物吸收，导致了水中细菌的大量增加。其对水中游离性细菌的影响程度大于管壁生物膜对水中游离性细菌的影响程度。所以纳米涂衬球墨铸铁管新管材的游离性细菌浓度大于旧管材。

3. PVC管新管材的游离性细菌浓度大于旧管材。这主要是因为PVC管内的游离性细菌主要受两个因素的影响：管壁溶出物和管壁生物膜。新管主要受管壁溶出物的影响，旧管主要受管壁生物膜的影响。PVC在与水接触时能向水中释放高分子有机物，易被微生物吸收，导致新管中细菌的大量繁殖。随着使用时间的延长，向水中释放的有机物逐渐减少，所以旧管材中游离性细菌的增加主要受管壁生物膜的影响。由于管壁溶出物对游离性细菌的影响大于管壁生物膜对它的影响，所以PVC管的新管中的游离性细菌浓度大于旧管中的游离性细菌浓度。

4. 不锈钢管新、旧管材的游离性细菌浓度差别不大。因为不锈钢性质稳定，所以不锈钢管不会向水中释放溶出物，游离性细菌浓度主要受管壁生物膜的影响。不锈钢不易腐蚀，管壁光滑，不利于细菌吸附；旧管管壁生物量较少，游离性细菌受管壁生物膜的影响很小。因此，新与旧管材的游离性细菌浓度差别不大。

4.3.3.5　管材对管道的余氯衰减的影响

管道内水中的氯一方面消耗在与主体水中各种物质的反应之中，另一方面与管壁上各种物质反应消耗大量的余氯。管壁上的消耗与管道材质、敷设年代，有无防腐涂料、涂衬材质以及涂衬质量等因素有关，其中管道材质的影响占据首位。

若管材化学稳定性良好，表面光滑，则管壁不易产生腐蚀、沉积，也不利于微生物的生长。这样，在管壁上极少量的腐蚀产物、沉积物以及抑制微生物生长所消耗的余氯量甚微。相反，管壁粗糙、化学稳定性弱均易形成腐蚀、沉积物聚集并促进微生物的生长繁殖，微生物的生长繁殖又能促进腐蚀。在这种情况下氯的衰减速度加快，氯的消耗量增加。有研究表明，管材对管内余氯的影响顺序为钢管＞球墨铸铁管＞水泥砂浆或环氧树脂涂衬的球墨铸铁管＞PVC管。可见，水泥砂浆涂衬或环氧树脂涂衬，可有效降低管网水中余氯衰减速度，对保证管网水质稳定性具有重要意义。

4.3.3.6　管材对水质的影响

管网材质对水质的影响主要有两方面：管材与管网水发生的腐蚀反应和管材对水中微生物的影响。具体主要表现在以下几个方面：

1. 无机物与有机物的溶出；
2. 生长环的生长难易程度；
3. 余氯衰减以及由此所产生的消毒副产物的种类与浓度变化；
4. pH的变化；
5. 管道涂衬材料的脱落所产生的杂质以及浊度的增加；
6. 有机物的渗入。

各种管材对管网水质的影响详见表4-1。

各种管材对管网水质的影响　　表4-1

管材		对水质的影响
金属管	铸铁管	诸多研究表明，使用铸铁管时，过夜自来水初流水中铁含量以及镀铬水龙头的初流水锌含量均高于相应中段水，且均超过生活饮用水标准。故使用铸铁管时应注意铁含量，尤其是当水厂处理水铁的含量较高时
	钢管	试验表明，约6h，钢管水中的余氯即可从1.0mg/L衰减至0，并且钢管易腐蚀
	铅管	日本对铅管的水质调查结果表明，过夜自来水初流水，30%～40%水样铅的浓度超过饮用水水质标准（0.01mg/L），其他时间段仍有5%～10%水样铅的浓度超过饮用水水质标准。英国对使用铅管的水道局水质调查结果表明，有2.5%的水样的浓度超过饮用水水质标准。在日本、美国，铅管已被禁止使用，并积极对旧有铅管进行更换

续表

管 材		对水质的影响
金属管	镀锌管	试验表明，短时间（数小时）内由于锌的溶出可使管道内水中锌的浓度超过饮用水水质标准（1.0mg/L），最高时可达10mg/L。20多年前日本、新加坡等国镀锌管已被禁止使用，目前我国已有许多省份禁止其使用
	水泥砂浆涂衬球墨铸铁管及钢管	有调查表明，水泥砂浆涂衬可使溶解性物质含量提高，硬度发生变化，NH_3渗出，管网水pH值增加，水被碱化。另一方面，水的不稳定性也会影响内衬的水泥砂浆，当水中CO_2超平衡量浓度达到7mg/L时会导致砂浆受损、砂粒流失，在一定程度上也影响了水质。pH值的增加，将刺激三卤甲烷等消毒副产物的形成，当水厂处理水pH缓冲能力较弱时，或有机物浓度较高时应慎重选择水泥砂浆涂衬管
	环氧树脂涂衬球墨铸铁管及钢管	当管道内部环氧树脂涂衬不均匀时，有可能使涂斑或空穴处的腐蚀速度较快，导致“红水”的产生
非金属管	硬聚氯乙烯（U-PVC）管	在使用初期存在防腐剂、固化剂渗入水中的情况 当土壤中有汽油、煤油等渗入时，有机溶剂有可能渗入管中，产生异臭。美国塑料管的渗透事故发生率为7.4次/100000km/a。故在选择U-PVC管材时，应首先确认管路铺设地土壤中有机溶剂浓度
	无规共聚聚丙烯（PP-R）管	对管网水中钡浓度有较大影响。另外抗紫外线性能差
	聚乙烯（PE）管	对管网水中TOC浓度有较大影响。故有可能造成管网水中三卤甲烷等消毒副产物浓度的增加
	玻璃钢管	玻璃钢管材质对水质的影响最小
	石棉水泥管	腐蚀性水与碳酸钙中和，导致水泥结构减弱，会使石棉纤维脱落，已发现石棉纤维有致癌性
	预应力钢筋混凝土管	在腐蚀性地带如盐碱地带及海滨地区，预应力钢筋混凝土管材腐蚀速度较快，甚至发生爆管事故。由于硅酸钙、硅酸铝和石灰的完全混合，才使混凝土中的骨料牢固结合，但是石灰的溶解平衡是可移动的：$Ca(OH)_2 \rightarrow Ca^{2+} + 2OH^-$。反应向右会导致混凝土的空隙增加，内涂衬构件腐蚀，可造成渗漏和破损，此外有可能导致水中浊度与溶解性物质浓度的增加

4.3.4 管网布置与运行状态

我国小城镇供水管网主要采用树状网，主干来水如枝条延伸向各个用户，输送至某一管段的水只能由一个方向供给，每个用水点的水只能来自一个方向。这种管网布置形式供水安全性较差，管网中任一段管线损坏时，在该管段以后的所有管线就会断水。同时，在管网的末端，因用水量已经很小，管中的水流缓慢，甚至停滞不流动，水质容易变坏，有出现浑水和红水的可能。

另外，小城镇相对大、中城市经济落后，人均综合用水定额小，管网系统规模小，用水不均匀，昼夜用水量变化大，因此，时变化系数大，用水高峰时几乎是户户用水，用水低峰（夜间）用水量很小，有些时段（如凌晨时）无人用水，部分水厂和泵房甚至停止工作。管网的这种运行状态有时可能会导致水在管网中流速过小，停留时间过长，导致微生物滋生或腐蚀，水质会恶化；有时水流又过大，对管壁冲刷较厉害，导致管壁上的生物膜或腐蚀的沉积物等脱落于水中，也会引起水质恶化。

4.3.5　运行管理与异常事故

管网微生物污染的另一主要来源是外源性污染，主要是由于管网系统构成及其运行管理问题，包括敞口水箱、管道维护及更换施工、爆管、管道交叉连接等多种途径都可能将外源细菌引入配水管网。具体体现在以下几方面：

1. 管道接口

理论与实践都已证明，任何管材的接口都是管道安全的薄弱环节，水锤的冲击、局部真空的破坏、管基土壤的不均匀沉降等。管道的所有震动都将传递到管的接头上，往往都是从接口处破损，泄露以及外部水的渗入，这些都直接危害管道的卫生状况，影响管道水质。

2. 管道停水施工及管道爆管抢修等情况，不规范操作

如管道停水施工及管道爆管抢修等情况，由于对于施工或维修过程管理控制不够严格，管道存留的污水或者外界进入的污染物质未经冲洗排除及消毒处理，而是随着供水的恢复进入管网系统中，对管网局部甚至整个管网系统造成严重污染。

3. 管道预留口

原先设计却未使用管道中的预留口，预留口容易形成死水，冲洗时残留物堆积进而造成水质的恶化。

4. 阀门井渗漏等

阀门井的长期积水造成阀门井的渗漏，有些阀门、水表、管件长期浸泡在水中，一旦损坏，就可能使污水进入管道中，也可以对管网水造成不同程度的污染。

5. 水表、阀门等管道设备

水表、阀门等管道设备的不准确使用与误操作以及缺乏日常的运行维护管理等，都可能会引起供水水质污染甚至事故。如透气阀缺少维护失效导致管内积气，施工单位擅自关闭出厂管阀门导致水厂停役等。

6. 用户违规将进水管与内部设备接通

7. 二次供水设备

二次供水中的设备；比如水箱、水池构筑物设计或使用不合理，有可能会导致早上水质浑浊、有异味、“红虫”存在。

8. 管道缺乏清洗

新铺设的管道清洗不干净，并网运行时，造成水质变差；供水管道缺乏日常的清洗，或清洗不及时，都有可能会导致供水水质恶化。

9. 管网铺设不合理，支状管道过长，造成末端滞水，而又未采取有效的定期放水措施。

10. 消火栓

消火栓是供水管网中的主要附属设施之一。消火栓栓体及支管内的水质外观很差，通常表现为“红水”和“黑水”，这段死水与管网水直接相连，在爆管特别是树状管网爆管、压力瞬变、管网维修等情况下可以进入供水管网，恶化管网水质。

a. 爆管

当树状管网中的干管爆管时，首先管壁爆管处两端的阀门，包括分支的阀门，然后用水泵将爆管处的水抽调后进行管道的维修。在关闭阀门进行维修的这段时间内，沿水流方向，从爆管处到供水管网的末端将失去供水压力而停水，造成消火栓等死水流入供水管网，当维修完毕重新进行供水时，倒流进入到供水管网的死水将供给用户。在地势不平的供水区域，发生树状管网爆管造成的消火栓等死水倒流进入管网问题更加严重。

环状管网爆管时，若环状管网中爆管位置两侧阀门之间出现高程上的折点，消火栓内的死水将流入这段折点管道，而维修时也并不能将这段管道中的水排掉，当维修完毕供水时，这段倒流的死水将供给用户。

b. 压力瞬变

由于存在用户需水量频繁变化、调度水泵而快速改变管网系统水力负荷、阀门启闭、事故停泵等因素，常常引发管道中的瞬变流，形成大幅度的压力波动。瞬时压力减小或负压引起的污染物侵入配水系统对人体健康有潜在的危险。

c. 其他原因

在正常的管网运行中，消火栓支管与供水干管的连接界面也存在着互相传质。在夏季的用水量高峰期，如果水厂的供水量不足，会出现“空管”的现象，也会使消火栓内死水也会进入供水管网。当管网的维修和运行出现故障，造成管网内压力较小时，都有可能使得消火栓内死水进入供水管网，造成饮用水的水质污染。

4.4 其他影响

供水管理方式也会影响供水水质。像供水企业内部管理结构和城镇供水体系的多段管理，对管网水质和安全运行也会带来影响。自来水企业调度监测和水质检测以主干输水管为主，对于一些小城镇，根本就不进行管网水质监测，长期来供水企业对用水终端用户的监测没有纳入主要范围。

另外，供水方面的法规、管理制度等也会影响供水水质。整个供水系统的监测能力不足和监管体系不完善，已经成为供水水质安全保障的一个瓶颈。

第5章　供　水　规　划

5.1　供水模式

5.1.1　分类与特点

从大的方面来分，小城镇供水模式可分为两类，区域性供水模式和独立供水模式。区域性供水包括区域性集中供水和区域性供水集中管理两种模式，独立供水包括单镇集中供水和分散供水两种模式。区域性集中供水模式是按照水资源合理利用和管理相对集中的原则，数个相邻地区共享一个或多个水源、水厂集中化、管网连成一片的经济适用的供水系统，统一规划、统一管理，按照水系、地理环境特征划分供水区域，必要时可打破行政界限，它包括城市延伸区域供水和镇镇组合区域供水即联片集中供水；区域性供水集中管理模式即对所辖区域的供水及其配套服务企业实行统一管理，但管网系统不一定连成一体，即水源和管网都可能是分散的，它是一个跨行政管理辖区的系统，可以不受一城一镇的限制。城市延伸区域供水是以一个中心城市为中心，同时向周边的城市、城镇及广大农村集居区供水。可以呈放射状延伸，也可以“长藤结瓜”串联式地延伸；镇镇组合区域供水是若干个邻近的小城镇组合在一起，资源共享、联合修建区域性的供水设施，化小为大，区域水厂往往修建在几个小城镇的中心位置，向各小城镇呈放射状地供水。

5.1.1.1　区域性集中供水

区域供水系统作为一种多水源、多水厂、输配管网连成一片的区域性集中供水系统，与原先分散的、独自的、小规模的供水系统相比，更具专业性、合理性、可靠性与经济性。具体来说，实行区域性集中供水有以下优点与意义：

1. 有利于水资源的合理利用与保护

实施区域供水可优化配置、合理开发区域内的水资源，提高水资源利用效率，关闭部分自备水源，减少地下水的开采量和防止地下水的滥采与超采、防止地质灾害的发生，同时兼顾区域或流域的水资源保护。

2. 节省基建投资和运行费用，提高效益

实施区域供水，可突破行政区域界限的束缚，避免原来供水设施布局不合理和重复建设的问题，可以有效解决协调发展中受有限资源制约的因素。单就净水厂而言，建设一个日供水百万立方米的大型水厂比建10个10万立方米的小型水厂，占地面积要省3.5倍，动力消耗要省20%以上，劳动定员要少几倍，单位水量工程投资要低得多。有资料报道，可节省工程投资约8%～16%，提高供水能力约10%～15%，供水电耗可节省5%～12%，降低供水成本5%～10%。

3. 提高水质，保证供水安全稳定性

实施区域供水，可以充分发挥城市基础设施的辐射作用，解决小城镇在发展中供水基础设施与经济社会发展不相适应的矛盾，实现区域基础设施共建共享。区域供水实现了供水设施的规模化建设和管理，因此可以集中经济、技术和管理力量，充分发挥中心城市和区域大水厂的技术和管理优势。通过采用国内外先进设备、仪表，达到高度现代化、自动化水平，有利于节省药耗、氯耗和生产成本，实现对生产运行的过程控制，保护供水安全，确保水质优良，能促进小城镇供水行业管理水平的提高，实现管理的科学化和现代化，从而提高供水的保证率和安全性。同时，区域供水模式通过在几个供水区域间设置联络管，使各分区供水得到充分保障，任何一个水厂及其管网发生事故都不会严重影响到供水分区的安全用水。

4. 实行区域性供水可改善供水服务质量

只有实行区域性供水，才能制定供水统一规划，严格按国家要求从水源地选择、供水方式、供水工艺、输配水管线铺设、水厂建设、水质监测、供用水规范服务等方面进行规范化调研、论证、设计、施工、管理、运行，形成整套优质供水质量保证体系，满足人民生活、工作、生产需要。

5. 带动小城镇其他基础设施的统筹、配套发展

区域供水作为一个系统，具有很强的稳定性、系统性和发展性。区域供水系统的建立和实施，必将对小城镇其他基础设施的发展，尤其是小城镇排水设施的规划与建设起到推动和促进作用。此外，有利于提高区域内人民群众的健康水平；有利于促进生态环境改善；有利于发挥中心城市基础设施的辐射作用，减缓小城镇建设中基础设施薄弱的矛盾；有利于城镇改善企业机制的改革和创新；有利于促进区域经济的可持续发展和投资环境的优化等。

区域性供水在有效解决城镇发展中供水基础设施存在的矛盾、合理优化配置利用水资源、提高小城镇供水水质、保障小城镇供水安全与稳定等方面具有积极的作用与意义，但对于一些边远、地形复杂、人口稀少等地区，实施区域供水管网投资成本大，管网长运行维护困难，水质可能难以保障，用水量小，运行维护成本大，同时区域供水目前在我国缺乏相应法律法规保障。因此，区域供水具有一定的适用范围。一般来说，区域供水适用于经济发展水平和城市化水平较高、城镇群相对集中、地形较为平坦并且具有丰富水资源的地区。具体来说，位于大中小城市周边地区或郊区的小城镇，在地形较为平坦或有利于供水管网敷设的情况下，可实行城市延伸区域供水；距中心城市相对较远、但较集中分布或连绵分布、相互间可依托的小城镇群，可优先考虑联片区域供水即镇镇组合区域供水。

5.1.1.2 单镇集中供水

即全镇将取水、净水、配水统一集中建设，建设统一而完整的取水工程、净水工程及输配水工程。单镇集中供水，一镇一厂，独立解决供水需求，供水管线短，水厂规模小，相对区域供水，目前在我国主要存在以下一些问题：

1. 投资主体不清，产权不明；

2. 政府－供水企业－用户，三者关系不是很明确；

3. 规模小、收费难，水厂运营压力大，维护管理和经营管理不善；

4. 技术力量弱，水质水量保障性差，供水安全性和稳定性不高。

单镇集中供水一般适用于远离城市、相对独立分散、地形复杂的独立小城镇，或山区、边远山区的小城镇，或水源水量较小，或受其他条件限制的小城镇。

5.1.1.3 分散供水

分散式供水模式主要应用于目前尚无条件建造集中式供水模式的小城镇，可根据当地具体情况，以家庭或小区为单位设计、建造分散式供水系统用于分散给水。一般无配水管网，由用户自行取水。这类系统水量小、水质不易保证，容易受污染，用户用水不便，仅适用于居住很分散、没有电源或常规水源短缺的地区。目前，全国所有小城镇全面实现集中式供水是不可能的，分散式供水方式可以作为一个有效的过渡形式，尤其是在居住分散、水源短缺的地区能够发挥巨大的作用，有着重要的应用价值。

分散式供水可分为手动泵供水和雨水收集供水。手动泵供水又可分为深井手动泵供水与浅井手动泵供水。浅井手动泵供水一般采集地下潜水，虽然造价低，施工方便，但不易进行卫生防护，而且多为人工灌水后方可引水操作，容易造成污染。深井手动泵供水水系统简单，易于维修保养，便于管理，技术要求不高，使用可靠，不用电源，在边远、缺电、经济条件差的小城镇，有很大的实用性。雨水收集供水模式主要包括雨水收集场、净化构筑物、贮水池和取水设备。依据雨水收集场地的不同，可分为屋顶集水式雨水收集供水模式与地面集水式雨水收集供水模式两类。屋顶集水式雨水收集系统由屋顶集水场、集水槽、落水管、输水管、简易净化装置（粗滤池）、贮水池、取水设备组成。多为一家一户使用。地面集水式雨水收集系统由地面集水场、汇水渠、简易净化装置（沉砂池、沉淀池、粗滤池等）、贮水池、取水设备组成。可联合几户、几十户，甚至整个镇区使用。雨水收集供水模式适用于居住分散的干旱缺水或苦咸水地区。

5.1.2 影响因素

小城镇供水模式受很多因素的影响，包括区域经济发展水平和城镇化水平、地理位置、地形地貌、水资源条件、供水现状以及周边城镇供水现状等。供水模式的选择应考虑到这些因素和遵循一定的原则，根据区域的经济条件、水资源条件、地形地质条件、用水需求、工程投资等，结合区域的近远期规划，经多方案比较后确定。

1. 水资源条件

水资源的丰富与否、水资源受污染状况、水源种类、水源距用水区的远近、水质条件的不同、水量的充裕与否等，都直接影响着小城镇供水系统的布置。选择供水模式时要从区域角度考虑水资源的充分利用、优化配置及保护。当小城镇所在区域没有适宜水源或水量不足时就要考虑到与周边城镇共用水源采用区域供水的可能。

2. 经济因素

对于一个区域的小城镇无论新建供水系统还是改造供水系统，是选择区域集中供水还是独立供水，除考虑小城镇自身经济发展水平外，还要考虑经济因素，即供水系统建设和运行的自身费用。考虑包括远距离输原水、清水的管线建设与运行费用、当地配水厂与净水厂建设及运行费用，以及水厂建设、管线敷设的征地费、拆迁费等在内的实际情况，通过建立费用模型，采用现值比较法对区域集中供水和独立供水不同方案进行经济分析和比较。在其他条件都允许建设区域集中供水且经经济比较后区域集中供水也较经济时，可选择区域集中供水。

3. 地形地质条件

地形地质条件对供水系统的布置有很大影响。对于分布比较集中，水源水量比较充沛的平原地区，宜采用区域集中供水方案；对于小城镇分布比较分散的地区宜采用独立供水方案，并充分利用地形条件建造高位水池进行水量调节。当用水点分散，建造单一系统不经济而水源条件又许可时，可采用分散式供水系统。当城镇被河流分隔时，两岸工业和居民用水一般要分别供给，自成供水系统。考虑将两岸管网相互连通，成为多水源的供水系统。个别地形起伏很大的山地或丘陵小城镇，可采用分区、分压或局部加压的供水系统，这样不仅可以防止管网中因静压过高而发生崩管事故，还可节省能耗，降低成本。

4. 区域供水现状

小城镇所在区域的供水现状对其供水模式的发展和建设也有一定的影响。当小城镇所在城镇或城市中心区的供水厂建设在城镇或城市周边的小城镇或村，或水源偏离城市市区，原水输水管线或工程途径小城镇，这些情况下需要优先考虑选择区域性集中供水。

5. 供水管理模式

供水模式与管理模式之间互相有关互相限制。管理模式在一定程度上也决定了供水模式，采用区域集中管理模式供水的小城镇，为其发展和建设区域性集中供水奠定了良好条件。对于那些有大的水务集团或自来水集团占有一定股份的单独供水的小城镇，或小城镇供水已归入所在区域内的水务集团或自来水集团统一管理的小城镇，在改造供水系统或新建时，供水模式要优先考虑选择区域性集中供水。

5.2 规划原则

小城镇供水规划的目的是通过对小城镇供水、用水现状的分析，合理确定小城镇供水设施的空间布局、用水定额，以及提出水资源保护和开源节流的要求和措施等。小城镇供水规划既是小城镇供水发展战略的归结点，又是小城镇供水基础设施建设和管理的起点，在整个小城镇供水基础设施建设中具有十分重要的地位和作用。应当统一规划、合理布局、协调发展，确保水量、水质和水压安全。

1. 遵守国家及地方规划法规、政策、建设方针及国家现行有关强制性标准的规定

如小城镇供水规划要遵循《小城镇建设技术政策》，不能与其产生冲突。

2. 遵循小城镇总体规划和区域规划，并注意与水资源规划、区域城市总体规划等其他相关规划的协调和衔接

小城镇总体规划和县（市）域城镇体系规划是小城镇供水规划的依据。小城镇总体规划和县（市）域城镇体系规划一般会涉及小城镇供水基础设施规划，会对供水区域、水厂等有明确的规划。大中城市规划区范围内的郊区小城镇，其供水基础设施的规划、配置一般也应在城市总体规划中一并考虑。小城镇供水规划要以总体规划确定的城镇性质、人口规模、经济发展目标确定城镇供水规模；以区域规划、流域规划、土地利用总体规划及城镇用水要求、功能分区确定水源数目及取水规模；根据水质、水量、水压要求，通过技术

经济比较，确定水厂和供水模式等；根据城镇道路规划确定配水输水管线走向等。

3. 坚持全面规划、统筹兼顾、合理布局、综合利用的原则

小城镇供水规划以促进小城镇合理布局和实现供水设施的集中统一配置为目的，供水规划的制定要结合区域实际，强调供水系统的特点而不拘泥于行政区划，要根据区域规划、城镇体系规划和区域经济发展水平，按照非均衡发展战略，打破现行行政区划界限，从区域或流域层面统筹规划水资源的开发与利用，促进水资源合理配置，在县域或更大范围内统一规划，合理布局，推动城乡统筹供水，提高小城镇供水安全和保障水平。

一般情况下，距中心城市不远的城郊型小城镇，即Ⅰ类小城镇，供水规划要充分考虑与结合所在区域中心城市的供水规划，考虑供水基础设施如水源地的共享、管网的延伸或并网、水厂的扩容等，实行城市延伸区域供水；距中心城市相对较远、但较集中分布或连绵分布、相互间可依托的小城镇群，即Ⅱ类小城镇，实行供水基础设施的联建共享，实现联片区域供水，避免重复建设；而远离城市、相对独立分散、地形复杂的小城镇，或分布在山区、边远山区的小城镇，即Ⅲ类小城镇，应结合其经济、社会发展的实际情况，因地制宜制定供水规划，解决供水问题。

4. 坚持可持续发展的原则

统筹考虑流域或区域水资源的开发、利用、治理、配置、节约、保护和管理，为小城镇经济和社会发展提供所需的水质、水量。同时把发展小城镇供水与环境保护有机地结合起来，在规划供水的同时做好排水规划，实行“节水优先、治污为本、多渠道开源”的城镇水资源利用方针，合理利用水资源，保证水源的持续性，努力实现小城镇供水的可持续发展，达到经济效益、社会效益和环境效益的统一。

5. 坚持科学规划的原则

小城镇供水规划不能生硬照搬大中城市规划设计的经验，而应因地制宜，实行可行规划和科学规划。应根据当地的城镇规划、地形、地质等自然条件、水资源条件、用水要求、经济发展水平、技术水平、供水现状等，充分考虑小城镇自身的自然地理、社会经济、规模、未来发展趋势及周边区域环境等具体实际情况，制定科学合理的规划。

6. 坚持统一规划、分期实施，合理超前建设的原则

小城镇供水规划范围要大一些，一般要将其驻地及其周边地区的村庄、开发区、旅游区和比较大的农村集镇都要纳入统一规划。各项供水设施的建设应当按规划进行建设，避免盲目、无序和重复建设，造成投资和资源等的浪费。同时，小城镇供水规划要具有可操作性，坚持近远期相结合，以近期为主，避免大而空的规划，要实事求是，供水建设的规模和速度要与小城镇经济和社会发展水平相适应，能切实反映各阶段发展需求，制定的供水规划也确实能指导当地小城镇供水工程的建设和供水管理，在此基础上，适当超前和留有余地，体现规划的前瞻性。特别是对一些正处于发展中的小城镇来说，政策性尤强，必须结合近远期规划以及现状调查统筹考虑确定其供水规划。

5.3 规划内容

小城镇供水规划的内容一般包括：

1. 供水现状分析与评价

2. 用水现状、用水需求分析及用水量预测

小城镇需水量或用水量指标的确定要充分考虑当地的国民经济和社会发展规划、产业结构、经济发展水平、城镇规模、城镇化水平、人口增长速度、居民生活条件、当地气象条件以及水源的允许开采量程度等。实际用水量受小城镇发展规划调整、经济发展速度等诸多因素影响，因此小城镇用水量指标的确定，除了不能直接照搬照抄城市用水量指标外，还应在结合现状用水标准的基础上，以发展的眼光确定，考虑到人均用水量以及小城镇的发展，应合理适当超前。

3. 水资源条件分析与水源规划以及水源地保护和防护措施

规划里要明确城镇供水水资源必须依照“先地表水、后地下水，先当地水、后过境水”的次序，采取“多库串联，水系联网，地表水与地下水联调，优化配置水资源”的方式，提高小城镇供水效率。在规划中应明确水源种类选择与水源确定、水源水量与水质以及水源地保护和防护措施等内容。

4. 供水模式确定

根据用水需求，结合水资源条件，平衡供需水量，同时考虑小城镇所处地理位置、地形、经济因素等确定供水区域范围和规划范围内的供水模式。必要时要对不同的供水模式进行多方案比选。

5. 给水处理工程规划

规划中要明确小城镇规划范围内拟建供水处理工程的类型、数量、规模、布局及受益范围等内容。

6. 供水输配管网规划

管网规划要与供水模式、小城镇地形、水源、水厂等相适应，规划中要包括不同的管网布局，泵站的设置与否，不同的分期建设方案、对小城镇发展的适应性、供水安全性等内容。管网布置要求经济合理，满足用户有足够的水量、水压，供水安全可靠。

7. 供水工程的投资估算

规划中要明确包括取水工程、输配水管网工程、供水处理工程等所有规划涉及的供水工程的总投资估算。

8. 规划年限及近、远期目标

规划中要明确规划的年限和规划的近、远期目标。要根据供水规划所在地的经济发展水平、发展规划等因素，综合确定规划年限。

9. 实现规划的保障措施和保障供水工程顺利建设和良性运营的管理措施

供水规划内容的执行涉及多部门，包括规划部门、建设部门、监督部门、环保部门、水利部门以及土地部门等，规划中要明确各部门的分工、责任与义务，要求各部门相互配合，正确合理地实施各自的权利，特别是监督部门，一定要全程监督规划的实施和执行，必要时可设立专门的部门，来执行或监督规划的实施等。

5.4 分区域规划综合策略

目前我国不同区域的小城镇以及同一区域不同类型的小城镇其供水规划的现状差异较大。因此，不同区域应针对各自的区域特点和实际现状以及本区域不同类型小城镇的情

况，从区域角度出发，综合考虑多因素，制定各自有针对性和可实施性的区域小城镇供水规划，来指导小城镇供水的建设和发展。

1. 一区：东部小城镇

（1）Ⅰ类小城镇和Ⅱ类城镇群小城镇有条件实施区域集中供水，目前没有制定区域供水规定的，应制定完善的区域供水规划，实施区域供水。

我国东部沿海上海、江苏、浙江、广东这些经济发达地区的Ⅰ类小城镇和Ⅱ类城镇群小城镇目前有条件实施区域供水，绝大部分已制定有较完善的区域供水规划，部分已实施了区域供水，对于还没有制定区域供水规划的这类小城镇，应结合本区域的供水现状、水资源条件和地形地貌等，并借鉴已广泛实施区域供水的苏南经验，制定和实施区域供水规划。

（2）Ⅱ类小城镇中的其他小城镇，根据其经济发展水平、水资源条件以及区域现状等，供水规划近期以单独集中供水为主，远期以区域供水为主。

东部沿海地带内的经济低谷地区，沿江、沿河、沿路经济隆起带的边缘地区以及城市远郊区和县域周边这些地区的非城镇群的小城镇，其地理位置相对较好，经济发展也相对较发达，应根据城镇总体规划或区域规划、工业发展前景、经济发展水平等，近期供水规划以单独集中供水为主，同时要充分考虑远期区域供水的可能性以及为实施区域供水作准备。个别区域有条件的，可规划和实施区域供水，远期规划以区域供水为主。

（3）Ⅰ类和Ⅱ类小城镇供水规划的编制要高起点，高标准。

一区的小城镇特别是Ⅰ类和Ⅱ类城镇群小城镇，小城镇规模相对其他地区要大，工业企业和经济发展较快，经济发展程度也较高，在编制供水规划时，起点要高，管网设施建设应充分考虑当地经济发展特别是用水量的需求，并留有足够的发展空间。

（4）涉及区域集中供水的供水规划，要在规划中对各种方案进行优选。

区域性供水经常遇到是集中建大水厂以供清水，还是输送原水、分散建厂，集中是全部集中，还是组团分区集中等等问题，需对各种可能方案进行技术经济比较，从而优选出最为合理的方案。

（5）供水规划中管线布置宜枝、环结合，初期以枝状为主，辅以网中调节措施，后期建设中逐步成环。

从供水安全性角度考虑，环状供水管网更安全可靠，但环状管线投资额较大。对于一区经济特别发达的小城镇，有条件可直接建设或改造成环状管线，对于没有条件的小城镇，可根据不同供水区域对供水安全的要求，宜枝、环结合，或初期以枝状为主，辅以网中调节措施，后期建设中逐步成环。如采取城市管线延伸区域供水的小城镇，距离城市水厂较远，没有条件建设或改造成环状管网时，可在入小城镇供水管网前设置水库调节增压泵站，既对管网末梢串级加压供水，又可在用水最高时向外补充水量，调节峰值，减小清水转输水量，缩小上游管道管径；并在水库中考虑一定容积的安全库容，在事故时，可由增压泵站清水库在短时间内向外供水，为管道修复、排除事故争取宝贵时间；也可设置城市与小城镇间的联络管，用于水量的应急调度。

（6）采用城市管网延伸区域供水的，规划中要充分利用原有供水设施。

原有县城、乡、镇的水厂，根据具体情况可加以合理利用。当原有水厂水源水质较好时，可保留原有水厂，作为备用水源；关闭的水厂可改造成增压泵站或二次加氯设施等；

原有的供水管线也要根据管网现状，加以合理利用和改造。

(7) 已实施区域集中供水的小城镇，供水规划的重点是管网规划，包括管网改造和发展、建设管网预警系统。

对于一区已实施区域集中供水的小城镇，供水规划的重点是管网规划，特别是那些城市管网延伸区域供水的小城镇，实施区域供水时直接把管网相衔接，没有对小城镇供水管网重新布局、建设或改造，或只对其中的部分管线进行了改造。相对城市供水管网，这些小城镇供水管网大多建设年代较久，管网老化较重，因管网老化腐蚀等管道原因引起水质恶化问题存在。因此，对于这种供水已集中化发展的小城镇，规划建设的重点是管网，包括管网布置形式的改变、老化管网的专项改造、新建区域的管网铺设以及发展和建设管网预警系统。

管网的专项改造一般包括为改善管网服务压力，提高输水能力进行的改造、为改善管网水质进行的改造、为提高供水安全，降低管网漏损进行的改造。进行规划前要认真调查供水管网的现状，包括管径、材质、敷设年度、位置、埋深、内衬、外防、接口形式、爆管频率，漏水状况，管段相关设施，相关用户接管状况及水压状况，临近或交叉其他管线的相关信息等；加强管网测流测压工作，掌握供水低压区。要在充分调查和掌握真实资料的基础上进行供水管网的规划。

(8) 给水处理工程规划宜选取较先进的集约化供水处理工艺技术。

一区小城镇水源污染比城市更严重，水源污染是其最大的供水风险。同时一区的小城镇特别是Ⅰ类和Ⅱ类城镇群小城镇，经济发展程度较高，居民对饮用水水质要求较高，给水处理工程较适宜选用较先进的集约化供水处理工艺技术。对氨氮污染严重的水源，增加生物预处理，对有机污染严重的水源，增加深度处理，对一些特殊有机污染（如激素类污染物）严重的水源，有必要采取比城市更高的处理工艺，像以去除有机污染物和提高安全性为主的生物活性炭工艺与纳滤膜的复合处理技术路线等。

(9) Ⅰ类小城镇和Ⅱ类城镇群小城镇供水规划近期年限可取 15～20 年。

(10) 规划中Ⅰ类小城镇和Ⅱ类城镇群小城镇的人均生活用水量建议取 200～250L/(人·d)，Ⅱ类其他小城镇建议取 140～180L/(人·d)。

当小城镇的整体经济水平达到发达城市地区的水平时，其生活用水量标准和城市相同。当用水量达到高值后上升的空间不会很大，同时随着生活设施的整体改善和环保意识的普及，人均最高用水量会转而呈现下降趋势。对于一区经济特别发达的Ⅰ类小城镇，其人均生活用水量可取 250L/(人·d)，一般的Ⅰ类小城镇和Ⅱ类城镇群小城镇可取 200～250L/(人·d)间值，Ⅱ类其他小城镇可取 140～180(L/人·d)。

(11) 规划中要论证水源选择和明确水源地保护和防护措施。

一区小城镇水源污染严重，无论规划采取区域集中供水还是单独集中供水，都需要在规划中对水源选择进行论证，明确水源水质、水量现状，而且要指明水源地采取的保护和防护措施。

(12) 浙江省丘陵地区的小城镇，供水管网宜采用分区供水。

丘陵地区管网规划时应充分考虑地形和城镇总体规划，采用分区供水，在地形高差较大时，应优先考虑重力供水方式以节省运行能耗，且对于划定的分区应通过管网水力计算进一步细化；管网规划时应充分协调近期和远期的用水量变化对管径选择和管网压力的影响。

2. 二区：中部小城镇

(1) 不同区域的小城镇从区域角度出发，需进行供水统一规划。

Ⅰ类小城镇和部分条件允许的Ⅱ类小城镇宜制定区域供水规划，推行实施区域供水，现有条件不允许的Ⅱ类小城镇，规划建设集中供水的同时，要考虑到远期发展区域供水的可能。

从区域统筹和整合现有水源、合理利用水资源等角度出发，需对小城镇供水进行统一规划。二区的Ⅰ类、Ⅱ类小城镇宜循序渐进地推广区域供水，规划中制订合理的区域供水发展政策，进行由点连线到面的实施措施，近期重点解决城郊供水，优先考虑条件成熟的镇、城乡结合部、开发区（园区）的供水一体化。中心城市周边地区的小城镇，近期应规划和实施建设区域集中供水；经济相对较发达、城镇相对集中而地形较为平坦的Ⅱ类小城镇，根据其经济发展水平和城镇规划等情况，近期可规划区域供水与独立供水相结合，逐渐向区域集中供水过渡，距离输水主干线近的地区首先并网，远离输水主干线的地区创造条件先部分联网，等条件成熟时，可以很方便地大面积或全部并网运行，进行水源置换；而Ⅲ类小城镇应因地制宜地的制定以独立集中供水为主的供水规划。

(2) 供水规划中管线布置宜近期以枝状为主，辅以网中调节措施，后期逐步建设成环。

二区的小城镇经济发展水平不是特高，即使是部分Ⅰ类小城镇，从可实施性来说，供水管网近期宜规划以枝状为主，部分经济发展水平高且对供水安全性要求较高的Ⅰ类小城镇，可规划建设环状管网。

(3) 区域供水规划要充分考虑利用现有供水设施。

水源水质较好的原有水厂要保留，作为备用水源；水源水质不好必须关闭的水厂可因地制宜地改造成增压泵站或二次加氯设施等；原有的供水管线也要根据管网现状，加以合理利用和改造。

(4) 规划中要选用技术可行、经济合理、管理简便的供水处理工艺技术。

二区小城镇供水处理工艺相对简单，供水水质不能适应经济发展要求。供水规划中要根据水源水质状况，选用技术可行、经济合理、管理简便的供水处理工艺技术，提高供水的安全保障性。对于水源污染较严重的Ⅰ类和Ⅱ类城镇群小城镇给水处理，处理工艺可根据水源情况，增加生物预处理、深度处理等；对于水源水质较好但水质波动相对较大的小城镇给水处理工程，应选用常规处理工艺并考虑强化处理。

(5) Ⅰ类小城镇供水规划年限可为15～20年，Ⅱ类小城镇可为15年左右。

(6) 规划中要考虑备用水源问题。

二区的小城镇供水大多分散，考虑备用水源的很少。从供水安全性考虑，规划中要从区域角度出发，考虑整个区域水源的互相备用或应急措施。

(7) 规划中要明确规划实施和执行的保障措施以及保障供水工程顺利建设和良性运营的管理措施等。

二区小城镇供水管理不大规范，缺乏供水专业技术人员和培训机制，为保障供水规划的顺利实施，规划中必须明确保障规划执行的保障措施和管理措施等。

(8) Ⅰ类小城镇人均生活用水量建议取180～200L/(人·d)，Ⅱ类城镇群小城镇建议取 150～180L/(人·d)，Ⅱ类其他小城镇建议取 120～150L/(人·d)，Ⅲ类小城镇建议取 100～120L/(人·d)。

3. 三区：西部小城镇

(1) Ⅰ类小城镇供水规划近期宜区域集中供水和单独集中供水相结合，远期以区域供水为主。

经济发展相对较发达、水资源、地形等客观条件允许的中心城市的郊区小城镇，可规划和实施区域集中供水，对于经济发展水平等不允许大范围实施区域供水的Ⅰ类小城镇，可根据区域发展情况和现有供水现状，距离中心城市输水主干线近地区的小城镇可先实施区域供水，远离输水主干线地区的小城镇实施单独集中供水，等条件成熟后再大范围实施区域供水。

(2) Ⅱ类和Ⅲ类小城镇近期应重点规划完善供水基础设施建设，Ⅱ类小城镇在完善供水设施的基础上适当为远期实施区域集中供水做些准备。

Ⅱ类和Ⅲ类小城镇应是在供水现状分析的基础上，重点对现有不完善供水设施进行规划改造和建设，同时规划中明确一些政策措施来保障供水设施的正常维护和管理。同时对于Ⅱ类小城镇在改造和建设单独集中供水设施时，要为利于远期发展和建设区域集中供水做些铺垫和准备。对于经济欠发达、零星分布、地形复杂的Ⅲ类，在加强改造和建设供水基础设施的同时，近期以单独集中供水和分散供水相结合，远期以单独集中供水为主。

(3) 近期不建设和实施区域集中供水的Ⅰ类和Ⅱ类小城镇，要规划实施集中化管理的供水方式。

不具备条件实施区域集中供水的Ⅰ类和Ⅱ类小城镇由于地理位置较优越，可充分利用周边城市供水公司的人力资源优势、技术力量等推行和实施供水集中化管理，加强和提高供水的安全性和可靠度。

(4) 一些边远、缺电、少电、经济条件差的Ⅲ类小城镇，可采用深井手动泵供水模式。

(5) 西北地区分散且干旱缺水或苦咸水区域的Ⅲ类小城镇，远距离输水在技术经济上不合理时，可采用雨水收集供水模式。

(6) 采用分散供水的小城镇，规划时要注意供水的安全性。

采用分散供水的小城镇必须要加强管理，建立必要的卫生制度，做好维护和管理工作，保障小城镇居民的安全用水。同时不同小城镇根据实际情况要优先取用地下水；采用水窖、水柜的地区，以屋面集水或水泥场院集水替代泥土路面集水；采用大口井的地区，尽量建手动泵替代人力取水；在不得不饮用高氟或高砷水的地区，应用用户或集中式的除氟或除砷设备。

(7) 供水规划年限建议取 10～15 年。

西部区域的小城镇规模一般较小，供水范围相对也较小，经济发展没有东部、中部区域快。建议Ⅰ类小城镇供水规划年限可取 15 年，其他类型小城镇可取 10 年。

(8) Ⅰ类小城镇人均生活用水量建议取 150～180L/(人·d)，Ⅱ类城镇群小城镇建议取 120～150(L/人·d)，Ⅱ类其他小城镇建议取 100～120L/(人·d)，Ⅲ类小城镇建议取 50～100(L/人·d)。

(9) 供水规划中应明确供水设施建设或改造的投资估算，并给出保障供水设施投融资到位的一些政策或对策等。

西部区域小城镇供水设施建设投融资水平低，供水投入力度小，不能保证供水基础设施的顺利建设和良性运转。为保障供水规划的顺利实施，规划中应将供水设施建设或改造的投资费用明细化，同时，规划中要明确保障投资到位的投融资措施、政策、对策等。

第6章　水源选择与保护

6.1　水源选择

6.1.1　选择原则

一个安全的水源地应该在具有持续供给能力的基础上具有安全的水质以及较强的环境承载能力，能较大限度地满足人们安全饮用水的需要。小城镇水源选择应密切结合城镇近远期规划和发展布局，从整个供水系统的安全和经济考虑，根据历年来的区域水资源资料包括水质、水文、水文地质、取水点及附近地区的卫生状况和地方病等因素，从卫生、环保、水资源、技术等多方面进行综合评价而定，具体选择时要遵循一些基本原则和考虑一些必要因素。

1. 供水水源水质应符合有关国家生活饮用水水源水质的规定，且便于卫生防护，当水质不符合国家生活饮用水水源水质规定时，不宜作为生活饮用水水源。若限于条件需加以利用时，应采用相应的净化工艺进行处理，处理后的水质应符合规定，并取得当地卫生行政部门的批准。

2. 水量应充沛，枯水期流量保证率不得低于90%，当水源的枯水流量不能满足此要求时，可采取多水源调节、水量调蓄等措施保证用水量。

3. 小城镇供水水源选择必须依照“先地表水、后地下水，先当地水、后过境水”的次序，采取“多库串联，水系联网，地表水与地下水联调，优化配置水资源”的原则，优先选择可直接饮用或经消毒等简单处理即可饮用的水源。

4. 应符合当地水资源统一规划管理的要求，并按照优质水源优先保证生活用水的原则，注意协调好与周围城镇和地区的用水量平衡，加强区域范围内的供水研究。

随着小城镇建设步伐的加快及经济的发展，城镇间的联系越来越密切，区域或流域内城镇的相互影响和依存性增加，因此，应从区域或流域的层次考虑水资源的开发利用问题，打破行政区划的界限。

5. 充分考虑水源地的经济、安全性和扩建前景

在满足水量、水质要求的前提下，为节省建设投资，水源地应靠近用户、少占耕地，且应选在不易引发地面沉降、塌陷、地裂等有害地质作用的地段。

选择地下水源时，既要充分考虑能否满足长期持续稳定开采的需水要求，也要考虑它的地质环境和利用条件。为保证地下水的水质，水源地应选在工矿排污区的上游；远离已污染（或天然水质不良）的地表水或含水层的地段；避开易于使水井淤塞、涌砂或水质长期混浊的沉砂层和岩溶填充带；为减少垂向污水入渗的可能性，最好选在含水层上部有稳定隔水层分布的地段。

为降低取水成本，应选在地下水浅埋或自流地段；河谷水源地要考虑水井的淹没问题；人工开挖的大口井取水工程，要考虑井壁的稳固性。

考虑含水层的富水性与补给条件，水源地应选在含水层透水性强、厚度大、层数多、分布面积广的地段上，如冲洪积扇中、上游的砂砾石带和轴部；河流的冲积阶地和高漫滩；冲积平原的古河床等。同时，取水地段应有良好的汇水条件。可以最大限度拦截、汇集区域地下径流，或接近地下水的集中补给、排泄区。如：区域性阻水界面的迎水一侧；基岩蓄水构造的背斜倾没端、浅埋向斜的核部；松散岩层分布区的沿河岸边地段等。

6. 充分考虑各种不同类型水源自身的特点

选用地表湖，库水为水源时，要注意春夏交接期或夏季藻类的影响；选用浅层地下水时应避免受地表或河流补给的污染；选用深层地下水时要注意硬度以及铁、锰、氟、砷等的含量；选用泉水或山溪水时，要注意水量、水质与季节的变化关系。

7. 多个水源可供选择时应进行综合比选

有多个水源可供选择时，应对其水质、水量、工程投资、运行成本、施工和管理条件、卫生防护条件等进行综合比较，择优确定。当遇到含铁、锰地下水和高浊度地表水等特殊水源时，进行经济技术比较，选择一种较为经济、合理的水源。

8. 应重视对水资源的可靠性进行详细勘察和综合评价，必须考虑水文变化的影响

水源选择时必须考虑水文变化的影响加强纵向和横向调查，准确地把握小城镇供水水源的变化趋势，并制定相应的工程和管理上的应急措施，如运送饮用水、铺设临时管道供水、车载净水设备供水等方式以及加强日常的节约用水管理等。

另外，还必须考虑水源的水质和水量未来可能发生变化的可能性，对可能出现的不良的后果，提出必要的措施、对策。

9. 对缺水型小城镇应深入研究缺水的原因，并作长远规划

对于缺水小城镇多属于工程型缺水或水质型缺水，水源规划时应从远景考虑，近期着手，提出经济可行的措施，确保城镇水源规划选择与建设适应城镇发展的需要。

10. 有条件的地区，尽量采用双水源供水

地表水丰富地区，将地下水作为贮备水源。

6.1.2 分区域综合策略

我国不同地域的小城镇应根据区域的水资源条件和现状、经济发展、水量需求等合理选择适宜的水源。

1. 一区小城镇应首先选用水质相对较好的水库水、长江水作为饮用水水源，实行多水系联网、多库串联或备用的饮用水水源选择原则，同时积极利用非传统水源。

根据区域水系和水资源情况，首先选用水库水、长江水作为饮用水水源，同时考虑太湖水、运河水以及内河水等多水源的联用。对于河网密布的长三角地区，污染不严重的内河水要考虑作为联用水源或备用水源；对于地下水不超采且地下水质较好的区域，可考虑地表水与地下水联调，把地下水作为备用或应急水源；对于浙江省淡水资源严重缺乏的海岛小城镇，在缺乏水库等蓄水设施的条件下，应考虑雨水资源的利用，采取一些措施收集和利用雨水，同时加强蓄水设施工程的建设。另外，一区小城镇特别是Ⅰ类和Ⅱ类小城

镇，应加强开展污水再生利用，将再生水作为非饮用水源，以缓解饮用水水资源紧张局面。

2. 二区小城镇应首先选用水质较好的地表水库水和江河水作为饮用水水源，地下水不宜作为长久饮用水水源。

二区特别是东北、华北、华中的小城镇，大多以地下水为饮用水水源，地下水开采利用程度高，地下水已不适宜长久用作水源，这些地区应加强地表水的保护和修建蓄水设施，选用地表水库水和水质较好的江河水作为饮用水水源，地下水可作为备用水源；地表水资源相对丰富的南方地区，如湖北、湖南、江西、福建、海南以及安徽南部的小城镇，也应首先选用水质较好的地表水库水和江河水作为饮用水水源，在河流枯水期地表水取水困难和洪水期江河水泥沙含量高难以使用，且地下水水质和水量允许的情况下，可改用地下水；对于经济发展相对较发达的北京、天津以及山东等地区的小城镇，特别是Ⅰ类小城镇，应加强开展污水再生利用，将再生水作为非饮用水源，以缓解地下水超采等局面。

3. 三区Ⅰ类小城镇应选择和利用集中地表水库水和江河水作为饮用水源，Ⅱ类小城镇应首先选用集中地表水库水和江河水，条件允许地区短期内可选用地下水作为水源，Ⅲ类小城镇应据实际情况选用非水库水和江河水作为水源。

三区的Ⅰ类小城镇根据区域水资源条件和水系情况，应选用集中的地表水库水和水质较佳的江河水作为水源，在条件允许地区可选用地下水作为备用水源；Ⅱ类小城镇在有集中地表水库水和江河水的情况下，应首先选用水库水和水质较佳的江河水为水源，当地表水水质不适宜作饮用水水源时，可短期内以地下水为水源，但同时要积极寻找和开辟地表水源，如修建水库等蓄水设施等；西北黄土高原、苦咸水地区的Ⅲ类小城镇，应集蓄利用雨水作为水源，同时注意蓄水设施的修建；西南岩溶地区的Ⅲ类小城镇，应选择岩地下岩溶水为饮用水水源；西南地区非岩溶地区的一些山地小城镇，在利用地下水为水源的同时，要积极修建水库等蓄水设施，加强雨水利用。

6.2 水源保护

水源保护就是通过行政的、法律的、经济的及技术的手段，合理开发、管理和利用水源，保证水源的质和量，防止水源污染与水源枯竭，以满足社会经济可持续发展对水源的要求。

1. 完善相关法规

应针对小城镇所在区域的水资源状况等，在国家相关法规的基础上，制定和完善本区域针对性强、实施性强的水源地建设和保护与防护法规，同时加大水源保护宣传和执法力度。

全国不同区域从各自区域情况出发，在《中华人民共和国水法》、《中华人民共和国水污染防治法》、《中华人民共和国环境保护法》、《饮用水水源保护区污染防治管理规定》等相应法规基础上，根据本区域的实际水资源状况以及经济、工业发展水平等，有针对性地制定一些可操作性强的水源保护和防护法规，进行水源地建设，以保护本区域的城镇饮用水水源。对于经济比较发达，城镇化程度高的区域，如一区，水源地的建设应当进行城乡统筹，统一规划和建设。对于不能进行城乡统筹的地区，也要特别注意分散水源地的建设和保护。

2. 实行流域或区域内污染源统一管理

严格限制流域内污染源，对于水源污染较严重的一区小城镇，在做好水源地建设和保护的同时，应采取多措施治理和防治已污染严重的内河水系，有条件的区域采取修复措施。

水资源是一个涉及自然水体及其流域面的统一整体，要保护水源就必须从整个流域范围内实施供水、排水、污水处理的统一规划、统一管理，确定合理功能区和水质目标，依照流域水体的承受能力，实施污染物总量控制，颁发排污许可证，协调解决供水与排水、上游与下游间的矛盾和冲突。合理规划流域内城镇和工业区布局，对容易造成污染的工厂，如化工、石油、矿冶、电镀等应尽量放在水源地下游，消除其对水源污染的潜在威胁；对污染大、治理不力的重点污染源应限期治理或勒令关、停、搬迁。

3. 加强流域水土保持工作、减少面源污染

要加强流域上的沟壑整治及植树造林工作，在河流上游和河源地区要防止滥伐森林及破坏植被，以利涵养水源。同时，流域内人蓄排污、喷洒农药、施肥等活动造成了大量的面源污染，是不可忽视的污染源。加强水源所在地的城镇（村）生态环境的综合整治规划，合理利用自然资源，持续稳定地发展工农业生产，以维护生态环境的良性循环，从根本上保护好地表水源；严格控制化肥、农药施用量及其污染，限制使用持久和剧毒农药，并采用精耕细作以减少施肥；完善农家厕所，加强人畜厕所无害化、资源化处理与处置，有条件的地方应逐步完善、兴建下水道系统及污水处理工程或设施。

4. 加强水源地内源污染的防控与治理

内源污染是指来源于水体本身的污染物，来自于水体内养殖、旅游、船舶、污染底泥以及大气干、湿沉降等。不同水源地内源污染情况可能不同，可根据实际情况采取不同措施加以防控。

（1）削减和控制底泥污染。对于河、湖、库水源，可从三方面着手，一是清除污染底泥，如底泥疏浚，可采用机械挖除、水力抽吸等手段。清除底泥是一种根治手段，但对于水域面积广，沉积历史长，沉积厚度大的底泥，底泥疏浚的工程量大，周期长，疏浚过程中会对水体造成二次污染。因此，底泥疏浚是一种长期策略；二是阻止底泥中污染物的释放，用深水曝气、混合充氧等措施，增加水体溶解氧，改善泥水界面的厌氧状态，抑制底泥污染物；三是降解底泥中的污染物，如通过提高下层水体溶解氧浓度或投加生物抑制剂，增强底部耗氧微生物的活性和新陈代谢条件，使污染物特别是有机污染物得以降解。

（2）严格控制网箱养鱼。对湖库水源，要按照水源水质保护有关法规，严格控制水源水体网箱养鱼，避免鱼饵及排泄物污染水体。

（3）控制和有效治理水体旅游和船舶运输污染。

（4）采用水力混合等手段抑制藻类生长，控制富营养化污染。在湖泊、水库取水口附近一定范围内，采用水体混合装置混合上下水层，破坏藻类的悬浮状态，使之向下层黑暗区迁移，削弱光合作用，从而抑制其生长。

5. 制定水源开发利用规划，实行取水统一管理

根据首先保证城镇生活和工业用水、兼顾农业用水的原则，制定合理的水源开发利用规划，实行取水许可制度，防止滥肆开采。采取各种节水措施和开源措施，保证水资源可

持续利用。

6. 加强对水源水量和水质的监测与管理工作

在水量方面，对地表水源要进行水文观测和预报，对地下水源要进行区域地下水动态观测，尤其应注意开采漏斗区的观测，以便及时采取措施制止过量开采。在水质方面，应进行水源污染调查研究与评价，建立水源污染监测网，及时掌握水体污染状况和各种污染物的动态，及时采取措施，防止对水源的污染。

对于二区地下水开采程度较高的小城镇和滨海小城镇，要特别注意由于开采地下水引起的水质恶化问题，如咸水入侵等。

7. 划定水源卫生防护带及采取防护措施

为防止取水构筑物及其附近水域受到直接污染，在取水点周围半径不小于100m的水域内，严禁捕捞、停靠船只、游泳和从事一切可能污染水源的活动，并应设置明显的范围标志；在取水点上游1000m至下游1000m的水域不得排入工业废水和生活污水；其沿岸防护范围内不得堆放废渣，不得设置有害化学物的仓库、堆栈或装卸垃圾；沿岸农田不得用工业废水或生活污水灌溉及施用有持久性或剧毒的农药，不得从事放牧等有可能污染该段水域水质的活动。供生活饮用的专用水库和湖泊，应视具体情况将整个水库、湖泊及其沿岸列入防护范围，其防护措施同上。对于潮汐河流取水点上下游的防护范围，湖泊、水库取水点两侧的范围，沿岸防护范围的宽度，应根据地形、水文、卫生状况等具体情况确定。

地下水源保护区和井的影响半径范围应根据水源地所处的地理位置、水文地质条件、开采方式、开采水量和污染源分布确定，且单井保护半径不应小于50～100m。在井的影响半径范围内，不应再开凿其他生产用水井，不应使用工业废水或生活污水灌溉和施用持久性或剧毒的农药，不应修建渗水厕所和污废水渗水坑、堆放废渣和垃圾或铺设污水渠道，不应从事破坏深层土层的活动；雨季应及时疏导地表积水，防止积水入渗和漫溢到井内；渗渠、大口井等受地表水影响的地下水源，其防护措施与地表水源保护要求相同。

任何单位和个人在水源保护区内从事建设活动，应征得供水单位的同意和水行政主管部门的批准。

8. 对于已受到污染的水源，应当加强水污染控制措施，加强源头治理，并采取综合防污战略，必要时加强水源水质改善

对无其他水源可利用的情况下，对于水质已受污染的水源，在有条件的情况下，可采取水质改善措施，修复已污染水源，加以利用或将其作为备用水源。可采取稀释与冲刷法、生物修复法等原位水质改善技术。受污染的湖泊、河流等可采用稀释与冲刷法，受有机物污染的水源，可采用生物修复技术。

第7章　净水工艺去除营养基质

出厂水中的营养基质包括有机物、磷等的含量是影响水在管网中生物稳定性的根本原因。探讨营养基质在水处理过程中的变迁与去除规律，研究和选择经济高效的净水工艺，尽可能降低出厂水中可生物利用营养基质的含量，从而抑制微生物在管网中的再生长过程，是提高管网水质生物稳定性的关键和根本途径。本研究以北方某地的水源为研究对象，考察了包括常规工艺、生物预处理、化学预处理、生物活性炭深度处理以及微滤、超滤、纳滤等膜处理技术在内的净水工艺对于水中有机物和磷的去除效果，探讨针对不同原水水质、适于不同经济水平的小城镇水质生物稳定技术集成。

7.1　试验原水中的营养基质

采用北方某市自来水厂的水源水作为工艺研究的试验原水，该水源属于滦河水系。试验原水取自该厂预沉池，试验时间为2008年11月～2010年7月。

7.1.1　原水中的有机物

7.1.1.1　COD_{Mn}含量分析

耗氧量，亦称高锰酸盐指数（COD_{Mn}），是衡量水中有机物总量的一个综合性指标。《生活饮用水卫生标准》GB 5749—2006将其列入了饮用水的一般化学指标中。本研究考察了2008年11月至2009年11月一年间原水中COD_{Mn}的变化情况，如图7-1所示。

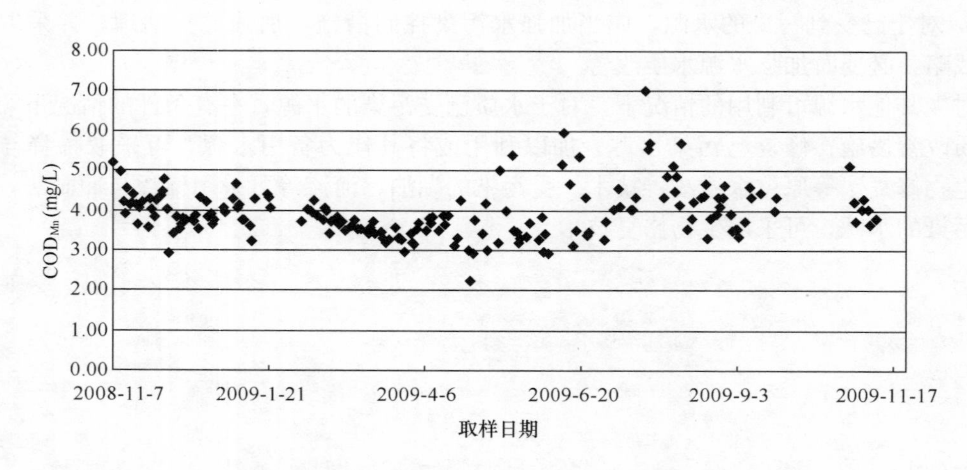

图7-1　试验期间原水COD_{Mn}的变化情况

在一年的取样期间，共采集183个数据，采用统计方法中的箱式图对所有的数据按照取样季节进行统计分析，如图7-2所示。

图7-2可知，原水COD_{Mn}有一定的季节性变化，其在春季（3月～5月）略低，夏（6月～8月）、秋（9月～11月）两季相对较高；全年COD_{Mn}平均值为3.92±0.63mg/L。从有机污染角度来说，根据《地表水环境质量标准》（GB 3838—2002），该水源水质较佳，受有机污染较小。

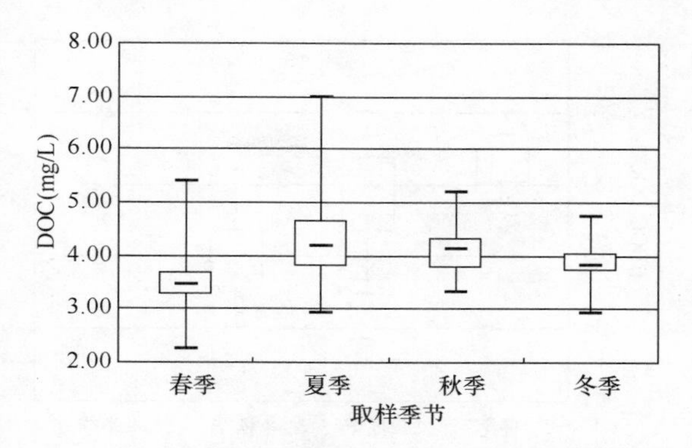

图7-2 不同季节原水COD_{Mn}含量统计分析
箱式图中上下━表示最大值和最小值，□表示上下1/4分位数，中间━表示数据中值

7.1.1.2 DOC含量分析

统计2009年1月8日至2010年12月1日的原水DOC分析数据如图7-3所示。

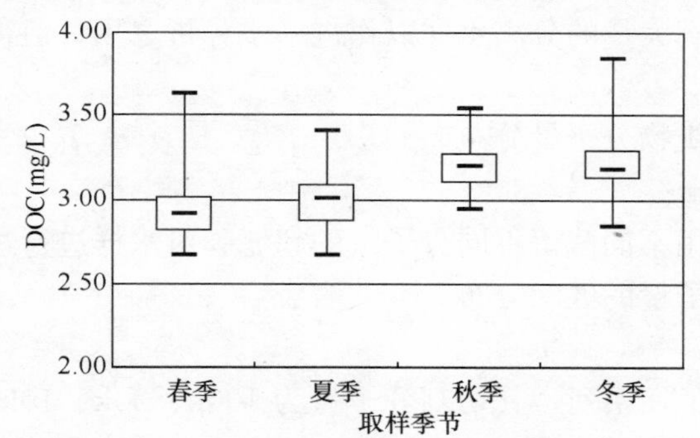

图7-3 不同季节原水DOC含量统计分析
箱式图中上下━表示最大值和最小值，□表示上下1/4分位数，中间━表示数据中值

约一个水文年内，原水DOC含量为2.24～3.85mg/L，全年DOC均值为3.01±0.26mg/L（n=157）。全年DOC含量基本较稳定，随季节略有变化，秋（9月～11月）、冬（1月～2月）两季水中DOC含量最高，春季（3月～5月）较低。

7.1.1.3 BDOC含量分析

原水中BDOC的含量如图7-4所示。

原水中BDOC含量为0.158～0.677mg/L，与DOC相比，BDOC的季节性变化更为显著。BDOC较高的值出现在2009年2月，春夏两季原水BDOC值均值接近，约0.43mg/L；秋季BDOC值下降。夏、秋两季BDOC检测次数较多（夏季n=16，秋季n=9），其值波动较大，可能与取样方式及测定方法时有微调有关。冬季（2009年1月～2月）所做BDOC数据较少，其统计意义较差。

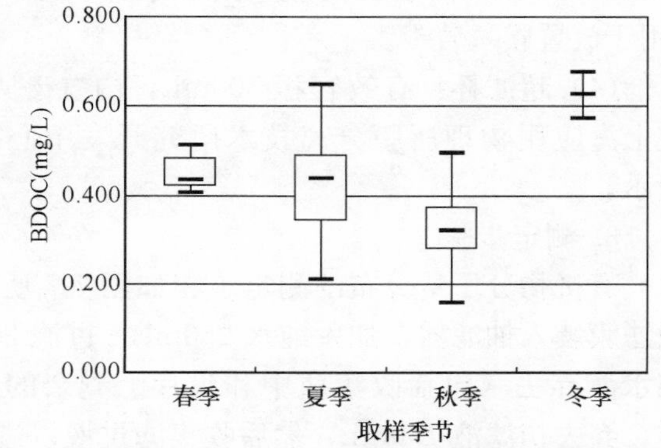

图7-4 不同季节原水BDOC含量统计分析
箱式图中上下━表示最大值和最小值，□表示上下1/4分位数，中间━表示数据中值

7.1.1.4 BDOC/DOC比

考察原水DOC中可生物降解性有机物的比例，如图7-5所示。

可见，在全年的检测过程中，原水BDOC/DOC的比例逐渐下降（从2月至

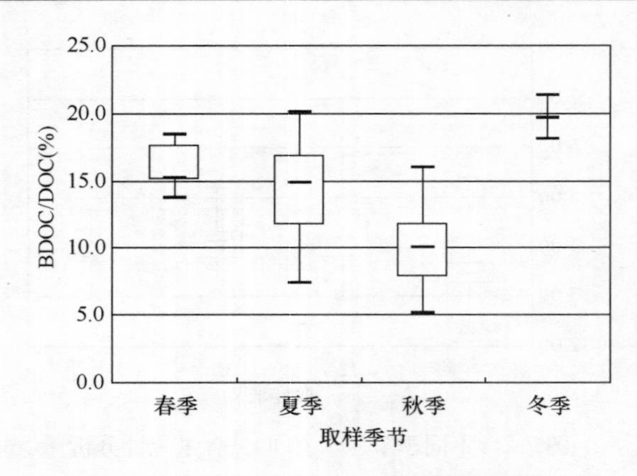

图 7-5　原水中 BDOC/DOC 比例分析

箱式图中上下—表示最大值和最小值，□表示上下 1/4 分位数，中间—表示数据中值

12 月)，2009 年 2 月的两次检测中所得 BDOC/DOC 比例最大，为 19.68%；春夏两季均值相近，为 15%左右；秋季最低，仅为 10.08%。总体而言，原水的可生化性不强，且随季节有一定的变化。可能由于植物腐败等原因导致秋季水中 DOC 值较高，但腐殖性增强，可生化性降低。

7.1.1.5　原水有机物分子量分布

研究水中有机物的分子量分布情况有助于深入了解水源水质特征，为选择和设计合适的净水工艺提供有力的信息。水中有机物的分子量分布的测定方法包括凝胶色谱法（GPC）和超滤膜（UF）法。采用 GPC 法能得到连续的分子量分布，但需要专门的设备，测试成本较高；而采用超滤膜法的设备易于获得，测定方法相对简单，可得到大量的分离水样以作进一步分析之用，但得到的分子量分布是不连续的。

本课题研究中采用超滤膜法测定水中有机物分子量分布。

1. 测定原理

超滤膜法测定有机物分子量的原理即采用不同截留不同分子量的超滤膜对水样进行过滤，测定透过水样的总有机碳，得到水中分子量的区间分布。

2. 仪器与试剂

(1) 超滤膜：Millipore 公司的 Amicon YM 系列，其切割分子量为 100k、30k、10k、3k 和 1k 道尔顿。

(2) 1L 磨口玻璃瓶若干（用于取样和装 0.45μm 滤后水），用前先用洗涤剂清洗、稀盐酸溶液浸泡过夜，用自来水冲净、超纯水冲洗三遍，260℃烘干备用，其他玻璃器皿同样处理，以消除可能的有机污染。

(3) 50mL 具塞三角瓶（用于水样 TOC 测定）、培养皿（用于放置膜）若干。

(4) 超滤杯：有效容积 300mL，内置磁力转子，由中科院上海应用物理所膜分离技术研究开发中心提供，如图 7-6 所示。

图 7-6　测定有机物分子量分布的超滤杯

3. 测定步骤

有机物分子量分布的测定步骤如图 7-7 所示。将 0.45μm 微滤膜装入抽滤器，加入纯水 250mL，过滤 200mL 左右后将纯水液弃去（包括收集瓶中和膜片上剩余的），加入待测水样，弃去初滤液 150mL，然后收集滤过液以进一步测定 TOC（即 DOC）。再用不同分子量的超滤膜进行恒压过滤，超滤器的压力由高纯氮气提供，保持在 0.1MPa。每次过滤时必须先

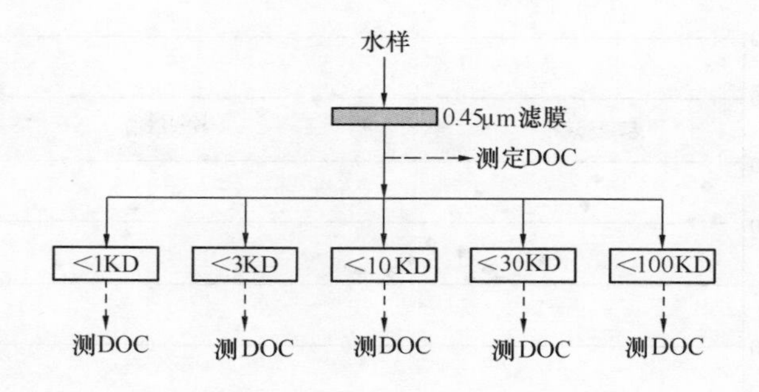

图 7-7 水中有机物分子量分布测定步骤

过滤 100mL 左右超纯水，防止膜表面的残留杂质影响实验结果，并将水样初滤液 50mL 弃去再收集滤液，测定滤液 TOC。超滤器中水样不能滤干，否则将影响超滤膜性能。

从 2009 年 2 月～2010 年 3 月在不同时间取样分析了原水中有机物的分子量分布情况（$n=9$），结果如图 7-8 所示。

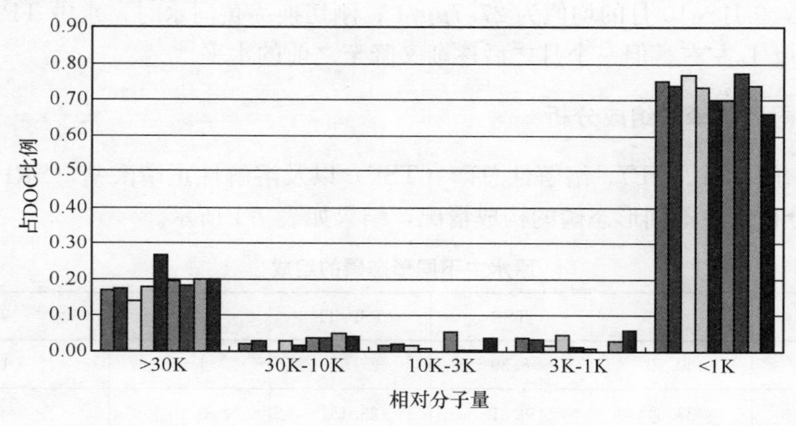

图 7-8 原水中有机物分子量分布

可见，在一年的取样期间内，原水中各分子量区间的有机物含量保持相对稳定，变化较小；构成原水中 DOC 的主要成分为相对分子量大于 30K 的大分子有机物和相对分子量小于 1K 的小分子有机物，二者占 DOC 的比例分别为 19.0%±3.5%和 73.0%±3.6%。该水源水中小分子有机物所占比例（73.0%）高于相关文献中长江水源（53%）和珠江水源（40.8%）。常规工艺可有效去除相对分子量大于 30K 的有机物，但对于小分子有机物的去除能力有限，因而从原水水质分析可以推知常规工艺对于该原水有机物的去除率相对较低。

7.1.2 原水中的磷

7.1.2.1 总磷含量分析

从 2009 年 9 月～12 月对试验原水中的磷含量进行了分析。由于原水中总磷含量较低，且为了与工艺处理出水的磷含量具备可比性，采用孔雀绿－磷钼杂多酸分光光度法测定原水中的总磷含量，结果如图 7-9 所示。

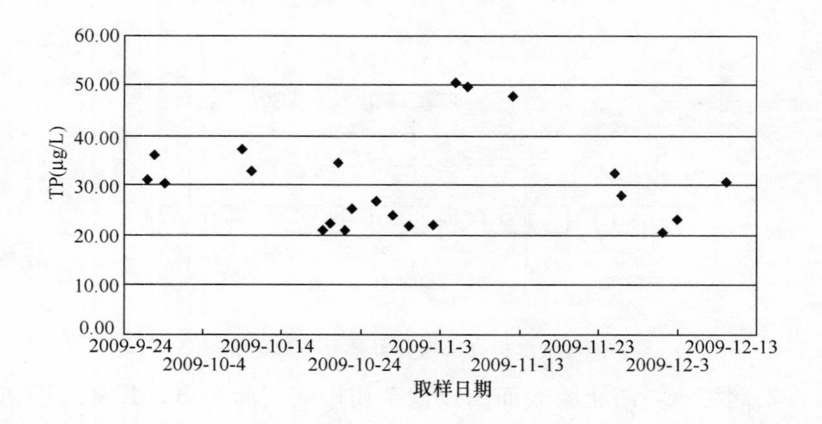

图 7-9 原水中的 TP 含量

9 月～11 月的原水为滦河水，从 11 月 5 日开始水源切换为黄河水。可见，滦河水中 TP 含量较低，9 月～10 月的均值为 27.7μg/L；刚切换为黄河水时，水中 TP 含量突然升高，达到 50μg/L 左右，但一个月之后逐渐又降至之前的水平。

7.1.2.2 不同形态磷的组成分析

对原水中的总磷（TP）、溶解性总磷（TSP）以及溶解性正磷酸盐（SRP）分别进行了检测，以分析水中不同形态磷的构成情况，结果如表 7-1 所示。

原水中不同形态磷的组成 表 7-1

取样日期	TP	TSP	TSP/TP	SRP	SRP/TP
2009—9—29	30.50	8.39	27.5%	4.88	16.0%
2009—10—9	37.64	8.81	23.4%	0.90	2.4%
2009—10—10	33.00	5.35	16.2%	ND	—
2009—10—20	22.54	4.47	19.8%	ND	—
2009—10—21	34.65	16.64	48.0%	9.51	27.4%
2009—10—22	20.93	5.59	26.7%	3.26	15.6%
2009—10—23	25.22	6.49	25.7%	ND	—
2009—10—26	26.94	5.18	19.2%	ND	—
2009—11—12	47.96	20.48	42.7%	9.03	18.8%
2009—11—25	32.45	14.36	44.3%	8.25	25.4%
2009—12—9	30.77	18.88	61.4%	9.33	34.4%

可见，原水中的磷主要以非溶解性为主，溶解性总磷所占比例不高；其中滦河水（9 月～10 月）TSP/TP 平均为 25.1%，而黄河水中溶解性总磷比例增加，平均为 49.4%；原水中溶解性正磷酸盐的含量不稳定，逐日检测仍有很大的波动。

7.2 常规工艺

7.2.1 常规工艺去除营养基质

7.2.1.1 混凝

目前，以“混凝一沉淀一过滤一消毒”为主体的所谓常规工艺在世界范围内仍是饮用水处理的主要技术方法。混凝的主要去除对象为憎水性、大分子有机物如腐殖质等，而对小分子的糖类和碳氢化合物去除能力有限。因为混凝剂易与憎水性强的大分子有机物螯合，发生电性中和与吸附架桥作用，使其脱稳凝聚形成较大的絮体并从水相中分离而得到有效的去除；而小分子有机物亲水性强，在水中接近于真溶液状态存在，不易与混凝剂结合或被絮体吸附，故去除效果不佳。总体上看，常规处理主要去除表观分子量＞10K Dalton 的有机物。

根据研究文献总结了常规工艺对有机物尤其是影响生物稳定性的有机基质指标 AOC、BDOC 的去除效果，如表 7-2 所示。

混凝对水中营养基质的去除效果研究总结 表 7-2

水质指标	研究结果
BDOC	混凝对 BDOC 的去除率达到 30%
	强化混凝比常规混凝增加 20%的去除率
	对 10 种不同水源的强化混凝处理中，平均去除率为 38%
	混凝对黄浦江原水 BDOC 的去除率在 12%～18%，对长江原水 BDOC 的去除率为 10%～15%，且 BDOC 去除率季节性波动不大
	J 水厂混凝单元对滦河水中 BDOC 的平均去除率为 14.6%
	通过优化混凝 pH 值，可以将 BDOC 去除率提高 7%～24%
AOC	常规混凝和强化混凝对 AOC 的去除都不明显
	使用铁系混凝剂的水厂比使用铝系和高分子混凝剂的水厂对 AOC 的去除率低
	混凝可去除 56%的 AOC
	采用预氯化，黄浦江原水 AOC 经混凝沉淀处理后在春、夏、秋三季增加 60%～90%，AOC 的增加主要与预氯化有关
	常规工艺对 AOC 的去除率＜30%
	常规工艺对 AOC-P17 的去除率为 43.8%～82.3%，对 AOC-NOX 的去除率为 19.3%～34.7%
	优化混凝条件下对 AOC 的去除率为 0～29%
磷	结合砂滤，磷的去除率达到 80%
	混凝单元对总磷的去除率为 3.2%～76.1%，平均为 41.0%
氮	使用 5～10mg/L 的铝系混凝剂，可去除 25%～37%的溶解性有机氮

综合上表对众多研究结果的总结，可见混凝对BDOC具有一定的去除率。这主要取决于构成BDOC的有机物的分子量及性质，那些大分子的可生物降解物质，或是部分结合在大分子腐殖质上的BDOC可被混凝去除。有研究认为，强化混凝尽管较常规混凝能去除更多的DOC，但其去除的DOC中BDOC所占比例却低于常规混凝，也就是说，强化混凝更有助于去除不可生物降解部分有机物。

一般认为，AOC主要与分子量小于1K Dalton的有机物有关，关于常规工艺处理对AOC的去除率，各项研究结果比较矛盾，可见不同水源之间差异较大，而普遍地，采用预氯化后会增加水中AOC的量。Easton等研究认为，混凝对AOC的去除效果取决于是否前加氯，不采用前加氯时，混凝可去除56%的AOC，而采用前加氯时，仅能去除11%的AOC。

7.2.1.2　过滤

关于常规工艺中滤池对生物稳定性的贡献的研究数据较少。方华等对采用黄浦江和长江原水的两个水厂进行了考察，发现滤池对BDOC的去除效果均为夏季高而冬季低，如黄浦江原水BDOC在滤池中夏季去除率高达36%，远高于年均值13%，认为可能是滤池内的生物降解发挥了作用。姜登岭等等考查天津J水厂滤池对BDOC的去除率为19.4%～67.4%，平均去除率为43.6%，滤池对BDOC的去除率较高，且加氯没有显著增加水中的BDOC。

7.2.2　常规工艺处理效果调查

对试验基地所在水厂常规工艺对DOC、BDOC的去除效果进行了考察。该水厂采用$FeCl_3$作为混凝剂，一般投加量在10～15mg/L。取样时间为2009年2月～2010年3月，结果如图7-10所示。

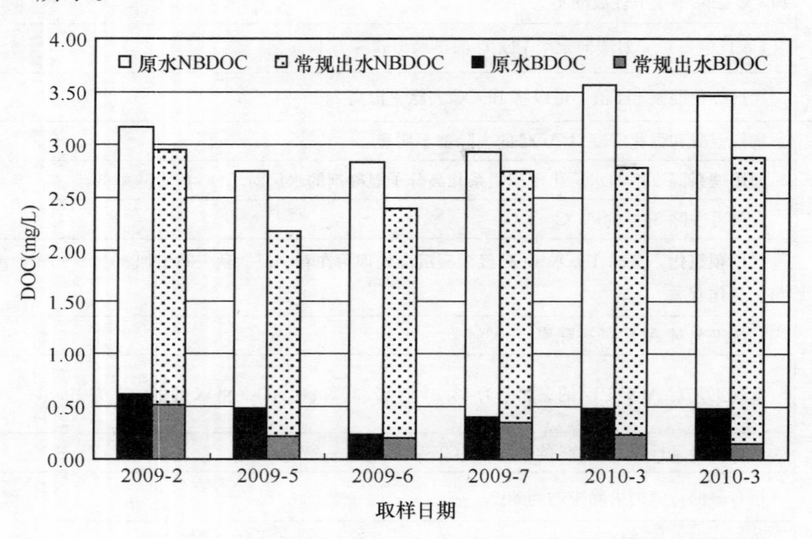

图7-10　某水厂常规工艺对DOC、BDOC的去除效果

所调查水厂（原水为滦河水）常规工艺对DOC的去除率为6.5%～22.1%，平均为14.9%；在调查的一年内，进水BDOC为0.23～0.62mg/L，出水BDOC为0.15～0.52mg/L，均值为0.28mg/L，BDOC平均去除率为37.2%。以（DOC-BDOC）的差值计为NBDOC，即难生物利用有机物部分，常规工艺对NBDOC的去除率为5.1%～17.2%，平均为10.8%。可见，水厂常规工艺对可生物利用有机物具有一定的去除效果，但是根据管网水质生物稳定性评价指标阈值BDOC＜0.25mg/L，常规工艺出水BDOC较难保证稳定达到阈值要求，因此其基本属于生物不稳定水，可能会导致管网细菌再生长。

7.2.3 混凝及强化混凝试验研究

本研究对试验原水进行了混凝和强化混凝小试试验，以进一步考察混凝工艺对有机基质的去除能力。强化混凝主要采取加大混凝剂投加量的方法。

试验方法——混凝杯罐试验

（1）利用六联搅拌器进行混凝杯罐试验，试验水样体积：1L。

（2）混凝条件控制：投加一定量混凝剂后，立即快速搅拌（200r/min）1min，然后中速搅拌（120r/min）10min，慢速搅拌（60r/min）10min，最后抬起搅拌桨，静沉30min后采用虹吸法取沉淀上清液进行水样分析。

（3）混凝剂：聚合氯化铝（PAC）；投加量：20、30、40mg/L。

（4）水样分析：DOC采用岛津TOC-VCPH总有机碳仪测定；BDOC采用悬浮培养法测定。

试验结果如图7-11所示。

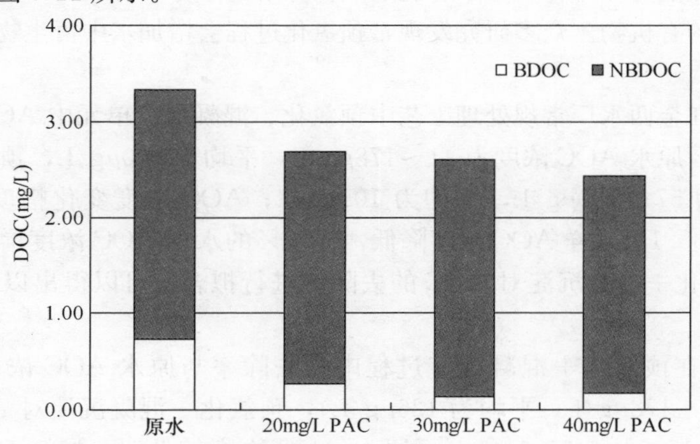

图7-11 混凝及强化混凝对DOC、BDOC的去除效果

由试验结果可见，采用强化混凝方法提高PAC投加量，可增加对DOC的去除效果。投加20、30、40mg/L聚铝时，DOC去除率分别为19.5%、22.0%和26.9%；而采用聚铝混凝对BDOC的去除效果较好，20mg/L聚铝去除BDOC为63.8%，而提高到30mg/L时，可将BDOC去除率提高至80.3%，但进一步增加聚铝至40mg/L，BDOC的去除率没有增加。同时考察NBDOC，发现聚铝从30mg/L提高至40mg/L时，NBDOC的去除率由5.6%提高至12.8%。可见，进一步增加混凝剂投加量，所增加的有机物去除率主要是

对难生物降解部分的去除。

本试验中采用聚铝混凝处理原水，出水BDOC在投加量为30和40mg/L时均低于0.25mg/L的阈值，达到生物稳定性。可见，对于本研究采用的原水，可以采用强化混凝的方法提高其生物稳定性。

7.3 化学预氧化

化学预氧化技术是在常规工艺或其他工艺之前依靠化学氧化剂的氧化作用，转化降解污染物。氧化剂在水处理过程中可以与水中有机或无机污染物作用，使之分解破坏或转化成其他形态，降低其危害性或更易于被去除。常见的氧化剂有氯、臭氧、二氧化氯、过氧化氢、高锰酸盐、高铁酸盐等。

7.3.1 预氯化

液氯、氯气及次氯酸盐是饮用水净化领域应用最早和最为广泛的氧化剂。氯化氧化在水厂消毒过程中具有广谱杀菌能力，使用和投加方便，并能维持较长时间的余氯量达到持续消毒的目的。一般为了控制原水输水管道及净水构筑物如滤池内的藻类生长繁殖，在常规工艺之前投加一定量的氯起到灭藻、助凝的作用，即为预氯化过程。

7.3.1.1 预氯化对AOC浓度的影响

氯具有强氧化能力，可将大分子有机物氧化分解为小分子有机物，将难降解的有机物氧化生成易降解的有机物。众多研究发现，预氯化过程会增加水中可生物利用有机物（如AOC）的含量。

蔡云龙对镇江金西水厂常规处理工艺中预氯化、混凝沉淀单元中AOC变化情况进行了考察。发现该厂原水AOC浓度为41～178μg/L，平均为100μg/L，预氯化＋混凝沉淀出水AOC浓度为57～180μg/L，平均为105μg/L；AOC浓度变化幅度为－132.1%～55.1%，其中有38.1%水样AOC浓度降低，61.9%的水样AOC浓度增加。将该厂原水AOC浓度与预氯化＋混凝沉淀对AOC的去除率进行拟合，可以得出以下规律，如图7-12所示。

可见，AOC在预氯化＋混凝沉淀过程中的去除率与原水AOC浓度有关。当原水AOC较高时（84～178μg/L，平均为126μg/L），预氯化＋混凝沉淀对AOC的确具有正去除效果（去除15.5%～55.1%），而原水AOC浓度较低时（41～161μg/L，平均为87μg/L），预氯化＋混凝沉淀单元会增加水中AOC浓度（增幅0～132.1%）。

在预氯化、混凝沉淀单元，出水AOC浓度受到两个相互矛盾的因素影响，一方面预氯化会增加水中AOC浓度，另一方面混凝沉淀可去除水中AOC。因此，AOC的整体去除率受原水水质、水温、工艺参数等多种因素的影响。

7.3.1.2 预氯化对BDOC浓度的影响

本研究考察了预氯化对水中BDOC浓度的影响，试验方法如下：

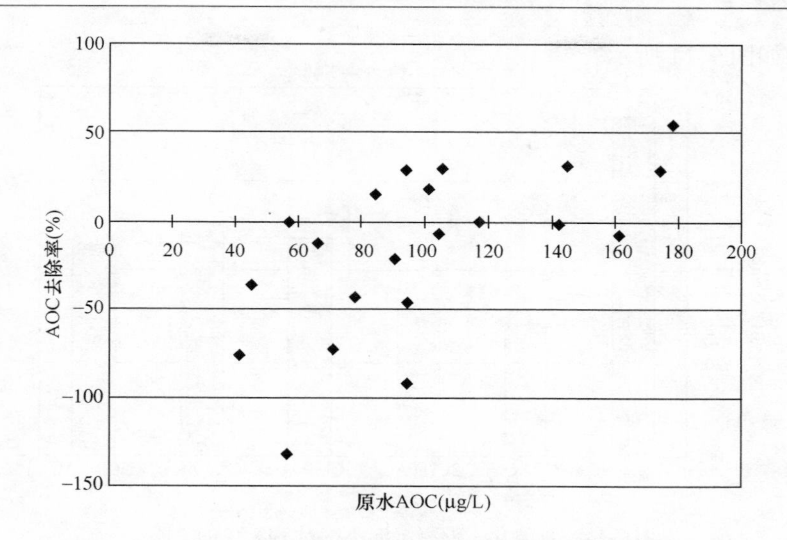

图 7-12 原水 AOC 浓度与预氯化+混凝沉淀对 AOC 去除率的关系

(1) 取适量原水，分装于 4 个 1L 经无碳化处理的具塞棕色试剂瓶中；

(2) 采用次氯酸钠作为氧化剂，纯水配制次氯酸钠溶液，有效氯浓度为 2g/L；

(3) 在 4 个原水水样中分别投加有效氯浓度为 4、5、6、8mg/L 的次氯酸钠溶液，充分振荡混匀，置于恒温培养箱中，反应温度为 20℃，暗处反应；

(4) 反应 0.5h 后，立即加入亚硫酸钠消除水中余氯；再将水样经 0.45μm 滤膜过滤，测定 DOC；同时取适量水样按照第三章所述悬浮培养法测定 BDOC。

试验结果如图 7-13 所示。

可见，预氯化过程显著增加了水中 BDOC 浓度，且 BDOC 浓度增加量与氯投加量显著相关。当氯投加量为 4、5 和 6mg/L 时，原水 BDOC 分别增加 0.022、0.163 和 0.249mg/L；但继续增加氯投加量至 8mg/L 时，原水 BDOC 增加值有所下降，只相当于 5mg/L 时的增幅。在投加较高浓度氯时，可能将水中一部分生成的 BDOC 又继续氧化，使其增幅降低。

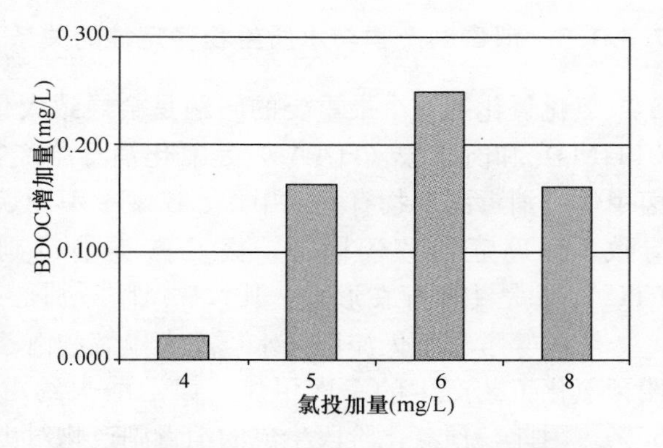

图 7-13 预氯化小试对原水 BDOC 浓度的影响

同时，本研究还进行了预氯化+混凝沉淀的小试试验，试验方法如下：

(1) 利用六联搅拌器进行混凝杯罐试验，试验水样体积：1L；

(2) 预氯化：投加一定量次氯酸钠溶液，按有效氯计算投加量，分别为 0、2、3、4 和 5mg/L。充分混匀（200r/min）反应 30min；

(3) 混凝条件控制：投加 20mg/L 聚合氯化铝（PAC）后，立即快速搅拌（200r/min）1min，再中速搅拌（120r/min）10min，慢速搅拌（60r/min）10min，最后抬起搅拌桨，静沉 30min；

(4) 虹吸法取沉淀上清液取上清液分析 DOC 和 BDOC。

试验结果如图 7-14 所示。

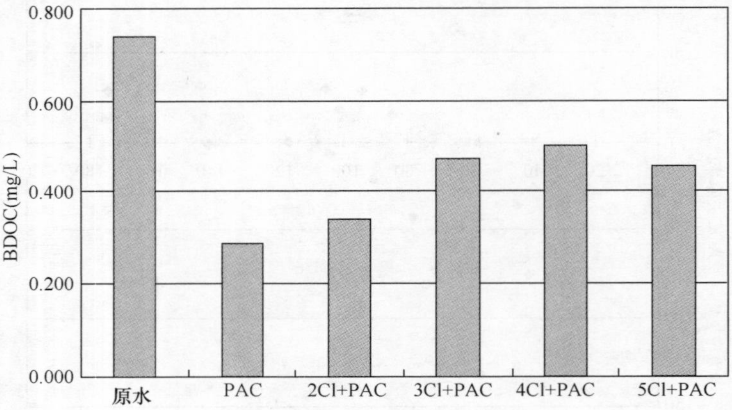

图 7-14　预氯化＋混凝沉淀小试对 BDOC 的去除

图中 PAC 指不预氯化（0mg/L）只投加 20mg/L PAC，2Cl＋PAC 指投加 2mg/L 氯和 20mg/L PAC，其余依次类推。

可见，混凝沉淀能有效去除水中的 BDOC，去除率达到 61.1%；进行预氯化后，水中 BDOC 浓度升高，再经过混凝沉淀处理，可去除一部分 BDOC，但整体出水 BDOC 浓度高于没有预氯化的水样。因此，尽管预氯化具有较好的灭藻和助凝效果，但其氧化能力会导致水中可生物利用有机物的升高，影响常规工艺对 AOC 和 BDOC 的去除效果，增加了出水的生物不稳定性。

7.3.1.3　消毒副产物与水质生物稳定性的关系

氯化氧化的一个最重要的问题是会导致大量消毒副产物（DBPs）的产生。三卤甲烷（THMs）和卤乙酸（HAAs）是氯化消毒副产物的主要控制目标。饮用水中检测到的三卤甲烷类消毒副产物有三氯甲烷、二氯一溴甲烷、一氯二溴甲烷和三溴甲烷 4 种，它们是导致多种癌症的致癌因子；卤乙酸类消毒副产物中二氯乙酸（DCAA）、三氯乙酸（TCAA）是主要存在形式，其致癌风险分别是三氯甲烷的 50 倍和 100 倍。

陈超等考察了天津市某水厂三卤甲烷和卤乙酸在净水工艺单元中的变化情况，结果表明预氯化工艺产生的三卤甲烷、卤乙酸大约占最终出水中三卤甲烷、卤乙酸的 30%～65%。因此，预氯化阶段生成的消毒副产物对出厂水中消毒副产物的含量起到了关键的作用，必须严格控制。

刘文君研究发现，预氯化会导致水中 AOC 的增加，同时还会生成大量三氯甲烷、卤乙酸等消毒副产物，且其产生量高于 AOC 增加量。因此氯消毒对水中消毒副产物和生物稳定性均有十分不利影响。同时该研究发现水样 AOC 浓度与预氯化中卤乙酸的生成量的相关性更高，说明卤乙酸前体物比三卤甲烷前体物与水中可同化有机碳含量有更好的定量关系。

一般认为，三卤甲烷是难生物降解有机物，在管网中余氯与其前体物反应而继续生成；而卤乙酸属易生物降解类有机物，因此其在管网中的变化包括：余氯与其前体物反应生成使其增加；同时微生物对其进行生物降解而使之减少。因此，卤乙酸在管网中的变化规律与AOC较为接近。

方华等考察了上海2座水厂（分别采用长江原水和黄浦江原水）管网各点消毒副产物和AOC的相关性，结果如图7-15所示。

可见，卤乙酸与AOC之间具有很好的线性关系，R^2 值达到0.9141。该研究推断，卤乙酸和AOC可能具有相同的前体物，亦即卤乙酸是氯化过程增加的AOC中的重要部分。相对而言，三卤甲烷与AOC的相关性比卤乙酸低，但仍呈一定的正相关性。由此可见，消毒副产物和生物稳定性之间具有一定的关联性。从运行控制的角度来考虑，两者具有相近的目标，即在净水工艺中尽量去除水中的有机营养基质，同时对预氯化、消毒过程进行工艺优化，既可保障水质生物稳定性，亦可控制消毒副产物的生成。

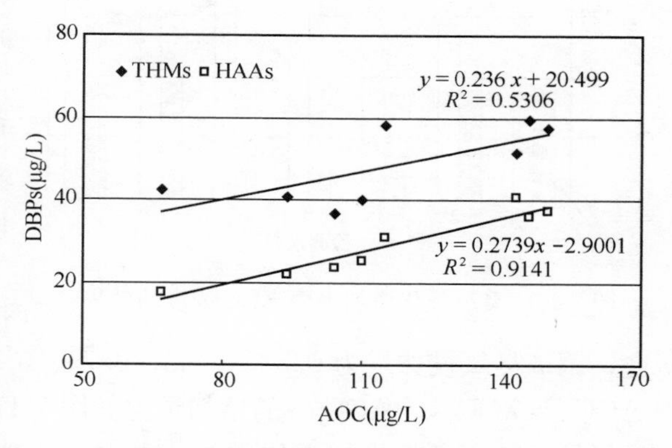

图7-15 管网中AOC与消毒副产物的相关性

综上所述，预氯化工艺存在很多局限之处，应对其进行工艺优化或采用适当的氧化技术取代预氯化，使其满足控制管道及构筑物内藻类和微生物生长的要求，同时尽量降低有毒有害副产物的生成和可生物利用有机物的增加。

7.3.2 臭氧预氧化

7.3.2.1 臭氧氧化在水处理中的应用

臭氧（O_3）是氧（O_2）的同素异形体，是一种很强的氧化剂和消毒剂。臭氧的氧化还原电位为2.08 V，远高于水厂常用的消毒剂氯（氧化还原电位为1.36 V）。臭氧中3个氧原子呈三角形排列，密度为2.144 kg/m^3，常温常压下是一种不稳定的有刺激性气味的淡紫色气体。在标准压力和温度下，在水中的溶解度是氧气的13倍。一般通过电晕放电法发生，即以干燥的空气或纯氧气流经高压发电间隙而生成臭氧，用空气制得的臭氧气体中的臭氧浓度一般为2%～3%，且臭氧浓度调节较困难；而用氧气制得的臭氧气体中的臭氧浓度一般为6%～14%，且臭氧浓度调节非常容易。

臭氧在饮用水处理中的应用已经有一百多年的历史，但由于其技术复杂、成本昂贵，所以臭氧技术的应用受到很大的限制。臭氧氧化可用于除藻、消毒，控制异臭、去除色度，氧化有机物提高其可生化性，减少消毒副产物以及助凝等作用。由于水源水质的恶化以及水质标准的日益严格，臭氧氧化及组合工艺如臭氧-活性炭、臭氧-生物活性炭等正逐渐成为饮用水深度处理的首选工艺。

7.3.2.2 臭氧氧化对AOC浓度的影响

由于臭氧具有比氯更强的氧化性，因而臭氧氧化会显著改变水中有机物的结构和分子量大小分布，生成醇、脂、羧酸、醛类等物质，大大提高水中可生物利用有机物的含量。

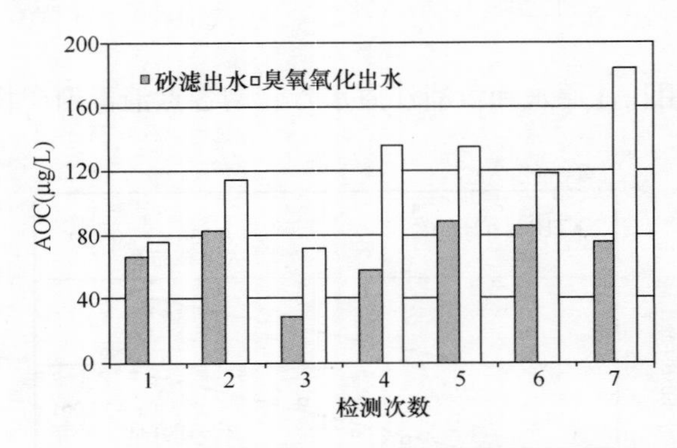

图 7-16　臭氧氧化增加水中 AOC 浓度的效果

陈志真等研究了臭氧-生物活性炭工艺去除水中 AOC 的效果，在对砂滤出水进行臭氧氧化过程，发现水中 AOC 浓度的显著增加，如图 7-16 所示。

可见，砂滤出水经臭氧氧化后 AOC 升高幅度为 14%～150%，其中 AOC-NOX 和 AOC-P17 的升高幅度分别为 43%～230%和 14%～179%。

方华对臭氧-生物活性炭工艺中臭氧投加量与 AOC 增加值之间的关系进行了研究，调节臭氧投加量为 0.33、0.55、0.79、0.99、1.10mg/L，经臭氧氧化处理后，水中 AOC 及 AOC_{P17}、AOC_{NOX} 的增加情况如图 7-17 所示。

可见，随着臭氧投加量的增加，水中 AOC 浓度增幅提高；但臭氧浓度提高至 1.1mg/L 时，AOC 增幅出现下降，可能是高浓度臭氧对有机物的进一步矿化作用所致。同时由上图可知，臭氧氧化中，AOC_{NOX} 的增加程度高于 AOC_{P17}，这是由这两类 AOC 测试原理决定的，NOX 菌是对 P17 菌的补充，可利用 P17 难以利用的甲醛酸、草酸盐、羧乙酸盐和乙醛酸等有机物，且单一性利用羧基酸，而这些有机物正是臭氧氧化过程中主要产物。

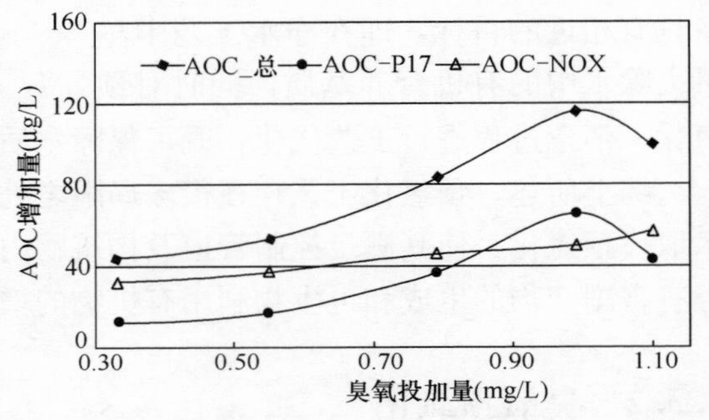

图 7-17　臭氧投加量与 AOC 增加量的关系

7.3.2.3　臭氧氧化对 BDOC 浓度的影响

本研究在考察臭氧-生物活性炭工艺时探讨了臭氧预氧化对水中 BDOC 的影响。预氧化中臭氧投加量约为 1.5mg/L，接触反应时间为 10min。

在 2009 年 6 月～2009 年 9 月共 10 次取样检测中，原水 BDOC 的均值为 0.362mg/L，臭氧氧化出水 BDOC 均值为 0.609mg/L，平均增幅为 168%。

以水中 BDOC 占 DOC 的百分比（BDOC/DOC）来考察臭氧预氧化对水中有机物可生化性的影响，统计原水和臭氧化出水的 BDOC/DOC 比值情况，采用箱式图如图 7-18 所示。

可见，臭氧预氧化过程显著提高了有机物中可生物降解部分的含量，10 次检测中原水 BDOC/DOC 平均为 12%，而臭氧出水的 BDOC/DOC 则提高到 20%。因此，单独采用臭氧氧化工艺会导致水中可生物利用有机基质的增加，降低了水质生物稳定性。

为保障出水的生物稳定性，必须强化臭氧预氧化单元后续净水工艺对有机基质的去除效果，生物滤池是最为合适的选择。可在臭氧预氧化工艺后，设置慢速滤池、生物活性炭滤池或活性炭吸附滤池等单元来进一步去除 AOC 和 BDOC，保障出水生物稳定性。本研究中将在 7.5 节重点考察臭氧-生物活性炭工艺对 BDOC 的去除效果。

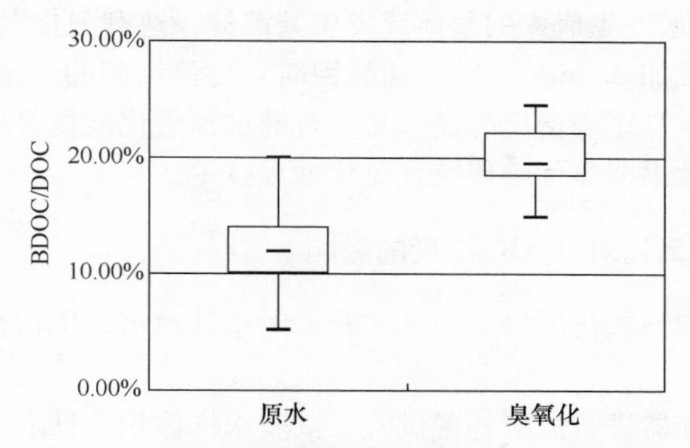

图 7-18 臭氧预氧化对原水 BDOC/DOC 比值的影响

箱式图中上下—表示最大值和最小值，□表示上下 1/4 分位数，中间—表示数据中值

7.3.3 高锰酸盐预氧化

7.3.3.1 高锰酸盐预氧化在水处理中的应用

高锰酸盐常温下稳定，易溶于水。在酸性溶液中，MnO_4^- 具有强氧化性，其标准氧化还原电位为 1.51V。我国于 20 世纪 80 年代就开始高锰酸钾处理饮用水的应用研究，目前，以李圭白院士为代表的研究团队开发了以高锰酸钾为主的复合盐药剂（PPC），在我国多个水厂得到了应用，具有良好的强化混凝、去除色度和臭味、除铁除锰、除藻、去除有机物等作用。

高锰酸盐应用于水处理具有使用方便、价格低、处理效果好等特点：

(1) 高锰酸盐是固体，可进行长距离的运输和贮存；

(2) 高锰酸盐及中间产物二氧化锰不具有毒害作用，而且能够在后续的混凝、沉淀、过滤等处理工艺有效去除；

(3) 溶解投加与固体投加类似，投加方式简便并能自动控制其准确投加量；

(4) 高锰酸盐易于制备，投加量小；

(5) 采用高锰酸盐处理水中污染物不必改变常规水处理工艺，只需在投加常规混凝剂之前或同时投加高锰酸盐即可，操作简单易行。

高锰酸钾（$KMnO_4$）是一种较强的氧化剂，能有效地去除受污染水中的多种有机污染物，降低水的致突变性。高锰酸钾预处理还可有效地降低后续氯化过程中消毒副产物的生成量，破坏三氯甲烷和四氯化碳的前体物。

李圭白等提出高锰酸盐强化混凝除浊机理为：高锰酸钾及其复合剂通过氧化作用破坏胶体表面的有机涂层，使其负电性降低、水化作用减弱，增加了混凝剂对胶体的电中和作用，并且还可引发潜在的微絮凝；高锰酸钾氧化生成的新生态水合二氧化锰在天然水中等电点 pH 为 2～3，在天然水中发生脱质子反应，表面带负电荷，不能对水中带负电荷的胶体颗粒起电中和和脱稳作用，但具有较长的分子链，能形成较大分子聚合物；新生态二氧化锰具有表面配位性，且具有巨大的比表面积，有很强的吸附作用，能在水中迅速形成较大分子聚合物，通过表面配位或其他化学作用以及吸附作用与水中带负电的胶体颗粒表面结合，并在胶体颗粒之间起架桥作用，使水中胶体颗粒相互结合，从而显著强化了铁

（铝）盐的混凝作用，最终生成大的絮体或发生共沉淀，达到强化混凝除浊的目的。

黄晓东等发现当投加 0.6mg/L 的高锰酸钾时，对藻细胞的灭杀率达到 90%，但其除菌能力不如臭氧和氯。马军等指出高锰酸盐复合药剂预氧化能显著地提高除藻效率、降低紫外吸光度，其除藻效果明显优于传统预氯化处理技术。

7.3.3.2 高锰酸钾预氧化对 BDOC 浓度的影响

本研究对高锰酸钾预氧化进行了小试实验，考察其对水质生物稳定性的影响。实验方法如下：

（1）利用六联搅拌器进行混凝杯罐试验，试验水样体积：1L；

（2）高锰酸钾预氯化：分别在水样中投加 0.5 和 1mg/L 高锰酸钾溶液。搅拌（200r/min）反应 30min；

（3）混凝条件控制：投加 20mg/L 聚合氯化铝（PAC）后，立即快速搅拌（200r/min）1min，再中速搅拌（120r/min）10min，慢速搅拌（60r/min）10min，最后抬起搅拌桨，静沉 30min；

（4）虹吸法取沉淀上清液分析 DOC 和 BDOC。

试验结果如图 7-19 所示。

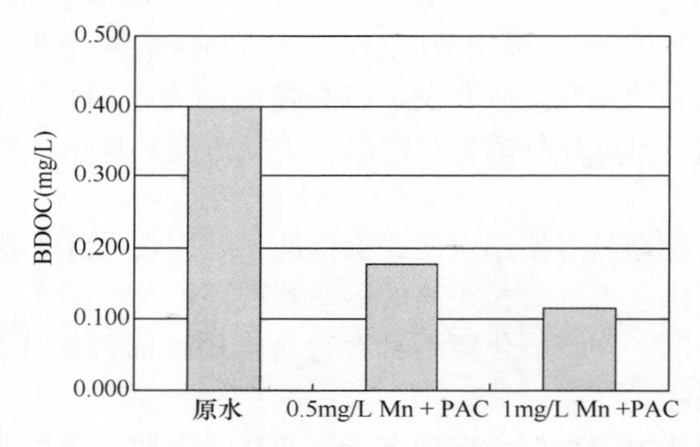

图 7-19 高锰酸钾预氧化＋混凝沉淀对 BDOC 的去除

试验结果显示，高锰酸钾预氧化可显著提高混凝对有机物的去除效果，投加 0.5mg/L 高锰酸钾预氧化后，混凝沉淀对 BDOC 的去除率为 55.5%；而投加 1.0mg/L 预氧化后，对 BDOC 的去除率可提高到 71.3%。两种投加量下，出水 BDOC 均低于 0.20mg/L，满足水质生物稳定性的阈值要求。

相比于预氯化，高锰酸钾预氧化没有显著增加水中 BDOC 浓度，可能与高锰酸钾投加量较低，以及高锰酸钾与水中有机物反应途径不同有关。由于高锰酸钾在水中呈紫红色，投加量大时会带来色度问题，因此一般饮用水处理中大多投加量在 2mg/L 以下。预氧化的主要目的是除藻和助凝，高锰酸钾预氧化可替代预氯化的作用，而不会导致消毒副产物和生物不稳定性的问题，是一项很有应用前景的预氧化技术。

7.3.4 化学预氧化

对包括氯、臭氧、高锰酸钾在内的常用化学氧化剂进行饮用水预氧化研究，重点考察了各氧化工艺对水中可生物利用有机物 BDOC 浓度的影响。其他常见的预氧化手段还有：二氧化氯预氧化、氯胺预氧化等未在这里详细论述。

综上所述，预氯化在除藻、助凝等方面具有很好的应用价值，但会增加水中 AOC、BDOC 浓度，导致水质生物不稳定性；还会生成大量消毒副产物，引起水质化学不安全性。因此，需要对预氯化工艺进行优化改进，包括降低氯投加量、多点投加、冬季时停止投氯等。而采用替代预氧化技术也是应对诸多问题的良好选择。如美国给水厂为控制消毒副产物和生物稳定性，倾向于使用氯胺作为“二级消毒剂”，且越来越多地使用氯胺作为“一级消毒剂”（即预氧化），因为氯胺的氧化能力弱于氯，所生成的消毒副产物量及增加的 AOC 值亦较低。

臭氧氧化技术在欧美等国有较为广泛的应用，具有良好的除污效果，尤其是在应对“两虫”问题（隐孢子虫和贾第鞭毛虫）上效果显著；但臭氧氧化能力强，会导致水中 AOC 和 BDOC 的显著增加，需要与其他工艺进行结合，才可保障水质生物稳定性；生物处理法包括生物滤池、生物活性炭等工艺是与臭氧预氧化结合的最佳选择。

高锰酸钾（盐）预氧化技术在我国已有一定的应用经验，从其使用效果来看，可以替代氯作为预氧化剂起到除藻、助凝的作用，同时不会显著增加水质生物不稳定性。

因此，从保障水质生物稳定性的角度出发，本研究推荐：采用常规工艺的小城镇水厂，可对预氯化进行工艺优化或采用氯胺、高锰酸盐（钾）替代预氯化；而对于那些经济条件较好的小城镇新建或改建水厂，将采用深度处理工艺，则臭氧氧化是较好的选择。

7.4 生物预处理

生物预处理是在常规净水工艺之前增设生物处理单元，利用微生物群体的新陈代谢活动，对水中的有机污染物、氨氮、亚硝酸盐及铁、锰等无机污染物进行初步去除，减轻后续常规处理及深度处理单元的负荷；生物预处理还可以改善水的混凝沉淀性能，使后续的常规工艺更好地发挥作用。

目前给水处理中比较常用的生物预处理工艺主要是生物膜法，微生物在载体填料上附着生长，其生长环境稳定、停留时间长，能适应水源水相对贫营养的条件。饮用水生物预处理工艺主要的形式包括：生物接触氧化法、曝气生物滤池、河岸渗滤等。本研究主要对曝气生物滤池生物预处理进行了研究。

陶粒滤料是曝气式生物滤池中用得较多的滤料，国内进行的大多数生物滤池试验研究均用的陶粒滤料，本试验采用的也是陶粒滤料。

7.4.1 试验设备与方法

本研究采用的生物陶粒滤池为有机玻璃材质，内径 120mm，滤柱总高度 2.8m，其中填料填充高度 1.6m，下垫 200mm 的粗砾石作为承托层。采用生物陶粒作为滤料，陶粒直径 2～5mm。滤柱运行方式为下向流，顶部进水，底部出水；曝气装置设于承托层内；同时底部设反冲洗进口，反洗排水从滤柱顶部溢流排出。

试验装置简图及现场照片如图 7-20、图 7-21 所示。

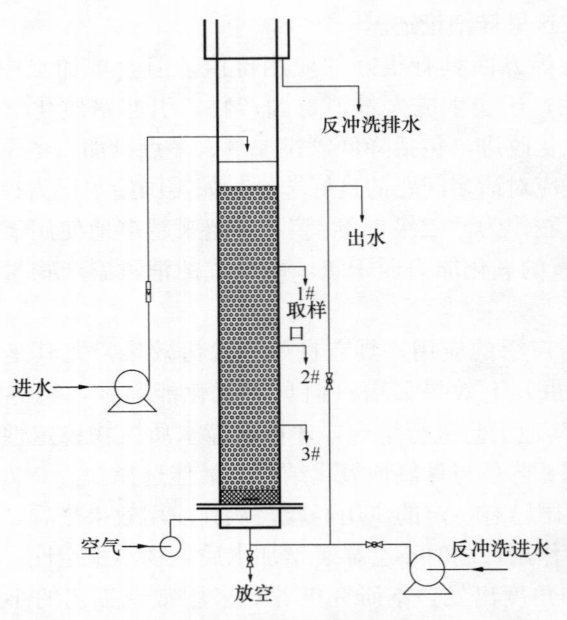

图 7-20　曝气生物滤柱试验装置图

图 7-21　BAF 实验装置现场图

试验采用的空床停留时间为 15～60min，气水比为 1∶(1.5～2)。

7.4.2　曝气生物滤池的挂膜启动

本试验采用自然挂膜，以原水为处理对象。前 60 天 BAF 按气水比 3∶1 运行，空床停留时间为 1h，进水流量为 3.6L/h；之后调整为停留时间为 30min，气水比为 1.5∶1。挂膜启动试验期间，连续取样观察，分别进行水温、浊度、COD_{Mn}及 DOC 等指标的检测。

试验启动从 2008 年 11 月开始，在冬季原水水温较低，对 BAF 的挂膜启动有一定的影响。以 COD_{Mn}的稳定去除为考察目标，连续进水 20d 后，COD_{Mn}平均去除率达到 10%以上，可认为挂膜成功。

7.4.3　BAF 对有机物的去除研究

7.4.3.1　对 COD_{Mn}的去除

BAF 挂膜启动成功后，从 2008 年 12 月到 2009 年 5 月期间，BAF 对 COD_{Mn}的去除效果如图 7-22 所示。

试验期间原水 COD_{Mn} 2.92～5.19mg/L，平均 4.03mg/L；BAF 运行稳定后，出水 COD_{Mn}均值 3.21mg/L，去除率平均为 14.5%左右。

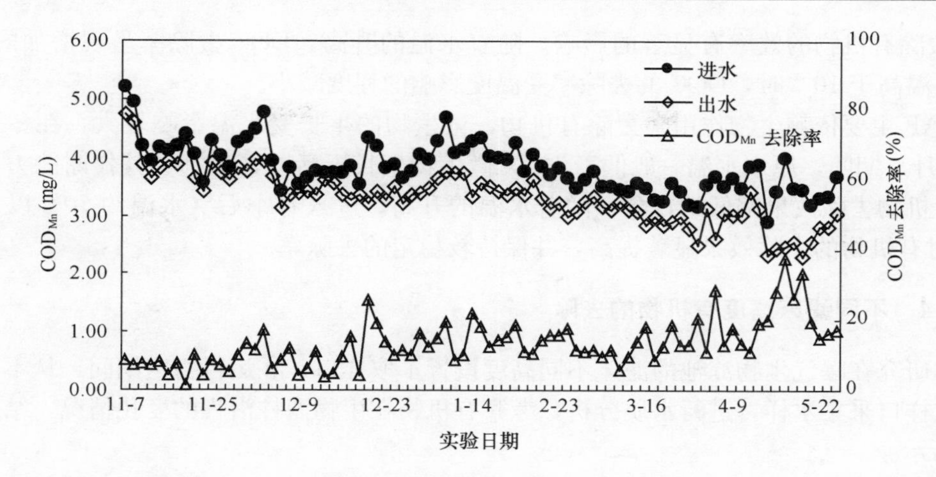

图 7-22 BAF 对COD_{Mn}的去除情况

7.4.3.2 对DOC的去除

从2008年12月到2009年5月期间BAF对DOC的去除如图7-23所示。

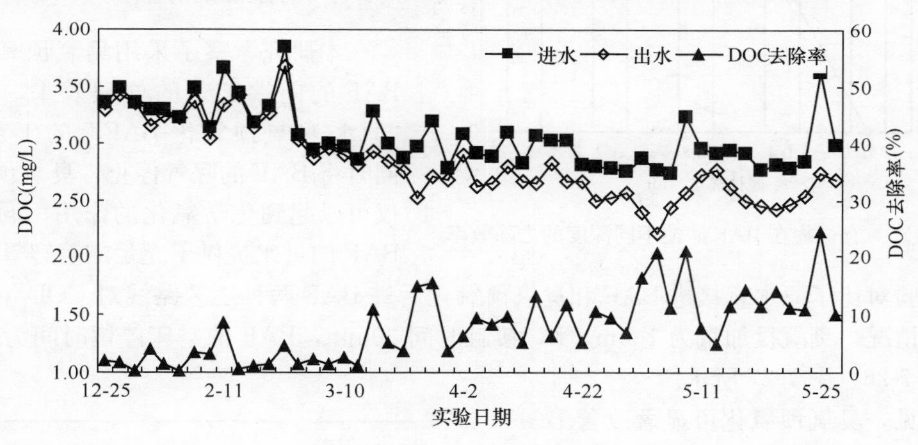

图 7-23 BAF 对DOC的去除情况

可见，随着试验季节从冬季至春、夏季的转变，意味着水温不断升高，BAF对DOC的去除率有缓慢升高的趋势，尤其是在进入春季后（3月份）DOC的平均去除率达到了10.83%。这一方面可能是与生物陶粒上生物膜的不断发育成熟有关，另一方面则可能是与水温的升高有关。

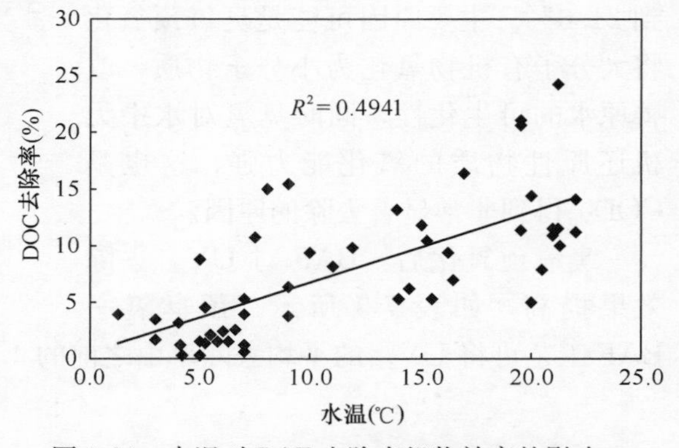

图 7-24 水温对BAF去除有机物效率的影响

7.4.3.3 水温对BAF去除有机物效率的影响

考察了此期间水温与有机物去除率的相互关系，如图7-24所示。可见，水温对

BAF去除有机物的效率有显著的影响。随着水温的升高，DOC去除率呈现增加的趋势；而当水温高于10℃时，DOC的去除率受温度影响的程度减小。

BAF主要依赖生物作用来去除有机物，微生物的生长受水温影响较大，在冬季（12月～2月）期间，原水水温一般低于4℃，微生物生长不活跃，抑制了其代谢能力，表现为对有机物去除效果偏低的现象；随着水温的升高，进入春季后（水温约10℃以上时），BAF对有机物的去除效果显著提高，并保持较稳定的去除率。

7.4.3.4 不同滤床高度有机物的去除

本研究在曝气生物滤池的滤床不同高度设置了取样口，在运行稳定期间，从不同滤床高度取样口采集水样，进行水质分析，考察有机物在生物滤柱沿程的变化情况，结果如图7-25所示。

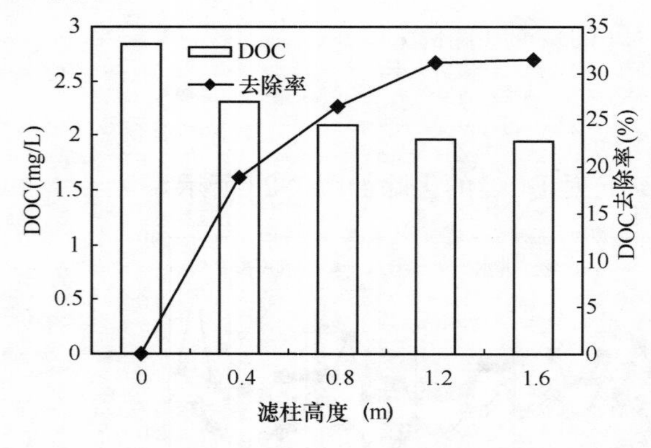

图7-25 有机物在BAF滤池不同深度的去除效率

可见，随着滤池高度（即深度）的增加，有机物的去除率逐渐升高。

7.4.3.5 预臭氧化对BAF去除有机物效能的影响

本研究考察了采用臭氧预氧化作为BAF的前端工艺的处理效果，即采取“原水-臭氧预氧化-BAF”的工艺路线，同时将BAF的曝气停止，臭氧预氧化不仅可以起到化学氧化的作用，同时也为BAF的进水提供了充足的溶解氧。

试验对比了原水直接进BAF和臭氧预氧化后进BAF两种工艺路线对COD_{Mn}和DOC的去除情况，臭氧投加量为1.5mg/L，接触时间20min，BAF的空床停留时间为45min。结果图7-26、图7-27所示。

可见，臭氧预氧化可显著改善BAF对有机污染物的去除效率，对COD_{Mn}的平均去除率可由11.8%提高到41.6%，对DOC的平均去除率可由10.6%提高到21.0%。主要原因可能是臭氧预氧化将大分子有机物氧化为小分子物质，改善原水的可生化性，同时臭氧对水中无机还原性物质的氧化能力强，这也是COD_{Mn}得到非常显著去除的原因。

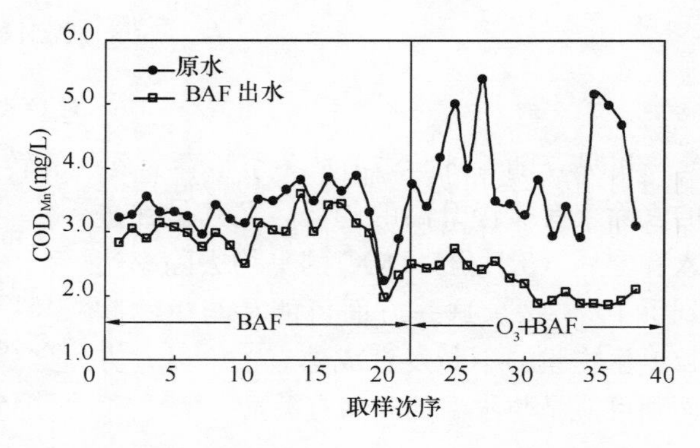

图7-26 BAF与预臭氧+BAF工艺对COD_{Mn}去除效果的比较

臭氧预氧化后，BAF对UV_{254}去除效果提高，如表7-3所示。预臭氧+BAF工艺可将UV_{254}的平均去除率由之前的4.8%提高到15.0%。

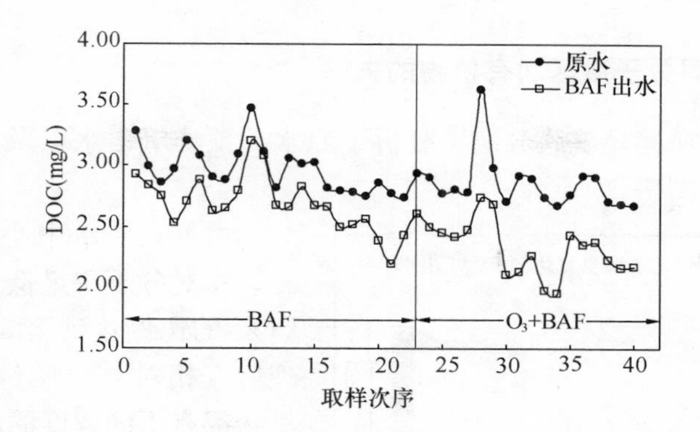

图 7-27 BAF 与预臭氧＋BAF 工艺对 DOC 去除效果的比较

BAF 与预臭氧＋BAF 工艺去除 UV_{254} 的效果对比 表 7-3

BAF 出水		预臭氧＋BAF 出水	
UV_{254}（cm^{-1}）	去除率（%）	UV_{254}（cm^{-1}）	去除率（%）
0.039	2.5	0.017	10.5
0.038	5.0	0.018	14.3
0.040	4.8	0.016	20.0
0.040	7.0	0.019	15.0

7.4.3.6 空床停留时间对有机物去除率的影响

试验考察了 BAF 空床停留时间（EBCT）对有机物去除效果的影响，在其他运行条件相同的情况下（采用臭氧预氧化），在 EBCT 为 30min、45min 和 60min 时，取 BAF 出水测定 COD_{Mn}及 DOC 的去除情况，如图 7-28 所示。

曝气生物滤池处理微污染源水时，一般采用的滤速为 2～6m/h，空床停留时间为 20～60min，提高空床停留时间或降低滤速都对有机物的去除效率有一定的影响。由图 7-28 可见，延长 BAF 的停留时间也即延长滤柱内生物反应时间，有助于提高有机物的去除效率；EBCT 从 30min 增加至 45min 时，COD_{Mn}和 DOC 的去除率可分别提高 13.2％和 14.9％，但至 45min 时已达到基本稳定的阶段，进一步延长停留时间至 60min 对去除率的提高不显著。试验中注意到，在一般 BAF 工况运行下，停留时间的影响较小（数据未列出），而此处采用前端臭氧预氧化极大增加了 BAF 进水中可生物降解物质的含量，因而增加 EBCT 有助于提高有机物去除率。

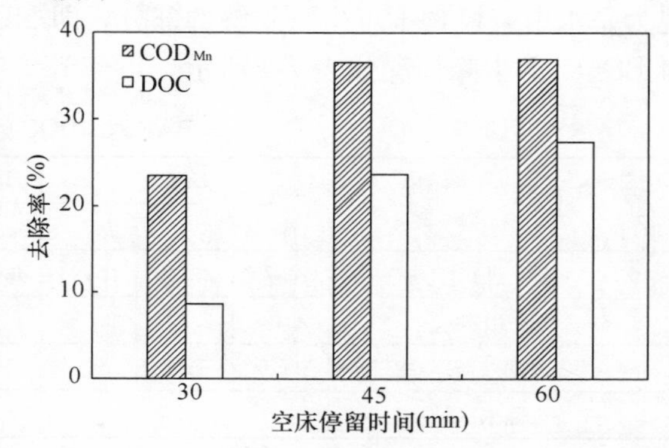

图 7-28 BAF 空床停留时间对有机物去除率的影响

7.4.3.7 BAF对不同分子量区间有机物的去除

采用7.1.1.5节所述超滤膜分离法分析了原水、预臭氧出水以及BAF出水的有机物分子量分布情况，如图7-29所示。

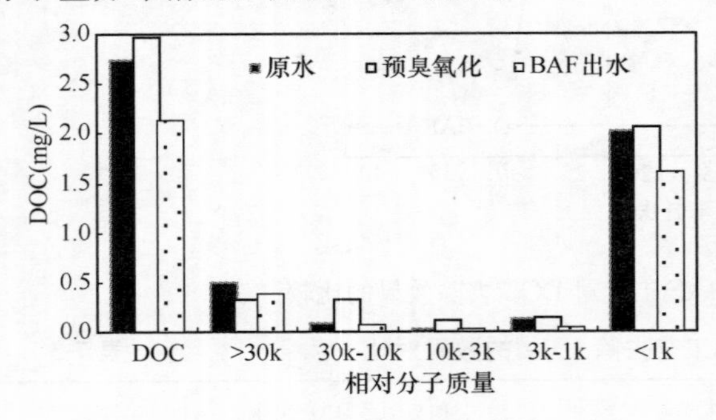

图7-29 预臭氧化和BAF出水的有机物分子量分布情况

可见，原水中小分子有机物含量较高，相对分子质量低于1000的有机物占DOC的比例达到73.4%；经预臭氧化处理后，相对分子质量1000～30000的有机物都有不同程度的增加，而大于30000的DOC降低；经过BAF处理后，相对分子质量1000～30000的有机物去除明显，尤其是相对分子质量低于1000的有机物去除率达到了22.3%，而这部分有机物一般认为在常规工艺中难以得到去除。一般认为，生物氧化对有机物的去除机理包括：（1）微生物对小分子有机物的降解；（2）微生物胞外酶对大分子有机物的分解作用；（3）生物吸附絮凝作用。结合前述对BDOC去除情况的研究，可认为有机物在BAF中的去除主要依赖于微生物的作用，其中包括了对大分子有机物的分解作用和对小分子有机物的降解作用。

7.4.4 BAF出水生物稳定性分析

7.4.4.1 BAF对BDOC的去除

本研究考察了BAF对BDOC的去除效果。以悬浮培养28d后水样中剩余的DOC值视为是水中有机物不可生物降解的部分，即NBDOC。当BAF空床停留时间为30min时，对BDOC的去除情况如表7-4所示。

BAF对BDOC的去除效果 表7-4

结果 / 项目	DOC			BDOC			NBDOC		
	1	2	3	1	2	3	1	2	3
BAF进水	2.775	2.740	2.794	0.418	0.484	0.513	2.357	2.256	2.281
BAF出水	2.469	2.427	2.533	0.169	0.215	0.273	2.300	2.212	2.260
去除率（%）	11.0	11.4	9.3	59.6	55.6	46.8	2.4	2.0	0.9
平均去除率（%）	10.6			54.0			1.8		

可见，三次检测中原水中BDOC均值为0.472mg/L，远高于本研究提出的水质生物稳定性标准0.2～0.25mg/L，属于生物不稳定水。经曝气生物滤池处理后，DOC的去除率平均为10.6%，但BDOC去除显著，平均去除率达到了54.0%，BAF出水BDOC均值为0.219mg/L，接近生物稳定性的标准，再经过后续处理，应能满足水质生物稳定的要求。吴红伟等的研究表明，生物陶粒预处理对BDOC的去除率为60%，本研究的结果与之相近。因此采用生物预处理技术可有效地去除溶解性有机物，提高出厂水的生物稳定

性。注意到 BAF 对 NBDOC 的去除情况，平均去除率仅为 1.8%，可见在 BAF 中被去除的有机物主要是可生物利用的那部分，因此可生化性强的原水较适于进行生物预处理。

7.4.4.2 BAF 出水的微生物再生长潜力分析

本研究同时考察了 BAF 出水的微生物再生长潜力（BRP）。当 BAF 空床停留时间为 30min 时，进出水的 BRP 值变化情况如图 7-30 所示。

可见，BAF 对 BRP 的去除效果要低于对 BDOC 的去除。在 4 次检测中，BAF 的进水 BRP 为（0.45～1.1）×10^5CFU/mL，出水 BRP 为（0.34～0.72）×10^5CFU/mL，平均去除率为 34.6%。

综上所示，单独依靠 BAF 难以保证出水的生物稳定性；但由于其对有机物尤其是 BDOC 较高的去除率，将其作为净水工艺的预处理单元，与常规工艺或其他工艺相结合，是一条经济、简便、易于实施，且能很好地提高出水生物稳定性的途径。

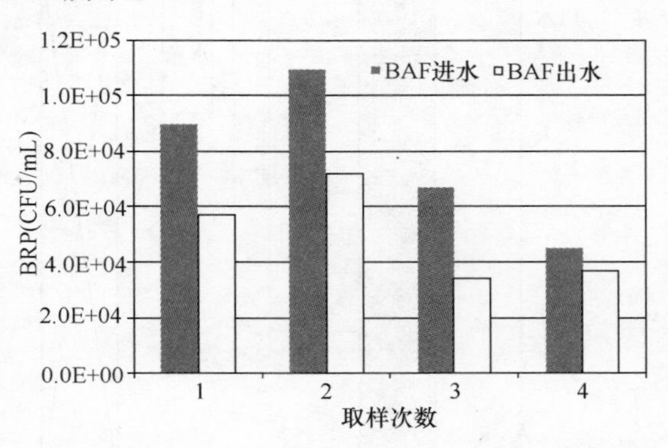

图 7-30 BAF 对 BRP 的去除效果

7.5 生物活性炭

所谓生物活性炭（Biological Activated Carbon，BAC）是以活性炭为载体进行生物膜培养，利用生物降解和吸附协同作用而降解水中有机污染物的一种水处理工艺。活性炭表面及大孔内栖息着大量好氧细菌、原生动物和后生动物等，形成了有机污染物—细菌—原生动物（后生动物）的食物链。该工艺还充分利用了生物活性炭的优良的吸附性能，特别能有效地吸收水中产生臭和味的有机物，给微生物的生长创造了良好的条件。

臭氧-生物活性炭联合工艺首先于 1961 年在德国使用，70 年代开始了大规模研究和应用，其中具有代表性的是瑞士的 Lengg 水厂和法国的 Rouen La Chapella 水厂。

臭氧化-生物活性炭技术是生物活性炭与臭氧的联用技术，可以有效提高水的生物稳定性、去除某些 DBP 前体物。臭氧氧化与生物处理工艺联用主要是通过利用臭氧氧化作用将有机物转化成更易生物降解的物质，将大分子转化成小分子，从而更容易被后续的生物活性炭去除，同时，前臭氧化还可提高水中溶解氧的含量。与单纯使用活性炭相比，生物活性炭具有明显的生物活性，可以使吸附能力提高 4～20 倍，同时大大延长活性炭的再生周期，可延长至 3～5 年。

7.5.1 试验装置与方法

本研究建立了一套 O_3-BAC 深度处理工艺试验装置，臭氧接触反应柱及生物活性炭滤柱均为有机玻璃材质，设备简图及现场照片如图 7-31、图 7-32 所示。

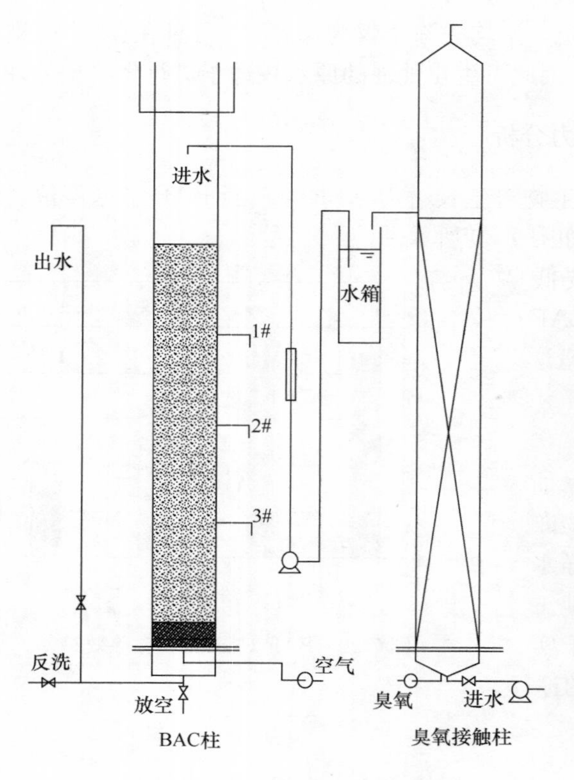

图 7-31　O_3-BAC 试验装置示意图

图 7-32　BAC 实验现场图

本试验装置的相关设计参数如表 7-5 所示。

O_3-BAC 深度处理试验装置设计参数　　　　表 7-5

设 计 参 数	数 值
几何尺寸	ϕ100×2600mm
活性炭类型	果壳碳、不规则破碎状
活性炭填充高度	1.2m
底部砂层厚度	300mm
进水方式	下向流
空床停留时间	15～60min
臭氧接触反应柱几何尺寸	ϕ90×2500mm
臭氧投加量	0.5～3mg/L
臭氧接触时间	5～15min

7.5.2　BAC 的启动

本研究生物活性炭滤柱从 2008 年 11 月 20 日开始启动，启动期间进水为曝气生物滤柱出水（亦即采用全生物处理流程），臭氧反应装置未启动。启动期间 BAC 出水的 COD_{Mn}变化情况如图 7-33 所示。

新填装的活性炭吸附能力强，表现为初期滤柱出水 COD_{Mn} 较高的去除率，但活性炭的吸附容量很快趋于饱和，连续运行 1 个月后，COD_{Mn} 去除率已由初始的 82.1%下降为 32.9%；随后的 1 个月中，COD_{Mn} 的去除率下降趋势减缓；到连续运行 2 个月，即 2009 年 1 月 20 日后，COD_{Mn} 去除率趋于稳定。有研究认为，尽管启动一定时间后，BAC 对有机物的去除率趋于稳定，但活性炭上附着的生物膜完全成熟还需要很长的时间。然而，从工程应用的角度来说，不必严格考察生物活性炭上生物膜的发育程度。可以认为，以有机物去除率为衡量标准，在不采取臭氧氧化时，本试验采用的 BAC 滤柱的挂膜启动时间为 2 个月。

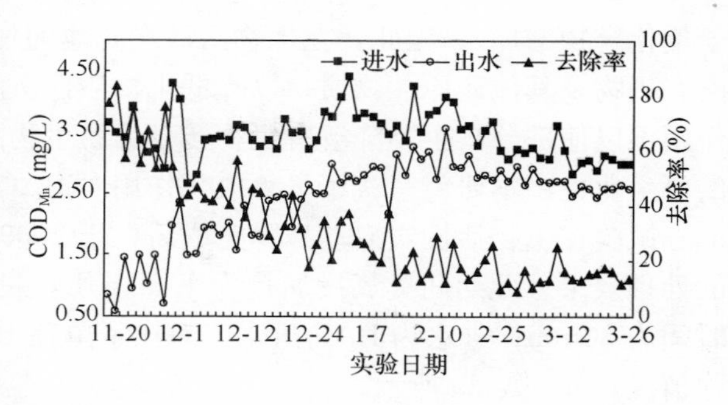

图 7-33 BAC 启动期间对 COD_{Mn} 的去除情况

7.5.3 BAC 对有机物的去除效果

7.5.3.1 水温对 BAC 去除效能的影响

试验考察了从 2009 年 1 月 20 日（BAC 挂膜启动完成后）到 5 月 15 日期间水温对有机物去除效果（以 DOC 的去除率计）的影响。期间最低水温 3.5℃，最高水温 20.5℃；DOC 最大去除率 25.2%，最小去除率 8.3%。水温与 DOC 去除率之间的相互关系如图 7-34 所示。

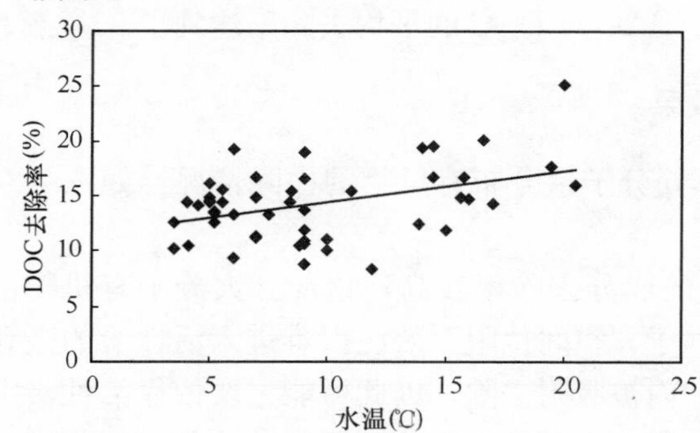

图 7-34 水温与 BAC 去除 DOC 效率的相互关系

由图 7-34 可见，尽管试验期间内水温变化幅度大（3.5～20.5℃），但试验观察到，DOC 去除率与水温的相关性较弱，即水温对 DOC 去除的影响不显著。这一点与在 BAF 中观察到的情况有所差异，其主要原因可能是在 BAC 系统内，不仅存在着受水温影响显著的生物降解作用，还存在着较强的物理吸附作用，而后者受温度影响较小；因而综合来看，BAC 中有机物的去除率对水温的敏感性要低于 BAF 系统。

7.5.3.2 单独 BAC 与 O_3-BAC 的比较

臭氧具有很强的氧化性，氧化还原电位仅次于氟，在水溶液中能迅速而广泛地氧化某些元素和有机化合物，即使在低浓度条件下也能瞬间完成。臭氧对水体的净化作用也正是通过这种强氧化性来实现的。臭氧氧化对水质的改变包括：形成羟基、羧基、羰基等官能团；使有机物的极性和亲水性增强，双键和芳香性减少，平均分子量分布发生偏移（低分子量化合物增加）。因此，在生物活性炭滤池前加设臭氧氧化，一方面可以初步氧化水中的有机物及其他还原性物质，以降低生物活性炭滤池的有机负荷；另一方面，臭氧预氧化作用可以使部分难生物降解有机物转变为易生物降解物质，从而提高生物活性炭滤池进水的可生化性。本研究考察了臭氧氧化作用对BAC处理效果的影响。

试验在生物活性炭启动挂膜完成后，于2009年5月启动了臭氧氧化单元以加强BAC的处理效果。此期间臭氧投加量为1.5mg/L，臭氧接触时间为20min，BAC的空床停留时间为30min；进水为BAF出水。对比了单独BAC和O_3/BAC运行过程中对DOC的去除情况，如图7-35所示。

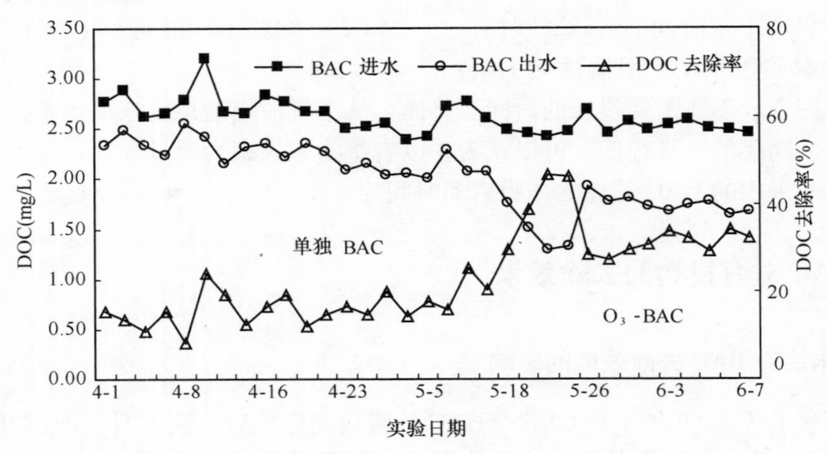

图7-35　单独BAC滤柱和O_3/BAC滤柱去除有机物效能对比

由图7-35可见，采用臭氧氧化后，BAC对有机物的去除能力得到了显著提升，单独BAC对DOC的平均去除率为16.4%，而O_3/BAC对DOC的平均去除率达到了33.7%。

7.5.3.3　BAC对不同分子量有机物的去除效果

试验采用超滤膜分离法分析了BAC对不同分子量分布有机物的去除情况，如图7-36所示。

可见，BAC对相对分子质量大于30000的成分去除率较高，这部分大分子有机物由于“空间位阻”效应很难进入活性炭的微孔内被吸附去除，因此可能主要依靠活性炭上附着生长的微生物利用胞外酶的水解作用去除的，这也体现在相对分子量为30000～10000的有机物的增加；而相对分子量在10000以下的小分子有机物在BAC内同样有很好的去除效果，这部分有机物的去除则是依靠生物降解和吸附的协同作用。

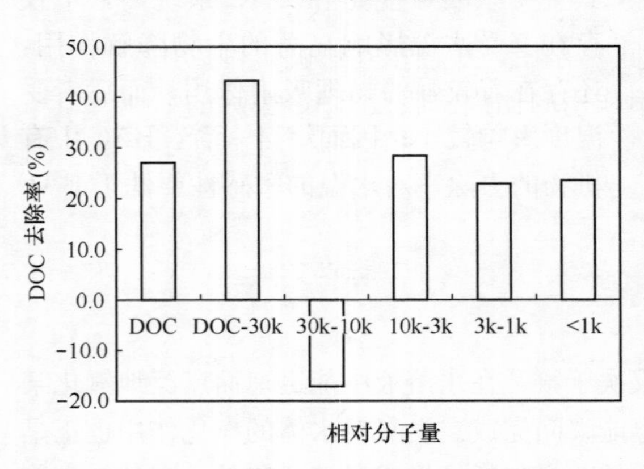

图7-36　BAC对不同分子量有机物的去除

试验对比了单独BAC和O_3/BAC对不同分子量分布的有机物去除情况，如图7-37所示。

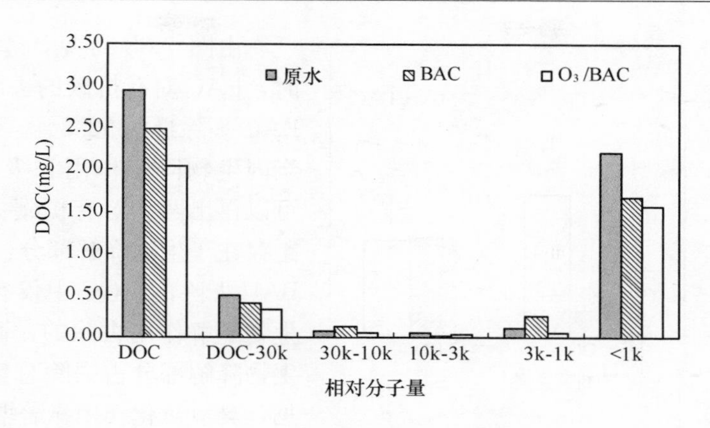

图 7-37 BAC及 O_3/BAC对不同分子量区间有机物的去除效果

单独BAC与 O_3/BAC对DOC的去除率分别是15.6%和30.4%，两者去除率相差近一倍，ΔDOC的差值为0.435mg/L。通过分析BAC出水中有机物的分子量分布可见，两者对有机物去除率的差异主要在于：（1）相对分子量＞30000的大分子有机物，单独BAC的去除率为18.6%，而 O_3/BAC的去除率为34.2%，主要是由于臭氧氧化作用降解了大分子有机物；（2）相对分子量＜3000的小分子有机物，单独BAC的去除率为16.7%，而 O_3/BAC的去除率为29.6%，此部分ΔDOC的差值为0.300mg/L。可见，就BAC单元而言，两种工况中小分子有机物去除效果的差异是最为主要的。因为可生物降解有机物的主要成分是小分子有机物，而臭氧氧化提高了小分子有机物的成分，增加了可生物降解有机物的含量。

7.5.3.4 生物活性炭中吸附与生物降解的协同作用分析

生物活性炭通过活性炭的物理吸附与活性炭表面附着微生物群落的生物降解这两种作用来去除水中的天然有机物（NOM）。一般将水中溶解性有机碳（DOC）按其生物降解性和可吸附性分为4类：可吸附不可生物降解有机碳（ADOC）、不可吸附可生物降解有机碳（BDOC）、可吸附又可生物降解有机碳（A&BDOC）和不可吸附又不可生物降解有机碳（NRDOC）。其中，ADOC、BDOC和A&BDOC可以被BAC有效去除（物理吸附作用和生物降解作用），NRDOC则完全不能被BAC去除。

BAC内部生物降解作用与物理吸附作用同时存在，并且相互影响。可以用简单的水质参数的分析来得出生物降解作用和物理吸附作用的比例。假设BAC去除的DOC即进、出水DOC差值ΔDOC，由两部分组成：一部分是被生物降解的，可用进出水的BDOC差值表示，而另一部分则是被活性炭吸附而去除的。用下面的等式来表示：

$$\Delta DOC = DOC_{in} - DOC_{eff}$$

$$DOC_{bio} = BDOC_{in} - BDOC_{eff}$$

$$DOC_{absor} = \Delta DOC - DOC_{bio}$$

式中，ΔDOC为BAC进出水DOC差值；DOC_{bio}为生物作用去除的DOC；DOC_{absor}为吸附作用去除的DOC。

试验对比了不采用臭氧氧化的BAC以及 O_3/BAC两种工况下，BAC对有机碳的去除作用分析，如图7-38所示。

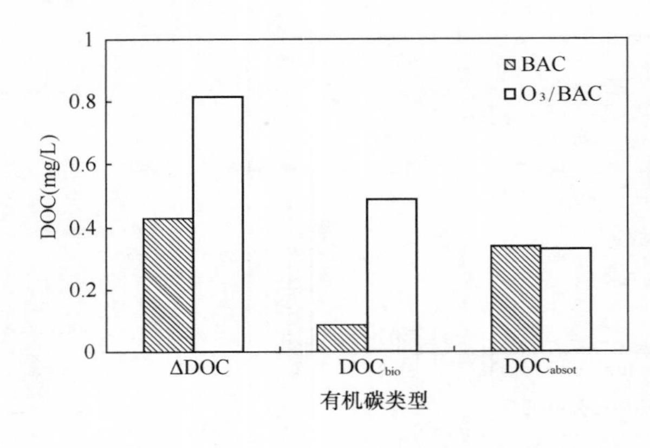

图7-38　单独BAC和O_3/BAC去除不同类型有机碳的比较

由图7-38可见，不投加臭氧氧化时，BAC对有机碳的去除只相当于O_3/BAC去除量的52.3%。通过对生物活性炭内生物降解作用和吸附作用的分析，可以得出两者对有机碳去除量的主要差距存在于生物降解部分：不投加臭氧时，BAC去除的DOC中仅有20.4%是依靠生物降解作用去除的；而在O_3/BAC中生物降解部分占去除总量的59.8%。可见，臭氧氧化作用显著增加了BAC进水中可生物降解有机碳，尤其是可快速生物降解的有机碳成分。就吸附作用而言，两种工况下依靠吸附去除的有机碳部分相差不显著。

7.5.4　BAC出水生物稳定性分析

本研究对生物活性炭进行了多种工艺路线的考察，主要包括：

路线Ⅰ：原水——曝气生物滤池（BAF）——生物活性炭（BAC）

路线Ⅱ：原水——预臭氧化——BAF——BAC

路线Ⅲ：原水——BAF——臭氧化——BAC

路线Ⅳ：原水——混凝——微滤——BAC

上述四种工艺路线都将BAC作为深度处理单元，利用BAC对有机物的高效去除，来保障出水的生物稳定性。同时，工艺路线的设计也是针对不同类型小城镇供水企业的需求而定，具有选择上的灵活性。

考察了上述4种工艺路线中BAC对水质生物稳定性的影响，对BDOC的去除效果总结如图7-39所示。图中，检测次数1、2、3、4次为路线Ⅳ；5为路线Ⅰ；6、7为路线Ⅱ；8、9为路线Ⅲ；按照BAC单元进水BDOC值的升序排列。

可见，本研究中采取的不同工艺路线使得BAC进水BDOC值呈现出较大的分布范围，进水BDOC最小值为路线Ⅳ，因为混凝-微滤单元对BDOC已有很高的去除率（下节中将详述）；而进水BDOC最大值为路线Ⅲ，因为臭氧氧化作用显著提高了水中BDOC。整个试验中，BAC进水BDOC范围为：0.065～0.690mg/L，极值相差10倍左右。

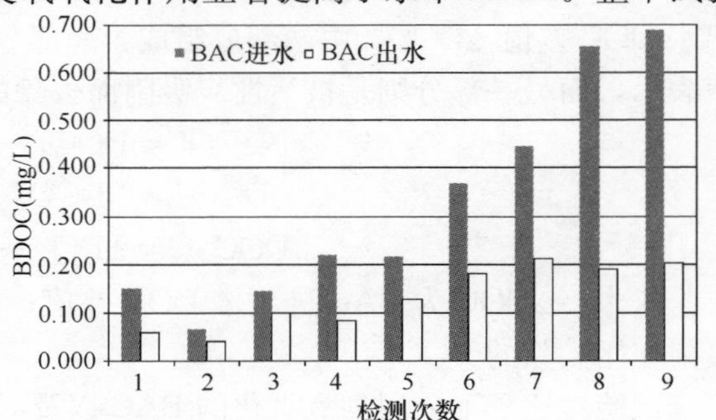

图7-39　BAC对BDOC的去除效果

从试验结果可见，尽管BAC进水BDOC值分布较广，但BAC对BDOC的去除效果却较为稳定，出水BDOC值为0.040～0.211mg/L，均值为0.132mg/L；去除率为31.9%～71.3%，平均去除率为53.4%；进水BDOC值高时，去除率高。由于管网水质生物稳定性

BDOC 阈值要求 0.20～0.25mg/L，在四种不同工艺路线中，尽管其进水 BDOC 差异较大，甚至超过阈值要求 3 倍以上，但 BAC 仍能保证最终出水 BDOC<0.25mg/L，是保障水质生物稳定性的有效方法。

7.6 微滤工艺

微滤（MF）是世界上开发应用最早、制备方便、价格便宜和应用范围较广的膜技术。微滤是以静压差为推动力，利用膜的“筛分”作用进行分离的压力驱动型膜过程。微滤膜具有比较整齐、均匀的多孔结构，在静压差的作用下，小于膜孔的粒子通过滤膜，大于膜孔的粒子则被阻拦在滤膜面上，使大小不同的组分得以分离，其作用相当于“过滤”。

以微滤(MF)、超滤(UF)为代表的低压膜分离技术是当前饮用水处理领域的研究热点，具有广泛的应用前景。由于微滤膜孔径大多在 0.1μm 以上，一般认为微滤对悬浮物质、胶体、细菌等具有良好的去除效果，但对于溶解性有机物的去除率不高，单独微滤工艺的出水难以保证生物稳定性。本研究建立了一套混凝-微滤中试装置，重点考察了影响水质生物稳定性的指标包括 BDOC 和磷的去除效果，研究探讨利用混凝-微滤工艺提高饮用水生物稳定性的技术方法。

7.6.1 试验装置与方法

本研究采用的中试装置工艺流程如图 7-40 所示。

试验采用的中空纤维微滤膜是天津膜天公司的帘式微滤膜，膜孔径 0.2μm，膜面积 $75m^2$；膜组件设在单独的膜池中，底部设穿孔管曝气，以降低膜面污染。

中试装置设于北方某市 L 水厂内，以该厂进水（属滦河水）为试验原水，试验规模约 $1m^3/h$。试验工艺路线为：原水经在线投加混凝剂后，在反应池内进行混凝反应，随后进入膜池，抽吸泵间歇式工作，工作周期为抽吸 8min、停止 2min，微滤产水收集于产水箱中。

本研究采用的操作参数如表 7-6 所示。

试验工艺参数 表 7-6

工艺参数	内 容
混凝剂	三氯化铁
混凝反应时间	15min
微滤膜通量	12～15L/(m^2·h)
膜池曝气强度（气水比）	8:41～10:1

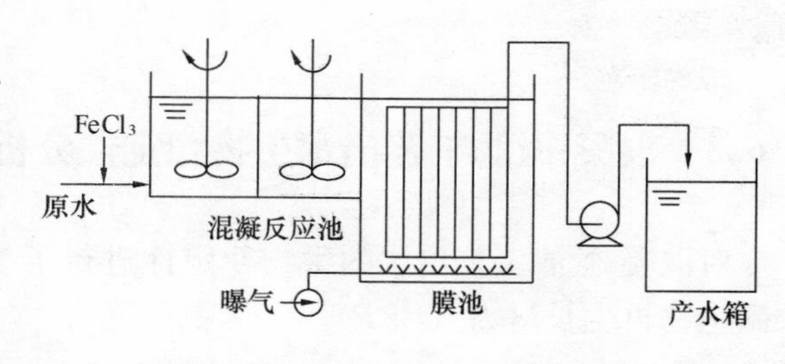

图 7-40 浸没式混凝-微滤中试装置工艺流程图

7.6.2 混凝-微滤工艺对有机物的去除效果

7.6.2.1 COD_{Mn}的去除

中试试验采用 $FeCl_3$ 作为混凝剂，投加量为 2mg/L（以 $FeCl_3$ 计），远低于水厂常规工艺的投加量。混凝-微滤工艺对水中耗氧量（COD_{Mn}）的去除效果如图7-41所示。

原水COD_{Mn}均值为4.14mg/L，混凝-微滤可显著去除原水COD_{Mn}，出水均值为2.16mg/L，满足《生活饮用水卫生标准》GB 5749—2006对耗氧量的限值要求（3mg/L），平均去除率达到47.2%。

7.6.2.2 DOC的去除

混凝-微滤工艺对水中溶解性有机碳（DOC）的去除情况如图7-42所示。

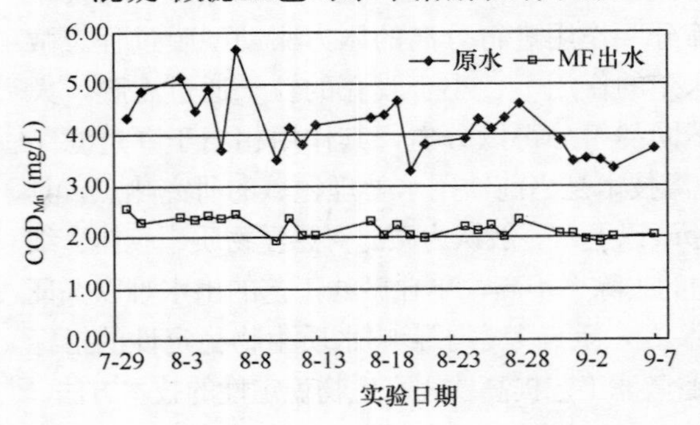

图7-41 混凝-微滤工艺对COD_{Mn}的去除情况

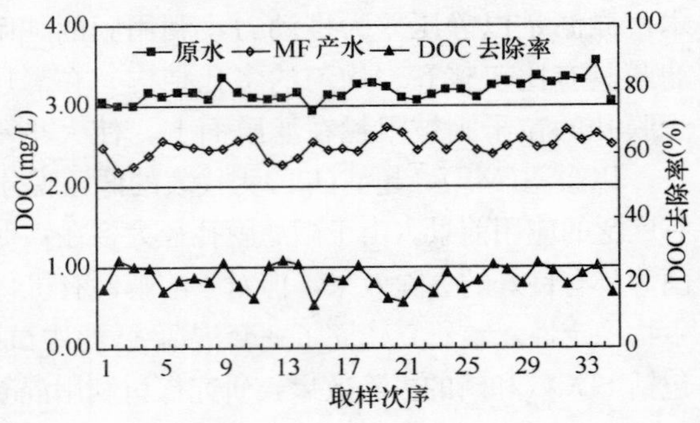

图7-42 混凝-微滤工艺对DOC的去除情况

图7-42的试验数据取自2009年8月～2009年11月。原水的DOC均值为3.18mg/L，混凝-微滤产水的DOC均值为2.49mg/L，平均去除率为21.4%。可见，尽管单独的微滤膜筛分截留作用去除有机物尤其是溶解性有机物的效率不高，但采用混凝预处理后，仅投加少量的混凝剂（2mg/L），即可使颗粒物聚集增大，同时增加了溶解性物质的吸附截留几率，显著提高了溶解性有机物的去除率。

同时，该中试试验装置从2009年7月～2010年7月（2010年试验数据未包括在本文内），运行一年时间内，从未进行化学清洗，跨膜压差＜25kPa。主要原因可能一方面是由于产水通量较小，另一方面是由于投加混凝剂预处理有效地降低了微滤膜的不可逆污染速率。

7.6.3 混凝-微滤工艺出水生物稳定性分析

对混凝-微滤工艺出水的生物稳定性进行了考察，主要考察指标包括BDOC、磷，以及微生物再生长潜力（BRP）。

7.6.3.1 MF对BDOC的去除

本研究考察了混凝-微滤工艺对水中BDOC的去除情况，结果如图7-43所示。

试验原水BDOC为0.291～0.535mg/L，均值为0.370mg/L，为生物不稳定水。经过混凝-微滤工艺处理后，出水BDOC为0.088～0.219mg/L，均值为0.131mg/L。根据文献推荐的饮用水生物稳定性BDOC阈值范围，混凝-微滤产水可满足生物稳定性的要求。

混凝-微滤工艺对BDOC的平均去除率达到了64.1%，高于DOC的去除率。本研究深入探讨了混凝-微滤工艺对不同分子量分布区间的有机物去除效果，结果如图7-44所示。

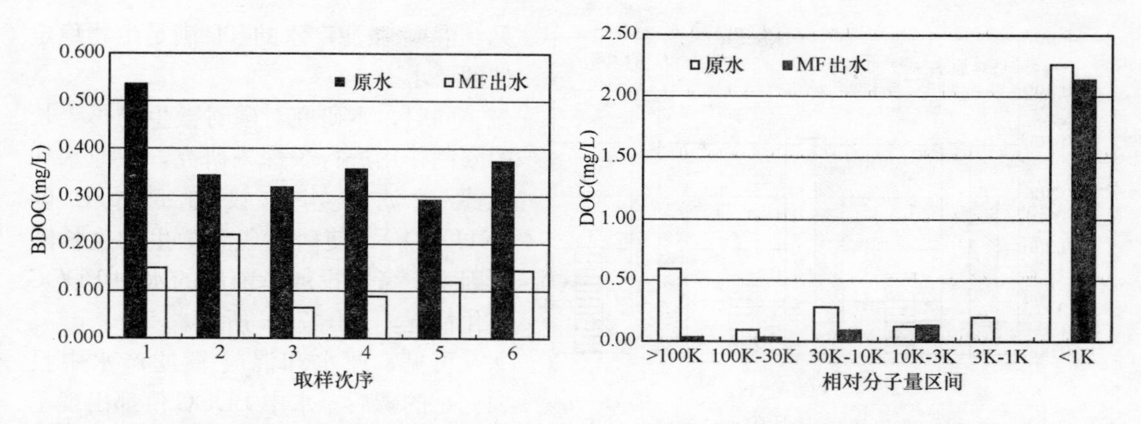

图 7-43 混凝-微滤工艺对 BDOC 的去除效果

图 7-44 混凝-微滤工艺对不同分子量区间的有机物的去除情况

可见，混凝-微滤工艺对于大分子区间的有机物去除效果显著，而对小分子有机物的去除率较低。该工艺对相对分子量大于 30K 的有机物去除率达到 91.2%，对 30K～10K 区间的有机物去除率为 67.3%，而对相对分子量小于 10K 的有机物去除率仅为 12.0%。因而，混凝-微滤工艺对 BDOC 的高去除率主要是因为有相当比例的 BDOC 为大分子有机物，在混凝-微滤单元中主要去除的是大分子的 BDOC。

7.6.3.2 MF 深度除磷效果分析

在水中有机物浓度较高时，磷可能成为管网细菌再生长的限制因子。有研究认为，总磷（TP）作为一项易于检测的指标，作为我国饮用水生物稳定性的控制指标具有理论与实践的可行性，并提出 TP<5μg/L 的生物稳定性限值。本研究对混凝-微滤去除水中 TP 的效果进行研究，结果如图 7-45 所示。

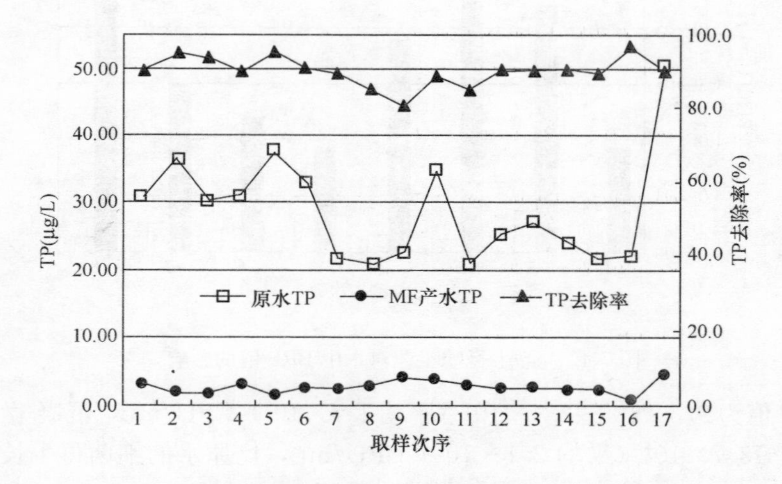

图 7-45 混凝-微滤工艺对 TP 的去除效果

原水 TP 含量较低，为 20.93～50.54μg/L，均值为 30.1μg/L，混凝-微滤可显著去除水中的磷，出水 TP 为 0.64～4.83μg/L，均值为 2.67μg/L，平均去除率达到 90.4%。可

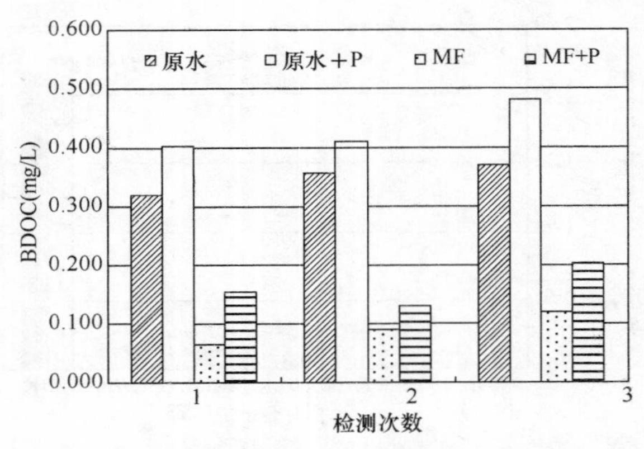

图7-46　投加充足磷后水中BDOC的变化情况

见，混凝-微滤产水的TP满足生物稳定性的要求。

同时，本研究对磷对微生物再生长的限制作用进行了深入研究，在原水和混凝-微滤产水中投加50μg/L磷（KH_2PO_4），使磷不成为微生物生长限制因素，考察投加磷前后的水中BDOC变化情况，如图7-46所示。

可见，原水和混凝-微滤产水中投加充足的磷后，水中BDOC值都出现了不同程度的增加。原水BDOC的增加幅度平均为23.5%，而混凝-微滤产水BDOC的增加幅度达到86.2%。由于BDOC的检测过程依赖于水中微生物的生长，磷含量对BDOC检出结果的影响说明了磷对微生物生长活动的限制作用。在水样中投加磷后，微生物的无机营养基质充分，生长更活跃，对有机物的利用也相应增加，体现为BDOC检出结果的增大。在磷充足的条件下，BDOC的检出值可称为潜在BDOC（$BDOC_{potential}$）；而常规检出的BDOC值是本底BDOC（$BDOC_{native}$），二者的差值可以显示磷的限制作用大小。因而，混凝-微滤工艺对BDOC的高效去除还与其出水含磷量低有关。

7.6.3.3　MF出水细菌再生长潜力分析

本研究考察了混凝-微滤出水的细菌再生长潜力（BRP），结果如图7-47所示。

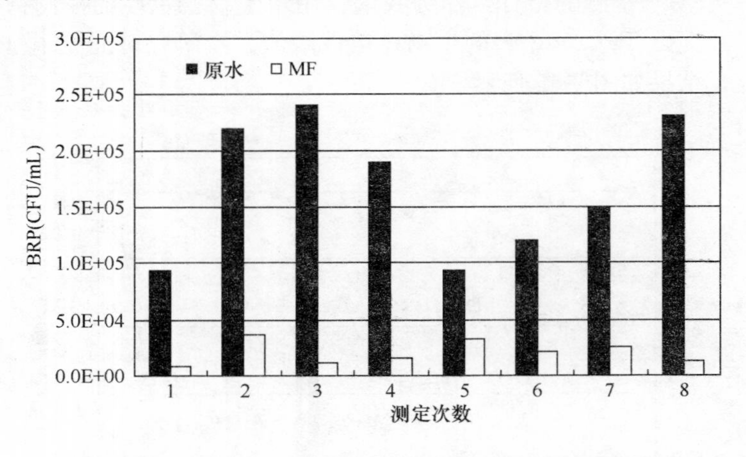

图7-47　混凝-微滤工艺对水中BRP值的影响

原水BRP值为$9.3\times10^4\sim2.4\times10^5$（平均$1.7\times10^5$）CFU/mL，混凝-微滤出水BRP值为$8.0\times10^3\sim3.7\times10^4$（平均$2.1\times10^4$）CFU/mL，比原水的细菌再生长潜力降低了一个数量级。

综合以上分析可知，混凝-微滤工艺可有效去除原水中的BDOC、TP和BRP，采用混凝-微滤工艺能显著提高饮用水的生物稳定性，有效控制水中细菌再生长情况。

7.6.4 小结

1. 采用投加混凝剂的预处理方法，可显著提高微滤工艺对有机物的去除效果，对原水COD_{Mn}的平均去除率可达47.1%，满足《生活饮用水卫生标准》GB 5749—2006对耗氧量的限值要求；对溶解性有机碳DOC的去除率可达21.4%。

2. 原水BDOC不仅与小分子有机物有关，而且有相当比例部分是大分子有机物。

3. 混凝-微滤工艺对BDOC的去除率可达64.1%，出水BDOC均值为0.131mg/L，满足饮用水生物稳定性要求。该工艺对BDOC的去除主要与高效去除相对分子量大于10K的有机物有关。

4. 混凝-微滤工艺可显著去除水中的磷，出水TP低于5μg/L；混凝-微滤出水中磷对微生物生长的限制作用明显，水中TP含量对于评价和控制饮用水生物稳定性具有实践意义。

5. 混凝-微滤工艺可将原水的细菌再生长潜力（BRP）降低一个数量级。

6. 采用混凝-微滤工艺，在仅投加少量混凝剂的情况下，可有效去除原水中的有机物，尤其是对BDOC，TP和BRP等反映饮用水生物稳定性的指标去除效果明显，因而采用该工艺能够提高饮用水的生物稳定性，控制水中细菌的再生长。

7.7 超滤工艺

随着水工业的科技发展，“两虫”（贾第鞭毛虫和隐孢子虫）、藻类、致病原生动物以及饮用水生物稳定性等问题日益成为人们关注饮水安全的热点问题。李圭白院士提出，亟需研究开发更加安全有效的第三代饮用水处理技术。第三代净水工艺应该具有绿色工艺的特点，在提高效率和优化效果的同时，能够提高资源和能源的利用效率，减轻污染负荷，改善环境质量；而超滤技术由于其自身优越的特点，被认为是第三代净水工艺的核心技术。

超滤技术从20世纪70年代开始进入工业应用的快速发展阶段，生产超滤膜的公司从开始的Amincon发展到如今的几十家；同时，国产超滤膜尽管起步较晚，近年来也取得了长足的进步，在品种数量、组器形式等方面与国外厂家差距不大，但膜的质量（如孔径分布、截留率、抗污染性能等）及产品的系列化、标准化、高精度系列、特种膜方面尚有一定差距。

超滤膜材料已从最初的醋酸纤维素（CA）扩展到聚苯乙烯（PS）、聚碳酸酯（PC）、聚丙烯腈（PAN）、聚醚砜（PES）、Ny尼龙及聚偏氟乙烯（PVDF）等。组器形式包括实验室型、板式、管式、中空纤维式和卷式等。

目前，世界上采用膜滤的城市给水厂正呈加速发展态势。在北美，采用超滤和微滤的城市水厂已发展到250余座，总处理水量从数万吨发展到$110 \times 10^4 m^3/d$。日本膜滤水厂产水能力已达$400 \times 10^4 m^3/d$。新加坡已建成产水量为$27.5 \times 10^4 m^3/d$的大型超滤水厂。全世界超滤水厂的总产水能力在1997年为$20 \times 10^4 m^3/d$，2006年已发展到$800 \times 10^4 m^3/d$。

在饮用水处理领域，超滤能有效地去除水中颗粒物，使出水浊度降低至0.1NTU以下，并能去除大分子有机污染物，几乎100%的截留两虫、水蚤、红虫、藻类、细菌甚至病毒等微生物，但是单独超滤对水中溶解性有机物的去除能力非常有限，尤其是小分子量、易生物降解有机物，超滤几乎不能去除。因而探讨超滤技术与其他工艺的组合，深度去除有机污染物等营养基质，以提高水质生物稳定性，是本课题的主要研究目标之一。

7.7.1　试验装置

建立一套可自控运行的超滤小试装置，如图7-48所示。

图7-48　超滤装置及超滤膜

试验采用的超滤膜是由东丽（Toray）公司提供的PVDF超滤膜组件（试验型），具体参数见表7-7：

超滤膜组件相关参数　　表7-7

膜过滤方式		外压式
性能	名义膜孔径	0.05μm
	初始通量	≮100L/h*
操作条件	温度	≯40℃
	操作压力	≯200kPa
		最大300kPa
	跨膜压差	最大300kPa
	适应pH范围	运行1～10
		清洗0～12
尺寸	膜面积	0.164m²
	长度	343mm
	直径	62mm
材质	中空膜丝	PVDF
	外壳	聚苯乙烯

注：* 初始通量不同于设计通量，其测试条件是：纯水、25℃、跨膜压差50kPa

7.7.2 工艺路线与试验内容

以滦河水为试验原水，分别进行了原水直接超滤和在线混凝-超滤两种工艺路线的研究。试验工艺路线如图 7-49 所示，其中原水直接超滤时不投加混凝剂。

（1）原水直接超滤：原水池内的原水直接由泵加入超滤膜组件，不投加任何药剂；

（2）在线混凝-超滤：原水经在线投加混凝剂后，在反应池内进行混凝反应，混合液经泵直接加入超滤膜系统，滤后水收集于产水箱内。

试验的操作参数如表 7-8 所示。

试验工艺参数 表 7-8

工艺参数	内 容
混凝剂	聚合氯化铝（Al_2O_3 含量 27%）
混凝反应时间	12min
超滤膜通量	73L/(m^2·h)
超滤产水周期	30min
超滤操作方式	外压式，全流过滤
超滤反冲洗方式	气-水联合反冲洗
气洗强度	8NL/h
水洗强度	1.5～2 倍进水流量
超滤膜清洗药剂	HCl、NaOH、NaClO

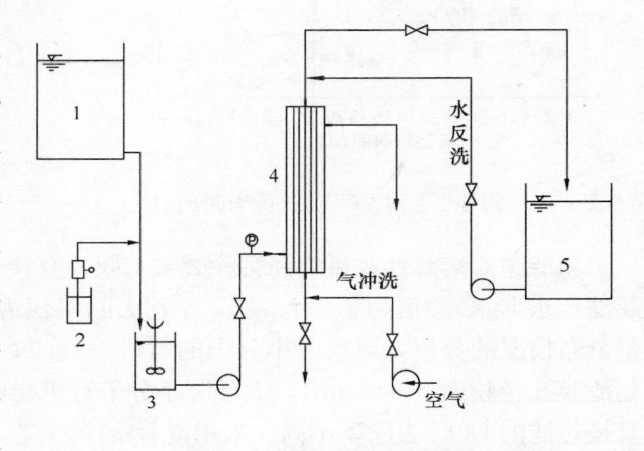

图 7-49 超滤试验工艺流程图
1—原水池；2—混凝剂投加；
3—混凝反应池；4—超滤膜；5—产水箱

7.7.3 在线混凝-超滤工艺对有机物的去除效果

7.7.3.1 COD_{Mn}去除效果

试验对比了原水直接超滤与在线混凝-超滤两种工艺路线的处理效果，重点考了有机物指标（COD_{Mn}和 DOC）的去除情况。对比试验中在线混凝-超滤工艺的聚铝投加量为 30mg/L。

试验研究分两阶段进行，直接超滤阶段原水 COD_{Mn}均值为 3.57mg/L，超滤产水 COD_{Mn}均值为 2.59mg/L，平均去除率为 27.2%；在线混凝-超滤阶段原水 COD_{Mn}均值为 3.77mg/L，超滤产水 COD_{Mn}均值为 2.16mg/L，平均去除率为 42.3%。结果如图 7-50 所示。

COD_{Mn}是衡量水中有机物及还原性无机物含量的综合性指标，其中颗粒和胶体物质占有一定比例，原水直接超滤对 COD_{Mn}有一定的去除率，主要是由于对颗粒性、胶体性物质的良好去除；而采用在线混凝-超滤工艺则显著提高了对 COD_{Mn}的去除效果。

7.7.3.2　DOC去除效果

两种工艺对溶解有机碳的去除效果对比如图7-51所示。

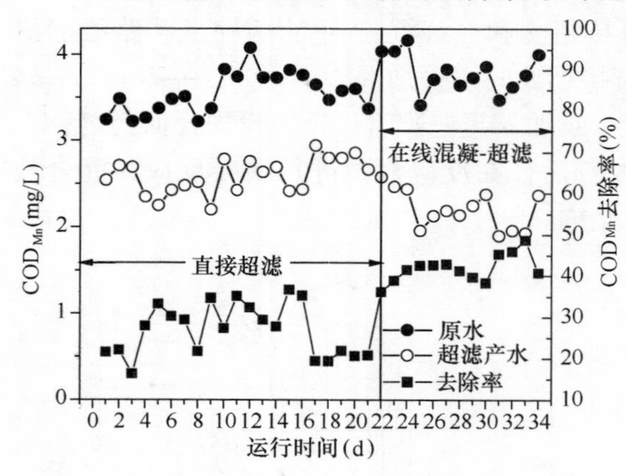

图7-50　两种工艺对COD_{Mn}去除效果的对比

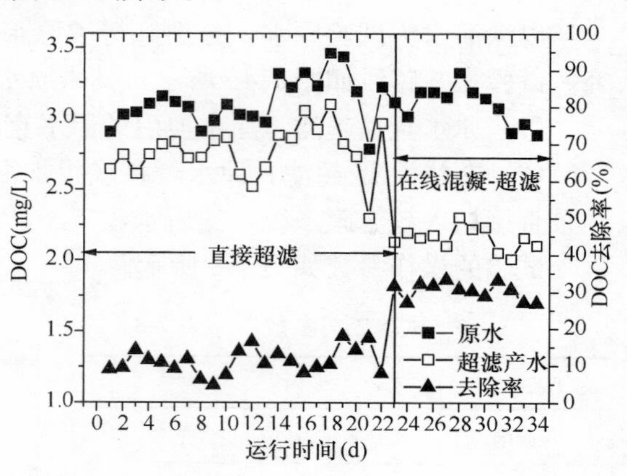

图7-51　两种工艺对DOC的去除效果对比

超滤膜对溶解性有机物的去除效果有限，直接超滤阶段原水DOC均值为3.12mg/L，超滤产水DOC均值为2.77mg/L，平均去除率仅为11.1%。根据对原水中有机物的分子量分布情况的分析，原水中小分子的有机物（<10KD）占DOC的80.6%，而试验采用超滤膜孔径较大（0.05μm），大部分小分子有机物可通过超滤膜留在渗透液中，因而原水直接超滤的DOC去除率不高。采用混凝-超滤工艺，对溶解性有机物去除效果的提高十分显著，原水DOC均值为3.09mg/L，超滤产水DOC均值为2.15mg/L，平均去除率达到30.3%，DOC去除率比原水直接超滤提高了近3倍。

7.7.3.3　混凝剂投加量分析

试验研究了聚合氯化铝（PAC）的投加量对溶解性有机物去除效果的影响。考察的PAC投加量为0、0.7、1.4、2.1、2.9、4.3mg/L（以Al计），结果如图7-52所示。

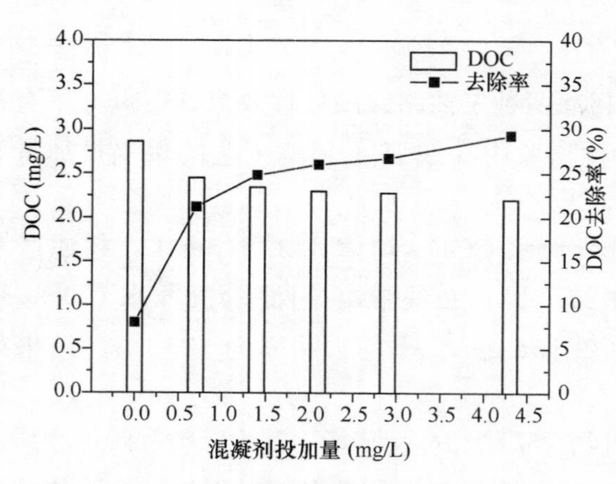

图7-52　混凝剂投加量对溶解性有机物去除效果的影响

可见，与原水直接超滤（混凝剂=0mg/L）相比，仅投加0.7mg/L的PAC即能将DOC去除率由8%提高至21.2%；随着混凝剂投加量的增加，DOC的去除率提高，但提高的幅度不大，试验采用的最大投加量4.3mg/L时，DOC去除率最大，达到29.3%。考虑到更大的混凝剂投加量会带来药剂费和排泥量的增加，因而研究中并未进一步增加混凝剂投加量。

7.7.3.4　与常规工艺对比

试验所在的L水厂采用传统净水工艺：原水→混凝池（加$FeCl_3$）→斜管沉

淀池→V 型滤池→加氯消毒。采集该厂滤站出水与投加聚合氯化铝 5mg/L 的在线混凝-超滤工艺出水进行比较，结果如表 7-9 所示。

在线混凝-超滤工艺出水与传统工艺出水水质比较 表 7-9

水样 水质参数	传统工艺出水		在线混凝-超滤工艺出水	
	数值	去除率（%）	数值	去除率（%）
浊度（NTU）	0.12	88.7	0.05	95.3
DOC（mg/L）	2.484	15.7	2.15	30.3

采用超滤膜法分析了水厂滤站出水和在线混凝-超滤工艺对水中不同分子量区间的有机物的去除情况，结果见图 7-53 所示。

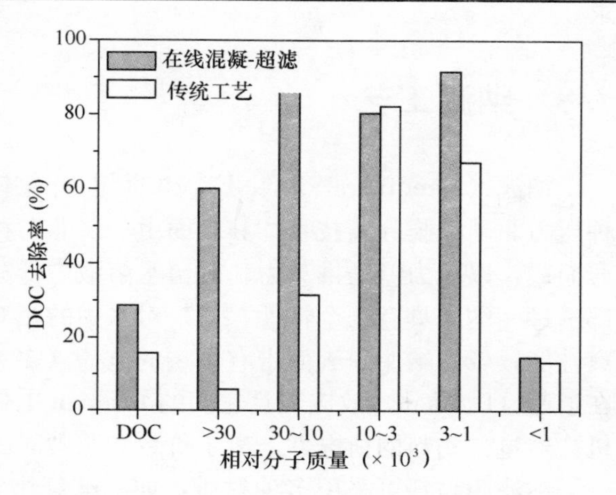

图 7-53 对不同分子量有机物的去除情况对比

在线混凝-超滤工艺对相对分子量大于 30000、30000～10000、3000～1000 的有机物去除率分别比传统工艺提高 54.4%、58.2%和 24.3%，而对相对分子量 10000～3000，以及小于 1000 的有机物的去除率基本无显著差别。可见，采用在线混凝-超滤能显著提高对大分子有机物的去除效果，而并不能提高对小分子有机物（特别是相对分子量＜1000 的有机物）的去除效果。超滤对于有机物的去除属于筛分原理，本研究采用的超滤膜名义孔径为 0.05μm，因此对小分子有机物的去除率不高。

7.7.4 在线混凝-超滤工艺出水生物稳定性分析

本研究考察了在线混凝-超滤工艺对出水生物稳定性的影响，采用的工艺路线包括：

路线Ⅰ：原水——在线混凝-超滤

路线Ⅱ：原水——预臭氧化——在线混凝-超滤

路线Ⅲ：原水——预臭氧化——BAF——在线混凝-超滤

上述 3 种工艺路线中超滤单元对 BDOC 的去除情况如图 7-54 所示。途中，检测次数 1、2 为路线Ⅰ；3 为路线Ⅱ；4、5、6、7 为路线Ⅲ。

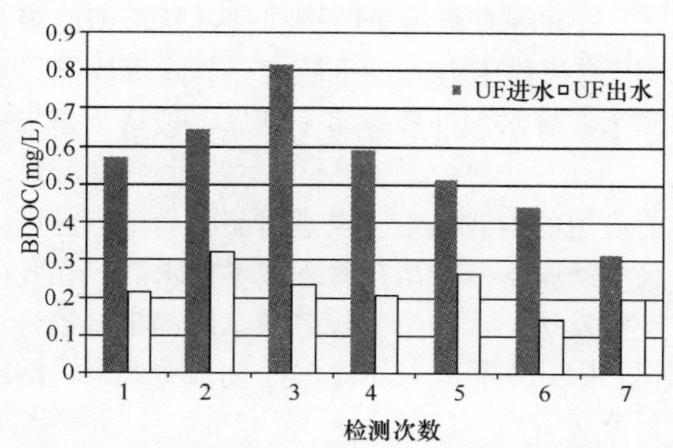

图 7-54 在线混凝-超滤工艺对 BDOC 的去除

可见，3 种工艺路线中，原水经臭氧化处理后 BDOC 显著增加，再经 BAF 处理可降至相对较低的水平；而在线混凝-超滤则可对各种进水 BDOC 进行有效去除。3种工艺路线中超滤单元进水 BDOC 为 0.316～0.818mg/L，超滤出水 BDOC 为 0.144～0.32mg/L，平均去除率为 58.3%。

本研究在7次检测中，超滤出水 BDOC 仅有1次超过 0.25mg/L 的阈值要求（第3次），其余均能保证 BDOC＜0.25mg/L。由于试验原水为滦河水，水质较好，DOC 和 BDOC 相对较低，采用在线混凝-超滤可有效去除 DOC 和 BDOC，保障出水的生物稳定性。对于水质较差，受到有机污染较严重的水源，则推荐采用臭氧氧化或曝气生物滤池等预处理工艺，来削减有机物负荷，结合在线混凝-微滤工艺可以满足水质生物稳定性的要求。

7.8 纳滤工艺

纳滤（Nanofiltration，NF）20世纪80年代末发展起来，介于反渗透与超滤之间的一种压力驱动型膜分离技术，其表面由一层非对称性结构的高分子活性皮层与微孔支撑体结合而成，以压力差为推动力，截留水溶液中低分子量的有机溶质，而盐类组分可部分或全部透过。纳滤具有两个特性：(1) 对水中的相对分子质量为数百的有机小分子成分具有分离性能；(2) 纳滤膜表面带有一定的电荷（多为负电荷），因此对于不同价态的阴离子存在道南（Donnan）效应，且它们的 Donnan 电位有较大差别，可让进料中部分或全部的无机盐透过。物料的荷电性、离子价数和浓度对膜的分离效应有很大的影响。

纳滤膜材料可采用多种材质，如醋酸纤维素、醋酸-三醋酸纤维素、磺化聚砜、磺化聚醚砜、芳香聚酰胺复合材料和无机材料等。

纳滤以及前述微滤、超滤和反渗透工艺是目前在水处理领域主要应用的膜分离技术，各种不同膜技术对污染物的截留作用可用图7-55来表示。

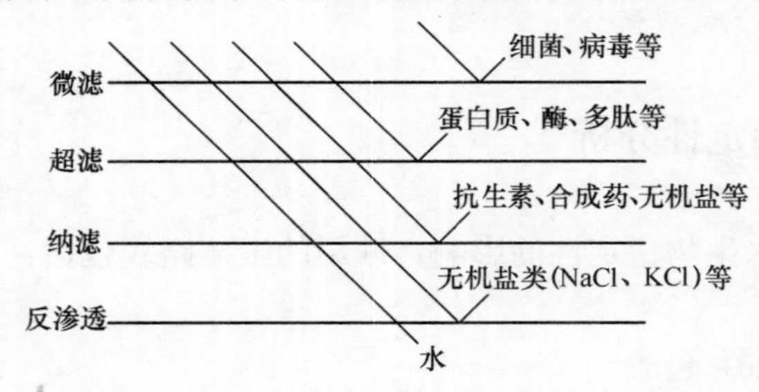

图7-55 不同膜分离技术对污染物的截留

纳滤膜对二价及高价离子和分子量高于200的有机物有较高的截留率，而对单价离子的截留率则相对较低。因此，应用于水处理领域，纳滤膜可有效降低水质硬度，去除对人体有害的硝酸盐、砷、氟化物和重金属等无机污染物；以及农药残留物、三氯甲烷及其中间体、激素、天然有机物等有机污染物。同时，复合纳滤膜具有操作压力低、通量大、节能等优点，可应用于水的软化、饮用水净化、废水处理与回用、海水预处理等多个领域，被认为是未来饮用水处理技术的新方向。

纳滤技术作为一项新型膜分离技术，目前应用的纳滤膜主要以进口品牌为主，国产纳滤膜还处于起步阶段，因此膜价格不菲；而且纳滤膜水厂的运行管理技术要求高，在我国饮用水处理方面的应用研究还很少。但对于经济发达、水源条件较差的东南部小城镇，纳滤膜技术可能是一项值得考虑的净水工艺选择。因此本研究对纳滤膜净化水质效果、纳滤膜污染控制以及纳滤膜出水生物稳定性进行了考察。

7.8.1 纳滤膜中试装置

本研究采用的纳滤膜为日本东丽（Toray）公司提供的 SU 610 型纳滤膜，主要性能参数如表 7-10 所示。

试验纳滤膜性能参数 表 7-10

型　　号		SU 610
材　　质		交联形芳香聚酰胺复合膜
膜面积		$7m^2$（$75ft^2$）
性能参数①	脱盐率	55%（最低 45%）
	产水量	$4.5m^3/d$（最低 $4.0m^3/d$）
进水压力		<1.0MPa（150psi）
进水温度		<35℃
进水 SDI		<4
进水 pH 范围（产水）		3～8
药洗 pH 范围		2～9
浓水/产水比率		≮6

① 测试条件：0.35MPa，25℃，NaCl 浓度 500mg/L，浓水流量 20L/min。

纳滤膜现场装配照片如图 7-56 所示。

7.8.2 工艺路线与试验内容

本研究建立了一套生物活性炭-纳滤组合工艺中试装置，设于北方某市 L 水厂内，以该厂进水（属滦河水）为试验原水，经前处理后进入深度处理单元，处理规模约 $0.4m^3/h$。中试试验工艺流程如图 7-57 所示。

生物活性炭单元：共设 2 个并行运行的 BAC 柱，单柱内径 280mm，活性炭填充高度

图 7-56 纳滤膜现场装配情况

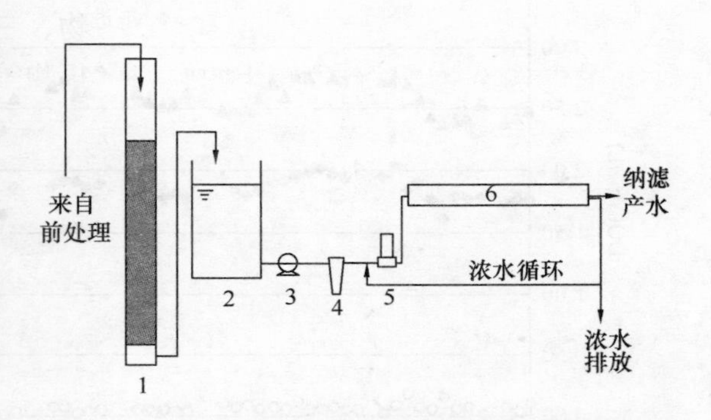

图 7-57 生物活性炭-纳滤中试装置工艺流程图

1—生物活性炭柱；2—中间水箱；3—低压水泵；4—精密过滤器；5—高压泵；6—纳滤膜

为 1.5m，实际运行空床停留时间为 30min，已运行 9 个月。

纳滤单元：纳滤膜为日本东丽公司（Toray）提供的 SU 610 型纳滤膜，膜面积 $7m^2$。采用一级一段的布置，部分浓水经高压泵循环以提高膜面流速并增加系统产水率。

7.8.3 纳滤工艺的处理效果

7.8.3.1 试验期间纳滤进水水质分析

试验时间为 2010 年 5 月至 2010 年 7 月，BAC-NF 处理单元的进水水质如表 7-11 所示。

BAC-NF 单元进水水质及检测方法　　表 7-11

水质参数	平均值	测定方法
pH（无量纲）	8.34	pH 电极法
COD_{Mn}（mg/L）	2.16	酸性高锰酸钾法
DOC（mg/L）	2.56	TOC_{VCPH}总有机碳测定仪
氨氮（mg/L）	0.1	纳氏试剂比色法
TP（μg/L）	4.8	孔雀绿—磷钼杂多酸分光光度法
电导率（μs/cm）	604	在线电导率仪
总硬度（mg/L，以 $CaCO_3$ 计）	161	EDTA 滴定法

7.8.3.2 对 DOC 的去除效果

如 6.5 节中所述，生物活性炭工艺可有效去除水中的有机污染物，本研究采用 BAC 作为纳滤的预处理工艺，以降低后续纳滤膜的有机负荷，延缓膜污染。试验用生物活性炭柱从 2009 年 10 月启动，已运行 9 个月。根据纳滤单元的运行时间选取了从 2010 年 5 月 20 日至 2010 年 7 月 20 日共两个月的 BAC-NF 运行数据，BAC-NF 对 DOC 的去除如图 7-58 所示。

由试验结果可知，BAC 对水中有机物的去除效果显著。进水 DOC 为（2.56±0.14）

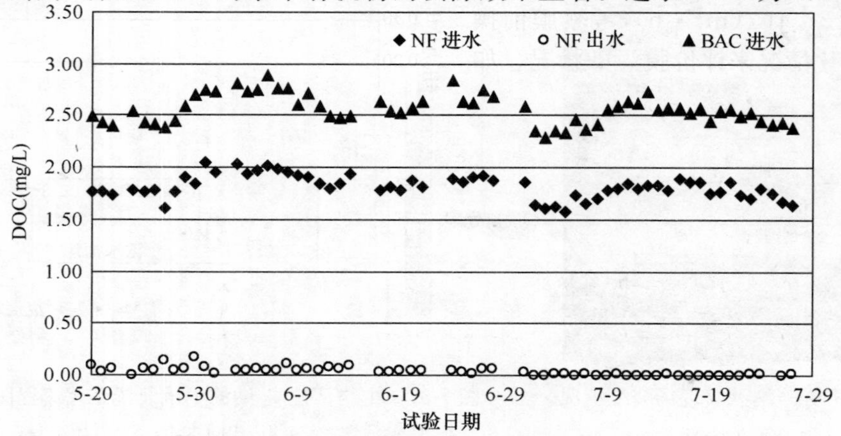

图 7-58　BAC-NF 组合工艺对 DOC 的去除效果

mg/L，出水 DOC 为（1.81±0.11）mg/L，平均去除率为 29.0％；而纳滤单元则进一步对 DOC 进行了去除，纳滤出水 DOC 非常稳定，全部＜0.15mg/L，大部分＜0.1mg/L，纳滤对 DOC 的去除率基本在 95％以上。

7.8.3.3 对其他指标的去除效果

研究考察了 BAC-NF 组合工艺对其他水质指标的去除效果，结果如表 7-12 所示。

BAC-NF 组合工艺出水水质（平均值） **表 7-12**

序　号	水质参数	单位	BAC 出水	NF 出水
1	pH	无量纲	8.06	7.81
2	COD_{Mn}	mg/L	1.68	0.70
3	UV_{254}	cm^{-1}	0.021	0.001
4	TP	μg/L	3.52	0.84
5	电导率	μs/cm	596	362
6	总硬度（以 $CaCO_3$ 计）	mg/L	191	94

由试验结果可知，尽管 BAC-NF 组合工艺出水中有机物含量极低，但纳滤出水中保留相当比例的无机离子，电导率去除率仅约 40％；总硬度去除率为 50.8％；纳滤出水 pH 值下降亦不显著。可见，BAC-NF 组合工艺可以获得非常优质的饮用水，对水质化学稳定性的影响不显著。

7.8.4 纳滤膜污染控制

本研究采用一级一段的膜配置方式，纳滤浓水部分循环以增加产水率。系统产水率为 75％，循环流量为 8L/min。同时本研究中没有在纳滤膜前投加阻垢剂来防止结垢污染。

纳滤膜从 2010 年 5 月 20 日开始运行，试验时间共 2 个月，期间保持产水通量恒定，为 27.4L/(m^2·h)，考察膜前操作压力的变化情况来评价膜污染状况，如图 7-59 所示。

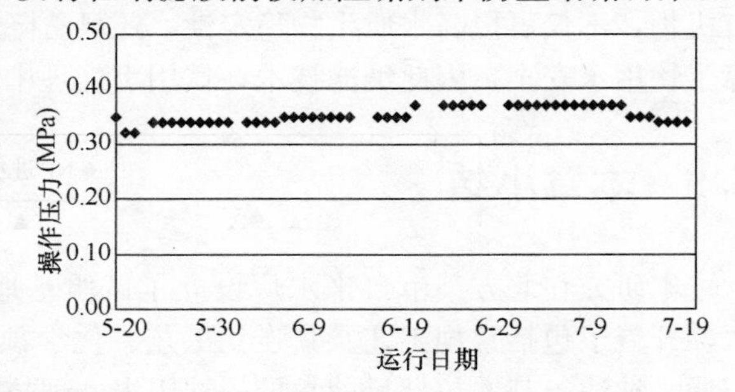

图 7-59 试验期间纳滤膜操作压力变化

可见，在 2 个月的运行时间内，纳滤膜操作压力变化范围为 0.32～0.37MPa。进入 7 月后，操作压力略有下降，可能与水温升高有关。整体而言，在 2 个月的连续运行过程中，纳滤膜操作压力增加幅度很小，可见，采用 BAC 作为预处理工艺有效地去除了水中的有机污染物，降低了纳滤膜的负荷和污染几率，保障了纳滤膜的稳定运行。

7.8.5　纳滤工艺出水生物稳定性分析

由于纳滤出水 DOC 很低（<0.1mg/L），接近 TOC 分析仪的检测下限，难以再通过悬浮培养法的差减值来检测计算其 BDOC 值。因此，本研究通过测定纳滤出水的微生物再生长潜力（BRP）来考察其生物稳定性。结果如图 7-60 所示。

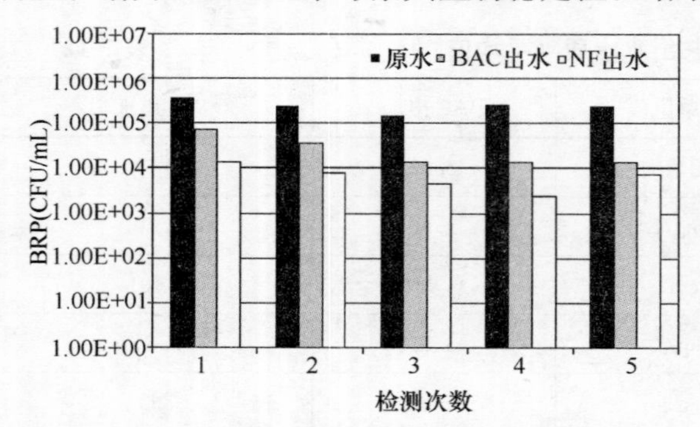

图 7-60　纳滤工艺出水的微生物再生长潜力

试验结果显示，原水微生物再生长潜力 BRP 在 10^5CFU/mL 的水平，而 BAC 出水（即纳滤进水）BRP 基本在 10^4CFU/mL 的水平，经纳滤处理后，出水的 BRP 进一步降低，基本在 10^3CFU/mL 水平。可见，纳滤工艺去除了水中大部分有机物，可有效地提高出水的生物稳定性。

Lauren 等报道了采用纳滤产水替代常规工艺＋臭氧＋GAC 工艺出水进入管网的试验，纳滤产水 BDOC 低于 0.1mg/L，由于其具有更好的生物稳定性，所需余氯大大降低。Randall 和 Escobar 指出纳滤对 BDOC 的去除取决于有机物分子大小，通入纳滤产水的管网中未发现 BDOC 的沿程降解，研究者认为这说明管网微生物的较少。

有研究指出，纳滤对 BDOC 的去除效果优于对 AOC 的去除。因为纳滤对有机物的去除效果主要由分子质量大小决定，大于截留相对分子质量 200～400 的有机物基本能去除。研究报道中纳滤对 AOC 的去除效果差异较大，因为不同水源水质、采用的纳滤膜特性都存在差异，而水中 AOC 基本与小分子量有机物有关，纳滤对其的去除受到构成 AOC 的有机物种类、膜孔径、膜表面荷电性等因素的影响。尽管如此，由于纳滤对有机物质的有效去除，大大减少了可能会由于氧化剂氧化分解或微生物分解作用而转化为 AOC 的那些有机物，不仅可提高水质生物稳定性，还显著降低了居民饮水摄入有机物的量，极大地保障了饮用水安全，因此纳滤技术在饮用水处理中将具有良好的应用前景。

7.9　本章小结

本研究在北方某市自来水厂设立了试验基地，以水源水（属于滦河水）作为试验原水，开展了包括常规工艺及其强化工艺、化学预氧化、生物预氧化、生物活性炭、微滤、超滤、纳滤等基本包括目前常见的饮用水处理技术的试验，重点考察各种工艺对水中营养基质的去除能力，以及不同工艺单元之间的优化组合，以达到保障出水生物稳定性的目的。

主要试验研究结论包括：

（1）常规工艺对 AOC、BDOC 的去除效果与水源水质、工艺参数等条件有关，在处理浓度较高的原水时，难以保障出水生物稳定性；通过强化工艺如提高混凝剂投加量、采取高锰酸盐预氧化等手段可在一定程度上改善其处理效果；

(2) 预氯化工艺会导致水中 AOC、BDOC 浓度的增加，同时会带来消毒副产物的困扰，应对其进行工艺优化或采取替代技术；

(3) 生物预处理是改善水质生物稳定性的较好选择，具有工艺简单、运行费用省、处理效果好等优点。试验考察的曝气生物滤池可有效降低原水中的 BDOC 含量，有助于提高产水生物稳定性；

(4) 生物活性炭技术可有效保障饮用水生物稳定性，与臭氧工艺联用可更好地去除有机污染物，在不同工艺组合中，均能保障出水的生物稳定性；

(5) 微滤、超滤作为低压膜分离技术，是未来饮用水处理工艺的发展方向之一，具有相对可取的运行费用和较好的出水水质；单独使用微滤、超滤不仅会导致膜污染速度快，也难以达到对溶解性有机物的有效去除；与混凝工艺相结合，形成混凝-微滤、在线混凝-超滤组合工艺，可显著提高对 BDOC 的去除率，保障出水的生物稳定性；

(6) 纳滤工艺对去除水中溶解性有机物的效果显著，出水有机物极低，是生产高品质饮用水的最佳选择。纳滤可显著去除水中 BDOC 含量，大大提高出水生物稳定性。

综合试验结果，对我国小城镇选择适合自身的饮用水生物稳定处理工艺提出建议，详述如下：

(1) 对于经济欠发达地区的小城镇，暂时没有能力对现有净水工艺进行大规模改造升级的，建议优化完善现有的常规工艺，发掘强化工艺去除营养基质（包括有机物和磷）的潜力，可采用的工艺路线包括：

1) 原水——强化混凝-沉淀——过滤——消毒；

2) 原水——高锰酸钾（盐）预氧化——混凝-沉淀——过滤——消毒；

3) 原水——生物预氧化——混凝-沉淀——过滤——消毒。

(2) 对于将进行新建、改扩建的小城镇水厂，可结合当地的经济条件和水源水质，选择上述工艺路线，或采用深度处理工艺路线，包括：

1) 原水——混凝-沉淀——（臭氧）-生物活性炭——过滤——消毒；

2) 原水——生物预氧化——混凝-沉淀——（臭氧）-生物活性炭——过滤——消毒。

(3) 对于那些经济较发达，需要高品质饮用水的新建水厂，则推荐采用：

1) 原水——混凝-沉淀——（臭氧）-生物活性炭——纳滤——消毒；

2) 原水——混凝-微滤——消毒；

3) 原水——在线混凝-超滤——消毒；

4) 原水——微滤/超滤——纳滤——消毒。

第8章 优化消毒工艺

消毒工艺是保障饮用水微生物学安全的关键步骤。传统的氯化消毒工艺对水中有机物组成影响较大，可能导致消毒副产物及可生物利用有机物的生成；同时，消毒剂在管网中的持续消毒能力与微生物再生长密切相关。因此，尽量减少消毒工艺可能带来的负面效应，强化消毒剂在管网中的灭菌作用，是本章需要探讨的问题。

8.1 饮用水消毒概述

8.1.1 概述

8.1.1.1 水质标准要求

我国《室外给水设计规范》GB 50013—2006 明确规定：生活饮用水必须消毒。通过消毒处理的水质不仅要满足生活饮用水水质卫生标准(《生活饮用水卫生标准》GB 5749)中与消毒相关的细菌学指标，同时，由于各种消毒剂消毒时会产生相应的副产物，因此还要求满足相关的感官性状和毒理学指标，确保居民安全饮用。

人们对于饮用水消毒技术的认识与应用是伴随着与水中致病微生物的斗争过程而不断发展的。20 世纪初，人们首先开始使用氯对饮用水进行消毒，有效地控制了霍乱、伤寒、疟疾等大规模水介细菌性传染病的爆发，为人类的健康和社会的发展做出了卓越的贡献；同时也奠定了氯系消毒剂（包括氯气、液氯、漂白粉、次氯酸钠等）在饮用水消毒处理中占主导地位。即使是 100 多年后的今天，世界上大部分水厂仍主要采用氯系消毒剂进行水的消毒。

20 世纪 70 年代开始，研究发现，氯系消毒剂在杀灭细菌的同时还与水中有机物反应，生成了种类众多的对人体有毒害作用的氯化消毒副产物（DBPs），使得人们重新对氯消毒工艺进行深入研究和优化。同时，在致病微生物方面的研究成果揭示了一些新的病原微生物如新型病毒、致病原生动物（如贾第鞭毛虫、隐孢子虫等）和致病后生动物（如剑水蚤和红虫）等，它们具有很强的抗氯性，在常规消毒工艺中难以得到有效控制。这些问题都对饮用水消毒提出了新的要求和挑战。

由于近年来饮用水处理技术包括消毒工艺的迅速发展以及人们对于饮水安全问题的日益深入了解，我国于 2006 年颁布的《生活饮用水卫生标准》GB 5749—2006，对饮用水中微生物指标由之前 1985 年版的 2 项增至 6 项，增加了大肠埃希氏菌、耐热大肠菌群、贾第鞭毛虫和隐孢子虫；饮用水消毒剂则由前版的 1 项（余氯）增至 4 项，增加了一氯铵、臭氧和二氧化氯；同时还增加了如卤代烃、卤乙酸、溴酸盐等消毒副产物（DPD）的限值要求。表 8-1 详列了《标准》中与消毒工艺有关的主要水质指标。

《标准》中与消毒工艺有关的主要水质指标 表 8-1

类别	水质指标	GB 5749—2006 限值
1. 微生物指标	总大肠菌群（MPN/100mL 或 CFU/100mL）	不得检出
	耐热大肠菌群（MPN/100mL 或 CFU/100mL）	不得检出
	大肠埃希氏菌（MPN/100mL 或 CFU/100mL）	不得检出
	菌落总数（CFU/100mL）	100
	贾第鞭毛虫（个/10L）	<1
	隐孢子虫（个/10L）	<1
2. 消毒剂指标	氯气及游离氯制剂（游离氯）	接触时间≥30min；出厂水余量≥0.3mg/L，限值 4mg/L；管网末梢余量≥0.05mg/L
	一氯胺（总氯）	接触时间≥120min；出厂水余量≥0.5mg/L，限值 3mg/L；管网末梢余量≥0.05mg/L
	臭氧（O_3）	接触时间≥12min；出厂水限值 0.3mg/L；管网末梢余量≥0.02，总氯≥0.05mg/L
	二氧化氯（ClO_2）	接触时间≥30min；出厂水余量≥0.1mg/L，限值 0.8mg/L；管网末梢余量≥0.02mg/L
3. 消毒副产物指标	三氯甲烷（mg/L）	0.06
	四氯化碳（mg/L）	0.002
	溴酸盐（mg/L）	0.01
	甲醛（使用臭氧时）（mg/L）	0.9
	亚氯酸盐（使用二氧化氯消毒时）（mg/L）	0.7
	氯酸盐（使用复合二氧化氯消毒时）（mg/L）	0.7
	一氯二溴甲烷（mg/L）	0.1
	二氯一溴甲烷（mg/L）	0.06
	三卤甲烷（三氯甲烷、一氯二溴甲烷、二氯一溴甲烷、三溴甲烷的总和）	该类化合物中各种化合物的实测浓度与其各自限值的比值之和不超过 1
	二氯乙酸（mg/L）	0.05
	三氯乙酸（mg/L）	0.1

与发达国家如欧洲、美国等地的饮用水标准相比，我国此次修订的标准无论从水质指标数量还是标准限值要求等方面都已逐步与国际接轨。

8.1.1.2 水处理单元对微生物的去除效果

在净水工艺路线中实现“多级屏障”是保障饮用水水质安全的有效手段。各种水处理工艺单元对细菌、病毒及原生动物等具有不同的去除效果；而净水单元的良好运行是后续消毒工艺高效发挥作用的保障。例如美国在 LT1 ESWTR 法规中为强化对隐孢子虫和贾第鞭毛虫的去除，特别提出了对滤池去除“两虫”效果的要求。世界卫生组织提出的各种水处理工艺单元对微生物去除效果，详见表 8-2。

水处理工艺单元对微生物的去除效果 表8-2

处理工艺	病原体	基本去除效果	备注
预处理			
粗滤滤池	细菌	50%	若能避免浊度的冲击或使用熟化的滤池，则去除率可达95%
	病毒	无数据	
	原生动物	可能去除一部分	去除率可能与浊度去除率相关
微滤机	所有病原体	0	一般无效果
河岸渗滤	细菌	99.9%（2m） 99.99%（4m）	
	病毒	同上	
	原生动物	99.99%	
混凝沉淀			
传统澄清	细菌	30%	90%，与混凝条件、浊度有关
	病毒	30%	70%，与混凝条件、浊度有关
	原生动物	30%	90%，与混凝条件、浊度有关
高效澄清	细菌	≥30%	
	病毒	≥30%	
	原生动物	95%	99%，取决于高聚物药剂
气浮	细菌	无数据	
	病毒	无数据	
	原生动物	95%	99.9%，取决于pH和运行参数
石灰软化	细菌	20%（pH 9.5，6h，2～8℃）	99%（pH 11.5，6h，2～8℃）
	病毒	90%（pH<11，6h）	99%（pH >11，取决于病毒种类和沉淀时间）
	原生动物	很低	99%（pH 11.5，投药析出沉淀）
离子交换	所有病原体	0	
过滤			
快滤池	细菌	无数据	最佳混凝条件下可达99%
	病毒	无数据	最佳混凝条件下可达99.9%
	原生动物	70%	最佳混凝条件下可达99.9%
慢滤池	细菌	50%	最佳管理操作条件下可达99.5%
	病毒	20%	最佳管理操作条件下可达99.99%
	原生动物	50%	最佳管理操作条件下可达99%
预涂层过滤	细菌	30%～50%	采用高聚物和化学预处理可达96%～99.9%
	病毒	90%	采用高聚物和化学预处理可达98%
	原生动物	99.9%	99.99%，取决于滤料级配和滤速
微滤膜过滤	细菌	充分预处理可达99.9%～99.99%	
	病毒	<90%	
	原生动物	充分预处理可达99.9%～99.99%	
超滤、纳滤和反渗透	细菌	充分预处理可达100%	
	病毒	充分预处理，用小孔超滤、纳滤和反渗透可达100%	
	原生动物	充分预处理可达100%	

8.1.2 氯消毒

8.1.2.1 氯消毒机理

氯易溶解于水，在水中很快发生“歧化反应”，生成盐酸和次氯酸：

$$Cl_2+H_2O \longrightarrow HOCl+H^+ +Cl^- \tag{8-1}$$

次氯酸是弱酸，发生离解时生成氢离子和次氯酸根离子。20℃时次氯酸的离解平衡常数为：

$$K_c=[H^+]\cdot[ClO^-]/[HClO]=3.3\times10^{-8}mol/L \tag{8-2}$$

水中游离的次氯酸及次氯酸根离子的比例取决于 pH 值：当 pH＜6 时，次氯酸几乎全为分子状态；6＜pH＜7.5 时，次氯酸所占比例大，而 pH＞7.5 时，以次氯酸根为主要成分。

次氯酸具有强氧化性，是一种较小的中性分子，能通过渗透到细胞内部，与细胞蛋白质、氨基酸反应或与遗传物质 RNA 等结合，从而达到杀菌的作用。氯消毒主要是通过次氯酸起作用，因此在偏酸性条件下消毒效果要比碱性水中的更好。

8.1.2.2 氯消毒副产物

氯与水中的藻类物质、腐殖质等天然有机物之间发生氧化反应、非选择性的取代、加成反应等，生成了各种化合物，这其中就包括许多对人体健康有害的消毒副产物。

氯消毒副产物指标主要包括挥发性的三卤甲烷和非挥发性的卤乙酸类。三卤甲烷主要包括 4 种：三氯甲烷、一氯二溴甲烷、二氯一溴甲烷及三溴甲烷（当水中含有溴化物时，氯可将溴氧化为氢溴酸，后者会与天然有机物发生反应生成相应的溴化消毒副产物）；卤乙酸共有 9 种，包括一氯乙酸、二氯乙酸、三氯乙酸、一溴乙酸、二溴乙酸、三溴乙酸、一溴二氯乙酸、一溴一氯乙酸、二溴一氯乙酸。其中，饮用水中常检测的是二氯乙酸（DCAA）和三氯乙酸（TCAA）。

三卤甲烷和卤乙酸都具有致癌、致突变性。它们的理化性质和致癌风险如表 8-3 所示。

三卤甲烷和卤乙酸的理化特性和致癌风险　　表 8-3

三卤甲烷	沸点（℃）	致癌风险（10^{-6}）	卤乙酸	沸点（℃）	致癌风险（10^{-6}）
三氯甲烷	61	0.056	一氯乙酸	94	ND
二氯一溴甲烷	90	0.35	二氯乙酸	129	2.6
一氯二溴甲烷	120	ND	三氯乙酸	163	5.6
三溴甲烷	151	0.10	一溴乙酸	139	ND
			二溴乙酸	218	ND

卤乙酸沸点高、不可吹脱，所结合氯的量是挥发性有机物结合氯量的 3～5 倍，其单位致癌作用也大大高于三卤甲烷。二氯乙酸和三氯乙酸的致癌风险分别是三氯甲烷的 50～100倍左右，是饮用水氯消毒副产物的首要控制目标。

8.1.2.3 氯消毒工艺应用

1. 加氯系统设备

一般采用钢制圆柱形氯瓶贮存液氯，氯瓶内压力约 0.5～0.6MPa。大多情况下采用真空加氯的方式，即氯气通过负压管道输送。加氯量较少时，可采用小型真空加氯系统，主要由氯瓶、安全阀、氯气计量装置、抽吸水射器及相关仪表组成。

水射器主要用来在管路中产生负压，启动真空调节阀，以及提供抽氯和加注的动力。

2. 加氯点

在常规工艺流程上通常可采用以下几点进行氯的投加。

（1）预氯化，在一级提升泵之前或之后，混凝工艺之前投加。主要用于去除藻类，改进混凝，以及去除色、臭、味、铁、锰等。

（2）滤前投加，即在沉淀池出水进入滤池前投加，可控制滤池生物生长以及黏膜和泥球的形成，提高消毒效果，也可提高过滤效果。

（3）滤后投加，一般投加在滤池出水管道上，清水池前，利用清水池的容积提供消毒的接触时间，主要目的是消毒。

8.1.2.4 氯消毒工艺的主要问题

目前我国大多数水厂都采用传统的氯化消毒工艺，即“预氯化＋清水池消毒”的消毒方案。在一些技术较落后的尤其是小城镇水厂的消毒工艺中还存在很多问题，主要包括以下几个方面：

（1）氯投加量问题

在有机微污染水中，过量投氯会产生大量氯化消毒副产物。一些水厂为保证微生物指标的达标，往往通过加大投氯量来实现，却忽视了有毒害作用的消毒副产物指标。这种过度依赖消毒工艺的做法，阻碍了对水处理单元去除病原体功能的优化和改进，却给饮用水带来了更潜在的健康风险。

（2）投氯点设置问题

传统的饮用水消毒方案采用两点式投氯的方法，即在进入常规工艺之前的“预氯化”投加和在滤后水进入清水池之前的“补氯”投加。

消毒副产物的产生量与其前体物浓度及加氯量成正比，原水中有机物含量相对更为丰富，因此大量的消毒副产物会在预氯化过程中产生；同时，如第五章“化学预氧化”中所述，预氯化会显著增加水中 AOC 和 BDOC 的数量，而常规工艺不能彻底去除消毒副产物和 AOC、BDOC，就增加了饮用水的健康危害和生物不稳定性。

（3）氯水混合问题

氯与水的充分混合是保证消毒反应快速高效发挥作用的前提，在滤后水中进行投氯消毒就涉及氯、水混合的问题。

投氯系统一般由加氯机和水射器组成，通过调节加氯机的气体压力和流量参数，水射器利用负压将氯气吸人水中。一般水厂在水射器后不再设搅拌机等后续混合装置，氯直接加到滤后水管道或清水池，只靠水流的自然混合来完成消毒过程。因此，氯、水的混合效果差，氯难以分散均匀，导致一些区域没有达到消毒效果。

郭玲等在某厂3个清水池的不同通风口同时取样测定余氯量，如表8-4所示。

某水厂清水池通风口出余氯量 表8-4

取样位置		清水池余氯量		
		1# 清水池	2# 清水池	3# 清水池
通风孔	1	2.01	0.72	0.86
	2	2.20	0.89	0.72
	3	2.08	0.45	0.54
	4	2.14	0.75	0.73

该厂三个不同类型的滤池出水总管上分别投氯，汇集到1# 清水池前的混合井，再依次流入3个清水池中。由于氯水混合不均匀，而1# 清水池离混合井最近，因此1# 清水池内的余氯量大大高于其他2个清水池。在同一个池内，各点处的余氯值也有一定的波动，显示了氯水混合的不均匀性。

可见，由于不恰当的投氯方式导致氯消毒作用难以发挥最大效率，严重影响了饮用水水质安全；而水厂为了加强消毒效果，又会进一步提高加氯量来保证出厂水余氯值。

（4）清水池结构设计问题

清水池在水厂中除了作为调蓄水量之用，也是消毒反应的主反应器。一般氯消毒需要至少30min的接触时间，而采用化合氯消毒则需要更长的时间。采用CT值进行消毒工艺设计时，清水池的结构设计对T值的影响很大，包括进水流速、清水池总长宽比、拐角数等因素都会影响清水内的流态；一般无隔板形式清水池的流态与理想推流差距较大，使得池内有效停留时间远低于水力停留时间，易发生短流现象，因此大大地降低了消毒效率。

（5）加氯系统控制问题

目前水厂主要根据原水水量、出厂水余氯值及原水中氨氮数值等因素来控制加氯量。一些小城镇水厂还不具备在线余氯检测仪，仍通过化学分析法测定余氯值，再根据余氯值来依靠经验控制、人工调节加氯量。由于原水水量水质的波动性，人工加氯必然会导致控制的滞后性，不但会增加氯耗，同时也使得出厂水余氯波动大、不稳定，增加了水质安全隐患。

8.1.3 氯胺消毒

8.1.3.1 氯胺消毒机理

当原水中氨氮含量较高或投加一定氨时，氯与水中的氨很快发生如下反应：

$$Cl_2 + H_2O \longleftrightarrow HOCl + HCl \tag{8-3}$$

$$NH_3 + HOCl \longleftrightarrow NH_2Cl + H_2O \tag{8-4}$$

$$NH_2Cl + HOCl \longleftrightarrow NHCl_2 + H_2O \tag{8-5}$$

$$NHCl_2 + HOCl \longleftrightarrow NCl_3 + H_2O \tag{8-6}$$

氯与氨的反应主要产物为三种：一氯胺（NH_2Cl）、二氯胺（$NHCl_2$）和三氯胺

(NCl_3)，三者的产生量与体系 pH 值有关。一般来说，pH＞7 时以一氯胺为主，pH 在 4～7 时生成二氯胺，而三氯胺一般只在 pH＜3 时才生成。三种产物的消毒能力顺序为：$NH_2Cl > NHCl_2 > NCl_3$，而一般饮用水 pH 值为中性，所以氯胺消毒主要依靠一氯胺的作用。

氯胺消毒的原理仍是依靠次氯酸的杀灭氧化作用，从反应式（8-3～8-6）可见，当水中的次氯酸被消耗时，反应向左边进行，又生成次氯酸。与自由性余氯（Cl_2、次氯酸、次氯酸根）消毒相比，氯胺消毒的速率慢，往往需要更长的接触时间。相应地，将这种氯与氨结合的形式进行消毒作用的称为化合性或结合性余氯消毒。

8.1.3.2 氯胺消毒的特点

氯胺消毒一般在原水有机物浓度高，为避免加氯生成大量消毒副产物时；以及配水管线长，要保持较长时间的消毒效果；或为了控制管壁生物膜时，氯胺消毒是一个比较好的选择。

氯胺消毒具有如下优点：

（1）氯胺本身的臭阈比氯低得多，在水中的衰减比较慢，分散性好，穿透生物膜的能力较强。采用氯胺消毒时，可减少氯酚的生成，能控制氯消毒的异味。

（2）氯胺消毒可降低卤代烃及卤乙酸等消毒副产物的产生量。据报道，氯胺消毒可降低三卤甲烷 50%～75%，对卤乙酸的削减已有显著作用，含溴较多的原水经氯胺处理产生的溴化副产物也较少。

（3）氯胺的氧化势低于氯，对有机物的氧化能力较弱，因此可氧化生成 AOC 及 BDOC 的量要低于氯消毒过程，对水质生物稳定性的影响相对较小。

（4）氯胺消毒仅在氯消毒工艺的基础上增加氨的投加，工艺简单，成本低于臭氧和二氧化氯消毒。

氯胺消毒的主要缺点包括：

（1）氯胺消毒所需的 CT 值高于氯。例如在 20℃、pH6～9 时，灭活肠道病毒 3log，游离氯的 CT 值为 2min·mg/L，而氯胺的 CT 值为 534min·mg/L。所以为达到消毒效果，必须保证足够的接触时间。

（2）除臭效果弱于氯。

（3）可能会促进管道内硝化细菌的生长。

8.1.3.3 氯胺消毒的应用

1. 投加点

一般采用氯胺消毒时，由于需要足够的接触时间，常将投加点放在常规工艺之前，以利用水处理单元的容积进行反应，通常接触时间至少为 2h。

2. 氯、氨比

投加的氯和氨的质量分数比一般为（3∶1）～（6∶1），这时产生的化合物基本为一氯胺。

3. 投加次序

氯胺消毒中氯与氨的投加次序可采用：

（1）先氨后氯：对原水进行与氨化，充分混合后再投加氯。由于氨极易与氯反应，因此可避免氯氧化水中的有机物生成消毒副产物，适合原水有机物高的情况；

（2）先氯后氨：先投加氯进行消毒反应，剩余自由氯再与氨结合生成氯胺。一般在清水池进口加氯消毒，在出厂水中补氨，管网中利用氯胺消毒。这种方法的消毒效果优于先氨后氯。

两种投加次序中前一种药剂都需与水充分混合后再投加另一种药剂，否则容易造成浓度分布不均，生成其他副产物。

8.1.4 二氧化氯消毒

二氧化氯是世界卫生组织（WHO）和世界粮农组织（FAO）向全世界推荐的AI级广谱、安全和高效的消毒剂。在20世纪40年代即被成功用于饮用水消毒，目前欧洲已有数千家水厂采用二氧化氯作为消毒剂，美国也有上百家水厂在消毒工艺中增加了二氧化氯。

8.1.4.1 二氧化氯消毒机理

二氧化氯是强氧化剂，其氧化能力是氯的2.5倍，但实际应用中只有约50%～70%的能有效发挥作用，其余均转化为氯离子。

一般认为二氧化氯的杀菌机制是二氧化氯可穿过细胞壁，有效的破坏细菌内含硫基的酶，以此控制微生物蛋白质的合成，杀死细菌和病毒。

8.1.4.2 二氧化氯消毒的特点

二氧化氯消毒具有以下优点：

（1）杀菌能力强，消毒速度快。由于二氧化氯易溶于水，在水中的溶解度约是氯气的5倍，而其氧化性约比氯气高，因此投加量要小于氯气。而且二氧化氯在管网中具有持续灭菌能力。

（2）与氯消毒相比，二氧化氯产生的消毒副产物少，不生成四氯化碳、卤乙酸、氯酚等致癌物。

（3）具有较强地去除色、味、臭的能力，能氧化有机物，有效去除水中的酚类、氰化物、亚硝酸等，降低水的毒性和致突变性。

（4）二氧化氯消毒具有较大的pH适应范围，在pH值4到9之间均有很好的杀菌能力。

二氧化氯消毒的成本低于臭氧、紫外线方法，但比氯消毒成本高，而且其制取设备较复杂、操作管理要求高。另外，二氧化氯常温下极不稳定、其气体易爆，因此必须现场生产使用；而二氧化氯本身及其在消毒过程产生的消毒副产物也具有一定的毒性。

8.1.4.3 二氧化氯消毒副产物

二氧化氯与有机物反应时被还原为亚氯酸，微碱性条件下亚氯酸发生歧化反应生成氯酸。二氧化氯、氯酸和亚氯酸的综合作用能引起致突变，使精子畸形、血液和尿液化学成分异常，因此有人认为二氧化氯消毒的潜在危害不亚于氯消毒。

《生活饮用水卫生标准》GB 5749中将亚氯酸盐和氯酸盐作为二氧化氯消毒时必须检测的消毒副产物指标。

8.1.5 臭氧消毒

8.1.5.1 臭氧消毒的特点

臭氧消毒的原理还未完全清楚，有观点认为臭氧在分解过程中生成“新生态氧”，具有高度的活性，可起到杀菌的作用。臭氧主要通过直接氧化微生物的各种酶和蛋白质，阻碍代谢过程，破坏有机体结构而导致细胞死亡。

臭氧消毒主要具有以下优点：

(1) 氧化能力强，在消毒的同时可有效去除水中的有机物、色、臭和金属离子等，还具有较好的助凝效果，可提高混凝和过滤效果。

(2) 臭氧杀菌速度显著高于氯消毒，消毒接触时间通常只需0.5～1min；消毒效率高于液氯和次氯酸钠的约15倍。

(3) 与氯相比，臭氧消毒基本不受原水水质如氨氮、温度、pH等因素的影响，浊度对其消毒效果影响也不大。

(4) 臭氧消毒具有广谱效应，可迅速杀灭细菌和孢子，还能杀灭变形虫、真菌，一些耐氯、耐紫外线能力强的致病微生物如孢囊和一些病毒等，尤其是对“两虫”（贾第鞭毛虫和隐孢子虫）的去除效果显著。

(5) 消毒处理出水感官性好，水质佳。由于臭氧的强氧化性，除色、除味及去除有机物的效果显著，且半衰期短，没有明显残余的气味，因此处理的饮用水口感高，水质佳。

臭氧消毒的主要问题是其容易分解，没有持续消毒能力，仍需与其他消毒剂联用以保障管网安全运行；臭氧系统设备多、工艺复杂，对技术管理水平要求较高；且能耗、投资和运行费用较高；臭氧尾气的处理不妥也会造成一定的危害和空气污染。另外，如前面章节所述，臭氧会显著增加水中可生物利用有机物的含量，导致饮用水的生物不稳定性增加，必需与其他工艺如活性炭吸附、生物滤池及生物活性炭等工艺联用。

8.1.5.2 臭氧消毒副产物

臭氧消毒产生的副产物主要包括两类，一类是与水中腐殖酸等反应产生的，一类是由于溴离子的存在而生成的。

(1) 臭氧氧化水中的天然有机物如腐殖酸等可生成包括羰基化合物、羧酸（甲酸、乙酸、草酸等）、羰酸、酮类（甲酮、二酮、脂肪酮等）、醛类（甲醛最多，还包括乙醛、乙二醛、甲基乙二醛、丙醛、已醛、庚醛、苯乙醛、不饱和脂肪醛、饱和脂肪醛和氯醛水合物等）、脂肪类和芳香类混合氧化物。其中具有致癌、致畸性的副产物包括醛化物、过氧化物和环氧化物。我国饮用水标准中将甲醛列为臭氧消毒时需监测的消毒副产物指标。

(2) 当水中存在溴离子时（尤其是沿海地区），臭氧可将溴化物氧化成次溴酸、次溴酸盐和溴酸盐。次溴酸等氧化中间产物会导致三卤甲烷、卤代乙酸等产物的生成；而溴酸盐已被国际癌研究机构列为可疑致癌物，当饮用水中溴酸盐的浓度大于0.05mg/L时，即对人体有潜在的致癌作用。

另外，臭氧还可能氧化原水中的氯离子生成亚氯酸盐和氯酸盐，同样具有一定的健康危害性。

8.1.6 高锰酸钾消毒

高锰酸钾在酸性条件下是强氧化剂，能氧化水中的大部分有机物质。在中性和碱性介质中能分解成二氧化锰并释放活性氧。但高锰酸钾的消毒能力要逊于臭氧和氯，接触时间需要很长。研究表明，当高锰酸钾投加量为 2mg/L 时，接触时间达到 24h 才可获得满意的消毒效果，即 CT 值高达 2880min・mg/L。

由于受到色度和气味等因素的限制，高锰酸钾的投加量不能太高，而水中的有机物易与高锰酸钾发生氧化反应，因此造成其消毒效果不太可靠。

目前高锰酸钾在饮用水处理中的应用还是主要作为预氧化手段和应急消毒。由于高锰酸钾能杀灭很多门类的藻类和微生物，且具有很好的助凝效果，因此作为预氯化的替代方案，在絮凝剂之前投加，可避免预氯化的一些缺陷。

8.1.7 紫外线（UV）消毒

8.1.7.1 UV 消毒原理

紫外线是指电磁波谱中波长为 100～400nm 的不可见光部分，按照波长范围可以分为 A、B、C、D 四个波段，其中具有杀菌消毒能力紫外线波长为 200～280nm，主要是在 C 波段。

通常认为紫外线能改变和破坏核蛋白质，导致核酸结构突变，改变了细胞的遗传转录特性，使生物体丧失蛋白质的合成和复制能力。紫外线消毒就是通过紫外线对微生物进行照射，使其遗传基因（DNA/RNA）遭到破坏，阻止细胞复制分裂繁殖而达到消毒效果。紫外线消毒技术对致病微生物具有广谱消毒效果，特别对“两虫”有特殊杀灭作用，且在常规剂量下不产生有毒有害副产物。紫外线消毒的主要缺点是不具有持续消毒能力，需要与氯等其他消毒剂联合使用。

8.1.7.2 UV 剂量

紫外线对微生物的杀灭效果与 UV 照射剂量有关。灭活微生物所需的 UV 剂量，等于平均 UV 辐射强度 I(mW/cm^2)与平均辐射时间 t(s)的乘积，以 mW・s/cm^2 或 mJ/cm^2 计。

影响 UV 辐射强度的因素有：UV 灯管寿命、灯管结垢、UV 消毒装置中的灯管布置、石英套管的化学成分、输入的电功率以及 UV 系统的工作条件等。所有灯管在其有效使用期内，UV 辐射强度会逐渐减少，当输出强度减少到新灯管的 80％时即需更换灯管。

UV 剂量 It 与微生物灭活效果的关系如下：

$$\ln\left[\frac{N}{N_0}\right]=-k\cdot I\cdot t \tag{8-7}$$

式中 N——处理后水中的微生物密度，个/100mL；

N_0——处理前水中的微生物密度，个/100mL；

k——灭活速率常数，$cm^2/(mW\cdot s)$；

I——辐射强度，mW/cm^2；

t——辐射时间，s。

不同细菌、病毒和原生动物灭活时的UV剂量差异较大。德国相关机构对大型UV装置的研究结论是，灭活细菌、病毒、隐孢子虫和贾第鞭毛虫所需的最低UV剂量为$40mJ/cm^2$；美国AWWA协会对小型给水系统规定的消毒剂量为$40mJ/cm^2$；澳大利亚规定公共给水消毒的剂量为$45mJ/cm^2$，其他国家建议的最小UV剂量分别为：法国、荷兰$25mJ/cm^2$，挪威$16mJ/cm^2$。

8.1.7.3 UV消毒的特点

紫外线消毒的主要优点包括：

(1) 与其他化学法消毒相比，紫外线不会在水中引入杂质，水的物化性质基本无变化。

(2) 温度对紫外线消毒的影响小，因此在低温地区采用紫外线消毒非常适宜。

(3) 不会产生消毒副产物，不生产三卤甲烷、卤乙酸等致癌物。

(4) 具有广谱杀菌效果；且消毒时间短，仅需几十秒即可完成消毒过程；能杀灭一些耐氯的病菌，且能有效处理藻类和红虫等。

(5) 一般消毒设备结构紧凑、安装方便，一体化设备占地少。

但是紫外线消毒对孢子、孢囊等杀灭效果差；且对进水水质要求高，酚类、芳香化合物、浊度等都会影响其消毒效果；紫外灯照射难以保证整个空间的均匀性，有照射阴影区；而且没有持续消毒能力，需与其他消毒剂如氯等联用；另外，从经济角度考虑，紫外线装置电耗大，投资和维护费用高。

8.2 对生物稳定性的影响

水的“消毒”（disinfection）不等同于一般医学要求的“灭活”（sterilization）。水的消毒是消灭其潜在的致病感染性，并不意味着完全灭活所有的微生物，有时甚至连病原体也不能完全消灭。因而，通过净水工艺而存活下来的微生物将进入管网系统，被氯等消毒剂伤害的微生物将在管网中得以恢复并生长繁殖，此过程即为管网中的微生物再生长。如第三章所述，控制进入管网的营养基质含量及在管网中保持一定浓度的消毒剂余量，可有效控制管网细菌再生长。

一般饮用水中使用的消毒剂除紫外线辐射外，均为化学消毒剂，如氯、二氧化氯、臭氧等，都具有很强的氧化性。氧化型消毒剂往往是通过灭活微生物的某种特殊酶而起消毒作用，或通过氧化使细胞质产生破坏性降解。

表8-5列出了一些氧化剂的氧化还原电位值：

不同氧化剂的氧化还原电位值 表 8-5

氧化剂	氧化还原电位值(V)	氧化剂	氧化还原电位值(V)
氟	3.0	高锰酸钾	1.7
羟基自由基	2.8		
臭氧	2.1	二氧化氯	1.5
过氧化氢	1.8	氯	1.36

氟的氧化性最强，但具有较强毒性，不易生成和保持，一般不用作饮用水消毒。臭氧和过氧化氢在氧化、催化氧化以及联合使用过程中生成的羟基自由基，氧化性很强，可有效降解有机污染物，一般用作高级氧化工艺（AOP）。臭氧、过氧化氢、高锰酸钾、二氧化氯和氯是饮用水中主要使用的消毒剂，氯胺的消毒及氧化作用本质仍为次氯酸，但活性比氯更低，氧化势约为自由氯的 0.71～0.73。

一般地，各种消毒剂的氧化能力排序为（中性水中的标准电极电位排序）：

$$O_3 \approx FeO_4^{2-} > HOBr \approx HOCl \approx OCl^- \approx ClO_2 > Ag^+ > I_2$$

一些研究表明常用消毒剂的对病毒和大肠杆菌的灭活效率（pH 6～9）大致顺序为：

$$O_3 > ClO_2 > HOCl > OCl^- > NHCl_2 > NH_2Cl$$

可见，消毒剂的杀菌能力与其氧化能力具有一定的相关性，但影响消毒效果的因素复杂，不能单纯以其氧化能力衡量其消毒效果。

考察消毒剂的氧化能力对于研究消毒工艺影响水质生物稳定性具有一定的指示意义。一般来说，消毒剂的氧化能力越强，越容易氧化水中的有机物，使之生成易生物降解的 AOC 和 BDOC，增加水质生物不稳定性。本研究考察了不同消毒工艺对饮用水生物稳定性的影响程度，以探讨安全绿色的消毒工艺路线。

8.2.1 氯消毒

氯作为应用最为广泛的饮用水消毒剂，在保障饮用水卫生安全方面具有显著效果。但是从 20 世纪 70 年代研究发现卤代烃等消毒副产物对人体健康的危害后，氯消毒工艺的优化就成为饮用水领域的研究热点；而近年来普遍关注的饮用水生物稳定性稳定问题也对氯消毒工艺提出了更为严格的要求。

8.2.1.1 对 AOC 浓度的影响

图 8-1 描述了管网系统中消毒剂氯、消毒副产物、有机应用基质 AOC 以及管网细菌四者之间复杂的联系。

由图 8-1 可见，一方面，氯对水中细菌等微生物具有杀灭作用，可抑制管网细菌再生长；另一方面，氯可与水中有机物进行反应，产生氯化消毒副产物如三卤甲烷、卤乙酸等，同时将一部分有机物氧化分解成易于生物利用的小分子成分 AOC，而研究发现卤乙酸等消毒副产物具有较好的可生化性，可视为 AOC 的一部分；而水中易生物利用组分浓度的增加，则会促进管网细菌的再生长过程。因此，采用氯消毒工艺，对管网水质生物稳定性具有双重效应：当余氯值较高时，对细菌再生长抑制作用显著，同时对有机物的氧化作用也越强；随着余氯的衰减，其杀灭能力减弱，而氧化生成的 AOC 则会促进细菌再生

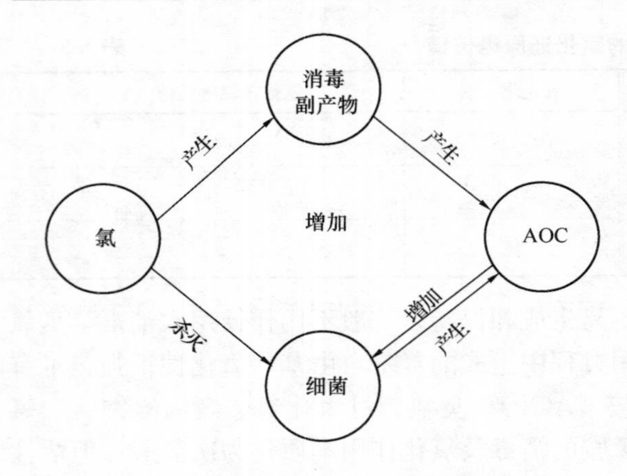

图 8-1 饮用水氯消毒、消毒副产物和生物稳定性的关系

长。

很多研究发现常规工艺对于 AOC、BDOC 具有一定的去除率，但加氯消毒后，出厂水中 AOC 浓度却显著增加，甚至达到或超过进厂水中的数值，导致整体去除率较低的现象。

刘成等对镇江市金西水厂净水工艺单元（原水、混凝-沉淀、过滤、消毒）沿程的 AOC 变化情况进行了考察，如图 8-2 所示。

可见，滤后水采用液氯消毒后，AOC 值较滤后水增加了 24%，且其组成成分也发生显著变化，其中 AOC-P17 值增加了 17%，AOC-NOX 值增加了 33%；AOC-P17 占总 AOC 的比例由原水的 70%降到 53%，而 AOC-NOX 的比例则由原水的 30%增加到 47%。

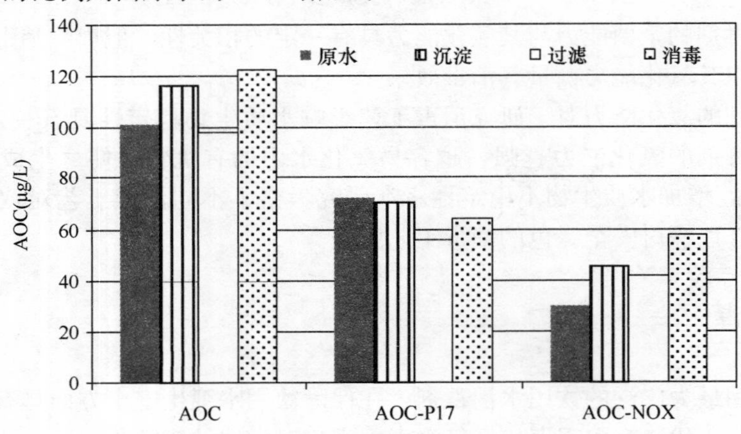

图 8-2 某水厂净水工艺沿程 AOC 浓度变化情况

8.2.1.2 对 BDOC 浓度影响的试验研究

本研究设计了氯消毒工艺的小试实验，考察在氯消毒过程中 BDOC 的浓度变化情况，试验方法如下：

(1) 取适量水样（包括原水、微滤出水、生物活性炭出水 3 种水样），分装于 1L 经无碳化处理的具塞棕色试剂瓶中；

(2) 以次氯酸钠作为消毒剂，纯水配制次氯酸钠溶液，使有效氯浓度为 2g/L；

(3) 在待测水样中分别投加有效氯浓度为 5mg/L 的次氯酸钠溶液，充分振荡混匀，置于恒温培养箱中，反应温度为 20℃，暗处反应；

(4) 接触反应 0.5、4h、10h 和 24h 后，用无菌移液管取一定体积水样，剩余水样继续暗处恒温反应。在取出水样中立即加入亚硫酸钠消除余氯，再将水样经 0.45μm 滤膜过滤，按照悬浮培养法测定 BDOC。

水样初始 BDOC 浓度以及氯消毒过程中 BDOC 浓度的变化情况如图 8-3 所示：

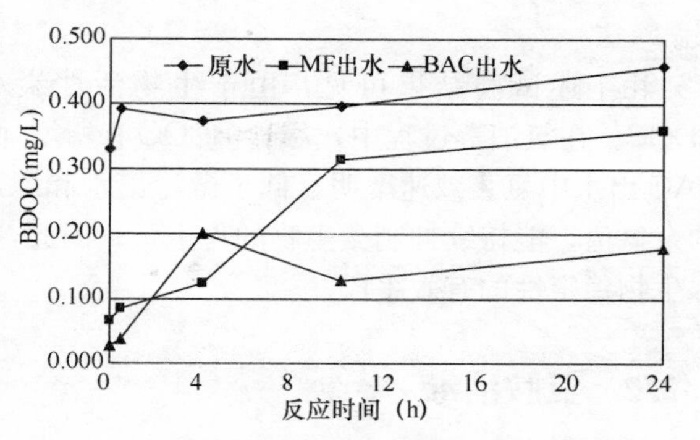

图 8-3 氯消毒过程中 BDOC 随反应时间的变化

原水、微滤出水和生物活性炭出水的 DOC 值分别为 3.23、2.74 和 2.05mg/L，BDOC 浓度分别为 0.33、0.07、0.03mg/L。由于氯对水中有机物的氧化分解作用，3 种水样的 BDOC 值都出现明显增加的现象。由于同时还有部分有机物在氧化过程中被彻底矿化，因此 BDOC 随反应时间的增加规律时有波动，但整体趋势为反应时间越长，增加幅度越大。

至氯消毒接触反应 24h 后，原水 BDOC 较初始值增加了 39%，微滤出水 BDOC 较初始值增加了 4.45 倍，而生物活性炭出水 BDOC 较初始值增加了 5.81 倍。按照饮用水生物稳定性 BDOC 阈值要求，原水为生物不稳定水，经微滤和生物活性炭处理后均可达到生物稳定；但加氯消毒 24h 后，微滤出水的 BDOC 值已超过阈值，而 BAC 出水 BDOC 仍可满足阈值要求。

悬浮培养法测定水样 BDOC 的测试周期（28d）结束后，水样中剩余 DOC 值可视为难以被生物利用的成分，计为 NBDOC。考察上述试验过程中，3 种水样 NBDOC 值的变化情况，如图 8-4 所示。

同时，试验考察了在各个取样点水中游离氯的变化情况，如图 8-5 所示。

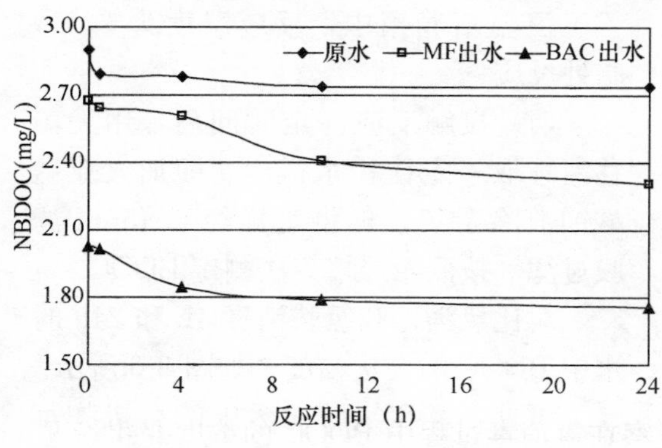

图 8-4 氯消毒过程中 NBDOC 随反应时间的变化

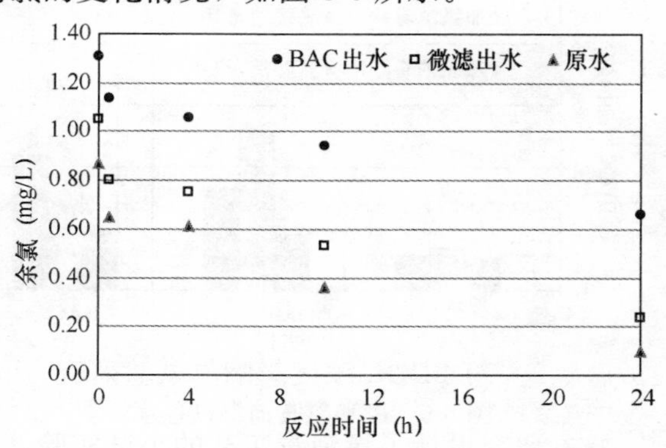

图 8-5 余氯随反应时间衰减情况

由图 8-4 可见，水中难生物降解有机物 NBDOC 随反应时间延长而不断降低，且反应初期由于氯浓度较高、有机物丰富，NBDOC 降解速率更快，而反应后期 NBDOC 趋于稳定。氯消毒过程中水样 NBDOC 的变化规律揭示了氯与有机物的反应过程，氯效果过程对水中有机物总量 DOC 的影响较小，但通过氧化分解作用改变了水中有机物的构成，使部分难生物降解成分 NBDOC 转化为可生物利用成分 BDOC；而图 8-5 显示，随着氯与水中物质的反应消耗，余氯很快衰减，至 24h 时已降至较低水平。因此，水中 BDOC 浓度的增加和余氯的衰减，意味着水质生物不稳定性的提高，细菌极可能在这种情况下发生再生长。

由上述试验结果可见，由于生物活性炭工艺显著去除了水中的有机物，尤其是BDOC。在氯消毒过程中，尽管BDOC有所增加，但仍能满足生物稳定性的阈值要求，且BAC出水中氯衰减速率明显低于微滤出水和原水，在较长停留时间后仍可保持较高水平的余氯值，能持续抑制微生物的再生长。因此，从整体上说，生物活性炭工艺是保障饮用水生物稳定性的有效手段。

8.2.2 氯胺消毒

氯胺是由次氯酸和氨在水中反应生成的系列产物，饮用水环境下起主要作用的是一氯胺。氯胺的氧化能力弱于氯，其与水中物质的反应更为温和，意味着其在水中的衰减较为缓慢，持续消毒能力更持久；相应地，氯胺与有机物的反应相对更弱，可降低消毒副产物的生成量，亦可减少氧化生成AOC和BDOC的量。因此，氯胺对保障饮用水生物稳定性具有比氯更好的效果。如叶劲在研究成都市第六水厂的原水、出厂水及管网水中AOC浓度变化情况时，发现用氯胺取代液氯进行消毒可使自来水中的AOC浓度明显降低。

本研究通过小试试验考察了氯胺消毒对不同水样BDOC的影响，试验方法如下：

(1) 取适量水样（包括原水、微滤出水、生物活性炭出水3种水样），分装于1L经无碳化处理的具塞棕色试剂瓶中；

(2) 氯胺消毒剂采用次氯酸钠、氯化铵反应而得，氯氨比为4∶1；采用先投加mg/L氨，充分混合后再投加mg/L氯；

(3) 投加消毒剂后充分振荡混匀，置于恒温培养箱中，反应温度为20℃，暗处反应；

(4) 接触反应一定时间后，用无菌移液管取一定体积水样，立即加入亚硫酸钠消除余氯，再将水样经0.45μm滤膜过滤，按照悬浮培养法测定BDOC。

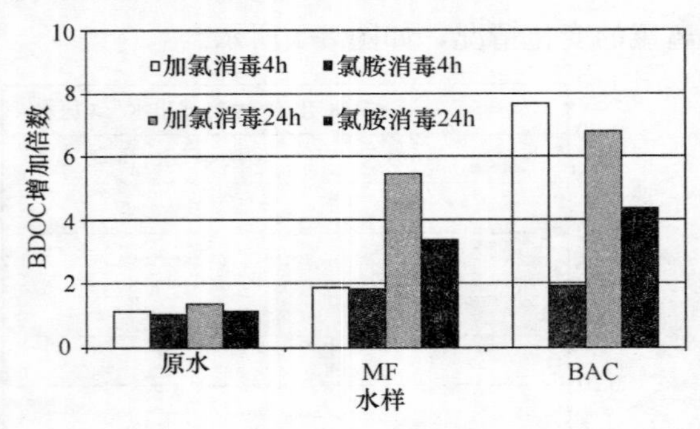

图8-6 氯和氯胺消毒过程水样BDOC的变化幅度对比

对比氯消毒和氯胺消毒4h和24h时水中BDOC的变化幅度，如图8-6所示。

可见，氯和氯胺对水中的有机物都具有一定的氧化作用，导致可生物降解有机物浓度的增加；但相对而言，氯胺的氧化性更弱一些，水样BDOC的增加幅度要小于氯消毒过程，尤其是对本底BDOC较小的微滤和BAC出水。因此，采用氯胺消毒，可有效降低水质生物稳定性的剧烈变化。

8.2.3 二氧化氯消毒

氯与水中的有机物除了发生氧化反应外，还发生亲电子的氯取代反应，因而不但导致小分子易生物利用有机物的增加，也生成了卤代烃及卤乙酸等致癌性副产物。而二氧化氯的氧化性更强于氯，且在水中的溶解度高于氯，但其与有机物的反应主要是氧化反应，反应副产物中基本不包括 THMs。因此，近年来二氧化氯消毒在国内外饮用水处理领域得到了广泛关注，也有很多水厂开始实践二氧化氯消毒工艺。

由于二氧化氯的强氧化性，不可避免的会将水中的大分子氧化成以含氧基团为主的中、小分子有机物，从而导致有机物的可生化性提高，增加了水中 AOC 和 BDOC 浓度，降低出水生物稳定性。

卢宁等研究了二氧化氯消毒对水质生物稳定性的影响，ClO_2 投加量为 2.0mg/L，24h 内水中 AOC 和 DOC 浓度变化情况如图 8-7 所示。

可见，ClO_2 消毒过程中对有机物总量（DOC）的去除效果有限，即很少能将有机物彻底矿化，而是改变了有机物的组分构成，增加了水中 AOC 的浓度，这一点与氯、臭氧等氧化过程基本接近。水中 AOC 浓度在较短时间内迅速增加，最高值是初始值的 3.4 倍；随后又有所降低，说明 ClO_2 能继续氧化有机物，导致部分 AOC 的去除。消毒前水中的 AOC 浓度低于生物稳定性阈值，而 ClO_2 消毒后 AOC 大大高于阈值要求，导致了生物稳定性的降低。

二氧化氯具有广谱杀菌能力，且消毒副产物显著低于传统氯消毒，被认为是氯消毒的高效替代工艺。近年来，很多研究从降低消毒剂消耗量、降低消毒副产物等角度，对二氧化氯与其他消毒剂的联合消毒工艺进行了考察，除了下面将讨论的紫外线＋ClO_2 联合消毒，还有 ClO_2＋氯胺联合消毒亦是研究热点工艺。

ClO_2＋氯胺联合消毒工艺利用了两种消毒剂之间的协同作用，可以显著降低消毒剂使用量，同时由于氯胺较为温和的反应能力，因此可减少对水中有机物的氧化分解，降低 AOC 等可生物利用基质的增值。如上述卢宁等的研究中就对比了 ClO_2＋氯胺联合消毒对 AOC 浓度的影响，如图 8-8 所示。

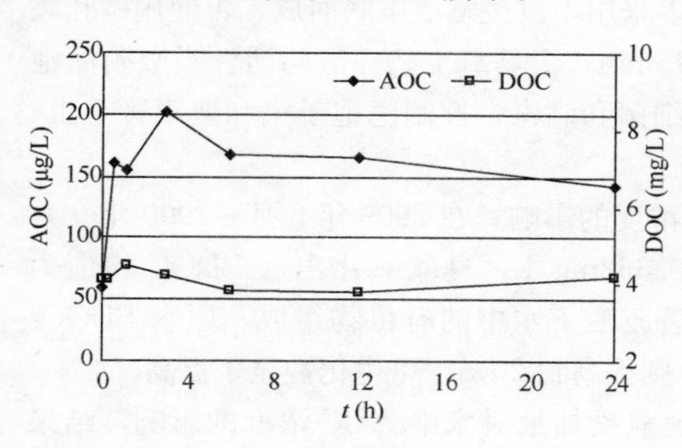

图 8-7 二氧化氯消毒过程中 AOC 和 DOC 浓度变化情况

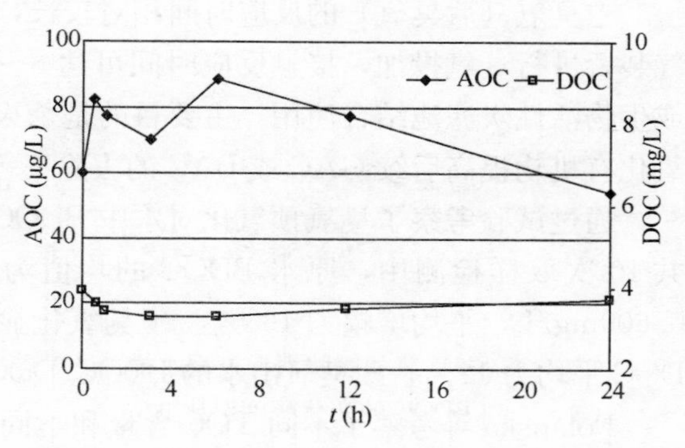

图 8-8 二氧化氯＋氯胺联合消毒过程中 AOC 和 DOC 浓度变化情况

ClO_2＋氯胺联合消毒对水中 DOC 浓度的影响同样较小。联合消毒的水样中初始 AOC 浓度与图 8-7 中相近，而消毒后 AOC 的增加值却大大低于单独的 ClO_2 消毒，AOC 最大值是初始值的 1.48 倍，且随着消毒过程延长（即在管网中的过程），AOC 被进一步氧化去除，24h 时已低于初始 AOC 浓度值。该实验水样的 AOC 浓度在整个联合消毒过程中均低于生物稳定性阈值要求（＜100μg/L）。

还有其他研究发现ClO_2+氯胺联合消毒可降低消毒副产物的产生量。因此，二氧化氯作为一种可替代氯的高效消毒剂，在饮用水处理领域具有广阔的应用前景，通过与其他消毒剂的优化组合，对饮用水生物稳定性的影响亦在可接受范围内。

8.2.4 臭氧消毒

臭氧是非常强的氧化剂，可与水中的生物体、有机物及还原性无机物充分反应，在有过氧化氢、紫外光辐射及催化剂等条件存在下，还可激发大量具有很强活性的羟基自由基，直接攻击天然有机物如腐殖酸的不饱和键结构，导致其开环而被分解为醇、羧酸、烃类等小分子有机物，显著提高出水的可生化性。

一般根据在水处理工艺流程中的投加位置可分为：预臭氧化和主臭氧化（或称后臭氧化）两种应用方式（如图8-9所示），亦有在沉淀池出水进入滤池前投加臭氧的中间臭氧方式。

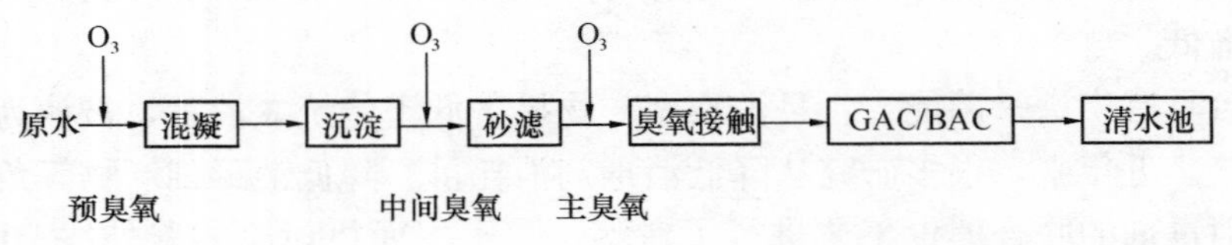

图8-9 臭氧氧化技术在水处理流程中的应用

由于原水中杂质较多，可能会淤堵微孔曝气装置，一般预臭氧单元中采用水射器进行臭氧投加；预臭氧的接触反应时间较短，多不超过5min；预臭氧的主要目的是：除味、除色、灭藻、助凝、去除铁锰、氧化有机物等。

主臭氧（后臭氧）的反应时间相对较长，多采用多段接触池串联而成，可使用微孔曝气装置进行臭氧投加，接触反应时间可达6～15min。主臭氧工艺一般与活性炭吸附滤池或生物活性炭滤池结合使用，主要目的是杀灭细菌和病毒、控制隐孢子虫和贾第鞭毛虫、氧化有机物提高后续GAC或BAC的去除率等。

通过试验考察了臭氧预氧化对水中BDOC浓度的影响，在2009年6月～2009年9月共10次取样检测中，原水BDOC的均值为0.362mg/L，臭氧氧化出水BDOC均值为0.609mg/L，平均增幅为168%。预臭氧化显著改变了水中的有机物组成，原水BDOC/DOC平均为12%，预臭氧出水的BDOC/DOC则提高到20%，可生化性显著提高。

Polanska等考察了不同TOC含量和不同臭氧投加量对水中AOC浓度的影响，结果如图8-10所示。

可见，臭氧单元进水中有机物总量TOC和臭氧投加量都对水中AOC的形成具有显著影响。进水TOC越高、臭氧投加量越大，生成的AOC浓度越高。该研究发现，投加1mg/L的O_3，AOC浓度增值为68～124μg/L，增加了1.5～4.5倍；而投加O_3至4mg/L，AOC浓度增值为293～519μg/L，增加了10.5～12.8倍。

由于臭氧可显著增加水中的可生物降解有机基质含量，导致水质生物不稳定性大大提高。因此，一般主臭氧单元都与GAC或BAC联用，以强化污染物的去除，尤其是有机物的去除效率。本研究在第五章里对BAC去除有机基质的效能进行了实验研究，发现

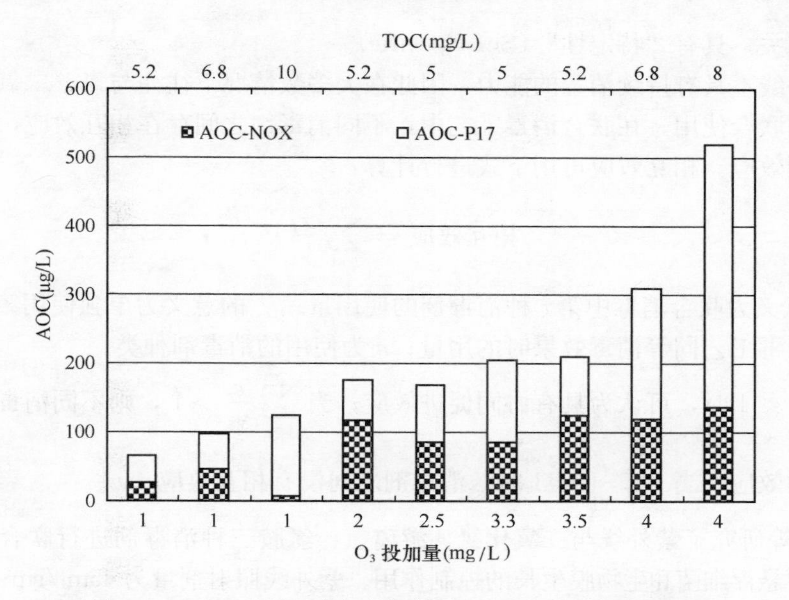

图 8-10　TOC 含量和臭氧投加氯对 AOC 浓度增加值的影响

O_3-BAC 组合工艺可有效去除 BDOC，保障饮用水生物稳定性。Polanska 等在上述同一个研究中考察了 O_3-GAC 对 AOC 的去除情况，如图 8-11 所示。

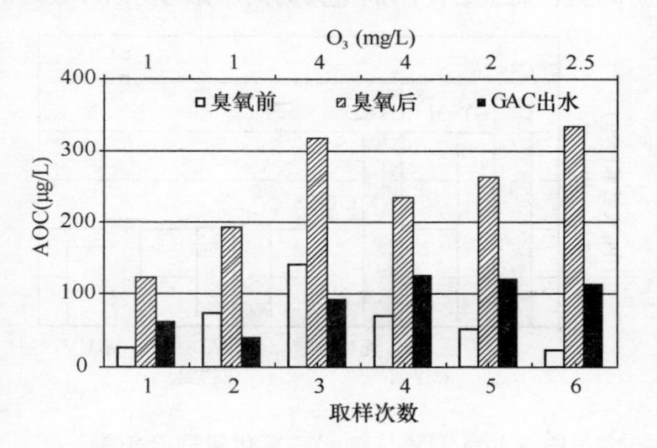

图 8-11　O_3-GAC 对 AOC 的去除情况

可见，GAC 可有效去除 AOC，去除率达到 45%～78%。但臭氧投加量较高时，如达到 4mg/L，臭氧氧化所增加的 AOC 太高，以至在 GAC 中不能将 AOC 增值部分完全去除，导致 GAC 出水 AOC 高于 O_3-GAC 系统的进水 AOC 浓度，反而增加了出水的生物不稳定性。因此，在使用臭氧氧化工艺时，出于保障饮用水生物稳定性的考虑，除了必须与 GAC 或 BAC 联用外，还要对臭氧投加量进行优化试验，或对 GAC/BAC 的停留时间进行适当延长，以充分去除臭氧氧化增加的 AOC，保障系统出水的生物稳定性。

8.2.5　紫外线消毒

紫外线辐射不同于化学性消毒剂，它主要通过破坏细胞蛋白质及遗传物质的结构而杀灭细菌。因此一般认为，在常规剂量下，紫外线消毒不会改变水中有机物的性质包括分子结构、亲疏水成分、紫外吸光度（UV_{254}）等，也不会增加水中 AOC 的浓度，因此其对水质生物稳定性的影响较小。但在某些情况下，紫外线可能会激发羟基自由基(·OH)产生，(·OH) 具有非常强的活性，可氧化水中的有机物，导致 AOC 浓度的增加。因此，关于紫外线消毒是否会影响 AOC 浓度的研究中，往往存在相互矛盾的结果，与原水水质及工艺特征有关，具有“特定性”(Site-Specific)。

由于紫外线不具有持续消毒的能力，因此在大多数情况下往往与氯、二氧化氯、氯胺等化学消毒剂联合使用。在联合消毒工艺中，不同消毒剂之间存在相互效应，可表现为协同效应或负面效应。相互效应可用下式进行计算：

$$相互效应 = \sum_{i=1}^{n} \frac{x_i}{y_i} \tag{8-8}$$

其中，x_i 的意义为联合消毒中第 i 种消毒剂的使用量；y_i 的意义为单独使用第 i 种消毒剂达到与联合消毒工艺同等消毒效果时的用量；n 为使用的消毒剂种类。

当 $\sum_{i=1}^{n} \frac{x_i}{y_i} < 1$ 时，可认为具有协同促进效应；当 $\sum_{i=1}^{n} \frac{x_i}{y_i} > 1$，则不同消毒剂之间相互中和，呈负面效应；当 $\sum_{i=1}^{n} \frac{x_i}{y_i} = 1$ 时，消毒剂之间没有相互效应。

Dykstra 等研究了紫外线与二氧化氯、游离氯、氯胺三种消毒剂进行联合消毒，对模拟管道系统中悬浮细菌和生物膜生长的控制作用。紫外线照射剂量为 45mJ/cm^2，二氧化氯、游离氯、氯胺的使用剂量分为两个浓度水平，(1)低浓度水平：分别为 0.25、0.50、1.0mg/L；(2)高浓度水平：分别为 0.50、1.0、2.0mg/L。研究发现，紫外线与低浓度的二氧化氯、游离氯及氯胺在控制生物膜时具有协同效应，与二氧化氯及游离氯在控制悬浮菌时具有协同效应；但与高浓度化学消毒剂联用时，协同效应不显著；与氯胺联用时甚至具有负面效应。图 8-12 对比了使用和不使用紫外线的情况下，氯和二氧化氯对模拟管网系统中悬浮菌及生物膜的去除效率。

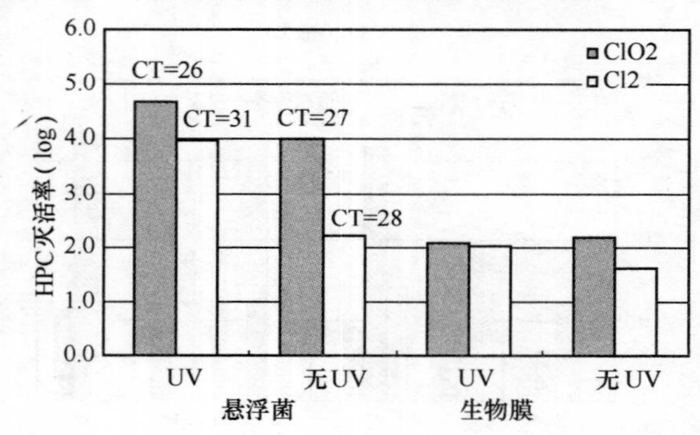

图 8-12 UV 与氯、二氧化氯联合消毒对悬浮菌和生物膜的控制

可见，使用 UV 与氯和二氧化氯联合消毒，可以显著提高对模拟管网系统中悬浮菌的杀灭效果，而对生物膜的控制作用则差别不大。

Sun 等利用管道模拟反应器（BAR）研究发现，单独的紫外线消毒难以保证模拟系统的水质生物稳定性，而与 0.70mg/L 氯及 0.40mg/L 氯胺联合使用时，可达到生物稳定性。

8.3 余氯衰减规律

8.3.1 余氯在管网中的消耗

余氯在输配水系统中与各种物质发生反应而产生衰减，可以将其消耗过程分为两个主要的方面：

（1）主流水体中的衰减。主流水体是指供水管道中由边界层至管轴之间的水体部分，这部分水体中余氯的消耗是氯与水中无机、有机组分及微生物反应的结果；

（2）与管壁生物膜及腐蚀垢层等发生反应而衰减。

氯与水中物质的反应十分复杂。在反应初期，占主导地位的是易于和氯反应的物质，总反应速率很快，虽然在此阶段中难与氯反应的物质也参与反应，但其反应速率相对较小，可以忽略不计；随后进入慢速反应阶段，总反应速率逐渐降低，易于和氯反应的物质基本反应完全，这时剩余的难与氯反应的物质则占主导地位。

由于氯在管网中的复杂反应，导致管网沿程余氯浓度的不断降低，当余氯值降低到一定程度时，如第10章中“生物稳定性曲线”所述，余氯对水中微生物的杀灭速率低于微生物生长速率，就很可能发生管网细菌再生长，导致管网水卫生学指标的恶化。第3章总结了很多对实际管网的研究结果，都揭示了余氯值与管网水细菌数的显著相关性。图8-13借鉴Wricke等人提出的一个概念图示，描述管网沿程余氯衰减与细菌再生长的相关性。

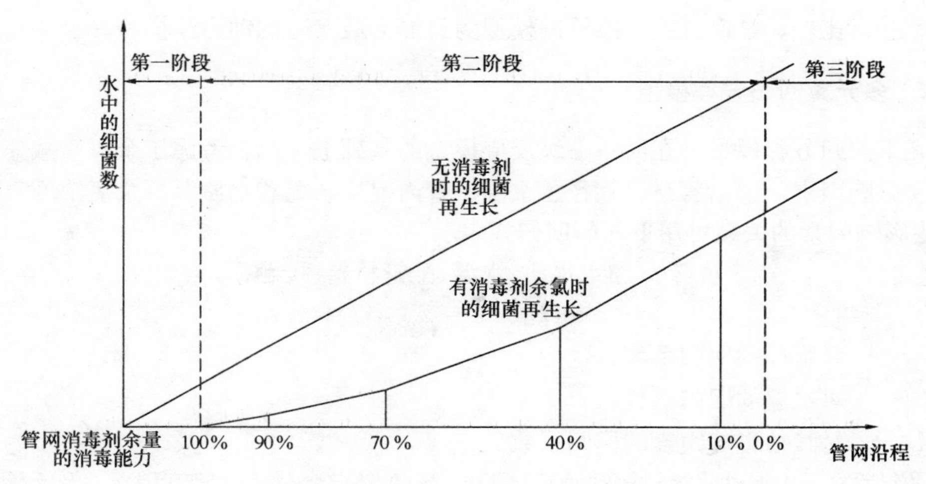

图8-13 管网系统中消毒剂衰减及微生物再生长的概念图解

管网中无消毒剂余量时，细菌生长不受抑制；而存在消毒剂时：第一阶段，消毒剂控制作用强，细菌难以生长；第二阶段，随着消毒剂的衰减，其消毒能力不断下降，对微生物再生长的抑制作用逐渐降低，微生物再生长逐渐增加；第三阶段，消毒剂全部耗尽，微生物生长情况与无消毒剂时相同。

因此，考察余氯在管网中的衰减过程，研究影响余氯衰减的因素并在系统运行中加以合理控制，是保障管网水质生物稳定性的有效手段之一，也是本章探讨优化消毒工艺的一个重要方面。

8.3.2 余氯衰减模型

8.3.2.1 一级反应模型

数学模型是研究管网余氯衰减过程的一个重要工具。氯衰减过程视为一级动力学，余氯在管网中与其他物质发生反应而衰减的过程可以表示为：

$$Cl_2 + X \longrightarrow 物 \tag{8-9}$$

因此，传统的余氯模拟方法是将主体水相中氯衰减过程视为一级反应模型进行模拟；而管壁消耗余氯的过程同样也可适用于一级反应模型，且与管材、管径、管龄、流速等因素有关。余氯衰减的一级模型：

$$-\frac{d[Cl_2]}{dt} = k \cdot [Cl_2] \tag{8-10}$$

$$C_t = C_0 \cdot e^{-kt} \tag{8-11}$$

式中 C_t——自由性余氯；

C_0——氯在反应时间为零时刻的浓度；

k——余氯衰减系数。

一级模型是现有余氯衰减模型中最简单的也是迄今为止应用最广泛的，可以和其他的任何模型进行比较，是以模拟一般管网模型为目的的最实际的动力学模型。

8.3.2.2 多元重回归方程模型

多元重回归方程模型是在简单一级反应模型的基础上，综合考虑了余氯衰减速率 k 的几个主要影响因素，包括管材、管径、水温、管内卫生状况和水质等。余氯浓度衰减系数 k 与这些影响因素的关系可用下面的回归式表示：

$$k = f(净水水质、水温、配管材料、接触率) \tag{8-12}$$

$$k = \exp(k_D \times D + k_T \times T + k_0) \tag{8-13}$$

式中 k_D——对管径的回归系数；

k_T——对水温的回归系数；

k_0——对其他影响因素的回归系数。

有研究考察了水泥砂浆涂衬铸铁管（FCD）、环氧树脂涂衬铸铁管（EPX）及无涂衬铸铁管（FC）在三种管径、三种温度下的余氯衰减情况，得到余氯衰减系数如表8-6所示。

不同管材、管径、温度下的余氯衰减系数 表8-6

管材	水温	管径			
		100	200	300	400
FCD	26.3℃（高水温）	1.46×10^{-2}	1.14×10^{-2}	6.33×10^{-3}	4.42×10^{-3}
	16.4℃（中水温）	7.35×10^{-3}	3.62×10^{-3}	2.75×10^{-3}	1.56×10^{-3}
	6.3℃（低水温）	3.67×10^{-3}	2.43×10^{-3}	1.04×10^{-3}	5.95×10^{-4}
EPX	24.7℃（高水温）	1.34×10^{-2}	1.15×10^{-2}	7.64×10^{-3}	—
	15.0℃（中水温）	7.76×10^{-3}	4.93×10^{-3}	2.84×10^{-3}	—
	5.4℃（低水温）	4.10×10^{-3}	1.48×10^{-3}	9.54×10^{-4}	—
FC	24.9℃（高水温）	2.11×10^{-1}	1.26×10^{-1}	6.97×10^{-2}	—
	15.9℃（中水温）	1.76×10^{-1}	1.02×10^{-1}	6.30×10^{-2}	—
	5.1℃（低水温）	1.32×10^{-1}	7.82×10^{-2}	2.61×10^{-2}	—

8.3.3 余氯衰减影响因素

本研究通过静态小试实验对影响余氯衰减的因素进行了研究。

实验方法如下：

（1）药剂配制：采用次氯酸钠配制氯消毒剂，投加量以有效氯计；次氯酸钠和氯化铵配制氯胺消毒剂，氯：氨质量比为4∶1。

（2）水样准备：采用中试试验的原水（经0.45μm滤膜过滤预处理）、微滤工艺出水、生物活性炭工艺出水作为试验对象，用灭菌玻璃瓶采集水样，立即送回实验室处理。

（3）消毒过程：消毒反应在1L棕色磨口具塞试剂瓶中进行，试剂瓶经洗涤剂清洗、稀盐酸浸泡、纯水润洗、高温消毒。水样加入试剂瓶后，立即加入适量氯或氯胺，充分混匀，置于20℃培养箱中，暗处反应；反应0.5h后开始取样测定余氯衰减情况。

（4）指标测定：按照设定时间用无菌移液管取一定量水样，采用N,N-二乙基1,4-苯二胺分光光度法测定余氯和总氯。

（5）影响因素设定：一般认为，影响主体水余氯衰减的因素包括4个方面：初始氯浓度、水温、TOC和pH值，本研究考察这4个因素的相应水平如表8-7所示。

余氯衰减影响因素实验内容 表8-7

影响因素	影响因素水平设定			
	1	2	3	4
氯投加量（mg/L）	1.6	2.2	3.0	5.0
温度（℃）	10	20	30	—
pH值	6.0	7.5	9.0	—
水样TOC值（mg/L）	3.23	2.50	1.75	0.16

8.3.3.1 氯投加量的影响

实验以生物活性炭（BAC）工艺出水为研究对象，考察了初始氯投加量为1.6、2.2、3.0和5.0mg/L时水中余氯的衰减情况。按照上节所述实验方法进行消毒实验，接触反应0.5h后视为余氯衰减起点，得到初始余氯量为0.03、0.33、0.70和1.23mg/L。拟合氯投加量和初始余氯值的关系如图8-14所示。

氯投加量和初始余氯值具有较好的线性相关性，拟合R^2值为0.9741。以初始余氯值为起点，考察余氯衰减情况如图8-15所示。

用一级反应模型对实验数据进行拟合，拟合结果如图8-15曲线所示，并得到相应的一级衰减速率常数k_b。可见，试验结果能较好地吻合一级反应模型表示的衰

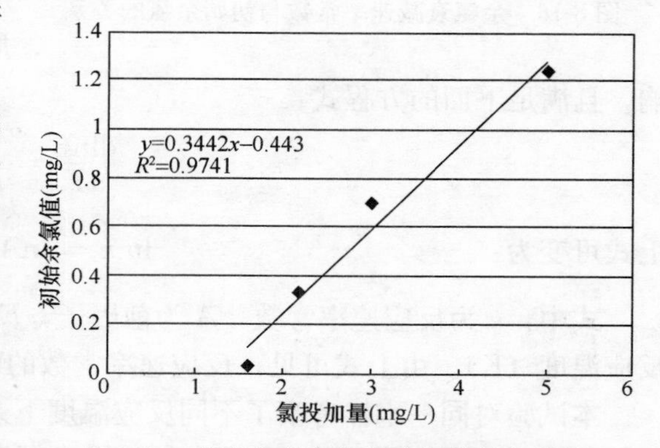

图8-14 氯投加量与初始余氯值的相关性

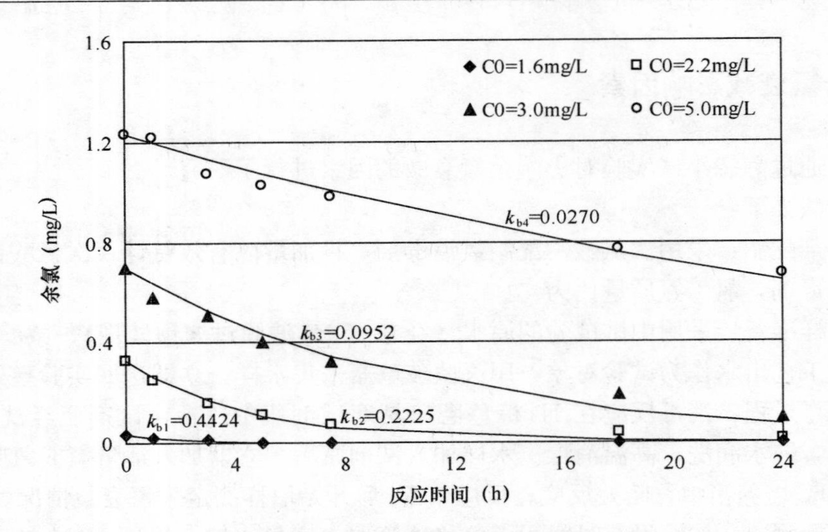

图 8-15 不同初始余氯值对余氯衰减的影响

（20℃，曲线为一级反应模型拟合结果）

减规律；余氯衰减速率常数随初始氯投加量的增加而降低，即初始投氯量越大，氯衰减越慢。

对 k_b 和初始余氯浓度的相关性进行拟合，由于第一个实验的初始余氯值 0.03mg/L 太小，接近检测方法的下限，对余氯衰减系数的影响较大，因此舍去第一个值，拟合结果如图 8-16 所示：

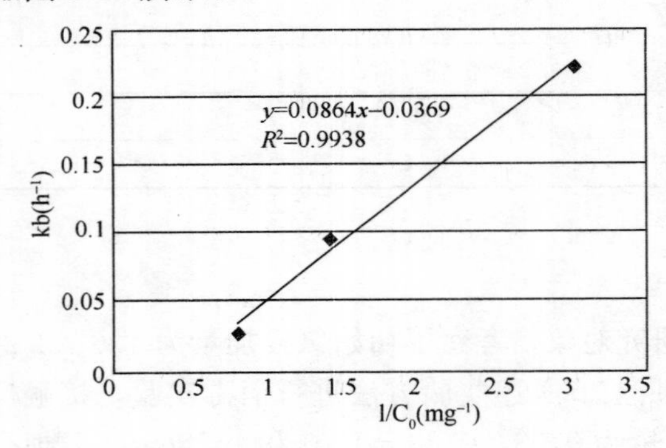

图 8-16 余氯衰减速率常数与初始余氯的关系

初始余氯浓度与余氯衰减速率常数相关性显著，符合以下关系式：

$$k_b = \frac{0.0864}{C_0} - 0.0369 \quad (8\text{-}14)$$

拟合 R^2 值达到 0.9938，k_b 与初始余氯浓度具有较强的负线性关系。

8.3.3.2 温度的影响

余氯衰减虽然是一系列复杂的化学反应，但遵循化学反应的基本定律——阿仑尼乌斯定律，即反应速率受反应温度的影响，且满足下面的方程式：

$$\frac{\mathrm{dln}k}{\mathrm{d}T} = \frac{E_a}{RT^2} \quad (8\text{-}15)$$

上式可变为：

$$\ln k = \ln A - \frac{E_a}{RT} \quad (8\text{-}16)$$

式中，k 为反应速率常数，A 为前因子，E_a 为反应活化能，R 为普适气体常数，T 为反应温度（K）。由上式可见，反应速率常数的对数值 $\ln k$ 与温度的倒数 1/T 呈线性关系。

本试验对同一水样考察了不同反应温度下余氯衰减情况。实验水样为 BAC 出水，氯投加量为 2mg/L，分别在 10、20 和 30℃下恒温反应，结果如图 8-17 所示：

温度对余氯衰减的影响十分显著，温度越高，余氯衰减越快。反应温度 10、20、30℃时，余氯衰减系数分别为 0.03109、0.05716、0.12251h^{-1}；基本上温度每升高 10℃，反应速率就增加 1 倍，符合阿仑尼乌斯定律。按照（8-16）式对图 8-17 拟合所得的 $\ln k_b$ 与 $1/T$ 进行拟合，结果如图 8-18 所示：

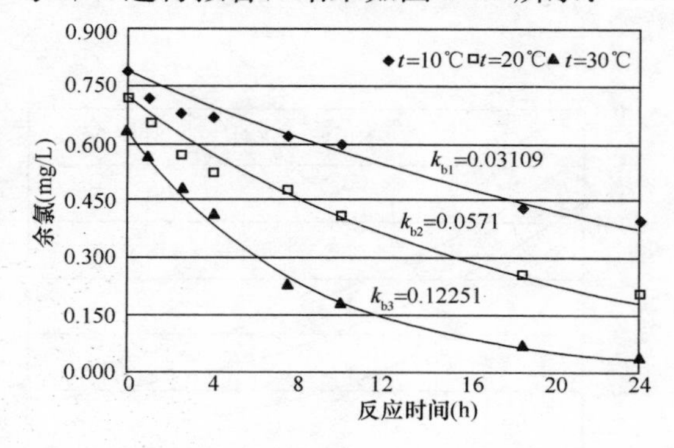

图 8-17 不同反应温度下余氯衰减情况

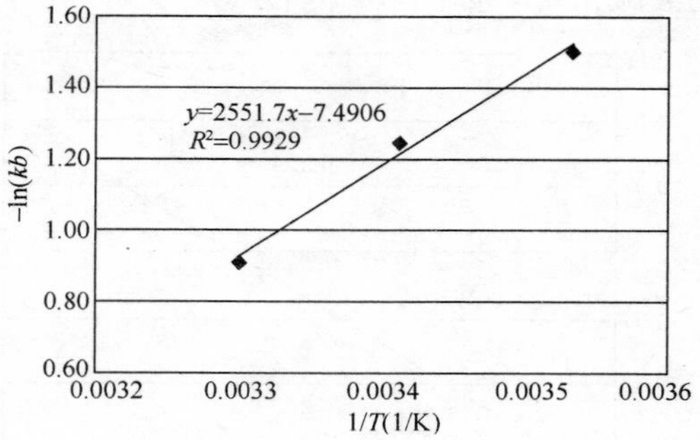

y=2551.7x−7.4906
R^2=0.9929
−ln(kb)
1/T(1/K)

图 8-18 反应温度与余氯衰减速率常数的相关性

由图 8-18 的拟合结果，按照（8-16）式可以计算出本实验中余氯衰减的反应活化能 E_a 为 21214.8J，此值与其他研究结果有一定的差异，这与水质情况有关。

8.3.3.3 TOC 的影响

氯与水中有机物的反应是导致余氯衰减的一个重要因素，有机物质量浓度（DOC）通常被认为是决定耗氯量的主要指标。试验考察了不同 DOC 浓度的水样中余氯衰减情况，试验水样为中试工艺的纳滤、BAC、微滤单元出水及原水（过 0.45μm 预处理后），水样 DOC 含量分别为 0.16、1.75、2.50、3.23mg/L。试验结果如图 8-19 所示。

可见，水样中的 DOC 浓度对余氯衰减速率具有显著影响。纳滤膜能去除水中的绝大部分溶解性有机物，去除率大于 95%，纳滤出水经氯消毒后，水中余氯衰减速度很慢，经 24h 反应后，余氯仅衰减 0.05mg/L。因此，纳滤膜既可实现对有机物的高效去除，又能保证余氯的持久作用，是保障水质生物稳定性极佳的选择。生物活性炭（BAC）工艺可有效去除 BDOC，同时出水中余氯衰减速率亦较低，也是保障水质生物稳定性的可靠选择。

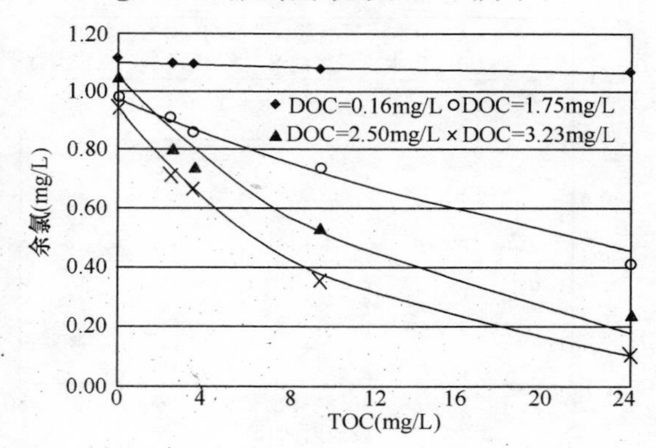

图 8-19 不同 DOC 浓度的余氯衰减情况
（20℃，曲线为一级反应模型拟合结果）

对图 8-19 中利用一级反应模型模拟所得的余氯衰减速率常数与水样的 DOC 浓度进行拟合，结果如图 8-20 所示。

可见，余氯衰减速率常数 k_b 与水中 DOC 浓度相关性显著，符合以下关系式：

$$k_b = 0.0318\text{DOC} - 0.0094 \tag{8-17}$$

拟合 R^2 值达到 0.954，k_b 与 DOC 浓度具有较强的正线性关系。

8.3.3.4 pH 的影响

利用酸碱调节 BAC 出水的 pH，分别为 6.0、7.5 和 9.0，考察不同 pH 调节下余氯的衰减情况，如图 8-21 所示。

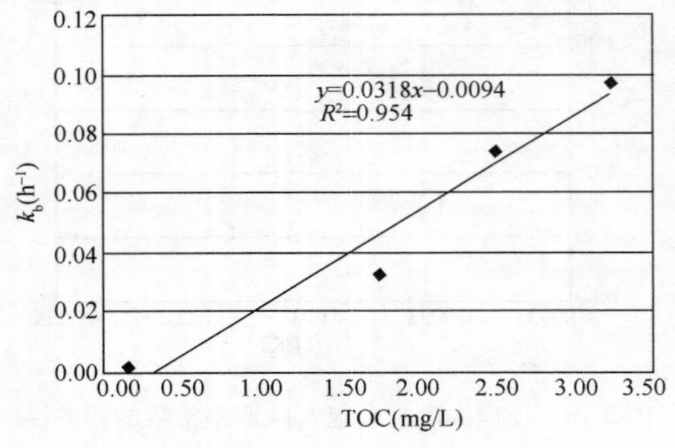

图 8-20 水中 DOC 浓度与余氯衰减速率常数的相关性

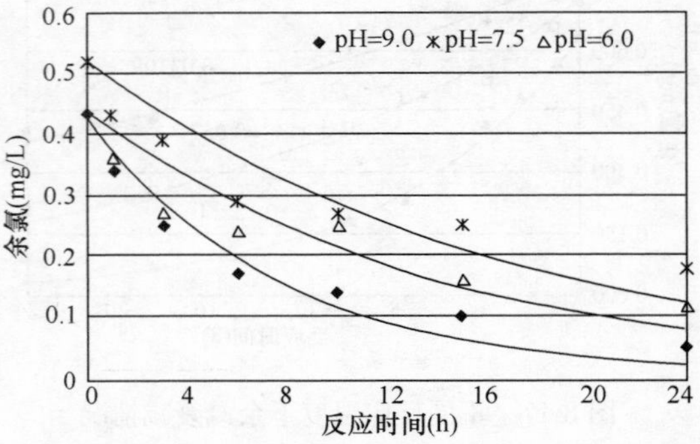

图 8-21 水样 pH 对余氯衰减的影响

可见，在酸性和碱性条件下，水中余氯衰减情况比较复杂，这主要与次氯酸水解过程及其与氨的复杂反应有关。pH 值越大，OCl^- 的质量浓度越大，HOCl 的质量浓度越小；pH 越小，OCl^- 的质量浓度越小，HOCl 的质量浓度越大。而中性环境中，氯与氨主要反应生成一氯胺，其性质较稳定。试验结果显示，水样 pH 在 6.0～9.0 之间，余氯衰减速率相差不显著，偏碱性条件下略高。

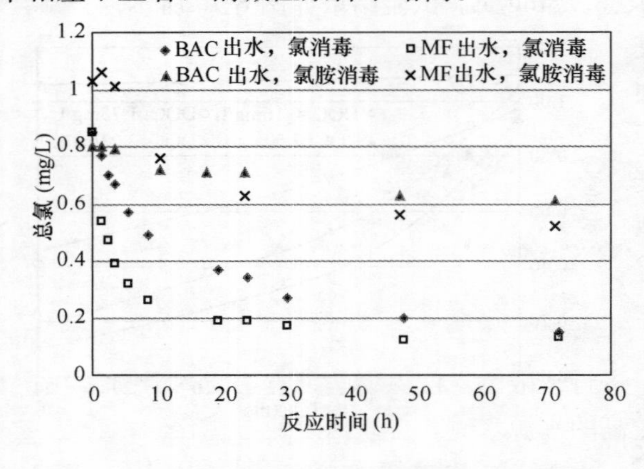

图 8-22 氯与氯胺消毒过程中总氯衰减情况对比

8.3.3.5 氯胺衰减规律

试验对比考察了氯消毒和氯胺消毒过程中的消毒剂浓度变化，以总氯指标来考察。试验水样为中试工艺 MF 和 BAC 出水，投加次氯酸钠进行氯消毒实验，投加氯化铵和次氯酸钠进行氯胺消毒实验，控制水样初始总氯浓度为 0.85～1.0mg/L。实验结果如图 8-22 所示。

可见，采用氯消毒时，水中总氯衰减速率明显高于氯胺消毒过程。在反应 24h 后，氯消毒的 MF 和 BAC 出水中总氯浓度已分别降至 0.34 和 0.19mg/L，而氯胺消毒反应 72h 后，水样中总氯浓度仍分别保持在 0.61 和 0.52mg/L。由于氯胺较为温和的反应性质，在水中能保持更为持久的消毒剂余量，因而对管网细菌的抑制作用也更为持久。

8.4 消毒工艺优化策略

8.4.1 消毒剂选择

氯作为应用最为广泛的饮用水消毒剂，具有上百年的应用历史，也将在饮用水处理领域继续发挥作用。这里所讨论的消毒剂选择问题，是就本课题的研究目标“饮用水输送系统水质安全保障问题”提出的，从影响饮用水生物稳定性、控制管网细菌再生长角度，分析传统氯消毒的“替代”（Alternative）工艺。关于氯消毒工艺的优化策略在后续小节中讨论。

8.4.1.1 氯胺

氯胺具有较为温和反应特性，对水质生物稳定性指标的影响低于氯、二氧化氯、臭氧等强氧化型消毒剂；且有研究表明，氯胺在控制管网生物膜方面具有优势。同时，采用氯胺消毒，与传统氯消毒工艺相比，并不显著增加运行成本和改造难度。因此，从保障小城镇管网水质安全的角度出发，采用氯胺消毒是一项具有经济、技术可行性的选择。

氯胺消毒的主要问题在于需要比氯高得多的CT值，意味着需要较长的接触反应时间，而一般水厂的清水池并不具备这样的容积。因此实践中，常在净水工艺之前就开始投加氯胺仅需消毒，利用水处理单元的容积保障足够的接触时间，否则难以保证出厂水微生物学指标的合格。从系统优化角度考虑，提高氯胺消毒效率除了将投加点提前外，还可以通过优化投加方式、优化清水池结构设计等方法来达到，这几方面将在后面讨论。

在水质安全保障的具体策略上，欧洲和美国是目前世界上最为先进地区，他们的做法可为我们这个发展中国家借鉴。具体到技术层面，欧洲和美国的实践有着截然不同的理念。

欧洲一些国家往往采用深度处理技术来降低水中天然有机物（NOM）的含量，以控制消毒副产物的产生和抑制微生物的再生长。出于对消毒剂及消毒副产物健康危害的考虑，他们依靠其优质的水源、可靠的水处理工艺以及完善的运行管理机制，同时也由于其配水系统规模不大，一些欧洲国家如荷兰、德国等甚至不要求在管网中保持消毒剂余量，而有些欧洲国家的饮用水标准中对氨含量进行了限制，使得氯胺消毒也受到限制。

与之相反，美国在处理有机物含量较高的水源水时，更倾向于通过优化消毒工艺而不是去除NOM来实现水质安全的目标。在消毒剂/消毒副产物法规（D/DBPs Rules）的要求下，美国从20世纪后期开始，氯胺消毒正在逐步被水厂更广泛的接受，因为与采用深度处理工艺去除NOM相比，采用氯胺消毒的成本要低得多，而同样可达到控制消毒副产物和保证饮用水生物稳定性的作用。目前，美国水厂越来越多地采用氯胺作为“二次消毒剂”（Secondary Disinfectant），到2002年，美国已有20%的水厂采用氯胺消毒；甚至在“一次消毒剂”（Primary Disinfectant）的选用上也开始采用氯胺，即采用预氯胺化取代预氯化。

作为发展中国家，尤其是我国经济发展水平落后于大中城市的小城镇，采用类似美国的做法应该更加现实可行。本研究推荐，我国小城镇供水行业可采用氯胺消毒，同时对消毒工艺其他环节进行优化，是保障饮用水生物稳定性和管网水质安全的一项安全消毒策略。

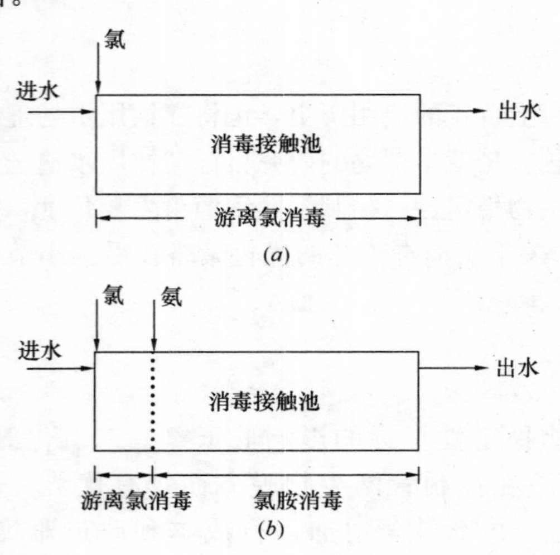

图 8-23 短时游离氯后转氯胺的顺序消毒工艺示意图

(*a*) 游离氯消毒工艺；(*b*) 顺序氯化消毒工艺

8.4.1.2 氯与氯胺联合消毒

氯与氯胺在饮用水消毒应用上各具优点：氯的消毒效果优于氯胺，所需CT值小；而氯胺对于控制消毒副产物和生物稳定性具有优势。因此可将二者进行优化组合，发挥各自优点。

清华大学张晓健教授课题组开发了“短时游离氯后转氯胺的顺序消毒工艺”，就是利用氯的快速灭活能力和氯胺消毒副产物生成量低的优点。该工艺的主要技术思路是先氯后氨的投加次序，但游离氯的消毒时间大大缩短（小于 15min），因为氯消毒反应快速，进一步增加接触时间进入慢速反应阶段，则会与有机物反应，大量生产消毒副产物。顺序消毒工艺路线如图 8-23 所示。

研究发现，短时游离氯后转氯胺的顺序消毒工艺可很好地控制消毒副产物的生产和降低 AOC 的增加量。结果如图 8-24 所示。

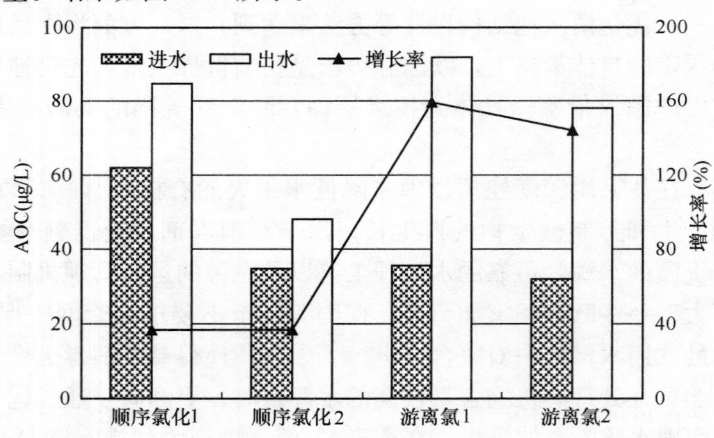

图 8-24 不同消毒方法对水中 AOC 浓度的影响

在该研究的 2 次测试中，顺序氯化消毒 AOC 增长率均为 37.1%，而 2 次测试游离氯消毒 AOC 增长率为 155.6%和 146.9%，远高于顺序氯化消毒。这是由于氯投加后，迅速与易反应物质如氨等发生反应，对微生物的杀灭也在快速反应阶段，而与有机物的氧化和取代反应属于慢速反应，此时加入氨将剩余的游离氯转化为氯胺，就避免了游离氯继续与有机物的反应，因而大大降低消毒过程对生物稳定性指标及消毒副产物的增加。因此，该技术具有较好的应用前景；前面讨论的二氧化氯＋氯胺联合消毒工艺也与此项技术具有类似的效果，是具有较高技术可行性的传统氯消毒工艺替代选择。

8.4.1.3 新型消毒工艺在小城镇应用的可行性

在本研究讨论范围内，新型消毒工艺主要指包括二氧化氯、臭氧和紫外线在内的消毒工艺。

二氧化氯被认为是氯的最佳替代消毒剂，从经济上考虑，有研究分析采用盐酸和亚氯酸钠制取二氧化氯，消毒成本为0.04～0.06元/吨水，是可被我国大多数地区接受的。近年来，国内二氧化氯发生器的研制开发非常活跃，发展很快，已具有相对成熟的技术设备。而且，二氧化氯消毒比较适合小型水厂的应用，是我国小城镇饮用水消毒工艺的较佳选择之一。

对我国东部经济较发达，人民群众对高品质饮用水需求较为强烈，除了可采用本研究提出的一些先进净水工艺，还可结合新型消毒工艺，来保障用户使用到高品质的饮用水。如在使用生物活性炭等深度处理单元的水厂，结合臭氧工艺可达到非常好的消毒效果，同时由于O_3-BAC组合工艺对有机物的有效去除，在出厂水中仅需补充较少量的氯或氯胺，即可保障管网水质的微生物安全。

紫外线消毒设备在近年来的中国市场上增长很快，各种国内外品牌相继涌现，尤其在小型的纯净水加工企业中得到较好的应用。在市政供水厂中，紫外线消毒也具有较好的应用前景，与氯等化学性消毒剂进行联合消毒，可大大降低化学性消毒剂的用量，保障水质安全。

8.4.2 加氯点优化

8.4.2.1 预氯化的优化

在“化学预氧化”一节中，我们已对预氯化对生物稳定性及消毒副产物的影响进行了讨论，从提高饮用水生物稳定性及保障饮用水水质安全的角度考虑，本研究结合之前的研究结果，提出以下预氯化的优化措施：

（1）减少预氯化投氯量，且只在水温高、藻类高发期投加；

（2）为控制滤池生物生长，可将预氯化投加点后移至滤前投加，由于混凝沉淀可去除一部分有机物及消毒副产物前体物，因此在滤前投加可减少消毒副产物的产生以及AOC、BDOC的增加幅度；

（3）采用氯胺替代进行预氧化；

（4）采用高锰酸钾（盐）进行预氧化；

（5）在设有活性炭滤池、炭砂滤池和生物活性炭滤池等深度处理单元时，可采用臭氧进行预氧化；

（6）采用生物预氧化如曝气生物滤池，可部分去除有机污染物、浊度、藻类等，以取代化学预氧化，可达到助凝及改善水质的效果，并增加水质生物稳定性。

8.4.2.2 加氯点后移

沿着整个水处理工艺流程，悬浮物、有机污染物、细菌、氨氮（如有生物处理单元）等会消耗消毒剂的物质含量基本呈逐渐降低的趋势（去除率各有不同），因此，充分利用前端工艺对污染物的去除效能，将消毒剂投加点尽量靠近水处理工艺后部，对减少消毒副产物、降低加氯量、降低可生物降解营养基质的生成均具有重要意义。

一般水厂的主加氯点设在滤池出水总管上或清水池配水井处，以充分利用水流混合条件。采用加氯点后移及多点投加的策略，可选择的加氯点包括：滤前（沉淀池出水）、滤后（滤池出水）、出厂水（二级提升泵之前）处分点投加，减少单次投加量，可降低氧化分解反应速率和副产物生成速率。

8.4.2.3 管网二次加氯

当供水管网面积较大、输配水时间较长时，部分区域的余氯浓度就难以达标。若在出厂时增大加氯量，会增加饮用水消毒副产物的浓度，还会加快管材的腐蚀。因此，越来越多的自来水公司开始采用管网中途加氯技术（即二次加氯），在管网的加压泵站、贮水池泵站或某节点处补充加氯。二次加氯是采用分布式的补给技术，来高效控制管网余氯浓度的策略。二次加氯有如下优点：

（1）减少DBPs形成的可能；

（2）减少氯的总投加量；

（3）导致供水管网消费节点限制范围内的余氯有更加均匀的时空分别；

（4）减少从水厂到消费节点的消毒时间，减低消毒终端产物；

（5）增加系统抵御和应对事故或蓄意污染物侵害的稳固性。

管网二次加氯的主要问题是如何优化加氯点的位置以及确定二次加氯量，保证在整个管网范围内，中途加氯点数量最少、总加氯量最小，并能保证水质达标。

小城镇供水系统规模较小，如已具备完善的环状管网，一般水力停留时间较短，管网余氯能迅速得到补充平衡，可有效控制细菌再生长；但很多小城镇管网仍为枝状管网，且用水量变化系数大，常设置高层水塔或地下水池等构筑物进行调蓄水量之用。在这些二次供水设施中，余氯很快发生衰减而导致微生物再生长，使饮水存在健康风险。在水塔或水池等二次供水设施，以及其他余氯不达标节点进行二次加氯，是保障饮用水生物稳定性和水质安全的有效措施。

8.4.3 加氯方式优化

加氯方式的优化不仅是针对氯的投加方式，更重要的是投加氯后与水流的充分混合。保证氯水充分混合，需合理选择投氯点、改进投氯管线的设置，还可采用有效的混合方式，充分利用工艺管道的水力条件，另外，条件许可时还可考虑采用机械搅拌、弯头混合、喷撒扩散器、管道混合器等多种方式。

8.4.3.1 水射器

最早的氯投加方式是直接将氯气或液氯投加到接触池中，难以有效地将氯在水中充分分散混匀，大大降低了消毒效率。水射器是目前加氯系统中最常使用的加氯装置，通过它在管路中产生负压，由真空调节阀控制负压数值，以此抽吸氯气。一般将氯水管的出口设在管路中心位置，管口朝向下游方向，利用管路流速的混合作用分散药剂。

8.4.3.2 高速水射枪

水射枪是一种带有高速搅拌装置的真空加氯装置，高速旋转的螺旋桨既能提供氯吸入所需的高真空，同时能使水与氯在瞬间均匀混合，提高消毒效果，降低氯的用量。

刘丽君等进行了生产性规模的试验，对比了水射器和水射枪投氯的混合效果。试验发现采用水射器投氯时，在同一采样点余氯随时间的变化，以及同一断面不同深度的余氯变化都很大，氯水混合不均匀；而采用水射器投氯时，在 1、2、4m 3 个深度余氯的变化曲线基本重合，且基本不随检测时间而变化。说明采用水射枪投氯，可保证余氯在清水池内的稳定、均匀地分布，混合效果显著比水射器好。同时，该研究发现，水射枪能使药剂在<6.2s 的瞬间就达到充分混合，而水射器的完全混合时间超过 30min，可能导致清水池内局部区域余氯过高而促进消毒副产物生成。

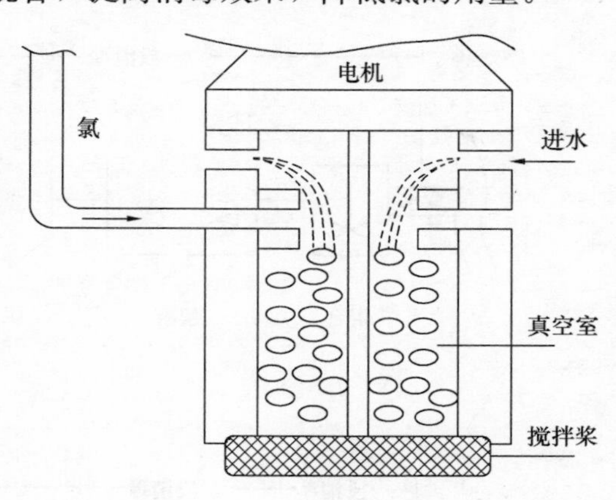

图 8-25 水射枪结构简图

8.4.3.3 加氯系统的控制

一些小城镇的老旧水厂，还不具备加氯自控系统，水厂氯工仍采用根据检测人员测量的余氯值来手动调节加氯量、靠经验进行控制。由于水厂处理水量、水质以及氯瓶压力都是动态变化参数，通过人工调节的方式很难保证对系统的及时准确控制。因此，采用在线余氯检测仪结合反馈控制系统来实现自控加氯，对有效保障消毒效果、降低氯耗，并由此降低 AOC、BDOC 和副产物生成量都具有关键作用。

加氯控制系统可分为以下几类：

(1) 投氯或余氯程序控制。预先设定所需加氯量或余氯值，加氯机与设定值变化保持同步，常用于滤后加氯、管网或泵站补氯等。

(2) 自动比例控制。投氯量与流量变化保持同步，适用于流量变化波动大而水质较稳定的情况，常用在预氯化投氯控制中。

(3) 综合闭环自动控制。考虑了多重因素如流量、氧化还原电位等，系统较复杂。

为适时反映水厂各点的余氯值变化，以达到对加氯系统的最准确及时的控制，需要在工艺流程上设置在线余氯监测点。美国环保署 EPA 于 2003 年发布 LT1ESWTR Disinfection Profiling and Benchmarking（消毒工艺基准和描述）的技术指导手册中，对水处理工艺流程上的余氯监测点进行了规定，可作为借鉴之用。监测点可根据实际情况设置一点、两点或多点，如图 8-26 所示。

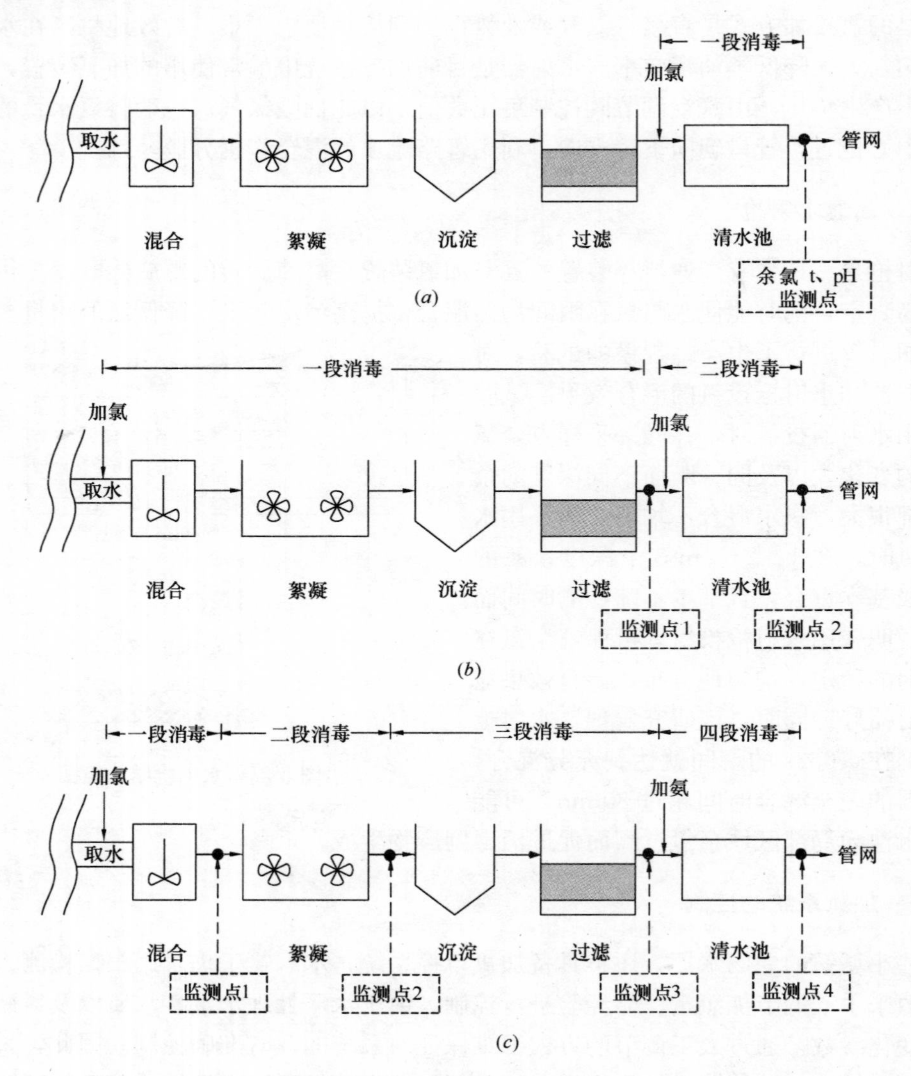

图 8-26　水处理工艺流程中余氯监测点的设置方案（USEPA）

(*a*) 一点（后加氯）；(*b*) 两点（预氯化+后加氯）；(*c*) 多点（预氯化+氯胺）

8.4.4　清水池结构优化

8.4.4.1　CT 值

理想条件下，消毒效率是接触时间、消毒剂浓度和水温的函数，灭活速率遵循 Chick 定律，即认为理论上杀灭有机体的速率为常数。以 N_0 表示初始的有机体数量，N 表示单位时间 t 时还存活的有机体数量，在一定消毒剂浓度下，消毒动力学的 Chick 定律可描述为：

$$N = N_0 \exp(-Kt) \tag{8-18}$$

式中，K 为消毒剂灭活速率常数。令 $D=1/(K\lg e)$，则有

$$t = D\lg \frac{N_0}{N} \tag{8-19}$$

Chick-Watson 公式考虑了消毒剂浓度的影响：

$$\ln \frac{N}{N_0} = -kC^n t \tag{8-20}$$

式中 C——消毒剂浓度；

k——消毒反应速率常数；

n——稀释系数或反映反应级数的系数。当 $n=1$ 时，消毒剂浓度和接触时间对消毒效率具有同等影响，而 $n>1$ 时消毒剂浓度影响大，$n<1$ 时接触时间影响大。一般情况下认为 $n=1$，于是可以得到接触时间结束时水中消毒剂残余浓度 C 和接触时间 T 的乘积 CT 值，这是用来设计化学法消毒工艺的一条实用设计准则。

CT 值对于不同的微生物和消毒剂的组合是不一样的，每个确定的 CT 值都对应一定的灭活率。美国环保署（EPA）给出了兰氏贾第鞭毛虫灭活率达到 3-log（即 99.9%）时，不同余氯和 pH 值下的 CT 值，如表 8-8 所示。

灭活 3-log 兰氏贾第鞭毛虫的 *CT* 值（15℃） **表 8-8**

余氯（mg/L）	pH		
	≤6.0	6.5	7.0
≤0.4	49	59	70
0.6	50	60	72
0.8	52	61	73

根据 CT 值的设计理念可知，提高消毒效率的手段有两种：一是加大消毒剂投加量或通过降低水中杂质如有机物等来减少消毒剂消耗，以增加接触时间结束后的余量值 C；二是提高接触时间 T，让消毒反应更加充分。单纯依靠加大消毒剂投加量会带来诸如前面所述的消毒副产物、生物稳定性等问题，因此，研究如何提高 T 值是一种提高消毒效率的有效途径。

8.4.4.2 有效停留时间 t_{10}

理想的反应器构型包括活塞流反应器或称推流反应器（Plug Flow Reactor，PFR）和完全混流反应器（Constant Stirred Tank Reactor，CSTR）。推流反应器每一个流体元素的停留时间都是相等的；而反应物一进入完全混流反应器就立即被分散，反应器内完全均匀，即一部分反应物立即流出反应器，这部分反应物的停留时间理论上为 0，余下部分则具有不同的停留时间，最长的理论停留时间可达无穷大。

水厂的清水池可视为消毒反应器，而一般在水处理过程中将反应器容积 V 与流量 Q 的比值称为水力停留时间（HRT），所以采用 CT 值进行消毒工艺设计时，传统的做法是将 HRT 等同于 T。在理想推流反应器中，所有反应物在反应器内的停留时间都等于水力停留时间。但实际上，由于反应器中存在死角、短流等现象，导致其中的流态偏离理想反应器。清水池中的流态就介于理想推流和全混流之间。因此，消毒剂在清水池内的实际停

留时间要小于其水力停留时间，采用 HRT 来计算 CT 值就会出现偏差，导致消毒效率难以达到要求。

理论上采用液龄分布函数 $E(t)$ 和累积液龄分布函数 $F(t)$ 来考察进入反应器中液体流元的停留时间。

$E(t)$ 的定义是某一时刻反应器流出的物质中，在反应器内曾停留在 t_1 和 $t_1+\mathrm{d}t_1$ 时间间隔内所占的分数，因此有：

$$\int_0^{\infty} E(t)\mathrm{d}t = 1 \tag{8-21}$$

按照上式计算从 0 到 t 的累积分数，则称为累积液龄分布函数，即

$$F(t) = \int_0^t E(t)\mathrm{d}t \tag{8-22}$$

因此，当反应器中流出组分 10%，即 $F(t)=0.1$ 时，此时的 t 值可定义为 t_{10}，其意义是剩余的 90%的物质都能达到的停留时间。对于理想推流反应器，$t_{10}/T=1$，而完全混流反应器中 $t_{10}/T=0.1$。一般反应器的 t_{10}/T 值在 0.1～1 之间。

在饮用水消毒设计中，采用保证 90%的消毒剂能达到的停留时间，即 10%的消毒剂从清水池中流出时的 t_{10} 来计算 $C\cdot t_{10}$，比采用水力停留时间能获得更准确的设计效果，t_{10} 亦可称为有效停留时间。

t_{10} 与水力停留时间之比 t_{10}/T 值可表征消毒剂混合接触效率，其值越大，接触效率越高。美国 EPA 对清水池 t_{10}/T 值的研究结果如表 8-9 所示。

清水池设置与 t_{10}/T　　　　表 8-9

隔板条件	t_{10}/T	设置说明
无	0.1	无隔板，混合型，极小的长宽比，进出水流速很高
差	0.3	单个或多个无导流板的进口和出口，无池内隔板
一般	0.5	进口或出口处有导流板，少量池内隔板
好	0.7	进口穿孔导流板，折流式或穿孔式池内隔板，出口堰
理想推流	1.0	极大的长宽比，进口、出口穿孔导流板，折流式池内隔板

可见，清水池的结构对 t_{10}/T 值具有很大的影响。一般普通清水池的 t_{10}/T 值多低于 0.5，如将某清水池的 t_{10}/T 从 0.2 提高到 0.8，增加 4 倍，意味着可在水量不变的条件下，达到同样消毒效果($C\cdot t_{10}$)时所需余氯仅为之前的 1/4。因此，清水池的优化设计对于提高消毒效率，降低消毒剂消耗、减少消毒副产物生成，以及降低对生物稳定性的影响等都具有积极意义。

8.4.4.3　清水池优化设计

对清水池进行优化设计就是要采取措施提高其 t_{10}/T 值，保证其必要的接触时间。影响清水池 t_{10}/T 的主要因素有清水池水流廊道长宽比（L/W）、水流弯道数目和形式、池型以及进、出口布置等。

(1) 总长宽比（L/W）

刘文君等对深圳市的三家水厂的清水池进行示踪试验，考察了 t_{10}/T 与清水池水流廊道总长宽比的关系，如表 8-10 所示：

清水池廊道总长宽比与 t_{10}/T 的关系 表 8-10

水　厂	清水池总长宽比	水力停留时间	t_{10}/min	t_{10}/T
沙头角水厂	53	93	168	0.55
笔架山水厂	14	57	134	0.42
梅林水厂	54	30	44	0.68

可见，廊道总长宽比对 t_{10}/T 具有很大影响，提高 L/W 可显著增大 t_{10}/T 值。同样的研究结果也在金俊伟等的中试研究中得到验证。该研究采用比例尺为 38 的中试模型，考察了不同隔板数造成的廊道总长宽比对 t_{10}/T 值的影响，结果如图 8-27 所示。

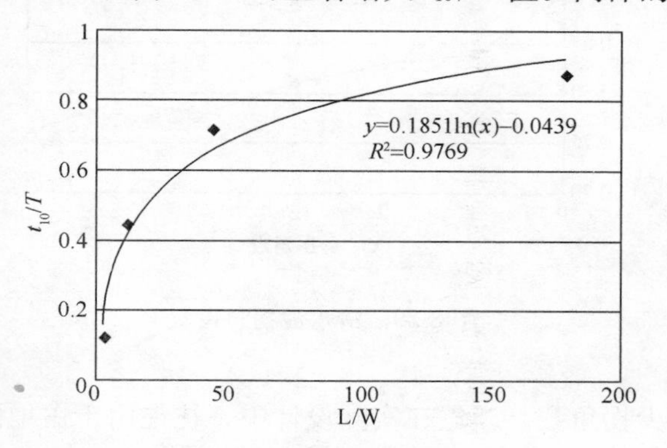

图 8-27 中试试验中流道长宽比与 t_{10}/T 的关系

t_{10}/T 与总长宽比 L/W 呈对数关系，拟合关系式为 $y = 0.1851 \cdot \ln(x) - 0.0439$，$t_{10}/T$ 随总长宽比 L/W 增大而增大。在实际清水池的试验中发现，L/W 是影响 t_{10}/T 最主要的因素。按照上述中试试验公式计算表 8-10 中的数值，笔架山水厂的 t_{10}/T 计算值为 0.44、梅林水厂的 t_{10}/T 计算值为 0.69，与实测值非常接近；但沙头角水厂的实测值偏低，应该与其他因素的影响有关。

在清水池容积和池型一定的条件下，增设池内隔板数是提高总长宽比的有效方法。如金俊伟等的中试研究中隔板设置如图 8-28 所示。

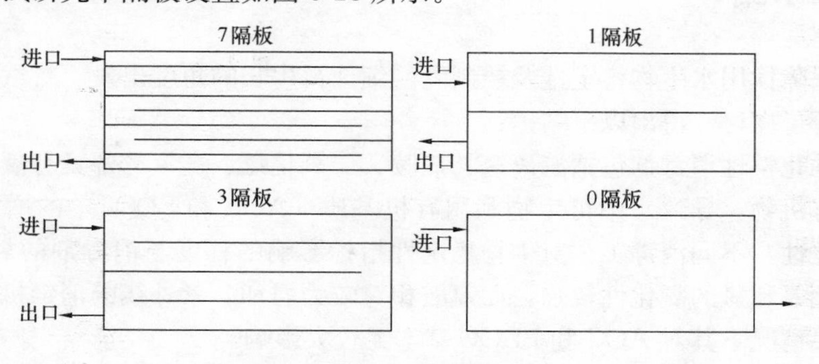

图 8-28 池内隔板设置情况

分别设置 0、1、3、7 道池内隔板情况下，两个进水流量下总长宽比和试验所得 t_{10}/T 值如表 8-11 所示。

清水池模型中隔板数与 t_{10}/T 的关系 表 8-11

池内隔板数	总长宽比	$2m^3/h$	$3m^3/h$
7	178	0.87	0.92
3	44	0.71	0.77
1	11.5	0.44	0.33
0	3	0.12	0.06

不设隔板时（$n=0$），长宽比仅为3，$t_{10}/T<0.2$，而增加至3个隔板时，t_{10}/T 可大于0.7，获得了非常显著的改善；但进一步增加隔板数至7，t_{10}/T 值提高幅度却不大。可见，总长宽比达到一定程度时，其对于流态的影响将降低，图8-29中的曲线趋势亦说明了这个规律。

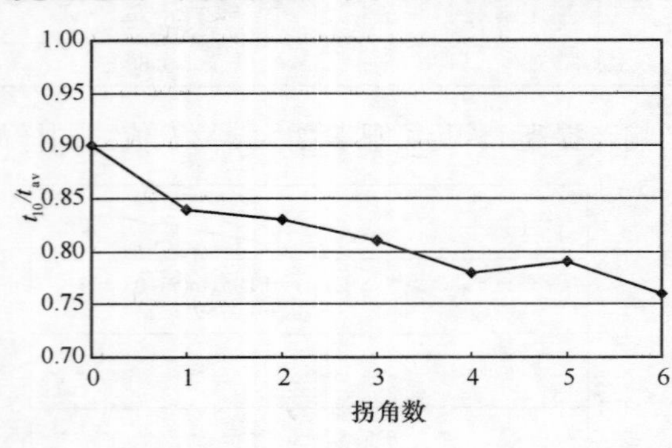

图8-29　清水池拐角设置

（2）水流弯道数目和形式

水流弯道即清水池内的水流拐角，如图8-29所示，每道隔板即对应一个拐角。杜志鹏等用CFD数值模型计算的方法，研究了清水池拐角数对 t_{10}/T 的影响，如图8-29所示。

在总长宽比一定的条件下，增加拐角数对流态具有不利影响。t_{10}/T 随拐角数的增加而降低，因为在拐角处，水流混合作用增强，使之更加偏离理想流态。因此，应尽量将清水池布置成狭长结构，减少拐角数。当然在实际设计中，往往由于占地的限值而无法达到最佳要求，但应合理利用平面布局，尽量优化设计。

（3）清水池构件布设

研究结果还表明增加清水池内穿孔板的布置、扩大进出口管径、使用出水堰等构件也能提高清水池水力效率，进而提高消毒效果。

8.5　本章小结

本章从保障饮用水生物稳定性及控制管网细菌再生长的角度出发，对饮用水安全消毒技术策略进行了探讨，得出以下结论：

（1）各种化学性消毒剂包括游离氯、氯胺、二氧化氯、臭氧等都具有氧化性，能氧化分解水中的有机物，导致水中可生物利用有机基质（AOC和BDOC）的增加，降低了出水的生物稳定性。不同消毒工艺对生物稳定性指标影响的程度与消毒剂的氧化能力有关，臭氧、二氧化氯和氯的氧化性较强，而氯胺相对较为温和。紫外线的消毒机理与化学消毒剂不同，一般情况下其对AOC和BDOC基本无较大影响。

（2）余氯在管网与各种物质发生反应而衰减，可能导致管网局部区域余氯不合格，容易发生细菌再生长现象。影响余氯衰减的主要因素包括：初始余氯值、温度、TOC及pH等。为强化管网消毒剂的持续灭菌能力，需对管网余氯衰减过程进行深入研究，利用水质模型模拟可较好地反映管网余氯衰减情况；强化处理工艺对有机物的去除、提高消毒效率、采用管网二次消毒，以及采用替代消毒工艺如氯胺消毒等方法可提高管网消毒剂对微生物再生长的控制作用。

（3）安全消毒工艺是一个系统优化策略。包括消毒剂优选、加氯点优化、加氯方式优化、清水池结构设计等多项内容，而后三项往往在水厂实践中被忽略。我们需要根据实际情况，对消毒工艺进行降低消毒剂消耗、减少消毒副产物、保障管网水质生物稳定性等多目标的综合优化。

第9章　水厂水质控制技术集成

提高出厂水水质，是保障管网水质的一个关键因素。要提高出厂水水质，就要根据实际水源水质等，选用有针对性的、合适的净化工艺技术，同时严格控制和管理各个制水环节，加强各个环节出水的水质管理和控制。

9.1　净化技术选择原则

以最低的总费用，把原水处理成符合标准或目标要求的水质是小城镇供水水厂的目标，也是水厂选择净化处理工艺技术的基本原则，除此还需要遵循其他原则和考虑一些因素。

1. 根据原水中的第一主成分或主要物质进行大致选择净水工艺

通过调查或分析原水中第一或主要需要处理去除的物质，来确定净化处理的大概工艺技术，如常规处理还是需要预处理和深度处理。要对原水的水质作长期观察，地表水要分析丰水期和枯水期的水质、受潮汐影响河流的涨潮与落潮水质以及表层与深层的水质。同时要充分了解原水中污染物的形成及发展趋势，以便对所选工艺可能的改善措施做出分析与判断。

2. 常规处理工艺不能完全去除而达到目标值的，要根据污染物质特性，选择经济合理的预处理工艺、深度处理工艺技术。

3. 常规处理工艺或现有成熟工艺不能去除的某种特定污染物质应根据污染物去除特性采取针对性的处理措施

对于水源存在某种特定污染物质的，一般要查阅该污染物的溶解性，分子量，可否生物降解，氧化和吸附特性等资料，以便针对其特性选择工艺，经过一定的试验，确定相应的工艺方案及主要参数。

4. 考虑工艺技术对原水水质变化的适应性、对设备故障的适应性以及未来升级改造的灵活性等

随着饮用水水质要求的提高，或者原水水质的变化，可能会对净水工艺提出新的要求，因此选择的工艺要求对今后的发展具有较大的适应性和灵活性。

5. 考虑工艺技术的可靠性以及运行管理的简便性和灵活性等，也要考虑当地操作人员的技术管理水平和经验

工艺选择时既要考虑工艺自身的可靠性、运行管理的复杂性、灵活性，又要考虑当地操作人员管理水平和运行经验，以便所选择的工艺技术与当地的技术管理水平相适应。要求所选工艺技术操作管理方便简单。

6. 考虑所选工艺的建设成本和运行费用以及当地的经济条件

经济条件是工艺选择中一个十分重要的因素。有些工艺虽然对提高水质具有较好的效

果，但是由于投资较大或运行费用较高而难以被接受。因此工艺选择还应结合当地的经济条件进行考虑，以便所选工艺技术与当地经济发展水平相适应。要求所选工艺技术投资省，运行费用低，占地少。

7. 当地的环境条件

不同处理工艺对占地、地基承载、气候条件等会有不同的要求，因此在工艺选择时还应结合当地的环境条件进行综合考虑。

8. 占地或者相类似水源净水处理的实践

当地已有给水处理厂，其处理效果是对所采用净水工艺最可靠的验证，也是选择净水工艺的重要参考内容。

9.2　适宜的净化技术

9.2.1　不同水源水的处理方法

水厂净化处理工艺技术完全取决于原水水质特性，如果在不考虑其他因素的情况下。对于水质较好的地下水或未受有机污染的地表水，常规处理工艺即可满足饮用水出水水质要求；对于受到有机物、氮磷或藻类等污染的水源，应根据具体的情况增加预处理或深度处理工艺或强化常规处理。对于受到内分泌干扰物、无机离子和盐类污染的水源应根据具体情况选择合适的膜处理工艺。不同原水水质特性的水源其净化处理工艺技术具体不同，可参考以下：

1. 基本符合《地表水环境质量标准》Ⅱ类水质的原水

(1) 原水→混凝沉淀或澄清→过滤→消毒

适用于一般进水浊度不大于2000～3000NTU，短时间内可达5000～10000NTU的原水。

(2) 原水→接触过滤→消毒

适用于进水浊度一般不大于25 NTU，水质较稳定且无藻类繁殖的原水。

(3) 原水→混凝沉淀→过滤→消毒（洪水期）

原水→自然预沉→接触过滤→消毒（平水期）

适用于水质经常清晰，洪水时含泥沙量较高的山溪河流水。

(4) 原水→混凝→气浮→过滤→消毒

适用于经常浊度较低，短时间不超过100NTU的原水。

(5) 原水→（调蓄预沉或自然预沉或混凝预沉）→混凝沉淀或澄清→过滤→消毒

适用于含沙量大、洪峰持续时间较长的原水。

2. 低温低浊水

低温低浊水并无严格定义，一般认为水温在4℃左右，浊度为20NTU上下。常规水处理工艺对低温低浊水的处理效能低下，为了很好的处理低温低浊水，常在常规处理中增加强化混凝、气浮措施或浮沉池。

(1) 原水→气浮→过滤→消毒

（2）原水→强化混凝→过滤→消毒

（3）原水→微絮凝接触过滤→消毒

除以上常规处理方法外，还有一些特殊的工艺或池型可以处理低温低浊水，如泥渣回流技术、高梯度磁力分离技术、高密度沉淀池等。

3. 高藻水

原水藻类含量高，宜采用化学预氧化、生态调控等措施。

（1）原水→气浮→过滤→消毒

原水→滤网微滤→接触过滤→消毒

适用于进水浊度不大于100 NTU的原水。

（2）杀藻药剂（Cl_2）
↓
原水→混凝沉淀或澄清→过滤→消毒

适用于含藻不十分严重的原水。

（3）原水→混凝沉淀→气浮→过滤→消毒

适用于浊度较高且含藻量较大的原水。

4. 有机微污染原水

微量有机污染水源的净水工艺有三类，一是在常规处理工艺之前增加预处理工艺；二是增加臭氧-活性炭深度处理工艺；三是强化常规处理。

（1）O_3 预氧化
↓
原水→混凝沉淀或澄清→过滤→消毒

（2）粉末活性炭或 $KMnO_4$
↓
原水→混凝沉淀或澄清→过滤→消毒

（3）原水→混凝沉淀或澄清→炭砂滤池→消毒

（4）原水→混凝沉淀或澄清→过滤→活性炭滤池→消毒

（5）原水→混凝沉淀或澄清→过滤→O_3 接触氧化→生物活性炭滤池→消毒

（6）O_3 预氧化
↓
原水→混凝沉淀或澄清→过滤→O_3 接触氧化→生物活性炭滤池→消毒

5. 氨氮污染严重原水

（1）原水→生物预处理→混凝沉淀或澄清→过滤→消毒

适用于氨氮污染水源。

（2）原水→生物预处理→混凝沉淀或澄清→过滤→O_3 接触氧化→生物活性炭滤池→消毒

适用于氨氮、有机微污染水源。

6. 铁、锰超标水源

除铁：

（1）原水→曝气→氧化沉淀→过滤→消毒

不适用于溶解性硅酸含量高且碱度低的原水。

（2）Cl_2
↓
原水→混凝→沉淀→过滤→消毒

适用于各种含量地下水除铁。

(3) 原水→曝气→过滤→消毒

不适用于还原性物质多和氧化速度快的原水。

除锰：

(1) $KMnO_4$
↓
原水→混凝→沉淀→过滤→消毒

适用于锰含量较高的原水。

(2) Cl_2
↓
原水→锰砂过滤→消毒

(3) 原水→曝气→生物过滤→消毒

适用于锰含量较低的原水。

同时除铁除锰：

(1) Cl_2混凝剂
↓
原水→混凝→沉淀→一级过滤（除铁）→二级过滤（除锰）→消毒

当原水含铁、锰低时，可应用一级过滤。

(2) Cl_2（或$KMnO_4$）
↓
原水→曝气→过滤（除铁）→过滤（除锰）→消毒

(3) 原水→曝气→生物除铁除锰过滤→消毒

(4) 原水→曝气→过滤（除铁）→生物除锰过滤→消毒

适用于含铁量大于10mg/L、含锰量大于1mg/L的地下水。

7. 含氟水

(1) 原水→空气分离→吸附过滤→消毒

适用于地下水含氟。

(2) 原水→混凝→沉淀→过滤→消毒

适用于地下水或地表水含氟。

(3) 原水→过滤→离子交换→消毒

适用于地下水含氟。

(4) 原水→过滤→电渗析→消毒

适用于地下水含氟。

8. 其他特性的原水

对于硬度较高的水源，可采用石灰软化法；对于苦咸水，可采用电渗析或反渗透法；对于砷含量超标的原水，地表水宜采用氧化-混凝沉淀措施，地下水宜采用吸附、电渗析或反渗透等措施；对于某些指标超标频率不高的水质，例如水源水质的季节性污染或水质突变，可以采用临时投加粉状活性炭或高锰酸盐复合药剂等，强化常规处理；对于存在大量浮游动物（剑水蚤、红虫等）的原水，宜采取化学预氧化、生态调控等措施；对于溴离子含量偏高的原水，应慎重采用臭氧消毒工艺，或合理确定臭氧投加量、投加方式，严格控制溴酸盐指标；对于泥沙含量高、浊度波动大的原水，宜增加预沉池；对于存在农药、苯系物等可吸附污染物风险的水源，应设置粉末活性炭投加设施。

水厂净化处理工艺技术除选择主导净化处理工艺技术外，还要对消毒工艺进行选择。不同规模的小城镇水厂其适宜的消毒工艺不同。消毒工艺要从经济、技术性能、管理等方面综合考虑。一般当水厂规模小于 1.0 万 t/d 时，建议选用二氧化氯消毒；小于 2.0 万 t/d 时，建议选用二氧化氯消毒或氯消毒；大于 3.0 万 t/d 时，建议选用氯消毒。

9.2.2 小城镇水厂工艺选择

鉴于我国不同地域的小城镇，其经济发展水平、水资源条件、地形、气候、技术管理水平等都存在较大的差异和不同，其水厂净化处理工艺技术也应有所差异。

一、一区：东部小城镇

1. 以内河水系为水源的Ⅰ类小城镇

一区的内河水系有机污染和氨氮污染都相对较严重，特别是长三角地区，建议：

(1) 新建、改扩建以及升级改造水厂采用生物预处理、常规处理与深度处理的组合工艺。

原水——生物预氧化——混凝-沉淀——(臭氧)-生物活性炭——过滤——消毒。

经济发达且对水质要求相对较高的水厂，有条件可采用：

原水——混凝-沉淀——(臭氧)-生物活性炭——纳滤——消毒；

或原水——生物预氧化——混凝-微滤——消毒；

或原水——生物预氧化——在线混凝-超滤——消毒。

(2) 不进行大规模升级改造的水厂，优化完善现有工艺，发掘强化现有工艺去除营养基质(包括有机物和磷)的潜力，同时根据原水水质情况，局部增加一些处理措施，强化常规处理和应急处理，如预氧化和投加粉末活性炭。可采用如下工艺路线：

原水——(粉末活性炭)——强化混凝-沉淀——过滤——消毒；

原水——高锰酸钾(盐)预氧化——(粉末活性炭)——混凝-沉淀——过滤——消毒。

2. 以湖、库、江水为水源的Ⅰ类小城镇

根据原水水质情况，建议采用有应急处理的强化常规处理工艺。

原水——(粉末活性炭)——强化混凝-沉淀——过滤——消毒；

原水——高锰酸钾(盐)预氧化——(粉末活性炭)——混凝-沉淀——过滤——消毒。

对水质要求较高有条件的小城镇也可采用如下工艺：

原水——混凝-沉淀——(臭氧)-生物活性炭——过滤——消毒；

原水——混凝-微滤——消毒；

原水——在线混凝-超滤——消毒。

对于湖、库水源，工艺路线选择时特别注意初夏之际和夏季高温情况下的高藻，必要时要采取加氯杀藻或其他措施。

3. 以内河水系为水源的Ⅱ类小城镇

建议：

(1) 新建、改扩建以及升级改造水厂采用生物预处理、常规处理与深度处理的组合工艺。

原水——生物预氧化——混凝-沉淀——(臭氧)-生物活性炭——过滤——消毒。

(2) 局部升级改造或不改造的水厂，采取强化混凝沉淀或强化过滤等强化措施，增加应急处理。

原水——(粉末活性炭)——强化混凝-沉淀——过滤——消毒；

原水—— 高锰酸钾(盐)预氧化——(粉末活性炭)——混凝-沉淀——过滤——消毒。

4. 以湖、库、江水为水源的Ⅱ类小城镇

建议采用强化常规处理工艺。

5. 以内河水系为水源的Ⅲ类小城镇

建议采用有应急处理措施的强化常规处理工艺。

6. 以湖、库、江水为水源的Ⅲ类小城镇

建议采用常规处理工艺。

二、二区：中部小城镇

1. 以地表水为水源的Ⅰ类小城镇

根据水源水质情况和经济发展水平来确定水厂净化处理工艺路线。对于氨氮污染较重的水源，要采取生物预处理；有机微污染的要采取强化常规处理；有机污染较重的要采取深度处理。可采取的工艺技术路线如下：

原水——强化混凝-沉淀——过滤——消毒；

原水——高锰酸钾（盐）预氧化——混凝-沉淀——过滤——消毒；

原水——生物预处理——强化混凝-沉淀—— 过滤——消毒；

原水——混凝-沉淀——（臭氧）-生物活性炭——过滤——消毒。

有条件的小城镇在水源氨氮污染、有机污染都较重的情况可采用：

原水——生物预氧化——混凝-沉淀——（臭氧）-生物活性炭——过滤——消毒。

2. 以地表水为水源的Ⅱ类小城镇

根据水源水质情况和经济发展水平，建议采用强化常规处理工艺，必要时增加应急处理。

3. 以地表水为水源的Ⅲ类小城镇

建议采用常规处理。

4. 以地下水为水源的小城镇

水质较好时建议采用：

原水——（强化）过滤——消毒。

当地下水为铁、锰、氟等一种物质或多种物质超标时，应采用除铁、除锰等特殊的处理工艺技术。

三、三区：西部小城镇

西部小城镇供水面临和急需解决的是完善和改造现有供水设施，根据水源水质情况和经济发展水平，确定改造和新建供水水厂的处理工艺。

1. 水源水质不符合《地表水环境质量标准》II类水源水质的Ⅰ类、Ⅱ类小城镇

建议采用强化常规处理工艺，对于水源存在污染风险的，建议增加应急处理设施或采取相应措施。

2. 水源水质较好的Ⅰ类、Ⅱ类小城镇

建议完善或建设常规处理工艺。

3. 集中供水的Ⅲ类小城镇

根据水源情况采用常规处理工艺或简化的常规工艺。

4. 采用地下水的小城镇，当水质中铁、锰等某种物质或某些物质超标时，应采取除铁等工艺技术。

5. 采用山溪水的水厂，要考虑季节性水质变化，建议增设预沉池等设施。

6. 西北地区以苦咸地下水为水源的小城镇，无替代水源时，根据水中盐类的成分和含量，宜采用纳滤、电渗析或反渗透等处理方法。

9.3 工艺单元控制

要提高和保障出厂水水质，除有适合净水要求的净水构筑物外，还要注意对这些净水构筑物和设备的管理、定期巡查和维修保养，使其保持良好的运转，把好各个净化处理环节。

1. 预处理

预处理一般包括预氧化和生物预处理两种技术，其中预氧化技术包括预氯化、高锰酸盐预氧化和预臭氧化。对于预氧化环节，保障水质的重要控制措施是要根据水源水质和出厂水水质以及外部条件变化如水温，灵活确定氧化剂的投加量、投加方式和投加点。使用臭氧预氧化时，一般情况下低臭氧投量；使用高锰酸钾预氧化时，不能投量过高，过高可能会穿透滤池而进入配水管网，出现“黑水”现象，而且出水的含锰量可能增加而影响水质，且长期过量投加，反应产物水合二氧化锰易使滤料板结；高锰酸钾与絮凝剂不能同时投加，同时投入水中，两者之间发生反应，反而降低除异臭、异味、色度以及混凝的效果。

生物预处理工段要根据水源、水质、水温变化，结合设计要求，合理控制水力停留时间、运行水位，气水比、生化水力负荷和排泥周期、冲洗周期等工艺参数。

2. 混凝

混凝工艺中最重要的是控制混凝剂投加量，同时要注意混合搅拌力度和混凝时间，混凝过程中还要注意观察絮体生长速率和混凝效果，当絮体的生长速率过快或过慢时都需要调整混凝的时间。混凝剂投加量要根据原水水质和出水水质要求等，灵活确定，必须计量投加。同时要对计量泵或计量装置进行定期校准，以保证准确性。

当原水藻类含量较高时，为了提高混凝效果，在投加混凝剂前应先加氯。加氯量与加矾量可通过化验室来确定。

3. 沉淀

沉淀工段要严格控制沉淀池运行水位，注意观察其进水和出水是否均匀。应根据不同的水质和不同的季节合理调节排泥周期。高浊期 8～24h 排泥一次，低浊期 24～72h 排泥一次。特殊情况根据实际情况调整排泥周期，在冬季时，水的浊度低，生成絮体数量少，流速过快絮体不易沉，容易带出沉淀池，这时应该降低负荷，减小流速使絮体在沉淀池中沉降下来。对于平流式沉淀池，要特别注意其水位，水位宜控制在允许最高运行水位和其下0.5m之间；对于在斜板（管）沉淀池，要注意水量的突然变化以及藻类的生长给水质带来的不利影响；对于澄清池，应根据泥渣的沉降比控制回流量、排泥和排泥时间；对于气浮池，应根据浮渣厚度和出水水质确定清渣时间和周期。

另外，注意沉淀池内是否有藻类大量繁殖，若出现此种现象，应采取投氯和其他除藻措施，防止藻类随沉淀池出水进入滤池；应保持沉淀池内外清洁卫生；还应定期停役清理池中死区积泥，做好排泥工作，保持排泥阀的完好、灵活，排泥管道的畅通。

4. 过滤

要注意滤池的过滤效果和反冲洗。为保证过滤效果，要依据水质，控制滤池滤速、运行水位、冲洗周期、冲洗时间、冲洗强度等工艺参数；

要根据水量及时调整滤池负荷，控制滤速尽量减少因滤速变化而发生出水水质的冲击变化；同时，操作人员要定期测定滤池的参数。每季度对滤料的膨胀度测定，每半年对反冲洗强度（4～5m^2/s）、滤层的含泥量（不小于3%）、滤层厚度（1m）测定，同时要根据情况，对承托层平整度、滤床冲洗膨胀率、滤料级配等参数进行测定，并对测定参数进行分析。对测定的技术参数严重偏离设计要求的应对滤池进行维修。

根据滤池的压差和出水浊度定期对滤池进行反冲洗，还要根据季节变化调整反冲洗周期，冬季反冲周期在48～72h，夏季反冲周期8～24h。水温低时水的黏度高，可用较小的冲洗强度达到较好效果；水温高时水生物繁殖快，藻类增多可用较大的冲洗强度。滤池冲洗后，应采取措施控制投入运行时滤池的初滤水浊度。

滤池夏季运行时，由于水温较高，来水中常有多种藻类和水生物极易被带进滤池中繁殖。这种生物的体积很小带有黏性，往往会使滤池堵塞，因此应定期用高浓度高锰酸钾溶液浸泡24h，并用水枪清洗池壁，防止细菌在滤池二次繁殖和藻类的污染。

滤池停役一周以上，恢复时必须进行有效的消毒、反冲洗后才能重新启用。

5. 深度处理

深度处理一般包括臭氧生物活性炭技术和膜技术等。对于臭氧生物活性炭，要根据原水水质及处理出水水质灵活控制和管理各运行参数，包括臭氧投加量、进水负荷、活性炭滤池停留时间等。使用活性炭的过程中要防止活性炭的穿孔或破碎，要注意观察活性炭滤池出水是否夹带炭粉等。

对于膜技术，要定时对膜进行反冲洗，保持膜的通透性，以保证供水的安全稳定性。要注意膜污染和膜的化学清洗对水质的影响。

6. 消毒

对于化学消毒，要根据处理水量、水质，水的pH值、水温和接触时间等参数灵活确定和调整消毒剂投加量，应严格按照国家饮用水水质标准保障出厂水的余氯量等。

7. 其他

对于清水池，应定期对其进行清洗，保证水质的安全性。

应急处理一般是采用投加粉末活性炭，有的在投加粉末活性炭的同时，可能还采取高锰酸钾氧化等措施。对于应急处理，要根据原水水质及处理水质要求等，要严格控制粉末活性炭投加量、投加点和投加方式等。

对于除铁、除锰等特殊处理的，要针对各种处理工艺技术，严格控制各环节的运行和管理。对于自然氧化法除铁锰，必须要保证曝气量，而且要关注原水中的有机物、碱度、还原性物质以及水温；对于接触氧化除铁锰，也必须要保证曝气量；对于氧化法直接过滤除铁锰，要根据原水水质灵活控制和调整氧化剂投加量；对于石灰软化处理，要根据水的pH值等严格控制药剂投加量。

在把好各个环节的运行参数控制和管理的同时，要注意全厂制水设备、设施的定期巡查和维修保养等管理，如冬季的防寒保暖。冬季来临之前要对水厂的暴露设施、输液管道采取保温保暖包扎，厂区重要的输液管可使用电加热带加温；对小口径桥管和泄气阀及水表、用水管等都应采取保暖包扎措施。

9.4 水质管理

在把好制水各环节关键点运行参数控制和管理的同时，还要关注各环节的出水水质管理，即及时监测各个环节的关键控制出水指标，并对其进行分析。当出水中有的项目超标，应分析是管理原因抑或某些工艺环节不合理，针对原因，及时采取措施或予以改进。

1. 建立完善的水质管理、监测机构及设施

有条件的小城镇，如Ⅰ类、Ⅱ类小城镇应设立专门的水质化验室或监测中心，配备与供水规模和水质检验要求相适应的检验人员和仪器设备，并负责检验原水、净化工序出水、出厂水和管网水水质。

对于部分检验频率低、所需仪器昂贵、检验成本较高的水质指标，无条件开展检验的水厂可委托具有相关项目检验资质的检验机构进行检验。

2. 建立严格的水质管理制度

建立和健全一系列规章制度，包括制水各环节处理设施操作规程和设备使用、维修等操作规程，水质化验（监测）操作规程，水质检验项目及频率、水质上报制度，水质监测质量控制制度、各机构职责等。

3. 确保采用水处理剂等的卫生安全性

水厂采用的一切水化学处理剂包括混凝剂、氧化剂、助凝剂、消毒剂等都应符合《生活饮用水化学处理剂卫生安全性评价》GB/T 17218 的要求，所采用的输配水设施、设备及防护材料等应符合《生活饮用水输配水设备及防护材料的安全性评价标准》GB/T 17219 的要求。

4. 确定合理灵活的水质检验项目和频率

根据水厂规模、原水水质条件、水质波动、监测化验条件、经济技术水平等合理确定水厂的水质检验项目和频率。当水质发生异常变化、波动以及生产需要、工艺调整时，应根据需要增加检验项目和频次。当检测指标超出标准规定时，立即重复测定，并增加监测频率。连续超标时，应查明原因，并采取有效措施，防止对人体健康造成危害。

以地表水为水源的我国东部区域Ⅰ类小城镇，宜在取水口附近或水源保护区内建立水质在线监测及预警系统，原水水质在线监测及预警项目可根据当地原水特性和条件选择；没有条件建立原水水质在线监测及预警系统的供水厂应在适当的范围内划定原水水质监测段，在监测段内应设置有代表性的水质监测点；以地下水为水源的供水厂应在汇水区域或井群中选择有代表性的水源井、补压井（或全部井）作为原水水质监测点。另外，由于各

地小城镇的水源特点不同，监测的重点也不同。对于东部小城镇，水源受到的氨氮和有机污染较为严重，因此，要在常规的监测项目中增加氨氮和有机物的测定；对于西北、华北以及东北的一些铁锰和氟超标的小城镇水源，要在常规的监测项目中增加铁锰和氟的测定。

有条件的水厂如Ⅰ类、Ⅱ类小城镇，应在出厂端设置在线水质监测设施，包括余氯、浊度指标，有条件的还可设置其他项目或在沉淀池、滤池等出水端设置在线监测设施。除在线监测外，水厂应定期对不同工段的不同水质项目进行监测，具体如表9-1。

水厂水质监测指标　　**表9-1**

水样	检验项目	检验频率	备　注
水源	浑浊度、色度、肉眼可见物、臭和味、pH值	1次/d	三区Ⅲ类小城镇检测项目及频率可酌减
	微生物指标	1次/2周	Ⅲ类小城镇1次/月
	特殊项目	1次/d	根据污染和水质波动情况，有条件的每日监测1次，条件差的可据实际情况酌减。如对于有机污染和富营养化的水源，需检测COD_{Mn}、氨氮
	常规项目全分析	1次/月	Ⅲ类及二区Ⅱ类小城镇1次/半年
	全分析	1次/a	Ⅲ类及二区Ⅱ类小城镇1次/2年
沉淀、过滤等各工序出水	浊度、pH值	1次/1～2h	对于特殊项目，据实际情况可增加；Ⅲ类及二区Ⅱ类小城镇1次/日
出厂水	浊度、余氯、pH	在线监测或1～2次/h	Ⅲ类及二区Ⅱ类小城镇检测频次可酌减
	其他感官性状指标和微生物指标	至少1次/d	Ⅲ类及二区Ⅱ类小城镇1次/d
	特殊项目	1次/d	
	常规项目全分析	1次/月	Ⅲ类小城镇1次/3月或半年
	全分析	2次/a	Ⅲ类小城镇1次/a

注：1. 特殊项目指原水中除感官性状和微生物指标外其他可能超标的项目；
2. 采用二氧化氯消毒时，出厂水的余氯检验改为二氧化氯余量和亚氯酸盐含量的检验，二氧化氯余量检验频率与余氯相同，亚氯酸盐的检验次数可适当减少。

5. 持证上岗和专业技术培训

直接从事制水和水质检验的人员，必须经过卫生知识和专业技术培训，并按照当地卫生行政主管部门的要求每年进行一次健康体检，持证上岗。同时还要注重技术人员的继续教育和专业人员的技术培训。

第10章　水质生物稳定性评价与技术

10.1　管网微生物再生长

10.1.1　管网水质二次污染

随着人们对于饮用水安全问题的日益关注，供水企业都在努力采取各种措施，包括强化常规水处理工艺，增加预处理、深度处理及特殊处理等；一系列新技术新产品也在水工业中得到应用；同时，世界各国都不断对供水水质标准和法规进行逐步的升级更新。2007年我国新颁布了《生活饮用水卫生标准》GB 5749—2006，其中水质指标由1985版中的35项增加至106项，增加了71项。其中，微生物指标由2项增至6项；消毒剂指标由1项增至4项；毒理学指标中无机化合物由10项增至21项，有机化合物由5项增至53项；感官性状和一般理化指标由15项增至20项；放射性指标仍为2项。新标准加强了对有机物、微生物和消毒等方面的要求，并与国际标准接轨。

目前，很多城市的供水企业的出厂水水质已经达到了相当高的水质标准。但是，由于自来水在从水厂输送至用户的过程中，水在管网内已经流动了数小时乃至数天的时间，一些主要的水质指标，如浊度、色度、余氯、细菌指标等，可能发生明显变化。水在管网内流动时，水中化合物会分解；有害细菌及微生物会繁殖；水和管内壁的材质会发生化学作用；水的pH变化将导致水有腐蚀和结垢倾向；有时管网受到外来的二次污染，造成水质事故，甚至危害人类健康。因此改善管网水质是提高供水水质的重要环节。

我国饮用水卫生专家分析近年来的饮用水二次污染后发现，出厂水经供水管网和二次供水设施后水质合格率下降了近20%。据相关资料报道，对国内45个城市（其中回函36个）的调研函件结果（平均值）分析，管网水浑浊度比出厂水增加0.38NTU，色度增加0.45CU，铁浓度增加0.04mg/L，锰浓度增加0.02mg/L，细菌总数增加18CFU/L，大肠杆菌增加0.4个/L，这些数据表明我国城市供水已经存在管网水质恶化、二次污染的问题，降低了居民饮用水的质量，影响了居民的身体健康。

管网配水作为供水的最后一个环节，一直被供水单位和管理部门忽视，但随着人们对供水水质要求的逐步提高，管网水质二次污染问题日益突出，研究管网水质二次污染及防治对策逐渐成为供水领域中的热点内容。饮用水二次污染可归结为微生物、化学物理和感官3个方面：微生物污染包括微生物再生长、硝化作用和水媒病等；化学物理污染包括消毒副产物、腐蚀与结垢、管道涂层与衬里渗出物、铅、铜、铁、锌等；感官污染包括味道、气味、浑浊度和色度的变化。此外，饮用水二次污染还包括因管道渗漏和其他因素带来的外源性污染。

管网水质的二次污染是多因素共同作用的结果，如何保障合格的出厂水通过管网安全保质地输送到用户端，就涉及管网水质的稳定性，包括管网水质生物稳定性和化学稳定性两个方面。本章将重点介绍管网水质生物稳定性的内容，首先研究管网系统中细菌的再生长情况。

10.1.2 管网微生物再生长

10.1.2.1 微生物进入管网系统的途径

水源水中含有大量的微生物，其中更可能存在致病菌，经过净水工艺尤其是消毒单元处理后，可有效地控制微生物风险，世界卫生组织WHO及各国的饮用水水质标准中均对水中微生物学指标提出了明确的限制，如我国《生活饮用水卫生标准》GB 5479—2006规定：出厂水的菌落总数＜100CFU/mL。同时，世界上大多数供水企业都在饮用水入管前保证一定浓度的消毒剂余量，以维持在管网中对微生物的持续抑制作用。尽管如此，在供水管网中仍然发现了有微生物生长，有时甚至影响了用户水质。我国对供水量占全国42.44%的36个城市调查结果表明：出厂水中细菌总数仅为6.6个/L，而在管网水中已上升到29.2个/L；在欧美等发达国家，由于管网中微生物的生长导致的水生疾病的报道也时有发生，世界卫生组织在1996年对欧洲的277起水生疾病的调查表明，由于管网系统微生物再生长而导致的水生疾病占43%；美国自1971年以来发生了113起由管网系统导致的水生疾病，共有498人住院，13人死亡。

一般研究资料中将这种经过净水工艺处理后，被“杀灭”的微生物又在管网中重新大量生长繁殖并对水质造成影响的现象，称为管网微生物的“再生长”。Brazos和O’Connor对描述管网微生物生长情况的两个相近术语进行了定义，分别是“regrowth”（再生长）和“aftergrowth”（后生长）：regrowth是指来自于水源或水厂处理单元的微生物，在消毒过程中受伤后进入管网，在管网中恢复正常并生长繁殖；而“aftergrowth”是指管网系统自有的微生物如管壁生物膜或其他外源侵入（如管道接头处和倒虹吸口进入管网）的微生物的生长繁殖。这两个概念都包含管网中微生物的污染和增殖过程，对于解释管网水微生物污染产生原因还不够清晰，因而有学者提出用“breakthrough”（泄漏）和“growth”（生长）两个概念来进行区分，breakthrough是指出厂水中消毒受伤的微生物和未受消毒影响的活菌进入管网，且特指那些可引起介水疾病的致病菌，它们可引起管网水中细菌数增加，并成为管壁生物膜生长的种子；growth则指随后发生的微生物在管网中的生长繁殖，既包括主流水体中的悬浮生长也包括管壁生物膜的附着生长。目前的大多研究中，仍沿袭了最初的regrowth（“再生长”）的术语用以描述管网中微生物数量的增加现象。

除了管网内部微生物再生长以外，管网微生物污染的另一主要来源是外源性污染，主要是由于管网系统构成及其运行管理问题，包括敞口水箱、管道维护及更换施工、爆管、管道交叉连接等多种途径都可能将外源细菌引入配水管网。

研究者将上述可能导致微生物进入管网系统的途径进行风险排序，如表10-1所示。

微生物进入管网水的可能途径 表 10-1

风险级别	微生物进入管网水途径
高	水厂泄漏、外源污染、管道交叉连接、爆管及修复过程
中	敞口的水箱等贮水设施
低	管道敷设、封闭的贮水设施、管壁生物膜生长及脱落、其他人为污染

10.1.2.2 管壁生物膜的形成

在任何固液接触面上，都可能形成包含了微生物、胞外聚合物（EPS）及其他碎屑构成的复杂结构，通常称之为“生物膜”。饮用水管道中的生物膜是指水生环境中微生物以聚集状态附着生长于某一基础如管壁、管瘤或管道沉积物上。决定生物膜生长动力学的关键步骤包括：

- 细胞通过沉降作用或自身运动迁移到附着物表面；
- 细胞被附着物表面吸附；
- 在附着物上可逆或不可逆的附着；
- 细胞的新陈代谢；
- 生长繁殖；
- 生成胞外聚合物；
- 细胞溶解、衰减并脱附。

吸附是微生物在任何表面定植的首要步骤，也可能是整个过程的速率限制步骤。

细菌在管壁上附着生长则具有较大的优势：（1）大分子物质易在固—液界面沉积，构成营养较丰富的微环境；（2）高水流速能将较多营养物源源不断地送达生物膜表面；（3）胞外分泌物的吸附性能可为细菌生长摄取营养物；（4）附着生长微生物可成功躲避管网余氯的杀伤作用；（5）边界效应会使管壁处水流冲刷作用减小。由于消毒剂及水流扰动的作用，管网水悬浮菌的数量相对较少，系统中微生物主要存在于生物膜中。

在管网水的贫营养环境中，主要的微生物是以有机物为营养基质的异氧菌。异氧菌所具有的独特的饥饿生存适应方式，以及几种异氧菌可共同利用大多数基质的特性，使得细菌在含有微量有机物的管网中生存成为可能。此外，与高营养基质相比，贫营养基质下生长的细菌对消毒剂具有更高的抗性，生物膜、颗粒物质、管壁表面的保护作用也成为微生物在具有一定浓度消毒剂余量的管网中得以生长的重要原因。

由于管网系统中营养基质浓度、消毒剂余量及水力条件的多变性，生物膜生长很难达到真正的“稳态”，实际给水管网系统中管壁生物膜的数量可高达 $10^6 \sim 10^8$ 个/cm^2，表 10-2 总结了一些文献中管壁生物膜中检出微生物的情况。

给水管网管壁生物膜中细菌数量 表 10-2

水 源	生长时间（天）	是否消毒	水流雷诺数 Re	生物膜（个/cm^2）
地表水	35	是	22000	$1.0 \sim 10.7 \times 10^6$
地表水	42	是	776	$7 \sim 15 \times 10^6$
地下水	70	否	—	0.7×10^6

续表

水　源	生长时间（天）	是否消毒	水流雷诺数 Re	生物膜（个/cm^2）
—	90～150	否	6800	2.45×10^6
地表水	167	是	117	4.9×10^6
—	365	否	11080	$1.9\sim3.7\times10^4$
地下水	522	否	645	2.6×10^6

10.1.2.3　管网微生物的种类

对于微生物而言，管网系统是一个“严苛”的生长环境，其中营养基质含量极低，是典型的贫营养环境。与污水等富营养条件下，若干优势菌种为主的情况不同，贫营养条件下，微生物种群的多样性增强。从物质循环的角度区分，管网微生物参与包括碳循环、氮循环、硫循环等在内的物质循环（同时管网中还存在一些铁氧化菌和铁还原菌，它们与铁的转化有关）。参与碳循环的主要是异养菌，它们可利用多种电子受体，包括氧、硝酸盐、亚硝酸盐、硫酸盐、铁离子等。目前管网中发现大部分微生物都是异养菌，也就是说它们主要以有机物作为能源和碳源。在用氯铵消毒的管网系统中，还普遍存在着硝化菌等自养菌，与异养菌相比，它们的数量很小，但自养菌有可能被视作整个管网系统微生物繁殖的起端，因为它们能将无机碳转化为有机碳，可成为管网系统内部复杂食物链的起点，使得即使在低浓度有机物的管网水中，异养菌也得以繁殖。

国内外很多研究者对管网中的微生物包括管壁生物膜进行了检测研究，检测手段包括扫描电镜、分离纯化培养，尤其是现代分子生物学计数如16rRNA序列分析、遗传指纹图谱计数的应用，克服了传统纯培养法费时费力、对微生物群落结构和多样性难以确定的缺陷，为我们深入探索管网微生物的微观世界开拓了视野。

Bonde等人检测到饮用水中可能存在的微生物包括不动杆菌属、气单胞菌属、节杆菌属、芽孢杆菌属、柄杆菌属、黄杆菌属、假单胞菌属、螺旋菌属等。Vander Kooij从各种不同类型的饮用水中分离出来的典型细菌中如荧光假单胞菌属至少有31种生物型，恶臭假单胞菌属至少有14种生物型，采用标准平板菌落计数发现，这些荧光假单胞菌仅占异养菌总数的1%～10%，可见饮用水中异养菌的复杂性和多样性。Burman等学者从管网水中分离出了放线菌、酵母菌和霉菌。

我国的研究者岳舜琳从某城市给水管道的管垢中检出铁细菌、埃希氏大肠杆菌等6种微生物。张向谊等在某市换管现场取样，通过菌种分离鉴定，检测出15种细菌、1种链霉素、4种真菌和1种酵母菌。所得的细菌大多是革兰氏阳性好氧杆菌，也有少量的革兰氏阴性菌和球菌，并发现一种条件致病菌荧光假单胞菌。贺北平在研究南方某市给水管道中，用扫描电镜从管道锈瘤中发现杆菌、球菌、丝状菌等微生物，经菌种鉴定后发现2种优势异养菌：黏质沙雷氏菌和乙酸钙不动杆菌产碱亚种，其中黏质沙雷氏菌为条件致病菌。袁一星在研究某市管道锈垢中，共检出13中细菌，除丝状铁细菌外还有肠道细菌、栖居菌等。

10.1.2.4　管网微生物再生长的危害

管壁生长的生物膜将对供水系统带来一系列问题，主要包括感官性状、管网维护、健康风险等三个方面：

（1）饮用水感官性污染是最容易被用户发现，也是引起对供水企业抱怨和投诉最多的事件。生物膜的老化和脱落将引起用户水的臭、味、色等感官性状的恶化，导致用户的抱怨。造成感官性污染的管网微生物主要包括放射菌、铁细菌、硫细菌、藻类尤其是蓝绿藻等。许多放射菌和藻类可分泌土味素和 2-MIB（2-Methylisobomeol），造成饮用水的土腥味。铁细菌能在它们细胞或外壳上聚积铁，形成絮状物。这些絮状物在水力冲刷下输送到用户龙头，导致浑浊度或色度升高，也会引起消费者对水质的投诉。

（2）生物膜的形成可能加速供水管道的生物腐蚀（MIC），需要大量的管网维护费用。

管道腐蚀与管壁生物膜的生长相互促进、相互影响。管道的腐蚀速率与管材、所输送水的腐蚀性、外部土壤及含水层的腐蚀性、管壁生物膜的微生物特性等因素有关；另一方面，管道腐蚀会加速管壁生物膜生长，且由于腐蚀导致的管道泄漏又增加了外源微生物入侵的风险。与管道腐蚀关系密切的微生物主要是铁细菌和硫细菌。铁细菌（如嘉利翁氏菌属）可将溶解的还原性 Fe^{2+} 氧化成可沉积的 Fe^{3+}，导致钢管、铸铁管等管材的表面氧化，形成铁和锰的氧化物沉积，直至生成较大的“管瘤”。硫氧化菌产生硫酸盐和氢离子，导致水的 pH 下降，腐蚀金属管材；硫还原菌产生 H_2S 气体，不仅造成水中的异臭，也会加速管道腐蚀。管道中硝化菌的存在也可能加速腐蚀过程，因为硝化菌在氧化氨氮生成硝酸盐和亚硝酸盐时，将消耗碱度、降低水的 pH。

另一方面，由于生物膜的黏滞性，将增加管网的水头损失，导致动力消耗增加，输水能力减小，缩短了管网的服务年限；而生物膜与管道沉积物、锈蚀物、黏垢等相互结合在管壁形成环状混合体，随着管龄增加而增厚，即成为所谓的“生长环”（如图 10-1 所示）。生长环不仅影响供水水质，还降低管道通水能力，严重时可导致爆管事故的发生。

（3）人们最为关心的问题是管网微生物生长对饮用水水质的影响以及由此导致的健康

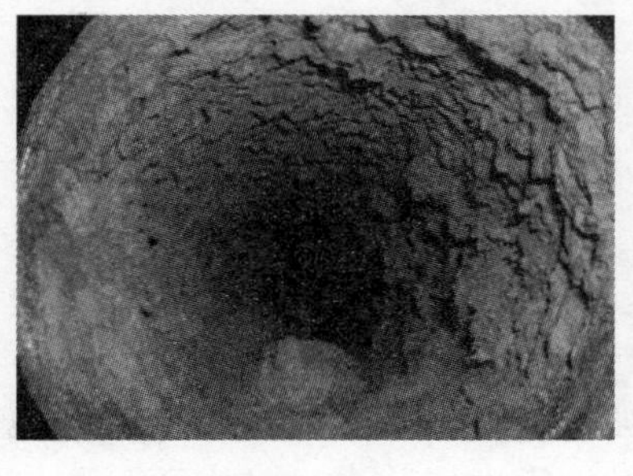
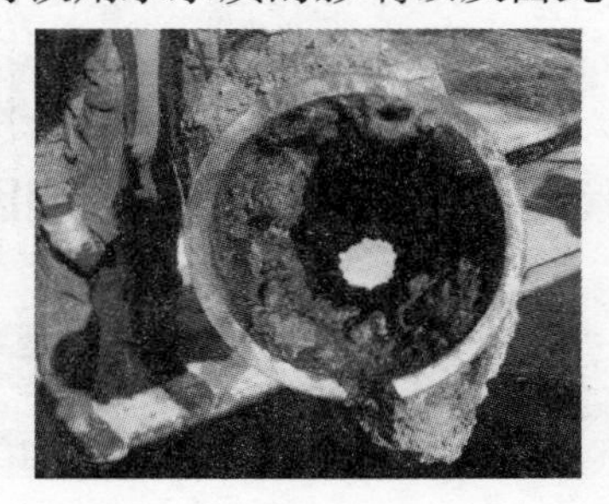

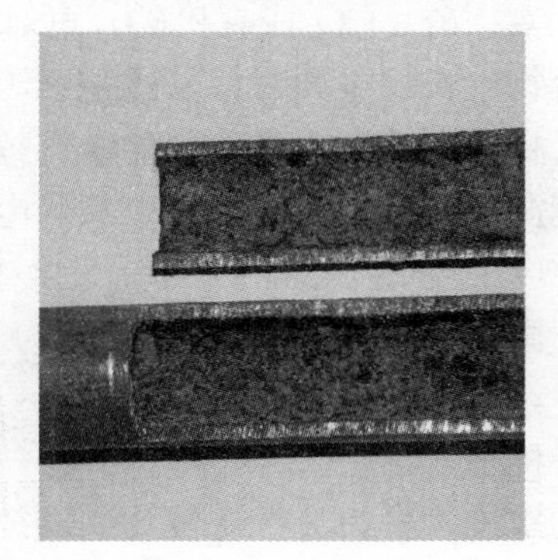

图 10-1　管道生长环

风险。由于生物膜的存在，细菌对消毒剂的抵抗能力往往有所增强，不易被消毒剂杀灭，生物膜成为众多细菌的避风港，特别是病原菌与条件致病菌可在其中存活和繁殖，当生物膜受水力冲刷或老化脱落时，致病菌将进入饮用水中，引起水质污染。

研究中发现的病原菌与条件致病菌主要包括：假单胞菌、分枝杆菌、克雷伯氏菌、气单胞菌、军团菌、幽门螺杆菌、沙门氏菌等等。表10-3列出了管网系统中发现的条件致病菌及其可能导致的健康危害。

管网水或管壁生物膜中发现的条件致病菌　　表10-3

条件致病菌	可能导致的健康危害
乙酸钙不动杆菌	肺炎、脑膜炎、尿道感染、败血病
嗜水气单胞菌	败血症、肠胃疾病、呼吸道感染
柠檬酸杆菌属	败血症、肺炎
肠杆菌属	败血症、肺炎
黄杆菌属	败血症、脑膜炎
肺炎克雷伯氏菌	败血症、肺炎
莫拉菌属	肺炎、结膜炎、败血症、耳炎、尿道炎、脑膜炎、支气管炎、鼻窦炎
鸟型分枝杆菌	慢性腹泻、慢性肺病
洋葱假单胞菌	足部感染
绿脓假单胞菌	严重烧伤、癌症患者或其他严重消耗性疾病患者易感染
黏质沙雷氏菌	败血症、肺炎

管壁生物膜的存在还可能干扰大肠杆菌的检出。由于管壁生物膜的脱落，可能导致水中异养菌数量增加，若所取管网水样中还有较多的异养菌，在大肠杆菌检测培养过程中将形成竞争生长的关系，可能会抑制大肠杆菌在培养基上的生长，从而导致对大肠杆菌数量的低估。

10.1.3 管网微生物再生长的影响因素

10.1.3.1 营养基质

根据微生物所利用的能源（无机或有机的氢供体）、碳源（无机碳或有机碳）或电子受体（氧、氮、硫、CO_2或有机碳）可对管网微生物进行分类。其中，异养型微生物是研究管网微生物生长的主要对象，这是因为异养菌的数量在管网微生物中占绝大部分，更为重要的是，目前在饮用水中发现的所有致病菌以及大部分条件致病菌都是异养菌，它们以有机碳为能源和碳源，且大部分以氧为电子受体。有研究认为，被吸附到管壁生物膜上的有机碳中50%被分解代谢，用以满足微生物的能量消耗，另50%被用以合成新细胞物质。一般来说，微生物对C∶N∶P的需求为100∶10∶1，但有研究认为，在管网水这样的贫营养环境中，微生物对磷的需求要更高一些，C∶P比甚至可达到5。

（1）有机物

水中的有机物多为天然有机物（NOM），主要由生物和植物腐烂分解形成。这些有机物包括腐殖酸、富里酸、多聚糖、蛋白质和羧基酸等。C元素是有机物中最主要的成分，通过完全氧化有机物中的C元素可以得到有机碳的含量（Total Organic Carbon，TOC）。一般检测TOC和DOC均采用高温催化氧化或紫外/过硫酸盐氧化的方法，不同水源水中TOC或DOC的含量不一，从几毫克升至十几毫克升不等。对于有机营养基质而言，采用TOC指标并不能很好地预测管网微生物的再生长情况，这是因为水中能被微生物利用的有机质与TOC的比例是不确定的。TOC中仅有一部分是可被微生物利用的，其他难生物降解成分一般是腐殖质成分。很多研究表明，河湖水、水库水等地表水比地下水具有更高含量的DOC。Bernhardt和Wilhems研究认为，处理后的水中DOC含量小于1mg/L时不会出现微生物再生长。

微生物可以利用的那部分有机物称为生物可降解有机物（Biodegradable Organic Matters，BOM），一般采用BDOC和AOC两个指标来表征BOM的含量。

AOC被定义为可生物降解的有机碳中被转化为新的细胞物质的那一部分，也即可被同化的那部分有机碳。荷兰学者Van der Kooij对AOC的测定及其与管网微生物再生长的关系进行了全面而深入的研究，最早提出了AOC的经典测定方法。他的研究认为，当饮用水中AOC≤10μg乙酸碳/L时，异氧菌将不会生长，水中的细菌总数将维持在100CFU/mL以下，即达到“生物稳定”。

BDOC的概念首先是由Joret和Levy于1986年提出的，是指DOC中可被微生物利用的那部分有机碳含量。Servais和Billen等人于1987年提出了一套BDOC的测定方法，是目前国外BDOC测定方法的基础。

（2）磷

磷是微生物生长必不可少的元素。在特定情况下，当碳源和氮源充足而磷源缺乏时，磷就会对微生物的生长起到限制作用。好氧条件下，磷源充足时微生物可贮存聚合磷酸盐作为能量贮备，贮存的磷酸盐可转化为ATP，ATP的利用又可以释放出磷。有研究认为，水中有机物浓度相对较高时，溶解性正磷酸盐磷（SRP）的浓度低于10μg /L时，水中微生物的生长可能会受到磷的限制。仿照AOC的生物测定方法，Lehtola等提出了一种用来测定水中所含磷元素中可被微生物吸收利用的那部分磷的分析方法——微生物可利用磷（MAP），他们调研芬兰21个水厂的饮用水生物稳定性表明，大部分的出厂水AOC与细菌再生长相关性较差，而MAP与细菌再生长有着较好的相关性。

10.1.3.2 消毒剂种类及管网余量

适当浓度的消毒剂对于抑制管网水中细菌的再生长具有显著效果，但在管网中使用的消毒剂主要是游离氯、二氧化氯和氯胺，它们同时具有很强的氧化性，与管网水中的有机物反应，一方面促进了消毒副产物的产生，另一方面还提高了水中有机物的可生物利用性。研究发现，即使采用强化氯消毒后，可显著降低水中的细菌数水平，然而随着余氯的快速衰减，管网中还是出现了微生物再生长现象。

管网中的余氯可在水相和管壁上被消耗。氯在水相中的衰减主要是与水中的氨、铁和有机物发生反应；同时氯可与管道沉积物、腐蚀垢层以及管壁微生物发生反应而衰减，其在管壁的衰减速率取决于管材以及水力学参数（水龄、管径、流速等）。研究认为BDOC在预测管壁生物膜对氯的消耗中是一个最重要的参数。

相比于游离氯，氯胺的反应性较弱，但不易衰减，能够在管网中保持较长时间的余量浓度，能更有效地穿透生物膜起到灭活的作用。因此，氯胺比氯能更有效地控制生物膜的生长。

Momba在实验室研究中发现，一氯胺和过氧化氢联合使用比其他消毒剂（如氯、臭氧和紫外线）能更有效地控制管壁生物膜的生长。

在管道模拟试验研究中发现，1mg/L的余氯或一氯胺可以显著地抑制不同管材上附着的生物膜的生长，但是即使投加余氯量达到4mg/L，2个星期后铸铁管上的生物膜没有发生显著变化；而投加4mg/L的一氯胺2星期后，生物膜有3-log的灭活率。

10.1.3.3　水温

水温能影响微生物生长速度、消毒效率、余氯消耗速率、管网水力条件、管材腐蚀速率等，直接或间接影响细菌生长，可能是影响细菌生长的主要因素之一。许多研究者发现水温在15℃以上时微生物活动显著加快。研究发现水温不但影响细菌生长速度，而且延长对数生长期并使产率因子升高，同时还发现大肠埃希氏菌和其他肠道菌尽管能在5～45℃范围内生长，但水温低于20℃时生长缓慢。马颖等通过实验发现，温度对饮用水的生物稳定性影响巨大，尤其是当饮用水中AOC＞50μg乙酸碳/L时；以AOC含量为100μg乙酸碳/L的饮用水为例，在低温5℃情况下，发现微生物不仅不能够生长繁殖，而且其自身的新陈代谢活动也受到很大抑制，处于死亡或者休眠状态。当温度逐渐升高至15～35℃时微生物的活动能力很强，生长繁殖速度很快，35℃时最为旺盛。在45℃时，高温使绝大部分微生物的活性降低，只有少数微生物还能够生长。LeChevallie的研究也发现实际管网中细菌的生长与水温有密切的关系，但即使在水温为5℃时管网中仍有细菌生长。因此，在冬季给水管网中仍会有少量细菌活动。

10.1.3.4　管材

管材可以粗略地分为水泥、金属、塑料等类别。据报道，到2005年，塑料管道在全国各类管道中市场占有率达到50%以上，其中，城市供水管道20%采用塑料管，村镇供水管道50%采用塑料管。据估计，到2015年，全国新建工程中塑料管道使用率将达85%以上。目前世界各国使用的给水管网的管材主要有：钢管、球墨铸铁管、铸铁管、水泥砂浆管、预应力管、PVC管等。

不同管材对管网水的水质影响不一，也对其上附着生长的生物膜影响显著，主要体现在：不同管材与微生物间的附着性能不同；营养基质在管壁表面的吸附能力有差异；不同管材及其腐蚀、沉积产物对消毒剂的衰减能力也不同，等等。

研究表明铸铁管中的腐蚀产物将消耗管网中的余氯。合成管材和铸铁管材的管网中氯的衰减是不同的，合成管材中氯的衰减主要发生在沉积物、水相和生物膜上，而在铸铁管材中生物膜对氯的消耗量所占比例很低，氯的衰减主要发生在金属表面、沉积物和水相中。该研究中试验了在250mm的合成管材中，2h的氯衰减量为0.22mg/L，而在相同管径的铸铁管中2h氯衰减量为0.5mg/L。

10.1.3.5　管网水力条件

有研究认为，流速是控制管网表面微生物生长的方法之一。提高流速，一方面能将更多的营养物带到管壁生物膜处，同时也能传递更多的消毒剂，而且增大的水流剪切力可冲刷管壁表面生物膜。与此相反，停滞的水会使水中余氯消失，从而导致微生物生长，因此管网末梢经常会出现微生物水质恶化，而供水管网中停滞的水也经常引起用户龙头水中细菌数量大幅度增加。Donlan 和 Pipes 研究认为水的流速与生物膜数量呈反相关的关系。

美国科学研究院的研究结果认为，流速是控制管壁生物膜生长的方法之一。提高流速，能使更多的营养盐从管网表面流出，能传递更多的消毒剂，更可以利用水力剪切力使管壁生物膜脱落去除；而停滞的水则会使余氯衰减消失，导致微生物增殖，因而管网末梢和死水区经常会发生微生物水质恶化。

10.1.3.6 管道腐蚀与结垢

White 研究发现，铁管表面能保护附着细菌不受自由性余氯的干扰，他认为腐蚀能阻碍消毒剂的消毒效率。氯与铁离子反应生成不溶于水的氢氧化铁，氧化 1 mg 铁需要 0.64 mg 氯/L。White 认为如果铁以络合物的形式存在，游离氯比化合氯更能有效破坏离子络合物，以进行铁离子氧化反应。生物膜有机体内的铁离子复合体，来自多糖－蛋白质复合体的金属表层。因此，游离氯不仅能与细胞外的多糖发生反应，还能与其释放的铁离子发生反应，它们都会消耗余氯。值得注意的是，有试验观察结果认为，管网中高浓度的大肠杆菌与铁瘤的关系密切。

管网中沉积物和碎片的聚积，为微生物生长提供了场所，并能防止消毒剂的影响。Dixon 研究认为管道中残留的铝能形成含水絮状物并沉积在管壁，增加有机物浓度并保护细菌不受消毒影响。管道冲洗和刮擦的方法只能除去松软的沉积物和小瘤。通常，管网经冲洗和刮擦后，应使用 5～50mg/L 余氯溶液清洗。Seidler 研究认为传统的管网冲洗和刮擦的方法能有效去除沉积物，显著提高微生物水质。

10.1.3.7 颗粒物

水中颗粒物易成为细菌生长的载体，并会降低消毒剂对细菌的杀灭作用。出厂水中剩余的铁或铝的化合物能沉积在管壁处，成为保护细菌免受消毒剂伤害的避风港。水的浊度作为评价水中颗粒物含量的一项重要指标，在新颁布的《生活饮用水卫生标准》GB 5749—2006中做了进一步修订，将出厂水浊度控制在 1NTU 以下。美国 EPA 将浊度列为微生物学指标，可见，不断降低出厂水的浊度及颗粒数，将有助于提高管网水的生物稳定性。

10.2 管网水质生物稳定性评价方法

由于管网微生物大部分是异养菌，有机物的需求量是最大的，因此赵洪宾教授等认为，所谓“管网水质生物稳定性”就是饮用水中有机营养基质支持异养菌生长的潜力，即细菌生长的最大可能性。饮用水生物稳定性越高，则表明水中细菌生长所需的有机营养物含量低，细菌不易在其中生长；反之，饮用水生物稳定性低，则表明水中细菌生长所需的有机营养物含量高，细菌容易在其中生长。

一些情况下有机基质可能不是唯一的限制因子，因此将管网水质生物稳定性定义为管网水支持或抑制微生物生长繁殖的潜力，其描述的是管网系统中微生物再生长的最大潜力。

10.2.1 管网水质生物稳定性评价指标概述

(1) AOC和BDOC

由于管网微生物大部分为异养菌，其生长速率也较自养菌高。因而一般认为有机基质是管网微生物生长最首要的限制因子。目前，被广泛接受的用来表示微生物可利用有机基质的指标有两种：一是可直接测定的可生物降解溶解性有机碳，即BDOC；二是利用生物法间接测定的可同化性有机碳，即AOC。

AOC的浓度与细菌的繁殖有着密切的关系，一般认为AOC越低，水的生物稳定性越好，反之，生物稳定性越差，越易引起微生物的生长。Van Der Kooij对20个水厂进行了调查后，认为当AOC＜10μg乙酸碳/L时，异养细菌几乎不能生长，饮用水稳定性很好。Lechevallier提出当AOC＜100μg乙酸碳/L时大肠杆菌生长受限制，提出在有氯的条件下，保持AOC浓度50～100μg乙酸碳/L时水质能达到生物稳定。Gangon等综述了几种描述管网中细菌生长和AOC利用的模型，认为AOC达到50μg乙酸碳/L在管网中趋于稳定。

Kaplan等人对美国的79个水厂研究表明，95％的地表水源水厂和50％的地下水源水厂的饮用水达不到AOC＜50μg乙酸碳/L的标准，而所有的水厂出厂水均达不到AOC＜10μg乙酸碳/L的标准。Van Der Kooij比较了3个实际给水系统发现AOC在管网中是逐渐下降的，AOC下降最多时细菌计数也最多。AOC在管网中受余氯和微生物活性的影响，其含量一般随管网延伸而先增加后减少，水源水质较好的水厂出厂水和管网水中AOC含量相对较低，反之则高。

BDOC作为评价水质生物稳定性的指标受关注的程度不如AOC，但相比于AOC测定来说，测定BDOC不需要特定的纯种菌种，测定程序相对简单。Joret研究认为BDOC＜0.1mg/L时大肠杆菌不能在水中生长，Dukan等研究认为管网中BDOC＜0.2～0.25mg/L时能达到水质生物稳定。

(2) BRP

1999年，Sathasivan在研究东京管网水中微生物生长限制因子时提出了一种新的生物检测方法——细菌再生长潜力（Bacterial Regrowth Potential，BRP）。这种方法以水样中的土著微生物为接种菌种，经过适当的培养（5d），采用荧光显微镜直接计数测定达到平台期的微生物数量（细胞/mL）。BRP的测定可以考察不同营养因子对微生物生长的限制作用。

国内研究者采用异养菌平板计数代替荧光显微镜直接计数法进行BRP测定，对接种量、培养时间、培养基等测定条件进行了研究，认为以原水为接种液来源，接种比例为1∶100，20℃培养5d，以R2A培养基培养计数，所得结果与水样的BDOC值具有很好的相关性。

BRP反映了水中微生物利用营养基质生长的数量，从分析原理上与AOC相近，但该法采用土著细菌作为接种液，不需要AOC测定中所需的特定纯种菌种（P17和NOX），测定程序较简单，劳动强度大大减少；BRP与BDOC测定中都使用土著菌接种，但与BDOC相比不需要TOC仪这样的大型仪器，一般的实验室条件即可完成，而其培养时间

（5～7d）比测定 BDOC（一般 28d）短，更能及时地反映水质情况。可以说，BRP 综合了 AOC 不需要贵重仪器和 BDOC 不需要特殊菌种的优点。但是，BRP 法用于评价管网水生物稳定性的主要缺陷是，与 AOC 相比，由于其使用土著菌作为接种液，而其结果也是以细菌数量来表示，不同水源中微生物种群结构差异较大，因而不同研究之间的数据可比性较差，而对于特定水源来说，还是具有一定的优势。

（3）磷

芬兰、日本和中国的研究者都有报道，有些地区给水管网中细菌的再生长能力同水中 AOC 浓度之间不具有明显的相关性，而与水中可利用磷的含量显著相关。Sathasivan 等在研究东京供水管网水质生物稳定性时发现，磷的限制作用明显，微生物生长所需 C：P 比约为 100：1.7～2，若 BDOC 为 0.15mg/L 时认为生物稳定，则对应磷的含量在 1～3μg/L 时，管网水可达到生物稳定。我国学者对总磷作为生物稳定性评价指标做了分析，认为总磷控制在 5μg /L 以下可以作为保证饮用水生物稳定性的一个新途径。

微生物可利用磷（Microbially Available Phosphorus，MAP）是可以被微生物利用的磷。MAP 测定方法是一种生物检测技术，是在消除磷以外其他元素对微生物生长限制的情况下，以 P17 菌为测试菌，采用与测定 AOC 相似的程序来得到数值。姜登岭研究认为，不加氯条件下，MAP 为 0.7μg/L 时可能实现饮用水生物稳定。

（4）其他指标

由前述管网微生物再生长的影响因素可知，饮用水生物稳定性不仅与水中促进微生物生长的营养基质水平有关，还与管网内的环境因素、消毒方式、消毒剂余量、水力条件、管材、腐蚀情况等等多种因素相关。因而，饮用水生物稳定性是一个复杂的系统问题，评价饮用水生物稳定性也不能仅仅依靠单一的指标，而需要一个综合考量的评价体系。

一定浓度的消毒剂余量是在管网系统中保证微生物安全的重要手段，很多研究证明，随着管网水力停留时间的延长，余氯衰减的同时会发现微生物的增长；在死水区，由于余氯的消失，发生微生物污染的可能性大大增加。因而，余氯作为管网水质遭受微生物污染的指示性指标，同样可用于评价饮用水的生物稳定性。实际上，在以 AOC、BDOC 和磷含量评价水质生物稳定性时，通常都对是否消毒进行区分，在有消毒剂存在时，营养物浓度限值相对要高很多，反之则低很多，如一般认为加氯时，饮用水生物稳定性的标准是 AOC 为 100μg 乙酸碳/L，而不加氯时仅为 10μg 乙酸碳/L。但是，目前对于管网中应保持多大剂量的余氯以达到生物稳定性，还没有明确的结论。

如前所述，水温是影响微生物生长的重要因素，但实际应用中，我们无法对管网中的水温进行控制。然而在评价水质生物稳定性时，应当将水温的因素考虑进来。马颖等研究了静止状态下 AOC 浓度、温度和生物稳定性的关系，建立了 AOC-TDWMS 评价指标体系，在这方面做了有益的探讨。

10.2.2 有机物综合性指标（TOC）

一、水中的有机物

管网系统中的微生物大多是异养菌，有机物是其需求量最大的物质，也是其能量来源。饮用水中的有机物含量相对较低，因而一般情况下，水中的有机基质含量是管网细菌再生长的首要限制因子，可以用有机物含量来衡量和评价水中微生物再生长的能力。

水中的有机物，按其来源可以分为天然有机物和人工合成有机物两大类。天然有机物(Natural Organic Matters，NOM）是自然环境的代谢产物，包括腐殖质、微生物分泌物、溶解的植物组织及动物的废弃物等。腐殖质（腐殖酸、富里酸）是NOM的主要部分，约占地面水源中有机物总量的60%～90%，分子量一般在$5\times10^2\sim2\times10^3$之间。腐殖质是一类含酚羟基、羧基、醇羟基等多种官能团的大分子有机物，其中50%～60%是碳水化合物及其关联物质，10%～30%是木质素及其衍生物，1%～3%是蛋白质及其衍生物。腐殖质在天然水体中表现为带负电荷的大分子有机物，具有与水中大多数成分进行离子交换和络合的特性，使本来难溶于水的元素和微污染有机物在水环境中增大了溶解扩散能力；是引起水体色度、异臭味和沉淀物的主要原因物质，也是饮用水中多种消毒副产物（DBPs）的前体物。NOM中非腐殖质部分是主要的可生物降解部分，具有较强的亲水性和较低的芳香度，主要由亲水酸、蛋白质、氨基酸和糖类等组成。

随着水体污染状况的恶化，很多人工合成有机物进入水体，其中主要包括农药、商业用途的合成物及工业废弃物等，大多数为有毒有机污染物。美国环境保护署（USEPA）调查发现，供水系统中检测出有机物达2110种，其中765种合成有机物存在于饮用水中，190种对人体有害，20种为确认的致癌物，23种为可疑致癌物，18种为促癌物，56种为致突变物，这些物质对人体产生急性或慢性，直接或间接的致毒作用。

二、TOC与耗氧量

我国饮用水标准中用以表征有机物总量的综合性指标主要包括：总有机碳（TOC）和耗氧量（COD_{Mn}）两种。NOM主要由C、O、N、H、S等元素组成，其中C元素是有机物中最主要的成分，通过完全氧化有机物中的C元素可以得到有机碳的含量（Total Organic Carbon，TOC）。有机碳可以分为颗粒性有机碳（POC）和溶解性有机碳（DOC）两类，POC的含义是0.45μm滤膜截留的那部分有机碳，相应地，可以通过0.45μm滤膜的有机碳即为DOC。《生活饮用水卫生标准》GB 5749—2006中将耗氧量列为常规指标，并根据水源水质不同，规定了限值为3mg/L（或5mg/L）；《标准》中将TOC列为参考指标，并提出5mg/L的限值。相比较而言，TOC比耗氧量能更准确地表示水中的有机物含量，但需要专门的检测仪器（总有机碳测定仪）；而耗氧量采用一般的化学分析方法，容易测得，可操作性强，便于经常检验，因而现阶段我国饮用水标准中采用耗氧量作为有机物总量的常规指标。一般来说，水源水质相同的情况下，TOC和耗氧量之间具有一定的相关性，如本课题组检测了课题研究所用北方某市的水源水及不同工艺出水的耗氧量和TOC（DOC），其相关性如图10-2所示。

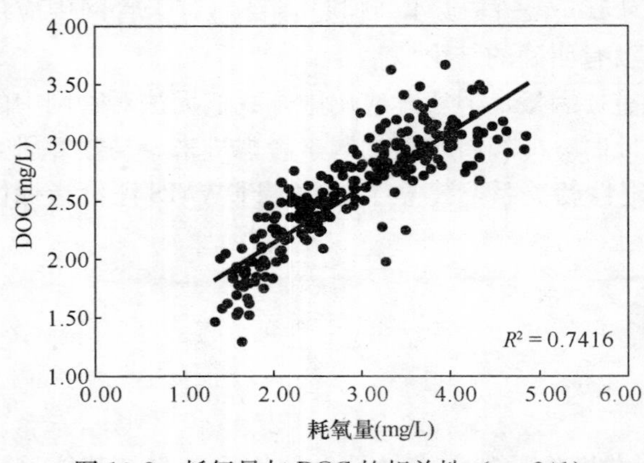

图10-2 耗氧量与DOC的相关性（$n=241$）

可见，耗氧量的变化幅度大于DOC，这可能是由于耗氧量指标在采用高锰酸钾氧化法测定过程中，一些无机还原性物质也参与反应；且一般测定耗氧量时不进行滤膜分离（而测定 DOC 时采用 0.45μm 滤膜过滤），这尤其对悬浮物含量较高的原水的耗氧量检测结果有一定的正影响，体现在上图中高耗氧量对应的 DOC 值不如预期的大。

耗氧量作为适合我国当前国情的一项有机物综合性指标，有其存在必要性，但从分析技术角度来说，TOC 的检测更为简便快捷，也能更准确地衡量水中有机物的总量，而且还能实现在线检测，是能为未来的水质安全管理提供更好的技术支持的一项指标。

三、TOC 与水质生物稳定性的相关性

以北方某水厂的水源水进行了一系列的净水工艺试验，并针对原水和净水工艺出水考察水中有机物含量与细菌再生长的相关性。

试验方法：

(1) 试验水样：包括水源水和净水工艺出水，水样 TOC 值为 1.70～3.57mg/L；

(2) 取样时间：2009 年 6 月～2010 年 5 月；

(3) 管网细菌接种液：从实验室水龙头处持续放水 5min 后，取一定体积自来水，加硫代硫酸钠（投加比例为余氯量的 1.2 倍）消氯，置于培养箱中恒温培育 7d，使得水中微生物得以生长繁殖，同时降低接种液中营养基质的浓度。此水样可作为管网细菌接种液，于 4℃冰箱中保存，一个月内使用；

(4) 水样处理：现场取得水样后，立刻送往实验室，巴氏消毒（65℃，30min），按照一定的比例（一般为 100∶1）接种管网细菌，于暗处 20℃恒温培养，待水中细菌生长达到平台期时，用 R2A 培养基测定 HPC（异养菌平板计数），此即悬浮细菌的再生长数量。

试验所得不同水样支持管网细菌再生长的情况如图 10-3 所示。

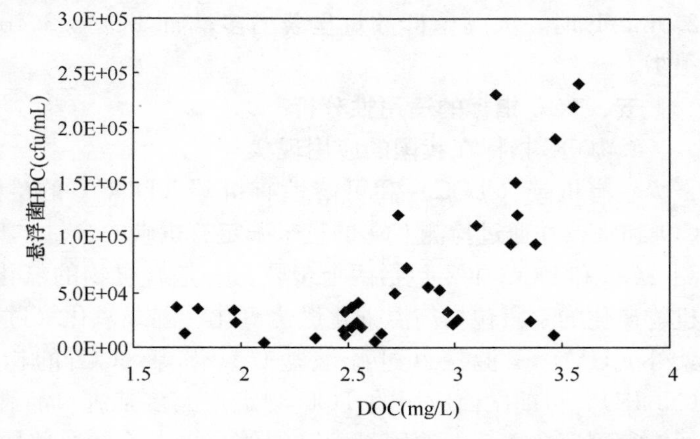

图 10-3　本试验所测 DOC 与悬浮菌再生长的相关性

由上图可见，水样 DOC 与悬浮菌数量 HPC 具有一定的相关性（R^2＝0.39），水中有机物含量（DOC）的增加将加剧悬浮菌再生长情况；当水样 DOC＜2.5mg/L 时，悬浮菌再生长相对较低；而当水样 DOC＞3.0mg/L 时，水中悬浮菌数量较易超过 10^5 水平。

四、其他研究结果对比

李爽等在研究澳门管网水质生物稳定性时，考察管网水 TOC 和细菌数量（异养菌平板计数，HPC）的相关性（如图 10-4 所示），认为 HPC 与 TOC 的相关性较差。

值得注意的是，分析该研究的数据可知，其所检测的管网水中有机物含量相对较低，TOC 值均小于 2mg/L，且大部分（75%）低于 1.5mg/L；而水中检测到的 HPC 除一个值高于 200CFU/mL 外，其余值均小于 50CFU/mL。参照国外对于管网水 HPC 的限值要求（500CFU/mL），该管网系统内悬浮菌再生长现象并不显著，可能是得出此结论的原因之一。

Lechevallier 等在一项对美国新泽西供水管网水质研究中，考察了水中营养基质与大肠菌群数量的相关性，其中检测管网水 TOC 与大肠菌群数量的结果如图 10-5 所示。

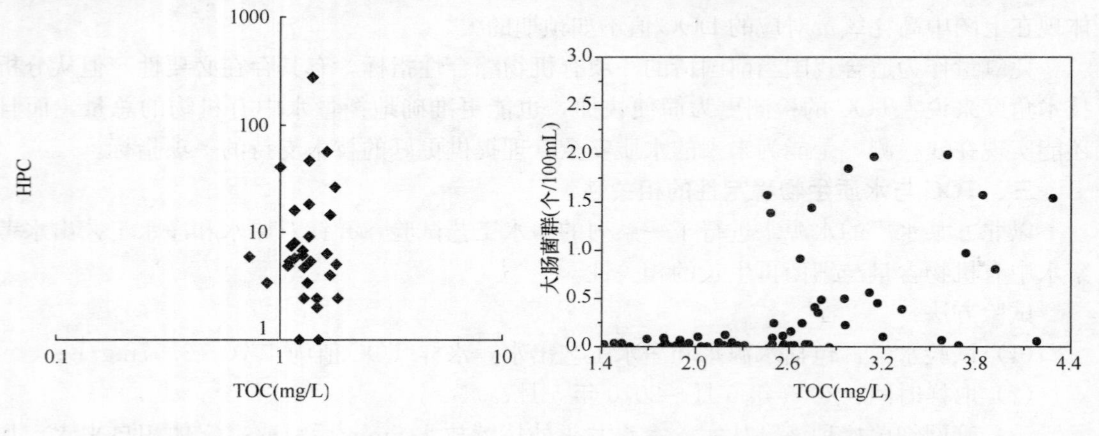

图 10-4　澳门管网水中 TOC 与异养菌数量的相关性

图 10-5　美国新泽西管网水中 TOC 与大肠菌群数量的相关性

数据显示，当管网水中 TOC＞2.4mg/L 时，较易发现大肠菌群；尤其是 TOC＞2.9mg/L 时，大肠菌群数量显著增多；而 TOC＜2.4mg/L 时，检测到的大肠菌群数量很少。

五、TOC 指标的适用性分析

1. TOC 指标在我国的应用现状

总有机碳（TOC）和可溶性有机碳（DOC）的检测原理是将水中的有机物氧化为 CO_2 和水，并通过检测 CO_2 的量来确定有机碳的含量，其依据的是碳循环过程。因此，检测 TOC 和 DOC 主要包括两个步骤，一是有机物的氧化，二是 CO_2 的检测。其中可将有机物矿化的手段包括高温催化燃烧氧化、湿式氧化（过硫酸盐氧化）、紫外（UV）氧化、紫外（UV）一湿法（过硫酸盐）氧化等；CO_2 的检测通常采用非色散红外吸收法（NDIR）。目前国内应用的 TOC 测定仪大多是进口品牌产品，主要厂商包括日本岛津公司、德国耶拿公司、德国元素公司等；近年来，一些国内仪器厂家也推出了自主品牌的 TOC 测定仪，但总体而言，国产 TOC 测定仪在一些技术环节上还与进口产品存在差距。

采用总有机碳测定仪检测水中的 TOC（DOC），操作方法简单，可实现计算机自动控制，测量精度高，还可用于在线检测；然而由于仪器本身的价值不菲，且 TOC（DOC）作为一项饮用水水质指标在相关标准中没有被明确要求，因而目前国内各地自来水公司很少有检测 TOC（DOC）来确定水中有机物的含量。

检测原水和处理水的 TOC（DOC）可以明确处理工艺对于 NOM 的去除效果，同时 TOC（DOC）还与需氯量以及消毒副产物的生成量紧密相关，如美国环保署（EPA）的《消毒剂和消毒副产物规定》中指出，饮用水中 TOC 低于 2mg/L、水源水中 TOC 低于 4mg/L 时，才能确保消毒副产物的量被控制在可接受的水平。因而，作为一项衡量水中有机物总量的综合性指标，TOC 比目前采用的耗氧量指标具有更强的指示性。随着对饮用水水质安全重视程度的不断提高和水质标准的不断严格，以及国产分析仪器技术的不断进步，相信在不久的将来 TOC 能够成为一项强制性指标应用于评价饮用水水质。

2. TOC的组成

水中的有机物按照其存在形态，可以分为颗粒态、胶体态和溶解性有机物；从水质检测方法上区分，可用TOC来表征水中有机物的总量，而采用0.45μm的滤膜对水样进行过滤，滤后水样中的TOC可以表征溶解性有机物的含量，称为溶解性有机碳，即DOC；TOC与DOC的差值可表示水中颗粒性有机碳（POC）。

从微生物利用的角度可将水中有机物分为可生物降解性有机物（Biodegradable Organic Matters，BOM）和难生物降解有机物。BOM能被微生物利用，一部分通过呼吸作用被分解代谢，获得能量以维持自身的生长和活动；另一部分作为碳源用以合成新的细胞物质。BOM难以通过单纯的化学分析方法来检测，因为可被微生物利用的有机物种类繁多，难以一一区分；通常采用的方法都必须依靠微生物的作用，即以生物法为基础。最常应用的BOM检测方法有两类：一是基于检测微生物生长过程的生物可同化有机碳（Assimilable Organic Carbon，AOC），一是基于检测水中有机碳含量变化的可生物降解溶解性有机碳（Biodegradable Dissolved Organic Carbon，BDOC）。其中，AOC被定义为可生物降解的有机碳中被转化为新的细胞物质的那一部分，也即可被同化的那部分有机碳；而BDOC被定义为溶解性有机物中能被微生物利用的那部分，是DOC的一部分；DOC和BDOC的差值可定义为水中难生物降解的有机碳，即ROC（Refractory Organic Carbon，ROC）或称NBDOC。

由以上论述可知，水中的TOC的组成可以用下面的图10-6来描述。

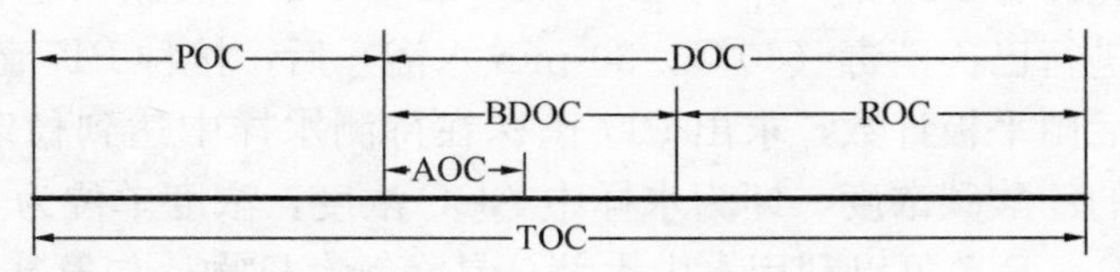

图10-6 水中TOC的组成

研究证明，原水和饮用水中的BOM仅占有机物总量的很小比例，大部分有机物都是难以被微生物利用的，如Paode和Amy等人的研究表明：美国Colorado River和Harwood's Mill Reservoir等6大水源中BDOC为0.1～0.9mg/L，平均为0.44mg/L；BDOC占DOC的比例为2.2%～19%，平均为10%。不同水源水中可生物降解有机物的比例差距较大，而处理工艺对TOC中可生物降解成分的改变也有重要影响，如一般认为加氯消毒过程会增加水中AOC的含量。从这一点来说，单独采用TOC这个总量指标并不能准确地描述水中支持细菌生长的有机基质的含量，因而也就不能准确地评价水质生物稳定性；与微生物生长直接关联的BOM含量（AOC和BDOC）是衡量水质生物稳定性是最适合的指标。

上节中图10-3是根据特定水源的不同水样在长达一年的取样时间里所测得的TOC与悬浮菌生长关系，尽管由于季节变化会导致水中有机物组成的波动，但总体来说，同一水源水样的TOC中可生物降解部分的比例相对较恒定。因此，在充分考察特定水源中BOM含量的前提下，可以粗略地通过出厂水TOC含量的多寡来判断水中可支持微生物生长的有机基质的含量。从这一点上来说，采用TOC指标不仅可以准确衡量水中有机物总量和净水工艺对有机物的去除效率，同时作为评价水质生物稳定性的一项参考指标，也是值得重视的，因为无论如何，通过优化净水工艺降低管网水的TOC含量，减少饮用水中有机物的总摄入量，对水质安全和人体健康总是有益的。

10.2.3　可同化有机碳（AOC）

一、AOC测定原理

目前AOC的测定方法主要是生物测定法，还没有简便易行的化学方法可以用以测定AOC。AOC的生物测定方法是由荷兰学者Van der Kooij于1982年首先提出的，主要用来评价和估计水中微生物生长的潜力，经过多年来的改进和完善，已经成为国际上公认的AOC标准测定方法之一和研究基础。

Van der Kooij从自来水中分离出一种荧光假单胞菌P17菌株（Pseudomonads fluorescence strain P17），这种细菌普遍存在于饮用水和各种水源水中，能够利用水中大部分易生物降解有机物，在非常低的浓度（$<10\mu gC/L$）到相对高浓度的有机物浓度条件下均能生长，且细菌学特性不会改变；利用单一氮源就可以繁殖（氨或硝酸盐），而不需要促生长物质如维生素等；在固体培养基上生长迅速，能产生清晰可见的菌落；在实验室中作为纯菌株容易保藏。基于这些特征，1982年Van der Kooij以P17为标准测试菌，首次发表了AOC的测定方法和结果。该方法以乙酸钠为标准基质，根据不同乙酸碳浓度和在此浓度下P17达到生长稳定期的菌落数（CFU）作标准曲线，数据线性相关性较好；并由此计算P17的产率为4.1×10^{6}CFU/μg乙酸碳（也称经典产率）。将待测水样（600mL）进行巴氏消毒（60℃，30 min水浴）后，接种P17菌株，在15℃条件下培养15天，进行活菌平板计数，求出P17菌株在待测水样中达到稳定期的菌落数，通过产率换算成相应的乙酸碳浓度，即为水样中AOC浓度，浓度单位为μg乙酸碳/L。

P17可以利用水中大部分易降解有机物，如氨基酸、多种羧基酸、碳水化合物和芳香族等物质，但不能利用甲醛酸、草酸盐、羧乙酸盐和乙醛酸等物质；而给水处理中的强氧化剂如臭氧的使用，会使水中有机物被不完全氧化后产生较多草酸盐、醛、酮类等有机物，这些物质易被水中微生物利用，而采用P17测定时却不能反映出来。为了弥补P17的缺陷，研究者增加了一种可以草酸作为生长基质的螺旋菌NOX（Aquaspirillum sp. 一般记为Spirillum sp. Strain NOX）作为测试菌种（NOX的经典产率为1.2×10^{7} CFU/μg乙酸碳）。NOX能利用P17不能利用的甲醛酸、草酸盐、羧乙酸盐和乙醛酸等有机物，且单一性利用羧基酸，基本不能利用氨基酸和碳水化合物，与P17形成了互补，二者利用的有机物之和可以较全面地反映水中可同化有机物的含量，由此形成了经典的AOC测定方法，测定流程示意图如图10-7。

二、AOC测定方法进展

由于Van Der Kooij测定AOC的方法操作步骤复杂，培养时间较长（15天），各国研究人员对培养基种类、细菌计数技术、测试菌种、灭菌方式等条件进行了改进。美国学者对其进行了改进，通过详细研究AOC测定过程中影响测定结果的诸多因素，如培养瓶的体积和比表面积、培养基种类、细菌计数方式、水样预处理方式、培养时间等，提出并建立了AOC快速测定法，并经不断改进和完善，建立了美国《水和废水检测标准方法》（1998）中9217－AOC测定法。

与经典测定方法相比，生物修订法主要改变的测试条件包括：

（1）采用45 mL商业无碳硼硅酸盐玻璃瓶代替经典测定法中的1L具塞玻璃锥形瓶；

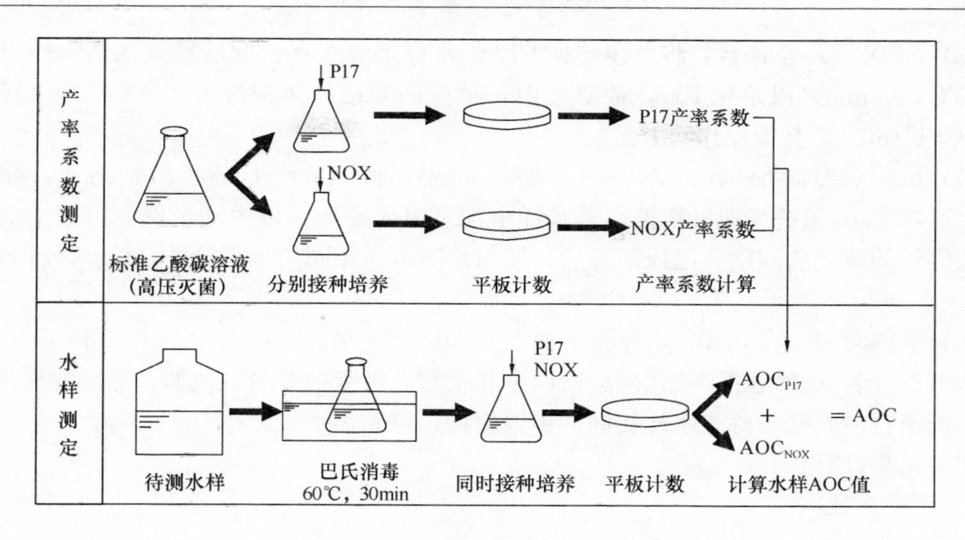

图 10-7 经典 AOC 的测定步骤

(2) 水样体积取 40mL;

(3) 将培养时间由原来的 15 d 缩短到 7d;

(4) 接种浓度由 500CFU/mL 提高到 1000CFU/mL;

(5) 采用 R2A 培养基替代经典方法中的琼脂培养基。

在 P17 和 NOX 两种菌种的接种方法上，共有 3 种方式可以采用，包括：(1) 分别接种培养法，即在两份相同待测水样中，分别接种 P17 和 NOX 培养至平台期计数计算 AOC，将两者相加作为总的 AOC；(2) 同时接种培养法，即在水样中同时接种 P17 和 NOX，混合培养至平台期后通过同时计数数出各自的细菌数，再计算 AOC 浓度；(3) 先后接种培养法，即先接种 P17 于待测水样中，培养至平台期计数求出 AOC_{P17} 浓度，然后采用消毒方法去除 P17，再接种 NOX 菌，求出 AOC_{NOX} 浓度，两者之和为 AOC 浓度。

我国学者刘文君推荐采用第 3 种接种方式，认为分别接种法重复计算了水样中两种菌种都能利用的那部分有机物，会使测定值偏大，对于不同的水样，两种菌株的共同营养物含量不同，这种偏差的大小也不一样，因此这种方法的测定结果在不同水样间的可比性较差；同时接种法由于两种细菌大小不一，生长速度不一样，如果稀释倍数不合适容易使 NOX 菌落被掩盖，影响读数准确性。他研究的先后接种法将 P17 菌培养达到稳定期的待测水样通过巴氏灭菌（70℃，60min）去除 P17 菌，然后再接种 NOX 菌（国外其他研究者在研究先后接种法时，有采用尼龙膜过滤以除去该待测水样中的 P17）。

先后接种法在我国应用相对较多，其具体检测过程如下：

(1) 水样采集和处理：水样收集于预处理后的磨口玻璃瓶中，若有余氯需用适量硫代硫酸钠溶液脱氯，水样保存于 6℃冰箱中，尽快测定。水样需在 7 小时内送回实验室，立即用巴氏灭菌处理（70℃，60min），以杀死非芽孢细菌和原生物物。

(2) P17 接种及计数：取 40mL 经巴氏灭菌并冷却待测水样，置于 50mL 的磨口三角瓶中，按预先测得接种体积接入 P17 菌液，接种浓度为 10^4CFU/mL，置于 25℃生化培养箱黑暗 3d，从培养好的菌液中取 100μL 用无机盐溶液稀释 10^3 或 10^4 倍，取 100μL 涂于 LLA 培养基平板上，置于 25℃生化培养箱黑暗培养 3～5d 后计数。

（3）NOX接种及计数：将上述接种P17的水样培养至平台期后放入水浴锅中巴氏灭菌（70℃，60min）以杀死P17，放置室温，再按已知接种体积接入NOX菌液（接种浓度10^4CFU/mL），其他操作同上。

（4）试验对照：在50mL培养瓶中加入40mL含100μg /L的乙酸钠溶液，并加入100μL稀释了10倍的无机盐溶液。若水样中加了硫代硫酸钠以中和余氯，则产率对照中也加入等量的硫代硫酸钠。巴氏消毒后，按与待测水样相同的步骤接种，培养，计数产率系数。

（5）空白对照：在50mL培养瓶中加入40mL无碳水，并加入100μL稀释了10倍的无机盐溶液。若水样中加了硫代硫酸钠以中和余氯，则空白对照中也加入等量的硫代硫酸钠。巴氏消毒后，按与待测水样相同的步骤接种，培养，计数。

（6）结果计算：

1）产率系数

$$\text{P17产率系数}=\frac{[\text{P17率对照(cfu/mL)}-\text{P17空白对照(cfu/mL)}]\times 1000\text{mL/L}}{100\mu\text{g 乙酸碳/L}}$$

$$\text{NOX产率系数}=\frac{[\text{NOX产率对照(cfu/mL)}-\text{NOX空白对照(cfu/mL)}]\times 1000\text{mL/L}}{100\mu\text{g 乙酸碳/L}}$$

2）水样AOC值

$$\text{AOC}_{\text{P17}}(\mu\text{g 乙酸碳/L})=\frac{[\text{水样P17(cfu/mL)}-\text{P17空白对照(cfu/mL)}]\times 1000}{\text{P17产率系数}}$$

$$\text{AOC}_{\text{NOX}}(\mu\text{g 乙酸碳/L})=\frac{[\text{水样NOX(cfu/mL)}-\text{NOX空白对照(cfu/mL)}]\times 1000}{\text{NOX产率系数}}$$

$$\text{水样总AOC}(\mu\text{g 乙酸碳/L})=\text{AOC}_{\text{P17}}+\text{AOC}_{\text{NO}}\text{X}$$

较近的研究中，同济大学蔡云龙对美国的AOC标准测定方法进行了简化改进研究，主要不同处在于：（1）出于经济角度考虑，采用100mL具塞玻璃锥瓶替代生物修订法中使用的商业无碳硼硅酸盐玻璃瓶；（2）水样体积取100mL；（3）测试平行样为6个（生物修订法为9个）。该方法接种浓度为10^4 CFU/mL，接种方式为同时接种、混合培养；培养温度为15℃，与生物修订法相同。采用这种简化改进法，研究者得到P17的产率为4.6×10^6 CFU/μg乙酸碳，与经典产率较为接近。该研究对不同水源及处理工艺出水共10个水样分别采用这种改进法，以及生物修订法和先后接种法进行了对比，结果如表10-4所示。

三种检测方法对水样的检测结果　　表10-4

	水　样	1	2	3	4	5	6	7	8	9	10	平均值
改进法	AOC	155	143	152	137	87	131	63	125	47	121	116
	P17/AOC（%）	76.8	77.6	77.6	73.0	83.9	89.3	82.5	60.0	74.5	63.6	75.9
	NOX/AOC（%）	23.2	22.4	22.4	27.0	16.1	10.7	17.5	40.0	25.5	36.4	24.1
美国标准方法	AOC	159	175	172	162	79	117	67	144	49	120	124
	P17/AOC（%）	81.8	78.3	76.3	70.4	74.7	88.0	79.1	63.9	73.5	61.2	74.4
	NOX/AOC（%）	18.2	21.7	23.7	29.6	25.3	12.0	20.9	36.1	26.5	38.8	25.6

续表

水 样		1	2	3	4	5	6	7	8	9	10	平均值
先后接种法	AOC	148	135	137	151	86	109	107	107	169	178	133
	P17/AOC (%)	44.6	51.1	48.2	43.7	48.2	39.4	26.9	39.8	53.3	40.4	44.4
	NOX/AOC (%)	55.4	48.9	51.8	56.3	51.8	60.6	73.1	60.2	46.7	59.6	55.6

可见，3种方法对AOC的检测结果相差并不大，先后接种法所测10份水样均值133μg乙酸碳/L，略高于改进法和生物修订法的116μg乙酸碳/L和124μg乙酸碳/L；但对比3种方法所测AOC_{P17}及AOC_{NOX}的比例相差显著，其中接种培养方式相近的改进法和生物修订法结果十分接近，但先后接种所测AOC_{NOX}比例显著高于前两者，可能的原因一是由于同时接种培养时，NOX菌株生长受到P17菌株抑制，二是先后接种培养时，NOX菌株可能会利用巴氏灭菌后死亡的P17细菌体物质。

方华等也对AOC测定过程中的接种浓度、培养温度、培养时间和培养基种类等培养条件进行了研究，认为采用高浓度接种（10^4CFU/mL）和较高的培养温度（22℃）可以缩短培养时间；同时，该研究还对比了先后接种法、同时接种法和分别接种法的差异，认为分别接种法存在较大缺陷，重复计算了P17和NOX可共同利用的营养基质，使结果偏高，同时降低测定结果间的可比性；而先后接种法在P17计数后采用巴氏消毒，可能会引起部分P17细菌解体溶胞，释放出有机物，增加AOC_{NOX}的检出值；同时接种P17和NOX符合实际管网中细菌混合生长的状况，测定结果更接近实际值，但要注意两种细菌在平皿计数时NOX可能被P17掩盖，会影响测定值的准确性。研究对比了3种接种培养方式对100μg乙酸碳/L、300μg乙酸碳/L标准溶液和两个实际管网水样的AOC检测结果，如表10-5所示。

不同接种培养方式的AOC检出结果比较 **表10-5**

水 样	分别接种			同时接种			先后接种		
	AOC_{P17}	AOC_{NOX}	$AOC_{总}$	AOC_{P17}	AOC_{NOX}	$AOC_{总}$	AOC_{P17}	AOC_{NOX}	$AOC_{总}$
100μg/L	104	93	197	77	21	98	104	44	148
300μg/L	282	261	543	211	36	247	282	80	362
管网水1	183	32	215	166	23	189	183	20	203
管网水2	169	29	198	143	14	157	169	13	182

该研究结果显示：在测定标准样品时，分别接种和先后接种所测结果偏大，而同时接种法测定值更接近真实值，因此研究认为同时接种法优于先后接种法和分别接种法。

三、AOC测定的影响因素

由上述对常用的几种AOC检测方法的综述，可以看出在AOC检测过程中的一些操作细节因素会影响最终的检测结果，主要影响因素包括：

1. 水样体积

采用不同容积的器皿盛装水样，越小体积的水样其比表面积越大。研究证明，水样比表面积对细菌产率有很大的影响，45mL小瓶的细菌产量比BOD培养瓶（125mL）中的细菌产量高出1.4倍，而BOD培养瓶中细菌产量比1L锥形瓶高1.7倍，即水样培养瓶体积越小、比表面积越大，细菌产量越高。

2. 接种培养方式

如前所述，AOC测定方法中纯种细菌的接种培养方式主要有三种：(1) 分别接种、分别培养；(2) 同时接种、混合培养；(3) 先后接种、先后培养。一般认为分别接种培养由于重复计算了P17菌和NOX菌利用的基质，可能导致检测结果偏高；但对于同时接种和先后接种，还没有定论能明确二者的优劣，也给方法选择和推广使用带来了困惑，仍需要进一步的深入研究探讨。

3. 培养温度

AOC经典测定法以及美国生物修订法中采用的培养温度都是15℃，而LeChevallier等人、刘文君、蔡云龙和方华等的研究中都采用室温左右（22～25℃）进行培养。LeChevallier等的研究认为，提高培养温度至25℃和30℃会使细菌密度最大值的到达时间比15℃时提前24h，但相应的最大值要低于15℃的，尤其是培养温度为30℃时，而且30℃时的最大值维持时间很短，细菌密度很快降低。这主要是由于升高温度能提高细菌生长速度，同时也加速了细菌的内源呼吸速率，结果使细菌产量降低。

Frias等人对比了P17在培养温度为4℃、15℃、23℃、30℃、37℃、44℃时的产率，结果得出15℃时的产率最大；而刘文君和蔡云龙的研究中发现25℃时P17和NOX的产率都比经典产率大，而且P17比NOX更明显。

4. 培养基

在AOC检测中采用平板计数的方式计量生物量时，LLA琼脂培养基和R2A培养基均有应用。有研究认为，P17和NOX在两种培养基上的生长几乎没有差别；但饮用水的贫营养环境与LLA琼脂培养基所提供的富营养环境，大多数在显微镜下观察到的细菌难以在琼脂培养基上生长，而R2A培养基的营养组分更接近于管网的实际营养条件，在R2A上生长的细菌数比LLA上要高一个及以上数量级。

5. 玻璃器皿的清洁与实验室环境

由于AOC检测灵敏度非常高，所以测定过程中防止有机污染是非常重要的，未清洗干净的取样点、不洁净的移液管及培养瓶，以及实验室空气都可能是有机污染的来源；水样经滤膜过滤，也可能造成有机污染。所以检测过程中用于培养细菌的玻璃容器都必须是无碳的，而购买一次性商业无碳玻璃瓶的费用高昂，所以一般实验室中可采用以下两种容器无碳化清洗手段：

(1) 高温处理。玻璃器皿清洗洁净后，在高温（550～600℃）下加热6h以去除瓶内残留的有机碳；

(2) 高浓度洗液清洗。一些不能经高温处理的玻璃容器，可以采用高浓度酸洗液（如硫酸－重铬酸钾洗液）进行长时间浸泡，在保证安全的前提下，清洗干净、250℃烘干即可。

同时，实验室环境也非常重要，在检测AOC的实验室应避免使用酒精等挥发性有机物，以免由空气中带入有机污染。

6. 质量控制

AOC生物测定需要特定的质量控制，包括试验菌株的纯度检测、培养器具的检测、接种液、硫代硫酸钠溶液检测和一些其他必要的测定程序如过滤或稀释过程中有机碳的污染，P17和NOX的产率试验，水样中碳限制性试验和水样中土著微生物的生长抑制测定，以及测定试验误差等，可采用空白对照、产率对照和生长试验对照试验进行检测。

四、AOC 指标在我国的研究与应用

1. 我国不同地区饮用水 AOC 含量及水质生物稳定性

马从容在研究蚌埠市饮用水生物稳定性时，发现管网水较出厂水的浊度上升 0～0.7NTU，色度上升 0～2 度，铁增加 0.02～0.08mg/L，细菌总数增加 2～4 个/L；对使用 21 年的管道垢样检验发现管壁细菌繁殖严重，发现两种革兰氏阴性菌，一种为黏质沙雷氏菌，一种为乙酸钙不动杆菌产碱亚种，均为机会致病菌。对采用传统工艺的出厂水 AOC 进行了检测，不同季节波动范围为 105.3～306.4μg/L，平均值：237.8μg/L，超过了水质生物稳定性一般推荐值（50～100μg/L）。

王丽花等对西南某市的出厂水和管网水的 AOC 含量进行了研究，结果显示该市管网水中 AOC 冬、春季在 89～163μg/L，夏、秋季在 162～275μg/L，属于略不稳定的饮用水；管网水中 AOC 沿程变化不大，可将出厂水中 AOC 浓度作为整个管网生物稳定性的评价指标。同时该项研究还考察了常规工艺对 AOC 的去除效果在 40.17%～75.14%之间，但氯消毒会导致 AOC 浓度的增加。

李爽等在 2001 年夏秋两季对澳门管网水中异养菌二次生长和水质生物稳定性指标的相关关系进行了研究，结果显示澳门管网水中的 AOC 在夏季气温最高的时候不超过 70μg/L，其他月份基本为 30～50μg/L，基本属于生物稳定水；由于该地供水管线较短，从出厂水到管网末梢之间 AOC 变化幅度不大；该研究认为 AOC 比 BDOC 和 TOC 更适于评价水质生物稳定性。

任明华等对长三角区域的不同饮用水水源中的 AOC 进行了测定，发现长江（镇江段）和钱塘江（杭州段）原水中 AOC 平均浓度分别为 102μg/L 和 113μg/L，黄浦江上游原水中 AOC 浓度相对较高，平均值为 188μg/L。长江和钱塘江原水中 AOC 占溶解性有机碳（DOC）的平均比例分别为 5.9%和 6.1%，黄浦江上游原水中 AOC 占 DOC 的平均比例为 3.3%，长三角区域水源中 AOC 与 DOC 呈一定的正相关性。

鲁巍等对北方某市管网水 AOC 和异养菌（HPC）数量进行了研究，发现 AOC 与异养菌总数相关性较差，在 AOC<100μg/L 时，异养菌却大量繁殖（>10^4 CFU/mL）；而 AOC>200μg/L 时，异养菌数量反而较低（<10^2 CFU/mL），如图 10-8 所示。

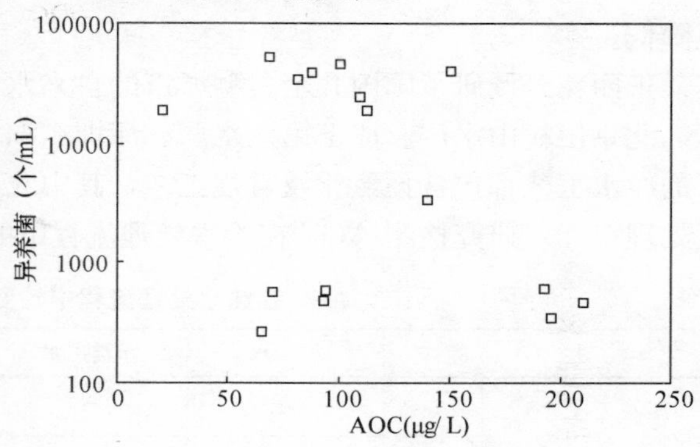

图 10-8　北方某市管网水 AOC 与异养菌数量的相关性

该研究得到这样的结论的原因可能是由于未考虑到有机基质随水流流动，并不局限于一地，同时微生物利用基质生长有一定的滞后性，而直接以同一个点的实时 AOC 与 HPC 进行关联，会得出 AOC 与 HPC 相关性较差的结论；另一方面，也可能存在其他因素如消毒剂浓度或外源污染的问题等。

同一课题组在随后发表的文章中同样发现管网水中 AOC 与 HPC 的相关性不高的现

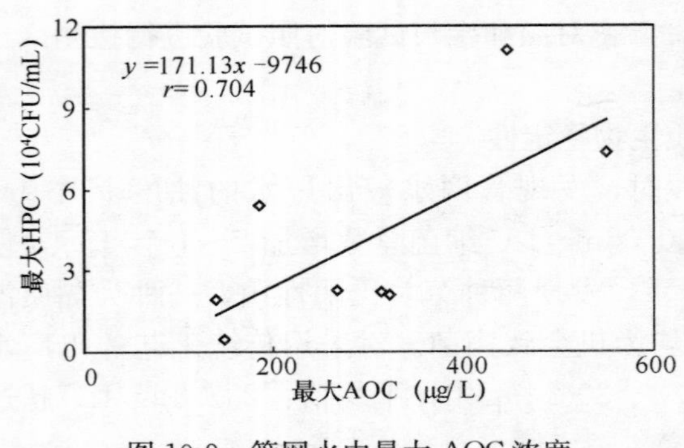

图 10-9 管网水中最大 AOC 浓度与最大 HPC 的关系

象。但研究者对数据处理方式进行了修正，认为管网某点的细菌基本上是从上游随水流到达该点的，而不是这点 AOC 所支持生长的细菌，因而一个取样点的 AOC 与该点的 HPC 相关性较差；因此，研究者考察了管网水平均 AOC 浓度、最大 AOC 浓度与管网中 HPC 平均值、HPC 最大值的相关性，得出管网水平均 AOC 浓度与 HPC 平均值相关系数 $r=0.472$（$n=8$）；平均 AOC 浓度与 HPC 最大值的相关系数 $r=0.699$（$n=8$）；最大 AOC 浓度与 HPC 最大值相关系数 $r=0.704$，相关性最好，见图10-9。

2. 净水工艺对 AOC 的去除

刘文君等研究发现，源水水质对出厂水和管网水 AOC 含量影响很大，水源水质较好或采取适当的处理工艺，可以控制出厂水 AOC 低于 200μg/L；常规工艺对 AOC 去除率大多低于 30%，活性炭吸附对 AOC 去除率约 30%～60%；加氯会引起水中 AOC 浓度的增加。

吴红伟等对三个水厂净水工艺的考察，发现常规工艺对 AOC 去除率波动较大，一般在 7.8%～48.3%，而活性炭对 AOC 的去除能达到 30%以上。该研究认为当水源水 AOC 在 200 ～300μg/ L 时，可以通过常规工艺结合生物活性炭来保障出水生物稳定性。同时，该研究建议我国饮用水 AOC 近期控制目标为 200μg/L，远期目标为 100μg/L（注：该文献发表于 1999 年）。

叶劲研究了成都市第六水厂原水、出厂水、管网水中 AOC 的变化，传统水处理工艺对 AOC 的去除率在 44%～82%之间，用氯胺取代液氯消毒可使自来水中的 AOC 浓度明显降低。

王丽花等调研了国内几个典型城市的自来水厂对 AOC 的去除效果，包括北京第九水厂、北京田村山水厂、成都第六水厂、深圳东湖水厂和大涌水厂以及蚌埠第二水厂，各水厂的净水工艺都包含预氯化及常规工艺，其中北京第九水厂和田村山水厂还包括活性炭深度处理单元。研究检测 AOC 在给水处理流程中的变化情况如表 10-6 所示。

AOC 在给水处理流程中的变化（单位：μg/L） **表 10-6**

水厂		原水	沉淀出水	砂滤出水	活性炭出水	出厂水
北京第九水厂	春	301	—	248(18%)	165(34%)	198(−20%)
	夏	323	—	167(31%)	115(31%)	168(−46%)
	秋	350	—	249(29%)	86(65%)	202(−135%)
北京田村山水厂	春	329	—	275(16%)	205(25%)	342(−67%)
	夏	219	—	202(8%)	103(49%)	191(−85%)
	秋	270	—	231(14%)	91(61%)	193(−112%)

续表

水厂		原水	沉淀出水	砂滤出水	活性炭出水	出厂水
成都第六水厂	春	201	86	90(51%)	—	102(−13%)
	秋	186	90	96(48%)	—	117(−22%)
	冬	77	57	63(18%)	—	82(−30%)
深圳东湖水厂		413	—	249(40%)	—	—
深圳大涌水厂		418	—	289(31%)	—	—
蚌埠第二水厂		774	556	331(57%)	—	—

注：挂号内数据为处理单元对 AOC 的去除率。

可见，水厂常规工艺对 AOC 有一定的去除作用，去除率为 8%～57%；水温高时，去除率相对较高，水温降低对 AOC 去除不利；当水源水中 AOC 浓度较高时，常规处理工艺难以保障出水达到生物稳定。北京第九水厂和田村山水厂采用活性炭单元对 AOC 的去除率基本在 30%以上，在秋季可达 60%左右。研究显示，工艺出水经加氯消毒后，AOC 普遍增加，主要是由于氯的强氧化性导致水中有机物组分的变化，因此对加氯方式进行科学合理的优化是非常必要的。

10.2.4 可生物降解溶解性有机物（BDOC）

一、BDOC 测定方法综述

BDOC 的概念首先是由 Joret 和 Levy 于 1986 年提出的，Servais 和 Billen 等人于 1987 年提出了一套 BDOC 的测定方法，是目前 BDOC 测定方法的基础。该方法将待测水样（500mL）通过 0.2μm 醋酸纤维素膜过滤，加 5mL 经 2μm Nuclepore 膜过滤（目的是去除水中较大颗粒和原生动物）的原水作为接种液（即以土著细菌为接种细菌），在 20±0.5℃温度及暗室条件下培养 10～30d，同时测定水样中 DOC 值的变化量和细菌的生长速率，当 DOC 值恒定不变时，计算培养前后 DOC 值之差即为 BDOC，再以表面荧光显微镜对细菌计数，将细菌生长量折算成所耗有机物量（以碳计，折算系数为 1.2×10^{-13} gC/μm^3细菌），将此计算值与 BDOC 进行对比，发现二者有较好的一致性。因为测定培养前后 DOC 值之差确定 BDOC 的方法简单易行，同时绝大多数水样培养 10d 后 DOC 就能达恒定，此时若再加入葡萄糖使 DOC 增加且继续培养，最终 DOC 仍达到先前的恒定值，因此测 BDOC 值能代表水中的大部分可生物降解有机物。

BDOC 的测定根据培养方式的不同可分为静态培养法和动态培养法，其中静态培养可接种悬浮细菌或生物砂。

1. 静态培养法

根据采用的接种细菌的来源不同，可分为悬浮细菌培养法和生物砂培养法。

■ 悬浮菌培养法

取样后如水样中有余氯，应立即加入适量硫代硫酸钠中和（余氯当量的 1.2 倍）。用与待测水样同源且细菌含量较多的水域（一般在水源处）水样过 2μm 膜过滤后，于恒温箱中 20℃下培养 7d 后，作为接种液。在 500mL 待测水样中接种 5mL 接种液，恒温

(20℃) 培养28d，测定接种培养前后的水样DOC差值，即为BDOC。

■　生物砂培养法

与悬浮菌接种法的差异在于接种细菌，采用不加氯水反冲洗的砂滤池或生物强化活性滤池中具有生物活性的石英砂作为接种物。水样处理与上述方法相同，称取一定量活化后生物砂加入水样中，接种后水样于20℃培养箱中避光培养，偶尔摇晃，按设定时间取样测定DOC值，计算BDOC值。研究认为，采用生物砂培养法，由于砂上的细菌丰度高，可适当缩短测试时间，10d即可获得稳定的BDOC值。

静态培养法存在一定的缺陷，包括：

(1) 培养时间长，难以及时反映数值。一般悬浮细菌培养法需28d；而生物砂培养法可缩短至约10d左右，是值得推荐的测定方法。

(2) 静态培养环境可能会使对有机物具有多重分解能力的复合菌群的生长受到限制，导致结果偏差。

2. 动态培养法

动态循环法测定BDOC的原理是让待测水样不断循环通过具有生物活性的颗粒载体，使水中可被生物降解的有机物充分分解，直至反应器出水的DOC值保持恒定或达到最低值，在此循环过程中在一定的时间间隔里测定水样的DOC值，最初的DOC值与最低的DOC值之差即为BDOC。

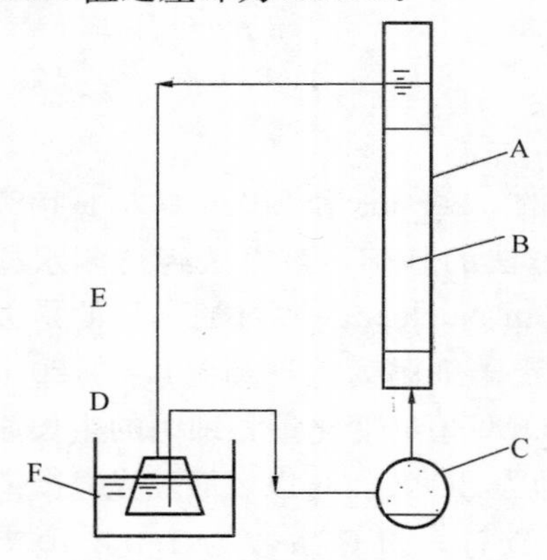

图10-10　动态培养法测定BDOC

A—玻璃柱；B—生物陶粒；C—蠕动泵；D—烧杯；E—硅酮橡胶管；F—恒温水浴

测定装置见图10-10，其中生物载体为陶粒。

(1) 先将载体接种细菌：取原水经2μm超滤膜过滤后加入烧杯中，在恒温(20℃)条件下在系统中循环(2mL/min流速)，每天换一次水，约7天后能形成生物膜。因玻璃柱出水口处能自动抽气入水，相当于曝气作用，因此不用采用另外的曝气装置；

(2) 将待测水样通过0.45μm超滤膜过滤，取滤液2L；

(3) 以蒸馏水1L快速(30～40mL/min)通过玻璃柱及测试系统进行洗涤；

(4) 以待测水样1L快速(30～40mL/min)通过玻璃柱及测试系统进行洗涤，然后以1L待测水样循环通过玻璃柱，速度为3～3.5mL/min，并保持系统恒温20℃；

(5) 以一定的时间间隔取样(取样量10mL)测定DOC，直至DOC值稳定或达最低，初始DOC与最低DOC值之差即为BDOC。

二、悬浮菌培养法测定BDOC方法研究

BDOC测定方法中目前最常应用的是悬浮菌培养法，主要是由于该法接种液制备较易，测定程序简单，且可进行多个样品的批量测定；但悬浮菌培养法的主要缺陷是测试时间长达28d甚至更长，不能够及时地指导实践。目前有一些研究对BDOC降解动力学进行了研究，提出以培养3d所得的$BDOC_3$作为替代指标，还有研究提出以UV_{254}与DOC的关系求解BDOC的构想。本研究对悬浮菌培养法测定BDOC的降解动力学和水样在测定BDOC时的

UV_{254}变化情况进行了试验研究，以确定上述简化方法是否具有技术可行性。

（1）不同水样的BDOC降解动力学曲线

低基质浓度下微生物对基质的利用符合一级反应的原理，刘文君提出BDOC的降解规律为：$BDOC_t = BDOC_u(1-10^{-0.77t})$，因此可根据3d的测定值（即$BDOC_3$）来计算$BDOC_{28}$，而没必要将测定时间延长至28d。根据他的研究，测定了北京某水厂的水源水、进厂水、出厂水、管网水和末梢水等水样的BDOC降解规律，得出各种不同水样的k值为$0.077d^{-1}$。李欣等采用同样的方法测定了东北某市饮用水的BDOC降解规律，得出k值为$0.07449d^{-1}$。

本研究对原水及不同处理工艺出水进行了BDOC降解动力学的检测，试验方法是在测定水样BDOC过程中，在不同培养时间取出一定量的水样测定DOC，计算相应时间t时的$BDOC_t$，根据BDOC与t的变化关系拟合得出动力学参数。在多次试验中选取几次检测成功的数据作图如图10-11。

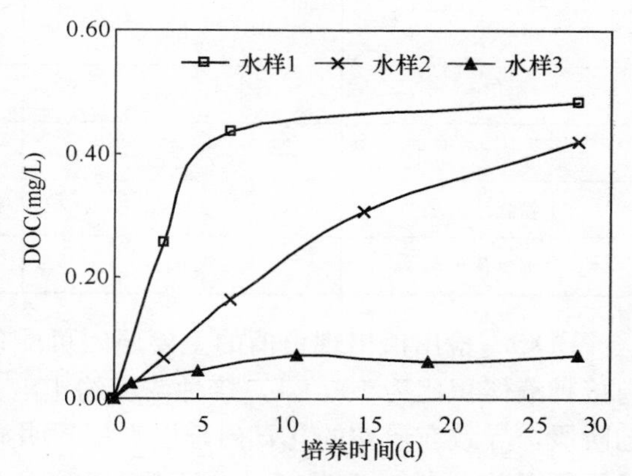

图10-11　悬浮菌培养法测定BDOC降解动力学曲线

图10-11中水样1为经预氧化处理后的水样，水样2为原水，水样3为生物活性炭处理出水。3种水样经计算所得的BDOC降解反应常数k值分别为0.109、0.026和$0.104d^{-1}$。可见，本试验所测3种水样的BDOC降解规律差异较大，即使是对同一水源的水样而言，也难以采用统一的k值来拟合BDOC降解规律，与前述两个研究结果存在差异。

（2）$BDOC_3$作为替代指标的可行性

根据上述分析，由于对不同处理工艺而言难以采用统一的k值拟合BDOC降解规律，因而采用$BDOC_3$作为替代指标的初衷就难以实现。而且在我们的试验中，多次的检测结果发现，$BDOC_3$经常出现负值的情况，如表10-7所示。

不同水样的$BDOC_3$和$BDOC_{28}$　　**表10-7**

水　样	DOC	$BDOC_3$	$BDOC_{28}$
原水	3.179	0.106	0.701
		0.114	0.737
原水	3.166	0.055	0.649
		0.025	0.54
		0.064	0.669
超滤出水	2.101	−0.029	0.18
		−0.071	0.222
管网水	2.943	0.267	0.521
		0.256	0.484
		0.307	0.498

续表

水样	DOC	$BDOC_3$	$BDOC_{28}$
原水	2.961	−0.022	0.382
		−0.076	0.412
		0.069	0.421
原水	2.862	0.211	0.427
		0.28	0.441
原水	2.927	−0.022	0.461
出厂水	2.735	−0.119	0.349
原水	3.162	−0.053	0.461
生物滤池出水	2.806	−0.063	0.322
臭氧氧化出水	3.048	−0.021	0.553

$BDOC_3$检出值出现负值的主要原因可能包括以下几点：(1) 一般测定 BDOC 时水样与接种液体积比为100：1，接种浓度约10^2～10^3CFU/mL水平，可能存在一个适应生长的阶段，导致在最初的几日内难以观察到明显的有机物消耗；(2) TOC分析仪具有一定的检测误差，在3d时由于水中DOC的变化量极小，系统误差可能导致出现BDOC负值的情况。目前TOC分析仪的检测精度一般在0.05mg/L左右，因而对于$BDOC_3$较小的水样来说，很难检测出具有一定准确性的数据。而在本文所引述的两篇文献中，所测水样的$BDOC_3$都＞0.10mg/L，大多数都在0.20mg/L甚至更高，这可能是与本研究结论不同之所在。

因此，采用3d的BDOC值替代法虽然缩短了测定时间，但结果的精密度与准确度并不好，且受水质影响很大。有研究认为采用该法对不同水样的计算值与测定值间的相对误差在−40%～50%，所以，本研究不推荐采用该法。

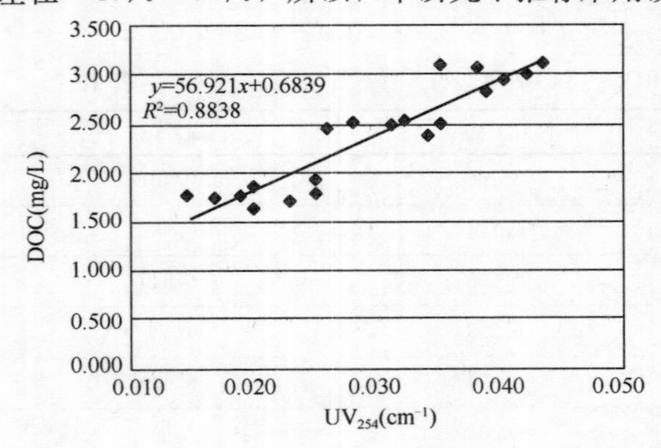

图10-12 原水及工艺出水的DOC与UV_{254}相关性

(3) UV_{254}作为简化方法的可行性

BDOC的测定主要是水样接种培养前后两次的DOC，而一般认为水中的DOC可以采用替代指标如UV_{254}来反映。本试验对原水和工艺出水的DOC和UV_{254}的相关性进行了拟合，如图10-12所示。

可见，原水和工艺出水的DOC和的具有比较好的相关性，R^2值达到0.883。

由于UV_{254}的检测只需普通的紫外分光光度计即可完成，简单快速，因此有研究提出利用UV_{254}与DOC的相关性来计算求解BDOC的构想，但在该文献中并未给出以UV_{254}计算BDOC的具体数据。本研究对此进行了验证，试验方法是在测定BDOC降解动力学的同时测定待测水样的DOC和

UV_{254}，结果如图 10-13 所示。

可见，在水样 BDOC 测定过程中，其 DOC 和 UV_{254} 的相关性较差，如采用数学求解的方式来计算将导致较大的误差。UV_{254} 主要表征的是水中含有芳香结构或共轭双键等不饱和键结构的有机物，而 BDOC 反映的是水中可生物降解有机物，两个指标涵盖的范围有很大差异，微生物对不饱和结构有机物的去除效果要低于对整体有机物质的去除效果。因此，采用 UV_{254} 来替代计算 BDOC 的方法难以实现。

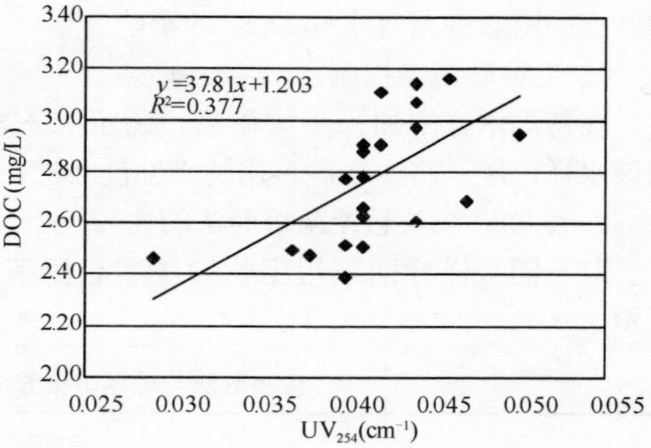

图 10-13 BDOC 检测过程中 DOC 与 UV_{254} 相关性

三、生物砂法测定 BDOC 方法研究

1. 检测方法

本课题对生物砂测定 BDOC 法进行了深入研究，结合其他研究者的成果，归纳了实用性较强的检测方法步骤，详述如下：

（1）生物砂的来源和准备

与悬浮菌培养法不同，生物砂法测定 BDOC 是利用在合适的载体上附着生长的细菌来降解水中的 BOM。由于石英砂性质稳定、其本身不会吸附水中的有机物而导致结果偏差（如生物活性炭等具有吸附和生物降解的复合作用，就不适宜用来测定 BDOC），所以大多采用石英砂作为载体。这种表面附着生长微生物的石英砂一般可从水厂中不加氯水反冲洗的砂滤池或生物强化活性滤池中获得，或者直接用适量石英砂在微生物和有机物相对丰富的水样如原水中进行活化培养 2～3 个月左右，本研究即采用后者。收集的生物砂还需要在测定前用待测水样或其同源水样培养活化 3d。

（2）取样与水样预处理

用洁净的 500mL 磨口玻璃瓶取样，如水样中含有余氯，应立即进行消氯处理，及时送回实验室检测。水样需经 0.45μm 滤膜过滤处理，以去除悬浮物。水样过滤程序是：先过滤约 300mL 纯水以冲洗过滤器及滤膜；然后过滤约 100～200mL 待测水样润洗过滤器，弃去；最后过滤水样 300～500mL，其中 50mL 用于检测初始 DOC，200mL 用于 BDOC 生物培养，剩余水样用于冲洗生物砂。一般研究中推荐测试水样体积为 500mL，而由于一些水样如原水中悬浮物较多，在过滤过程中很快即造成滤膜的严重污染，使过滤过程难以持续下去，需进行多次过滤，容易造成样品污染，所以本研究推荐采用 200mL 的水样即可，结果显示水样体积对 BDOC 检测结果没有显著影响。

（3）接种培养与 BDOC 测定

取适量活化后的生物砂沥去多余水分，用纯水冲洗 3 次，保证砂样中没有残留有机物；称取 40g（湿重）称取物加入 250mL 磨口具塞三角瓶中，用待测水样洗涤 3 次；再加入待测水样 200mL。将接种好水样放于 20℃培养箱中避光培养，偶尔摇晃，在设定时间取样测定 DOC 值，计算 BDOC 值。

（4）质量控制

① 空白样控制：

采用超纯水做空白样，与样品检测步骤相同，测定前后的DOC变化情况，以考察生物砂上的附着细菌对水样DOC的影响。

② 生物砂污染控制：

在待测水样中加入生物砂后，测定加入前后水样的DOC差值，若大于0.10mg/L，则该水样作废，将生物砂再用纯水冲洗几次。

2. 生物砂法与悬浮菌培养法的比较

对不同水样分别采用生物砂法和悬浮菌培养法检测BDOC值，对比结果如表10-8所示。

生物砂法与悬浮菌培养法检测BDOC结果对比 表10-8

水样	初始 DOC_0	悬浮菌培养法	生物砂法	
		BDOC 28d	BDOC 10d	BDOC 28d
原水1	2.945	0.361	0.324	0.412
原水2	3.391	0.512	0.486	0.554
微滤出水	2.537	0.235	0.214	0.257
BAC出水	1.763	0.146	0.161	0.153
管网水	2.596	0.261	0.240	0.251

可见，采用生物砂法测定水样BDOC，在10d时已基本达到与悬浮菌培养法28d时的数值，相对误差在可接受范围内；而生物砂法测定28d时的数据基本大于悬浮菌法28d数值，可见，由于生物砂上附着了大量微生物，整个测试系统中细菌丰度远高于悬浮菌培养法，所以可生物利用有机物的降解更加迅速和彻底。

综上所述，采用生物砂法测定BDOC，能在较短的时间内（10d）获得可靠的数值，是值得推荐的测试方法。

10.2.5 无机营养基质指标（TP和MAP）

一、水中痕量磷的测定方法

在天然水体中，磷以各种磷酸盐的形式存在，包括正磷酸盐、缩合磷酸盐（焦磷酸盐、偏磷酸盐和多磷酸盐）和有机结合的磷（如磷脂等），它们存在于溶液中、腐殖质粒子中或水生生物中。水中磷的测定，通常按其存在的形式分别测定总磷、溶解性正磷酸盐和总溶解性磷，如图10-14所示。

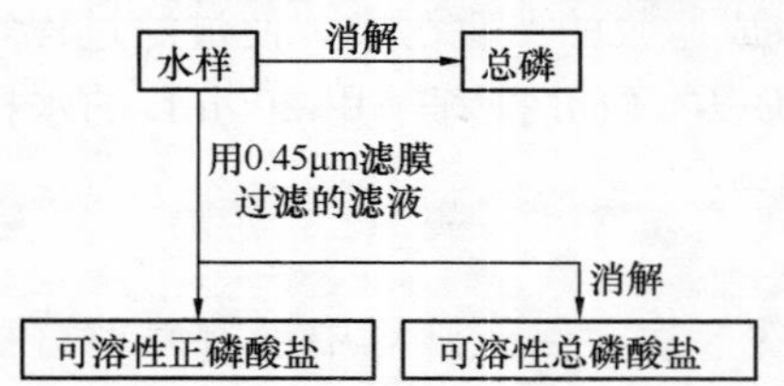

图10-14 水中各种磷的测定流程

一般地表水中磷的测定多采用钼锑抗分光光度法，该法最低检测浓度为0.01mg/L，而研究认为饮用水中磷的浓度低至10μg/L以下才对微生物生长起限制作用，有人建议达到生物稳定的磷浓度可达1～3μg/L，因而钼锑抗分光光度法不适于检测饮用水中的痕量磷。

《水和废水监测分析方法》(第四版)推荐了一种孔雀绿—磷钼杂多酸分光光度法，可用来测定湖泊、水库、江河等地表水及地下水中的痕量磷(总磷、溶解性正磷酸盐和溶解性总磷)，该法具有较高的灵敏度，最低检出浓度为1μg/ L，能够满足饮用水生物稳定性测定的要求。

本课题采用的孔雀绿—磷钼杂多酸分光光度法测定水中痕量磷的检测方法如下：

■ 仪器及试剂

(1) 仪器：紫外分光光度计(HACH DR50)；2cm玻璃比色皿；50mL具塞比色管；压力锅。

(2) 试剂：

1) 钼酸铵(分析纯)溶液：溶解176.5g钼酸铵($(NH_4)_6Mo_7O_{24}\cdot 4H_2O$)于水中，并稀释至1000mL；

2) 浓硫酸(分析纯)；

3) 孔雀绿(分析纯)溶液：加热溶解1.12g孔雀绿于水中，并稀释至100mL；

4) 磷酸盐标准溶液：将0.2197g经110℃干燥2h的磷酸二氢钾(KH_2PO_4)溶于1000mL水中，此溶液每毫升含50.00μg磷，使用时配制成每毫升含磷0.2μg的标准使用液；

5) 聚乙烯醇(PVA)溶液：取PVA(聚合度1750±50)1g溶于100mL热水中，滤纸过滤后使用；

6) 显色剂：在40mL钼酸铵溶液中依次加入32mL浓硫酸及36mL孔雀绿溶液，混匀、静置30min后，经过0.45μm滤膜过滤。

■ 分析步骤

(1) 标准曲线绘制

吸取磷为0、1、2、3、4、5mL磷酸盐标准使用液于50mL具塞比色管中，加水至50mL，再加入5mL的显色剂及2mL 1% PVA，混匀，静置30min后，于660nm波长处以试剂空白为参比，进行吸光度测量，得到吸光度—磷质量浓度标准曲线，本实验中所得标准曲线如图10-15所示。

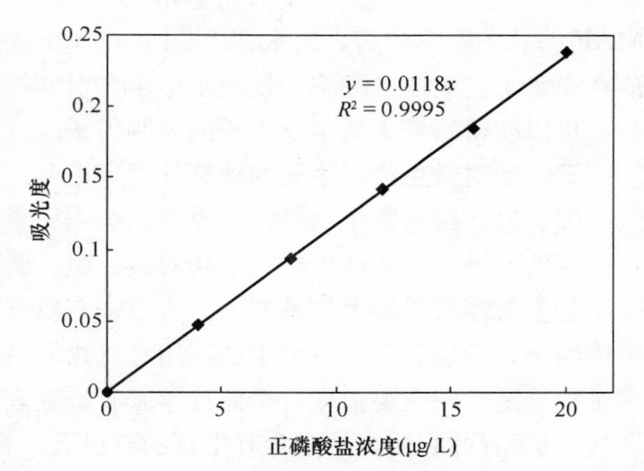

图10-15 孔雀绿—磷钼杂多酸分光光度法标准曲线测定

(2) 水样测定

将待测水样根据所需检测磷指标的要求，按照图3-3所示流程进行预处理，取适量水样(含磷量不超过2.5μg)加入50mL比色管中，用水稀释至标线，与标准曲线相同方法测定吸光度，根据标准曲线计算得到待测水样的磷质量浓度。

二、微生物可利用磷(MAP)

尽管上述化学分析法对水中痕量磷的最低检测限可达1μg/L，但所测浓度中难以区分哪一部分是微生物可以利用的磷。为了考察饮用水中可被微生物利用的磷，芬兰学者Lehtola等提出了水中微生物可利用磷(Microbially Available Phosphorus，MAP)的测定方法。

微生物可利用磷（MAP）的测定采用生物检测技术，在消除除磷以外其他元素（C、N、微量元素等）对微生物生长限制的情况下，以荧光假单胞菌P17菌株为测试菌，以磷酸盐（Na_2HPO_4）为磷源进行MAP产率系数的测定；在测定水样时，同样消除其他元素的限制作用，接种P17菌株，培养至稳定期，测定最大菌落数，根据MAP产率系数计算水中微生物可利用磷的浓度。根据Lehtola等的研究，MAP的产率系数为3.73×10^8CFU/μgP，而P17菌的AOC经典产率是4.1×10^6CFU/μgC，可见MAP生物检测法灵敏度比AOC还高，最低检测限可达0.08μgP/L；国内研究者也对这种MAP测定方法进行了研究，得出MAP产率系数为1.1×10^9CFU/μgP，最低检测限为0.5μgP/L，均高于Lehtola等的研究结果，研究者认为是实验条件的差异以及不同实验室之间的误差所致。

姜登岭对天津于桥水库和黄河引水水源中的各种形态的磷含量进行了测定，发现水源水中的MAP占TP的比例变化范围很大，从17.3%～80.0%，平均为37.3%。常规工艺对TP的去除率在40.7%～88.1%，平均为65.4%，混凝和过滤两个单元对TP的去除有相近的贡献；常规工艺对MAP的去除率为40.3%～74.5%，平均为57.4%，其中混凝单元起到的去除作用大于过滤单元。

在Lehtola针对芬兰多个水厂的总结研究中，混凝工艺对TP的去除率达到84%，对MAP的去除率达到97%；在臭氧氧化过程中，TP没有发生显著变化，但MAP平均增加了79%；臭氧单元后续的生物活性炭滤池可保障出水TP低于2μg/L，而对MAP的去除率亦可达47%；经过石灰调节pH和氯消毒处理后，出水TP没有显著变化，但MAP增加260%。尽管一些处理单元会增加MAP的含量，但地表水净化工艺系统对TP和MAP的总去除率较高，出水TP平均为4μg/L，MAP低至0.6μg/L。相比于有机营养基质在净水工艺中的去除率，饮用水中磷含量的控制无疑相对较容易实现，通过优化工艺运行，可以使得磷成为微生物生长的限制因子。

三、磷对微生物再生长的限制作用

碳、氮、磷是微生物生长最重要的营养元素，不同的微生物对营养基质的要求比例存在一定的差异。一般认为，微生物对碳、氮、磷的营养比例要求是100∶5∶1，因而碳是微生物生长需求量最大的基质。一直以来有机碳被认为是饮用水中异养菌生长繁殖的主要限值因子，用以表征水中可生物利用有机物的AOC和BDOC指标被普遍认为是评价饮用水生物稳定性的主要指标。然而近年来有研究表明，在北半球（例如北欧、俄罗斯和北美洲），由于森林和泥炭地中含有丰富的有机碳，在这些地区地表水甚至地下水中都含有大量的有机碳。对于中国而言，近年来快速的城镇化进程和工农业发展，水体污染问题日益严重，水源水受到有机污染的情况比较普遍。在水中碳源含量丰富的条件下，饮用水中微生物生长可能不再受有机物含量的限制，而是受到其他基质如无机营养成分的限制。一般来说，水中氮源基本不缺乏，氨氮和硝酸盐也很难在常规净水工艺中得到去除；而水中的磷在常规工艺中的去除效果显著，甚至可以降低到<10μg/L或更低的水平。在芬兰、日本、中国等地，都有研究发现水中磷含量与微生物再生长的相关性证据，这些研究发现改变了可生物降解有机物是饮用水中唯一限制因子的传统概念，为管网水质生物稳定性的控制策略提供了更丰富的思路。

本课题针对实验水源进行了磷的限制作用的考察，具体实验路线如下：

(1) 实验水样：以工艺出水中磷含量较低的水样为考察对象，水样 TP 浓度为 1～5μg/L。

(2) 磷对悬浮菌再生长的限制作用实验

1) 取 1000mL 低磷含量的水样，尽快送回实验室进行实验。取 50mL 水样于磨口具塞三角瓶中，巴氏灭菌（70℃，30min），自然冷却至室温，接种液与 BDOC 测试过程相同，接种体积 0.5mL（接种比 100：1），暗处恒温（22℃）培养 7d 后，采用 R2A 培养基进行平板计数，结果以 CFU/mL 表示。

2) 相同的水样，投加 50μg/L 的磷（磷酸二氢钾溶液），按照上述步骤，同样进行悬浮菌再生长的培养实验。

多次实验对比低磷水样和加磷后水中的悬浮菌生长情况，结果图 10-16 所示：

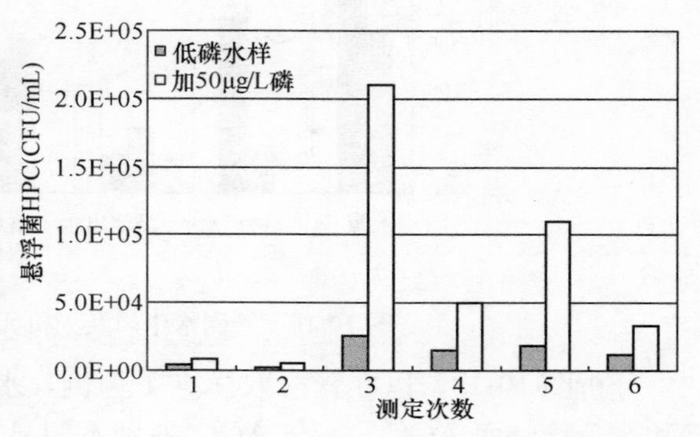

图 10-16 磷对悬浮菌再生长的限制作用

由图 10-16，TP 浓度为 1～5μg/L 低磷水样中悬浮菌再生长数量较低，HPC 在 $2.5\times10^{3}\sim2.6\times10^{4}$ CFU/mL；而投加 50μg/L 磷后，悬浮菌数量显著升高，增长倍数为 2.14～8.08（6 次测定中 4 次增幅在 2.14～3.33 倍）。可见，在 TP＜5μg/L 甚至更低的水中，磷对微生物再生长的限制作用较为显著，通过降低水中的磷含量可以减少微生物再生长的数量。

(3) 磷对 BDOC 检出结果的影响

实验同时考察了磷对 BDOC 检测结果的影响，实验水样包括水源水和处理工艺出水，同时测定原始水样和投加 50μg/L 磷后水样中的 BDOC 值。

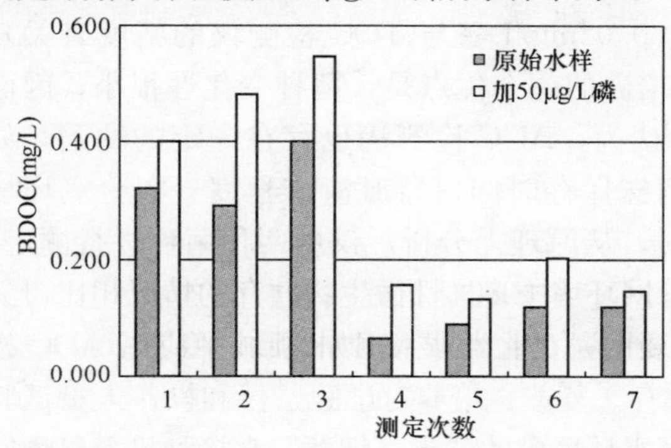

图 10-17 磷对 BDOC 检出结果的影响

实验结果如图 10-17 所示，其中 1、2、3 次所测为水源水，TP 为 20～32μg/L；4～7 次所测为处理工艺出水，TP 为 1～5μg/L。

由图 10-17，投加磷对 BDOC 的检出值有一定的影响，当水样中 TP 含量较高时（水源水），加磷后水样 BDOC 的相对增幅约为 25.6%～65.6%；而当水样中 TP 含量较低时（工艺出水），加磷后水样 BDOC 的相对增幅为 22.9%～138.5%。磷含量对 BDOC 检出结果的影响从另一个方面说明了磷对微生物生长活动的限制作用，在水样中投加磷后，微生物的无机营养基质充分，生长活动更快，对有机物的利用也相应增加，体现为 BDOC 检出结果的增大。在磷充足的条件下，BDOC 的检出值可称为潜在 BDOC（$BDOC_{potential}$）；而常规检出的 BDOC 值是本底 BDOC（$BDOC_{native}$），二者的差值可以显示磷的限制作用大小。

由于水中可生物利用有机物指标（AOC、BDOC）均需以生物法为基础，所以水中无机营养基质的限制作用对于AOC和BDOC的检出值均有影响，如姜登岭等对天津市芥园水厂的水源水、出厂水和管网水的本底AOC_{native}，消除磷限制作用的AOC_{P}，消除包括磷在内无机营养元素限制作用的$AOC_{potential}$进行了检测，如图10-18所示。

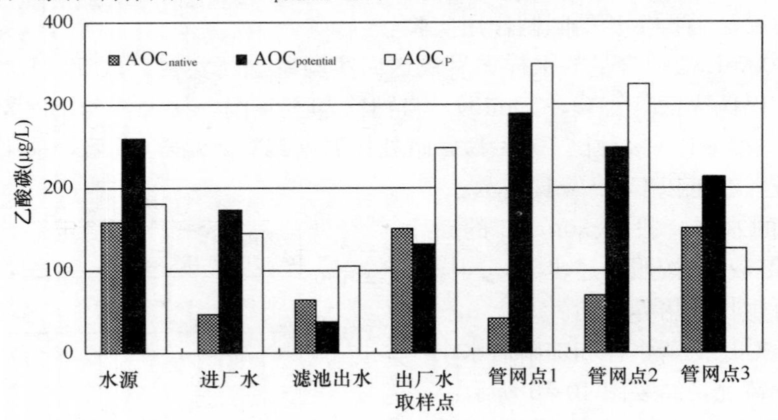

图10-18 管网水中磷及无机元素对AOC检出值的影响

分析图10-18，以在管网取样点1为例，水样中$AOC_{potential}$、AOC_{P}是AOC_{native}的7.2倍和8.7倍，而$AOC_{potential}$与AOC_{P}差别不明显，可见该水样中磷具有限制作用，其结果与本实验中磷对水中BDOC检出值的影响相似。

10.2.6 微生物再生长潜力（BRP）

一、BRP指标的意义

生物法检测AOC的检测限可低至10μg乙酸碳/L以下，而一般化学检测法无法达到如此低的检测限，如BDOC的检测限一般为0.02mg/L（与TOC检测仪的精度有关）；AOC测定过程中采用纯种培养的方式，纯种培养的一个优点是，菌种变化性很小，因而不同研究结果之间的可比性强。但有研究者认为，AOC检测法也存在一定的缺陷，如P17和NOX的产率受多种因素影响，包括菌株保存时间、器皿清洁程度、实验室环境等，不同实验室之间还存在一定的误差；同时，从原理上分析，仅用两种菌种进行测定，它们只能利用一部分特定的有机物；与实际管网环境中多样性微生物共存的情况相比，无法模拟不同微生物之间的相互作用。更为重要的是，在小城镇供水领域中应用AOC指标，还存在P17和NOX菌种不易获得，其保存、复苏、培养对试验条件和操作人员试验技术等要求也较高。因而采用存在于实际管网水环境中的“土著细菌”来接种培养以测定水质生物稳定性得到了研究者的关注。

Sathasivan等提出了一种新的生物检测方法——细菌再生长潜力（Bacterial Regrowth Potential，BRP），用以测定管网水中的微生物生长限制因子。这种方法以管网水中的土著微生物为接种细菌，恒温培养（20℃）至细菌生长稳定期后（5d），采用荧光显微镜对水样进行直接细菌计数（AODC），所得结果即为该水样的BRP值，以cells/mL计。BRP值的大小可直接反映了待测水样支持细菌再生长能力的高低。同时，可通过在水中添加不同无机营养元素以消除其限制作用，逐一考察有机碳、磷、其他无机盐等对微生物再生长的限制作用。由于直接细菌计数（AODC）需要使用荧光显微镜，故有研究中采用异养菌平板计数（R2A 培养基）来进行稳定期细菌最大值的计量。

与 AOC 相比，BRP 具有以下优势：(1) 接种菌种为同源土著菌种，在水样中生长具有更好的适应能力；(2) 接种菌种为混合菌种，对营养基质的利用更为充分；(3) 方法简单，常规实验条件便可完成。BRP 方法的提出丰富了饮用水生物稳定性的研究方法，特别为实验条件有限的自来水厂和普通实验室进行细菌再生长研究提供了有效的手段。而 BRP 方法中水样同源土著菌种的采用，也使得其对细菌再生长潜力的反应更为准确。但 BRP 法也存在一些缺陷：由于不同水源、或不同时期水样测定时采用了不同的接种细菌，使得不同批次间水样的 BRP 值的可比性不好，无法在空间和时间意义上实现对生物稳定性研究的连续性；还没有像 AOC 一样，建立与生物稳定性间的关系。此外，BRP 作为一种新兴的评价指标，其测定方法尚不够完善，各国学者对 BRP 测定的具体操作上存在着较大的差别，对接种液体积、培养时间、细菌计数方法等操作条件还需进行系统的研究与优化。

二、BRP 测定方法

BRP 测定步骤如下：

(1) 接种液准备：取源水加入具塞磨口锥形瓶中，暗处恒温 20℃培养 5～7d，经孔径 2μm 的滤膜过滤，以滤过水作为接种用的水样，即以水源水中的土著细菌作为接种菌种。接种用的水样经过上述处理后，水中的细菌充分生长，同时水中可供细菌利用的有机和无机营养物质大大下降，从而减少对待测水样的影响。

(2) 水样测定：取待测水样，加入经过超纯水洗涤、消毒及无碳化处理的具塞磨口锥形瓶中，在 65℃的水浴中巴士灭菌 30min，冷却到室温后，按照 1∶100 的比例加入接种液，暗处恒温 20℃培养，培养一定时间后测定水中细菌总数。每个水样做 2 个平行样，结果取其平均值，以 CFU/mL 计。细菌计数采用平板涂布法，培养基采用 R2A 培养基，在 22℃下生长 7d 后计数。

(3) 微生物再生长限制因子实验：在水样中投加 C、N、P、无机盐等，可考察不同营养基质对微生物再生长潜力的影响。

BRP 不仅可以反映水中支持细菌再生长能力的高低，而其在测定 BRP 的同时通过投加不同的营养基质，包括 C、N、P、无机离子等，与原水样品进行对比，比较不同营养基质对于 BRP 测定值的影响幅度，从而可以得出微生物生长的限制因子，为饮用水生物稳定性的控制技术研究提供支持。

三、BRP 的测定与评价

本课题对滦河水源水的 BRP 进行了考察，实验时间为 2009 年 8 月～2010 年 5 月，所测原水的 BRP 月均值如图 10-19 所示。

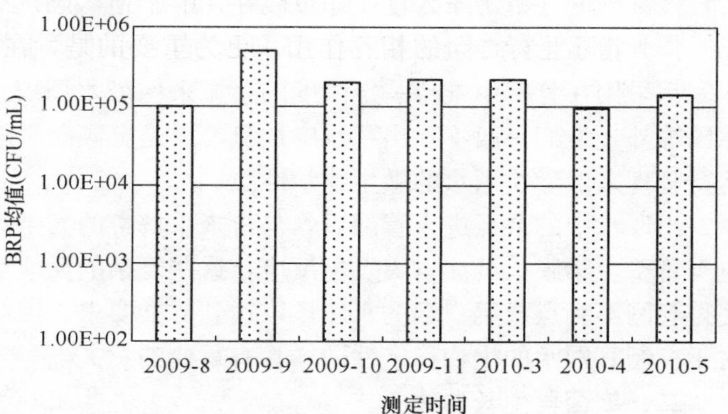

图 10-19 水源水的 BRP 测定结果

由图 10-19 可见，原水 BRP 月均值变化幅度为 $9.48\times10^4 \sim 5.0\times10^5$ CFU/mL，BRP

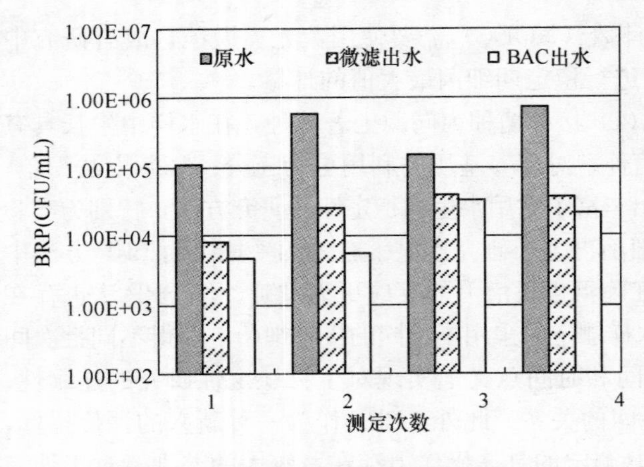

图10-20　BRP在净水工艺中的变化情况

随季节的变化规律不显著，也可能是与所取样品数量较少有关；在共25次检测中，原水BRP统计结果为$(1.8\pm0.71)\times10^5$ CFU/mL（95%的置信区间）。

同时，实验还考察了净水工艺对于水中BRP值的影响。净水工艺路线为：原水-混凝-微滤-生物活性炭，考察了原水、微滤出水和生物活性炭出水的BRP数值，结果如图10-20所示。

可见，采用混凝-微滤和生物活性炭工艺可以显著地降低水中的微生物再生长潜力，四次检测中，原水BRP均值为2.92×10^5CFU/mL；混凝-微滤出水的BRP均值为2.33×10^4CFU/mL，比原水降低了1个LOG；而生物活性炭工艺可进一步降低出水的BRP，其均值为1.17×10^4CFU/mL，比混凝-微滤出水降低了约50%，增加了水质生物稳定性。

10.2.7　消毒剂指标（余氯）

一、管网余氯

氯是目前世界范围内应用最广泛的饮用水消毒剂。由于氯具有持续消毒的作用，因此在供水管网中维持一定质量浓度的自由余氯可以对管网微生物的再生长起到抑制作用。

余氯量是指在投加氯以后，氯与水中化学物质作用后剩余的可供消毒的那部分氯量，常以氯的浓度表示。水中与氯氧化有关的物质包括无机还原物、氨、氨基酸、蛋白质和含碳物质等，它们与氯的反映一般先于消毒反应。氯与无机还原物的反应迅速，而与有机物的反应一般很慢，且反应程度依赖于氯的浓度；在有机物浓度较高的水中，氯易与有机物反应生成消毒副产物（DBPs）。

在管网中保持一定质量浓度的余氯有3方面的作用：（1）抑制管网细菌的再生长；（2）抵制管网外源污染入侵，如可能存在的管道渗漏、交叉连接处等引起的微生物污染；（3）作为指示指标，余氯量的衰减可反映自来水中微生物污染状况。因此，世界上大多数国家都采用在管网中维持一定浓度的余氯来保障水质安全，除了欧洲的一些国家如荷兰、德国等外，他们一般不在出厂水中加氯，而是更倾向于降低水中有机物的含量和完善管网运行管理来保障饮用水的微生物学性质。

出厂水中的余氯进入管网后，与自来水携带的微生物、有机物、无机物等反应，同时也与管壁生物膜、沉淀物等发生反应，这些复杂的反应都将导致管网中余氯的衰减，从而使得管网不利点或用户端的水质难以达到标准要求。因此，研究余氯在管网中的衰减规律对于控制管网水的生物稳定性同样具有重要的意义。

二、细菌再生长曲线

在一定的供水管网系统中，管网水微生物的数量是营养基质对细菌再生长的促进和消毒剂（余氯）对细菌生长的抑制这双重作用的结果（当然还与水温、管网水力条件等因素有关）。Srinivasan S. 等提出了以"生物稳定性曲线"来描述有机基质和消毒剂影响管网细菌再生长趋势，具体分析过程如下：

如果以碳源作为管网异养菌生长的限制因子，对于某一特定的细菌，采用 Monod 方程来描述其再生长过程，则有：

$$\mu = \mu_{m} \frac{C_{S}}{K_{S} + C_{S}} \tag{10-1}$$

式中，μ 为异养菌比生长速率；μ_m 为最大比生长速率；C_S 为底物浓度（即易生物降解有机物浓度）；K_S 为底物半饱和浓度。

假设消毒剂对微生物的杀灭作用符合 Chick-Watson 动力学规律，则有：

$$v = k_{d} C_{d} \tag{10-2}$$

式中，v 为消毒剂对微生物的杀灭速率；k_d 为消毒速率常数；C_d 为水中消毒剂浓度。

当管网水达到生物稳定时，应保证消毒剂对细菌的杀灭速率大于等于其生长速率，则有：

$$C_{d} \geqslant \frac{\mu_{m}}{k_{d}} \cdot \frac{C_{S}}{K_{S} + C_{S}} \tag{10-3}$$

令 $R = \mu_m / k_d$，则上式可变为：

$$C_{d} \geqslant \frac{R \cdot C_{S}}{K_{S} + C_{S}} \tag{10-4}$$

式（10-4）可以用图 10-21 来表示。

图 10-21 中所绘曲线即是"生物稳定性曲线"。当 $C_d \geqslant R$，即数据点在曲线上方时，表明管网系统中有足够的消毒剂，不论水中营养基质含量如何，细菌再生长都会受到抑制；当 $C_S \leqslant K_S$ 时，即水中有机基质浓度较低时，保障生物稳定性的消毒剂浓度 C_d 与 C_S 呈线性关系，随着 C_S 的增加，所需消毒剂浓度 C_d 急剧增加。

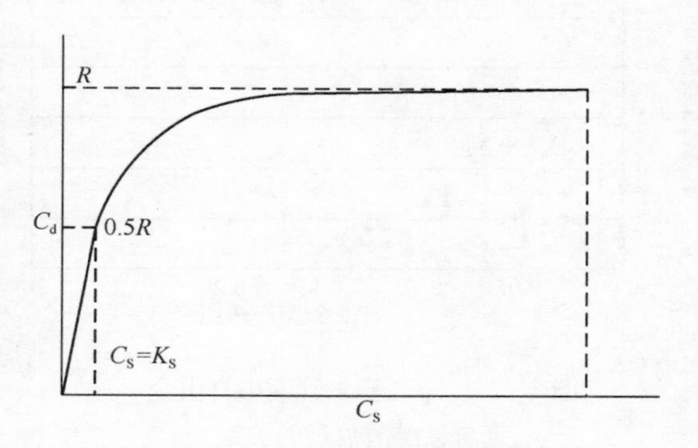

图 10-21　生物稳定性曲线

每种细菌的 R 和 K_S 值都不相同，且与管网系统内的水温、pH 值、消毒剂种类、管材即营养基质组成等因素有关，因而每个特定管网系统的 R 和 K_S 值都是唯一的。

三、余氯与管网细菌再生长的相关性

一般而言，余氯浓度较高，则细菌数量较少。研究余氯与管网细菌数量的相关性以及维持安全的余氯浓度对于控制管网水质生物稳定性具有重要意义。很多研究对管网余氯与管网细菌数量的相关性进行了考察，综述如下：

（1）谈勇等对广州市的配水管网上 18 个监测点的余氯和细菌总数进行了考察，发现细菌总数与余氯存在明显的相关性，余氯和细菌总数之间的拟合结果显示 $R^2 = 0.769$。在余氯偏低的区域，管网水停留时间较长，细菌总数偏高，水质合格率较低。结果如图 10-22 所示（为说明问题，将原图的坐标轴进行了置换）。

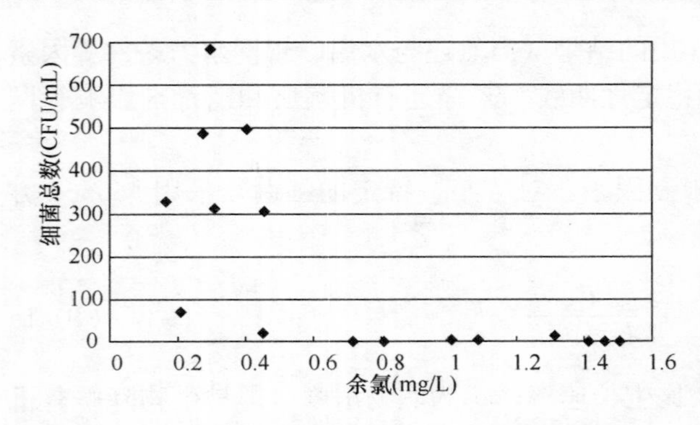

图10-22　广州市管网中余氯与细菌总数的相关性

根据该项研究的结果，认为余氯＜0.43mg/L时，细菌总数超标的可能性大大提高。

（2）姜登岭等考察了一段管网末梢的水质变化情况，发现管道末梢停留时间的增加导致余氯衰减较快；而在余氯浓度为0.1mg/L左右时，管网水中检测出的HPC为400～800CFU/mL，难以保证HPC＜500 CFU/mL的目标。

（3）Niquette P. 等在布鲁塞尔供水管网上设置取样点，考察各个配水区域管网微生物再生长情况。取样点根据受水来源不同分为：地下水源、混合水源、地下水源1和地下水源2四种。余氯与悬浮菌生物量的关系如图10-23所示（细菌生物量通过生物容积计算得出，以μgC/L表示）。结果显示，余氯值＜0.1mg/L时，管网悬浮细菌数量显著增加。

（4）Le Puil M. 在美国佛罗里达州开展了一项长达18个月的由18个模拟管网系统组成的中试试验。研究发现，余氯浓度对管网水HPC数量的影响最大，当余氯值低于0.1mg/L时，HPC值显著增加，余氯值达到0.2～0.3mg/L时，管网水向生物稳定性阶段过渡。结果如图10-24所示。

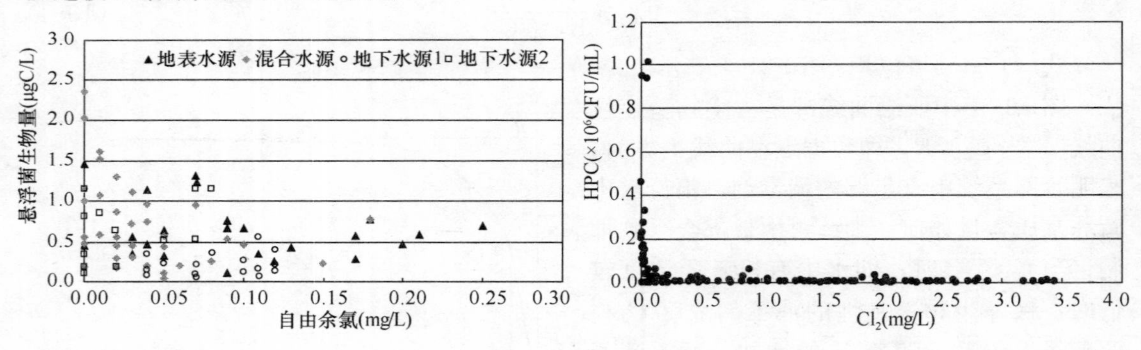

图10-23　布鲁塞尔管网中自由余氯与悬浮菌数量的关系

图10-24　Le Puil M. 中试试验中余氯与管网HPC的相关性

（5）Piriou P. 等开发了一套模拟管网细菌再生长的PICCOBIO®模型，通过模拟管径100mm，停留时间72h的管网，以初始HPC为10^3 CFU/mL计算（不考虑余氯衰减），考察BDOC和余氯对细菌再生长的综合影响，结果如图10-25所示。

模拟结果显示，余氯对于细菌再生长的抑制作用与BDOC浓度有关，当余氯值≥0.10mg/L时，即使是BDOC达到0.50mg/L也可保证水质生物稳定性。当然，实际管网中还存在很多其他影响因素，可能会影响模型结论。

正如一些研究者所言，管网微生物再生长的影响因素是“复杂且因地而异的”，某些管网系统中，由于其他物理、化学因素的影响，AOC或BDOC与管网微生物再生长的关系并不那么显著。如LeChevallier等（1991）研究发现管网HPC数量主要受水温和消毒剂余量影响。由“细菌再生长曲线”可以看出，当管网中保持足够浓度的余氯时，即使水中的有机基质浓度较高，仍可保证良好的水质生物稳定性。当然，提高水中余氯浓度会影响水的感官性质，带来嗅觉和味觉的不适；特别是在有机物丰富的水中投加大量氯会生成众多具有致癌风险的氯化消毒副产物（DBPs）。因此控制消毒副产物和抑制管网细菌再生长在余氯水平上存在矛盾。刘文君指出，应从细菌学角度来控制余氯的下限，并从消毒副产物的角度来控制余氯的上限。然而在有机物含量高的水中，消毒副产物生成势很大，控制细菌再生长所需的氯量已足以生成大量的消毒副产物。因此，从两个方面综合考虑，恰当的方法应该是：一，优选洁净的水源，或通过改进净水工艺和优化运行来降低水中的有机物浓度；二，优化消毒工艺，在保障细菌学安全的同时有效控制消毒副产物。

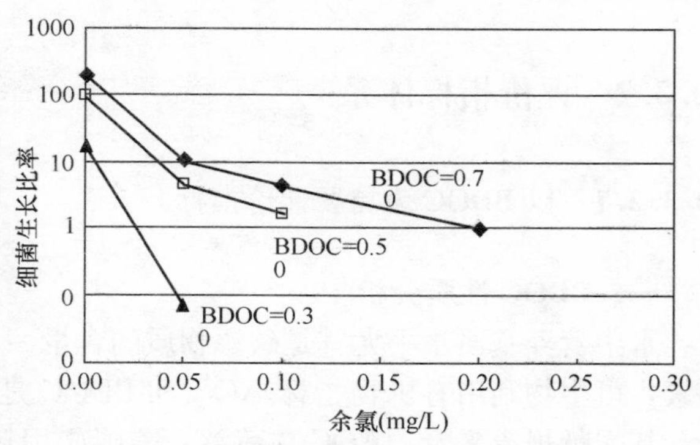

图 10-25 PICCOBIO®模型模拟余氯与BDOC对细菌再生长的影响（pH=7.00，t=25℃）

综上所述，在管网中维持一个“安全”的余氯值，可以有效控制管网水中悬浮细菌的再生长现象。

10.3 小城镇管网水质生物稳定性评价体系

10.3.1 评价指标选择依据

在本章第一节中我们详细论述了目前可用于评价管网水质生物稳定性的各类评价指标，包括AOC、BDOC、DOC、TP、MAP、BRP及余氯等。这些指标中有些较难以在我国小城镇供水行业中普遍推广使用，有些指标的阈值范围还存在不确定不统一的说法；另一方面，我国小城镇目前还存在着社会经济发展整体水平不高、发展不平衡，小城镇供水系统也具有不同于大城市的自身特点，需要针对小城镇的实际情况对适合小城镇应用的评价指标进行甄别优选。

我国小城镇管网水质生物稳定性评价指标的选择原则应包括：

（1）评价指标与管网水质生物稳定性关系密切，能够反映管网水中细菌再生长的潜力。

（2）评价指标能够采用相对简单易行的方法进行检测。

（3）所提出的评价指标阈值既要能保障管网水质生物稳定性的实现，同时能通过小城镇供水行业的改良净水工艺、加强供水管理等措施可预期的实现，即目标值要切合实际。

根据上述原则，我们对小城镇管网水质生物稳定性评价指标体系进行了深入研究，具体论述如下。

10.3.2　评价指标体系

10.3.2.1　以 BDOC 为首要评价指标

一、BDOC 性质分析

水中营养基质水平尤其是碳源物质的含量一直被认为是限制管网微生物再生长的重要因素，可生物利用有机物指标 AOC 和 BDOC 是最常被用来评价饮用水生物稳定性的指标。从文献报道来看，AOC 在荷兰、美国应用较多，而法国及欧洲一些研究者则相对比较关注 BDOC 指标。

微生物对碳源利用的要求，与碳源的氧化状态和分子大小有关，大分子有机物不能直接输送到细胞内，组成细胞物质的大分子物质需要在细胞内部合成。因而，一般认为可直接被同化的 AOC 主要与小分子有机物（相对分子量<1000）有关。有研究考察了某水源水中构成 AOC 和 BDOC 的有机物的分子量分布情况，如图 10-26 所示。

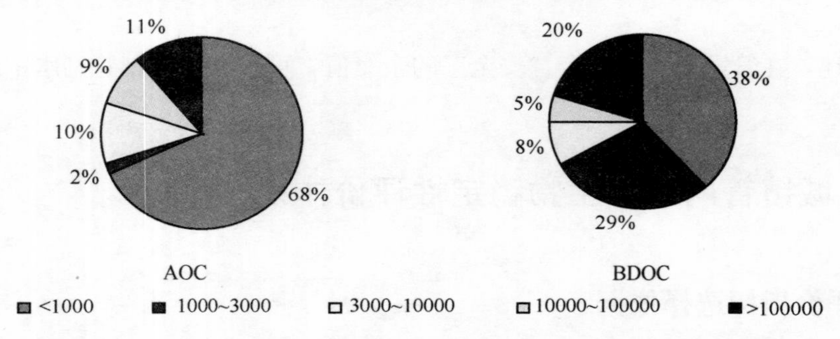

图 10-26　某水源水中不同分子量区间 AOC 和 BDOC 所占比例

由图 10-26 可知，该水源水的 AOC 中 68％为相对分子量<1000 的小分子有机物，AOC 中相对分子量>100000 的大分子有机物仅占 11％；而 BDOC 中不同分子量区间内均有分布，在相对分子量<1000，1000～3000，>1000000 的区间内 BDOC 含量均达到 20％以上，所以 BDOC 不仅与小分子有机物有关，也包含相当一部分大分子有机物。

本研究也对试验所用原水（滦河水）的 BDOC 进行了分析。采用超滤膜分离法，测定不同截留分子量（30K 和 10K）的超滤膜滤后水的 BDOC 值，结果如图 10-27 所示。

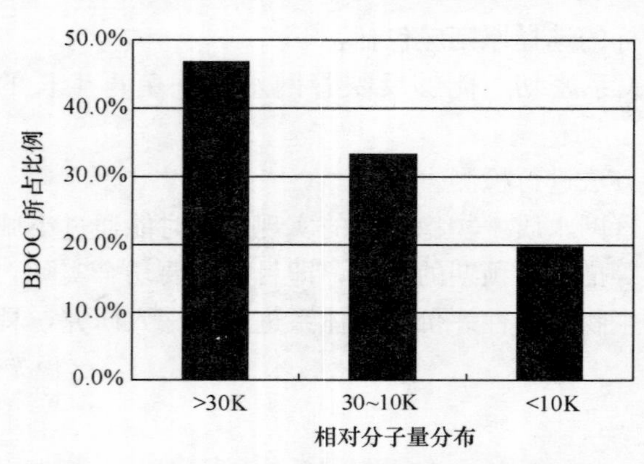

图 10-27　滦河水中的 BDOC 相对分子量分布情况

由试验结果可知，滦河水中的 BDOC 的分子量分布很广，尤其是大分子有机物占有相当的比例（BDOC 中相对分子量>30K 的比例为 46.9％）。可见 BDOC 作为衡量水中可生物降解有机物含量的指标，既包括了极易被微生物利用的基质（一般为小分子有机物），也包括那些大分子的可慢速生物降解的有机物（主要通过细菌胞外酶水解后利用），因此可用下面的概念图 10-28 来简单描述 BDOC 的组成及其被微生物利用的情况：

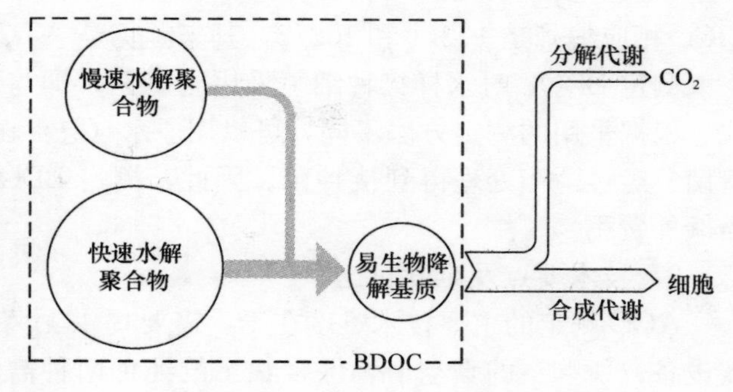

图 10-28 水中 BDOC 的组成及其被微生物利用的概念图

将构成 BDOC 的有机物组分划分为易生物降解基质、快速水解聚合物和慢速水解聚合物 3 个部分，其中前两者属于快速降解部分，后者属于慢速降解部分。这样的概念性划分亦可通过 BDOC 的检测过程来佐证。如图 10-29 所示，本课题在测定不同水样 BDOC 过程中，在不同培养时间测定水中 DOC 的变化情况。

可见，水中有机物的降解过程可以分为两个阶段：快速降解阶段和慢速降解阶段，如图 10-30 所示。

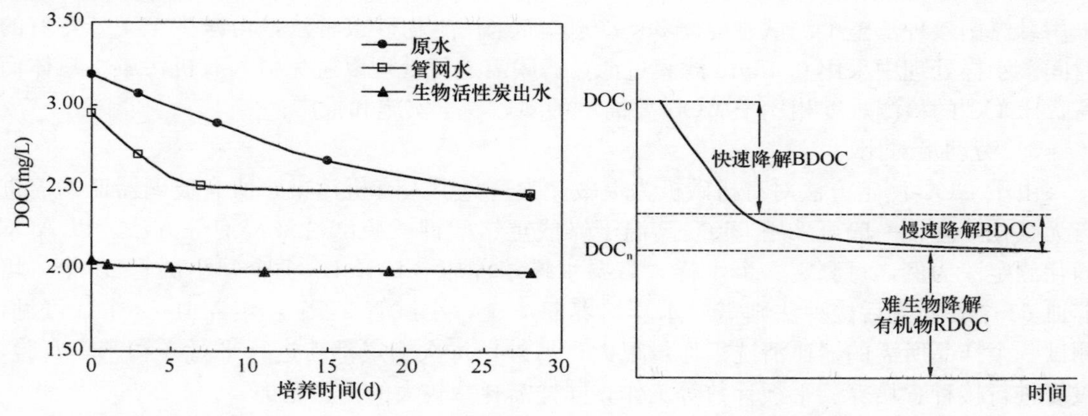

图 10-29 不同水样的 BDOC 降解过程　　图 10-30 BDOC 降解过程解析

不同水样的快速降解 BDOC 和慢速降解 BDOC 有很大差异，与水源水质、处理工艺等有关，如本课题研究中生物活性炭可显著去除水中的 BDOC 含量，即快速降解部分已在生物活性炭单元中得以去除，出水 BDOC 很低且主要是慢速降解部分。

由以上分析可知，BDOC 是水中异养菌生长的碳源和能源，它满足异养菌同化和异化两个方面的物质能量需求。因此，从原理上分析，AOC 可视为 BDOC 的一部分；但实际上由于两者完全不同的检测方法（包括测试菌、培养方式、培养时间、结果计量等），其检测出的具体有机物应该有一定的差异。

二、BDOC 和 AOC 作为评价指标的比较

（1）指标测定技术比较

1）接种菌来源途径对比

AOC 测定中采用的荧光假单胞菌 P17 和螺旋菌 NOX 的纯种菌株是由荷兰学者 Van der Kooij 从饮用水中分离所得，在美国标准生物品收藏中心（ATCC）中保藏有这两种菌种，在 ATCC 的相应编号是 49642（荧光假单胞菌 P17）和 49643（螺旋菌 NOX）。目前，国内可以购买途径是向中国工业微生物菌种保藏管理中心（CICC）订购，这两种菌种的

CICC相应编号是10271和10272，其来源仍是ATCC，购买费用较高。

测定BDOC时水样接种细菌采用土著菌，即与水源水同源的细菌，且为混合接种方式。根据采用的测定方法不同，可以用原水（悬浮菌）或生长有土著菌的石英砂滤料（附着菌）经过适当处理得到接种菌。因此，测定BDOC的接种菌来源方便，易于制备，不需额外费用。

2）技术要点及难度对比

AOC测定的主要技术难度在于：需要提供无菌工作环境和微生物检测所需的相关仪器设备；所购买的真空干燥保藏状态的纯种菌种需要转为在营养琼脂斜面上进行低温保存，在使用前需进行菌种活化和复壮，以得到实验所用的接种液，整个过程需要严格的技术控制，以保证不受杂菌污染；水样测定过程中需要进行一系列的质量控制，以保障结果的可靠性，包括器皿的无碳化处理、平行样测试、空白对照、生长产率实验等，测定过程技术要求高、操作较繁琐。

BDOC测定的主要技术难度在于：需要配置总有机碳测定仪及高纯空气或高纯氧气；采用悬浮菌接种法整个测试过程需28～30d，而采用生物砂接种法，可减少至10d左右的时间；水样处理中采用0.45μm滤膜过滤，滤膜需进行处理以避免引入有机污染。总体而言，BDOC的检测难度相比于AOC要简单的多，易于实施和推广。

3）劳动量对比

由于AOC测定方法对有机碳极为灵敏，为避免引入有机污染，所有玻璃器皿均需进行无碳化处理，一般可采用550℃高温干燥或重铬酸钾－硫酸洗液浸泡等方法。以AOC简化测定法为例，每测定一个水样，需要水样培养瓶（100mL）7个，小试管21个，培养皿63个；而先后接种法则需要水样培养瓶4个，小试管24个，培养皿72个。可见，测试一个样品所需的器皿清洗工作量很大；另外，每次测定都需进行平行样和产率实验，重复进行接种、培养、平板计数等工作，同样需耗费较大的人力精力。

BDOC测试主要测定接种培养前后的DOC差值，测试前后需进行去除水样中悬浮物质的膜过滤处理，DOC的测试则由仪器自动进行；测试所用的样品瓶采用洗涤剂清洗、稀酸溶液浸泡、纯水洗涤及烘干等处理过程即可使用。总体来说，相比于AOC，BDOC的测定过程劳动量较低。

4）结果精密度对比

理论上浓度小于1μg/L的AOC都能被测定出来，但实际操作中由于玻璃器皿和水样处理过程中产生的有机污染，使得测定最小值约为5～10μg/L；由于采用生物检测法，其测量精度不可能达到化学分析的水平，一般测量误差在17.5%以内。值得注意的是，由于目前并没有AOC测定的统一标准方法，所以采用不同的测定方法其结果差异也很大，使得AOC结果的可比性受到影响。

由$BDOC=DOC_0-DOC_{28}$的计算公式可知，BDOC的测量精度与所使用的总有机碳测定仪有关。以岛津公司的TOC－VCPH仪器为例，其最低检测限为4μg/L；通过多次进样，控制标准偏差和变异系数来保证结果的精度，例如5次进样取3次相近结果，标准偏差可控制$<$0.05mg/L，变异系数可控制$<$1%。但是对于初始DOC值较低或BDOC值较小的水样，采用前后差值的方式计算BDOC，必然对测量精度有较大影响。

（2）在小城镇供水行业推广应用前景比较

目前包括 WHO、北美、欧洲以及我国的饮用水标准中，都还未将 AOC 和 BDOC 列为限制指标。因此，供水行业对于这两个指标的检测较少关注，一般主要见于饮用水生物稳定性的研究中。由于上述的测定技术难度，尤其是 P17 和 NOX 纯种菌种不易获得、测试技术难度高、步骤繁琐，AOC 指标在我国仅有极少数高校等科研单位可以检测，属于"高难度"指标；而总有机碳测试仪的价格不菲，也较少有水厂可以配备。从目前的现状来说，AOC 和 BDOC 都属于未被普遍接受、检测要求较高、期待未来发展的水质指标。

AOC 指标在实际应用中有其不足之处，主要包括：

1）只用单一的菌种（荧光假单胞菌 P17 和螺旋菌 NOX）降解简单的、低分子的有机物，不能代表实际给水管网中细菌混合生长状况和细菌胞外酶对大分子有机物的分解作用；

2）以细菌生长至稳定期的最大菌落数折算成有机物浓度，是建立在细菌菌落数达到最大时基质浓度耗尽，细菌开始死亡的假设基础上的；但有研究证实，即使在细菌量净增长时，细菌死亡已经开始，使得细菌数和有机物浓度的相关性产生了一定的偏差；

3）水样在测试过程中需经巴氏消毒，水样中有机物组成、含量和性质可能有所变化，水样的可生物降解性受到影响；

4）两种纯种菌种的来源有限，不易获得；菌种保存、复活、培养等程序复杂，测定操作繁琐、技术要求较高，难以满足日常测定的需要。

尽管 AOC 被认为是最适合评价管网细菌再生长潜力的指标，而本课题的任务书中也提出了 AOC 指标的要求，但从我国小城镇供水系统的实际情况出发，从水质生物稳定性评价指标的推广应用前景考虑，本研究认为 BDOC 是更适合的首选指标，主要原因如下：

1）从指标检测的技术难易程度上说，BDOC 的检测依靠土著菌种，来源方便，水样处理方法简单，主要测试过程依靠仪器自动完成，只要配备总有机碳测定仪即可很方便地实现；与 AOC 相比，检测的技术要求和实施难度都较低。

2）如前所述，对于同一种水源来说，其 BDOC 和 AOC 具有相对较稳定的比例关系，两者都可反映水中可生物利用有机物的含量，也都可用于饮用水生物稳定性的评价，因而从指标功能上说，两者并无显著的差别。

3）BDOC 指标应用的主要困难在于：目前总有机碳测定仪的价格昂贵，在我国尤其是小城镇难以很快普及；但如本章所述，TOC（DOC）是比目前饮用水标准中所列的耗氧量更适合的有机物综合性指标，在衡量水中有机物含量和净水工艺的处理效率，以及消毒副产物的产生等方面都具有很好的指示作用；随着饮用水水质标准的日益严格和对水质在线监测要求的响应，采用 TOC（DOC）作为饮用水有机物综合性指标符合我国饮用水安全保障的发展需求。实际上，在最新的《饮用水水质卫生标准》GB 5749—2006 里已首次将 TOC 列入参考指标中，也反映了这样的发展趋势。BDOC 是在 DOC 测定的基础上完成的，因而与 AOC 相比，更具有可广泛应用的前景。

综上所述，BDOC 指标易于检测，与饮用水生物稳定性关系密切，且具有良好的应用前景，因而作为我国小城镇管网水质生物稳定性的首选指标是适宜的。

三、BDOC 阈值研究

1. AOC/BDOC 相关性研究总结

很多研究者考察了 AOC、BDOC 及 DOC 之间的比例关系，试图建立它们之间的联系，但根据大多研究结果，不同水源中的AOC/DOC及AOC/BDOC比值变化较大，很难建立确定的规律。Paode和Amy等人的研究表明：美国Colorado河水和Harwood's Mill水库等6大水源中BDOC为0.1～0.9mg/L，平均为0.44mg/L；BDOC占DOC的比例为2.2%～19%，平均10%；AOC为22～407μg/L，平均为156μg/L，AOC占BDOC比例平均为35%左右。Sevais等人研究表明BDOC：DOC值随水质不同在11%～59%之间；Van Der Kooij研究表明AOC：DOC在0.03%～27%之间。

统计我国一些研究者考察的AOC与BDOC比例关系的结果如表10-9所示。

不同水源、水厂及管网水的AOC与BDOC比例关系统计 **表10-9**

水　厂	水　样	AOC（μg/L）	BDOC（mg/L）	平均AOC/BDOC（%）
杨树浦水厂	原水	72～95	1.328～1.885	5.60
	出厂水	65～131	0.948～1.565	9.39
	管网水	59～129	0.786～1.624	10.3
	管网末梢水	54～107	0.656～1.248	9.50
泰和水厂	原水	114～179	0.275～0.426	39.6
	出厂水	109～143	0.272～0.314	42.2
	管网水	85～150	0.238～0.337	38.3
	管网末梢水	73～116	0.238～0.275	36.2
北京五个水厂	原水	73～487	0.06～3.77	36.96
	出厂水	108～383	0.01～2.94	30.23
	管网水	482～103	0.27～3.25	27.90
	管网末梢水	92～313	0.16～2.92	33.42

可见，由于水源的不同，AOC/BDOC比值关系变化较大，但基本满足AOC/BDOC≤40%～50%的关系。有研究认为，被吸附到管壁生物膜上的有机碳中50%被分解代谢，用以满足微生物的能量消耗，另50%被用以合成新细胞物质，则可以认为AOC/BDOC应在50%左右，这样的结论可以佐证上述统计结果。当然，AOC和BDOC在测定原理、测定方法等方面截然不同，而且不同研究中采用的AOC和BDOC测定方法也有很大差异，这也是导致两者比值关系变化的一个因素。同时，要注意到，有研究指出经臭氧氧化后，水中AOC的增加幅度大于BDOC的增加幅度，将导致AOC/BDOC的增大；而纳滤膜分离过程可大幅度去除BDOC，却对AOC去除效果有限，因而纳滤出水的AOC/BDOC也将增大，因而，考察二者的比例关系，同时也要综合考虑所采取的净水工艺。

很多研究针对管网水质生物稳定性提出了AOC的推荐阈值范围。一般认为：在不加氯消毒的情况下，AOC＜10μg/L；在加氯消毒的情况下，AOC＜50～100μg/L，可以达到水质生物稳定性。我国学者曾根据我国的水工业发展现状提出，管网水近期控制AOC＜200μg/L，远期AOC＜100μg/L的目标。

我国一般供水管网都保持一定余氯量允许，因此以AOC阈值100μg/L计，按照AOC/BDOC的比值关系（≤40%～50%）计算，则相应的水质生物稳定BDOC阈值应为：0.20～0.25mg/L。

2. BDOC阈值研究总结

(1) 李欣等采用某水厂的水源水、出厂水和管网水配成不同BDOC浓度的水样，在试验管段考察 BDOC 与生物稳定性的关系。将试验管道培养 3d 后的 BDOC 降解量（ΔBDOC）与水样的 BDOC 进行拟合，如图 10-31 所示。

得到出厂水的 BDOC 与 ΔBDOC 的关系为：ΔBDOC＝0.262BDOC－0.052。研究者认为，当水质达到生物稳定时，其出厂水的 BDOC 在设定的停留时间内应不发生变化，即当 ΔBDOC＝0。此时可计算得出 BDOC＝0.2mg/L。

在同时考察 BDOC 与管壁生物膜数量之间的关系（见图 10-32）的基础上，发现 BDOC 在 0.234～0.167mg/L 之间时，管壁生物膜明显减少，因而达到生物稳定的 BDOC 阈值范围在此区间内。

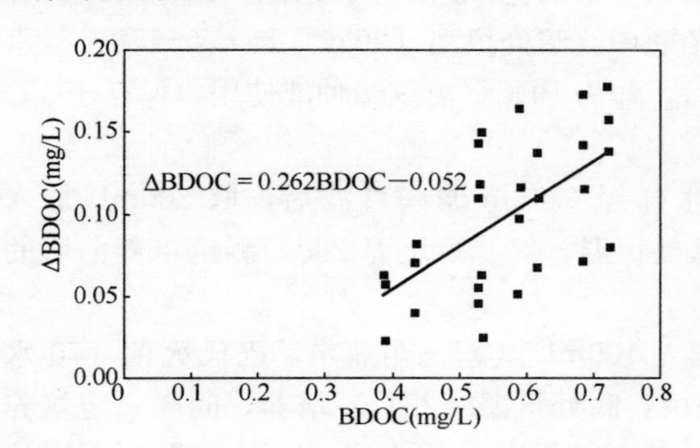

图 10-31 BDOC 与 ΔBDOC 拟合关系图

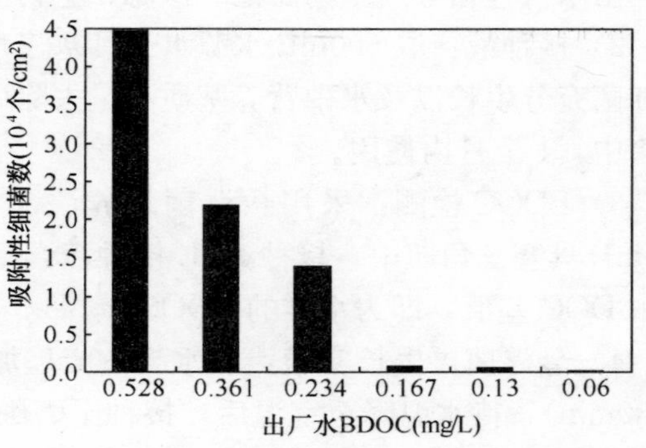

图 10-32 出厂水 BDOC 与生物膜细菌数量的关系

根据上述试验结果，赵洪宾等提出，将 BDOC 控制在 0.2～0.22mg/L，可达到水质的生物稳定性。

（2）P· Niquette 等在研究布鲁塞尔的实际供水管网水质情况时，在不同管网取样点获得的水样与出厂水的 BDOC 含量进行拟合，得到 BDOC 与 ΔBDOC 的关系如图 10-33 所示。

此项研究认为，当 ΔBDOC＝0 时，BDOC＝0.25mg/L，可认为达到水质稳定。实际上，该研究者考察结果显示，在水温＞15℃、余氯＜0.07mg/L、BDOC＞0.25mg/L 时，管网中容易发生细菌再生长现象。

（3）P· Servais 等在研究巴黎供水管网生物稳定性时，在小管径支管（DN100）上的管网取样点获得水样与出厂水 BDOC 含量进行拟合，结果如图 10-34 所示。

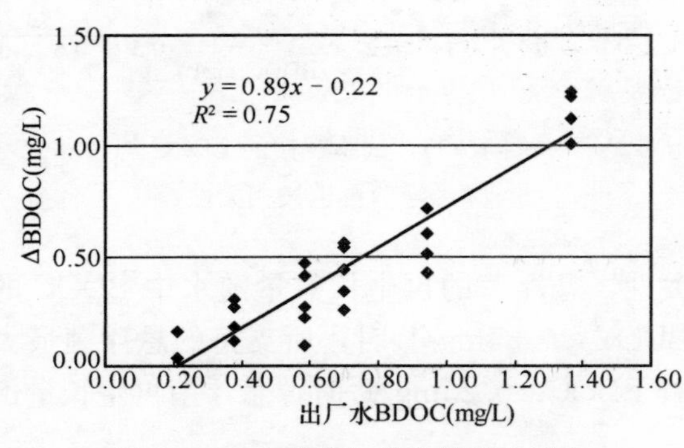

图 10-33 布鲁塞尔供水管网出厂水 BDOC 与 ΔBDOC 的拟合情况

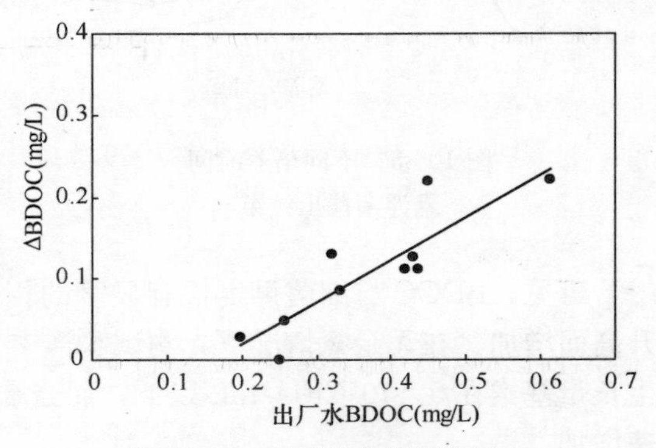

图 10-34 巴黎供水管网出厂水 BDOC 与 ΔBDOC 的拟合情况

同样当 ΔBDOC＝0 时，可得 BDOC＝0.16mg/L。因此该值被认为是水质生物稳定的阈值。

综上所述，不同研究中对管网水质生物稳定性的 BDOC 阈值研究结果基本在 0.16～0.25mg/L 之间，与根据 AOC/BDOC 比值计算的结果相近，不同水源、处理工艺以及管网系统都会对研究结果有影响。

3. BDOC 与悬浮菌再生长的试验研究

1）实验水样：北方某水厂的水源水（属滦河水系）、该厂出厂水、管网末梢水、中试试验出水（包括曝气生物滤池、微滤、生物活性炭等工艺单元出水）。

2）接种液：取 500mL 水源水于具塞三角瓶中，暗处恒温（20℃）培养 5～7d，待水中细菌充分生长以及水中营养基质尽量去除后，作为 BDOC 测试接种液使用，保存于 4℃冰箱中，1 个月内使用。

3）BDOC 检测：采用悬浮菌培养法，水样经 0.45m 滤膜过滤后，取 200mL 加入 250mL 具塞三角瓶中，接种 2mL 接种液，暗处恒温（20℃）培养 28d，测定培养前后的水中 DOC 差值，即为水样的 BDOC。

4）悬浮菌再生长实验：取水样 50mL 加入 100mL 具塞三角瓶中，巴氏灭菌（70 水浴 30min），待水温降至室温后，接种土著细菌，暗处恒温（22℃）培养，间隔一定培养时间取 1mL 水样在 R2A 培养基上进行平板计数，结果以 CFU/mL 表示。实验对不同培养时间 2 种水样的检出结果如图 10-35 所示。

可见，水样中悬浮菌基本在培养 7d 后达到最大值，故之后的实验中取 7d 培养所得 HPC 为悬浮菌再生长的最大量。

实验得到不同水样的 BDOC 与悬浮菌再生长最大值的相关性，如图 10-36 所示。

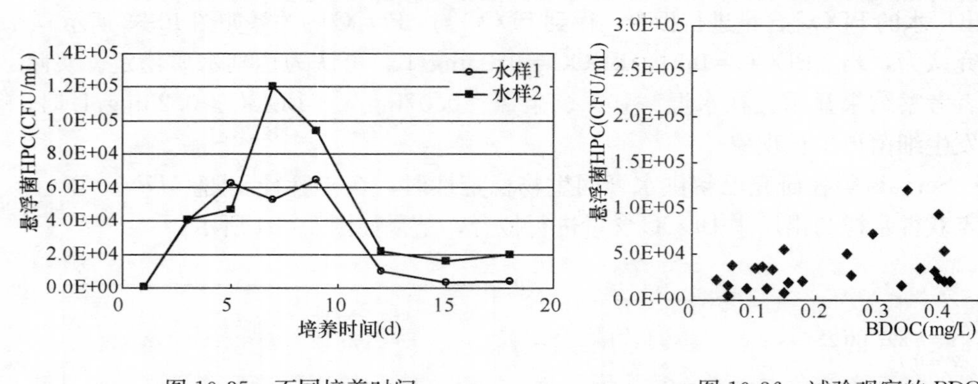

图 10-35　不同培养时间悬浮菌检出结果

图 10-36　试验观察的 BDOC 与悬浮菌再生长相关性

可见，BDOC 与细菌再生长有显著的相关性，悬浮菌的再生长数量随水中 BDOC 的升高而增加。在无余氯情况下，测试水样中 BDOC＜0.25mg/L 时，所支持的悬浮菌最大生长量基本在 5×10^4CFU/mL 以下，而当水样 BDOC＞0.25mg/L 时，悬浮菌再生长量迅速增加。

四、小城镇管网水生物稳定性 BDOC 阈值范围

确定小城镇管网水生物稳定性 BDOC 阈值范围，需要综合考虑 BDOC 对管网细菌再生长的影响程度，以及在现有基础上阈值目标的实现可能性。

对各类不同水源而言，大多数研究结果显示：出厂水 BDOC 在 0.20～0.25mg/L 时可达到管网水质生物稳定性，这个数值范围可以作为管网水质生物稳定性的阈值范围。

由于目前我国大部分小城镇仍处于经济欠发达状态，供水系统的建设、运行和管理还与大城市存在一定的差距，从目标可实现性上说，建议以 BDOC≤0.25mg/L 作为近期的控制目标；对于那些采用地下水源，水源水质较好的小城镇，以及东南部经济较发达的小城镇，以及如江苏等地采用大城市近郊联片供水的小城镇，水厂处理工艺较先进、管网运行管理较为完善，可适当将阈值标准提高至 0.20mg/L。

五、以 DOC 为补充指标

本研究提出 BDOC 作为评价小城镇管网水质生物稳定性的首选指标，从 BDOC 的检测方法可知，饮用水 BDOC 值是以检测 DOC 为基础而得到的。根据对 TOC（DOC）指标的论述，尽管由于季节变化会导致水中有机物组成的波动，但总体来说，同一水源水样的 DOC 中可生物降解部分的比例相对较恒定。因此，可用 DOC 来衡量水厂工艺对有机营养基质的去除情况。在充分了解水源特点的情况下，各水厂可确定适宜的出厂水 DOC 目标值，如本研究发现试验水中 DOC<2.5mg/L 时，悬浮菌再生长受到限制。

BDOC 的检测需要一定的时间，若将 DOC 作为一项日常检测指标，而每月检测 2～3 次 BDOC，既可反映出厂水有机基质含量，评价水质生物稳定性，又可降低工作量。因此 DOC 可作为评价水质生物稳定性的一项补充指标。

10.3.2.2　评价指标之二（余氯）

一、水质标准要求

我国《室外给水设计规范》GB 50013—2006 明确规定：生活饮用水必须消毒。氯和氯氨是目前我国应用最为广泛的两类饮用水消毒剂，对于这两种消毒剂的安全投加浓度和管网中应维持的浓度限制，《生活饮用水卫生标准》GB 5749—2006 规定：（1）氯消毒：接触时间 30min 以上，出厂水中自由余氯浓度≥0.3mg/L，限值为 4mg/L；管网末梢自由余氯≥0.05mg/L；（2）氯氨消毒：接触时间 120min 以上，出厂水中余量≥0.5mg/L，限值为 3mg/L；管网末梢余量≥0.05mg/L。

二、管网末梢余氯阈值讨论

根据 10.2.7 节关于余氯与管网水质生物稳定性关系的论述，从管网水质生物稳定性角度考虑，维持较高的余氯有利于控制管网细菌再生长；但当水中有机物浓度较高时，不仅会加速余氯的衰减，还会生成大量消毒副产物，因此管网余氯浓度的提高需同时考虑消毒副产物的影响。

结合研究结果来分析我国饮用水标准对余氯的要求，可见一般出厂水的余氯值（≥0.3mg/L；很多水厂为保障微生物安全，一般将出厂水余氯控制在 1mg/L 左右）都能较好的抑制细菌再生长；但对于管网末梢来说，尤其是一些有机物浓度较高而水力停留时间长的管网末梢，余氯值可能降至 0，主体水相中悬浮菌将大量繁殖。因此管网末梢控制余氯≥0.05mg/L 难以保证有效的控制细菌再生长，可能导致用户端水质风险。从保障水质安全性的角度出发，适当提高管网末梢的余氯值是非常必要的，建议可将管网末梢余氯限值提高至≥0.1～0.2mg/L。

小城镇管网具有系统简单、规模小的特点，很多还只是枝状管网，未连成环；同时由于小城镇用水量的时变化系数大，管网末梢可能存在水流停滞区，水力停留时间长。因而，在管网末梢容易出现余氯快速衰减，难以保证持续消毒的功效。要改善这种状况，提高小城管网末梢余氯水平，不能仅依靠在水厂消毒单元中增加氯投加量，因为这样会导致消毒副产物的超标和饮用水感官品质的下降。可采取的可行方法包括：

（1）完善小城镇管网设计，使管网连成环状，减少死水区的存在，加快管网水的流动更新。由于小城镇管网规模小，连成环状管网后可大大降低停留时间，保证余氯在管网中不发生显著衰减，将是提高管网水质生物稳定性的有效措施之一。

（2）加强管网运行管理，不能连成环状网的管网末梢定时排放尾水。

（3）必要时可考虑在管网末梢或水箱等贮水设备中进行二次消毒处理，进一步控制细菌总数，提高余氯值。

（4）有条件的水厂还应加强净水工艺的不断改进，提高有机污染物的去除率，不仅可降低管网中余氯衰减速率，还可减少细菌再生长的营养基质。

（5）对水厂消毒工艺进行优化，如采用臭氧、二氧化氯或氯作为一级消毒剂，采用氯氨作为二级消毒剂。氯胺在管网中较为稳定，衰减速率慢，可保证更加持久的消毒效果。

10.3.2.3 评价指标之三（总磷）

一、适用性分析

如前所述，磷作为微生物生长的必需基质，尽管微生物对其需求量较低，但在有机物浓度较高的水中，可能成为限制因子。这就为控制饮用水生物稳定性提高另外的可行方法，即控制水中磷的含量。

水中的磷可分为溶解性磷和非溶解性磷，不同水源中含量组成有较大差异。与微生物再生长密切相关的是微生物可利用磷（MAP），但检测 MAP 需要使用如 AOC 相同的菌种和相似的检测方法，不适于在我国小城镇广泛推广应用。因此，本研究推荐采用总磷（TP）作为管网生物稳定性的评价指标之一。

天然水体中的磷含量一般较低，如我国《地表水环境质量标准》GB 3838—2002 规定作为集中饮用水源的最低标准Ⅲ类水体的 TP 限值为 0.2mg/L（湖、库为 0.05mg/L），而一般采用“混凝—沉淀—过滤”常规净水工艺的水厂对于总磷有很好的去除，去除率可达 80%以上，运行良好的水厂出厂水 TP 可达 5μg/L 以下。

如前所述，一般采用钼锑抗分光光度法检测地表水中的总磷，但该法最低检测浓度为 0.01mg/L，不适于生物稳定性检测的要求。可以采用孔雀绿－磷钼杂多酸分光光度法作为检测出厂水 TP 的方法，最低检出浓度可达 1μg/L。该方法只需使用紫外分光光度计等实验室常用仪器，检测方法简单、快速，非常适合在小城镇推广应用。

二、TP 阈值探讨

一般认为，微生物生长所需的碳磷比为 100∶1；但在贫营养条件下，微生物对营养物的需求有所不同。Sathasivan A. 等认为，管网中微生物生长的 C∶P 为 100∶（1.7～2）。按照这个比例计算，根据前述对微生物碳源（即 BDOC）的阈值分析，BDOC≤0.25mg/L 时，对应的磷源限值应为：4.25～5μg/L。

我国研究者桑军强等亦认为，控制 TP≤5μg/L 可作为保证饮用水生物稳定性的一个新途径。

本研究在10.2.5节对磷的限制作用进行了研究，发现TP为1～5μg/L的水样中微生物再生长受到显著的抑制，同时BDOC检出值亦受到影响而偏低。可见，TP≤5μg/L可以作为饮用水生物稳定性评价体系中的一个补充指标。

10.3.3 评价方法

10.3.3.1 评价点选择

我国《生活饮用水卫生标准》GB 5749—2006规定的饮用水水质监测评价点包括水源、出厂水、居民经常用水点和管网末梢（参照CJ/T 206—2005执行）；采样点数按照供水人口确定，一般每两万人设一个采样点计算，供水人口超过一百万或不足二十万时，可酌量增减。每一采样点，每月采样检验应不少于两次，必检项目包括余氯、细菌总数、总大肠菌群、浑浊度和肉眼可见物。

本研究建立的小城镇管网水质生物稳定性评价体系（BDOC/DOC、余氯、TP），包括营养基质指标和消毒剂指标，根据各指标的性质，可以参照CJ/T 206—2005中的有关规定来选择管网水质生物稳定性评价点。

（1）水源水

水源水质及其变化是影响水厂工艺处理效果及出厂水水质的首要因素，因此也是评价管网水质生物稳定性的参照点。需要对水源水中可能出现的微污染情况如有机性污染、高氨氮、高浊度等不同情况进行监测评价，涉及水质生物稳定性方面，需监测水源水DOC、BDOC、TP及氨氮等指标的数值及季节性变化情况，以确定原水的生物稳定性以及水厂工艺是否可以保障营养基质的有效去除。

（2）出厂水

出厂水是水厂净水工艺的终端，其水质状况是水厂首要考察和控制的目标。作为整个管网系统的起点，出厂水质直接决定了管网细菌可获得营养基质和消毒剂的多少，因此也是管网水质生物稳定性评价的首要节点。出厂水重点评价的指标包括BDOC/DOC和TP，其中以BDOC/DOC为首要评价指标，TP为辅；BDOC满足推荐阈值要求，可认为入管水达到水质生物稳定性；余氯值根据水质标准确定（0.3mg/L≤游离氯≤4mg/L，0.5mg/L≤化合氯≤3mg/L），不需额外限定。

（3）居民经常用水点和管网末梢

由于饮用水在管网输送过程中，管网微生物（包括悬浮菌和生物膜）、有机物、无机物、余氯、管材及锈垢、沉积物等相互发生复杂的物化及生化反应，尤其是营养基质被利用、余氯被消耗过程直接影响到管网各点的水质生物稳定性。基质利用和细菌生长的结果是管网沿程BDOC、余氯值的下降，在管网末梢将可能出现BDOC和余氯的最低值，因此，在居民经常用水点和管网末梢点BDOC的评价已没有意义，而应重点考察余氯值。保证管网末梢一定量的余氯是保障整体生物稳定性的关键。

10.3.3.2 水温的考量

管网水温是影响水质生物稳定性的最关键因素之一。管网中发生的一系列生物化学反应动力学过程包括管网微生物生长速率、消毒效率、消毒剂衰减速率及管道腐蚀速率等都受到温度的影响；同时，水温的季节性变化还直接影响水厂工艺单元对营养基质的去除效率。因此，在评价管网水质生物稳定性需要综合考虑水温的影响。

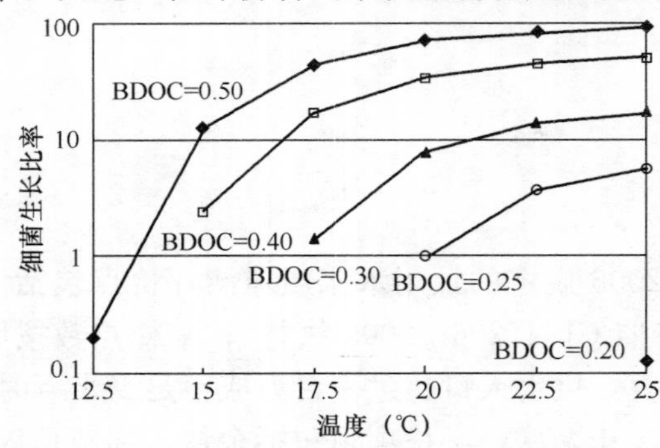

图 10-37 水温与 BDOC 对细菌再生长的联合影响（初始 HPC＝10^3CFU/mL）

很多研究者都将 15℃作为一个关键温度节点，认为水温在 15℃以上时，管网细菌的生长速率显著提高，生长产率也有所增加，而较低水温下则不易发生管网细菌再生长，即使是在较高的营养基质条件下。如图 10-37 所示。

图 10-37 是 Piriou P. 等利用 PICCO-BIO®模型模拟计算的结果，结果显示了即使是在 BDOC 高达 0.50mg/L 时，低水温下（12.5℃）细菌生长比率很低，与 BDOC＝0.20mg/L，水温为 25℃时的情况较为接近。

由于管网系统的水温是不可变参数，无法人为地调控，主要根据季节性、地域性而变化。所以本研究没有将管网水温列入水质生物稳定性评价指标体系中，而是作为一项单独的项目来论述，提醒在评价管网水质生物稳定性时，需格外注意水温的影响。

10.3.3.3 综合评价

综合本章对管网水质生物稳定性评价体系及评价方法的研究结果，可以得出：采用综合评价，即综合考虑出厂水、用水点及管网末梢的 BDOC/DOC、TP 及余氯值，结合不同季节的管网水温，对管网水质生物稳定性进行评价，是较为科学的方法。

Camper 等对美国 64 家水厂进行了为期 12 个月的水质调查，发现水样中检测出的大肠杆菌阳性结果主要与以下问题相关：

(1) 营养基质高：AOC ＞ 100μg C/L；

(2) 水温高：t＞15℃；

(3) 消毒剂余量低：余氯＜0.5mg/L，氯氨消毒时总余氯＜1.0mg/L。

该研究发现，上述 3 个问题的协同作用是导致微生物再生长的原因。那些不存在上述 3 个问题的水厂基本不易发现大肠杆菌阳性结果（发生概率＜2%）；而 70%的阳性结果水样都是在出现上述 2 个或以上问题的水厂中；3 个问题都出现的水厂发现水样阳性结果的概率是一个问题都不出现水厂的 8 倍。

上述结果与本研究提出的综合评价思想是较为一致的，即对管网水质生物稳定性的评价不依赖于单一的指标和阈值。

结合前面的研究结果，本研究推荐在我国小城镇可采取的管网水质生物稳定性综合评价方法为：

(1) 管网水温 t＞15℃时，出厂水 BDOC≤0.25mg/L（近期目标）或 BDOC≤0.20mg/L（远期目标，或水源水质较好的小城镇）、TP≤5.0μg/L，管网末梢余氯≥0.1mg/L，达到水质生物稳定；

(2) 管网水温 t≤15℃时，出厂水 BDOC≤0.25mg/L，TP≤5.0μg/L，管网末梢余氯

≥0.05mg/L，达到水质生物稳定。

10.4 水质生物稳定技术

所谓管网水质生物稳定技术并不单指某一项具体的技术，也不存在某一项单独的技术手段能够解决所有的管网微生物再生长问题，它应该是以保障管网水质微生物安全为目标，包括水厂净水工艺强化、消毒工艺优化、管网规划设计、管道系统的材料优选以及管网运行管理等措施在内的技术和策略的集成。

10.4.1 强化净水工艺去除水中营养基质

水质生物稳定性主要与可生物降解有机物、无机营养物等微生物生长基质密切相关，因此，在处理水进入管网之前使水中营养基质含量降至适当的水平，即可达到所谓的“生物稳定性”，可有效地抑制微生物在管网中的再生长。水质生物稳定技术最重要也是可实现的技术手段应是以去除营养基质为目标，对各种水处理工艺进行评价、优化和组合。

目前，一般小城镇普遍面临水源受污染、源水水质较差的状况，因此，靠单一的传统工艺并不能保证高效去除生物可降解有机物，达到水质生物稳定性。每种净水工艺都有其对有机物去除的特点，采用常规处理、生物处理、活性炭吸附、膜处理技术等相结合的组合工艺，充分发挥各工艺的优势与工艺间的协同作用，强化对 AOC 和 BDOC 的处理效果，从整体上降低水中有机物的含量，是获得生物稳定性饮用水的有效途径。在对净水工艺进行优化组合时，除了要考虑水源水质特点，还应综合考虑小城镇的经济发展状况、管网运行状况等因素，选取适合于当地的净水工艺，以更好地保证管网水质。

10.4.2 优化消毒技术

从 20 世纪初期人们开始将氯消毒作为给水处理的常规处理工序，用于控制霍乱、伤寒等水媒疾病开始，饮用水消毒技术不断得到发展和优化。现代饮用水消毒技术发展得不仅针对消毒效果的强化，同时要综合考虑消毒副产物的控制，同时微生物对传统消毒剂的抵抗适应性、新型致病微生物的出现（如蓝氏贾第虫和隐孢子虫）、消毒处理水在供水系统中的生物稳定性等同样是目前给水界面临的重要挑战。

研究发现几乎所有的出厂水经加氯消毒后，都会引起 AOC 与 BDOC 一定程度增加，导致管网水生物稳定性下降；而管网设计、运行管理的不善会导致过长的水力停留时间，使得消毒剂衰减直至消失，大大增加微生物污染的风险。因而，选择适当的消毒剂和消毒方式、考察管网中消毒剂的衰减规律、控制管网末梢消毒剂余量水平、优化二次消毒措施等，将是保障饮用水生物稳定性的重要研究内容。

10.4.3 管材优选及管道更新修复

1. 管材优选

目前饮用水配水系统管材主要包括金属管材和非金属管材（主要是塑料管材）。管材表面的孔度和粗糙度及腐蚀性能会影响生物膜的生长状况，同时一些管材很可能会向水中溶解释放微量物质，促进微生物的生长或污染水质。

研究认为比较粗糙的铸铁管、镀锌管和钢筋混凝土管更有利于生物膜的生长，而一些表面光滑、粗糙度小的管材如PVC、PE和不锈钢管等相对来说更有利于控制生物膜的生长。因此从保障管网水质的目标出发，进行适合小城镇应用的管材优选，是本课题的研究内容之一。

2. 管道更新与修复

由于输水水质、管道材料、流速等因素影响，管道内壁会逐渐腐蚀而增加水流阻力，水头损失逐步增长，输水能力随之下降。据考察，涂沥青的铸铁管经过10～20年使用，粗糙系数n值可增长到0.016～0.018左右；内壁未防腐的铸铁管，使用1～2年后n值即达到0.025；而涂水泥砂浆的铸铁管，虽经长期使用，粗糙系数可基本上不变。

针对病态管、无内衬的金属管道、低压区管道、淘汰管材等影响供水安全、供水水质的管网应进行有步骤有计划地更新与修复，包括新敷管线内壁预先涂衬、对已敷设管线进行刮管涂衬，可以很好地达到抑制微生物再生长、保障优良水质的目的。

10.4.4　加强管网运行管理

针对保障管网水质生物稳定性、控制管网微生物再生长的目的，可采取的管网运行管理措施主要包括：

(1) 管道冲洗和机械清洗

管道冲洗和机械清洗是刮除管壁垢层和生物膜的有效方法，但目前在小城镇应用的主要问题是措施不到位、管理不严格，没有相应的技术规程进行约束和指导。

可以采取的管道冲洗和机械清洗技术包括：水气混合冲洗、高压射流法、弹性清管器法、机械刮管法、化学清洗法等。

(2) 二次供水设施的管理

二次供水设施主要包括屋顶水箱、水塔和地下水池等，目前二次供水设施普遍存在管理不到位、设施陈旧、水质污染严重等现象。由二次供水设施引入的外源性微生物污染的风险很大，但可以通过设施改造和加强管理来实现。可以采取的管理措施包括：

1) 建立二次供水设施管理档案，对所有屋顶水箱、水塔和地下水池进行统计注册，严防管理死角，完善现有的二次供水设施管理规范，各地根据实际情况建立健全二次供水设施检查监督管理制度。

2) 定期维护、清洗屋顶水箱、水塔和地下水池；检验水质；有条件的地方可设置二次消毒设施。

3) 优化二次供水设施的设计和建设。如采取有效的空气隔离措施；工艺结构避免了出现死水区；消防水池（箱）与生活水池（箱）须分开建设；选择不锈钢、玻璃钢、搪瓷钢板等材质作为水箱材质；同时做好材料防腐处理；设置倒流防止装置，避免倒流污染等。

第 11 章　水质化学稳定性评价

11.1　水质化学稳定性相关理论

11.1.1　钙镁-碳酸盐系统稳定性理论

钙镁-碳酸盐系统在管网发生的主要化学反应如下：

$$Ca^{2+} + 2HCO_3^- \longrightarrow CaCO_3 \downarrow + CO_2 \uparrow + H_2O \tag{11-1}$$

$$Mg^{2+} + 2HCO_3^- \longrightarrow MgCO_3 \downarrow + CO_2 \uparrow + H_2O \tag{11-2}$$

$$MgCO_3 + H_2O \longrightarrow Mg(OH)_2 \downarrow + CO_2 \uparrow \tag{11-3}$$

钙镁-碳酸盐系统稳定性理论是指重碳酸钙（镁）、碳酸钙（镁）和二氧化碳之间的平衡。水中的 $CaCO_3$ 或 $MgCO_3$ 过饱和时，会析出 $CaCO_3$ 或 $MgCO_3$ 沉淀，这种水在管道中流动时，水中的 $CaCO_3$ 或 $MgCO_3$ 沉淀会沉积在管壁上，引起结垢。当水中 $CaCO_3$ 或 $MgCO_3$ 含量低于饱和值时，则倾向于使已沉淀的 $CaCO_3$ 或 $MgCO_3$ 溶解。这种水会对混凝土管道和构筑物产生侵蚀作用，在金属管道中流动时会溶解管道内壁已形成的碳酸钙保护膜，对金属产生腐蚀作用。

11.1.2　电化学腐蚀稳定性理论

11.1.2.1　金属管腐蚀过程

管道中输送的水是一种电解液，而金属（铁）管道本身含有许多杂质，金属与杂质之间存在电极电位。在水的作用下，就形成无数微腐蚀原电池。在铁管表面某一部位，因铁被腐蚀成铁离子进入水中而形成阳极，所释放的电子传递到铁管表面的另一部分形成阴极。

铁作为阳极在水中被氧化成铁离子，其化学反应式如下：

阳极：
$$Fe \longrightarrow Fe^{2+} + 2e^- \tag{11-4}$$

阴极：当 $pH \leqslant 7$ 时，
$$2H_2O \longrightarrow 2H^+ + 2OH^- \tag{11-5}$$

$$2H^+ + 2e^- \longrightarrow H_2 \uparrow \tag{11-6}$$

$$Fe^{2+} + 2OH^- \longrightarrow Fe(OH)_2 \downarrow \tag{11-7}$$

在 $pH<7$ 时，在阴极发生反应消耗氢离子而增加氢氧根离子；当达到足够的数量后，水中的铁离子与氢氧根离子形成氢氧化亚铁。

当水中无溶解氧时，H_2 和 $Fe(OH)_2$ 覆盖在金属表面，形成钝化膜，反而可抑制反应的进行。若水中有溶解氧时，则发生如下反应：

$$4Fe(OH)_2+2H_2O+O_2 \longrightarrow 4Fe(OH)_3\downarrow \qquad (11\text{-}8)$$

$Fe(OH)_3$ 俗称铁锈，质地疏松，随着上述反应的不断进行，$Fe(OH)_3$ 不断沉积在管道内壁形成锈垢。

Sontheimer等提出铁管腐蚀瘤的siderite($FeCO_3$)模型，认为 $FeCO_3$ 对腐蚀瘤的形成起着重要作用，$FeCO_3$ 的存在对腐蚀瘤的结构起到保护作用。该模型将腐蚀瘤内的复杂反应分为三级：

第一级反应：

$$Fe \longrightarrow Fe^{2+}+2e^- \qquad (11\text{-}9)$$

$$\frac{1}{2}O_2+H_2O+2e^- \longrightarrow 2OH^- \qquad (11\text{-}10)$$

$$HCO_3^- +OH^- \longrightarrow CO_3^{2-}+H_2O \qquad (11\text{-}11)$$

第二级反应：

$$Ca^{2+}+CO_3^{2-} \longrightarrow CaCO_3(s) \qquad (11\text{-}12)$$

$$Fe^{2+}+CO_3^{2-} \longrightarrow FeCO_3(s) \qquad (11\text{-}13)$$

$$2Fe^{2+}+\frac{1}{2}O_2+4OH^- \longrightarrow 2\alpha-FeOOH(s)+H_2O \qquad (11\text{-}14)$$

第三级反应：

$$2FeCO_3(s)+\frac{1}{2}O_2+H_2O \longrightarrow 2\alpha-FeOOH(s)+2CO_2 \qquad (11\text{-}15)$$

$$2FeCO_3(s)+\frac{1}{2}O_2 \longrightarrow Fe_3O_4(s)+3CO_2 \qquad (11\text{-}16)$$

在腐蚀初始阶段，水中的氧化剂能到达金属表面，引起阳极反应。随着腐蚀产物的不断生成，氧化剂到达金属-水界面越来越困难。由于腐蚀产物的不均匀沉积，溶解氧仍然能达到金属-水界面的某些区域。金属表面溶解氧浓度存在差异，形成氧浓差电池，促进了局部腐蚀的发生。因而，铁的腐蚀产物不断沉积在阳极，使腐蚀瘤不断生长，逐渐覆盖更多的区域，最终可能与其他腐蚀瘤联成一体，从而完全覆盖了管道表面，使溶解氧难以进入腐蚀瘤内。

11.1.2.2　腐蚀产物的释放

金属管被腐蚀后，在水流停滞和缺氧的条件下，铁会向水中释放。研究发现，管网中铁的释放主要是由Fe（Ⅱ）的溶解造成的。

水流停滞时（如夜间用水量很小时），水中和腐蚀瘤内的溶解氧逐渐耗尽。缺氧时腐蚀瘤内的γ-FeOOH固体能替代氧气作为电子受体与金属铁发生反应生成亚铁离子：

$$Fe+\gamma-FeOOH+2H^+ \longrightarrow 3Fe^{2+}+4OH^- \qquad (11\text{-}17)$$

二价铁络合物溶解度远大于三价铁化合物，因此腐蚀瘤内的二价铁化合物会大量溶解、扩散至管网水中。当凌晨用水量增加时，管网水再次流动，水中携带的溶解氧将Fe（Ⅱ)氧化为Fe（Ⅲ)，形成了所谓的“红水”。因此，管网“红水”问题产生的根本原因是具有腐蚀性的出厂水与金属管道直接接触，金属管发生腐蚀并随后释放出腐蚀产物。

11.2　管网水质化学稳定性的影响因素

管网水质的化学稳定性是指水在管道输送过程中的结垢或腐蚀倾向，影响管网水质化学稳定性的主要因素有pH、碱度、硬度、氯化物及硫酸盐、溶解氧等指标。

11.2.1 pH

在给水管道内，pH 的大小直接影响着钙镁－碳酸盐平衡系统和电化学腐蚀反应。

针对我国的实际情况(给水管网主要以铁管和钢管为主)，以钢管为例，阳极过程，铁以离子形式进入水中，同时将电子留在金属中：

$$Fe \longrightarrow Fe^{2+} + 2e^- \tag{11-18}$$

阴极过程水中氢离子和氧吸收电子被还原而产生吸氧或析氢腐蚀：

$$\frac{1}{2}O_2 + H_2O + 2e^- \longrightarrow 2OH^- \tag{11-19}$$

$$2H^+ + 2e^- \longrightarrow H_2 \tag{11-20}$$

在管壁生成氢氧化亚铁：

$$Fe^{2+} + 2OH^- \longrightarrow Fe(OH)_2 \tag{11-21}$$

氢氧化亚铁进一步氧化成氢氧化铁附着于管壁面：

$$4Fe(OH)_2 + O_2 + H_2O \longrightarrow 4Fe(OH)_3 \tag{11-22}$$

pH 呈中性，腐蚀速度不受 pH 影响；pH 偏酸性时，发生放氢反应，腐蚀速度加剧；pH 偏碱性时，腐蚀速度随 pH 增加而减小 pH 发生变化，氢氧化铁部分脱水生成铁锈：

$$2Fe(OH)_3 - 2H_2O \longrightarrow Fe_2O_3 \cdot H_2O \tag{11-23}$$

$$Fe(OH)_3 - H_2O \longrightarrow FeOOH \tag{11-24}$$

当 pH<6.5 时，总铁含量随着 pH 的增大而急剧减小。当 6.5<pH<10 时，总铁含量随着 pH 的变化而并无显著的变化。这是因为在低 pH 时，H^+ 浓度很高，析氢腐蚀占优势，有利于氢去极化反应，且阳极产物 Fe^{2+} 很难被氧化成 Fe^{3+}，也就很难在管壁上形成保护性膜。裸露的管壁表面很容易被腐蚀，因此在低 pH 时，管道的腐蚀就很严重，管网中的总铁含量就很高。而随着 pH 的升高，析氢腐蚀相对减弱，而吸氧腐蚀增加，吸氧腐蚀主要受氧扩散影响，而氧的扩散跟 pH 并无关系，因此，在 6.5< pH <10 时，管道中的总铁含量变化不是很大，在一定范围内上下变化，可知总铁含量在此区域与 pH 并无关系。而且我们还可以推知当 pH>10 时，水中的氢氧根浓度很高，很容易与亚铁离子生成 $Fe(OH)_2$，进而被氧化成 $Fe(OH)_3$ 沉淀。氢氧化铁沉淀附着于管壁，使得管壁受到保护，因此如果 pH 继续增大，碱性很强时，管道的腐蚀就会减轻。

在给水管网中，存在钙镁－碳酸盐平衡系统。当 pH 偏酸性时，水中的 H^+ 会增多，OH^- 相对减少，这会导致沉淀的碳酸钙和氢氧化镁溶解。当这种水遇到混凝土的管道和构筑物时，就会产生侵蚀作用。在金属管道中流动时则会溶解管道内壁碳酸钙保护摸，对金属产生腐蚀作用；pH 呈中性时，钙镁－碳酸盐平衡系统和腐蚀速度不受 pH 影响；pH 偏碱性时，会产生 $CaCO_3$ 及 $Mg(OH)_2$ 沉淀，在给水管内形成水垢。水垢不仅能缩小过水断面积，增加水流阻力，增加能耗，还能成为细菌、微生物隐蔽和繁殖滋生的场所。

由于 pH 呈中性时，钙镁－碳酸盐平衡系统和腐蚀速度受 pH 影响较小，因此，为了保证饮用水的化学稳定性，需将出厂水的 pH 调整至 7.0～8.5。

11.2.2 碱度

水的碱度是指水中所含能与强酸定量作用的物质总量。地表水的碱度基本上是碳酸盐、重碳酸盐及氢氧化物含量的函数，所以总碱度被当作这些物质成分浓度的总和。当水中含有硼酸盐、磷酸盐或硅酸盐等时，则总碱度的测定值也包含它们所起的作用。一般地，

$$Alk=2[CO_3^{2-}]+[HCO_3^{2-}]+[OH^-] \tag{11-25}$$

在pH一定的情况下，碳酸钙沉淀会随着碱度的增加而增加，这是由于增加了水中的碳酸氢根离子，促进了碳酸钙的沉淀；而电化学腐蚀会随着碱度的增加而降低，这是由于增加了缓冲强度，减小了铁离子的溶解度。提高出厂水的总碱度，能降低阴离子穿透管网内壁腐蚀瘤，引发“黄水”问题的风险。总碱度的增加会降低$FeCO_3$的溶解度，使水溶液中溶解的二价铁化合物浓度降低，从而减缓了给水管网中铁的释放。碱度对给水管网铁释放的抑制作用也与缓冲强度的提高有关。水体的缓冲强度较高时，给水管网内壁腐蚀瘤的结构得到强化，从而降低了给水管网中铁的释放。当水中总碱度大于80mg/L(以$CaCO_3$计)时，管网中的铁释放明显减少。

水的碱度是pH的一个缓冲容量，一定量的碱度可保持水的pH相对稳定。在《生活饮用水卫生标准》GB 5749—2006中并未对碱度限值进行规定，但可以通过pH、溶解性总固体等指标限值来间接反映。适当增加出厂水的碱度可以提高管网水的化学稳定性，降低水质腐蚀性；但过高的碱度会带来较重的“苏打”味、使皮肤易发干，也会导致管道结垢现象。有研究发现，碱度大于60mg/L $CaCO_3$时，“红水”问题显著减少。

11.2.3 硬度

水的硬度系指水沉淀肥皂的程度。使肥皂沉淀的原因主要是由于水中存在的钙、镁离子，此外钡、铁、锰，锶、锌等金属离子也有同样的作用。硬水需要大量肥皂才会产生泡沫。习惯上把总硬度定义为钙、镁浓度的总和，我国饮用水标准中以每升水中碳酸钙的毫克数表示。硬度是由一系列溶解性多价态的金属离子形成的。硬度还可以根据阴离子划分成为永久硬度(碳酸盐硬度)和暂时硬度(非碳酸盐硬度)。世界卫生组织(WHO)根据硬度值可将水质区分为：(1)软水(0～60mg/L $CaCO_3$)；(2)中等硬度(60～120mg/L $CaCO_3$)；(3)硬水(120～180mg/L $CaCO_3$)；(4)超硬水(> 180mg/L $CaCO_3$)。

水的硬度决定于水中钙、镁盐的含量，因此在pH一定的情况下，碳酸钙沉淀会随着硬度的增加而增加，这是由于增加了水中的钙离子和镁离子，促进了碳酸钙的沉淀。软水会增加对管道的腐蚀，但过高的硬度会导致热水系统结垢问题，且增加肥皂消耗。因此，《生活饮用水卫生标准》GB 5749—2006对硬度的限值为450mg/L $CaCO_3$。

11.2.4 氯化物和硫酸盐

所有天然水中都具有氯离子与硫酸根离子，其含量与区域的矿物质构成有关。一般水

中的氯化物含量相对较低，而硫酸盐浓度则相对高一些；地下水中含量普遍高于地表水，近海河口由于盐水入侵也会导致水中盐度的增加。含氯化物和硫酸盐浓度较低的饮用水具有更好的口感，而氯化物会增加水的咸味，含硫酸钙较高的水则具有苦涩感。我国《生活饮用水卫生标准》GB 5749—2006 对氯化物和硫酸盐的限值均为 250mg/L。

氯离子和硫酸根离子严重影响着铁制管材的腐蚀。实际水厂运行中也发现了相同的现象。德国水质标准中有一项“中性盐/碱度”比值称为 Larson 指数，要求给水管网中 $LI=\frac{2[SO_4^{2-}]+[Cl^-]}{[HCO_3^-]}<1$。水中氯离子和硫酸根离子可以促进腐蚀的现象，腐蚀速率的增加仅仅与氯离子和硫酸根离子的浓度有关，与水溶液中的阳离子浓度无关；在含有硼酸钠的缓冲溶液中，铁的腐蚀速率比没有缓冲能力的溶液中要慢。

11.2.5 溶解氧

溶解氧作为水中重要的氧化剂，影响着管网管垢形成反应和铁释放反应。管垢可以分为两层，外层是由含三价铁的化合物组成的致密层，内层则是由含二价铁的化合物组成的疏松层。外层可以作为保护层，防止内部铁管腐蚀和铁释放，当管网水中溶解氧浓度高时能够保持外层结构不被破坏，内部的二价铁不会释放出来。当溶解氧浓度降低时，致密层将会发生反应而出现裂缝，内层的二价铁就会释放到水中。二价铁的溶解度高于三价铁，当溶解氧较低时，易造成水中铁超标。因此较高的溶解氧浓度可以防止铁释放现象的发生。

对于电化学腐蚀，氧可以作为电子受体被还原成氢氧根离子从而完成对金属的氧化。溶解氧对钢的腐蚀速率存在双重影响，根据水质无机物条件和管垢管段的影响，溶解氧可以促进腐蚀速率也可以阻滞腐蚀速率。水溶液中钢的腐蚀速率与水中的溶解氧浓度呈线性关系。当水中的溶解氧浓度小于 9mg/L 时，水溶液中钢的腐蚀速率与水溶液中溶解氧浓度呈线性关系；当溶解氧浓度高于 9mg/L 时腐蚀速率会降低。

溶解氧是金属腐蚀过程中非常重要的电子受体，被还原为氢氧根离子：

$$Fe+0.5O_2+H_2O\longleftrightarrow Fe^{2+}+2OH^- \tag{11-26}$$

氧可将 Fe^{2+} 氧化为铁锈：

$$Fe^{2+}+0.25O_2+0.5H_2O+2OH^-\longleftrightarrow Fe(OH)_3(s) \tag{11-27}$$

$$3FeCO_3(s)+0.5O_2\longleftrightarrow Fe_3O_4(s)+3CO_2 \tag{11-28}$$

$$4Fe_3O_4(s)+O_2\longleftrightarrow 6Fe_2O_3(s) \tag{11-29}$$

可见，溶解氧对铁管腐蚀具有很强的作用。研究发现，水溶液中钢的腐蚀速率与溶解氧浓度呈线性关系；而当溶解氧浓度较高时，会形成钝化层阻止进一步腐蚀。

水中的溶解氧主要靠分子扩散到管壁发生电化学反应获得电子来造成对金属管道的腐蚀的。金属管道的腐蚀不仅跟水中溶解氧的浓度有关，而且还跟氧气在水中的扩散系数有关，以及跟扩散层的厚度有关。氧在水中的扩散系数以及扩散层的厚度都受到温度的影响，可知，不同季节金属管道由氧导致的腐蚀是不同的。由于管垢的外部与含有溶解氧的管网水接触，处于高氧化状态，其构成大部分是三价铁的化合物，表面形成了致密的含有三价铁化合物的钝化层。而管垢内部处于低氧化状态，其构成为二价铁和三价铁的混合物。当管网水中溶解氧被耗尽时，先前已经沉淀的三价铁锈垢（羟基氧化铁）可能成为电子受体，管垢外部三价铁化合物被还原成二价铁，致使致密钝化层破坏，内部的铁被释放出来。二价铁的溶解度高于三价铁，因此低氧化状态下的二价铁容易被溶出，造成水中铁超标。因此较高的溶解氧浓度可以防止铁释放现象的发生。管网水中溶解氧浓度高，管网水铁含量就低，反之管网水溶解氧浓度低则铁含量高。薛同站对某市给水市政管网进行布点取样，经检验发现，水中溶解氧浓度一般为 7～10mg/L，相应的铁含量低于 0.20mg/L；但在距离制水厂的最远端取样检验发现，溶解氧浓度为 2～4mg/L，相应的铁含量在 0.60mg/L 以上，最高铁含量为 1.4mg/L。

11.2.6 水温

水温是管网水质的一个重要指标，它可以影响生物活性、水溶液中的物理化学性质、氧气在水中的溶解度、管垢的热力学性质和物理特性以及反应速率常数等，因此会影响到金属管材的腐蚀结垢，进而就会影响到铁的稳定性。管网中碳酸钙沉淀和电化学腐蚀反应受到温度变化的影响。在供水管网系统中，随着水温的升高，碳酸钙在水中的溶解度增大，不易发生沉淀；而金属表面温度随着水温的升高而升高，按照化学动力学规律，氧向金属表面扩散的速度加快，二价铁在水溶液中的扩散速度加快，电解质的电阻降低，因而腐蚀速率加快。

11.2.7 浊度和色度

浊度是由于水中含有泥砂、黏土、有机物、无机物、浮游生物及微生物等悬浮物质所造成的。天然水经过在水中混凝、沉淀和过滤等处理，使水变得清澈，但是在水厂中的处理并不能完全去除水中的杂质，从出厂水到用户，水中的浊度一般都有所升高。浊度的升高也会对管网的铁稳定性造成影响，主要表现在以下几个方面：浊度本身是由上述悬浮物质造成的，悬浮物中含有的有机物、无机物、浮游生物等都会给细菌的生长创造良好的条件，从而加速了管道的腐蚀，进而对管网铁稳定性造成影响；悬浮物中含有泥砂、黏土等物质，随着水的流动，会对管壁造成机械冲刷的效果，把管壁上已形成的保护性氧化膜冲掉，使管壁铸铁暴露在水中，使铸铁加速腐蚀，影响管网中的铁稳定性；浊度的升高，会加速管道腐蚀，加速管壁上“生长环”的形成，从而对管网的铁稳定性造成影响。

增加色度对腐蚀速率没有任何的影响，大多数的色度物质可以通过混凝和预腐蚀产物的反应被去除。但色度低于 2 度时，铸铁管的腐蚀速率会降低 40%；但由于不同水源中色度物质（腐殖质）的种类和特性不同，色度对腐蚀速率的影响也不同，有些水源中的腐殖质能降低二价铁离子的氧化速率和碳酸钙的沉淀速率，进而会降低腐蚀速率。

11.2.8 管网流速

水流速度的变化主要影响电化学腐蚀反应。在流速增大时，管道内表面的层流层减薄，通过该水层的氧的扩散补给速度增加，促进锈蚀；当流速再增大时，氧供给增大，铁管表面氧气过剩利于钝化，反而腐蚀减少；若流速继续增大，由于紊流将发生气蚀，因机械作用使铁管表面产生空隙腐蚀。而低流速、长停留时间讲导致余氯消减，易发生细菌再生长，同时沉积物增加，水质稳定性降低。由于 pH、溶解氧浓度、电流耦合、极化和电极电位的不同，流速对于腐蚀速率的影响也不同。供水管道内层流层、紊流层流态对金属腐蚀影响与雷诺数、流速、管径和长度以及管的表面条件有关。不同水力条件下测得的腐蚀速率与只考虑流速的影响是不一致的。最近的研究无论是对于新管还是旧管，都考虑了停滞条件，通常认为低流速下会导致腐蚀速率的无规律性。

11.3 净水工艺对水质化学稳定性的影响

以混凝——沉淀——过滤——消毒为核心的常规工艺是目前应用最为广泛的净水工艺。研究表明，饮用水经混凝工艺处理后，pH 和碱度都有一定程度的下降，而混凝剂本身所包含的氯离子、硫酸盐又增加了水中这些阴离子的浓度。pH 和碱度的降低，必然会导致增加管网水的腐蚀性，此外，硫酸盐等阴离子的增加也给硫酸盐还原菌提供营养来源，可能导致硫酸盐还原菌的大量增殖，并由此引起生物腐蚀，加剧管网腐蚀速率。氯化消毒是我国给水厂普遍采用的消毒技术，消毒效果好，可防止管网细菌繁殖；但采用液氯或氯气消毒时也会导致 pH 下降、碱度降低、氯离子浓度升高，增加了管网水的腐蚀性。

当前，随着水源污染的不断加剧，在常规给水处理工艺的基础上，又增加了预处理和深度处理工艺，预处理工艺主要包括化学预氧化技术、生物预处理技术、粉末炭吸附预处理技术和原水中藻类控制与化学杀藻技术等。深度处理工艺主要包括臭氧－颗粒活性炭联用法、生物活性炭法、光催化氧化法、超声波－紫外线联用法及膜滤法等。

鉴于给水工艺对管网水质化学稳定性影响的复杂性，本研究分别从常规处理工艺，生物处理工艺和膜分离技术这三大主流工艺入手阐述给水工艺对管网水质化学稳定性的影响。

11.3.1 常规水处理工艺

11.3.1.1 混凝

混凝是一种包括混合、凝聚、絮凝等一系列复杂的物理化学反应的综合过程。混凝处理的对象主要是水中微小悬浮物和胶体杂质。

混凝剂的种类很多，按化学成分可分为无机和有机两大类。无机混凝剂品种较少，目前主要是铁盐和铝盐及其聚合物，铁盐主要为硫酸铁、氯化铁等，铝盐主要包括明矾、硫酸铝、氯化铝等，这些无机混凝剂在水处理中用得最多。常用的无机混凝剂及其适宜 pH 范围如表 11-1 所示。有机混凝剂品种很多，主要是高分子物质，但在水处理的应用相对较少。

常用的无机混凝剂及其适宜 pH 范围　　表 11-1

名称		化学式	适宜的 pH 范围
铝系	硫酸铝	$Al_2(SO_4)_3.18H_2O$	用于去除水色度时，最佳 pH 在 4.5～5.5 之间，用于除浊度时，最佳 pH 为 6.5～7.5
	明矾	$KAl(SO_4)_2.12H_2O$（钾矾） $NH_4Al(SO_4)_2.12H_2O$（铵矾）	
	聚合氯化铝（PAC）	$[Al_2(OH)_nCl_{6-n}]_m$	5～9
	聚合硫酸铝（PAS）	$[Al_2(OH)_n(SO_4)_{3-n/2}]_m$	5～9
铁系	三氯化铁	$FeCl_3.6H_2O$	用于去除水色度时，最佳 pH 在 3.5～5.0 之间，用于除浊度时，最佳 pH 为 6.0～8.4
	硫酸亚铁	$FeSO_4.7H_2O$	
	聚合硫酸铁（PFS）	$[Fe_2(OH)_n(SO_4)_{3-n/2}]_m$	5.0～8.5
	聚合氯化铁（PFC）	$[Fe_2(OH)_nCl_{6-n}]_m$	4～11

混凝会造成出水 pH 的降低，且不同的混凝剂混凝时对水质化学稳定性的影响也不同。以聚合氯化铝 PAC、$Al_2(SO_4)_3$、$FeCl_3$、聚合硫酸铁 PFS、聚合氯化铝铁 PAFC 等 5 种混凝剂（PAC、PAFC、$Al_2(SO_4)_3$ 投量以 Al_2O_3 计，PFS、$FeCl_3$ 投量以 Fe 计）为例，说明混凝剂对于水质 pH 和总碱度的影响。

5 种混凝剂在相同投量下，铝盐混凝剂与铁盐混凝剂相比，引起 pH 下降的幅度相对较小；聚合态混凝剂与传统的铝盐、铁盐混凝剂相比，引起 pH 下降的幅度相对较小；5 种混凝剂降低 pH 的幅度顺序为 PAC ＜ PAFC ＜$Al_2(SO_4)_3$＜ PFS ＜ $FeCl_3$。而每种混凝剂投加的剂量不同时对水质 pH 的影响也不同。在同种原水中分别投加 1，2，3，5，10，20，30mg/L 的混凝剂后，随着每种混凝剂投加量的增加，水质的 pH 不断降低（如图 11-1 所示）。

混凝过程对水质化学稳定性的影响不仅体现为 pH 的变化，混凝过程还会影响水质的碱度。不同混凝剂对水质总碱度的影响表现为：在原水中分别投加 1、2、3、5、10、20、30mg/L 的混凝剂后，随着每种混凝剂投加量的增加，原水的总碱度不断降低。铁盐混凝剂在投加量为 10mg/L 以上时，原水中碱度全部耗尽，无法检出。5 种混凝剂在相同投量下，铝盐混凝剂与铁盐混凝剂相比，引起总碱度下降的幅度相对较小；聚合态混凝剂与传统的铝盐、铁盐混凝剂相比，引起总碱度下降的幅度相对较小；5 种混凝剂降低总碱度的幅度顺序为 PAC＜PAFC＜$Al_2(SO_4)_3$＜PFS＜$FeCl_3$（见图 11-2）。

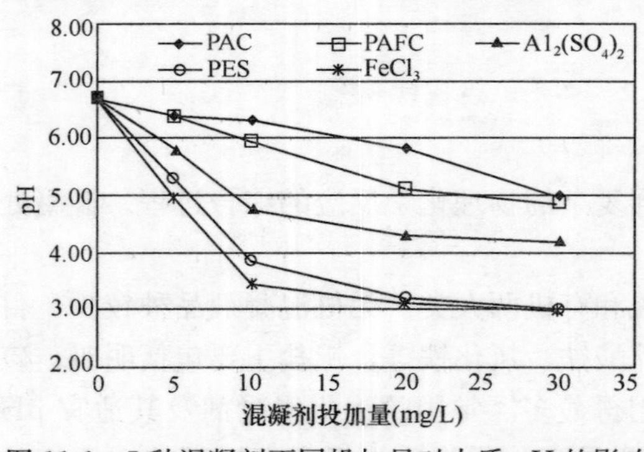

图 11-1　5 种混凝剂不同投加量对水质 pH 的影响

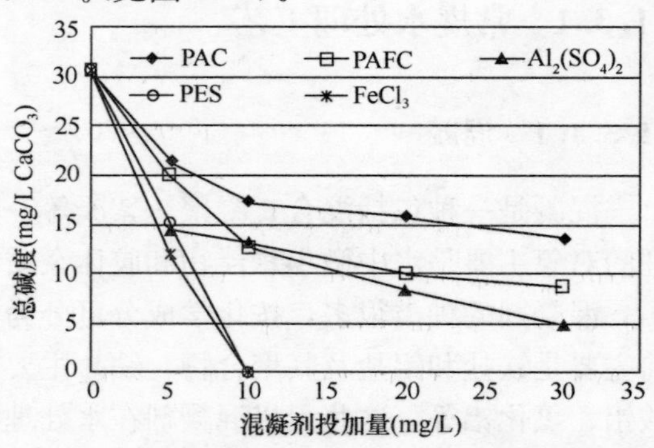

图 11-2　5 种混凝剂不同投加量对水质总碱度的影响

综上所述，采用硫酸铝、氯化铁等这些早期常用的混凝剂混凝时，出水的 pH、碱度、重碳酸盐浓度均会明显下降，导致水的腐蚀性变强。而采用现在较常用的 PAC、PAFS 等无机聚合铝盐或铁盐混凝剂对 pH、碱度的影响则相对要小些，但仍然会导致 pH 和碱度的下降。另外混凝剂本身所包含的氯离子、硫酸盐使得水中这些阴离子的浓度升高，而其在常规处理工艺中又很难被有效去除，导致管网水质的化学稳定性变差，加剧了对金属管道的腐蚀。

不同的水源，采用混凝工艺时，混凝后都会导致水质 pH 的降低，此外，由于水污染的日益加重，水厂则希望在常规处理阶段能进一步提高对水中有机物的去除，通常水厂都会为混凝剂提供最适 pH，以保证混凝效果和有机物的去除效能。对于铝盐混凝剂而言其最适 pH 为 6 左右，铁盐的最适 pH 为 5，但 pH 在 5～6 范围内时，混凝的出水具有很强的腐蚀性，这样的水进入管网会大大缩短管网的使用寿命。同时，水中的 pH 在 5～6 范围内时，水中的 HCO_3^- 的浓度相对会升高，这种水遇到混凝土的管道和构筑物就会产生侵蚀作用，在金属管道中流动时则会溶解管道内壁碳酸钙保护膜，对金属产生腐蚀作用。

综上所述，混凝工艺在去除水中浊度，降低有机物含量的同时也降低了水质的化学稳定性，影响大小与混凝剂种类及投加量密切相关。因此，为保证出厂水的化学稳定性，建议通过优化混凝工艺、优选混凝剂、降低药剂消耗，来避免出水 pH 的大幅度降低，必要时采用投加碱剂（如石灰）以中和混凝剂水解过程中所产生的氢离子 H^+，保证混凝后水质的化学稳定性。

11.3.1.2　过滤

在常规水处理过程中，过滤一般是指以石英砂等粒状滤料层截留水中悬浮杂质，从而使水获得澄清的工艺过程。滤池通常设在沉淀池或澄清池之后。进水浊度一般在 10NTU 以下，滤出水浊度必须达到饮用水标准。当原水浊度较低（100NTU 以下），且水质较好时，也可采用原水直接过滤。过滤的功效不仅在于进一步降低水的浊度，而且水中有机物、细菌乃至病毒等将随水的浊度降低而被部分去除。以至残留于滤后水中的细菌、病毒等在失去浑浊物的保护或依附时，在滤后消毒过程中也将容易被杀灭，这就为滤后消毒创造了良好条件。在饮用水的净化工艺中，有时沉淀池或澄清池可省略，但过滤是不可缺少的，它是保证饮用水卫生安全的重要措施。目前，我国小城镇给水处理厂主要以砂滤池为主。

（1）过滤过程及机理

过滤的主要作用是悬浮颗粒与滤料颗粒之间的黏附作用的结果。当含有杂质颗粒的水从上而下通过滤料层时，杂质颗粒在拦截、沉淀、惯性、扩散和水动力作用下，会脱离流线而与滤料表面接近，这是一种物理力学作用。过滤是悬浮颗粒与滤料颗粒之间黏附作用的结果，主要包括颗粒迁移与颗粒黏附。

（2）滤池的形式

滤池的种类很多，有普通快滤池、重力式无阀滤池、虹吸滤池、移动罩滤池和 V 型滤池等。石英砂滤料的普通快滤池是国内最普遍使用的一种滤池。这种滤池滤层（L）一般为 70～90cm，粒径（d）为 0.45～1.0mm，有效粒径（d_e）约为 0.5～0.55mm，均匀系数（UC）约为1.3～1.4，滤速一般为8～10m/h。

(3) 过滤对水质化学稳定性的影响

过滤工艺对水质化学稳定性的影响，主要体现在过滤过程中，滤料自身性能对出水pH的影响。石英砂为滤料的快滤池是我国小城镇给水处理工艺中使用最广的滤池。滤池的过滤周期和运行时间都对水质化学稳定性有一定的影响。

过滤周期对水质化学稳定性的影响：砂滤池运行初期，出水pH较进水pH有所升高。一个过滤周期内进出水pH变化曲线如图11-3所示。

为明确砂滤出水pH升高的原因，对石英砂滤料进行了浸泡实验。取石英砂滤池内的石英砂，用沉淀池出水进行浸泡，浸泡前水的pH为7.01，每半个小时测定一次水体pH，随着浸泡时间的延长，水体pH的变化规律如图11-4所示。

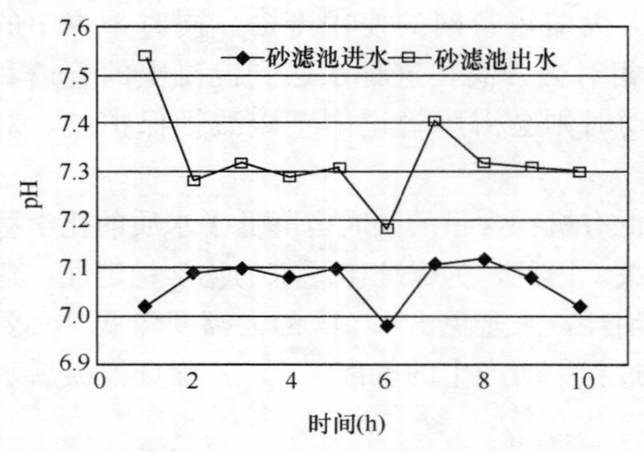

图11-3　砂滤池运行初期一个过滤周期内进出水pH变化曲线

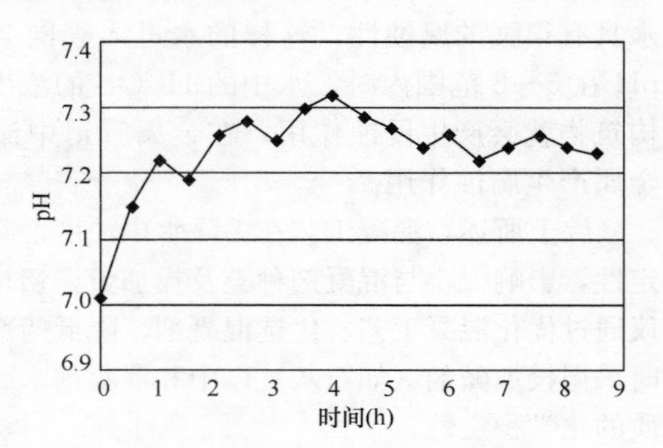

图11-4　石英砂滤料浸泡水pH随时间变化曲线

在浸泡8.5h的过程中，pH的变化最大值为0.31，发生在浸泡4h的时候，而后水的pH开始小幅度的下降，并趋于稳定，在很长一段时间内，pH稳定在7.22～7.26之间，浸泡初期2h范围内，pH的增长速度最快，在此之后开始平缓并有少许降低，在2.0～8.5h的时段内，pH有小幅度的波动，但主要在7.24左右波动。整个过程中，pH的变化范围为0.14～0.31，平均变化幅度为0.24。这同中试实验中一个过滤周期内，过滤出水的pH平均变化值0.25也是比较接近的。可见，砂滤出水pH升高的主要原因可能是砂滤料表面含有碱性物质。

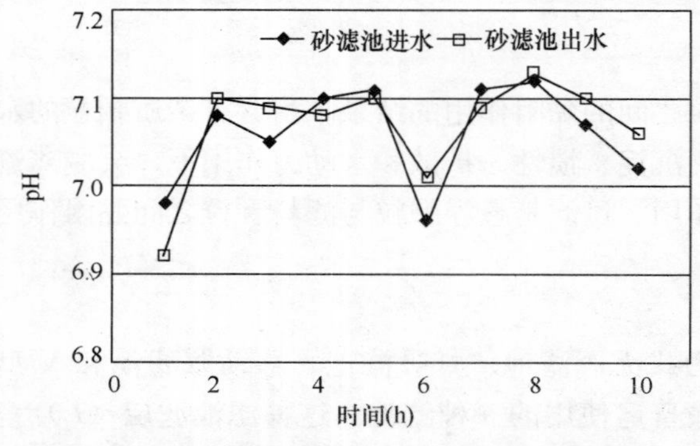

图11-5　砂滤池稳定运行期进出水pH变化曲线

滤池运行时间对水质化学稳定性的影响：在砂滤池稳定运行6个月后，对砂滤池的进出水pH进行测试，变化曲线如图11-5所示。

由图11-5可知，砂滤池稳定运行6个月后，进出水pH变化不大，在整个过滤过程中，滤池进水pH为7.03～7.12，平均为7.07，出水pH为6.92～7.13，平均为7.05，无显著差异。

由以上论述可知，砂滤池运行初期，

出水 pH 与进水相比，有所升高，但仍小于 8.5，在水质标准范围内，无需采取措施降低砂滤出水 pH。砂滤池稳定运行期间，进出水 pH 无显著差异，过滤过程对出水化学稳定性影响不大。

11.3.1.3　消毒

消毒是杀灭水中致病微生物的水处理过程，是饮用水出厂前最后一道处理工艺。为防止通过饮用水传播疾病，在生活饮用水处理中，消毒是必不可少的。消毒并非要把水中微生物全部消灭，只是要消除水中致病微生物的致病作用。致病微生物包括病菌、病毒及原生动物胞囊等。水的消毒方法很多，包括氯消毒、氯氨消毒，臭氧消毒、紫外线消毒及某些重金属离子消毒等。氯消毒是我国小城镇应用最广泛的一种消毒方法，它经济有效，使用方便。

消毒工艺对水质化学稳定性的影响，主要体现在消毒剂溶于水后，发生的化学反应对水体 pH 和碱度的影响。液氯被普遍使用于国内各类水厂出厂水的消毒工艺，而次氯酸钠由于安全性较好，在小型水厂及管网二次消毒中，也得到了较为广泛的应用。图 11-6、图 11-7 所示为不同投量的液氯和次氯酸钠消毒剂投入水中后引起 pH 和碱度的变化规律（图示的实验用水为砂滤出水，pH 为 7.0、总碱度为 30mg/L $CaCO_3$、水温为 24.1℃；消毒接触时间为 30min）。

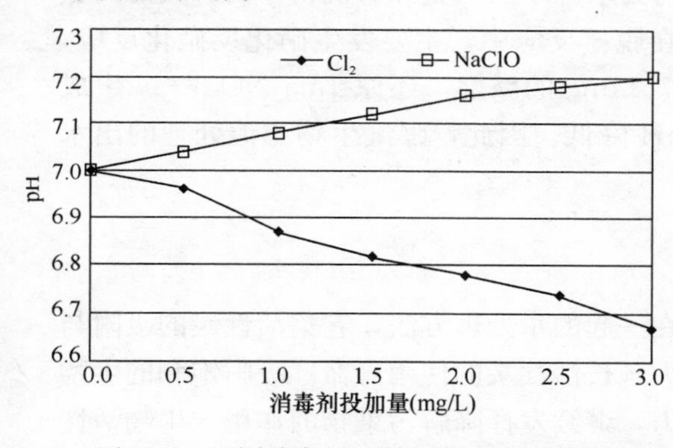

图 11-6　不同消毒剂不同投量对 pH 的影响

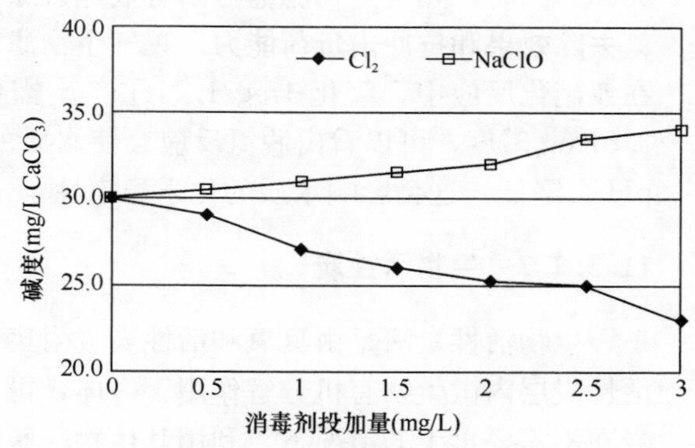

图 11-7　不同消毒剂不同投量对总碱度的影响

结果表明，随着消毒剂投加量的增加，投加液氯的水样，pH 和总碱度不断降低；投加次氯酸钠的水样，pH 和总碱度不断增加。这与它们各自与水的反应有关：

$$Cl_2 + H_2O \longrightarrow HCl + HClO \tag{11-30}$$

$$NaClO + H_2O \longrightarrow NaOH + HClO \tag{11-31}$$

虽然液氯和次氯酸钠本质都是依靠与水反应生成次氯酸消毒，但它们水解的不同产物导致了液氯会降低水体的 pH 和总碱度，而次氯酸钠会增加水体的 pH 和总碱度。可见，液氯或氯气消毒会降低出水水质化学稳定性，且沿水流前进方向，消毒后的水质对铁制管材的腐蚀性逐渐增强，对水泥砂浆衬里及水泥管材的侵蚀性也逐渐增强；而使用次氯酸钠消毒则能略微降低出水的腐蚀性。当然从消毒效果而言，液氯要强于次氯酸钠。以提高出厂水的化学稳定性为目的，在已建水厂中采用消毒效果相对较差的次氯酸钠替代液氯消毒，将会增加工程改造投资与药剂成本，实际意义不大；但在新建水厂工程尤其是防氯气泄漏安全措施不甚完善的小水厂、管网二次消毒设施，使用次氯酸钠有积极意义。

11.3.2 生物处理工艺

生物处理法是去除水中溶解状有机物有效而经济的方法，随着饮用水水源污染的日益严重，生物处理法受到了越来越多的关注，且已经逐步开始应用于饮用水处理工艺中。

生物处理作为常规给水处理工艺的强化和补充能够有效地去除水中某些溶解性有机物、氨氮、硝酸盐氮、亚硝酸盐氮以及铁、锰等污染物。饮用水处理中常用的生物处理技术包括曝气生物滤池等生物预处理技术和生物活性炭深度处理技术等。曝气生物滤池是一种普遍采用的生物预处理技术，生物活性炭是常用的生物深度处理技术。

11.3.2.1 曝气生物滤池

曝气生物滤池（BAF）工艺属于一种生物膜法处理技术，集生物降解、固液分离于一体。复合滤床曝气生物滤池对 COD_{Mn}、NH_3-N、浊度和色度都有很好去除效果。高速给水曝气生物滤池能使微污染原水的出水水质满足《生活饮用水为卫生标准》GB 5749—2006。同时，曝气生物滤池可以有效地去除微污染水源中的氨氮和有机物，具有较好的氨氮去除效果和抗冲击负荷能力。曝气生物滤池在脱氮反应中，主要发生硝化反硝化反应，在亚硝化反应中，氧化 1mg/L NH_4^+-N 需要 7.14mg 的碱度，还原 1mg NO_3^- —N 生成 3.57mg 碱度，可以看出脱氮反应会使水质的 pH 降低。因此，曝气生物滤池处理的出水 pH 会降低，这会影响水质的化学稳定性。

11.3.2.2 生物活性炭

生物活性炭法是由臭氧和活性炭吸附集合在一起的水处理方法，它集活性炭的吸附与活性炭层内微生物有机分解作用于一体，可大大延长活性炭的使用寿命。吸附饱和的生物炭在不需要再生的情况下，利用其生物降解能力，继续发挥降解污染物的作用。生物活性炭滤层中的微生物可分为异养菌（降解有机物）与自养硝化菌（亚硝酸菌和硝酸菌），这两大类细菌的数量和活性对生物活性炭滤池的运行效果起着决定性作用。

生物活性炭技术可以完成生物硝化作用，将 NH_4^+-N 转化为 NO_3^-，因此其对水质化学稳定性的影响，主要体现在出水 pH 和总碱度的变化上。

活性炭的主要成分为C元素、其次为 O、H 等元素，据原材料的不同还含有一些金属元素，如 K、Al、Si、Na、Fe_2O_3 及少量的 Mg、Ca、B、Cu、Ag、Zn、Sn 和痕量的 Li、Rb、Pb。当前，国内外生产的用于饮用水处理的活性炭表面通常显碱性，这是由于在活性炭生产过程中设定的活性炭活化温度通常有利于活性炭表面形成碱性官能团。一般认为不管采用粒状活性炭、破碎活性炭还是煤质活性炭，均不同程度存在活性炭净化水 pH 升高的问题（图 11-8）。但上述这种引起水质 pH 升高的现象主要是出现在活性炭滤池正式投产前的浸泡阶段或活性炭滤池过滤前期。表 11-2 是活性炭浸泡期间 pH 及金属离子浓度的变化情况。从表 11-2 可以看出，随着浸泡时间的增加，活性炭浸泡出水的 pH 显著上升，并且伴随着 Ca、Mg、K 和 Na 离子浓度的增加。这可能是因为活性炭表面的金属化合物（灰分的组成部分）不断地与水反应，生成的碱性化合物溶于水中使出水溶液 pH 明显升高。当活性炭内外达到离子平衡时水溶液的 pH 基本保持恒定。可以推断在活性炭表面 Ca 和 Mg 等金属化合物的存在导致了初期运行活性炭滤池出水的 pH 升高。虽然 pH 的升高，有利于提高水质化学稳定性，但必须满足生活饮用水卫生标准。因此，活性炭过滤初期，必须采取稀释、浸泡等方法，避免出厂水 pH 超标。

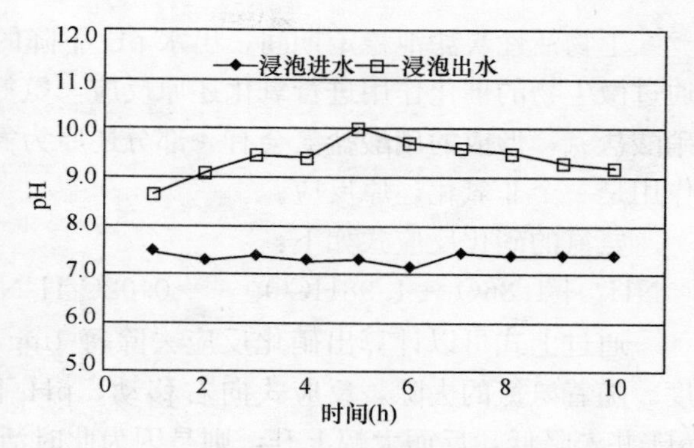

图 11-8 炭滤池运行初期进出水 pH 变化曲线

活性炭浸泡水 pH 及金属离子浓度 **表 11-2**

水样	pH	进水离子的浓度（mg/L）							
		Ca	Mg	K	Na	B	Fe	Cu	Pb
1	7.20	0.10	0.70	0.18	0.68	0.02	0.003	<0.001	<0.001
2	8.30	1.15	1.82	0.46	1.23	0.02	0.015	0.001	<0.001
3	9.30	3.63	3.34	0.73	1.56	0.04	0.008	0.002	<0.001
4	9.60	5.02	4.59	0.57	1.13	0.02	0.014	<0.001	<0.001
5	10.19	27.10	15.80	1.51	3.59	0.05	0.054	0.002	<0.001

但活性炭滤池的出水并不是一直持续这种出水水质 pH 升高的状况。本研究在天津某水厂建立了中试研究基地，开展了包括常规工艺、生物预处理、深度处理工艺等在内的净水工艺研究。其中，针对水质生物稳定性目标建立了一套“原水——曝气生物滤池——生物活性炭——出水”的全生物处理工艺流程，试验考察了在全生物工艺流程中的水质 pH 变化情况，如图 11-9 所示。

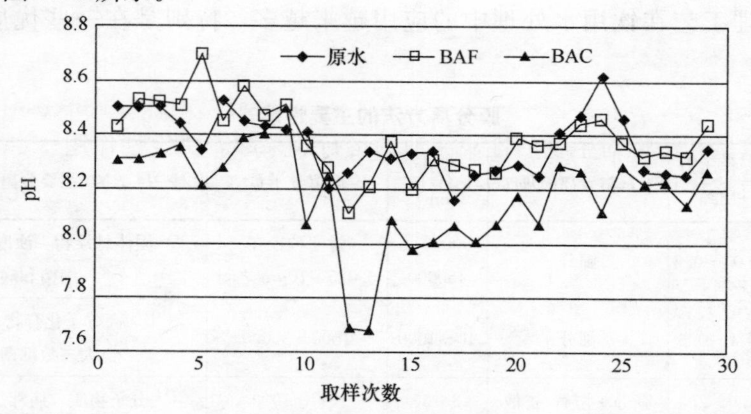

图 11-9 全生物流程中水质 pH 的变化情况

由图 11-9 可见，本研究中曝气生物滤池（BAF）的进出水 pH 基本无显著变化，在多次取样中，原水 pH 均值为 8.37，BAF 出水 pH 均值为 8.38。进一步通过生物活性炭（BAC）处理后，出水 pH 有较明显的降低，BAC 出水 pH 均值为 8.18，平均下降 0.20。

生物活性炭滤池稳定期间，出水pH下降的主要原因可能与氨氮的去除有关。氨氮要通过微生物的催化作用进行氧化还原反应，氨氮首先被氧化为亚硝酸盐氮，随后被氧化成硝酸盐氮；形成的硝酸盐氮会有一部分还原为氮气，氨氮结合到含氮的有机物中进行胺化作用是一个非氧化还原反应。

氨氮的硝化反应式如下：

$$NH_4^+ + 1.86O_2 + 1.98HCO_3^- \longrightarrow 0.02C_5H_7NO_2 + 1.04H_2O + 0.98NO_3^- + 1.88H_2CO_3$$

通过上式可以计算出硝化反应去除每1mg/L氨氮需要要消耗7.14mg/L$CaCO_3$的碱度。随着氨氮的去除，反应式向右移动，pH下降。而活性炭滤池运行初期，炭滤出水pH并未降低，反而大幅上升，则是因为此时活性炭表面的微生物群落尚未成熟，硝化细菌和亚硝化细菌的含量有限，活性炭对氨氮的去除主要通过吸附作用完成。活性炭表面的大量碱性化合物溶于水中，造成出水pH显著上升。活性炭滤池稳定运行期间，出水pH降低，出水的化学稳定性也有所下降。

11.3.3 膜处理工艺

11.3.3.1 膜技术简介

饮用水处理中常用的膜处理方法包括：微滤膜（MF）、超滤膜（UF）、纳滤膜（NF）和反渗透膜（RO）。这四种膜分离过程都是压力驱动式，在压力作用下溶剂和定量的溶质能够透过膜，而其余的组分被截留。

膜分离技术中的微滤可去除悬浮物和细菌，超滤可分离大分子物质和病毒，纳滤可去除部分硬度、重金属和农药等有毒化合物，反渗透几乎可以去除各种杂质。膜分离方法的主要性能见表11-3所示。与常规水处理工艺相比，膜分离技术具有出水优质稳定、安全性高、占地面积小、容易实现自动控制等优点。近年来，随着膜材料和膜工艺的不断完善与成熟，膜处理工艺在饮用水处理中的应用越来越多，特别是在一些优质饮用水的生产中。

膜分离方法的主要性能　　表11-3

名称	驱动力	操作压力（MPa）	基本分离原理	膜孔（nm）	截留分子量	主要分离对象
微滤	压力差	0.05～0.2	筛分	90000～150000	过滤粒径在0.025～10μm之间	固体悬浮物、浊度、原生生物、细菌和病毒等
超滤	压力差	0.1～0.6	筛分	10～1000	1000～30000	高分子化合物、蛋白质、大多数细菌、病毒
纳滤	压力差	1.0～2.0	筛分+溶解/扩散	3～60	100～1000	大分子物质、病毒、硬度、部分盐
反渗透	压力差	2～7	溶解/扩散	＜2～3	＜100	小分子物质、色度、无机离子

11.3.3.2 微滤

微滤是以静压差为推动力，利用筛网状介质膜筛分的膜过程，其作用相当于“过滤”，但过滤的微粒在0.08～10μm之间，因此又称其为精密过滤。微孔滤膜的截留机理大体上分为以下几种：机械截留作用；物理作用或吸附截留作用；架桥作用；网络型膜的网络内部截留作用。

微滤膜工艺现已在实际生产中逐步开始应用，位于顺德市郊区与番禺市毗邻的李家沙水道东岸的五沙水厂，于1993年开始正式采用微滤膜技术，是目前我国首家大规模应用的微滤处理给水厂，产水量为10000m^3/d，主要工艺流程见图11-10所示。

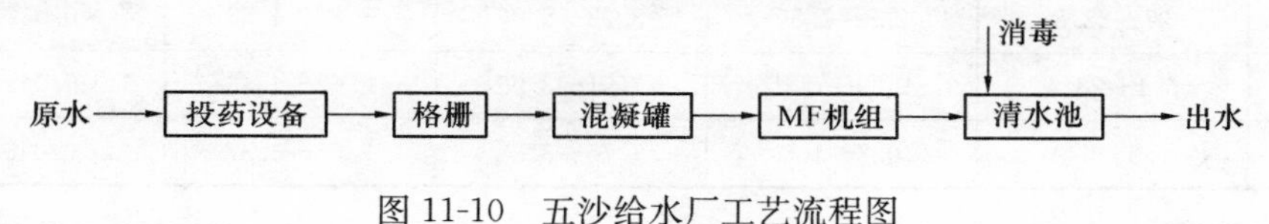

图11-10 五沙给水厂工艺流程图

MF机组的膜孔径为0.1μm，混凝后的水由上而下经MF过滤，截留水中大于0.1μm的颗粒，并去除细菌和大肠菌群等，滤后进入清水池。MF出水水质如表11-4所示。扣除混凝工艺导致的水质pH降低的数值，发现该水厂的微滤膜工艺对水质pH的影响并不明显。

五沙水厂MF的水质综合指标 **表11-4**

项　目	原　水	MF出水
浊度	10～197	0.14
pH	7.6	7.3
色度（倍）	9	<5
TDS（mg/L）	348	130
Fe（mg/L）	0.87	0.05
NO_2（mg/L）	0.68	0.001
总大肠菌群（个/L）	17000	<2
细菌总数/（个/mL）	650	0

杭州市清泰水厂的沉后水经微滤膜过滤后，浊度和微生物的去除效果较好，Fe和色度的去除效果也很好，出水中的铁<0.05mg/L，色度<5倍。经过微滤膜处理后，水中的碱度和余氯基本无变化。

根据这些微滤膜的实际应用可知，微滤工艺可有效地去除原水中的固体悬浮物、浊度、原生生物和细菌等有害物质。原水经微滤工艺处理后，水的pH和碱度几乎没有变化，出水的水质指标在我国水质标准范围内，对水质的化学稳定性影响不大。

11.3.3.3 超滤

超滤是以静压力为推动力，利用膜的“筛分”作用进行分离的膜过程。在一定的压力作用下，当含有大分子物质两类溶质的溶液流过被支撑的膜表面时，溶剂和小分子溶质（如无机盐类）透过膜，作为透过物被收集起来，大分子溶质（如有机胶体等）则被薄膜截留作为浓缩物回收。其中，溶剂和小分子物质通过膜是由膜两侧的压力差造成的。

现在超滤膜水厂绝大多数是用来直接过滤水源水质好的原水，然而，这种水源所占的比例很小。为了扩大超滤技术的应用，混凝工艺常被作为其预处理工艺。

康华等对混凝－超滤工艺处理滦河水进行了试验研究，试验进水水质如表11-5所示，膜处理出水与某水厂（采用常规工艺，原水也为滦河水）出水的水质比较见表11-6所示。

原水水质　　**表11-5**

项目	水温(℃)	浊度/NUT	pH	COD_{Mn}/(mg/L)	UV_{254}/cm^{-1}
高藻期	27～28.8	2.3～7.36	8.23～8.96	3.37～4.88	0.042～0.049
常温期	5.1～28.4	1.23～7.45	7.91～8.96	2.67～4.43	0.042～0.055
低温期	1.3～6.2	0.7～1.6	7.75～8.28	2.53～3.37	0.043～0.051

常规处理出厂水与膜处理出水的水质比较　　**表11-6**

项目		色度/倍	臭和味	浊度(NUT)	碱度(mg/L)	氯化物(mg/L)	氨氮(mg/L)
低温期	出厂水	5	无	0.33	137	42	0.04
	膜出水	5	无	0.09	139	41	0.05
常温期	出厂水	5	无	0.32	126	46	0.03
	膜出水	5	无	0.08	129	43	0.04
高藻期	出厂水	5	无	0.37	95	47	0.03
	膜出水	5	无	0.08	99	42	0.04

项目		蛋白性氮(mg/L)	NO_2-N(mg/L)	总硬度(mg/L)	铁(mg/L)	细菌总数(CFU. mL^{-1})	大肠菌群(个/L)
低温期	出厂水	0.12	0.001	227	0.09	<2	<3
	膜出水	0.10	0.006	227	<0.05	<1	<3
常温期	出厂水	0.12	0.002	214	0.11	<2	<3
	膜出水	0.12	0.007	216	<0.05	<1	<3
高藻期	出厂水	0.10	0.002	173	0.15	<2	<3
	膜出水	0.10	0.007	165	<0.05	<1	<3

从表11-6可以看到，除了对氨氮、蛋白性氮、臭和味的去除效果与水厂的接近外，混凝-超滤工艺对色度、氯化物、铁的去除效果都要好于常规处理工艺，出水的碱度、硬度与常规工艺相比没有显著差异。

11.3.3.4　纳滤

纳滤工艺、反渗透工艺与微滤和超滤工艺相比，操作压力较高，能够去除微滤和超滤所不能去除的部分盐和无机离子等。反渗透属于无孔膜，其传质过程为溶解-扩散过程。纳滤的传质机理则被认为处于孔流机理和溶解-扩散机理之间的过渡态。由于绝大部分纳滤膜为荷电型，其对无机盐的分离性能不只受到化学势控制，同时也受到电势梯度影响，但其确切的传质机理至今尚未定论。

魏宏斌等以市政自来水为原水、以中试规模的纳滤膜为主体工艺生产直饮水，出水满足《饮用净水水质标准》CJ 94—2005。该研究的纳滤膜采用标准脱盐率分别为90%的ESNA1－4040纳滤膜，在0.7/70%（0.7/70%表示产水量为0.7t/h、回收率为70%）的工况下，纳滤膜对总硬度的去除率为94.9%，对碱度的去除率为94.3%，对Cl^-的去除率为91.6%，对F^-的去除率为91.7%，对SO_4^{2-}的去除率为98%，对NO^{2-}的去除率为75%。可见，纳滤将水中碱度、钙离子大量去除，这会降低出厂水的化学稳定性，增强管网水的腐蚀趋势。

法国巴黎 Aurse-Sur-Oise 水厂采用纳滤工艺处理 Oise 的河水，是目前世界上最大的饮用水纳滤处理水厂，工艺流程如图11-11所示。

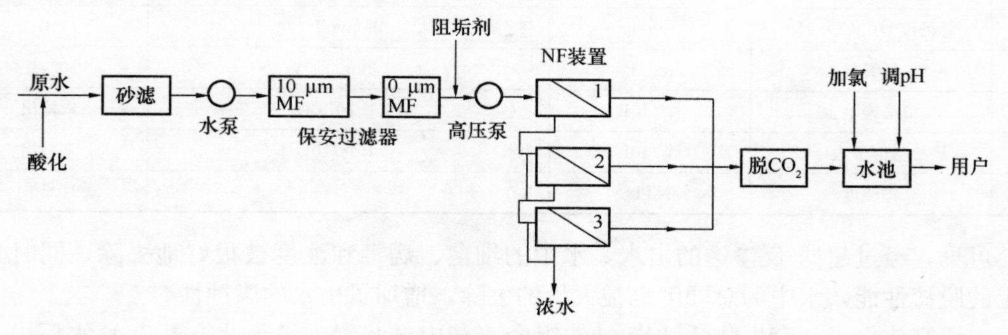

图11-11 Aurse-Sur-Oise水厂工艺流程图

图中NF进水压力约为0.7MPa，膜组件为NF-70型聚酰胺复合膜，三段串联，各段压力容器排列组合为8∶4∶2，每个压力容器装有6根直径200mm、长1m的NF-70型膜组件。NF膜能够去除总硬度在80%以上，去除电导率为71%，对TOC的去除率高达92%。对有机物的高效去除增加出水的生物稳定性，降低了管网水的余氯消耗，但同时显著去除硬度，又增加出水的腐蚀趋势，因此，在工艺流程末端增加了脱除CO_2单元来提高pH。

贾凤莲等采用超滤－反渗透技术深度处理慈东自来水厂经常规工艺处理后的出水，慈东自来水厂以浅层地下水作为水源，工艺的进、出水水质如表11-7、表11-8所示：

超滤—反渗透工艺进水水质 表11-7

项　目	水质指标	单　位
浊度	≤7.1	NUT
pH	6.5～8.5	—
耗氧量（Mn法）	≤7.2	mg/L
总硬度	≤300	mg/L
氯化物	≤800	mg/L
硫酸盐	≤140	mg/L
钙	≤40	mg/L
镁	≤30	mg/L
溶解性总固体	≤1400	mg/L
温度	15	℃

超滤—反渗透工艺出水水质 表 11-8

序号	项 目	单位	生活饮用水卫生标准限制 GB 5749—2006	出水
1	总大肠菌群	CFU/100mL	每 100mL 水样中不得检出	未检出
2	耐热大肠菌群	CFU/100mL	每 100mL 水样中不得检出	未检出
3	大肠埃希式菌	CFU/100mL	每 100mL 水样中不得检出	未检出
4	菌落总数	CFU/mL	100 CFU/mL	5
5	硫酸盐（SO_4^{2-}）	mg/L	250mg/L	0.48
6	溶解性总固体	mg/L	1000mg/L	40
7	总硬度（$CaCO_3$ 计）	mg/L	450mg/L	10
8	耗氧量	mg/L	3mg/L	0.41
9	贾第鞭毛虫	个/10L	<1 个/10L	未检出
10	隐孢子虫	个/10L	<1 个/10L	未检出
11	浑浊度	NTU	3	0.10

可见，经过超滤-反渗透的出水，水中的细菌、病毒和浊度被很好地去除，同时具有一定的脱盐性能，水中的总硬度也被大量的去除，增加了出水的腐蚀性。

本研究建立了一套生物活性炭-纳滤组合工艺中试装置，设于北方某市 L 水厂内，以该厂进水（属滦河水）为试验原水，经前处理后进入深度处理单元，处理规模约 0.4m^3/h。中试试验工艺流程如图 11-12 所示。

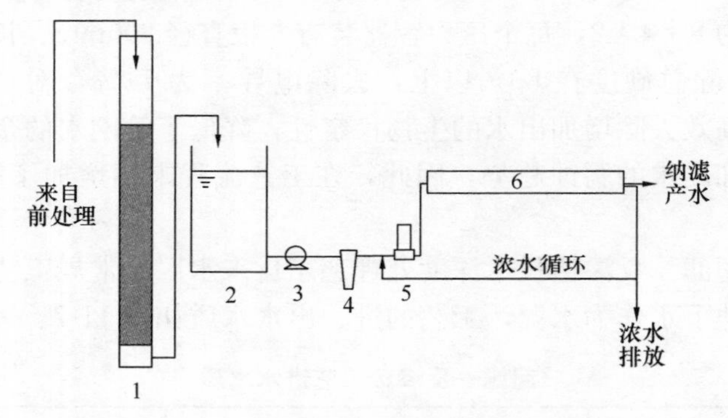

图 11-12 生物活性炭—纳滤中试装置工艺流程图

1—生物活性炭柱；2—中间水箱；3—低压水泵；4—精密过滤器；5—高压泵；6—纳滤膜

组合工艺的出水水质如表 11-9 所示。

BAC-NF 组合工艺出水水质（平均值） 表 11-9

序号	水质参数	单 位	BAC 出水	NF 出水
1	pH	无量纲	8.06	7.81
2	COD_{Mn}	mg/L	1.68	0.70
3	DOC	mg/L	1.81	0.04
4	UV_{254}	cm^{-1}	0.021	0.001
5	TP	μg/L	3.52	0.84
6	电导率	μs/cm	596	362
7	总硬度	mg/L	154	83

可见，本研究中采用的纳滤膜具有高有机物去除率、低脱盐率，因而纳滤出水的 COD_{Mn}、DOC 和 UV_{254} 都很低，具有很好的生物稳定性；而纳滤单元进出水的 pH 变化很小（仅从 8.06 下降为 7.81），硬度去除率仅为 46.1%，仍属于中等硬度的水，出水中保留了较丰富的矿物质。因此，采用这种高有机物去除率、低脱盐率的纳滤膜是适合饮用水处理各方面要求的，既能保证生物稳定性，又对化学稳定性影响不大，对后续处理中加碱调节或脱 CO_2 的要求也会大大降低。

与纳滤膜的荷电性不同，反渗透对于一价及多价离子都具有很高的去除率，会大大降低出水的 pH、总碱度和总硬度，因而将显著增强出水腐蚀性，且反渗透出水中缺乏人体必需的矿物质，长期饮用会对人体健康不利。因而，一般饮用水处理中较少采用反渗透工艺。

11.4 管网水质化学稳定性评价方法

11.4.1 LSI 指数和 RSI 指数

LSI 饱和指数和 RSI 稳定指数是应用较为广泛的两类评价水质化学稳定性的指标，我国《室外给水设计规范》GB 50013—2006 也将这两项指标列为评价饮用水的水质化学稳定性的推荐指标。

11.4.1.1 LSI 饱和指数

兰格利尔饱和指数 LSI（Langelier Saturation Index），也可表示为 I_L，是最早的也是应用最广泛的鉴别水质稳定性的指数，其定义为：

$$LSI = pH - pH_S \tag{11-32}$$

式中 pH——水的实际 pH；

pH_S——水在碳酸钙饱和平衡时的 pH，称之为饱和 pH。

LSI 指数从热力学平衡角度出发，认为在某一水温下，水中溶解的碳酸钙达到饱和状态时，存在一系列的动态平衡。以化学质量平衡为基础，此时水的 pH 是个定值。根据 LSI 的数值，可将水分为 3 种类型：

（1）当 LSI>0 时，水中所溶解的 $CaCO_3$ 超过饱和量倾向于产生 $CaCO_3$ 沉淀；

（2）当 LSI<0 时，水中所溶解的 $CaCO_3$ 低于饱和量，倾向于溶解 $CaCO_3$；

（3）当 LSI=0 时，水中所溶解的 $CaCO_3$ 与固相 $CaCO_3$ 处于平衡状态。

因此，第 1 种水具有结垢性，第 2 种水具有腐蚀性，两者都是不稳定的水；而第 3 种水则称为稳定的水。LSI 最初用来判断水质腐蚀和结垢的问题，由于其本质上表征碳酸钙的沉淀溶解平衡特性，因此也可作为钙-碳酸盐稳定系统的一个判别指标。

在实际工作中，Langelier 饱和指数能作为水处理过程中一个相对性的指导参数，并不能把 LSI 的正负值作为水的结垢和腐蚀的绝对标准。pH_S 计算公式中的热力学数据是在水质较简单的理论条件下得出的，与水处理中的实际情况显然有所差别。Langelier 饱和指数有两个弊端，一是对两个同样的 LSI 值不能进行水质化学稳定性的比较。例如 pH

分别为7.5和9.0的两个水样，其pHs分别为6.65和8.14，计算的LSI值分别为0.85和0.86，就IL而言两者都是结垢性的，但实际上第1个水样是结垢性的，而第2个水样是腐蚀性的。两是当LSI值在0附近时，很难对其稳定性进行判断，甚至容易得出与实际相反的结论。

11.4.1.2　RSI稳定指数

Ryznar针对Langelier饱和指数的上述不足，在大量实验的基础上，于1944年提出了半经验性的Ryznar稳定指数I_R，又称为RSI。其定义为：

$$RSI=2pH_S-pH \tag{11-33}$$

RSI稳定指数判别水质化学稳定性　　表11-10

稳定指数	水质化学稳定性	稳定指数	水质化学稳定性
4.0～5.0	严重结垢	7.0～7.5	轻微腐蚀
5.0～6.0	轻度结垢	7.5～9.0	严重腐蚀
6.0～7.0	基本稳定	>9.0	极严重腐蚀

以Ryznar稳定指数来判别水质的化学稳定性，在某些情况下比饱和指数接近实际，但它仍然是以pH_S为计算基础，因而也同样存在局限性。通常将Langelier饱和指数Ryznar稳定指数配合使用，来判断供水系统水质的化学稳定性。

11.4.1.3　pH_S的确定

LSI和RSI是最为常用的用以判断管网水或工业循环水的腐蚀或结垢性质的两个评价指数。根据其计算方法可知，饱和pH（pH_S）的确定是获得准确判断的关键。一般地，pH_S可通过以下几个方法获得：

1. 实验法

可通过实验测定的方法来获得pH_S：用250mL具塞玻璃瓶注入水样并加足够量的纯碳酸钙粉末，密封混合、间隙摇动、过夜，使水和碳酸钙达到平衡状态；然后测定上清液的pH，即为pH_S。亦可测定滤液碱度，与原水碱度相比，其差值的增加和减少即可说明原水是腐蚀性的还是结垢性的。这种直接测定的方法，可以得出真正反映客观的实际结果。

2. 计算法

pH_S值受很多因素的影响，除了与水的重碳酸盐碱度、钙离子浓度和水温有关外，还受到水中含盐量、钙的缔合离子对及其他能形成碱度的成分等多种因素的影响。一般从简化计算的角度考虑，可将某些因素忽略进行近似计算。在各有关手册、著作及文章中采用的近似计算公式各有差异，最常用的有两种方法。一种是美国公众健康协会（APHA）和美国供水协会（AWWA）合编的《Standard Methods for Examination of Water and Wastewater》19版中记载pH_S计算方法。

$$pH_S=pK_2-pK_s+p[Ca^{2+}]+p[HCO^-]+5pfm \tag{11-34}$$

式中　pK_s——碳酸钙溶度积常数的负对数，与水温及碳酸钙晶型有关。

$$[Ca^{2+}]=[Ca^{2+}]_t+[Ca^{2+}]_{ip} \tag{11-35}$$

$$[HCO_3^-]=\frac{[Alk]_t-[Alk]_0+10^{(pfm-pH)}-10^{(pfm+pH-pK_w)}}{1+0.5\times 10^{(pH-pK_2)}} \quad (11\text{-}36)$$

$$pfm=A\left(\frac{\sqrt{I}}{1+\sqrt{I}}-0.30I\right) \quad (11\text{-}37)$$

式中 pK_2——碳酸的二级离解常数的负对数，与水温有关；

pfm——一价离子活度系数的负对数，与水温及含盐量有关；

pK_w——水的离解常数的负对数，与水温有关；

$[Ca^{2+}]$——钙离子浓度，mol/L；

$[Ca^{2+}]_t$——钙离子各种形体的总浓度，mol/L；

$[Ca^{2+}]_{ip}$——钙的缔和离子对浓度，mol/L；

$[HCO_3^-]$——重碳酸盐离子浓度，mol/L；

$[Alk]_t$——总碱度，mol/L；

$[Alk]_0$——除 HCO_3^-、CO_3^{2-}、OH^- 外其他成分形成的碱度，mol/L；

A——常数，与水温有关；

I——离子强度，与含盐量有关。

$$I=TDS(mg/L)/40000;\ 或\ I=电导率(\mu s/cm)\times 1.6\times 10^{-5} \quad (11\text{-}38)$$

计算中采用的相关参数如表 11-11 所示。

pH_s 计算中不同水温下的 pK 和 A 值 **表 11-11**

水温（℃）	pK_s（方解石）	pK_2	pK_w	A
5	8.39	10.55	14.73	0.493
10	8.41	10.49	14.53	0.498
15	8.43	10.43	14.34	0.502
20	8.45	10.38	14.16	0.506
25	8.48	10.33	13.99	0.511
30	8.51	10.29	13.83	0.515
35	8.54	10.25	13.68	0.520
40	8.58	10.22	13.53	0.526
45	8.62	10.20	13.39	0.531
50	8.66	10.17	13.26	0.537
60	8.76	10.14	13.02	0.549
70	8.87	10.13	0.562	
80	8.99	10.13	0.576	
90	9.12	10.14	0.591	

$[Ca^{2+}]_{ip}$和 $[Alk]_0$ 若无计算机及相应计算程序是很难计算的，因其值一般较小，通常在一般计算时忽略不计。若水的 pH＝6.0～8.5，则 $[HCO_3^-]\approx[Alk]$；则公式(11-34) 可简化为：

$$pH_S=pK_2-pK_S+p[Ca^{2+}]_t+p[Alk]_t+5pfm \quad (11\text{-}39)$$

3. 查表法

pH_S 计算的另一种常用方法是查表法，根据水的总碱度、钙硬度、总溶解固体和水温，查表11-12得到相应的常数，按下式计算：

$$pH_S = 9.3 + Ns + Nt - Nh - Na \tag{11-40}$$

式中 Ns——溶解固体常数；

Nt——温度常数；

Nh——钙硬度（以 $CaCO_3$ 计，mg/L）常数；

Na——总碱度（以 $CaCO_3$ 计，mg/L）常数。

pH_S 计算的常数表 **表11-12**

溶解性总固体（mg/L）	Ns	水温（℃）	Nt	钙硬度（mg/L $CaCO_3$）	Nh	总碱度（mg/L $CaCO_3$）	Na
50	0.07	0～2	2.6	10～11	0.6	10～11	1.0
75	0.08	2～6	2.5	12～13	0.7	12～13	1.1
100	0.10	6～9	2.4	14～17	0.8	14～17	1.2
200	0.13	9～14	2.3	18～22	0.9	18～22	1.3
300	0.14	14～17	2.2	23～27	1.0	23～27	1.4
400	0.16	17～22	2.1	28～34	1.1	28～34	1.5
600	0.18	22～27	2.0	35～43	1.2	35～43	1.6
800	0.19	27～32	1.9	44～55	1.3	44～55	1.7
1000	0.20	32～37	1.8	56～69	1.4	56～69	1.8
		37～44	1.7	70～87	1.5	70～87	1.9
		44～51	1.6	88～110	1.6	8～110	2.0
		51～55	1.5	111～138	1.7	111～138	2.1
		56～64	1.4	139～174	1.8	139～174	2.2
		64～72	1.3	175～220	1.9	175～220	2.3
		72～82	1.2	230～270	2.0	230～270	2.4
				280～340	2.1	280～340	2.5
				350～430	2.2	350～430	2.6
				440～550	2.3	440～550	2.7
				560～690	2.4	560～690	2.8
				700～870	2.5	700～870	2.9
				888～1000	2.6	880～1000	3.0

11.4.1.4 LSI指数和RSI指数的应用

杨文进等对我国南方40座水厂的水质腐蚀性及防蚀措施进行了调研，涉及广东、广西、湖南、湖北、河南、福建6个省，水源包括地表水和地下水，考察内容包括水厂水质、腐蚀部位、腐蚀程度及防蚀措施等。考察了饱和指数 I_L、稳定指数IR、pH、含钙量、侵蚀性 CO_2 等指标及微生物作用等，与腐蚀现象进行了关联，结果如表11-13所示。

南方六省水厂水质腐蚀性及防蚀处理调查表 **表 11-13**

水厂编号	所在省份	水源	饱和指数 *IL*	稳定指数 *IR*	pH	Ca^{2+} (mg/L)	侵蚀性 CO_2 (mg/L)	防腐前铁质设施腐蚀程度	防腐处理
1	广东	深井水	−5.04	15.1	5.07	2.0	29.3	水管穿孔严重	曝气
2	广西	深井水	−3.55	12.8	5.7	5.1	64.2	井管腐蚀	曝气
3	湖南	深井水	−3.47	8.8	5.0	3.4	88	井管及泵轴腐蚀严重	曝气后加石灰
4	广东	水库水	−3.07	12.89	6.75	0.5		垢下腐蚀	加石灰
5	广西	深井水	−2.71	11.9	6.3	3.8	43.45	泵轴腐蚀	曝气
6	广西	深井水	−2.70	11.7	6.3	3.8	44.1	泵轴腐蚀	曝气
7	广西	深井水	−2.60	11.7	6.5	5.7	20.5	泵轴及叶轮腐蚀	曝气
8	广东	水库水	−2.52	12.14	7.1	2.0		锈瘤	加石灰
9	广东	深井水	−2.54	11.3	6.25	6.1	33.5	大量锈瘤堵塞管道	曝气
10	广东	深井水	−2.46	11.4	6.5	5.0	24～30	闸门有锈瘤	曝气
11	广东	河水	−2.30	11.2	6.75	25		凌晨管网水为黄色	加石灰
12	广西	深井水	−2.29	11.0	6.3	8.6	56	泵轴腐蚀	曝气
13	广西	深井水	−2.28	11.1	6.5	5.6	37	水管穿孔	曝气
14	广东	河水	−2.28	11.41	6.85	18		垢下腐蚀	加石灰
15	湖南	深井水	−2.27	8.0	6.2	17	54.2	井管及泵轴腐蚀，6～7年报废	曝气后加石灰
16	广西	深井水	−2.2	11.0	6.7	6.8	15.7	水管穿孔	曝气
17	福建	水库水	−2.17	11.3	7.0			明显	设计加 NaOH
18	广东	水库水	−2.1	11.0				凌晨管网水含铁量增高	加石灰
19	广东	水库水	−2.07	11.44	7.3	5.76		管内生氧化铁层，过水断面减小	加石灰
20	广东	深井水	−1.93	10.6	6.75	7.0	18～23	挡板及闸门长锈瘤	曝气
21	湖北	水库水	−1.83	10.76	7.1	14.1		管网水铁浓度大于 0.3mg/L	先加石灰后加苏打
22	广东	水库水	−1.8	10.7				凌晨管网水为黄色	加石灰
23	湖北	大口井水	<-1.31	>9.32	6.7	29.5	35	水管穿孔	曝气
24	湖北	大口井水	<-1.10	>9.10	6.9	38.5	44	水管穿孔	曝气
25	湖南	深井水	−1.14	9.08	6.8	29.6	30～40	管网水含铁量增高	曝气后加石灰
26	湖北	湖水	−1.0	9.2	7.2	74.0		不明显	
27	广东	河水	−0.97	9.57	7.63	30.0		管内锈瘤	
28	湖北	河水	−0.82	9.09	7.45	46.0		不明显	
29	广东	深井水	−0.61	7.32	6.7	100		水管穿孔	
30	湖北	河水	−0.57	8.84	7.7	51.0		不明显	
31	湖北	深井水	−0.29	7.68	7.1	72	4.4	无	

续表

水厂编号	所在省份	水源	饱和指数 *IL*	稳定指数 *IR*	pH	Ca^{2+} (mg/L)	侵蚀性 CO_2 (mg/L)	防腐前铁质设施腐蚀程度	防腐处理
32	湖北	深井水	−0.29	7.68	7.1		8.8	无	
33	河南	深井水[1]	−0.16	7.62	7.3	88	0.5	泵轴及叶轮位微生物锈蚀	加氯
		深井水[2]	−0.03	7.36	7.3	117	0.25		
34	湖北	深井水	−0.09	7.38	7.4	87	0	无	
35	湖北	深井水	−0.09	7.38	7.5	87	0	无	
36	湖北	深井水	−0.05	7.20	7.2	109	0	无	
37	湖北	深井水	0.00	7.10	7.1	109	0	无	
38	湖北	深井水	0.13	6.84	7.0	118	0	无	
39	湖北	深井水	0.16	6.68	8.4	137	0	无	
40	湖南	深井水	0.18	7.84		27	0	不明显	

由表11-13可见，我国南方很多地区的水源水具有显著的腐蚀性。水的饱和指数 *IL* 大于−0.6，稳定指数 *IR* 小于8.0时，水质相对稳定，对铁质设备无明显腐蚀；pH大于6.3、Ca^{2+}浓度大于50mg/L或侵蚀性 CO_2 小于10mg/L的水，未发现明显铁质腐蚀现象；一般采用投加石灰、氢氧化钠、苏打能有效稳定水质、控制腐蚀；曝气法可去除高浓度侵蚀性 CO_2，亦可降低水质腐蚀性；同时，微生物的作用对腐蚀亦有显著影响。

11.4.2 碳酸钙沉淀势CCPP

Langelier饱和指数和Ryznar稳定指数只能给出有关水质化学稳定性的定性概念。对于结垢性或腐蚀性的水来说，究竟每升水中应该沉淀或溶解多少碳酸钙才能使水质稳定，饱和指数和稳定指数都是无能为力的。碳酸钙沉淀势CCPP则能给出碳酸钙的沉淀或溶解量的数值，因而是个更有用的水质化学稳定性指数。CCPP的定义为：

$$\mathrm{CCPP}=100\left([\mathrm{Ca}^{2+}]_{\mathrm{i}}-[\mathrm{Ca}^{2+}]_{\mathrm{eq}}\right) \tag{11-41}$$

上式中钙的单位为mol/L，下标i和eq分别代表水原来的和与碳酸钙平衡后的钙离子浓度值，CCPP的单位为mg/L$CaCO_3$，100则是mol/L变为mg/L的换算系数。

11.4.2.1 CCPP的确定

1. 计算法

计算CCPP时，可以利用以下两个原则：

(1) 在 $CaCO_3$ 沉淀或溶解的过程中，水中的总酸度Acd保持不变；

(2) 在 $CaCO_3$ 沉淀或溶解的过程中，总碱度 $\mathrm{Alk}-2[\mathrm{Ca}^{2+}]$ =常数。由于总酸度为：

$$\mathrm{Acd}=2[\mathrm{H_2CO_3}]+[\mathrm{HCO_3^-}]+[\mathrm{H^+}]-[\mathrm{OH^-}] \tag{11-42}$$

碳酸根 $[\mathrm{CO_3^{2-}}]$ 对总酸度没有贡献，因此在 $CaCO_3$ 沉淀或溶解的过程中即使

$[CO_3^{2-}]$ 增加或减少，但总酸度保持不变。又因为总碱度为：

$$Alk=2[CO_3^{2-}]+[HCO_3^-]+[OH^-]-[H^+] \tag{11-43}$$

在 $CaCO_3$ 沉淀或溶解的过程中，$[Ca^{2+}]$ 与 $[CO_3^{2-}]$ 同步增加或减少，由于总碱度是以一价离子的浓度为单位，故 Alk 与 2 $[Ca^{2+}]$ 之差保持不变。因此，也有学者将碳酸钙沉淀势 CCPP 的定义改为：

$$CCPP=50000([Alk]_i-[Alk]_{eq}) \tag{11-44}$$

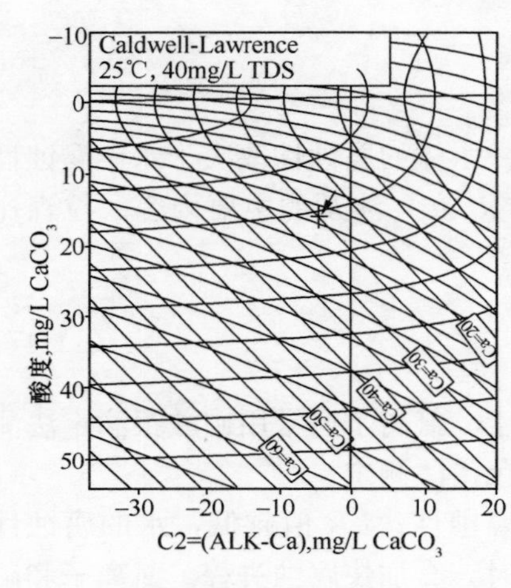

图 11-13 C-L 曲线

上式中碱度的单位为 mol/L，下标 i 和 eq 分别代表水原来的和与碳酸钙平衡后的碱度值，CCPP 的单位为 mg/L $CaCO_3$，50000 则是 mol/L 变为 mg/L 的换算系数。在 $CaCO_3$ 沉淀的过程中，水中的酸度保持不变。再利用碳酸盐系统的有关平衡关系，就可求出 $[Alk]_{eq}$ 来。

2. 程序法

美国供水协会 AWWA 于 1996 年发布了一个计算机程序，基于 Rothberg、Tamburini 和 Winsor 模型，可以快速的计算多种水质腐蚀性指数（包括 CCPP）；该程序同时亦可同时计算不同化学稳定方法的效果。

3. 查图法

由（11-44）的定义可知，确定 CCPP 数值的关键在于获得 Ca_{eq}，可以利用 Caldwell-Lawrence 曲线进行查图来获得。下图是温度为 25℃，TDS 为 40mg/L 的 C-L 曲线：

C-L 曲线横轴为 C2＝(Alk－Ca) mg/L$CaCO_3$；纵轴为酸度，可用下式计算：

$$酸度=Alk\cdot(1+4.245\times10^6\times10^{-pH}) \tag{11-45}$$

因此，在测得水中碱度、钙含量、pH 值后，可以通过计算横纵轴数值，在相应的 C-L 图（温度和 TDS）上查得对应的位置，由曲线交叉点获得对应的 Ca_{eq}，即可计算 CCPP。

11.4.2.2 CCPP 评价方法

用 CCPP 评价水质的化学稳定性，可以分为：

CCPP ＞ 10mg/L，严重结垢；

CCPP ＝ 4～10mg/L，保护性结垢；

CCPP ＝ 0～4mg/L，基本稳定；

CCPP ＝ －5～0mg/L，轻度腐蚀；

CCPP ＝ －10～－5mg/L，中度腐蚀；

CCPP ＜ －10mg/L，严重腐蚀。

11.4.3 侵蚀指数 AI

侵蚀指数 AI[30] 是用来鉴定水质对石棉水泥管侵蚀性的稳定性指数。对于石棉水泥材质的管材，水对其的侵蚀作用，不能只简单的考虑碳酸钙溶解平衡。侵蚀指数 AI 实际是 LSI 的一个简化形式，被定义为：

$$AI = pH + lg(Ca \cdot Alk) \tag{11-46}$$

上式中 Ca. 和 Alk 分别表示水样的钙硬度和总碱度，单位均为 mg/LCaCO$_3$。当 AI＜10 时，水对石棉水泥管具有高度侵蚀性；当 AI＝10～12 之间时，水对石棉水泥管具有中等程度侵蚀性；当 AI≥12 时，水对石棉水泥管无侵蚀性。

11.4.4　拉森比率

水体中碳酸氢根的存在对于缓解腐蚀起着重要作用。水体的腐蚀性取决于水中腐蚀性组分对于缓蚀性组分的比例，这就是拉森比率（Larson Ratio）涉及的主要内容。拉森比率被定义为：

$$LR = \frac{[Cl^-] + [SO_4^{2-}]}{[HCO_3^-]} \tag{11-47}$$

上式中氯离子、硫酸根、碳酸氢根的单位均为 mol/L。氯离子通常用硝酸银滴定法测定，硫酸根离子用重量法测定，碳酸氢根离子可用离子色谱法测定。

当 $LR>1$ 时，具有腐蚀性；当 $LR\leqslant 1$ 时，不具有腐蚀性；LR 值越低，水的腐蚀性就越小。由上式可知，水体中氯化物和硫酸盐的浓度高时，会加快腐蚀进程。氯离子和硫酸根等无机阴离子半径小，容易穿透破坏金属表面的钝化膜，促进腐蚀。

11.5　小城镇管网水质化学稳定性评价

11.5.1　多指标的综合评价

本研究探讨了管网水质化学稳定性常用的几个评价指标，包括 LSI、RSI、CCPP、AI 和 *LR*。LSI 和 RSI 是我国规范中推荐的指数，在实际应用中还存在一些不足之处。CCPP 具有定量判别的作用；AI 特别适合于评价石棉管、水泥管以及采用水泥砂浆衬里的金属管；而 *LR* 综合考虑了氯化物和硫酸盐的腐蚀性能。因而，采用多指标综合评价的方法会获得较为准确的判断，并能更好地指导实践（如利用 CCPP 确定投加碱剂的量）。

根据 11.4 节的论述可知，获得这几个评价指标，所需的水质参数包括：pH、碱度，以及钙离子、氯离子、硫酸根离子和碳酸氢根离子含量，其中碱度、钙离子及碳酸氢根离子为非饮用水标准规定项目，但碱度和钙离子较易测定，而碳酸氢根离子的测定较复杂，需使用离子色谱法。此外，所需确定的参数还包括饱和 pHs、饱和 Ca_{eq}离子浓度，可通过计算或图表法等获得。从技术可行性分析，优先推荐的指标是 LSI、RSI、CCPP 3 种，在使用水泥管时可结合 AI，当水中 Cl^-、$SO_4{}^{2-}$ 离子含量较高时，可结合 *LR*。

采用多指标综合评价，可采用下表所列的综合评价标准：

我国小城镇供水管网中有 80％以上的供水管道是灰口铸铁管，其中有无内防腐的灰口铸铁管也有水泥砂浆衬里防腐的灰口铸铁管。因此，在评价体系中将金属管作为研究重点。

化学稳定性评价指标体系 表 11-14

指标	判定标准		
	腐蚀性	稳定	结垢性
LSI	<0	=0	>0
RSI	>9.0 极严重腐蚀 7.5～9 严重腐蚀 7.0～7.5 轻度腐蚀	6.0～7.0	5.0～6.0 轻度结垢 4.5～5.0 严重结垢
CCPP	<−10mg/L 严重腐蚀 −10～−5mg/L 中度腐蚀 −5～0mg/L 轻度腐蚀	0～4mg/L	4～10mg/L 保护性结垢 > 10mg/L 严重结垢
AI	10～12 中等侵蚀 < 10 严重侵蚀	≤12 不侵蚀	—
LR	> 1	≤1 不腐蚀	—

国内一般采用饱和指数 LSI 和稳定指数 RSI 共同来分析评价水质化学稳定性。饱和指数主要用来判别水的腐蚀或结垢的倾向，稳定指数用来判别水的腐蚀或结垢的程度。针对于小城镇来说，水质化学稳定性指标以 LSI 和 RSI 指标为基准，又由于金属管网中经常以水泥砂浆作为衬里，某些小城镇管网是以石棉水泥管作为供水管材的，而侵蚀指数 AI 是用来鉴定水质对石棉水泥管侵蚀性的稳定性指数，因此下面以天津市芥园水厂为例，介绍 3 个指标用来评价管网水化学稳定性的实例。

(1) 取样管线和取样位置

天津芥园水厂位于天津市红桥区红桥路与芥园道的交会处，分别沿芥园道和红旗路选取两条干管进行沿线采样，同时对出厂水和管网末端也进行采样，取样点如表 11-15 所示。

管网取样点分布 表 11-15

编号	1	2	3	4	5
采样地点	南开驾协	23 路	25 路	47、48 路	37 路
编号	6	7	8	9	10
采样地点	毛纺厂	34 路	消火栓	修理厂	煤气公司

其中南开驾协、23 路、25 路、47 路在一条干管上；37 路、毛纺厂、34 路末梢消火栓为一条干管，这两条干管都是 2002 年改造的有衬铸铁管；由于是环状管网，由一条 1988 年的无衬铸铁管将两条干管连接，在这条管段上的采样点是客车修理厂和煤气公司两个点。

(2) 3 个指标的判别实例

根据管网中水质状况，对水的稳定性进行判断，如表 11-16 所示。

由于离子浓度较低，忽略离子强度的影响，假设离子活度为1，则 $pKa_2=10.3$；$pKs_0=8.34$，根据公式，由表11-17数值计算的得到部分水样的水质稳定指数如表11-18所示。

管网水pH和碱度的测定结果 表11-16

第一次取样	1	2	3	5	6	7
pH值	7.96	7.91	7.86	7.94	7.92	7.87
碱度($CaCO_3$)(mg/L)	195.0	194.0	194.5	192.2	198.8	194.0
第二次取样	4	5	6	7	9	10
pH值	8.14	8.02	8.14	8.05	7.93	8.10
碱度($CaCO_3$)(mg/L)	191.4	190.2	189.6	181.2	189.0	192.6

管网水中钙、镁离子含量 表11-17

第一取样点	1	2	3	5	6	7
Ca离子（mg/L）	63.33	62.52	61.72	63.33	62.52	60.92
Mg离子（mg/L）	43.68	43.68	44.64	44.16	44.88	44.64
第二取样点	4	5	6	7	9	10
Ca离子（mg/L）	60.92	60.12	61.32	60.92	60.92	61.72
Mg离子（mg/L）	47.52	49.44	46.80	46.56	47.28	46.56

采样点LSI、RSI和AI的计算结果 表11-18

第一取样点	1	2	3	5	6	7
饱和指数（LSI）	0.79	0.73	0.68	0.76	0.74	0.68
稳定指数（RSI）	6.38	6.45	6.51	6.41	6.44	6.51
侵染指数（AI）	12.4	12.4	12.3	12.4	12.4	12.3
第二取样点	4	5	6	7	9	10
饱和指数（LSI）	0.64	0.52	0.64	0.53	0.43	0.61
稳定指数（RSI）	6.85	6.99	6.85	6.99	7.07	6.87
侵染指数（AI）	12.6	12.5	12.6	12.5	12.4	12.6

首先LSI的值在零附近接近稳定，但是不能准确判定，需要结合RSI的值进行判断，当RSI在6.5～7.0之间时，基本属于稳定水，由侵蚀指数AI大于12，说明管网水属于非侵蚀的。从这3个指标判别，所研究的管网水属于化学稳定性水。

11.5.2 评价软件的应用

依靠计算机强大的数据处理技术和友好的程序界面，用户可以采用相应的化学稳定性判别软件来进行管网水质稳定性的判定和控制。目前，国内的一些研究机构已经对此进行了研究，清华大学开发了我国首套化学稳定性判别软件（Water Chemistry Satability Analysis Sofetware，简称 WCSAS)。它是一套标准化、系统化、专业化的给水管网水质化学稳定性判断的计算体系，具有较强的通用性，实用性、灵活性，能够解决大多数给水管网水质化学稳定性判断的问题，结果以表、图、文等多种形式表达。

第 12 章　水质化学稳定性技术

水质化学稳定性是保障出厂水在管网中输送过程中，其水质不发生变化，不被二次污染的重要性质。一些地区的水源水质本身具有一定的化学不稳定性，而原水经过一系列净水工艺处理后，也会对其腐蚀性或结垢性产生影响。我国 34 个主要城市水质统计表明，地面水水厂出厂水水质基本稳定的占 21%，腐蚀性的占 50%，轻微结垢的占 29%。地下水水厂出水基本稳定的约占 50%，有腐蚀性的占 30%，轻微腐蚀性的占 20%。可见，管网水质化学不稳定性问题中，腐蚀性问题更为严重。而据对占全国总供水量 42.44 %的 36 个城市调查，出厂水平均浊度为 1.3 度，而管网水的浊度则增加到了 1.6 度；色度由 5.2 度增加到 6.7 度；铁由 0. 09mg/ L 增加到了 0.11mg/ L；细菌总数则由 6.6 CFU/mL 增加到 29.2CFU/mL。因此，为了防止出厂水在管网中发生一些物理、化学变化，进而影响自来水水质，就需要在饮用水出厂前增加水质化学稳定处理，以降低或避免在管网中发生腐蚀结垢现象，保障用户龙头水的洁净健康。

水质的化学稳定性是指水在管道输送过程中既不结垢又不腐蚀管道。下面就分别介绍腐蚀水和结垢水的化学稳定性技术。

12.1　供水管网腐蚀控制技术

如第 4 章所述，以混凝——沉淀——砂滤——氯消毒为主体的常规处理工艺会降低原水 pH 和碱度，增加出厂水的腐蚀性。尤其是对我国南方大部分地区低 pH、低矿化度、低碱度的原水，经水处理后出厂水可能低于饮用水标准要求的 pH≥6.5 的要求，具有非常小的负 LSI 值，腐蚀性强，易导致水厂构筑物、输水设备及管道的严重腐蚀。如邹一平等考察福建省 6 个水厂的情况，pH 为 6.9～7.0 左右的原水，经处理后出厂水的 pH 为 6.4～6.7。出厂水的 pH 偏低会加快给水管网的电化学腐蚀速度，导致管道内壁的阻力系数增大，从而增加输水能耗，缩短管网使用寿命，并导致“红水”现象，使用户龙头水色、臭、味和浊度增加。为避免供水管网腐蚀，造成管网水二次污染，国际上通行的做法包括以下几种：调节水质、使用耐腐蚀管材、投加饮用水缓蚀剂。

12.1.1　加碱调节法

调整水的 pH 和碱度一般有两种方法：一是投加碱性物质；二是在石灰石或高镁石灰石滤池中过滤。前者需要建设加药装置，是《室外给水设计规范》GB 50013—2006 推荐的方法；后者由于运行费用低、操作简便，可用于一些水力条件符合的小型水厂。

12.1.1.1 加碱调节原理

饮用水处理中常用混凝剂主要为无机铝盐和铁盐。饮用水经混凝工艺处理后，pH 和碱度都有所下降，这主要是因为铝盐和铁盐本身的水解反应造成的。

在混凝过程中，当采用铝盐为混凝剂时，水中 Al^{3+} 以 $Al(H_2O)_6{}^{3+}$ 的形态存在并发生水解：

$$[Al(H_2O)_6]^{3+} \longleftrightarrow [Al(OH)(H_2O)_5]^{2+} + H^+ \tag{12-1}$$

$$[Al(OH)(H_2O)_5]^{2+} \longleftrightarrow [Al(OH)_2(H_2O)_4]^{+} + H^+ \tag{12-2}$$

$$[Al(OH)_2(H_2O)_4]^{+} \longleftrightarrow [Al(OH)_3(H_2O)_3] \downarrow + H^+ \tag{12-3}$$

在混凝过程中，当采用铁盐时，发生下列水解反应：

$$Fe^{3+} + H_2O \longleftrightarrow [Fe(OH)]^{2+} + H^+ \tag{12-4}$$

$$[Fe(OH)]^{2+} + H_2O \longleftrightarrow [Fe(OH)_2]^{+} + H^+ \tag{12-5}$$

$$[Fe(OH)_2]^{+} + H_2O \longleftrightarrow Fe(OH)_3 \downarrow + H^+ \tag{12-6}$$

从以上水解反应可知，混凝过程无论是用铝盐还是铁盐，都会不断产生 H^+，从而导致水的 pH 下降。要使 pH 保持在最佳范围内，水中应该有足够的碱度与 H^+ 中和。

当原水中的碱度不足或混凝剂投加过量时，水的 pH 将大幅度的下降以至影响混凝剂继续水解。为此，如投加碱剂（如生石灰）以中和混凝剂水解过程中所产生的氢离子 H^+，反应如下：

$$Al_2(SO_4)_3 + 3H_2O + 3CaO \longrightarrow 2Al(OH)_3 + 3CaSO_4 \tag{12-7}$$

$$2FeCl_3 + 3H_2O + 3CaO \longrightarrow 2Fe(OH)_3 + 3CaCl_2 \tag{12-8}$$

由反应式（12-8）可知，每投加 1mmol/L 的 $Al_2(SO_4)_3$，需要 3mmol/L 的 CaO，将水中原有碱度考虑在内，石灰投量按下式估算：

$$[CaO] = 3[a] - [x] + [\delta] \tag{12-9}$$

式中 [CaO]——纯石灰 CaO 投量，mmol/L；
[a]——混凝剂投量，mmol/L；
[x]——原水碱度，按 mmol/L，CaO 计；
[δ]——保证反应顺利进行的剩余的碱度，一般取 0.25～0.5mmol/L(CaO)。

在混凝剂的使用上，相对于传统的铝盐和铁盐混凝剂而言，高分子混凝剂的混凝效果受水的 pH 影响较小。例如聚合氯化铝在投入水中前，聚合物形态基本确定，故对水的 pH 变化适应性较强。有研究表明，PAC 混凝效果为传统低分子铝盐的 2～3 倍，具有投加量少，对水体 pH 影响小，絮体形成速度快、适宜的投加范围广等一系列优点。因此，在饮用水处理过程中，为了降低 pH 对水质化学稳定的影响，有条件时可采用高分子混凝剂代替铝盐或铁盐。

12.1.1.2 碱剂选择

给水处理可以选择的碱剂包括：石灰、NaOH、Na_2CO_3、$NaHCO_3$ 和 NH_4OH，前

三者在水厂中较为常用。

不同的碱剂调节pH和碱度的效果不同。如Shock认为当投加量都为1mg/L时，石灰浆、NaOH溶液(50%)、Na_2CO_3和$NaHCO_3$可分别提高碱度为1.35、1.25、0.94和0.59mg/L。高升华等对$Ca(OH)_2$、NaOH、Na_2CO_3和NH_4OH四种碱剂的控制腐蚀效果进行了考察，利用标准腐蚀挂片的小试实验结果显示：对于室温下pH为6.96、LSI为-2.02，属严重腐蚀型的实验水样，控制pH不超过标准要求(≤8.5)时，有效控制腐蚀的最佳碱剂投加量分别为$Ca(OH)_2$ 3.4～8.5mg/L、NaOH 10～20mg/L、Na_2CO_3 30～40mg/L和NH_4OH 10～25mg/L。

石灰的来源广泛、价格低廉，具有较好的调节pH和碱度的效果，也具有一定的助凝作用，在一般水厂应用中较为普遍。一般使用中将石灰干料通过溶解配制成饱和石灰溶液，再经泵输送至混合池内。饱和石灰溶液的浓度值为1.7g/L，由于不同产地及原料的关系，有的石灰中不溶物较多，易堵塞计量泵和输液管道，增加了维护费用，也带来溶解池内废浆渣的处理困难。同时，在小型水厂使用时，大多采用25kg或500kg的包装，切割后人工投加溶解，工人劳动强度大，粉尘污染较严重。另外，由于石灰的溶解度较低，溶解池内需不断进行搅拌，电耗较高。

NaOH即烧碱，是除石灰外在水厂应用最多的碱剂，在我国如广东等地的一些水厂也有应用，而日本的很多大中型水厂都采用NaOH。一般认为，采用烧碱来调节水厂pH的成本要远高于投加石灰，但衰永钦等对一座55万m^3/d水厂的石灰自动投加系统和一座77万m^3/d水厂的烧碱自动投加系统进行了经济分析对比，结果显示采用烧碱投加工艺比采用石灰投加运行成本高16%，即每千立方米自来水的成本为2.6元；但烧碱投加工艺单位处理水量的基建投资只有石灰投加工艺的1/6。NaOH具有非常大的溶解性，产品不溶物很少，因此仅需在配药时进行搅拌，而不必不间断搅拌，大大节省了电耗；而且采用NaOH投加工艺，运行十分稳定、安全，易于实现自动控制，工作环境有很大改善；采用合适的泵体及管道材料，可有效避免堵塞、腐蚀现象。因此，结合原料获得和价格等因素，在盐化工较为发达的地区（沿海城镇），烧碱作为盐化工的主要产品，产量丰富、价格相对较低，可作为水厂技术升级的推荐工艺。

12.1.1.3　加碱点选择

水厂碱剂投加点设置还没有统一的规定，一般有混凝前投加、滤前投加、滤后投加、清水池投加等多种选择。一些水厂在设计中未考虑投加碱剂，在改造时有的采用在原水泵站直接投加石灰，投加点有的选择在管道上，有的选择在配水井（槽）上。碱剂投加点的选择直接影响了调节pH的效果，不合适的工艺方案易导致碱剂投加量不合理，增加运行成本。

邹一平等对碱剂投加点进行了实验研究，对比了混凝前加碱和滤后加碱的效果。

(1) 前后两次加碱：投加NaOH（1.25mg/L）调节原水pH至7.5左右，再投加硫酸铝，混凝沉淀后，测试沉淀水pH，再投加碱将出厂水pH调至7.5左右。

(2) 滤后加碱：投加硫酸铝混凝沉淀过滤后，测试滤后水pH，再投碱将出厂水调至7.5左右。

两种加碱方式出厂水pH变化如表12-1所示。

两种加碱方式的出厂水 pH 表 12-1

NaOH 投加量（mg/L）	0.5	1.0	1.5	2.0	2.5	3.0	3.5	4.0
前后加碱（前加碱 1.25mg/L）	6.65	6.76	6.85	6.90	7.13	7.33	7.59	—
滤后加碱	6.60	6.68	6.78	6.90	7.02	7.23	7.43	7.76

可见，尽管第一种处理方式在混凝前多投加 1.25mg/LNaOH，原水 pH 调节至 7.49；但在滤后投加同样的 NaOH，两种方式的出厂水 pH 相差不显著。即同样将出厂水 pH 调至 7.50 左右，前后两次加碱比滤后加碱法要多耗碱量 1.25mg/L。

同时，该研究考察了混凝前加碱对混凝沉淀效果的影响，结果如表 12-2 所示。

投加不同混凝剂混凝效果的比较 表 12-2

硫酸铝投量（mg/L）		12	14	16	18	20
沉淀水浊度（NTU）	前加碱	11	20	7.4	4.8	5.4
	无前加碱	18	8	5.1	4.9	16
聚合铝投量（mg/L）		4	6	8	10	12
沉淀水浊度（NTU）	前加碱	12.4	5.8	8.6	47	43
	无前加碱	16.6	3.0	1.9	3.5	15

从上表结果看，原水中加碱调节对混凝效果有负影响，可能与原水水质有关。因此，针对该原水，研究者认为不宜采用前后两点加碱的方式。

潘海祥等对浙江省内 14 家水厂的石灰投加工艺进行了调研，由于原水 pH 较低，投加硫酸铝将导致 pH 的进一步降低，会对混凝效果产生影响，因此在混凝前投加石灰有助于提高混凝效果。但石灰投加点太接近投矾点会导致石灰乳来不及分散，pH 提高效果不明显，例如在投矾点前 20m 处投加石灰，助凝效果好于在投矾点前 50cm 处投加；而在远离水厂 10km 之外的原水泵站投加石灰，尽管混凝池内絮体变大，但在沉淀池内难以下沉。因此，石灰投加点与加矾点要有合适的投加间距，既能充分保证石灰在水中有足够的时间溶解，增加碱度，改善混凝反应条件，又不能使间距太长，使得粉末状的石灰彻底溶解或不溶物发生沉淀。

大部分水厂采用氯消毒，液氯或氯气溶于水后生成次氯酸，会导致水中 pH 的下降。实践表明，pH 越低，消毒作用越强。因此，碱剂投加需避免与消毒工艺相冲突；在紧邻投氯点投加碱剂，会使消毒效果和调节 pH 效果相互抵消。从不影响加氯消毒的效果考虑，采用后加碱的处理方式时，碱液最好选择在清水池末端投加。

12.1.1.4 加碱工艺设备

水厂投加石灰的传统工艺流程是：将煅烧好的块状生石灰作为原料，经加水消化成熟石灰，搅拌成合适浓度的石灰乳液后用泵输送到投加点。工艺流程图如图 12-1 所示。

加碱工艺主要构筑物和设备包括：溶解池、吸液池（贮料罐）、搅拌器、投碱泵及投加管路等。在加碱调节法中，设备的选择是重点，其中包括投碱泵、贮液罐和投加管道。

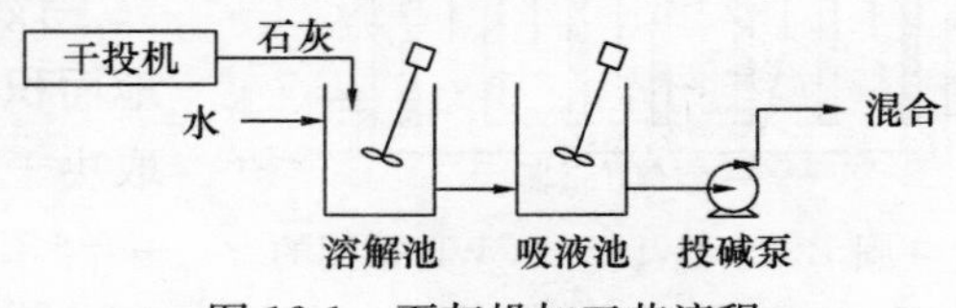

图 12-1 石灰投加工艺流程

（1）投碱泵：一般可选择的投碱泵包括离

心泵、螺杆泵、计量泵等。由于石灰乳中不溶物较多，因此目前石灰投加中采用螺杆泵的较多；计量泵的结构紧凑、能较好地进行流量控制，运行稳定，易于实现自动投加，但需设计冲洗水路，在停止加药后立即冲洗管路，防止堵塞。朱帅经在考察了在深圳市某水厂石灰投加系统改造时，采用国产离心泵替换进口计量泵，使用效果较好，3年后仅换过一次轴承。因此，投碱泵的选择应根据水厂的实际情况，选择适合需要的泵，需满足耐碱腐蚀、易于控制投加量的要求。

(2) 贮料罐和投加管道：一般石灰投加系统可采用混凝土构筑物、内加玻璃钢防腐；而烧碱的贮料罐宜采用不锈钢材料，因为碱剂对钢板腐蚀性不强，且易在钢板表面形成一层致密的氧化膜，可保证长时间的使用。投加管道则采用无缝钢管或PVC等管路。有研究认为强碱对焊管的焊缝有很强的腐蚀性，长时间使用后，一般都会从焊缝处开裂泄漏。

12.1.2 曝气法

12.1.2.1 曝气法原理

二氧化碳溶于水会形成碳酸，在饮用水中存在碳酸的溶解平衡体系，化学式为：

$$CO_2 + H_2O \rightleftharpoons H^+ + HCO_3^- \quad (12\text{-}10)$$

$$HCO_3^- \rightleftharpoons H^+ + CO_3^{2-} \quad (12\text{-}11)$$

$$H_2O \rightleftharpoons H^+ + OH^- \quad (12\text{-}12)$$

当采用曝气法除水中的CO_2时，反应式将向左进行，这样就会减少水中的H^+，使水的pH升高。

12.1.2.2 工艺应用

当水中侵蚀性CO_2含量较高时，宜采用曝气法提高pH，或采取先曝气去除CO_2后投加碱剂调节pH的流程。敞口曝气法可去除侵蚀性二氧化碳，小水厂一般采用淋水曝气塔。

黄文等对美国加州IWD供水区和PCWD供水区的曝气法控制供水设施腐蚀进行介绍。两地均为井群供水的小型系统，原水水质pH低、CO_2含量高，溶解性无机碳约为18mg/L，导致管网系统出现腐蚀，水中检测出铅和(或)铜超标的情况。为了控制这种腐蚀作用，这两个供水区采用曝气措施，去除饮用水中的CO_2，以提高饮用水的pH，改善水质的化学稳定性。实践表明，曝气去除60%的CO_2可使水的pH由6.3升高至7.5。当地采用的扩散曝气装置如图12-2所示。

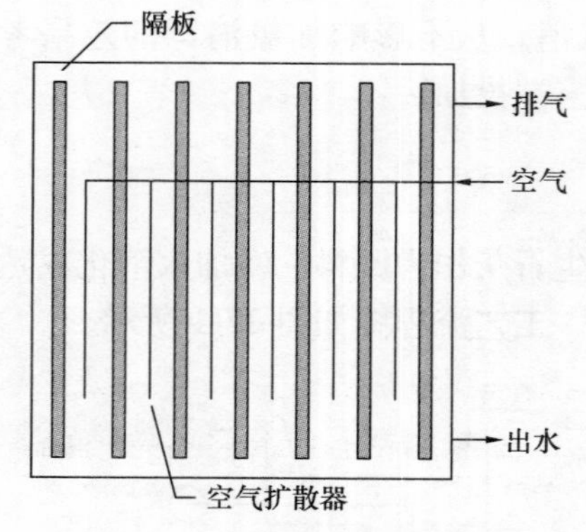

图12-2 IWD及PCWD采用的六级曝气系统

该曝气装置由模块化的单元组成(2个单元的占地面积为5.6m²，4个单元的为15m²)，所需单元数量取决于CO_2的去除率和鼓风机的容量(每个单元需要一台3.7kW的鼓风机)。采用不同流量(170～760L/min)和曝气头尺寸(0.8、15.9mm)的试验结果表明该扩散曝气装置能很好地去除 CO_2 和提高 pH。

IWD 供水区在设置曝气处理装置后，管网水中铅含量降到控制规程要求值以下，而铜含量也持续降低，该厂已能够停止使用控制腐蚀用的抑制剂，减少了化学药品费用。PCWD 也进行了采样分析，处理效果也非常理想，出厂水 pH 为 7.4～7.8，用户水龙头出水 pH 为 7.6～8.8。

谢露璐对广西北海市禾塘水厂进行了曝气-石灰碱化法提高地下水的 pH、去除管网水中铁和锰进行了研究。该地地下水 pH 低至 4.5，游离 CO_2 含量为 12～15mg/L，总硬度为 5mg$CaCO_3$/L；管网水中铁、锰超标，分别达到 1.5 和 0.75mg/L。采用喷淋自然曝气，在跌落高度 4.5m、曝气强度为 20L/(cm^2 · min)时，水的 pH 可由 4.5 升高至 6.2。在曝气后继续投加石灰进一步提高 pH 和碱度，水厂生产性试验结果显示：曝气-石灰碱化法可将出厂水 pH 提高至 7.5，各项指标均达到水质标准要求。

12.1.3 选用耐蚀管材

金属管道腐蚀的内因是水质的腐蚀性，而腐蚀发生的必要条件之一是腐蚀水与金属的直接接触。因此，对金属管进行防腐处理或选择非金属的耐蚀管材可有效降低和避免管网腐蚀。

目前，供水行业常用管材主要有金属管、水泥管、钢筋混凝土管、塑料管等。据统计，我国 80%以上的供水管道是灰口铸铁管。由于灰口铸铁管质地较脆，不耐振动和弯折且易产生锈瘤，因此当饮用水经过铸铁管时，容易引起水质的二次污染，影响水质的化学稳定性。

12.1.3.1 常用管材的特点与适用性

（1）金属管

给水中使用的金属管主要包括灰口铸铁管、钢管和球墨铸铁管。灰口铸铁管易腐蚀、产生锈瘤，容易发生爆管，近几年已逐渐淘汰。钢管应用广泛，具有适应性广、承压高等优点，但造价较高，防腐处理要求严格，通常只用在泵房内、管径大、水压高、地形复杂等地段。球墨铸铁管具有较高的强度和延伸率，抗拉伸强度接近钢管，工作压力高，耐腐蚀性强，管道采用橡胶柔性连接，具有一定伸缩性，供水安全可靠性高。但 $DN \geqslant$ 1400mm 及 $DN \leqslant$ 200mm 的球墨铸铁管铸造难度大、相对价格高，球墨铸铁适宜管径为 DN300～1200mm 给水管道。

（2）水泥管

水泥管是由波特兰水泥、砂子、砾石集料、水和钢筋所构成，它对机械损坏的热振动十分敏感，小的裂缝能自发地与插入的腐蚀产物形成碱性物质，并从水泥中浸出，CaO 也能从水泥中浸出。埋设在土壤中受蚀穿孔的速度比铸铁管快得多。我国在 20 世纪 60 年代，部分城市使用过石棉水泥管。由于石棉对人体健康有着严重影响，可能是一种致癌物质，在新建管网中已不再使用。

钢筋混凝土管分为自应力钢筋混凝土管和预应力钢筋混凝土管。自应力钢筋混凝土管的制管成本较低，但易出现二次膨胀及横向断裂，不宜用于内压大于 0.8MPa、口径大于

*DN*300的给水管道。预应力钢筋混凝土管有抗渗性能好、承内压力高、埋深度大等优点，且投资低廉，也有较成熟的经验，它造价比钢管低，敷设速度、防腐性能等方面比钢管好，是大口径输水管材中比较理想的管材。

(3) 塑料管

塑料管具有化学稳定性好、水力性能优越、不易结垢、运输安装方便、易维修等优点。在塑料管的使用上，当供水压力不大于0.8MPa，*DN*≤355mm时，塑料管具有较明显的技术经济优势。目前我国应用的塑料管主要是硬聚氯乙烯（UPVC）管和聚乙烯（PE）管。PE管近年来发展迅速，已成为目前世界上产量最大的塑料管材。此外，改性聚丙烯（PP-R）管、铝塑复合管、交联聚乙烯（PEX）管及聚丁烯（PB）管等管材也在供水领域有所应用。

无规共聚聚丙烯管（PP-R）也叫Ⅲ型聚丙烯，是应用非常广泛的一种给水管材。PP-R管材柔软、材质轻，安全环保、抗腐蚀性较好，而且易于安装、密封性能好。主要用于室内冷热水管道及地面辐射采暖系统。

铝塑复合管是通过挤出成型工艺而制造出的新型复合管材，由五层组成，外壁和内壁为化学交联聚乙烯，中间为一层薄铝板焊接管；铝管与内外层聚乙烯之间各有一层黏合剂牢固黏接。铝塑复合管是一种集金属与塑料优点为一体的新型管材，它化学性能稳定，耐腐蚀、耐高温，隔阻性好，流阻小。

交联聚乙烯（PEX）管是通过化学或物理方法将聚乙烯分子的平面链状结构改变为三维网状结构，使其具有优良的理化性能。交联聚乙烯管具有耐压性（爆破压力6MPa）、稳定性和持久性，而且具有无毒、不滋生细菌等优点，被视为新一代的绿色管材。

聚丁烯（PB）管是一种高分子惰性聚合物，具有独特的抗蠕变性能，能长期承受高负荷而不变形、化学稳定性高。可在−20～95℃之间安全使用，是一种无味、无毒的绿色环保材料。主要应用于自来水、热水和采暖供热管，但由于PB树脂原料需要进口，供应量小而价高等原因，国内难以大量生产与应用。

12.1.3.2　小城镇供水管材选择

从保证管网水质化学稳定性，防止管道腐蚀角度考虑，非金属管材具有一定的优越性。UPVC、PE等塑料管道不会发生腐蚀现象，而采用塑料衬里的铸铁管等也可较好地阻止铁的腐蚀；同时塑料管内壁粗糙系数很低，一般为0.0015～0.015，光滑的内壁可显著提高管道输水能力，减小输水能耗；同时管网微生物不易在管壁上附着，有效抑制了管壁生物膜的生长。但塑料材质在水中可能发生溶解反应，某些管材会向水中释放污染物，如PVC管中加入的热稳定剂铅盐，以及PVC聚合时残存的单体都可能转移至水中，引起水质污染。赵洪宾等的试验研究中采用色谱－质谱联机定性检测技术，考察了球墨铸铁管、不锈钢管、PVC管和玻璃钢管4种管材对水质的影响，检测结果显示，不同管的水中都检测出多于进水的有机物，其中有机物检出数量次序为：PVC管＞球墨铸铁管＞不锈钢管＞玻璃钢管。正是由于PVC管溶出物质对水质的影响，现在一些地区已不再使用其作为给水管材，而采用更为稳定的其他塑料管材。

从工程造价角度考虑，在小口径供水管道方面，钢管价格较高，铸铁管次之，PE、UPVC价格较低，钢筋混凝土管最低，随着管径的增大，塑料管的经济性降低，中小口径管道球墨铸铁管较经济；大口径方面钢筋混凝土管最经济。图 12-3 为常用的球墨铸铁管、PE 管、UPVC 管不同管径的工程造价比较，可以看出，小口径 PE、UPVC 管的造价低于球墨铸铁管，但随着管径的增大，PE、UPVC 管的经济性逐渐减小。

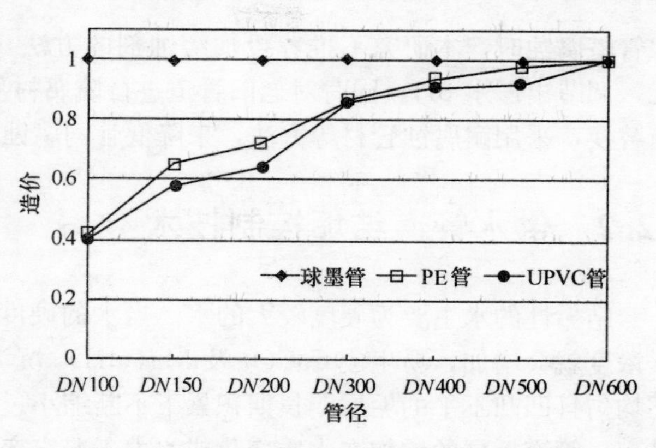

图 12-3 三种管材不同管径工程造价比较[13]

我国小城镇一般规模小，配水管输水距离短，多属中低压管道，水厂供水规模大都 5 万 t/d 以下，输配水管径一般在 *DN*75～*DN*400，多在 *DN*300 以下。由小城镇管网特点可知，在小城镇管材的选择上主要选择适于中小口径给水管网的管材。在中小口径的应用领域里，国内过去大量使用镀锌钢管，但镀锌管锈蚀严重，严重污染水质，目前已逐步淘汰。《国家化学建材产业"十五"计划和 2010 年发展规划纲要》中提出：到 2010 年，城市供水管道（*DN*400 以下）70%采用塑料管，村镇供水管道 70%采用塑料管；到 2015 年，城市供水管道（*DN*400 以下）85%采用塑料管，村镇供水管道 85%采用塑料管。

因此，小城镇选用供水管材，对 *DN*≤300mm 的小管径水管，宜采用塑料管（其中，聚乙烯类管材优于 PVC 类管材），具有造价低、耐腐蚀、节能等优点；对管径为 *DN*300～*DN*1000 的中管径水管，宜采用有防腐衬里的球墨铸铁管；而对 *DN*>1000 的大管径水管，宜采用预应力钢筋混凝土管。

12.1.4 投加缓蚀剂

20 世纪 30 年代开始，无水磷酸钠已被用于工业循环水系统的腐蚀控制。随后，磷酸锌开始在给水领域被用作缓蚀剂。磷酸锌可在水中形成易分散的胶体，并沉积于管壁上形成一薄层的保护膜，阻止腐蚀的发生。常用的正磷酸盐缓蚀剂还包括 Na_3PO_4、Na_2HPO_4 和 NaH_2PO_4。国外一些水厂将出厂水 pH 调节至 7.0 左右，并投加 0.5mg/L 的磷酸锌，显著降低了管道腐蚀速率。汪义强等在对某企业居民区供水管网水质改善项目中，采用石灰调节出厂水 pH 至 8.0，并投加食用 Na_3PO_4（1、2mg/L），在较短的时间内明显改善了管网水质。

除正磷酸盐外，实际应用的磷系缓蚀剂还有聚磷酸盐。聚磷酸盐的组成较复杂，可能包括焦磷酸盐、偏磷酸盐及三聚磷酸盐。聚磷酸盐的缓蚀机理也是在管道内壁形成不溶性的保护层，阻止腐蚀水与金属的直接接触。但研究表明，在停滞水流条件下（死水区），聚磷酸盐的缓蚀效果较差，而在流动状态下缓蚀效果提高；同时，要获得较好的缓蚀效果，聚磷酸盐的投加量较大。

很多国家都对饮用水中投加缓蚀剂进行了严格的控制，必须为无毒且达到食品级的缓蚀剂才能用于饮用水中。我国《室外给水设计规范》GB 50013—2006 规定：城市给水水质稳定处理所使用的药剂，不得增加水的富营养化成分，如磷等。因此，在控制小城镇供水管道腐蚀时，本研究不推荐投加缓蚀剂的方法，而是采取在水厂增加水质稳定工艺单元，调节出厂水pH，同时对老旧管道进行防腐衬里修复，对腐蚀特别严重的管道进行更新替换，采用耐腐蚀管材等方法，来降低管网腐蚀、提高管网水质。

12.2　供水管道结垢控制技术

结垢性的水主要为硬度较大的水。当水的硬度过大时，水中钙(Ca^{2+})、镁(Mg^{2+})离子浓度就会增加，易生成$CaCO_3$及$Mg(OH)_2$沉淀。这些沉淀物会沉积在管网中，形成不均匀且凹凸不平的垢层，长期积累下不断缩小过水面积，增加水流阻力，导致输水能耗升高。管道垢层的增加在水质变化或水力工况突变时，会增加用户水的浊度、色度，影响用户水质。另外，人们饮用硬度过大的水会对健康与日常生活有一定的影响。

我国北方一些以地下水为主要供水水源的地区，普遍存在着原水高硬度问题。其中，以地下水作为饮用水源的小城镇占较大的比例。相比于地表水而言，一般地下水含钙(Ca^{2+})、镁(Mg^{2+})离子的浓度较高，表现为高硬度。我国《生活饮用水卫生标准》中规定，饮用水总硬度不得超过450mg/L。根据我国部分河流水质资料，一般地表水源水中的总硬度远低于这一数值，而地下水源的情况则与地质条件有关，各地区地下水中总硬度含量相差较大。对于硬度较高的水，可采取的软化处理技术包括药剂软化法、离子交换法、电渗析法、纳滤法等，其中药剂软化法成本低、工艺简单，在饮用水处理中应用较多。

12.2.1　水的硬度概述

水的硬度是由溶解于水中的多种金属离子产生的，主要是钙，其次是镁。硬度可区分为总硬度、暂时硬度和永久硬度。

总硬度指水中所含的Ca^{2+}与Mg^{2+}的总量，它是永久硬度和暂时硬度总和。

暂时硬度又称为碳酸盐硬度，是能够通过煮沸而去除的那部分硬度，主要化学成分是钙、镁的重碳酸盐和碳酸盐。

$$Ca^{2+} + 2HCO_3^- \xrightarrow{\Delta} CaCO_3 \downarrow + H_2O + CO_2 \uparrow \tag{12-13}$$

$$Mg^{2+} + 2HCO_3^- \xrightarrow{\Delta} MgCO_3 \downarrow + H_2O + CO_2 \uparrow \tag{12-14}$$

永久硬度又称为非碳酸盐硬度。当水中的Ca^{2+}与Mg^{2+}的含量超过HCO_3^-时，其余即与SO_4^{2-}、Cl^-或NO_3^-结合成硫酸盐（$CaSO_4$、$MgSO_4$）、氯化物（$CaCl_2$、$MgCl_2$）、硝酸盐（$Ca(NO_3)_2$、$Mg(NO_3)_2$）等，这些盐即构成永久硬度。水在普通气压下加热煮沸，当体积不变时，永久硬度不生成沉淀。

水的总碱度主要与碳酸盐、重碳酸盐等物质有关，根据总碱度和总硬度的数值关系，可将水中的硬度简单分为：

(1) 总硬度＞总碱度，总硬度由暂时硬度和永久硬度构成，永久硬度＝总硬度－总碱度；

(2) 总硬度＝总碱度，全部硬度均由碳酸盐硬度构成，暂时硬度＝总碱度；

（3）总硬度＜总碱度，说明有钠或钾的碳酸盐存在，构成所谓“负硬度”。

当需要进行原水软化时，需要考察原水的硬度数值以及构成硬度的物质组成，有针对性地选择软化工艺。

12.2.2　石灰软化法

常用软化药剂有石灰、纯碱（苏打）、苛性钠、磷酸三钠等，其中以石灰软化最为常用，可采用生石灰（CaO）或者熟石灰（$Ca(OH)_2$），前者的单位成本较低，适合于较大的水厂，而后者省去了石灰消化构筑物。生石灰经消化后，制成石灰乳投加在原水中，在 pH 大于 8.3 的条件下产生如下反应：

$$CO_2 + Ca(OH)_2 \longrightarrow CaCO_3 \downarrow + H_2O \quad (12\text{-}15)$$

$$Ca(HCO_3)_2 + Ca(OH)_2 \longrightarrow 2CaCO_3 \downarrow + 2H_2O \quad (12\text{-}16)$$

$$Mg(HCO_3)_2 + Ca(OH)_2 \longrightarrow CaCO_3 \downarrow + MgCO_3 \downarrow + 2H_2O \quad (12\text{-}17)$$

$$MgCO_3 + Ca(OH)_2 \longrightarrow CaCO_3 \downarrow + Mg(OH)_2 \downarrow \quad (12\text{-}18)$$

当采用石灰软化地下水时，原水中常含有较多的 CO_2，与熟石灰发生式（12-15）的反应，因此需要在之前进行曝气脱除 CO_2，以降低石灰用量。石灰软化可有效去除碳酸盐硬度，对于非碳酸盐硬度，需要投加苏打或苛性钠进行补充处理。

$CaCO_3$ 和 $Mg(OH)_2$ 为沉淀物，在沉淀过程中可起到良好的絮凝作用，在沉淀池和滤池中被去除。一些地区的水源中，在硬度超标的同时，溶解性总固体和铁、锰也往往超标，强化混凝和石灰药剂法也能去除一定的铁、锰和溶解性总固体。由于石灰的价格低，来源广，适用于原水的碳酸盐硬度较高、非碳酸盐硬度较低的情况。生活饮用水不要求深度软化，经石灰药剂强化混凝处理后，出水硬度指标可达到饮用水水质标准要求，是经济有效的选择。

12.2.3　石灰软化法的应用

使用石灰软化处理地下水，有两种常规方法：过量石灰法和分流处理软化法，如图 12-4 所示。

过量石灰软化法：首先根据化学计量式的计算结果投加石灰，使水的 pH 达到 10.3 以上，可产生 $CaCO_3$ 沉淀，有效地降低 Ca^{2+} 的含量。但镁的反应需要更高的 pH，故在计算值的基础上再增加 35mg/L 的石灰量，使镁离子充分反应，才能更好地将其去除。第二阶段是向出水中充入 CO_2 气体，将 pH 回降到 10.3，使多余的 $Ca(OH)_2$ 与 CO_2 发生反应，进一步降低钙离子，而加入 $NaCO_3$ 则是用于去除非碳酸盐硬度。继续向水中充入 CO_2 气体，将 pH 降低到 8.5～9.5，使剩余的 CO_3^{2-} 离子转变成 HCO_3^- 离子，保持碳酸盐平衡，稳定出水水质。

分流处理软化法：一部分原水进行过量石灰软化，此部分水中钙、镁离子浓度降到最低，澄清后的出水与另一部分原水混合，利用澄清后出水中过剩的 $Ca(OH)_2$ 与原水中的 CO_2 和 $Ca(HCO_3)_2$ 反应，产生 $CaCO_3$ 沉淀，降低混合后出水的硬度和 pH，而不需要再碳酸化。

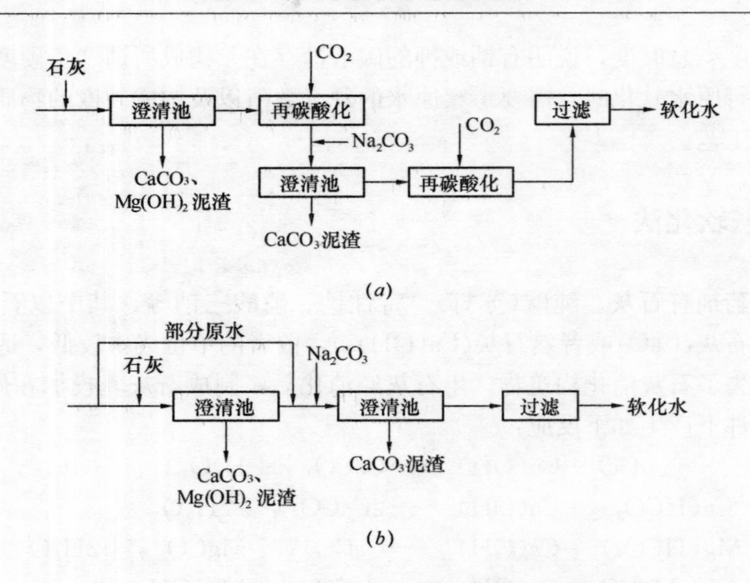

图 12-4　常用石灰软化处理流程

(a)过量石灰软化法；(b)分流处理软化法

使用过量石灰软化法，出水硬度含量低，但石灰用量大，产生的泥渣多，且必须有一套 CO_2 生产设备；而使用分流处理软化法，石灰用量少，但出水硬度较高，并且流量分配取决于原水中各离子的含量，若水质发生变化，则控制调节困难。在小城镇饮用水的软化处理中，可根据不同的水质条件，供水流量和供水规律选择不同的处理流程。

在使用石灰软化法过程中，首先应根据原水水质特点进行大量烧杯对比试验，确定石灰的投加量，在此基础上确定处理方案、进行给水厂设计。

12.3　饮用水除铁除锰

铁、锰在水中主要以 Fe^{2+} 和 Mn^{2+} 的形式存在的，溶解在水中的 Fe^{2+} 和 Mn^{2+} 易被氧化为 $Fe(OH)_3$ 和 MnO_2 沉淀。当含有过量铁锰的饮用水流经管道时会引起管壁上积累铁锰沉淀物而降低输水能力；沉淀物剥落下来时，会发生“红水”或“黑水”的问题。

地下水是我国小城镇的重要水源。据调查，我国含铁、锰地下水占地下水总量的20％，主要集中在松花江流域和长江中下游地区，黄河流域、珠江流域等部分地区也有分布。全国有18个省市的地下水中含有过量的铁和锰。东北地区地下水普遍含有铁、锰，其中黑龙江省更以高铁高锰的地下水著称，已经发现的铁的最高含量超过60mg/L，锰的最高含量也达5mg/L。我国饮用水标准GB 5749—2006规定，生活饮用水中铁的含量不得超过0.30mg/L，锰的含量不得超过0.10mg/L。当地下水中的铁、锰的含量超过生活饮用水卫生标准时，需采用除铁、锰措施。中性条件下，铁可被空气氧气，而锰只有在强氧化剂存在条件下才可被氧化，因此简单的曝气不能实现有效除锰，需要投加碱调节pH大于9.0，锰的自然氧化速率才明显加快。地下水除铁除锰技术主要包括：曝气自然氧化除铁－碱化法除锰法、曝气自然氧化除铁－强氧化剂除锰法、接触氧化除铁除锰法、生物除铁除锰法等。

12.3.1 接触氧化法除铁除锰

12.3.1.1 接触氧化法原理

除铁锰是要使溶解在水中的 Fe^{2+} 和 Mn^{2+} 在进入管网前被氧化成不溶解的 $Fe(OH)_3$ 和 MnO_2 沉淀物，从水中除掉。

李圭白院士于20世纪70年代研制开发了地下水除铁技术，成功实验了天然锰砂接触氧化除铁工艺，确立了接触氧化除铁理论；在80年代初又开发了接触氧化除锰工艺，并迅速推广。接触氧化除铁除锰法的原理是：含 Fe^{2+}、Mn^{2+} 地下水曝气后进入滤层中，能使高价铁、锰的氢氧化物逐渐被附着在滤料表面，形成铁质、锰质滤膜，这种自然形成的活性滤膜具有接触催化作用，在pH中性范围内，Fe^{2+}、Mn^{2+} 就能被滤膜吸附，然后再被溶解氧化，又生成新的活性滤膜物质参与反应，所以锰质活性滤膜的除锰过程是一个自催化反应，接触催化剂为 $Fe(OH)_3$、MnO_2。

12.3.1.2 工艺应用

在工程实践中，接触氧化法一般采用"两级曝气＋两级过滤"，即一级曝气过滤除铁、二级曝气过滤除锰，除铁与除锰分别在两个滤池中完成，工艺流程如图12-5所示。

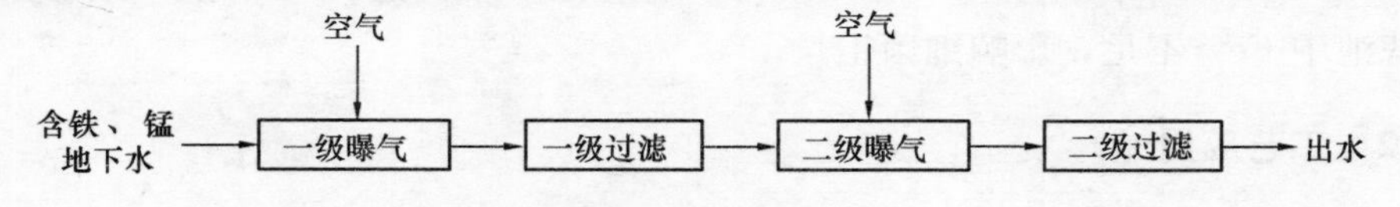

图12-5 接触氧化法除铁除锰工艺流程图

接触氧化除原水中的铁锰主要是依靠滤料表面已生成的铁质和锰质活性滤膜的自催化反应完成铁锰的氧化截留过程。但在除去原水中铁锰的同时会在滤料表面形成锰泥和铁泥，增大了水头损失，因此必须对滤柱进行反冲洗。假如使用单一水冲洗法，即使强度达10～12L/(s·m²)，也难以使铁泥和锰泥彻底剥落、破碎、冲洗干净，时间稍长便会结块导致滤层堵塞。虽然气水反冲洗法可使铁泥彻底剥离，并有效地防止滤层泥球和龟裂的形成。但是反冲气源由空气压缩机或鼓风机供给，这就增加了运行费用。同时，冲洗过程中的空气压力和流量仍然是由高变低、变化很大，而过高的初始压力和流量容易导致支承层移位和滤料流失。采用脉冲反冲洗的方法完全可以解决以上问题，就是用强度为8～10L/(s·m²)的水流时，采用脉冲时断的方法，这样滤料可以在上升和下降的过程中相互轻微摩擦，从而使铁锰质滤膜或铁锰泥自动脱落，既能达到很好的冲洗效果又节省了动力、防止滤料的流失。

12.3.2 生物除铁除锰法

12.3.2.1 生物除铁除锰机理

在接触氧化除铁除锰工艺理论中，认为锰的去除机制是滤料表面锰质滤膜的自催化作用，但在接触过滤除铁滤池中，偶然发现有良好的除锰效果。深入的研究表明，微生物作用在除锰过程中起到了主要作用。

生物除锰理论认为：在 pH 中性的地下水中，溶解态 Mn^{2+} 不能通过化学氧化去除。只有在生物除铁除锰滤层中，以 Mn^{2+} 氧化菌为主的生物群系增殖到大于 10^6 个/mL(湿砂）时，在除锰菌胞外酶的催化作用下。才能氧化成 Mn(Ⅳ）并被截留于滤层中或黏附到滤料表面而去除。

在生物除铁锰过程中，Fe^{2+} 是维系生物滤层中微生物群系平衡的不可缺少的重要因素。Fe^{2+} 虽然很容易被溶解氧氧化，但在生物滤层中有大量锰氧化菌存在时，铁参与了锰氧化菌的代谢。所以 Fe^{2+}、Mn^{2+} 可以在同一生物滤层中同时被去除。若只含锰不含铁的原水长期进入生物滤层，就会破坏生物群系的平衡，滤层的除锰活性也就随之削弱而最终丧失。

生物除锰过程中，铁、锰的氧化都是在中性条件下进行的，不要去散失 CO_2，氧化过程所需的溶解氧可根据下式计算得到：

$$[O_2]=1.5\times(0.143[Fe^{2+}]+0.29[Mn]^{2+})$$

式中 1.5 为溶解氧过剩系数。一般含铁、锰地下水的 $[Fe^{2+}]<15$mg/L，$[Mn^{2+}]<3$mg/L，由上式计算得所需溶解氧<4.6mg/L。所以，生物除铁除锰中常采用弱曝气生物过滤，常用曝气方式为跌水弱曝气，一般跌水高度取 0.5～1.0m，即可使溶解氧达到 4～5mg/L。采用弱曝气方式既可节约能耗，又避免了 Fe（Ⅱ）的过度氧化，导致生物滤池中 Fe^{2+} 不足，影响细菌生长。

12.3.2.2 工艺应用

国内第一座大规模地下水生物除铁除锰水厂是沈阳经济技术开发区供水厂，一期工程于1999 年 7 月开始设计建造，设计规模 6 万 m^3/d，2001 年 5 月完工并通水，2001 年底达到稳定运行，出水铁为痕量，锰小于 0.05mg/L。该水厂的工艺流程如图 12-6 所示。

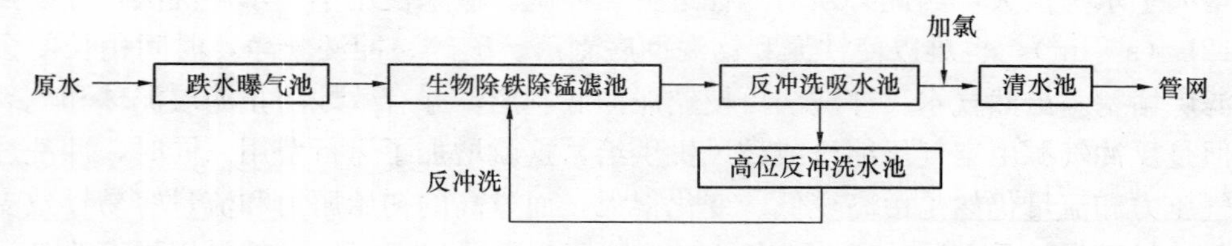

图 12-6 沈阳经济开发区供水厂生物除铁除锰工艺流程图

跌水曝气池和生物除铁除锰滤池是水厂工艺的核心构筑物。采用跌水弱曝气方式，跌水高度为 0.84m；除铁除锰在一个滤池内同步完成，滤池滤料为普通石英砂，粒径 0.5～1.2mm，滤层厚度为 1m，采用单独水洗的反冲洗方式。

该厂原水比较特殊，为低铁高锰地下水，水厂调试运行期间平均 Fe 含量为 0.13mg/L，Mn 为 2.296mg/L，给生物除铁除锰滤池的生物培养带来了困难。采用接种法进行生物培育，接种 10d 后生物滤池进入适应期，近 2 个月时出水稳定优于标准要求。生物滤池成熟后，出水铁、锰含量基本为痕量，去除率高。

张杰等介绍了另一个生物除铁除锰水厂案例，该厂设计规模为 3000m^3/d，工艺流程图与图 12-6 类似。采用跌水曝气，跌水高度为 2m，滤池滤料为马山锰砂，粒径为 0.5～1.2mm，滤层厚度为 0.9m。滤池启动前半年内未安装生物滤池方式运行，最初半个月内有较好的除铁除锰效果，此后铁的去除保持良好，但锰几乎没有去除效果，可见依靠滤料的吸附能力除锰只是暂时性的，待吸附表面被锰饱和后，就难以进一步去除锰。随后，按生物固锰除锰机理，对滤池进行了生物接种与培育。生物滤池成熟阶段，出水铁、锰含量均达到了国家饮用水标准要求。

可见，生物除铁除锰工艺具有非常高的铁锰去除率，运行稳定。相比于传统的二级曝气接触氧化工艺，简化了工艺流程，节省了一级主体构筑物的建设成本，且生物滤池工作周期长，反冲洗强度要求小、历时短，节水节能。

12.4 本章小结

管网水质化学稳定技术主要针对解决供水输送过程中由于出水水质的腐蚀性或结垢性导致的管网二次污染问题，本研究重点从 3 个方面进行了考察，包括：腐蚀性水的控制、结垢性水的控制以及铁锰问题控制。

（1）我国南方很多部分地区的饮用水源都具有低 pH、低矿化度、低碱度的特征，经常规工艺处理后，出厂水具有较强的腐蚀性，导致管网腐蚀问题严重。

采用加碱调节可有效提高出厂水 pH 和碱度，小城镇水厂适宜采用投加石灰调节水质，对沿海发达城镇，采用 NaOH 调节具有更好的效果，运行控制更加稳定。碱剂的投加点应结合原水水质进行分析：采用前加碱方式时，不宜离混凝剂投加点太远；采用后加碱方式时，可考虑在清水池末端投加，避免与消毒剂反应冲突，但石灰不宜在后点投加，易产生沉淀，增加出水浊度。

当水中含有较高含量的侵蚀性 CO_2 时，宜采用曝气法处理。敞口曝气法可去除侵蚀性二氧化碳，小水厂一般采用淋水曝气塔。我国南方六省的一项对 40 多座水厂的调研中，针对其中有水质腐蚀问题的 25 座水厂，分别采用了加碱调节（9 座，其中加石灰 7 座）、曝气除 CO_2（13 座）以及曝气后加石灰（3 座）的水质稳定工艺。

（2）我国北方一些以地下水为主要供水水源的小城镇存在高硬度水的问题，不但对饮水健康和日常生活带来危害，也会导致供水管网的结垢问题。饮用水软化可以采用药剂软化、离子交换、电渗析、纳滤等多种工艺，而石灰软化工艺具有成本低、技术成熟、工艺简单的特点，适合于小城镇水厂采用。工艺流程可采用过量石灰法或分流石灰软化法，可有效降低原水硬度和总溶解性固体，改善出水结垢性。

（3）饮用水铁锰超标也是导致水质化学不稳定的一个重要问题，是导致管网“红水”、“黑水”的主要原因之一。我国含铁、锰地下水主要集中在东北松花江流域和长江中下游等地。地下水除铁除锰可以采用曝气自然氧化除铁－碱化法除锰法、曝气自然氧化除铁－强氧化剂除锰法、接触氧化除铁除锰法、生物除铁除锰法等工艺。目前大部分除铁除锰工艺仍以化学氧化为主，而生物氧化工艺铁锰去除率高、运行稳定、出水水质好，在东北等地都有较为成功的水厂案例，是小城镇水厂值得推广的处理工艺。

第13章 供水管网管材选择

13.1 常用供水管材

近年来，伴随着经济的发展，城市化进程的加快，城市供水事业步入高速发展阶段。随着供水企业供水安全保障体系的构建，给水管网的安全运行越来越受到关注，获取供水企业管材的使用情况是了解给水管网运行现状的一项基本工作。在2006年10月中国城镇供水排水协会设备材料工作委员会做了大中城市自来水管道的统计调查。调查发现，在新增的管道中，金属管材还是最多的，其中球墨铸铁管占了大部分；塑料管（PVC-U管、PE管、PP-R管）也有小幅的增加，尤以PVC-U增加最多；而其他类型管材新增较少。

灰口铸铁管是过去使用最多的给水管道，但是因为其脆性大，而且接口为刚性膨胀水泥砂浆或铅接口，事故率最高。管道无内防腐，易生锈结瘤，影响输水能力。随着球墨铸铁管等性能好的管材批量生产，价格逐渐趋于可接受，灰口铸铁管已逐渐不被采用。建设部下达的文件中，从2004年7月1日起，灰口铸铁管管材、管件不得用于城镇供水。

目前国内可用于给水管道工程中的主要管材有钢管、球墨铸铁管、预应力钢筋混凝土管、钢套筒预应力混凝土管、硬聚氯乙烯（PVC-U）管（非铅盐稳定剂）、玻璃钢夹砂管（GRP）、聚乙烯（PE）管、聚丁烯（PB）管、钢骨架（含钢丝网骨架）聚乙烯复合管、钢塑复合（PSP）管、不锈钢衬里玻璃钢复合管、不锈钢外缠空腹塑料复合管等。其中用的比较多的是球墨铸铁管、硬聚氯乙烯（PVC-U）管和聚乙烯（PE）管。而由于塑料制品行业的飞速发展，塑料管将会越来越多地被用作给水管材。

13.1.1 金属管

13.1.1.1 钢管

钢管包括钢板直缝焊管与钢板螺旋焊管，接口形式可采用焊接或法兰方式，是常用的给水管材。钢管的机械强度好，在抗拉、抗弯、耐冲击、耐振动等方面有优势，适应性强；事故时抢修快捷。管道可就近设厂加工，单位管长自重较轻，运输及施工比较方便，但必须做内外防腐。

钢管的主要优点是：

（1）管材强度、工作压力高，运行安全可靠。

（2）铺设方便，适应性强，可埋设穿越各种障碍。

（3）重量轻，经内外防腐后，寿命长。

（4）可不停水焊补漏缝。

主要缺点是：

（1）需要进行防腐处理。

（2）造价较高。

13.1.1.2 铸铁管

铸铁管的使用性能与钢管相当，出厂已做好内外防腐，耐腐蚀性优于钢管。同口径管道自重较钢管和玻璃钢管重，运输相对困难。

铸铁管的主要优点是：

（1）使用寿命长。

（2）防腐能力较钢管强。

（3）有标准配件，适用于配件及支管较多的管段。

（4）接口采用橡胶圈接口，柔性较好。

主要缺点是：

（1）重量较钢管大。

（2）造价较高。

13.1.2 水泥管

目前输配水中常用的水泥管主要是预应力钢筋混凝土管，其具有耐腐蚀性能好，无需内外防腐，造价较低的特点；但管材强度及额定工作压力均较钢管、钢套筒预应力混凝土管差；且自重大，运输、安装及故障时抢修困难。一般接口采用承插式橡胶圈接口，加工精度较难保证。当管道竖向起伏较多时，管道接口处易形成薄弱环节，管道渗漏较多，无标准配套及转换管件，需特殊加工，因而在配水管网中很少采用，主要用于大型输水工程中。

其主要优点是：

（1）耐腐蚀能力强，无需做内外防腐处理。

（2）价格便宜。

主要缺点是：

（1）承插接口加工精度要求高。

（2）无标准配件，需特殊加工。

（3）运输、安装困难，抢修困难。

13.1.3 塑料管

塑料管道作为新兴的产品和产业自20世纪90年代末开始受到国家有关部门的高度重视，几年来发展迅速，可谓材料、结构品种繁多，为推广塑料管材，淘汰落后的建材产品提供良好的物质基础。根据国家《关于加强技术创新推进化学建材产业化的若干意见》和《国家化学建材产业“十五”计划和2010年发展规划纲要》的精神，提出塑料管道推广应用应达到下列目标：到2010年，塑料管道在全国各类管道中市场占有率达到60%以上。

塑料管材有如下特性：

（1）耐蚀性：化学稳定性好，无锈蚀。

(2) 卫生性：无毒无害，无二次污染。
(3) 绝热性：热传导率低，绝热保温。
(4) 水力性：内壁光滑，阻力系数小。
(5) 密封性：可弯曲，管件少，连接可靠。
(6) 耐久性：设计寿命50年。
(7) 经济性：成本、施工、工期等综合费用低。

13.1.3.1 热塑性塑料管

热塑性塑料管主要包括：硬聚氯乙烯（PVC-U）管、改性聚丙烯（PP-R，PP-C）管、交联聚乙烯（PEX）管，有的也叫PE-X管、PPPE管（PP-R或PP-C与HDPE合成材料）、纳米聚丙烯管（NPP-R）、耐热聚乙烯（PE-RT）、氯化聚氯乙烯（PVC-C）管、聚乙烯（PE管，通常代表高密度HDPE型管）管、聚丁烯（PB）管、丙烯腈-丁二烯-苯乙烯三元共聚物为基材的工程塑料管（ABS）等。

一、PVC-U管

PVC-U管是由硬聚氯乙烯塑料通过一定工艺制成的管道。PVC-U管材不导热，不导电，阻燃。特别是应用于高腐蚀性水质的管道输送，质量和经济效果极佳。硬聚氯乙烯管重量轻，耐腐蚀，水流阻力小，施工方便。小口径（*DN*500以下）管道价格较其他管材低，在配水管道工程中应用逐步普及。

国内产品PVC-U给水管材主要规格有公称通径*DN*15～700约10种。适合室内、外给水工程。管材最高许可压力为0.6MPa、0.9MPa和1.6MPa3种规格。

其主要优点有：

(1) 重量轻，运输、施工方便，维修费用低。
(2) 耐腐蚀，使用寿命长，通常可达50年。
(3) 管壁光滑，水力条件好。
(4) 管材造价较低。

主要缺点是：

(1) 管材强度较金属管低，柔韧性较PE管差。
(2) 非耐冲击型管材的抗低温冲击强度低。
(3) 受“禁铅”问题的困扰。

管道连接宜采用承插黏接，也可采用橡胶密封圈连接。管道与金属管件螺纹连接时，应采用注射成型的外螺纹管件。管道与金属管材管道和附件为法兰连接时，宜采用注射成型带承口法兰外套金属法兰片连接。

二、PPR管

按照不同的聚丙烯聚合工艺条件可将其分为均聚聚丙烯（PP-H）、嵌段共聚聚丙烯（PP-B或PP-C管）、无规共聚聚丙烯（PP-R）。PP-R管经历了3个产品更新换代发展的阶段，也叫Ⅲ型聚丙烯即无规共聚聚丙烯。发明于20世纪80年代末，1993年进入中国市场，1998年在上海生产并推广使用。

其突出特点：

(1) 无毒、卫生。

（2）耐热、保温性能好。PP-R 管的导热系数只有钢管的 1/200，具有良好的保温和节能性能。

（3）安装方便且是永久性的连接。

（4）原料可回收，不会造成环境的污染。

主要缺点是：

（1）熔融黏度低，存在一定的低温脆性缺陷。

（2）由于聚丙烯本身的分子特性，其耐高温性能较差，线膨胀系数较大，长期工作温度不宜超过 70℃，不宜用作热水管道。

（3）与 PE 管一样，抗紫外线能力差，不宜室外明敷。

（4）市场价格高于 PE 管材。

PP-R 管道的连接方式主要有两种：热熔连接（DN＜110）、电熔连接（大口径及热熔连接困难的场所）。明敷和非直埋管道宜采用热熔连接，与金属管或用水器具连接时，应采用丝扣或法兰连接（需采用专用的过渡管件或接头）。直埋、暗敷在墙体及地坪内的管道应采用热熔连接。

三、PP-C 管

PP-C 或 PP-B 管发明于 20 世纪 70 年代。在聚合过程中，投入 5%～10%的聚乙烯与丙烯单体进行共聚，就产生了嵌段共聚聚丙烯（PP-B）。

其主要性能：

（1）耐温性能好、长期高温和低温反复交替管材不变形，质量不降低。

（2）不含有害成分，化学性能稳定，无毒无味，输送饮用水安全性评价合乎卫生要求。

（3）抗拉强度和屈服应力大，延伸性能好，承受压力大，防渗漏，工作压力完全可以满足供水需要。

管道采用热熔连接。

四、交联聚乙烯管（PEX）

PEX 管 1953 年发明于德国。是通过自由基反应，使聚乙烯的大分子之间形成化学共价键连接的具有三维网状结构的改性聚乙烯。

其特性：

（1）优良的耐温性能。

（2）优良的隔热性能和耐压力。PE-X 管导热系数小，热量损失小，节约能源。

（3）较长的使用寿命。可安全使用 50 年以上。

（4）抗振动，耐冲击。

（5）无污染环境的绿色环保管材，不含任何毒素，也不释放有害物质，焚烧后只产生水和二氧化碳。

管道连接方式有卡箍式和卡压式连接。

五、PPPE 管

PPPE 管是以 PP-R 或 PP-C 与 HDPE 为主要材料，加以一定量的化学助剂等合成材料，经挤压成型的塑料管材。

主要性能：

（1）适用温度范围宽（－25～95℃），耐高压（公称压力20MPa）。

（2）能热熔连接（有专用的PPPE管配套热熔管件），而且还能在现场用普通套丝工具套丝，采用带内螺纹的管件进行螺纹连接。

在同等承压条件下，PPPE管的管材和管件的壁厚比PP-R管（Ⅲ型聚丙烯）的壁厚要小，且口径越大，小的越多，因此PPPE管的价格比PP-R管低。据测算，PPPE管整体工程造价约比PP-R管少80％左右。

六、NPP-R管

NPP-R管材是以无机层状硅酸盐插层复合技术制备的含有纳米抗菌剂的纳米聚丙烯（NPP-R）抗菌塑料粒料制成的。

纳米聚丙烯（NPP-R）管道其突出特点：质量轻、耐热性能好、耐腐蚀性好、导热性低、管道阻力小、管件连接牢固。

其独具特性为：

（1）优异的力学性能。在安装和使用过程中不会因偶然的撞击、敲打或轧压而造成破坏。

（2）线性膨胀系数小。

（3）纵向收缩率低。

（4）100％的杀菌功能。特别适用于饮用水管网输水工程。

（5）绿色环保产品。

NPP-R管按公称压力区分为：2.25MPa、1.6MPa、2.0MPa 3种。主要连接方式为热熔式插接，部分使用在工厂内生产成型的丝扣进行连接。

七、氯化聚氯乙烯（PVC-V）管

PVC-C管是一种氯化聚氯乙烯塑料管。

其主要性能特点：

（1）性能很强。PVC-C管无论是在酸、碱、盐、氯化、氧化的环境中，暴露在空气中、埋于腐蚀性土壤里。甚至在95℃高温下，内外均不会被腐蚀。

（2）良好的阻燃性。PVC-C着火温度482℃，所以PVC-C管道不自燃且不助燃，不会产生有毒气体。

（3）保温性能佳，热膨胀小。PVC-C热传导率低，所以PVC-C管道夏天不易结露，冬天可节省大部分保温材料及施工费用，也不易扭曲变形。

（4）抗震性好。管道具有较好的弹性模量，抗震并能大大降低水锤效应。

（5）优异的耐老化性和抗紫外线性能。

连接方式有承插黏接、塑料焊接，还有专用配件法兰连接、螺纹连接。

八、聚丁烯（PB）管

20世纪70年代初出现在德国。聚丁烯（PB）是由聚丁烯-1树脂添加适量助剂，经挤出成型的热塑性管材。聚丁烯管材具有良好的机械性能、热稳定性、柔韧性。

其主要特性有：

（1）重量轻，柔软性好，施工简单：PB管重量为镀锌钢管的1/20，易于搬运，材质柔软，最小弯曲半径为6*D*（*D*：管外径）。

（2）耐久性能好，无毒无害：因其为高密度聚合物，分子结构稳定，使用寿命可达

50～100年，且无毒无害，不发生化学反应。

(3) 抗紫外线、耐腐蚀：PB管抗紫外线和微生物侵害，且能使贮存其中的水长时间不变质。

(4) 抗冻耐热性好：在－20℃的情况下，具有较好的低温抗冲击性能，管材不会冻裂，解冻后，管材能恢复原样，可耐100℃以下的高温。

(5) 管壁光滑，不结垢：同镀锌管比较可增加水流量30%。

(6) 热伸缩性好，连接方式先进：PB管的热伸缩性大约为金属管的1/60，膨胀系数与混凝土相近。连接方式为一体化热熔连接，因此在埋设时，可避免因温度变化和水锤现象引起管的移动及连接处的渗漏。

(7) 易于维修、改造：PB管暗埋时，不与混凝土黏接。

主要缺点是：

(1) 由于PB树脂供应量小且价高，国内生产PB管材的厂家不多。

(2) PB属于易燃材料，安装加工或使用的场所通常需采取防火措施。

(3) 原材料主要依赖进口，管材市场价格昂贵。

管道连接可采用热熔承插焊接、电熔承插焊接、夹紧式连接。夹紧式接头连接（无需橡胶密封圈）成功解决了塑料管道与传统金属管道（铜、钢、铁）的连接问题。可有效避免因橡胶老化造成的系统渗漏。

PB材料属于易燃材料，安装加工或使用的场所必要时需采取防火措施。由于这种管材的原材料主要依赖于进口，价格昂贵，包括施工连接的专用工具等，同时施工技术要求较高等原因，故在国内应用很有限。

九、耐热聚乙烯（PE-RT）

耐热聚乙烯（PE-RT）是由乙烯和辛烯共聚而成的聚烯烃族热塑性材料。适用条件：适用于长期工作水温小于70℃的冷热水系统。冷水工作压力≤1.5MPa，热水工作压力≤1.0MPa，最低工作温度为－20℃。管道的连接与敷设验收等要求均同PB管。

十、聚乙烯（PE）管

聚乙烯（PE）是由聚乙烯树脂添加适量助剂，经挤出成型的热塑性管材。给水用PE管自20世纪50年代开始投入使用以来，得到了广泛应用，材料性能也不断改进。分为PE63级（第一代）、PE80级（第二代）、PE100级（第三代）及PE112级（第四代）聚乙烯管材。由于PE63级承压较低较少用于给水材料，目前给水中应用的主要是PE80级、PE100级，PE112级是今后的发展方向。PE管也可分为高密度HDPE型管和中密度MDPE型管，高密度HDPE型管要比中密度MDPE型管刚性增强、拉伸强度提高、剥离强度提高、软化温度提高，但脆性增加、柔韧性下降、抗应力开裂性下降。由于高密度HDPE型管应用较多，通常用高密度HDPE型管代表PE管。

我国自20世纪90年代以来尤其是近几年来，随着外贸和先进技术的引进，PE管的生产日趋成熟，2000年5月1日颁布了国家标准《给水用聚乙烯管（PE）管材》GB/T 13663—2000，为PE管的普及推广奠定了良好的基础。目前在给水工程中，PE管由于独特的优势，越来越受到用户们的青睐。

PE管的优点包括：

(1) 化学性能稳定

由于PE分子没有极性，所以化学稳定性好，不会发生腐烂，生锈或电化学腐蚀现象，可耐多种化学介质的腐蚀，在一般土壤中存在的化学物质不会对管道造成任何障碍作用。此外它也不滋生细菌不结垢，其流通面积不会随运行时间增加而减小，属于环保型产品。

(2) 连接可靠

PE管道系统之间主要是热熔对接连接，接头少，无泄漏，接头的强度高于管道本体强度，它与其他管道采用法兰连接，施工方便快捷。

(3) 施工便捷

由于PE管重量轻，搬运和连接都很方便，所以施工快捷，安装费用低，维护工作简单。在工期紧和施工条件差的情况下，其优势更加明显。

(4) 水流阻力小

采用PE管为材料的管道具有光滑的内表面，其曼宁系数为0.009，比相同口径的其他管材具有更高的输水能力。换言之，输送相同水量的情况下，可采用口径相对较小的PE管道。

(5) 可挠性好

PE管材轴向可略微挠曲，工程上可通过改变管道走向的方式绕过障碍物，可以不用管件就直接铺在略微不直的沟槽内，可承受地面一定程度不均匀沉降的影响。

(6) 低温抗冲性好

具有良好的耐低温性能，抗冲击的脆化温度是−70℃，一般低温条件下（−30℃以下）施工时不必采取特殊保护措施，冬季施工方便。而且，PE管有良好的抗冲击性，即使有2倍于公称压力的水锤也不会对管道造成任何伤害。

(7) 耐磨性能好

PE管道与钢管相比，其耐磨性为钢管的4倍，德国曾用实验证明HDPE的耐磨性甚至比钢管还要高几倍。

(8) 抗应力开裂性好

具有低的缺口敏感性，高的剪切强度和优异的抗刮痕能力，耐环境应力开裂性能也非常突出。

(9) 多种全新的施工方式

PE管道具有多种施工技术，除了可以采用传统的开挖方式进行施工外，还可以采用全新的非开挖技术如顶管，定向钻孔，衬管，裂管等方式进行施工，这对于一些不允许开挖的场所，是很好的选择。

就施工方法而言，PE管道特别适用于非开挖工程。其热熔焊接使管道具有一体化的连接方式，接头强度高；优良挠性使得PE管道走向容易依照施工轨迹的要求进行改变；良好的抗刮痕能力，使得管道不易损坏而漏水。

主要缺点是：

(1) 管材造价比PVC-U管高。

(2) 管材结构单一，线膨胀系数大，保温性能相对较差，因此在受到较大温差影响时，易发生纵向回缩。

(3) 受热时易膨胀，且其性能随着温度的升高而下降，长时间工作温度不宜超过

40℃，一般仅用于冷水管道。

(4) 因表面色深易吸热，日照环境下易老化，影响其使用寿命，因此不宜室外敷设。

管道连接可采用电熔焊接和热熔对接技术，使得接口强度高于管材本体，保证了接口的安全可靠。

十一、ABS管

ABS工程塑料是丙烯腈、丁二烯、苯乙烯3种化学材料的聚合物。

其主要优点：

(1) 耐腐蚀性极强。

(2) 耐撞击性极好。ABS管道能在强大外力撞击下，材质不破裂。

(3) 韧性强。

连接方式主要为冷溶胶接法。

13.1.3.2 热固性塑料管

热固性塑料管（GRP）又称玻璃纤维增强树脂塑料管或玻璃钢管。玻璃钢管或加砂的玻璃管又分为两种成型方法，即离心浇铸成型法（Hobas法）及玻璃纤维缠绕法（Veroc法），GRP管在大口径管道上有较大的适用前景。由于管料和管件造价高等原因，一般较少采用。

13.1.4 复合管

复合管的金属材料有碳钢、不锈钢、铜、铝合金等，一般是金属在外加强管道的强度和刚度，塑料做内衬。复合管虽然兼有金属管和塑料管的优点，但两种管材的热膨胀系数相差较大，如黏合不牢固而环境温度和介质温度变化又较剧烈，容易脱开，从而导致管材质量下降。复合管的连接宜采用冷加工的方式，热加工方式容易造成内衬塑料的伸缩变形乃至融化。尤其用于热水时，管道连接的卡套内的橡胶密封容易产生热胀冷缩导致漏水现象。目前连接方式存在不少问题，有待进一步研究、完善、开发。

13.1.4.1 钢塑复合钢管

钢塑复合钢管主要是给水涂塑复合钢管与给水衬塑复合钢管两大类。

给水涂塑复合钢管的优异性能有：

(1) 安全卫生，价格低廉。

(2) 良好的防腐性能，且耐腐、耐碱、耐高温，强度高，使用寿命长。

(3) 优越的耐冲击机械性能。

(4) 介质流动主力低于钢管40%。

涂塑复合钢管的连接方式有管螺纹、法兰和沟槽式3种。

给水衬塑复合钢管主要性能与给水涂塑复合钢管比较类似，对衬塑复合钢管来说，导热系数低，节省了保温与防结露的材料厚度。另外同外管径条件下，过水断面小，水流损失与流速均增大。常用规格有公称通径 $DN15\sim150$。

13.1.4.2 不锈钢衬里玻璃钢复合管

不锈钢衬里复合管是在玻璃钢管内衬薄壁不锈钢管复合而成。不锈钢内衬管壁厚度根据工作压力、母管材特性及管径而定，常用壁厚为0.2～0.8mm。不锈钢内衬对母管材起到了内壁防腐、提高强度及抗渗能力，内壁光滑，粗糙度在0.08～0.2μm。管道标准长度12m，管道接口采用焊接或法兰连接。

其主要优点有：

(1) 重量轻，运输、施工方便，维修费用低。

(2) 耐腐蚀，使用寿命长，可达50年。

(3) 不锈钢管壁光滑，粗糙度0.08～0.2μm，水力条件好。

(4) 对水质无污染。

主要缺点是管材造价高。

13.1.4.3 铝塑复合管

20世纪90年代初发明于英国，该管材由5层材料组成。中间层为铝合金，内外层根据材料不同分为以下几种：

(1) 搭接焊铝塑复合管：聚乙烯/合金/乙烯（PAP）和交联聚乙烯/铝合金/交联聚乙烯（XPAP）。

(2) 对接焊铝塑复合管：聚乙烯/铝合金/交联聚乙烯、交联聚乙烯/铝合金/交联聚乙烯和聚乙烯/铝/聚乙烯（PAP3）。中间层和内外层之间以热熔胶黏结。

PAP管特性有：

(1) 良好的耐腐蚀性能，管壁内外均不存在锈蚀的问题，且不含有害成分，化学性能稳定。

(2) 优良的机械性能，防渗漏，耐压强度较高。

(3) 抗振动、耐冲击，能有效缓冲管路中的水锤作用，减少管内水流噪声。

(4) 不用套丝，弯曲操作简单，管线连接施工方便。

管道连接方式宜采用卡套式连接。管道宜采用管材生产企业配套的管件及专用工具进行施工安装。

13.1.4.4 铜塑复合管

性能基本上与铝塑复合管大多类似，铜的韧性比铝要好些，因此造价要高，这也是铜塑复合管比铝塑复合管推广应用要少的缘故。

13.1.4.5 孔网钢带聚乙烯复合管

以孔网钢板为增强骨架，高密度聚乙烯管道专用料为基材，通过复合共挤成型的钢塑复合管道。最小管径为*DN*50，最大管径*DN*400，公称压力1.0～2.0MPa。连接方式有电熔连接和法兰连接。电熔连接采用预埋电热丝的管件用专用电熔焊机与管道连接。

13.1.4.6 给水铝合金衬塑管

给水铝合金衬塑管外层为无缝铝合金，内衬聚丙烯（PP），两者通过特殊工艺复合。其特性：

（1）管外层是刚性好、强度高、耐腐蚀的铝合金无缝管。机械性能好，耐压能力高。

（2）管道热稳定性好，线性膨胀低。

（3）外层有铝合金保护，抗老化能力强。

（4）两种主材及加工工艺无有害物质遗留于过水面，有较好的环保特性。

管道连接有卡套式快装管接头、专利法兰盘等。但由于管件为外接头，不利于暗装，又有一定的腐蚀性，所以限制了它的使用。

13.1.5 常用管材性能比较

常用管材性能比较表见表 13-1。

管材性能比较表　　表 13-1

项目＼管材	钢管	PE 管	球墨铸铁管	PVC 管	PPR 管	不锈钢管	钢塑复合管
机械强度	高	较高	高	一般	一般	高	较高
重量	较轻	轻	较重	轻	轻	较重	较轻
防腐	内外壁均需防腐	成品不需防腐	特殊地段需考虑外防腐	成品不需防腐	成品不需防腐	成品不需防腐	成品不需防腐
施工条件	安装、起吊、运输较方便	安装、起吊、运输非常方便	安装、起吊、运输较方便	安装、起吊、运输非常方便	安装、起吊、运输方便	安装、起吊、运输较方便	安装、起吊、运输较方便
使用经验	丰富	大口径管起步阶段	丰富	丰富	丰富	丰富	丰富
安全卫生性	防腐强度要求高	化学稳定性好、抗污染能力强	抗污染能力较强	化学稳定性一般，接口黏接剂有污染	内层耐腐蚀不结垢，但被阳光照射易老化降解	安全卫生性能极好，外观亮洁	内层耐腐蚀不结垢
水力条件	较好	好	较好	好	好	较好	好
造价	高	适中	高	较低	较低	高	较高
接口	焊接或法兰	电熔、热熔对接	橡胶圈接口	承插、橡胶密封圈	热熔连接、电熔连接	焊接或法兰	法兰、沟槽式

13.2　小城镇供水管材选择

13.2.1　管材选择原则

供水企业应始终坚持把向用户提供安全、卫生、优质的饮用水作为根本任务。为此，供水管网的合理选择显得极其重要。我们本着以下原则进行管材的选择：

（1）密封性好

供水管网是承压的管网，管道只有在长期承受内、外压力的状况下具有良好的密封性，是连续供水的基本保证，从而达到减少爆管，降低漏损的目的。

（2）保证水质稳定

供水管材在长期输送水时，应保证内壁光滑，不结垢，不锈蚀，并且耐腐蚀。同时，不能向水中析出有害物质。

（3）水力条件好

供水管道的内壁不结垢、光滑、管路畅通，才能减少水头损失，确保服务水头，降低能耗。

（4）使用寿命长

与传统的金属管道比较，非金属管材在常温下（20℃）、工作压力（PN）1.0MPa条件下，使用寿命应达50年以上。

（5）建设投资省

供水管网的建设费用通常占供水系统建设费用的50%～70%，因此如何通过技术经济分析确定供水管网的建设规模，恰当选用管材是优化管网建设的保证。

（6）安装及维护方便

安装连接形式应多样，维护维修的专用配件应齐备。

13.2.2　小城镇管材选择

根据技术经济性能综合比较，建设部科技发展促进中心建议：

（1）*DN*500mm以下城镇供水管网，宜以塑料管（包括PE、PVC-U）为主。

（2）*DN*500～800mm城镇供水管网，宜以塑料管和球墨铸铁管为主。

（3）*DN*800～1200mm城镇供水管网，宜以球墨铸铁管为主。

（4）*DN*1200mm以上城镇供水管网，宜以预应力钢筋混凝土管为主。

显然，小城镇供水管网管道直径一般都较小，所以对于新建的小城镇来说，供水管网管材应该首选塑料管。但是同时，还应考虑环境因素，如输送水质、地下水及土壤的腐蚀性、是否处于地震区等。除此之外，还应参考业主、设计、施工等对所选管材的实践经验，检修、换管、接管是否方便，以及工程投资综合造价，运行费用等诸多因素。

对于有些小城镇原有的管网来说，以前用铸铁管居多，那么在管网改扩建时，首先应该考虑将原有管道的使用价值最大限度的发挥。若有条件，已锈蚀的管道应该除锈防腐，继续用于供水。对于实在不能再用的管道，则用新管替换。在管道替换时，仍然首选塑料管。因为塑料管材在同等口径条件下，其水力学性能远远优于其他金属管材，输水能力有很大提高，降低了输水能耗，在提高管网的技术状态和保障安全优质供水方面具备较大优势。

从前面对比分析不难看出，各类塑料管材虽具备较多的共性，但总的来说还是各有优缺点，因此在应用过程中应因需、因地、因时制宜，有针对性地加以选择。结合城市配水管网改造工程对管材管件的需要来看，其工程内容主要是更新改造老旧管网，其特点一是多为*DN*400以下的中小口径管道，二是需与其他不同材质的管材进行对接，三是要求运输、安装方便，四是对管材的使用寿命有较高的要求。因此塑料管材基本可以满足以上需要，在配水管网改造工程中的应用前景十分广阔。

13.2.3 塑料管材的选用

市场上可供选择的塑料管材种类较多，供水企业因此颇费踌躇。结合城市供水现代化的总体要求来看，除应满足阻力小、能耗低、耐腐蚀、重量轻等要求外，在选择塑料管材时还应遵循以下基本原则：

（1）必须符合饮用水卫生要求。

材料应用的安全性是为市场所接受的前提。从满足供水安全性和提高水质保障率的角度来看，“六无”是选材时必须首先遵循的原则，即材料本身无毒、无味；添加剂无重金属、且在一定温度条件下无溶解、无挥发；回收时无污染。

（2）具有必要的强度和韧性。

在水改工程中，管材管件有的埋设于地下，有的明敷于室内外，其施工条件和运行环境各异，因此对管材的强度和韧性的要求也有所不同。考虑到施工安装及维修维护的简便性，在同一区域的水改工程中，通常会选用同一材质的管材管件，因此材料的强度和韧性必须达到较高要求。

（3）有利于节约建设投资。

尽量选择国内生产厂家较多、生产成本相对较低的管材，扩大可选范围，以利节省投资。

（4）有较为成熟的实际应用经验。

这样有利于控制施工安装质量，降低管网漏损率和故障发生率。

据中国塑料加工工业协会塑料管道专业委员会统计，国内较知名的塑料管道生产厂家见表13-2。

国内较知名的塑料管道生产厂家　　表13-2

项 目	产品和品牌所在企业
产品质量国家免检	福建亚通公司、广东联塑公司、广东顾地公司、佛山日丰公司、浙江永高公司、浙江中财公司、临海伟星公司、金德管业集团、四川泰鑫公司、佛山雄塑公司、四川康乐公司、亚大有限公司、河北宝硕公司、浙江星河集团、安徽国风集团、华亚芜湖公司、南亚（厦门）公司、东营胜邦公司、武汉金牛公司、南塑建材公司、中山环宇公司、成都川路公司、天津军星管公司、江苏联通公司、浙江枫叶集团、福建恒杰公司、泉州兴源公司、漳州集友公司、湖北凯乐公司、武汉泰洲公司、四川多联公司、宁夏青龙公司、新疆屯河公司等

续表

项 目	产品和品牌所在企业
中国名牌	金德管业集团、广东顾地公司、公元塑业集团、福建亚通公司、浙江枫叶集团、佛山日丰公司、广东联塑公司、浙江中财公司、武汉金牛公司、伟星集团公司、成都康乐公司、成都川路公司

13.2.4 选用供水管材的建议

（1）从性价比、市场常备规格及应用技术的成熟性等方面综合考虑，建议在水改工程中首选 PVC-U（无铅型）、PE（HDPE）、PP-R 等三类管材管件。

（2）不同口径的管道，改造时宜结合不同的施工、运行环境选用不同的管材。以下选择可供参考：*DN*100～400 优先考虑采用 PE（HDPE）管，其次是 PVC-U 管；*DN*50～100 优先考虑 PE（HDPE）管、PP-R 管，其次是 PVC-U 管；*DN*50 以下建议首选 PE 管，但小口径入户管道因多为明敷，宜选用抗紫外线强度较高的 PVC-U 管。

（3）经常遭遇低温冻害的地区，应优先考虑选用保温节能型的 PP-R 管。这样虽然一次性投入相对较高，但降低了后期运行的维修维护成本。

（4）有条件的地方，也可适当选用市场价格较高的 PB 管、PEX 管，有针对性地在施工安装及新型管材的应用与研究方面做些积累和探索。

但是塑料作为分子材料，其本身的特性应引起重视，尤其是在施工安装中要注意采集相关数据、积累相关经验、改进相关方法，以进一步提高供水安全性。目前，供水行业处于一个较快的发展阶段，在塑料管材的选择与应用上，供水企业不仅要考虑初期一次性投资成本，更要考虑长期运行的变动成本控制，因此应加快优质塑料管材的应用步伐，在管网改造中积极推广应用新材料。另外，在提高管材质量及降低生产成本等方面，塑料管材生产企业也应加大研发力度，不断推出符合市场需求的新型材料。

第 14 章　外源污染阻控技术

14.1　供水管网外源污染

给水管网系统是城镇重要的基础设施之一，随着城市建设的迅速发展和居民生活水平的提高，不但要求给水管网系统满足用户所需的水量、水压，而且还要保持水质。由于历史原因，小城镇供水管网中灰口铸铁管占了很大比例，其材质粗糙，管道内壁普遍存在着结垢层与锈蚀，沿管道内壁会逐渐形成不规则的“生长环”，随着时间的递增，管道内壁的“生长环”将逐渐变厚，这对管网的通水能力和供水水质会产生重大影响，造成水的二次污染，对陈旧管网改造势在必行，而采取更换管道的传统方法，施工周期长，要耗费大量的资金和破坏许多建筑；管网因修理、降压供水等原因发生停水或管网产生负压时，管网周围、下水道的废水会通过管网的渗漏点渗透进入供水管网，也会污染水质，管道清洗是维护老旧管网的一个主要方法。

课题组进行了大量的文献调研，研究了各种不同的管道清洗方法以及各种方法的优缺点。

20 世纪 60、70 年代，我国大中城市和工矿企业管道清洗多用简易机械或手工方法进行，诸如电钻钻、钢绳拉和竹竿捅等。到了 80、90 年代，使用半机械化的方法进行清洗，如液压绳索的拉拽、疏通机械的钻刮以及低压水、气的冲刷等等。同时，条件合适时也采用化学的侵蚀和剥落等化学方法进行清洗。尽管传统的清洗方法，如将长杆上装上线刷刷洗或钻出污物等方法在一定程度上有效，但易损坏管道，并且耗时、效率低。通过用化学物质在管内循环流动清除管内污物的化学清洗方法，只能用来清洗没有被完全堵塞的管道，而不能用于清洗已阻塞的管道。近十几年来，特别是进入到 21 世纪，管道清洗在发达国家及我国大中城市，基本上都向高压水射流清洗方法过渡和发展。但是对于内部结构复杂的管道难以清洗干净。随着技术的不断进步，各种具有不同优点的新型的管道清理技术不断涌现。

当前管道清洗中常用的清洗技术主要有水压推动弹性球体反复运动清洗管道技术、磁力清管器、高压水射流管道清洗技术、HYDROKINETICS 工艺、空化射流式管道清洗技术、气压式管道清洗技术、加气清洗技术、化学清洗技术等。每种技术虽存在自己的优势，但是同时也存在其不足，如污染水质、腐蚀管壁、去垢不彻底、弯头处清洗困难、设备要求高、噪声大、施工困难，并且停水时间长、耗能大、需水量大等，因而其应用范围也受到限制。因此，为了达到高效、节能、省水的目的，本课题主要进行“高压水射流法”和“智能气压脉冲法”除垢原理及试验研究。

14.2　给水管道清洗

14.2.1　国内外研究现状

20世纪60、70年代，我国大中城市和工矿企业管道清洗多用简易机械或手工方法进行，诸如电钻钻、钢绳拉和竹竿捅等。到了80、90年代，使用半机械化的方法进行清洗，如液压绳索的拉拽、疏通机械的钻刮以及低压水、气的冲刷等等。同时，条件合适时也采用化学的侵蚀和剥落等化学方法进行清洗。尽管传统的清洗方法，如将长杆上装上线刷刷洗或钻出污物等方法在一定程度上有效，但易损坏管道，并且耗时、效率低。通过用化学物质在管内循环流动清除管内污物的化学清洗方法，只能用来清洗没有被完全堵塞的管道，而不能用于清洗已阻塞的管道，也不符合饮用水管道的卫生要求。

如今清洗技术发展迅速，新的清洗技术、清洗方法不断出现，特别值得注意的是：从世界清洗技术专利统计来看，化学清洗只占1/4，而大部分是物理清洗方法。另外，世界各国对环境保护日益重视，也使化学清洗的发展受到限制。化学清洗每年排放大量的酸、盐，严重污染周边的环境，而且使地下水的硬度增加。根据给水管道的卫生要求，化学清洗受到很大的限制，物理清洗技术是未来的发展方向。国外学者专家对管网冲洗方法及步骤的研究起步较早，开始于20世纪80年代，而国内对管网冲洗方法及步骤研究开始较晚，大约在90年代后期国内学者才对管网冲洗的步骤具有初步的认识和简单的研究。

14.2.2　单向冲洗法

单向冲洗法是用一定水压的高速水流对管道进行冲洗。清洗的水从管段中流出，通常是从消火栓流出，这样就能产生足够的速度，可以将管壁上的沉积物和内壁生物膜清除掉。单向清洗是最简单的管道清洗方法，清洗所需的冲洗速度取决于沉积颗粒的大小和比重。

1994年，Boeoi等人首先对管网的单向冲洗方法进行了研究，确定了进行管网单向冲洗的几个重要参数和原则。在冲洗过程中，通过关闭阀门和打开消火栓的位置及其个数等控制水的流向、流速，并保证冲洗水完全排出管网等。

姜湘山等认为松软的积垢可用提高流速的水流进行冲洗，每次冲洗的管线长度为100～200m，冲洗流速为平时供水速度提高3～5倍。

单向冲洗中，冲洗流速的确定是整个冲洗过程中起到决定作用的控制参数，所以，在对冲洗流速方面的研究也最活跃。Edward等人认为1.8m/s的流速能够去除附着在管壁的生物膜、腐蚀副产物和其他的沉积物质；也有学者（如Oberoi，1994）认为，1.5m/s的冲洗流速就能达到上述的冲洗目标。Friedman，Melinda等人在2002年对进行单向冲洗的冲洗流速进行了进一步的研究，通过研究管网各种内沉积物质的属性和在各种管道内壁的附着能力，运用流体计算模拟软件（CFD）对管网流速的模型研究，对冲洗流速的中试试验，得出了一系列的管网冲洗流速确定原则和影响因素。

天津大学焦文海总结了管网单向冲洗的水力计算过程，分析了管网单向冲洗对给水管网水质生物稳定性和化学稳定性的影响。

David，Parker 等人对单向冲洗方法进行了进一步的试验研究，在单向冲洗的过程中，在冲洗管道的起始端，通过充气装置向待冲洗管道内充二氧化碳气体，降低冲洗水的 pH 值，增强冲洗水与管道内壁附着物质的反应，以此改善管网单向冲洗的效果。

14.2.3 高压水射流法

高压水射流法，是用高压水泵和软管连接，通过特制的喷嘴喷射水流清洗管道，高速、高压水流的冲击能量将管道生物膜除掉。其优点是消耗水量少，冲洗效果好。

高压水射流清洗技术是从 20 世纪 70 年代发展起来的一项新的清洗技术。1972 年，英国流体力学研究协会（BHRA）组织了第一次国际水射流切割技术会议。1981 年，美国水射流技术协会（American Water Jet Technology Association）成立并举办了第一次国际性水射流技术讨论会暨展览会。1979 年，中国召开了第一次全国水射流技术讨论会。

哈尔滨工业大学赵洪宾教授对高压水射流管道清洗法做了大量的研究，对高压水射流的冲洗原理、射流结构及射流清洗的效果进行了分析，实验得出了不同喷头参数（喷孔构造、直径、圆柱段长度）射流的冲击力。兰州理工大学周文会对高压水射流喷嘴内外部流场进行了数值模拟。J. F. Klausner 等人研究了气水两相高速射流的射流水量比传统的高压射流小很多，通过激光反射率测定沉淀物的去除率，得到不同喷嘴、气水混合最佳温度的沉积物去除效果。

14.2.4 气压脉冲法

城市给水管网中的水流一般都是紊流。气压脉冲清洗给水管道是利用空气的可压缩性，使高压气体以一定的频率进入管内，在管内形成间断的气-水流，随着空气的压缩和扩张，使管内的紊流加剧，水流的切应力增大，使管壁的生长环被冲下，并随着高速水气流排出。该清洗技术纯属物理过程，无化学污染；采用微机进行测控，利用原有管道附属设备进行施工，简单可靠，操作方便，可减少工程投资；输入脉冲和排除锈垢装置均安装在检查井中，无需断管或开挖路面，费用低，却能创造很大的经济效益和社会效益。

宋安坤结合大庆给水管网的自身特点，用气压脉冲技术清洗管道，把管线分为大口径管线（$DN \geqslant 400$mm）和小区管线（$DN < 400$mm）分别进行了研究。认为气水脉冲冲洗技术可以有效地清除给水管线内部的沉积物，减轻水质的二次污染，改善用户水质，减少供水阻力、减低供水电耗。通过经济和社会效益分析，与传统的清水加压冲洗方法相比，该方法可节约大量水资源。李运长等把气压脉冲清洗法应用在供水供热管网中，取得了良好的清洗效果。

14.2.5 高压水射流清洗

高压水射流清洗管道由于使用非常简便（只要将喷头-亦称鼠头从小井放在管道口内，

开动清洗机，它就可在管道内钻来钻去，将管道清洗干净），在国际上应用比较普遍。该系统结构如图14-1所示。

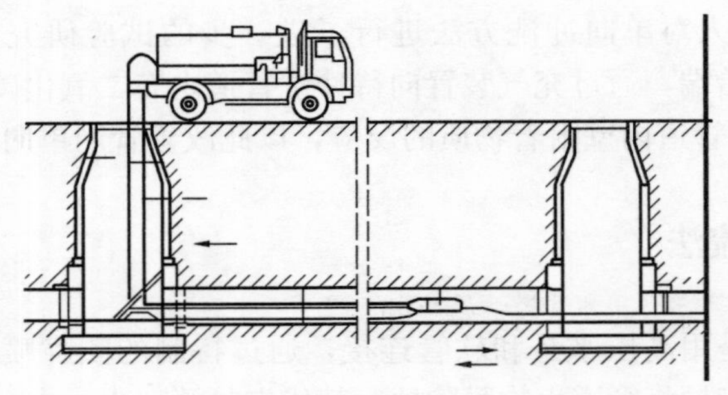

图14-1 高压水射流管道清洗系统图

14.2.5.1 高压水射流原理

一定流速的液体由喷嘴射出形成的流束称为射流，喷嘴的作用是将高压低流速的液体转变为高速低压液体。高速射流射向管壁所产生的冲击力可将生长环击碎并随水流带走，从而达到清洗的目的。

射流的种类按射出的射流射入的介质可分为：自由射流和淹没射流。由喷嘴射出的射流如果射入大气空间，称为自由射流，高压水射流除垢就是这种射流；如果射入除空气以外的其他介质中称为淹没射流。射流按其作用形式又可分为连续射流、脉冲射流和空化（气蚀）射流。液体由高压泵加压经过管道由圆柱形或圆锥形喷嘴射出所形成的射流称为连续射流。其特点是射流连续地作用在被冲击物体的表面上。

连续射流按喷嘴的孔径又分为大射流和细射流。喷嘴孔径较大，一般在15～25mm左右为大射流，主要用于采煤、掘进等。喷嘴孔径较小在5mm以下，称为细射流。本试验研究的即是这种射流，因为它的方法比较简单，容易控制，适合于用水量较少的给水管道除垢。

(1) 射流结构

本试验所采用的射流均是自由射流。自由射流可分为4个部分：第Ⅰ段是紧密段，这段射流是紧密的连续体，具有光洁的表面，过水断面上的流速几乎是均匀分布；第Ⅱ段是核心段，该段射流开始扩散，射流表面已经碎裂成互不相连的水块，但射流的核心仍保持成圆锥状的紧密部分；第Ⅲ段是碎裂段，此处整段都已碎裂成小块；第Ⅳ段是水滴段，是第Ⅲ段末端水块进一步分散成为水滴的松散组合。如图14-2所示。

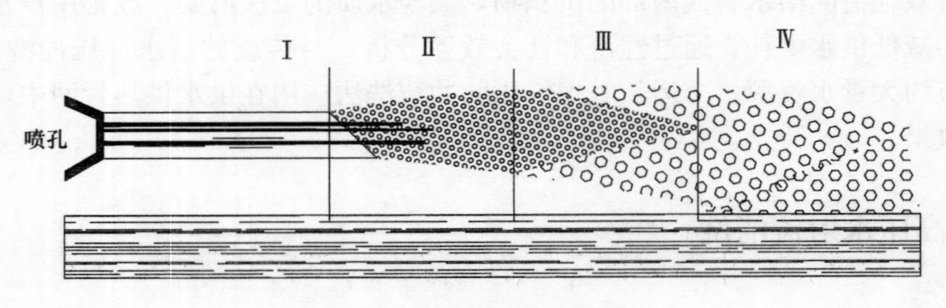

图14-2 射流结构示意图

一定流速的流体由喷嘴喷出，则在射流与其周围静止空气之间产生较大的速度梯度，而且一部分静止流体被主射流带走，一部分静止流体比主射流流速稍弱，并产生垂直于主射流方向的流动。射流与周围空气发生混杂，这样由于空气的阻力以及射流的紊动和重力作用，使得射流发散。

应用于管道除垢的射流，由于核心区域减小，扩散增大，在第Ⅲ段射流段，核心区域消失，而使射流的核心流速降低为零，射流的冲击力骤减，直至失去对生长环的作用力。因此，在射流除垢中起主要作用的是紧密段和核心段。如何提高射流的核心区域的长度，减小扩散，是本试验所要研究的问题之一。

（2）射流对结垢的作用

根据流体动量定律：

$$\Sigma \vec{F}=\rho Q \vec{V}_2-\rho Q \vec{V}_1$$

即流体所受外力之合等于流体的动量变化。由作用力与反作用力的定律，流体所受的外力与流体对物体的作用力是一对作用力与反作用力，其数值相等。现以射流对平板碰撞为例，在射流不紊乱时，若不计其与周围流体间摩擦力和流体不会由于弹性而被弹回，而是沿平板流失，射流对平板的冲击如图 14-3 所示。

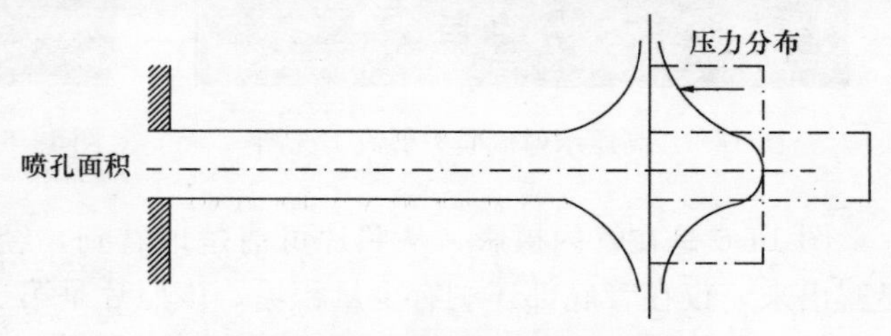

图 14-3 射流对平板的冲击示意图

由动量定律，平板所受的打击力 F

$$F=\rho QV=\rho AV^2$$

平板所受的平均压强 P 为：

$$P=\rho V^2/2$$

其中，A——喷孔面积；ρ——流体密度；V——射流速度。

当然，射流应用中的情况要比这复杂，如平板上的压力分布是不均匀的；压力随着离开打击中心而降低；另外，射流速度也会因摩擦阻力而减小。但基本的作用力关系是符合上述表达式，因此，可以用实验的办法来确定射流中各量之间的关系。

（3）高压水射流工作原理和试验

高压水射流是一项新技术，高压水射流是用高压泵提供的高压水，经高压胶管送至喷头，由喷头上的喷孔将高压低流速水流转变为低压高速射流，以射流冲击生长环，完成清洗的作业。由于管道埋设在地下，在管内人工移动喷头难度较大，射流不用人直接控制，喷头要能自行在管道中运动，喷头产生的射流能够均匀冲洗管内壁，并产生向前的推力，推力的作用是在保证具有一个良好清洗效果同时，使喷头克服阻力带动高压胶管向前移动，使喷头和胶管自动前移。根据流体动量定律，若喷头以一定角度向斜后方射流，既能产生对管壁的冲击力，又可保证对喷头和胶管的推力。喷头在管内的射流示意图如图 14-4，喷头在管内的实际工作情况如图 14-

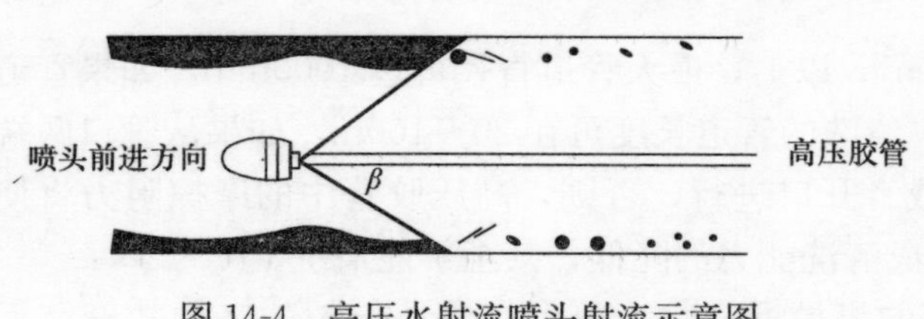

图 14-4 高压水射流喷头射流示意图

5、图 14-6 所示。

喷头推进力 $P_{推}$： $$P_{推}=\frac{\rho V^2}{2}\cos\beta$$

管壁所受的冲击力在垂直于管壁方向上（半径方向）的投影力：$P_{冲}=\frac{\rho V^2}{2}\sin\beta$

图 14-5 高压水射流喷头射流工况图

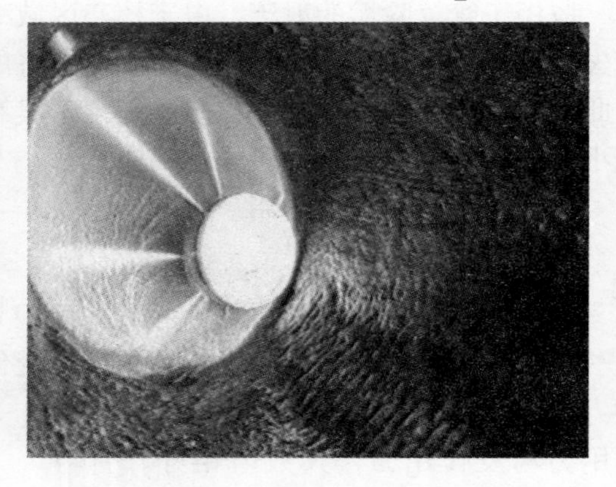

图 14-6 高压水射流喷头射流在管内工况图

图 14-6 是在管内摄影，从照片可清楚地看到，经过一次冲洗后，两侧管壁已清楚地显露出来，仅在管底部还剩有少量积垢，该照片是第二次冲洗工况，可基本把生长环清洗干净。

除垢过程中起主要作用的是冲击力，冲击力的确定主要根据金属基体抗压强度及生长环的坚硬程度以及与管壁的黏结牢固程度来决定，还要在除垢的同时，要保证金属管壁不受到损坏，这就要求必须了解附着层的黏附方式及其特性。

附着层黏附方式有：机械黏附、特殊黏附（范德瓦尔斯力）、化学黏附（离解力）。前两种方式黏附强度中等，为 200N/mm²，后者黏附强度较高，其理论值可达 5000N/mm²。附着层按特性分为坚硬和脆性的附着层、延性附着层、黏弹性附着层、黏性附着层。

根据对东北某市给水管道内壁上锈垢的成因及试验的检测，可得出管道内壁上的锈垢黏附方式属于机械黏附和特殊黏附两种方式。锈垢外层属于机械黏附的软质黏性附着层，因此，比较适合于利用高压水清洗。管壁的生长环属于特殊黏附的坚硬和脆性的附着层，所需压力要高。对于软质黏性附着层，轻微的加载就会引起不可逆的变形，作用于生长环表面的剪切力可使附着层剥离，不需要较大的正向冲击力。对于靠近管壁较硬和脆的附着物要用较大的冲击力使其破裂，当两条或更多的裂缝交叉时，就会有碎片剥落下来。

14.2.5.2 适用范围

高压水清洗的管道直径一般都在 50mm 以上，最大管道直径可达 1000mm，如果管道直径大于 1m，工人可以进入管道操作。清洗的管道长度可在 20～100m，如果从管口两端清洗可达 200m，再长就需要拆卸法兰或者开口进行，否则，高压胶管中的摩擦阻力将使清洗机的原有水流压力大幅度下降，造成清洗能力的降低，甚至不能清洗。

清洗垢物多为泥沙、棉丝、油脂等的机械混合物，很少有质地均匀的坚硬盐碱结垢物，故清洗压力一般在 20～50MPa 之间，流量根据管径大小可在 50～200L/min 之间。

可清洗的管道类型一般有下水管道、物料输送管道及排污管道，也有煤气管道，楼房烟道，短距离或可拆卸的输油管道及采油管道，供水管道等。使用高压力、大流量清洗机也可清洗坚硬盐碱结垢物，如发电厂的排灰管道等。

在实际操作过程中还应注意以下几个问题：

（1）有害气体中毒及防护。包括：腐臭毒气中毒、腐化物气体燃爆、氧气匮乏窒息。

（2）生物病菌的传染。

（3）机械性伤害。

同时还应避免高压水误射伤人。

14.2.6 气压脉冲清洗技术

14.2.6.1 气压脉冲给水管道冲洗原理

气压脉冲安装方法简单，进气与排水装置一般都安装在管道原有的窨井中与井内的管道附件（闸门、三通、消火栓、排泥阀等）相连接，在清洗管道弯曲地段也不影响清洗效果。其工艺流程如图 14-7 所示。

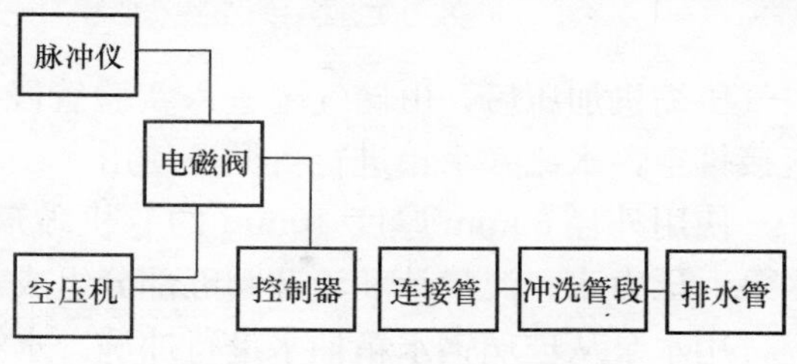

图 14-7 气压脉冲工艺流程图

气压脉冲清洗的原理根据气液两相流和曼德汉（Mandane）流型图，高频、高压水流在管道内产生紊流，并在生长环上发生水击、气蚀（Catitas）效应。利用气压脉冲清洗设备使压缩空气以脉冲形式作用在水流上，沿管道内壁产生螺旋式切向力，脉冲以脉冲波形式瞬间释放高频高能量，动量迅速转化成冲量，以剪切力形式作用在管道内壁的生长环上。由于冲洗是动态的，脉冲在其间能产生交变压差，这个压差与外界大气压相通，所以只要当低于水的饱和气压时，便频繁产生"气蚀"现象，使管道内壁上的生长环剥落。交变压差使水的流速发生突变，压强的急剧升高或降低便在管道内壁产生"水击"，使管道内壁上的生长环剥落。另外，脉冲能产生"弹性"加速度流，这增强了紊流的脉动性，增加了惯性切应力，使清洗更彻底。

14.2.6.2 管道清洗系统室内试验

1. 试验目的及意义

为研制移动式一体化的节水型水击式给水管道清洗设备，需要首先进行室内试验，确定各冲洗参数包括冲洗长度、冲洗时间、脉冲频率、水击波发生频率等以为日后的现场试验做准备。

2. 试验装置及材料

本实验装置系统流程简图如图 14-8 所示，整个装置主要是由循环水系统、空气供给系统、气压脉冲发生系统、计算机采集系统以及实验管路 4 个部分组成。

水由离心泵从水箱抽出，由流量调节阀调节流量，通过流量计测定流量；空气则通过

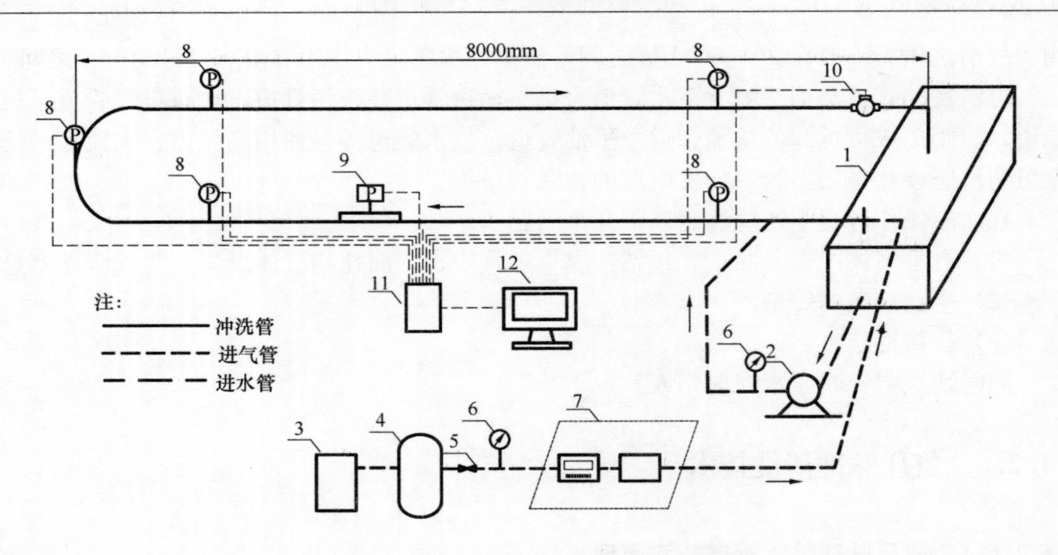

图14-8　气压脉冲管道冲洗试验装置示意图

1—水箱；2—水泵；3—空气压缩机；4—贮气罐；5—稳压阀；6—压力表；7—气压脉冲发生装置；8—压力变送器；9—压差传感器；10—流量计；11—数据采集卡；12—计算机

空气压缩机加压后，由储气罐进入实验管段，由实验管段出来是气-水两相混合物，空气直接排空，水流入水箱进行再循环使用。

使用外径60mm厚度10mm的有机玻璃管作为清洗管道，循环水系统主要由水箱、水泵、压力表、流量计和调节阀五部分组成。

用水泵从玻璃钢水箱抽水进行冲洗。水箱尺寸为1100mm×600mm×900mm。水泵为IS型单级单吸离心泵，扬程为20m，额定流量12.5m^3/h，输出轴功率为1.135kW/r，在试验过程中，水泵的流量通过水流控制阀的调节来实现。

利用管线上的压力传感器和流量计记录管道内的压力流量变化。采用美国NI公司的USB—6251进行数据采集。

3. 试验内容

(1) 初始试验条件

使用智能气压脉冲仪改变充气和停气的时间间隔，充气时间和停气时间各取15秒，共做225组实验，以观察充气和停气时间不同对管道内水流情况的影响。用改装的压力变送器测量管道内总压力，流量计测量流量。

室温为15℃，供水流量Q为0.0021m^3/s，供气压力P为0.5MPa，只通水时1号测压点压力为0.5676m，2号测压点压力为0.3828m，3号测压点压力为0.3464m，4号测压点压力为0.3853m，5号测压点压力为0.2173m，所得结果如图14-9。

(2) 试验步骤

1) 按照图接好管路和实验装置，控制阀门处于关闭状态，向水箱中冲入足量的水。连接好数据采集卡和计算机，打开LabVIEW数据采集界面。

2) 接通空气压缩机电源，为实验装置提供压缩空气，控制阀门根据压力表读数提供所需的空气压力。

3) 打开水泵，为管道提供冲洗水，通过水泵前的调节阀控制供水流量。

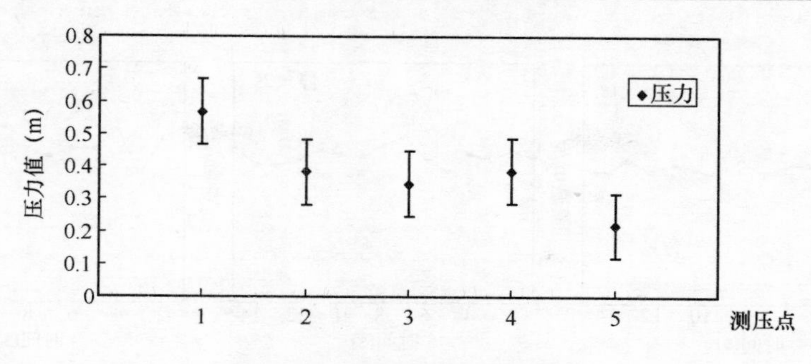

图 14-9　初始条件下测压点压力

4）流态稳定后，启动 LabVIEW 数据采集界面，自动采集数据。得到供水流量和此时各测压点的压力。

5）调节智能气压脉冲控制仪的停气时间为 1s，充气时间为 1s，按启动键，待流态稳定后，启动 LabVIEW 数据采集界面，此时的流量和 5 个测压点压力变化自动保存为 Excel 文件。

6）保持停气时间为 1s，把充气时间依次调为 2s、3s、4s……15s，分别记录流量和五个测压点压力变化情况。

7）调整停气时间为 2s、3s、4s……15s，每改变一次停气时间，调整充气时间为 1s、2s、3s……15s 做 15 组试验，5）、6）、7）共保存 225 组数据。

8）关闭水泵、空压机、电源，结束试验。

（3）试验结果及分析

1）充气时间对冲洗的影响

a）充气时间对流速的影响

根据国外相关研究，管道冲洗中的流速不应小于 1.5m/s。停气时间不变，充气时间为 1～15s 时的管道内大于 1.5m/s 的平均流速曲线见图 14-10。

由图 14-10 中 15 张图可以看出，停气时间不变，充气时间变化时，流速大于 1.5m/s 时的平均流速都在 2.8m/s 以上，远大于 0.066m/s，说明气压脉冲管道冲洗过程中，管道内的流速很大，流态为紊流。充气频率变化规律总结如下：曲线图整体呈现先上升后平稳的趋势，驻点出现在充气 5s 左右，而后随充气时间延长流速有缓慢增加趋势。冲洗给水管道时宜采取充气频率为 5s，这样能在较大流速条件下，同时获得较高频率，增加流体的紊动程度，对去除“生长环”有实际意义。

b）充气时间对压力的影响

由压力变送器测得的总压力是管道内的压力水头和速度水头之和。据相关研究发现，距管口 80D 的地方，气液两相流才能充分发展，所以首先选取 2 号测压点作为分析依据。

停气时间不变，充气时间变化时 2 号测压点大于 0.3828m 的平均压力变化见图 14-11。

由上可以看出停气时间为 1s 时，随着充气时间的增大，2 号测压点压力平均值变化不大。最大值出现在充气 5s 时，此时为 1.83m；最小值出现在充气 1s 时，此时为 1.47m。由图 14-11 可以看出停气时间为 2s 时，压力平均值的最大值出现在充气时间为 5s 时，为 2.02m；最小值出现在充气时间为 1s 时，此时压力为 1.61m。

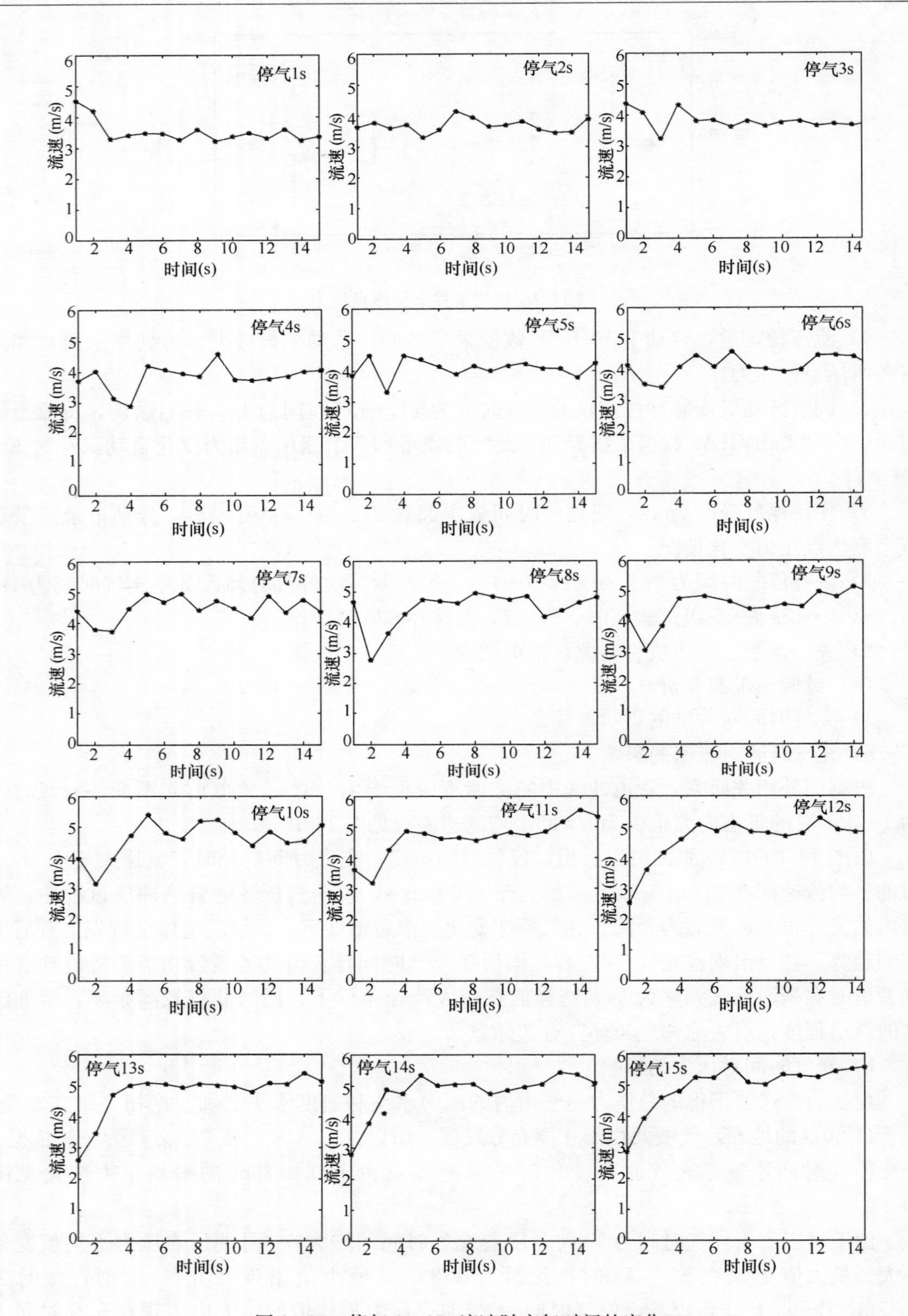

图 14-10 停气 1～15s 流速随充气时间的变化

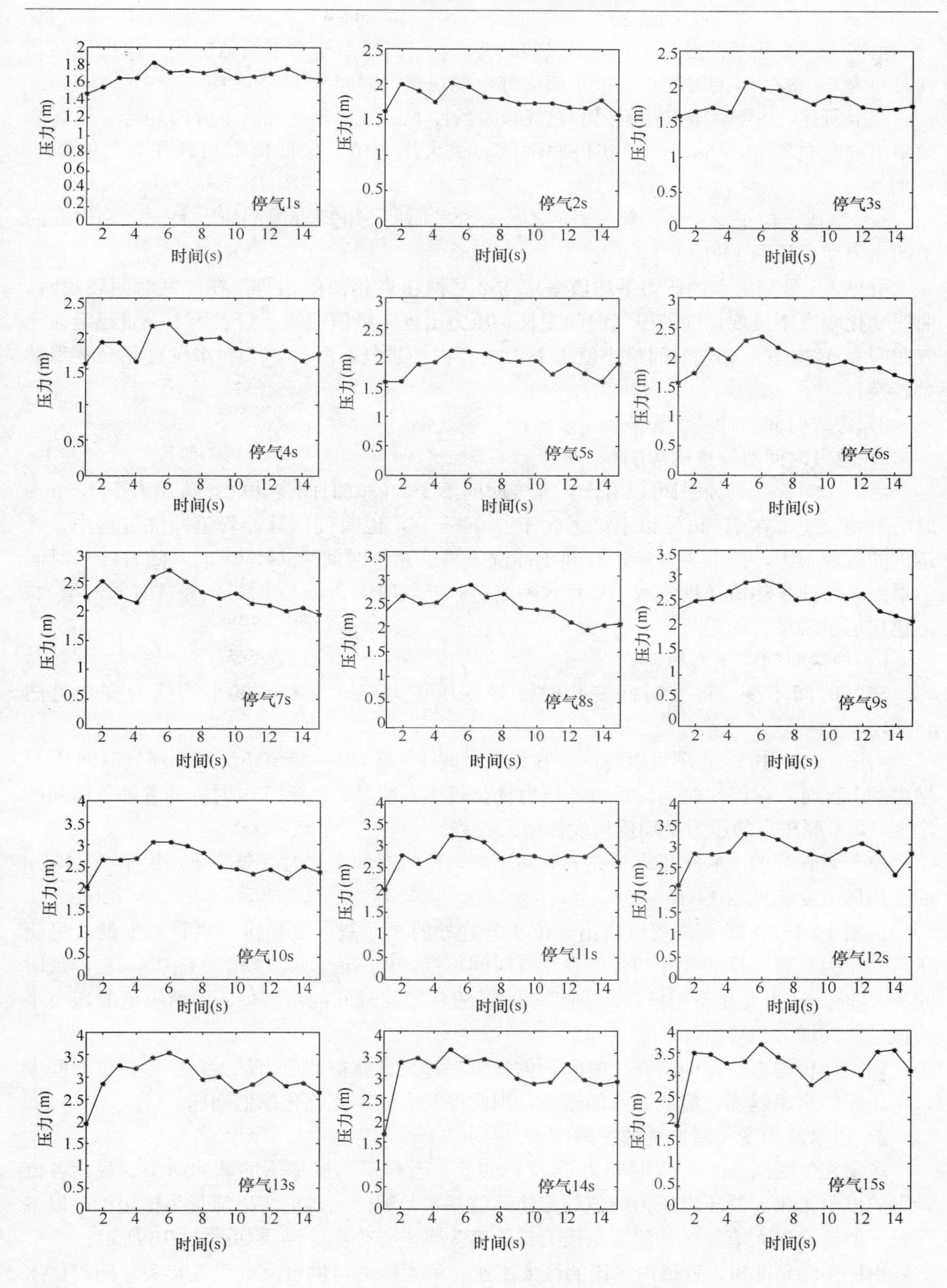

图 14-11　停气 1～15s 2 号压力随充气时间的变化

由图 14-11 可以看出与 14-10 相似的趋势，2 号测压点压力平均值的最大值出现在充气时间为 5s 或者 6s 的时间点；最小值大都出现在充气时间为 1s 的时候。

综上所述，2 号测压点在不同的充气频率条件下，呈现先上升后下降的趋势，最高峰频率出现在充气 5s～6s，此时获得冲洗试验最大压力值，最低值都出现在充气时间为 1s 时。

3 号测压点位于弯管处，停气时间不变，充气时间变化时 3 号测压点大于 0.3464m 的平均压力变化见图 14-12。

可见，3 号测压点的压力平均值呈现与 2 号测压点相似的趋势，在停气时间较短时，曲线变化幅度不显现，随着停气时间变长，压力出现多极值曲线，最大压力一直稳定在充气时间为 5s 左右。充气时间最小值为 1s，主要由于进气时间短，气和水没有完全实现动量转换。

2）停气时间对冲洗的影响

a）停气时间对流速的影响

由图 14-13 中 15 张图可以看出，充气时间不变，停气时间变化时，流速大于 1.5m/s 时的平均流速都在 2.8m/s 以上，远大于 0.066m/s，说明气压脉冲管道冲洗过程中，管道内的流速很大，流态为紊流，有利于冲洗效果。充气时间为 1s、2s 时，随着停气时间的增大，流速平均值呈现先减小后增大的趋势；充气时间大于 3s 时，随停气时间的增大，流速均值呈现增大的趋势。

b）停气时间对压力的影响

充气时间不变，停气时间变化时 2 号测压点大于 0.3828m 的平均压力变化见图 14-14。

由图 14-14 中 15 张图可以得出，在充气时间 1～15s 某一定值条件下，停气时间从 1s 增大到 15s 时，在停气时间较短时，压力变化规律不明显；2s 到 15s 时，随着停气时间的增大，2 号测压点的压力平均值呈线性增大趋势。

位于弯管处的 3 号测压点，充气时间不变，停气时间变化时 3 号测压点大于 0.3464m 的平均压力变化见图 14-15。

由图 14-15 中 15 张图可以看出，位于弯管处的 3 号测压点与位于直管段上的 2 号测压点的压力具有同样的变化趋势。在充气时间不变，停气时间从 1s 增大到 15s，在停气时间为 1s 时，压力变化不明显；2s 到 15s 时，随着停气时间的增大，3 号测压点的压力平均值呈线性增大趋势。

理论分析得出，相同的充气时间，停气时间越长，获得的压力越大，但是停气时间太长，用掉的水也越多，造成了水的浪费，因此停气时间存在优化取值问题。

3）供水流量变化对冲洗的影响

选定充气时间 4s，停气时间为 5s 进行实验，考察不同流量下的脉冲结果。观察各流量下的试验结果，测压点压力峰值与流速峰值基本是同时出现的。以流量为横坐标，以各流量下的流速最大值和 2 号测压点压力最大值为纵坐标作图，结果如图 14-16 所示。

由图 14-16 可知，管道内水流的最大流速、最大压力与供水流量线性相关，随着供水流量的不断增加，测压点最大压力逐渐增加，管道内部最大流速逐渐增大。这将使管道内部紊动程度逐渐增加，增强对管壁的冲刷能力，将对管道清洗产生很大帮助。

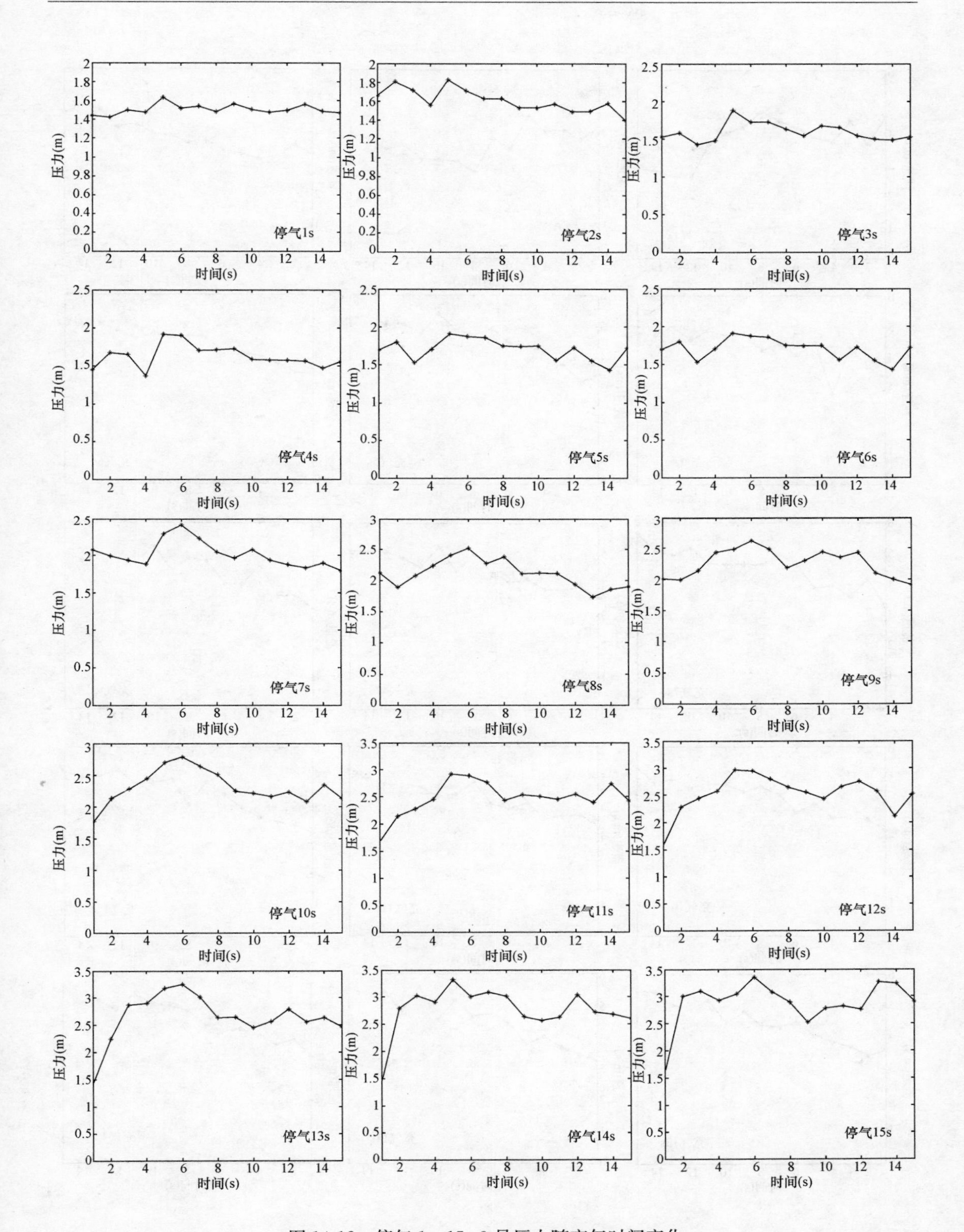

图 14-12 停气 1～15s 3 号压力随充气时间变化

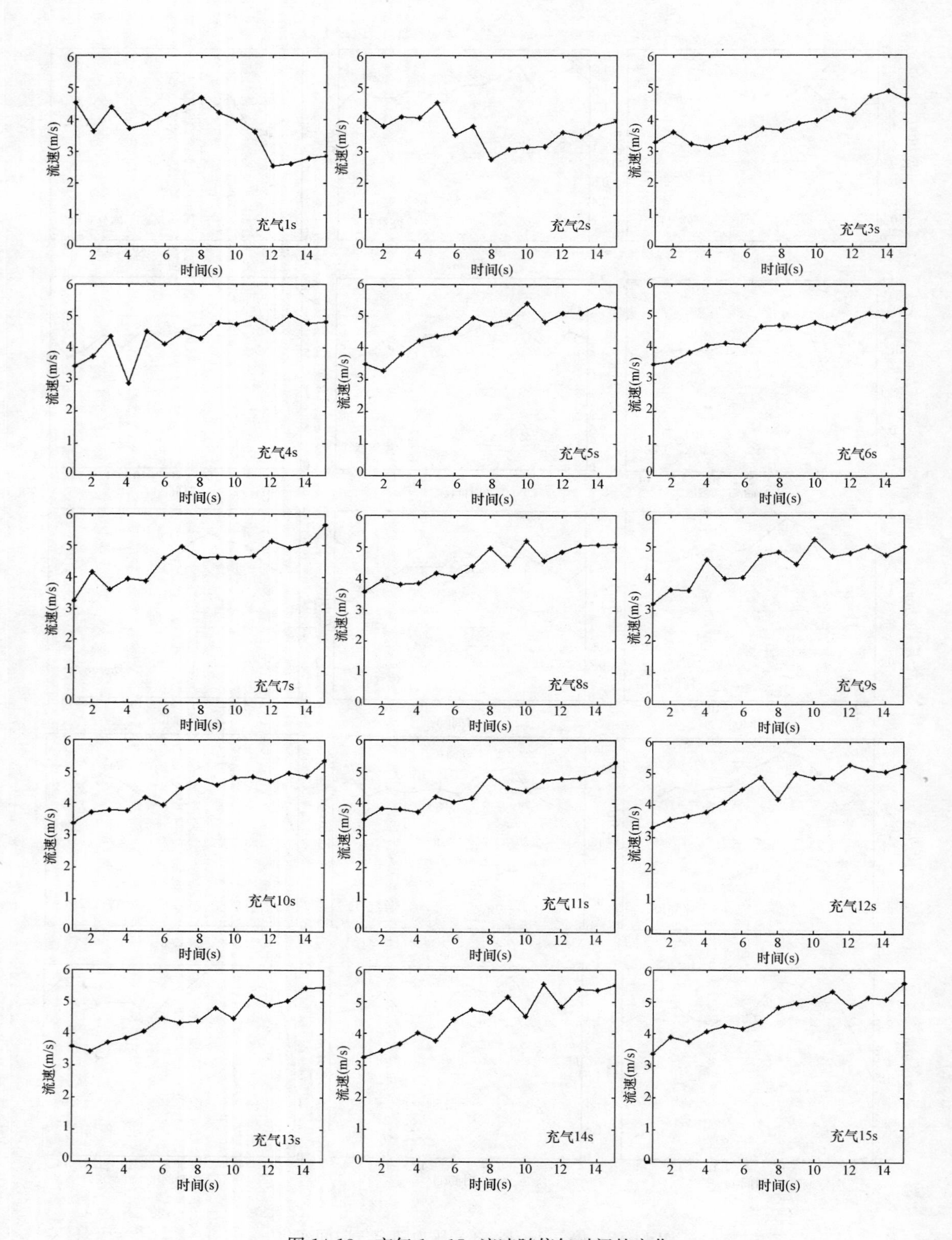

图14-13 充气1～15s流速随停气时间的变化

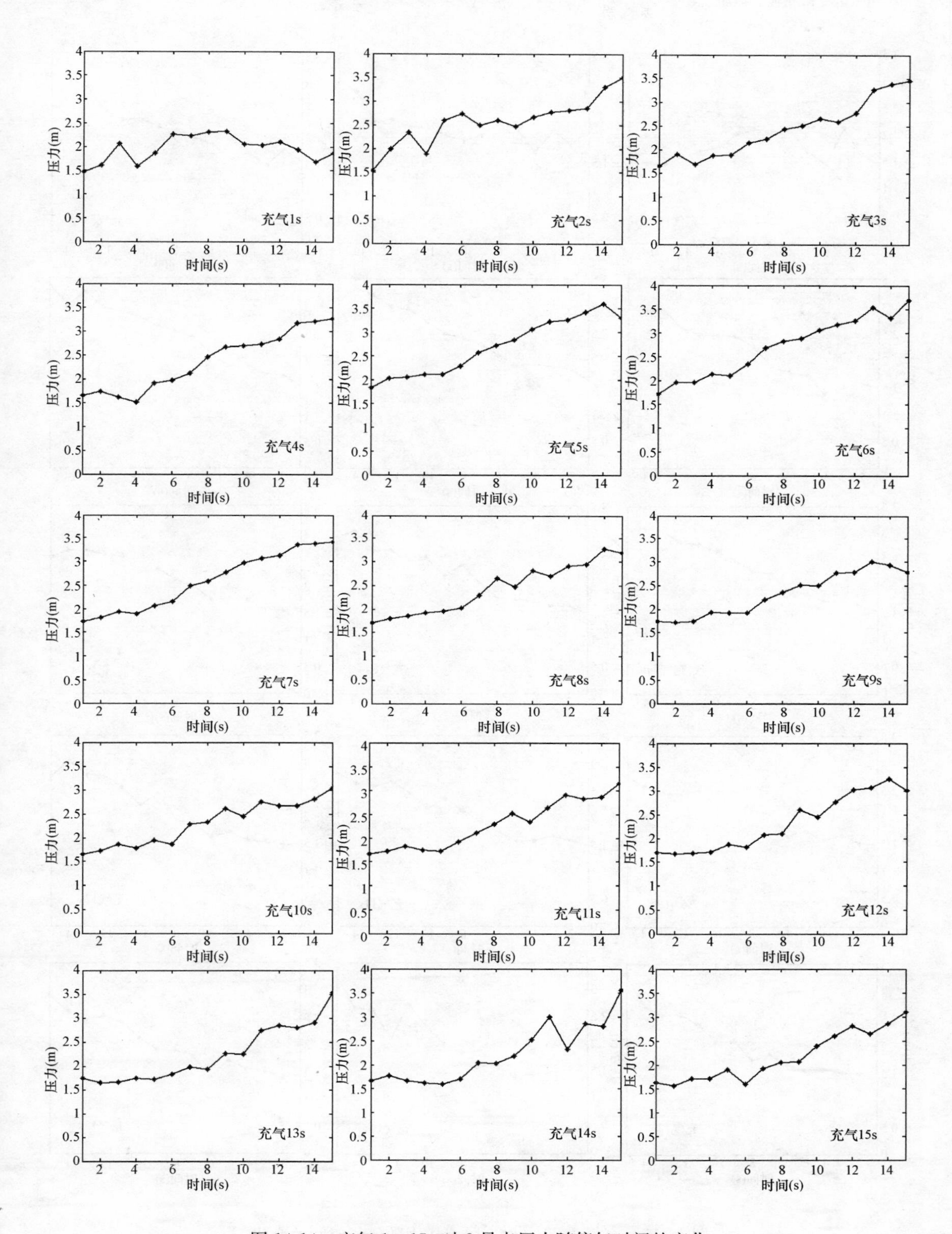

图 14-14 充气 1～15s 时 2 号点压力随停气时间的变化

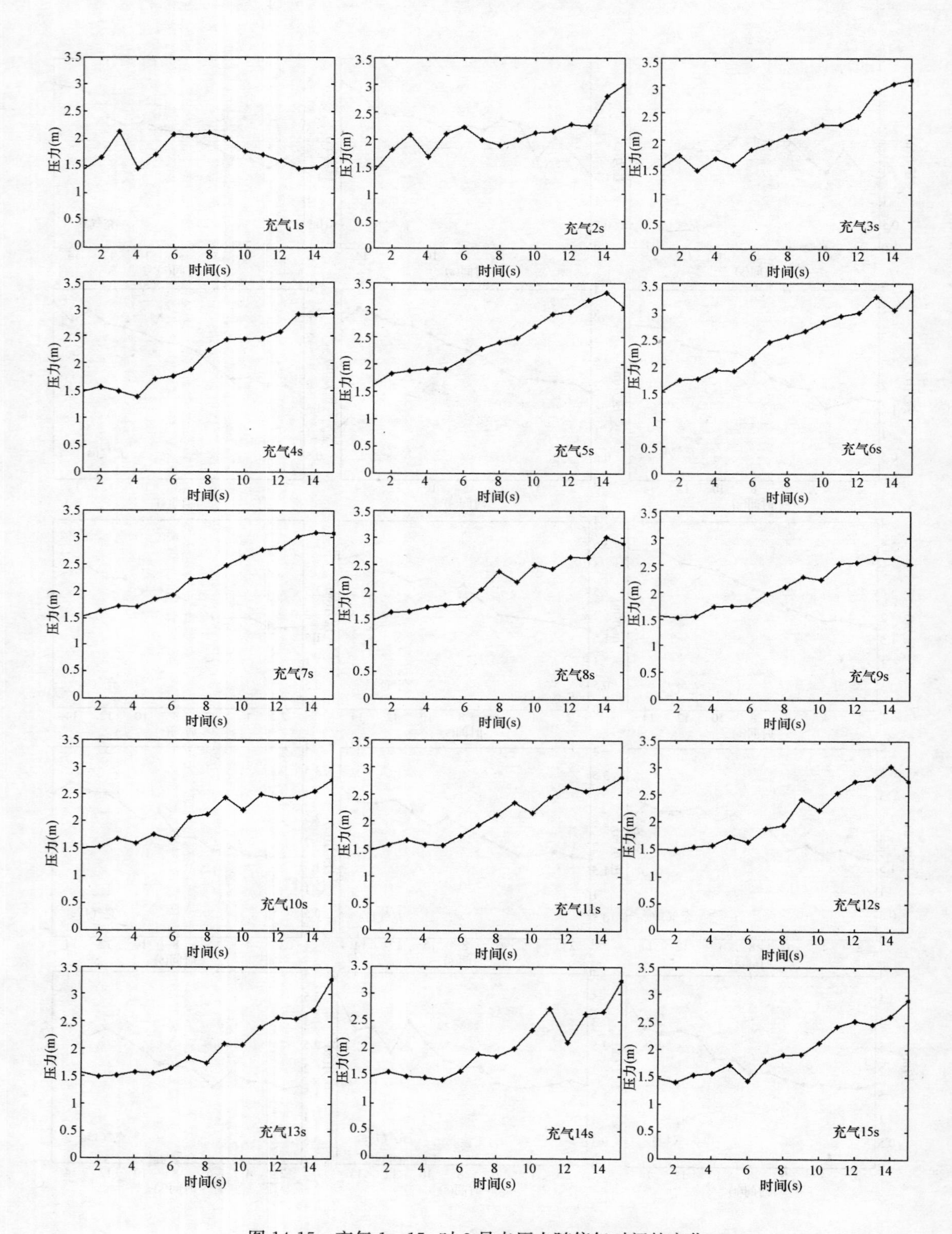

图 14-15 充气 1～15s 时 3 号点压力随停气时间的变化

4）供气压力变化对冲洗的影响

通过调节稳压罐出口压力来控制脉冲压力，考察不同气压下的脉冲效果。脉冲充气时间选择 3s、4s、5s，脉冲间隔时间为 5s。供气压力分别选择 0.15MPa、0.20MPa、0.25MPa、0.30MPa、0.35MPa、0.40MPa、0.45MPa。为了研究不同气压下的变化趋势，将分别对脉冲频率为充 3s—停 5s、充 4s—停 5s、充 5s—停 5s 进行对比研究。

a）脉冲频率充 3s—停 5s 变气压冲洗试验

脉冲频率充 3s—5s 时的试验结果如图 14-17。

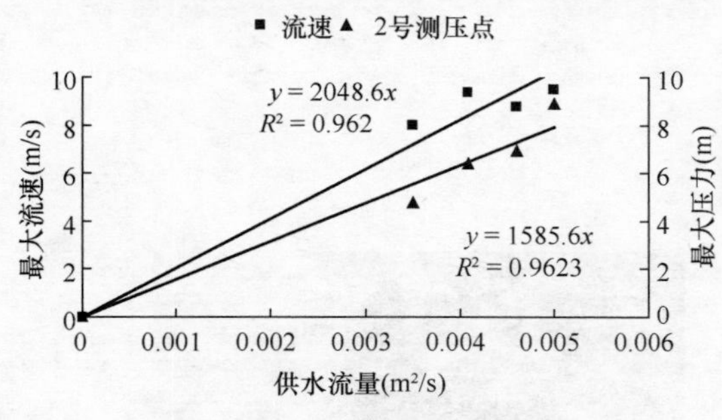

图 14-16　变流量冲洗试验结果

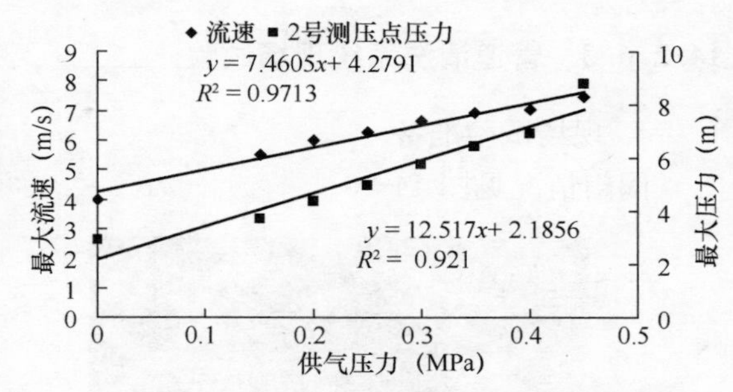

图 14-17　充 3s—停 5s 变气压冲洗试验结果

由图可知，随着供气压力不断增大，管段中的最大流速逐渐增大，管道内部的紊动程度将不断增加。2 号测压点的最大压力也逐渐增大。最大流速、最大压力与供气压力线性相关。脉冲频率为充 3s—停 5s 时，最大流速与供气压力的关系式为 $y=7.4605x+4.2791$，相关性系数为 0.9713；2 号测压点最大压力与供气压力的关系式为 $y=12.517x+2.1856$，相关性系数为 0.9210。

b）脉冲频率充 4s—停 5s 变气压冲洗试验

充 4s—停 5s 时的试验结果如图 14-18。

由图可知，随着供气压力不断增大，管段中的最大流速逐渐增大，管道内部的紊动程度将不断增加。2 号测压点的最大压力也逐渐增大。最大流速、最大压力与供气压力线性相关。充 4s 停 5s，最大流速与供气压力的关系式为 $y=12.3900x+3.9226$，相关性系数为 0.9890；2 号测压点最大压力与供气压力的关系式为 $y=12.294x+2.1850$，相关性系数为 0.9214。

c）脉冲频率充 5s—停 5s 变气压冲洗试验

充 5s—停 5s 时的试验结果如图 14-19。

由图可知，随着供气压力不断增大，管段中的最大流速逐渐增大，管道内部的紊动程度将

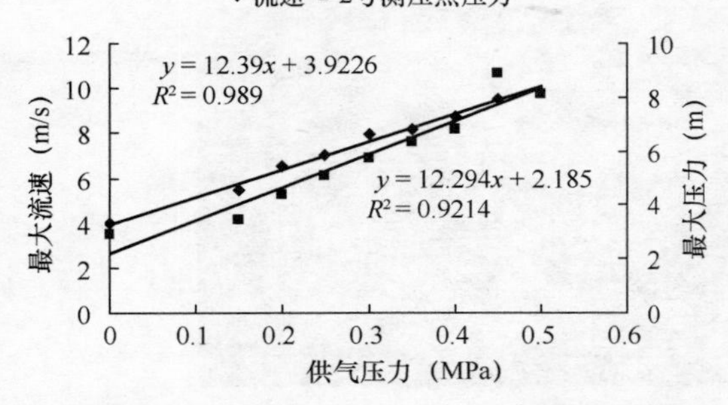

图 14-18　充 4s—停 5s 变气压冲洗试验结果

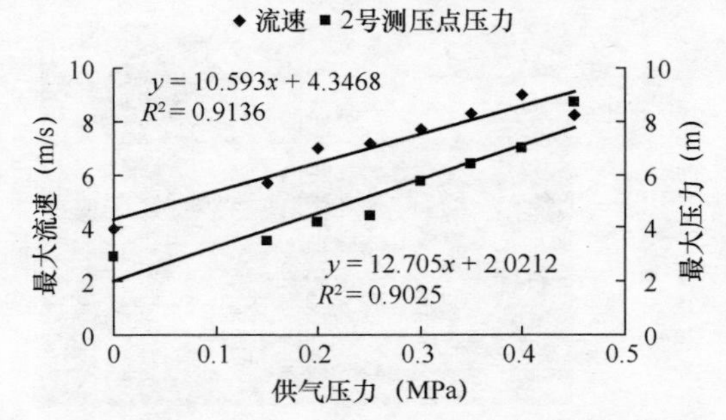

图 14-19　充 5s—停 5s 变气压冲洗试验结果

不断增加。2号测压点的最大压力也逐渐增大。最大流速、最大压力与供气压力线性相关。充5s—停5s时，最大流速与供气压力的关系式为 $y=10.5930x+4.3468$，相关性系数为0.9136；2号测压点最大压力与供气压力的关系式为 $y=12.705x+2.0212$，相关性系数为0.9025。

由以上试验结果可以得出，不同脉冲频率下，供气压力与管道内水流的最大流速、最大压力均呈线性正相关。试验得出的给水管网气压脉冲法清洗，气压和水压越大，所得到的清洗效果越好，但对于一些旧城区的老化管网，耐压能力下降，而且管道可以已经存在一些渗漏微孔，为保持整个系统安全性，冲洗压力要限定在一定范围内。

14.2.6.3 管道清洗系统现场试验

1. 现场试验准备

阀门情况见图14-20。

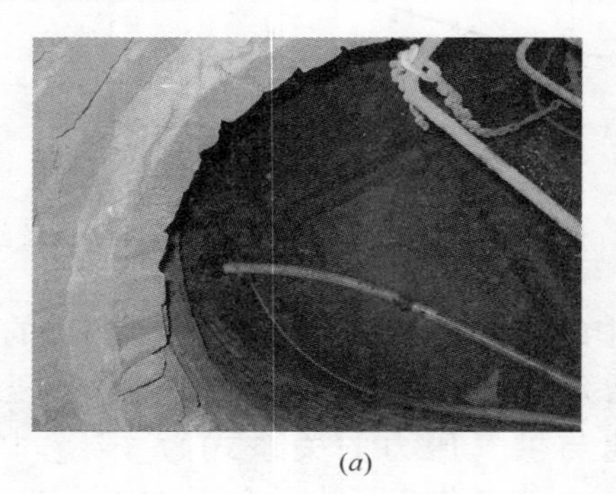

(*a*)

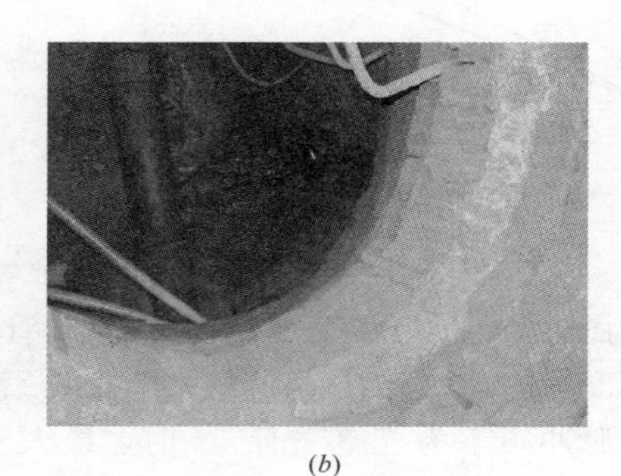

(*b*)

图14-20 现场阀门情况

2. 冲洗效果

气压脉冲法是一种效果非常好的管道冲洗方法，冲洗效果见图14-21。

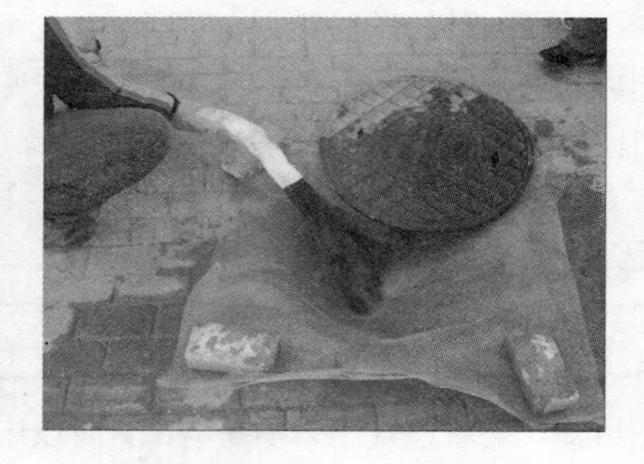

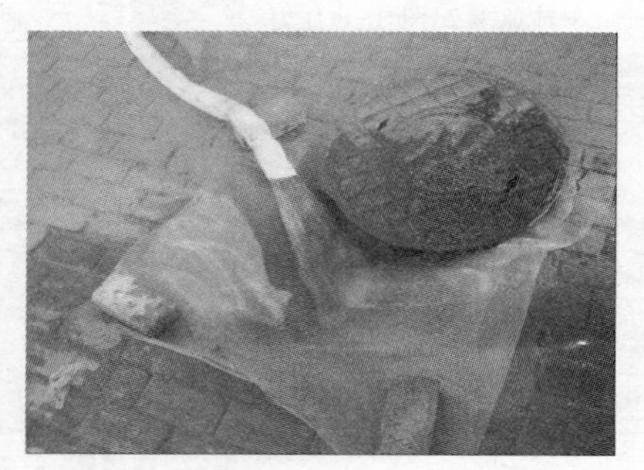

图14-21 现场冲洗效果

(1) 供气间隔频率太小，对空压机损害比较大。

(2) 供气时间长，冲洗效果好。供气时间越长，管道内的冲洗强度越大，这和实验室的结论基本一致。

(3) 冲洗前后水质见表14-1。

管道冲洗前后生活饮用水水质检测结果 表14-1

分析项目	时间节点	检测结果
氯化物（mg/L）	冲洗前	83.69
	冲洗后	82.27
硫酸盐（mg/L）	冲洗前	99
	冲洗后	73
氟化物（mg/L）	冲洗前	0.3
	冲洗后	0.3
总铁（mg/L）	冲洗前	0.48
	冲洗后	0.25
pH（毫克/克）	冲洗前	6.3
	冲洗后	7.05
色度	冲洗前	5
	冲洗后	4
浊度（NTU-散射浊度单位）	冲洗前	0.24
	冲洗后	0.1
臭味	冲洗前	无
	冲洗后	无
总硬度（以 $CaCO_3$ 计，mg/L）	冲洗前	376.34
	冲洗后	272.33
肉眼可见物	冲洗前	无
	冲洗后	无

14.2.6.4 管道清洗规程

(1) 进行实地勘察，调查要进行管道清洗的地区的地质情况、水源情况、供水体制、管网分布情况、管网的水流情况、压力情况、管道接口形式、管道腐蚀情况等。

(2) 检查阀门工作状态，能否正常完全开关。

(3) 检查需要改造的冲洗阀门，能否正常安装。

(4) 冲洗现场下水道能否正常排泄冲洗废水。

(5) 调查待冲洗管段的实际情况，包括管长、管径、管龄、工作状态、承压、维修历史。

1) 冲洗管段上所连接的支管及其检查井和用户情况，管段上腰闸情况。

2) 实验管段上、下游的水质检测取样的位置选取及确定。

3）水厂做调度水泵、阀门预案，调整管网运行压力。

4）通知市民停水。

5）放置管道工程施工警示牌。

6）打开待冲洗管段两端检查井井盖，关闭阀门，进行阀门改造。

（6）安装清洗设备。移动式一体化智能管道清洗装置由进水管、清洗设备、进气管等组成。其中清洗设备由气压脉冲发生装置、水击波发生装置和中心控制系统组成。清洗流程见图14-22所示。

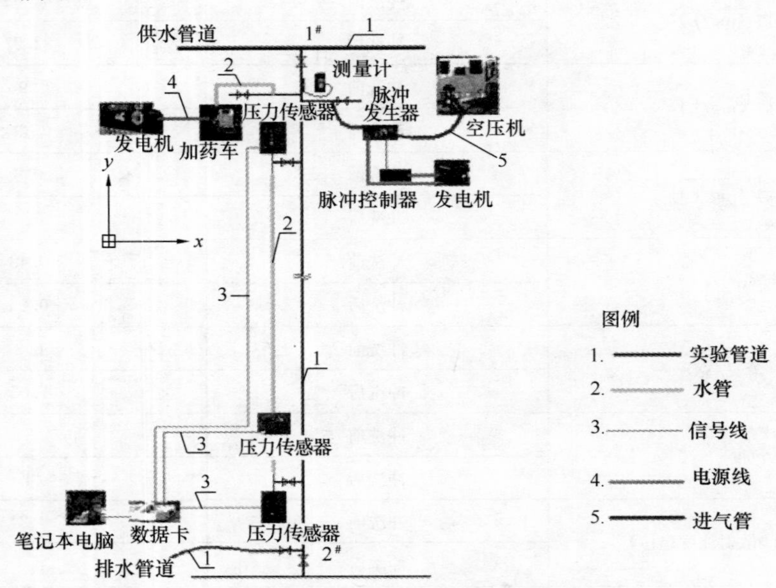

图14-22　管道清洗流程示意图

（7）清洗步骤

①关闭待清洗管道两端阀门；

②连接好进水管、进气管和清洗设备；

③利用中心控制系统，打开进水管上的阀门以及气压脉冲发生器进行管道清洗；

利用中心控制系统，打开1#检查井的阀门，根据管道腐蚀情况及承压情况调整好空气压缩机的工作压力，设定好气压脉冲发生器的脉冲频率进行管道清洗；打开2#检查井的阀门，排水。根据冲洗效果，调整空压机工作压力和脉冲频率。

④关闭清洗设备停止清洗。

（8）关闭上游阀门。卸除清洗设备。

（9）安装消毒设备。

（10）打开上游阀门，进行消毒。

（11）进行水质检测，直到水质达到饮用水水质标准。

（12）关闭上游阀门，卸除消毒设备。

（13）重新连接阀门。

（14）通水。

14.3 管网水二次消毒

14.3.1 国内外研究现状

国内外的许多研究表明，近年来由于自来水二次污染造成的传染性疾病不断发生，严重地危害了人们的健康与安全。研究结果表明，二次污染的主要原因是符合饮用水卫生标准的出厂水在管网输送和水池（箱）蓄贮过程中，由于外界污染物进入和内部微生物大量滋生与繁殖等造成，致使到达用水端时水质下降甚至恶化为不合格水。尽管二次污染对水质指标造成了程度不同的降低，但细菌、大肠杆菌、余氯三项卫生学指标严重超标是十分突出的。在用水端处采取二次消毒是解决二次污染以保障生活饮用水水质的有效措施，因此有必要对现有的消毒方法和工艺进行评价与分析，为选择和进一步开发高效、经济、适用的二次消毒方法及工艺提供可靠的依据。

消毒主要是借助物理和化学方法杀灭水中的致病微生物，因此消毒主要分为物理法和化学法。

物理法主要有加热法、超声波法、紫外线、（UV）照射法、γ射线照射法、X射线照射法、磁场法、微电解法。鉴于技术条件的成熟程度及消毒效果，UV消毒及微电解消毒的应用引起广泛关注。

化学法主要有卤素族消毒剂（液氯或氯气、漂白粉或漂白精、氯氨、次氯酸钠、二氧化氯、溴及溴化物、碘），氧化剂（臭氧、过氧化氢）。其中液氯、次氯酸钠、二氧化氯、臭氧用于饮用水消毒的研究与应用最多。

目前典型消毒方法主要有以下方法：

（1）液氯消毒

目前，在国内外净水行业中氯消毒仍然在非常广泛地使用。氯消毒主要是通过次氯酸（HOCl）起作用。HOCl为很小的中性分子，它能扩散到带负电的细菌表面，并通过细菌的细胞壁穿透到细菌内部，氧化破坏细菌的酶系统而使细菌死亡。

氯消毒的主要优点：①氯对细菌有很强的灭活能力。②在水中能长时间地保持一定数量的余氯，从而具有持续消毒能力。③使用方便，易于贮存、运输，成本较低。

氯消毒的不利因素主要表现在以下几个方面：①产生有害消毒副产物。20世纪70年代以后，人们逐渐发现当二次污染水中存在腐殖酸和富里酸等消毒副产物的物质时，氯与其反应生成三卤甲烷（THMs）、卤乙酸（HAAs）等具有三致（致癌、致畸、致突变）的有害消毒副产物。研究结果表明，长期饮用氯化消毒后自来水与癌症发生率有统计学关系。美国等一些发达国家在国家生活饮用水标准中已列出了THMs限量指标。②氯对病毒的灭活能力相对差些，特别是发现自来水中存在隐孢子虫属后，人们对其灭活能力有了新的忧虑。③氯气的泄漏可以发生在各个环节上，包括开始启动、维护和设备故障或部件损坏。氯气为有毒气体，其泄漏会危害员工和附近居民的安全。因此，将液氯作为居住区生活饮用水二次消毒其安全性和有害消毒副产物问题是十分令人担忧的。在美国大部分水厂采用液氯消毒，而在用水点处的二次消毒中几乎不采用液氯消毒。

（2）二氧化氯消毒

二氧化氯为强氧化剂，与微生物接触时，ClO_2 对细胞壁有较强的吸附和穿透能力，可有效地氧化细胞内的酶或通过抑制蛋白质的合成来破坏微生物。

二氧化氯消毒的主要优点：①灭菌效果高效且广谱、二氧化氯作为新型消毒剂，具有广谱杀菌能力，其氧化能力为氯的2.6倍，抑制病毒能力也比氯高3倍，消毒持久。②具有净水功能。由于非常高的氧化能力，可去除水中色度、臭味、铁、锰等，甚至也能去除THMs的前体物。③不生成THMs类有毒副产物。由于二氧化氯与水中腐殖酸和富里酸等有机物反应时是以氧化反应为主，而不是像氯是以亲电取代为主。

世界卫生组织将其列为A1级广谱，安全消毒剂。欧洲数百家水厂用 ClO_2 作为消毒剂。中国城市供水2000年技术进步发展规划已将二氧化氯列入替代氯消毒剂的推广应用研究之列。目前，中国二氧化氯用于饮用水消毒行业难以推广，其主要原因：①二氧化氯化学性质活泼，其浓蒸气超过大气压41kPa时爆炸，压缩或贮存二氧化氯的一切尝试，无论是单独或与其他气体混合，在商业上均未获得成功，需现场制备，因此需要较高的管理水平。②虽然市场上二氧化氯生产方法有几十种，但二氧化氯行业尚未有全国性相关标准，这将给二氧化氯生产及市场带来一定的负面影响。③消毒无机副产物（氯酸盐及亚氯酸盐）毒性很高，还没有更可靠的毒理学依据来确定二氧化氯消毒饮用水的安全剂量。④国内二氧化氯的生产原料亚氯酸钠产量少，价格高，致使二氧化氯的消毒成本较高，约为氯消毒的2～4倍。

（3）次氯酸钠消毒

次氯酸钠消毒作用仍然依靠HOCl进入菌内部起氧化作用。次氯酸钠溶液是通过发生器将食盐水电解后生成的，无色、无味，消毒效果不如氯强。次氯酸钠易分解，因而需现场制备后投加，不宜贮运。发生器设备整体故障率高，体积大。配盐水操作繁琐，设备运行一段时间后（约30d）电极、设备需清洗，劳动强度大。电耗（7.2kWh/h）、盐耗（5kg/h）高。

（4）臭氧消毒

臭氧分解放出的新生态氧［O］活泼性是氯的600倍，具有极强的氧化能力和渗入细胞壁能力，从而破坏细菌有机体链状结构而导致细菌死亡。

臭氧具有很高的杀菌能力（pH为6～9时消毒效率为臭氧＞二氧化氯＞氯＞次氯酸钠）。臭氧能有效控制水中THMs的浓度，但是臭氧处理会产生醛类及溴酸盐等有毒副产物。

臭氧在水体中溶解度较小且稳定性差，在水中1～10min内全部分解。臭氧不易保存，需现场制备及使用。其发生器装置复杂，设备投资昂贵，占地面积大，运转费用高，消毒成本为氯消毒的2～8倍。当水量和水质变化时，调节臭氧投加量比较困难。国外极少用臭氧作为饮用水的后消毒工序。

（5）UV消毒

水的UV消毒主要是利用波长为250～270nm的紫外线破坏微生物机体细胞中的DNA（脱氧核糖核酸）和RNA（核糖核酸）的分子结构，阻碍其自身复制，造成细胞代谢发生紊乱，从而导致生长性细胞和再生性细胞死亡，达到杀菌消毒的目的。

紫外线对水中细菌、病毒具有较强的灭活能力，灭菌率一般可达99.99%。与化学法相比较，达到相同灭菌效果所需时间仅是化学法的1/600～1/10。

UV消毒无臭味、无噪声，不加任何化学药品，不会对水体、生物及周围环境产生副作用。基建费用，运行费用较低，只需定期更换紫外线灯和清洗套管，可实现无人值守。国外充分重视紫外线的消毒效果，把它作为自来水的最后一道消毒工序，并即将正式列入美国供水法规。

目前，我国的UV消毒技术存在的主要问题是：①UV消毒法不能提供剩余消毒能力。②需要研制具有自动清洗石英套管外壁功能的UV消毒器。③紫外线灯一般采用30～40W低压汞灯，光源强度小，灯寿命短一般为1000～3000h。

（6）微电解消毒

20世纪90年代初，国内外的学者开始了饮用水电化学消毒技术的研究。微电解消毒即是电化学法消毒，其消毒实质是电化学过程中产生的具有灭菌能力的物质（Lethal species）与直接电场综合作用的结果。

若水中细菌总数为1000cfu/mL，大肠杆菌30个/L，经过微电剂量为200mA·s/cm^{2}的电子水消毒器处理后，细菌总数可小于30cfu/mL，大肠杆菌可小于3个/L，符合国家标准GB 5749—85要求。电解法对细菌的灭活速度小于紫外线，大于氯和二氧化氯，与臭氧相近。

经微电解处理后的水具有持续消毒能力，其能力的强弱取决于处理后水样中所含余氯量的多少。微电解易于降解水中的有机物，所生成的三氯甲烷的量比加氯消毒生成的量要低。即使含THMs的前体物质较多的水，经过微电解的处理后水中三氯甲烷的含量仍低于国家标准中所规定的数值。

微电解消毒运行管理简单、安全、可靠，但达到灭活效果时，能耗较高。微电解消毒的机理、影响因素、设备的研究有待进一步探索。

小城镇供水系统水流速度较慢，供水系统管材质量难以保证，管道内壁普遍存在“生长环”，供水水质难以保证。部分小城镇地区水资源环境遭到严重破坏，给水管网长期承受严重外源污染。而且目前全国各地普遍采用氯消毒，消毒副产物对供水水质产生严重影响，因此对于适合小城镇的管网水二次消毒技术对小城镇居民具有深远影响。

14.3.1.1 紫外线消毒研究进展

紫外线消毒历史比较悠久，1910年在法国巴黎附近就有了供2万人饮用的利用紫外线消毒的水厂。随着新型、高效紫外线光源的研制与开发，紫外线用于饮用水消毒在50年代以后得到了发展。由于近年来发现传统的氯消毒会产生有三致性（致癌、致突变、致畸）的卤代烷，加之饮用水二次污染问题，人们亟须研制开发一种安全、高效的氯替代消毒技术。紫外线用于饮用水消毒又成为研究与应用的重点。欧盟国家、北美等地已广泛采用了UV进行饮用水消毒。英国伦敦的饮用水UV预处理装置是目前世界上最大的饮用水紫外线消毒装置，处理能力约达66000m^3/d。英格兰东部的福克斯顿和多弗公司经营的Drellingore泵站率先安装由微机自动控制的井水UV消毒系统，以24000m^3/d的最大处理能力为5万户供水。由于紫外线消毒法在环保及用水、人身安全方面的优点尤为突出，欧洲及北美的许多国家将UV消毒列为用水终端（POU）和用户进水端（POE）及小型给水系统中的首选方法。尤其是发现自来水中存在隐孢子虫属后，紫外线消毒工艺就作为自来水的最后一道把关工序，即将列入美国供水法规。美国及欧盟地区采用的紫外线光源为低压汞灯（85W）或高压汞灯（7500W）。灯的有效寿命为8000～14000h。根据水质、水量情况选择相应的紫外线光源。对于小型供水系统，多采用低压汞灯为紫外线光源。紫外线消毒效果受到诸多因素的影响如：辐射强度、辐照时间、水层厚度、环境温度、水质情况、微生物种类等。为了确保消毒效果，美国卫生部、教育部、福利部和国标委员会明确规定紫外线最低辐射剂量为160J/m^2，最大水层厚度为76mm。灭菌率一般可达99.99%。投资与运行管理费用一般为1.32～5.28美分/m^3。

我国在20世纪60年代初就有关于紫外线用于饮用水消毒方面的研究报道，到了80年代以后开始得到应用。近年来在防止高位水箱二次污染及小型供水系统中应用较多，如燕京啤酒厂净水工艺、北京"欧陆经典—万兴苑"小区饮用净水工程及一些高层建筑中都采用UV消毒器处理水。一些专业人士通过静态及动态实验研究了紫外线消毒器的基本构成、技术特点并提出了维护管理要求。徐志通等人提出UV消毒器进水水质要求，工作环境温度、湿度，并对影响UV效果的一些因素进行了分析。实验研究结果表明，紫外线消毒效果随水层厚度增加而降低，最大水层厚度为60mm；为保证紫外线灯的辐射强度，在灯的有效寿命范围内更换灯管；为保证杀死肠道致病菌，紫外线最低辐射剂量为120J/m^2。2000年我国建设部制定了第一个全国性的"生活饮用水紫外线消毒器"标准CJ/T 204—2000。这将促进UV消毒器市场的规范化，并推动UV消毒技术的进一步发展。

14.3.1.2 二氧化氯消毒国内外研究进展

二氧化氯是一种高效强氧化剂，它具有消毒、杀菌、防腐、除臭、保鲜、漂白等多种功能。在国外，早期应用于纸张、纺织品、面粉的漂白以及水净化处理。20世纪80年代后期，二氧化氯作为食品消毒剂和饮用水杀菌剂得到了美国农业部（USDA）和美国环境保护局（EPA）的认可，1987年美国FDA批准作为食品加工设备的消毒剂。世界卫生组织（WHO）承认，该物质完全没有致癌、致畸性，把它排在安全消毒方法的首位，属A1级产品。欧、美、日等国家已有越来越多的自来水厂使用二氧化氯作为消毒剂。另外，二氧化氯在食品工业和果蔬保鲜方面的应用也越来越广。

二氧化氯（ClO_2）是一种黄绿色到橙色的气体，易溶于水，溶解度是氯气的5倍。二氧化氯是广谱型消毒剂，对经水传播的病源微生物，包括病毒、芽孢以及水路系统中的异养菌、硫酸盐还原菌和真菌均有很好的消毒效果，且效果优于氯，二氧化氯主要通过氧化反应生成少数挥发和不挥发的有机化合物。一般来说，用ClO_2消毒所产生的总有机氯TOX（THMS是TOX中易挥发的物质）仅为Cl_2消毒的11%～25%。

1. 二氧化氯作用机理

二氧化氯作为消毒、杀菌、除臭、保鲜剂，作用机理主要是利用它独特的强氧化性。二氧化氯能迅速地对病毒衣壳上的蛋白质中的酪氨酸起破坏作用，从而抑制了病毒的特异性吸附，阻止了对宿主细胞的感染。二氧化氯能杀死细菌及其他微生物也是因为它能快速地控制微生物蛋白质的合成，与微生物蛋白质中的氨基酸发生反应，使其分解，从而导致细胞死亡。已知在众多的氨基酸中，某些氨基酸很容易被二氧化氯所氧化，最典型的是芳香族氨基酸和含硫氨基酸，反应能力最强的是酪氨酸、色氨酸、半胱氨酸、蛋氨酸。二氧化氯对病毒、细菌具有强的杀灭作用，但它对动植物机体却不产生毒效。原因在于细菌的细胞结构与高等动植物截然不同。细菌是原核细胞生物，而动物及人类是真核细胞生物。原核生物细胞中绝大多数酶系统分布于细胞膜近表面，易受到攻击；而真核生物细胞的酶系统深入到细胞里面，不易受到二氧化氯的攻击，不会对其造成伤害。生物体对二氧化氯的敏感性顺序为：非细胞病毒＞单细胞原核生物（细菌）＞单细胞真核生物＞多细胞真核生物＞高等动植物。高等动植物不仅具有多细胞复杂的有机结构，而且体内还形成能抵抗各种氧化剂的保护系统。所以，二氧化氯对动植物和人类机体无碍。

2. 二氧化氯消毒效果

二氧化氯作为消毒产品虽然可用于多个领域的消毒，但水体消毒是其最佳用途。目前，国内外市场上二氧化氯产品多样、种类繁多，有各式各样的二氧化氯发生器，有稳定型固体制剂和液体制剂以及固体—液体联合制剂，也有一元制剂和二元制剂。

实际上真正大量采用 ClO_2 消毒是在 30 多年前才开始的。18 世纪 50 年代初，欧洲曾有人试用 ClO_2 消除水中的臭味，同时欧美一些发达国家积极地开展了这方面的研究，并发现与氯、氯胺、臭氧等杀菌剂比较，二氧化氯更安全可靠。现在欧美已有数百家水厂采用 ClO_2 处理饮用水。后来，西德、法国、美国、澳大利亚等国又开始研究二氧化氯作为杀菌消毒防霉剂在食品行业上的应用，日本也积极引进技术，开发研究其用于水果、蔬菜、生肉、鲜鱼、熟食品的杀菌处理。随着 ClO_2 应用发展，美国商品 ClO_2 固体药剂进入日本市场，在东南亚也备受欢迎。1980 年，日本两家公司以 50000mg/L 稳定性 ClO_2 为主要成分，以明胶或琼脂为基质配以其他辅料为载体，作为食品保藏系统。

对于二氧化氯的杀菌消毒特性，国外一些研究人员做了相关实验研究。Ridenour（1947）研究证明，在 pH7.0 的水中，不到 0.1mg/L 剂量 5min 内能杀灭一般肠道细菌，如伤寒杆菌、副伤寒杆菌，痢疾杆菌和大肠杆菌等；在 pH6～10 范围内，其杀灭效果不受影响。在较高 pH 值条件下，二氧化氯杀菌效果比氯气优越得多。尤其在污水中，2ppm 的二氧化氯 0.5min 就能够 100％地杀灭大肠杆菌，而氯气在 5min 内才能杀死 90％。二氧化氯对绿脓杆菌也有同样的杀灭效果。

田颖等选择细菌、大肠杆菌、氯仿、苯并(a)芘 4 项指标，对比二氧化氯和氯作为饮水消毒剂对各项指标的影响。结果表明，二氧化氯投加剂量低于氯；二氧化氯对水中致癌性物质苯并(a)芘有明显的降解作用，而氯则没有；加氯是产生氯仿的主要原因，而二氧化氯则不产生致癌致畸变的氯仿。王正虹等对二氧化氯消毒生活饮用水的最佳投放量及其相关影响，以及二氧化氯消毒副产物亚氯酸盐的残留情况进行研究。结果表明对不同水体所消耗的二氧化氯不同。当耗氧量＜1.0mg/L 时，二氧化氯投入量为 0.25mg/L 可达到国家生活饮用水卫生标准，亚氯酸盐残留量＜0.2mg/L；当耗氧量＞1.0mg/L 时，二氧化氯投入量＞0.5mg/L，亚氯酸盐残留量＞0.3mg/L。因此，对污染较严重的水源，不宜使用二氧化氯作为消毒剂，其残留的亚氯酸盐含量大大超过 WHO 所规定的 0.2mg/L 的标准。我国制定二氧化氯消毒饮用水的卫生标准时要特别注意二氧化氯投放量及亚氯酸盐残留量的限量标准问题。

已有研究表明，氯与二氧化氯联合消毒（在相同的水质及投加浓度条件下）杀灭

Polio病毒的能力是氯的3.3倍，杀灭 f_2 噬菌体的能力是氯的8.1倍，这提示联合消毒的效果优于传统的加氯消毒。王家玲等对二氧化氯与氯联合消毒的消毒副产物进行研究，认为联合消毒可以减少消毒副产物。黄君礼等对二氧化氯和氯联合消毒进行研究，研究表明随着混合消毒剂中二氧化氯含量的增加，反应4h后溶液中的亚氯酸根离子含量逐渐增加，并且混合消毒剂中亚氯酸根离子的含量均低于纯二氧化氯中亚氯酸根离子的含量，同时，研究发现随 ClO_2 余量的增加，剩余 Cl_2 的量也减少，认为 Cl_2 除了与前驱物作用生成了 $CHCl_3$ 等有机卤代物外，还可能与 ClO_2 与前驱物反应生成的亚氯酸盐发生了反应，生成了 ClO_2。但是在试验条件下确实产生了氯仿这一有机卤代物。张静等对二氧化氯与氯联合消毒对水中氯酸盐和亚氯酸盐生成量的影响进行研究，认为利用了 ClO_2 快速灭菌，又利用 Cl_2 的持续灭菌能力维持对管网余氯的要求，能取得事半功倍的游离余氯效果。张念华等对二氧化氯和氯联合消毒对水中消毒副产物生成量影响进行研究，认为二氧化氯与氯联合控制可以控制水中消毒副产物生成量。乔铁军等对管网中"总有效余氯"进行了定义，并对某水厂最优总有效余氯量进行量化。

3. 二氧化氯消毒副产物

国外对饮用水消毒剂及其副产物进行了广泛研究，到目前为止已经发现了约600种消毒副产物。Benoit Barbeau 等针对天然水水质对氯和二氧化氯消毒效果的影响进行研究。Eisnor 等发现与二氧化氯，液氯，氯胺及没有消毒剂的管道相比，采用亚氯酸盐进行消毒的管道中铸铁管的腐蚀速率最低。Gagnon 等对二氧化氯和亚氯酸盐对给水管网生物膜的影响进行比较，研究表明低浓度亚氯酸盐不能有效的抑制生物膜异养菌。Al-Jasser 对管龄对配水系统中余氯衰减进行了研究，通过对302根不同服务年限的管道进行管壁衰减系数的实验研究，获得不同管材不同管龄的管壁余氯衰减系数，认为管龄是影响不同材质管道中余氯衰减的重要因素之一。DiGiano 等对流速和水质对管壁反应的影响进行调查，指出氯在管道内壁的反应是给水管网中余氯衰减的主要因素。Cozzolino 等以管网中氯浓度和氯消毒副产物最小为主要目标提出给水管网中二次消毒点布置和消毒剂投加量控制的两种不同方法。Michael 等采用气相色谱法对给水管网中三卤代物浓度进行在线监测，认为该方法适用于给水管网中三卤代物在线监测。Deshwal 等对不同条件下氯酸盐法生成二氧化氯中二氧化氯和氯的比例进行研究，并且建立了反应过程中二氧化氯和氯的比例方程。Hosni 等将氯和二氧化氯对饮用水中芽孢杆菌去除效果进行比较，结果表明消毒剂浓度和消毒时间对消毒效果具有同样重要作用。Janet E. Stout 等分析了管道腐蚀程度对给水管网中余氯衰减的影响，认为管道腐蚀对二氧化氯的消耗远大于已处理水中总有机碳对二氧化氯的消耗。Katz 等研究了等量二氧化氯和氯同时与市政污水处理厂的出水作用30、60和120min 水中二氧化氯，氯和亚氯酸根离子的含量，结果表明联合使用二氧化氯和氯消毒，其消毒效果优于单一消毒剂，不仅保留了各自单独使用的优点，而且克服了各自单独使用的缺点。

二氧化氯无机消毒副产物对人体健康的影响是二氧化氯使用受到限制的一个重要因素，其无机消毒副产物主要包括亚氯酸盐和氯酸盐。

亚氯酸盐的产生主要有两个原因：

① 若二氧化氯的发生是以亚氯酸盐为原料，则发生器中未反应完全的亚氯酸根离子可能会被二氧化氯气体带入水中，成为水处理过程中亚氯酸根离子的一个来源；

② 当二氧化氯与还原性有机物发生氧化还原反应时，有 70%的二氧化氯将被还原成亚氯酸根离子。

氯酸盐的形成主要有四方面原因：

① 以亚氯酸盐与氯为原料发生二氧化氯时，将产生中间产物二氧化二氯。在较低起始浓度时，二氧化二氯将水解形成氯酸盐或被氯氧化成氯酸盐，如果溶液中余氯过高，则亚氯酸盐或二氧化氯易被直接氧化成氯酸盐。

② 原料亚氯酸钠不纯，含有少量氯酸盐可能被直接带入水中造成污染。

③ 原料亚氯酸钠保存不当，如高温暴露可导致亚氯酸钠变质形成氯酸根离子。

④ 二氧化氯光解可能产生氯酸盐。二氧化氯在光照条件下将进行一系列复杂的光解反应，目前还不了解其完整的机制，但至少与两种中间产物——三氧化二氯和二氧化二氯有关，而这两种中间产物可水解形成氯酸盐。

资料表明，亚氯酸盐和氯酸盐存在健康危害。世界卫生组织指出，亚氯酸盐属于生成高铁血红蛋白的化合物，可导致高铁血红蛋白和溶血性贫血。美国、加拿大的研究资料显示氯酸盐可诱发神经、心血管和呼吸道中毒、甲状腺损害、贫血等症状，降低精子的数量和活力。因此，采用二氧化氯消毒饮水时，要严格控制其副产物的生成。

控制二氧化氯的消毒副产物首先应从源头上减少消毒副产物的形成，应采用先进的二氧化氯发生方法和设计优良的发生器，以及高纯度的反应原料，尽量减少发生器产物中的副产物生成浓度，控制原料的流失，而当采用氯酸钠盐酸法时，应尽可能提高反应的转化率，探求反应的最佳浓度、酸度、温度、压力，并能设法对反应残液进行分离，使未反应的氯酸根能循环使用而不是直接排入水体，以减少水体中氯酸根离子的含量；应减少水体中有机副产物前驱物的含量，通过提高消毒工序之前物理、化学、生物处理等工序的效率，最大限度降低水体中的有机物含量，使水体中有机前驱物大量减少，从而有效的控制二氧化氯消毒副产物的形成。

国际上许多国家与地区已将二氧化氯及其副产物列入饮水水质标准中，由于各国研究对象、研究内容、研究结果的不同，使得各地标准的评价指标选择不一，余量要求各异，二氧化氯副产物限值存在差异。一些国家如英国、西班牙、荷兰、比利时仅对二氧化氯的投加浓度做出规定，限值跨度较大，范围在 0.2～5mg/L；德国对二氧化氯的投加浓度与水中亚氯酸盐浓度都做出了限制；美国、瑞士、澳大利亚、对二氧化氯的投加浓度未做要求，但对出厂水中二氧化氯余量和副产物进行控制；WHO、菲律宾、奥地利等饮水标准仅对水中二氧化氯的消毒副产物进行了控制；多数国家只提出了亚氯酸盐的限值。

4. 二氧化氯消毒动力学

动力学主要研究反应进行的速度和反应的历程。研究反应动力学可以掌握反应进行的速度，了解各种因素对反应速度的影响，在实际应用中可以根据反应速率来估计反应进行到某种程度所需的时间，或在反应的某一时刻反应物的浓度，也可以根据影响反应速率的因素，对反应进行控制。反应速率的宏观规律性在选择和控制反应的最佳条件上起着直接的指导作用，而反应机理研究有助于认识物质结构，阐明分子结构与反应能力直接的关系。因此研究反应动力学具有重要的理论意义和实际意义。

从 20 世纪早期，Chick 等就陆续提出若干模型用以临摹消毒过程，目前已建立许多消毒模型。尽管在建立消毒模型方面已做了大量的研究，但迄今为止其基本原理仍然是Chick或Chick-Watson模型。模型的好坏取决于其模型基础灭活定律的稳定性，以及模型是否与实际情况的拟和程度。Chick定律、Chick-Watson模型、Hom模型和Selleck模型。祝明等通过研究二氧化氯对中水大肠菌群的灭活作用，拟合并评价了4种动力学模型，并对拟合结果进行比较分析，获得适合二氧化氯灭活大肠菌群的拟合模型。

14.3.2 实验背景及原理

为了抑制水中残余微生物的二次繁殖，管网中尚需维持少量剩余氯。液氯消毒在我国应用最为广泛，但消毒过程产生的有机卤代副产物对人类健康存在潜在威胁。二氧化氯是目前国际公认的一种高效，低毒，快速，广谱的第四代新型灭菌消毒剂，具有取代液氯消毒的趋势。然而其消毒副产物亚氯酸根与氯酸根也会对人体产生危害。二氧化氯作为一种新型消毒剂已开始在我国逐渐推广，但由于二氧化氯制备、保存、稳定性等原因很难在大型水厂中应用。供水管网中氯和二氧化氯联合消毒耦合机理研究旨在对低浓度条件下氯和二氧化氯耦合机理进行深入分析，实现管网中消毒副产物的循环利用，最大限度降低管网中消毒副产物。

大量研究结果表明，ClO_2 用于饮用水消毒时将产生无机消毒副产物 ClO_2^- 和 ClO_3^-。总体来讲，这些无机消毒副产物主要有以下几个来源：一是源于 ClO_2 制备过程；二是源于 ClO_2 自身歧化反应；三是源于与其他还原性物质反应。

在饮用水净化系统中，亚氯酸根和氯酸根量与发生器采用的原料及原料浓度、反应工艺、所产出的二氧化氯的纯度都密切相关。二氧化氯发生的主要化学原料是氯酸钠和亚氯酸钠。这些发生原料不可避免地会有少部分进入到产品中，因此都会增加水中亚氯酸根离子和氯酸根离子的浓度。

对于采用亚氯酸钠与氯气或次氯酸钠反应的工艺，反应式如下：

$$Cl_2 + 2ClO_2^- = 2ClO_2\uparrow + 2Cl^- \tag{14-1}$$

$$2ClO_2^- + HClO = 2ClO_2 + Cl^- + OH^- \tag{14-2}$$

反应可能涉及活性中间体 Cl_2O_2 的形成。

$$Cl_2 + ClO_2^- = [Cl_2O_2] + Cl^- \tag{14-3}$$

$$2[Cl_2O_2] = 2ClO_2 + Cl_2 \tag{14-4}$$

或

$$[Cl_2O_2] + ClO_2^- = 2ClO_2 + Cl^- \tag{14-5}$$

若两种反应物均以较高浓度，且氯气稍过量(约过量10%)，中间体可以迅速形成，并且通过反应式(14-3)和(14-4)不断循环，最终主要生成二氧化氯，二氧化氯纯度可达95%以上。氯气稍过量，使得原料亚氯酸盐基本完全反应，产物为 ClO_2 和 Cl^-。也就是说原料基本不会带入亚氯酸根，水中的亚氯酸根主要是由产物二氧化氯在水中反应转化过来的，这种情况也基本没有 ClO_3^- 离子生成。

如果氯气过量很多(理论用量的200%～300%)或有游离次氯酸存在、pH值较高或两种反应物以较低浓度进行反应，活性中间体[Cl_2O_2]就有可能形成一定数量的ClO_3^-副产物，反应式如下：

$$[Cl_2O_2]+H_2O = ClO_3^- + Cl^- + 2H^+ \quad (14\text{-}6)$$

$$[Cl_2O_2]+HClO = ClO_3^- + Cl_2 + H^+ \quad (14\text{-}7)$$

总反应式可写作：

$$ClO_2^- + HClO = ClO_3^- + Cl^- + H^+ \quad (14\text{-}8)$$

$$ClO_2^- + Cl_2 + H_2O = ClO_3^- + 2Cl^- + 2H^+ \quad (14\text{-}9)$$

这种情况下，使用二氧化氯净化的系统中，除了二氧化氯转化得到的亚氯酸根外，还会有一定量的ClO_3^-。因而，当采用ClO_2和Cl_2协调消毒时，必然会产生一定量的ClO_3^-。

对于采用氯酸钠和盐酸为原料的反应工艺(国内大多数企业的二氧化氯发生器都采用此种工艺)，反应式如下：

$$2NaClO_3 + 4HCl = 2ClO_2 + Cl_2 + 2NaCl + 2H_2O \quad (14\text{-}10)$$

由于此反应氯酸钠的理论转化率不高，而且同时还有氯气生成，这意味着有大量未反应的ClO_3^-直接进入水体。因此，水体中除了ClO_2^-外，必然还有较多的ClO_3^-存在。

二氧化氯化学性质活泼，易溶于水，在20℃下溶解度为107.98g/L，是氯气的溶解度的5倍。氧化能力为氯气的2倍。ClO_2是中性分子，在水中几乎100%以分子状态存在，所以极易穿透细胞膜，渗入细菌细胞内，将其核酸(DNA或RNA)氧化后，从而阻止细菌的合成代谢，并使细菌死亡。在饮用水中ClO_2灭菌反应如下式(14-11)、(14-12)所示。

$$ClO_2 + e \longrightarrow ClO_2^- \quad (14\text{-}11)$$

$$ClO_2^- + 2H_2O + 4e \longrightarrow Cl^- + 4OH^- \quad (14\text{-}12)$$

实验测知，式(14-11)的电极电位0.95V，式(14-12)的电极电位0.78V。所以使用二氧化氯消毒还可以氧化水中的一些还原性金属离子(如Fe^{2+} Mn^{2+}等)，即对水中的铁、锰有着不错的去处效果。ClO_2的氧化能力与溶液的酸碱性有关，溶液酸性越强，ClO_2的氧化能力越强。但在pH值6～10范围内的杀菌效果几乎不受pH值影响。而我国《生活饮用水卫生标准》GB 5749—2006中水质常规指标及限值中规定生活饮用水pH值不小于6.5且不大于8.5。

本试验采用氯和二氧化氯联合消毒，由于氯易溶解于水(20℃和98kPa时，溶解度为7160mg/L)，当与水作用时，下列反应几乎同时发生：

$$Cl_2 + H_2O \longrightarrow HOCl + HCl \quad (14\text{-}13)$$

氯在20℃时的平衡常数是3.3×10^{-8}。pH值在1～3范围内氯占主体，pH在5～7范围内时次氯酸占主体，当pH值大于8时，次氯酸根离子占主体，本实验采用次氯酸钠代替液氯进行现场实施。

二氧化氯和氯联合消毒基于上述液氯和二氧化氯反应原理，在消毒过程中产生如下反应：

$$5NaClO_2+4HCl\longrightarrow 4ClO_2+5NaCl+2H_2O \tag{14-14}$$

14.3.3 室内试验

14.3.3.1 实验试剂与仪器

1. 实验仪器

实验中所用到的设备和仪器 表14-2

序号	仪器	型号	生产厂家
1	紫外可见分光光度计	T6新世纪	北京普析通用仪器有限责任公司
2	浊度计	2100P	Hach公司
3	精密pH计	PHB-9905	上海艾旺工贸有限公司
4	不锈钢手提式压力蒸汽灭菌器	280SA	镇海金鑫医疗器械有限公司
5	电热恒温培养箱	DH2500A	天津市泰斯特仪器有限公司
6	便携式余氯测量仪	HI93711	意大利哈纳仪器
7	电子天平	DS-100	亚太计量仪器有限公司
8	气相色谱仪（配ECD检测器）	4890D	Agilent公司
9	离子色谱仪	ICS-3000型	美国Dionex（戴安）公司

2. 实验试剂

实验中使用的主要化学试剂 表14-3

试剂	纯度	生产厂家
碘化钾	A.R	天津市基准化学试剂有限公司
碘酸钾	G.R	天津市博迪化工有限公司
N，N-二乙基对苯二胺硫酸盐	A.R	天津市化学试剂研究所
氯仿	色谱纯	广东、汕头市西陇化工厂
$NaClO_2$	标准试剂	美国Chem Service公司
$NaClO_3$	标准试剂	美国Chem Service公司
腐殖酸	—	上海巨枫化学科技有限公司
次氯酸钠（溶液）	—	天津市风船化学试剂有限公司
乙二胺四乙酸二钠	A.R	天津市基准化学试剂有限公司
营养琼脂	—	北京奥博星生物技术有限公司
乙二胺	A.R	天津市永大化学试剂有限公司

14.3.3.2 实验所用反应器

为保证实验环境能尽量模拟实际管网，本研究所用的实验反应器皆为自主研制的。其中，有静态管段反应器和环状管网反应器。

1. 静态实验反应器

静态实验就是截取配水系统中常用的管材，经过加工处理，将其密封，然后将水装入其中进行实验。本实验中所用到的静态实验反应器是长 50cm、直径为 75mm 的管段，采用无衬里未做防腐处理的 PVC 管。其结构如图 14-23，照片如图 14-24 所示。

2. 环状管网模拟反应器

本课题中的动态模拟实验采用的反应器是哈尔滨工业大学给排水系统研究所设计的环状管网模拟装置。管道卫生学实验室环状管网反应器实景图如图 14-24 所示。

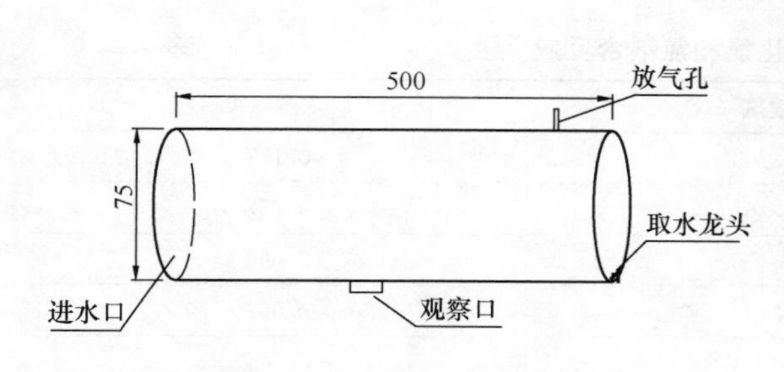

图 14-23 实验管段结构图

图 14-24 环状管网反应器实图

该配水管网模拟系统主要由环状管网系统和管道卫生学实验平台微机分布式测控系统两部分组成：

环状管网系统由 5 层环状管网反应器组成。由下而上，第一层管径为 100mm，第二层管径为 80mm，上面 3 层环状管路的管径为 50mm。每层环状管网反应器都由长 17.5m、未衬里的普通铸铁管构成，其内部已形成明显腐蚀瘤和生物膜。在循环管路系统上装有①高位供水水箱，②循环及提升水泵，③取样口，④阀门，⑤温度传感器，⑥压力表，⑦生物挂片，⑧流量计，⑨循环水箱等仪器和装置。

管道卫生学实验平台微机分布式测控系统是由微机分布式测控软件平台，水泵变频调速器，RSM 智能模块以及余氯、氨氮等在线仪表组成。该测控系统可以通过微机上的软件平台直接控制变频器调节水泵的转速，来改变管网运行的状况，并通过 RSM 智能模块从温度传感器、压力表、流量计等仪表来采集数据，将管路的数据信息传导给微机测控输出端，同时保存在数据库中。

该配水管网模拟系统不仅可以由每层的小水箱供水，由管路上的变频调速泵提供循环动力来实现单层循环；而且还可以由二楼的高位水箱供水，由底层的大变频调速泵提供循环动力实现任意层的组合循环。在整个环状管网反应器的设计中有大量的供实验用测试指标，包括管材，流速，反应时间，初始的水质参数，余氯，氨氮，消毒副产物，pH，浊度等，以满足实验研究的需要。

14.3.3.3 二氧化氯和氯耦合反应及动力学行为研究

本实验主要研究二氧化氯与氯之间的化学反应机理，特别是二氧化氯和氯之间的耦合反应。所谓耦合，就是两个或两个以上的体系通过各种相互作用而彼此影响以至联合起来的现象。通过单独加氯或二氧化氯以及以不同比例混合投加氯和二氧化氯消毒剂，研究它们的衰减影响因素和动力学行为。氯和二氧化氯的混合消毒剂具有其单独使用时所具有的特点，但由于二氧化氯、氯和亚氯酸盐具有相互转化的关系，其衰减不能单纯地套用氯或二氧化氯的衰减规律。为了能对这些消毒剂有一个总体的概括和统称，我们把氯、二氧化氯和它们以不同比例混合的混合物定义为氯系消毒剂。

（1）二氧化氯和氯的耦合作用

1）主体水实验

先用纯水配制1mg/L的ClO_2^-溶液和1mg/L的氯原液等体积在试管中发生反应，每隔20分钟测定余氯浓度，ClO_2浓度以及ClO_2^-浓度。余氯及ClO_2浓度采用DPD分光光度法，ClO_2^-浓度采用离子色谱法测定。

主体水中二氧化氯和氯耦合反应　　**表14-4**

$TClO_2$浓度（G）	总有效氯（A）	Cl_2浓度（A-G）
0.066	0.203	0.139
0.064	0.151	0.087
0.062	0.160	0.098
0.070	0.137	0.067
0.049	0.094	0.045
0.038	0.044	0.002

实验数据显示：Cl_2浓度逐渐减小，ClO_2浓度开始增加，随后基本保持不变，然后逐渐减小，ClO_2^-浓度逐渐减小。实验结果表明：Cl_2和ClO_2^-在纯水中反应生成ClO_2。然后配制腐殖酸含量为1mg/L的水样，再加入1mg/L的ClO_2^-溶液和1mg/L的氯原液，等体积在试管中发生反应，每隔20分钟测定余氯浓度，ClO_2浓度以及ClO_2^-浓度。

含有机物时二氧化氯和氯的耦合反应　　**表14-5**

ClO_2浓度（G）	总有效氯（A）	Cl_2浓度（A-G）	ClO_2^-浓度（mg/L）
0.072	0.182	0.110	0.064
0.061	0.187	0.126	0.067
0.060	0.176	0.116	0.060
0.069	0.157	0.088	0.045
0.038	0.104	0.066	0.068
0.032	0.086	0.054	0.072

实验数据显示，Cl_2浓度逐渐减小，ClO_2浓度开始增加，然后逐渐减小，ClO_2^-浓度逐渐减小，然后逐渐增加。实验结果表明，Cl_2和ClO_2^-在水样中发生反应生成ClO_2，但随着ClO_2的生成，ClO_2与水中有机物反应，并生成ClO_2^-，继续帮助Cl_2对水样进行消毒。

2）管材对氯系消毒剂衰减的影响及动力学行为研究

本研究选用如图14-24所示的静态管段反应器考察管材的影响。

为了不受水中天然有机物及其他物质的干扰，更好地反映出管材对氯系消毒剂的消耗的影响，实验选用蒸馏水作为实验用水。实验中测试了3种不同的管材，即无衬里未做防腐处理的球墨铸铁管、不锈钢铁管和聚氯乙烯（PVC）管，所使用的这些管材都是目前我国城市给水管网中常用的。由于这 3 个反应管段是旧管段，管壁上附着有很多腐蚀产物、沉积物和生物膜等，所以使用前均用 0.1mol/L 的盐酸溶液清洗，以去除管壁上易于脱落的物质，防止其在实验过程中脱落而造成实验误差。

本节通过测定反应的动力学级数和速率常数，将对 ClO_2 和 Cl_2 混合及单独投加消毒时的反应动力学进行研究，进一步探讨氯系消毒剂消毒的反应规律，以研究如何加强消毒效果。

（2）二氧化氯和氯混合消毒时管材对衰减的影响及动力学行为

实验选取了 3 种不同的氯系消毒剂投加比例，考察这 3 种情况下，不同管材对消毒剂衰减的影响及其动力学行为。这 3 种情况分别为：①按 3∶1 的比例投加 0.6mg/L 的氯和 0.2mg/L 的二氧化氯；②按 1∶1 的比例投加 0.4mg/L 的氯和 0.4mg/L 的二氧化氯；③按1∶3 的比例投加 0.2mg/L 的氯和 0.6mg/L 的二氧化氯。

实验在室温下进行，反应温度为 21℃，溶液 pH 为 7.5，每间隔一段时间从图 14-23 看到的取水龙头取样，测定游离氯和二氧化氯的含量。由于二氧化氯的有效氯为游离氯的 2.6 倍，所以本文将氯的浓度与二氧化氯浓度的 2.6 倍之和定义为总有效氯，通过研究总有效氯来研究混合消毒剂的衰减规律。

图 14-25 为投加比例为 3∶1 即投加 0.6mg/L 的氯和 0.2mg/L 的二氧化氯的情况。从图中可以看到，PVC 管、不锈钢管和铸铁管管壁的总有效氯衰减速率常数 k 分别为：$0.1196h^{-1}$、$0.188h^{-1}$和 $0.3158h^{-1}$，k 值是依次增大的，也就是说 3 种管材中，铸铁管中的总有效氯衰减的最快，不锈钢管次之，PVC 管最慢；从图中还可以计算得出，在反应最初的半小时里，混合消毒剂中的总有效氯衰减很快，浓度分别降低了 14.3%、24.2% 和 29.4%，可见反应最开始的半小时是快速衰减期，之后衰减进行的相对缓慢，进入了平缓衰减期。总有效氯降低到国家规定的 0.05mg/L 时，所用的时间分别为：PVC 管 24.5h、不锈钢管 16h 和铸铁管 9.6h。

将 $\ln C_0/C_t$（C_0——余氯的初始浓度，C_t——t 时刻余氯的浓度）对反应时间 t 作图（图 14-26）。$\ln C_0/C_t$ 与 t 之间呈线性关系，且各直线的相关系数 R 均大于 0.97，根据一级反应的特点可判断，投加比例为 3∶1 即投加 0.6mg/L 的氯和 0.2mg/L 的二氧化氯进行消毒时，其管壁衰减反应级数为一级。因此，可得 PVC 管、不锈钢管和铸铁管中此混

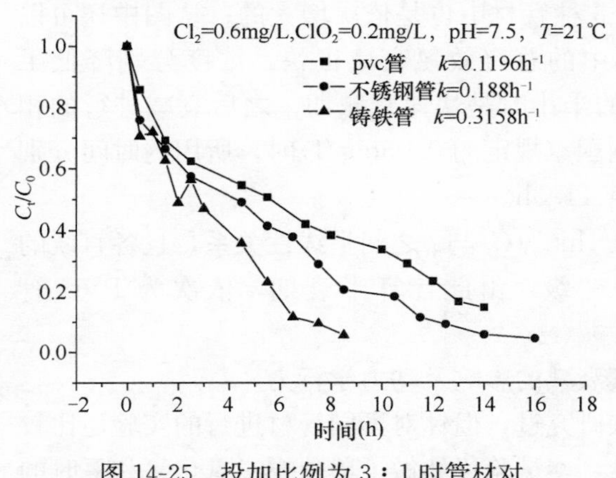

图 14-25　投加比例为 3∶1 时管材对总有效氯衰减的影响

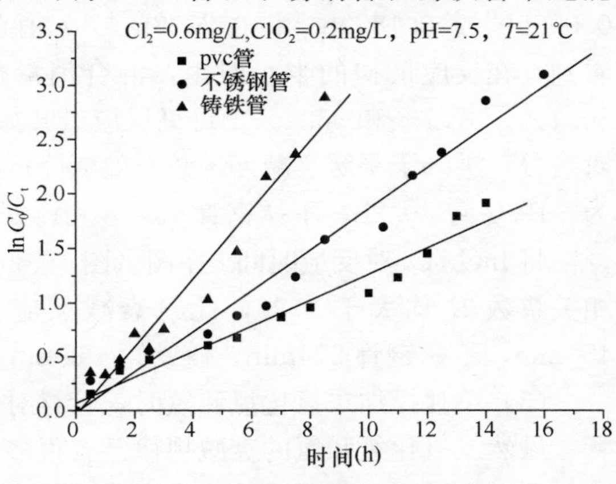

图 14-26　投加比例为 3∶1 时总有效氯衰减级数的确定

合消毒剂的半衰期分别为 348min、221min 和 132min。

图 14-27 所示为投加比例为 1∶1 即投加 0.4mg/L 的氯和 0.4mg/L 的二氧化氯的情况。从图中可以得出，PVC 管、不锈钢管和铸铁管中管壁的总有效氯衰减速率常数 k 分别为：$0.1014h^{-1}$、$0.1857h^{-1}$和 $0.2474h^{-1}$，k 值与比例为 3∶1 时的结果一样，是依次增大的；在反应最初的半小时里，混合消毒剂中的总有效氯衰减很快，浓度分别降低了 28.7%、26.8%和 27.8%，可见此种情况下，最开始的半小时也是快速衰减期，之后便进入了平缓衰减期。总有效氯降低到 0.05mg/L 时，所用时间分别为：PVC 管 28.4h、不锈钢管 16h 和铸铁管 12.1h。

如图 14-28，将 $\ln C_0/C_t$ 对反应时间 t 作图，由各直线的回归方程和相关系数可以看出，$\ln C_0/C_t$ 与 t 之间呈线性关系，且各直线的相关系数 R 也均大于 0.95，管壁衰减反应级数也为一级。计算其半衰期，依次为 PVC 管 410min，不锈钢管 224min，铸铁管 168min。

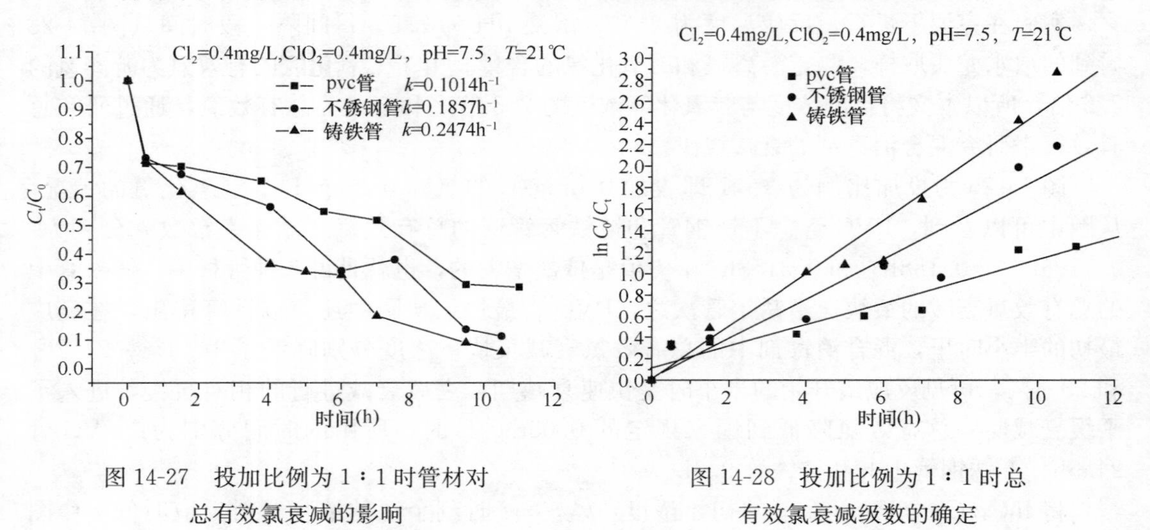

图 14-27　投加比例为 1∶1 时管材对总有效氯衰减的影响

图 14-28　投加比例为 1∶1 时总有效氯衰减级数的确定

图 14-29 是投加比例为 1∶3 即投加 0.2mg/L 的氯和 0.6mg/L 的二氧化氯的情况。从图中可以看出，PVC 管、不锈钢管和铸铁管中的总有效氯衰减速率常数 k 分别为：$0.0925h^{-1}$、$0.1859h^{-1}$和 $0.2508h^{-1}$，k 值在 3 种管材中也是依次增大的；从图中还可以看到，在反应最初的半小时里，混合消毒剂中的总有效氯衰减很快，浓度分别降低了 30.1%、37.7%和 35.4%，可见反应最开始的半小时是快速衰减期，之后衰减进行的相对缓慢，进入了平缓衰减期。总有效氯降低到国家规定的 0.05mg/L 时，所用的时间分别为：PVC 管 30.2h、不锈钢管 15.1h 和铸铁管 11.3h。

将 $\ln C_0/C_t$ 对反应时间 t 作图（图 14-30）。$\ln C_0/C_t$ 与 t 之间呈线性关系，且各直线的相关系数 R 均大于 0.96，此氯衰减反应为一级。由此计算半衰期，依次为 PVC 管 450min，不锈钢管 224min，铸铁管 166min。

（3）单独投加二氧化氯和氯时，管材对其衰减的影响及动力学行为

虽然二氧化氯和氯的衰减规律已有很多人研究过，但针对不同管材进行的实验还比较少，同时为了跟上面所述的几个实验进行比较，本试验仍然做了单独投二氧化氯和氯时的衰减规律实验。

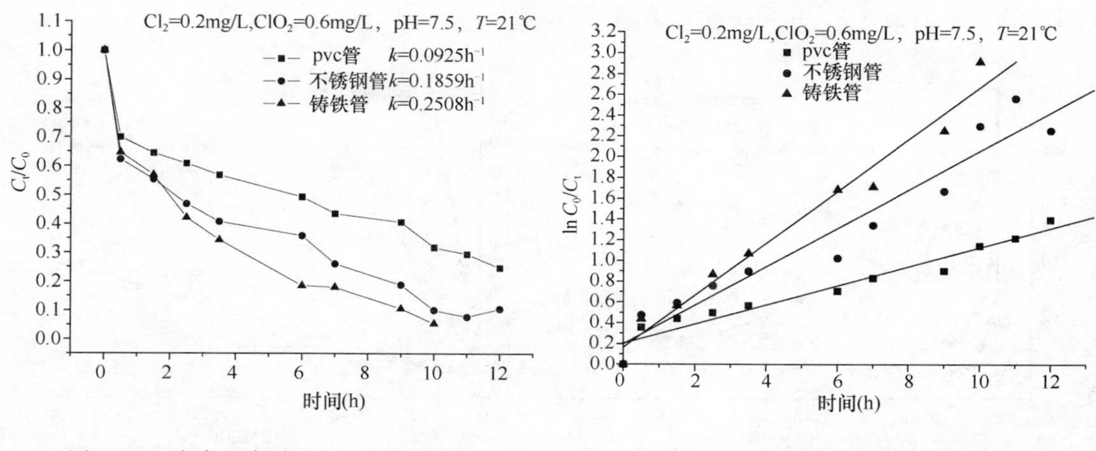

图 14-29　投加比例为 1∶3 时管材对总有效氯衰减的影响

图 14-30　投加比例为 1∶3 时总有效氯衰减级数的确定

向三种管材中只投加 0.8mg/L 的二氧化氯，反应条件跟以上各实验保持一样。每隔一段时间从取水龙头取样，测定剩余二氧化氯的含量。从实验的结果可以看出，三种管材对余二氧化氯衰减速率的影响从大到小分别为球墨铸铁管＞不锈钢管＞PVC 管。其衰减速率常数依次为：1.5098h^{-1}、0.4611h^{-1}和 0.0782h^{-1}。在反应最初的半个小时，游离二氧化氯的浓度分别降低了 82％、61.3％和 27.6％，可见最开始的半个小时反应进行得非常快，尤其是在铸铁管和不锈钢管中，二氧化氯的衰减跟前面所述混合投加时的情况相比要快得多。而且随着消毒作用时间的延长，水的色度增加，铸铁管中的水甚至呈现出微黄色。与铸铁管和不锈钢管相比，PVC 管中消毒剂的衰减反应速率要缓和的多，反应速率常数比混合投加时还小。游离二氧化氯的浓度降低到国家规定的 0.02mg/L 时，所用时间分别为 PVC 管 46.3h、不锈钢管 7.3h 和铸铁管 2.1h。由以上结果综合分析，发现二氧化氯在 PVC 管中的持续作用时间比混合投加时要长得多，但在不锈钢管和铸铁管中的持续作用时间却比混合投加都要小，尤其是铸铁管中，二氧化氯持续有效时间仅有 2.1h。初步分析这种情况是由二氧化氯的强氧化性造成的。因为二氧化氯具有很强的氧化能力，能跟水中的铁反应，且这两个管段反应器的管壁有很多锈垢，尤其是铸铁管的管壁，腐蚀非常严重，这些腐蚀产物与具有强氧化作用的二氧化氯迅速反应，引起了二氧化氯衰减速率的加快。而且二氧化氯对锈垢具有剥离作用，所以水的色度才会有所增加。

同混合投加消毒时相同，对二氧化氯单独作用时的反应动力学规律也做类似的分析（图 14-31）。根据一级反应的特点可判断，二氧化氯衰减反应也为一级。由此计算出余氯衰减的半衰期分别为 PVC 管 532min、不锈钢管 90min 和铸铁管 28min。

向三种管材中只投加 0.8mg/L 的氯，反应条件同前，也是每间隔一段时间取样，测定余氯的含量。不同管材情况下，余氯浓度随时间的变化如图 14-32、图 14-33 所示。

从实验的结果可以看出，3 种管材对余氯衰减速率的影响从大到小也为：球墨铸铁管＞不锈钢管＞PVC 管。它们的衰减速率常数依次为：1.5968h^{-1}、0.3523h^{-1}和 0.1559h^{-1}。在反应最初的半小时里，游离氯的浓度分别降低了 56.4％、27.7％和 11％，之后衰减便相对减缓；余氯浓度降低到国家规定的 0.05mg/L 时，所用时间分别为 PVC

管 18.9h、不锈钢管 8.2h 和铸铁管 1.9h。

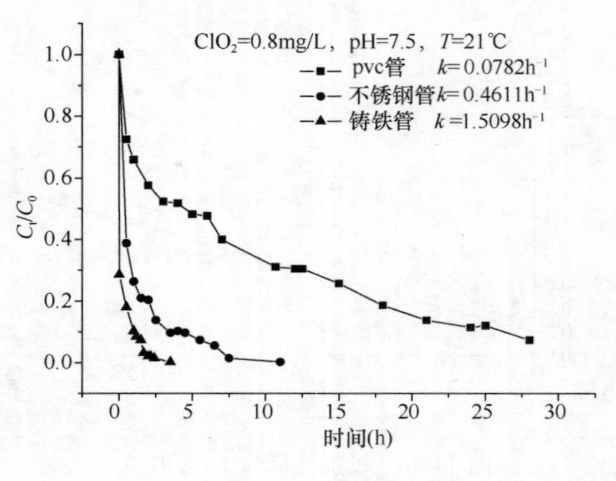

图 14-31 单独投加二氧化氯时管材对总有效氯衰减的影响

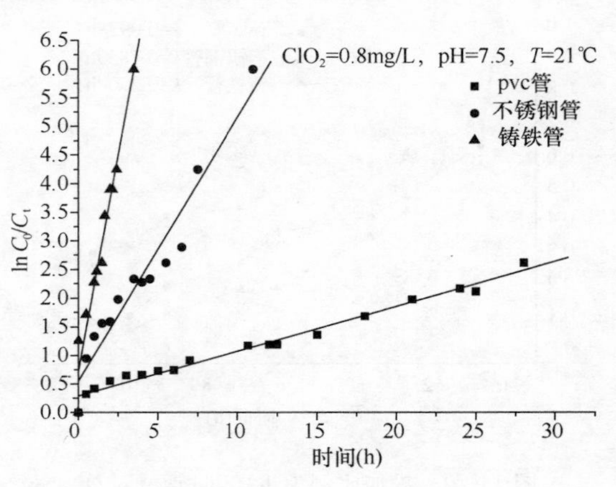

图 14-32 不同管材中二氧化氯衰减级数的确定

铸铁管和不锈钢管中单独投氯时，虽然反应半小时后消毒剂的剩余率和余氯达标时的持续时间都比单独加二氧化氯的情况大，但相比混合投加时各情况，其衰减速率仍非常快。而且 PVC 管中消毒剂的衰减速率也很快，余氯降低到国家规定浓度时，所用时间为 18.9h，比其他四种情况的持续时间都要小。这说明单独投加氯消毒时，消毒剂在不同管材中衰减速率快的原因与单独加二氧化氯消毒时衰减速率快的原因是不同的。氯衰减速率快不是氯和铁及铁锈等的快速反应，而是因为氯消毒剂本身的特性。

对以上结果进行一个综合的比对分析，单就管材的因素来说，在铸铁管和不锈钢管中，无论是衰减速率常数、消毒剂在最初半小时内的降低率还是作用持续时间和半衰期，都说明氯和二氧化氯混合投加消毒比它们单独作用时效果要好。而在 PVC 管中，单独用二氧化氯消毒的效果可能更好些，且混合消毒剂中二氧化氯所占的比例越高，其作用持续时间和半衰期就越长。

将 $\ln C_0/C_t$ 对反应时间 t 作图，如图 14-34，$\ln C_0/C_t$ 与 t 之间呈线性关系，且各直线的相关系数 R 均大于 0.97，氯的衰减反应是一级反应。余氯衰减的半衰期分别为：PVC 管 267min、不锈钢管 118min 和球墨铸铁管 26min。

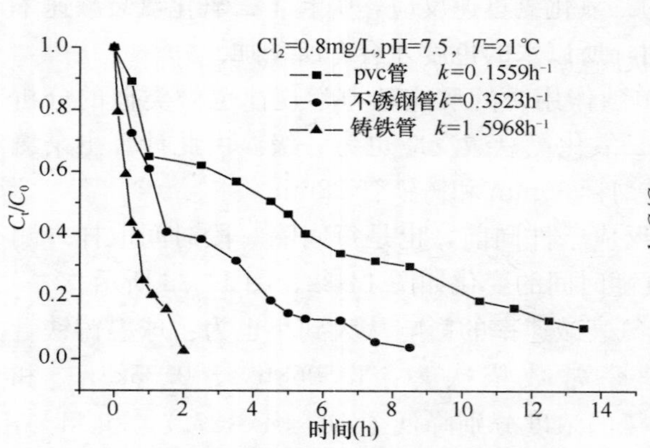

图 14-33 单独投加氯时管材对总有效氯衰减的影响

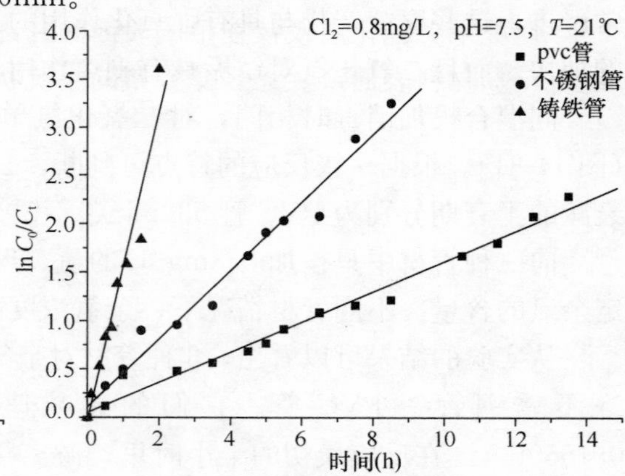

图 14-34 不同管材中余氯衰减级数的确定

对以上5种消毒剂消毒情况进行综合分析，发现 $\ln C_0/C_t$ 与 t 之间的线性关系的相关系数 R 均大于0.95，说明都具有较好的相关性，各管材中消毒剂的衰减模型都可以看做是一级的。实验对二级衰减、限制一级衰减和、混合级数和平行一级衰减也做了拟合分析，其平均相关系数值分别为0.9781、0.9878、0.9975和0.9991，可以看出，各模型的适应参数越多，相关系数越大，模型也就越准确。但一级衰减方程相对于其他动力学模型也有不可取代的优点，一级衰减模型仅有一个调整参数，方程简单。因此，它是目前应用最广泛的动力学模型。

（4）不同管材的影响机理分析

从实验结果可以看出，3种管材对氯和二氧化氯混合消毒剂衰减速率的影响基本上是一致的，影响程度从大到小依次为：球墨铸铁管＞不锈钢管＞PVC管。

不同管材对氯系消毒剂衰减规律的影响不同，其原因主要是不同管材在长期与水的接触中，受到的腐蚀程度不同。进而在其内壁形成了不同的接触面，不同的接触面又会对水中的氯系消毒剂衰减产生不同影响。

PVC管的主要成分为聚氯乙烯，它的管壁不导电，不会构成腐蚀微电池，避免了电化学腐蚀和其他类型的腐蚀，故这种管材一般不会被腐蚀。但PVC管的管壁较不锈钢管管壁粗糙，易吸附沉淀物并滋生细菌等微生物，从而引起对氯系消毒剂的消耗。同时，聚氯乙烯树脂中残留的单体氯乙烯会在水中析出，使其管壁上的有机物质要多于其他两种管材。这些有机物作为消毒副产物前体物，对消毒剂起到一定的消耗作用。

实验所用PVC管的管壁几乎没有受到腐蚀，而且实验前对管壁进行了冲洗，管壁上也基本没有沉积的管垢和生物膜等物质，因此PVC管中氯系消毒剂消耗的主要原因应该为管壁材料中单体氯乙烯的析出。因此，虽然PVC管中氯系消毒剂的衰减较其他两种管材都慢，但它会产生危害环境和人类健康的致癌物。这一点也是在应用PVC管材作为输水材料时不容忽视的一个问题。

不锈钢是铁、铬和镍的合金，其质硬而坚固。铬对钢进行合金化处理时，把表面氧化物的类型改变成了类似于纯铬金属上形成的表面氧化物。这种紧密黏附的富铬氧化物保护表面，防止进一步地氧化。这种氧化层极薄，透过它可以看到钢表面的自然光泽，使不锈钢具有独特的表面。在含 Cr^- 介质中不锈钢表面钝化层容易被破坏，低浓度的铬区域最先产生腐蚀，然后腐蚀会逐步扩大到整块不锈钢。这是由于 Cr^- 氧化电势能较大引起的。在很多情况下，钝化层仅仅在金属表面的局部地方被破坏，腐蚀的作用在于形成细小的孔或凹坑，在材料表面产生无规律分布的小坑状腐蚀——点蚀。随后，不锈钢的腐蚀程度会很快增大，因此不锈钢管壁也会产生腐蚀现象。但这种腐蚀跟铸铁管材质相比会比较慢。

本实验所用的不锈钢管是腐蚀程度较轻，且其表面比较光滑不利于沉淀物的吸附，沉淀物也很少，因此对氯系消毒剂的消耗作用没有铸铁管大。

球墨铸铁管本身材质中含有一定量的碳杂质，它与铁基体电化学位不同，就会构成许许多多的腐蚀微电池，导致铸铁管的电化学腐蚀，增大铸铁管壁粗糙度，从而为细菌等微生物的繁殖和生长提供了场所，特别是铁细菌会黏附在铸铁管壁的腐蚀坑的底部。铁细菌吸取水中的二价铁离子，分泌出大量的氢氧化铁会在管壁上形成锈瘤并造成管道堵塞。锈瘤区成为厌氧区，会繁殖和生长硫酸盐还原菌，在氢化酶的作用下，会使铸铁管壁锈瘤下的铸铁发生局部腐蚀，所以铸铁管最容易被腐蚀。此外，Kiene等在研究中发现，铸铁管中一半以上的氯都消耗在与管壁物质的交互作用上。

本实验所用的球墨铸铁管的管壁发生了很严重的腐蚀。由于水中绝大部分的氯系消毒剂都与管壁的腐蚀瘤和生物膜发生了反应，与其他两种管材相比，管壁对氯系消毒剂的衰减就最为显著，铸铁管内的氯系消毒剂也衰减的最快。从实验结果我们可以看到，尤其是氯或二氧化氯单独投加消毒时，铸铁管的衰减速率相当快，两个小时左右就已达不到国家标准。因此，针对我国目前大多数城市的供水管网多为使用年数较长的铸铁管这一情况，建议在进行二次消毒时，如果水仍需要在管道中停留较长时间，则要考虑改用氯和二氧化氯混合消毒剂进行消毒。

综上所述，这3种管材的腐蚀程度由大到小为：球墨铸铁管＞不锈钢管＞PVC管。它们对氯系消毒剂的消耗从大到小也依次为：球墨铸铁管＞不锈钢管＞PVC管。可见，金属管道中，氯系消毒剂的衰减较快；而塑料管材在保持管网中的氯系消毒剂余量上具有较大优势。

14.3.3.4　管网水中的有机物对氯系消毒剂衰减的影响及动力学行为研究

在管网水中的有机物对氯系消毒剂衰减的影响研究中，若采用龙头出水作为实验用水，水中的有机物含量随着时间的变化会发生变化，从而影响到实验的准确性。因此本实验采用的实验用水为用腐殖酸溶液配制的高锰酸盐指数为3的水。之所以使高锰酸盐指数为3，主要是因为国家规定的生活饮用水卫生标准中规定耗氧量（COD_{Mn}法，以O_2计）的限值为3。高锰酸盐指数为3时，可以初步认定管道中水质有发生二次微污染的趋势。实验分别测试了3种不同的管材中有机物对氯系消毒剂衰减规律的影响。

消毒剂跟管网水中的有机物的反应可以用以下通式表示：

$$Cl_2/ClO_2+A\longrightarrow \text{产物} \tag{14-15}$$

式中A为管网水中所有与消毒剂反应的有机物。假设上式是一个简单反应，以Cl_2为例，根据质量作用定律，氯的消耗速率可以写成：

$$\frac{d[Cl_2]}{dt}=-k_A[Cl_2][A] \tag{14-16}$$

式中，k_A为氯的消耗速率常数。

在管道水中与氯反应的所有有机物的浓度$[A]$应远大于余氯的浓度，因此可以将$[A]$看作一个常数，定义余氯在管网水中衰减的速率常数$k_b=k_A[A]$，这表明式(14-16)的反应是一个准一级反应，它可以写成：

$$\frac{d[Cl_2]}{dt}=-k_b[Cl_2] \tag{14-17}$$

同样，二氧化氯及氯和二氧化氯的混合消毒剂也可以用这一假设，推出其与有机物的反应为准一级反应。而本实验的结果也得出了相同的结论。

因为引起消毒剂消耗的因素主要包括两个方面，管材(包括管壁上的腐蚀产物、生物膜和沉积物等)的消耗和水中有机物的消耗。所以，氯系消毒剂在管网水中的衰减可以表示为：

$$\frac{d[C]}{dt}=-k_b[C]-k_c[C] \tag{14-18}$$

式中　k_b——有机物引起的氯系消毒剂的衰减速率常数；

k_c——管壁衰减速率常数；

$[C]$——氯系消毒剂的浓度。

方程(14-18)右边第一项为氯系消毒剂与水中的有机物反应的消耗；第二项为因管壁腐蚀等所导致的氯系消毒剂的消耗。由于各种不同比例的氯系消毒剂由管壁引起的衰减也为一级反应，因此可得，由有机物引起的氯系消毒剂的衰减速率常数 k_b 可以由总衰减速率常数减去管壁衰减速率常数得到，可用下式表示：

$$k_b = k - k_c \tag{14-19}$$

图 14-35、图 14-36、图 14-38 所示为管网水中不加入任何有机物时 PVC 管、不锈钢管和球墨铸铁管中 5 种不同比例消毒剂的衰减速率。图中所标 k 值为由管壁消耗引起的衰减速率常数 k_c。图 14-35、图 14-37、图 14-39 为管网水中加入有机物后 PVC 管、不锈钢管和球墨铸铁管中 5 种不同比例消毒剂的衰减速率。图中所标 k 值为水中有机物和管壁消耗引起的总衰减速率常数。两者相减，即为有机物消耗引起的氯系消毒剂的衰减速率常数 k_b。表 14-6 给出了计算结果：

总衰减速率常数 k、管壁衰减速率常数 k_c 和主体水衰减速率常数 k_b　表 14-6

消毒剂投加比例	PVC 管			不锈钢管			铸铁管		
	$k(h^{-1})$	$k_c(h^{-1})$	$k_b(h^{-1})$	$k(h^{-1})$	$k_c(h^{-1})$	$k_b(h^{-1})$	$k(h^{-1})$	$k_c(h^{-1})$	$k_b(h^{-1})$
3∶1	0.1934	0.1196	0.0738	0.238	0.188	0.05	0.3979	0.3158	0.0821
1∶1	0.2407	0.1014	0.1393	0.3045	0.1857	0.1188	0.3549	0.2474	0.1075
1∶3	0.2069	0.0925	0.1144	0.2995	0.1859	0.1136	0.3703	0.2508	0.1195
氯	0.2843	0.1559	0.1284	0.4829	0.3523	0.1306	1.6222	1.5968	0.0254
二氧化氯	0.8675	0.0782	0.7893	0.8865	0.4611	0.4254	1.5858	1.5098	0.076

从表 14-6 可以看出，单独投加二氧化氯时，PVC 管和不锈钢管中的 k_b 值都比混合投加时要大，尤其是 PVC 管，这是因为二氧化氯具有强氧化性，可以迅速与水中的有机物反应。而且二氧化氯在这两种管材中的管壁衰减速率常数 k_c 值都比较小，使二氧化氯可以与有机物反应的部分比较多，因此 k_b 值会比较大。单独投加氯或二氧化氯时，铸铁管中的 k_b 值却比较小，这是由于铸铁管中氯或二氧化氯的 k_c 值比较大，管壁对消毒剂的消耗大，从而使消毒剂能与水体中有机物反应的那部分比较少的缘故。

以不同比例混合投加消毒剂时，各管材中，有机物引起的消毒剂的衰减速率常数 k_b 相差不是很大，且基本服从随二氧化氯所占比例的增加而增大的规律。初步分析原因为二氧化氯的强氧化性所致。虽然二氧化氯和氯同时投加，但由于二氧化氯活泼，在反应初期二氧化氯即与水中的有机物发生快速反应，且一些不易与氯反应的有机物也可以与二氧化氯发生反应，从而使二氧化氯所占比例越大，混合消毒剂中总有效氯的衰减速率常数就较大。这也是混合消毒剂可有效降低三卤甲烷等有机消毒副产物生成的原因，二氧化氯浓度越高，消耗的消毒副产物前体物也就越多，与氯反应的前体物相应减少。对混合投加下氯和二氧化氯的衰减进行单独的分析，发现在反应的前半个小时里，二氧化氯的反应速率比氯的反应速率快，这进一步说明反应初期主要是二氧化氯参与反应。

水中有机物的加入使消毒剂在反应最初的半小时里的总消耗率增加了 7.7%～27.8%，随着消毒剂中二氧化氯所占比例的增加而增大；使消毒剂的作用持续时间减少了

0.1h～43.1h，最大值43.1h是PVC管中单独加二氧化氯的情况，这说明PVC管中有机物的增加可以明显减少消毒剂的持续作用时间，这一方面是因为管壁对消毒剂的消耗量很少，另一方面是因为PVC管溶出的聚乙烯单体进一步增加了有机物的量；最小值0.1是铸铁管中单独加氯的情况，因为铸铁管的严重腐蚀，使管壁对消毒剂的消耗非常快，无有机物存在时，其持续时间为1.9h，所以有机物的加入对消毒剂的作用持续时间的影响不大。

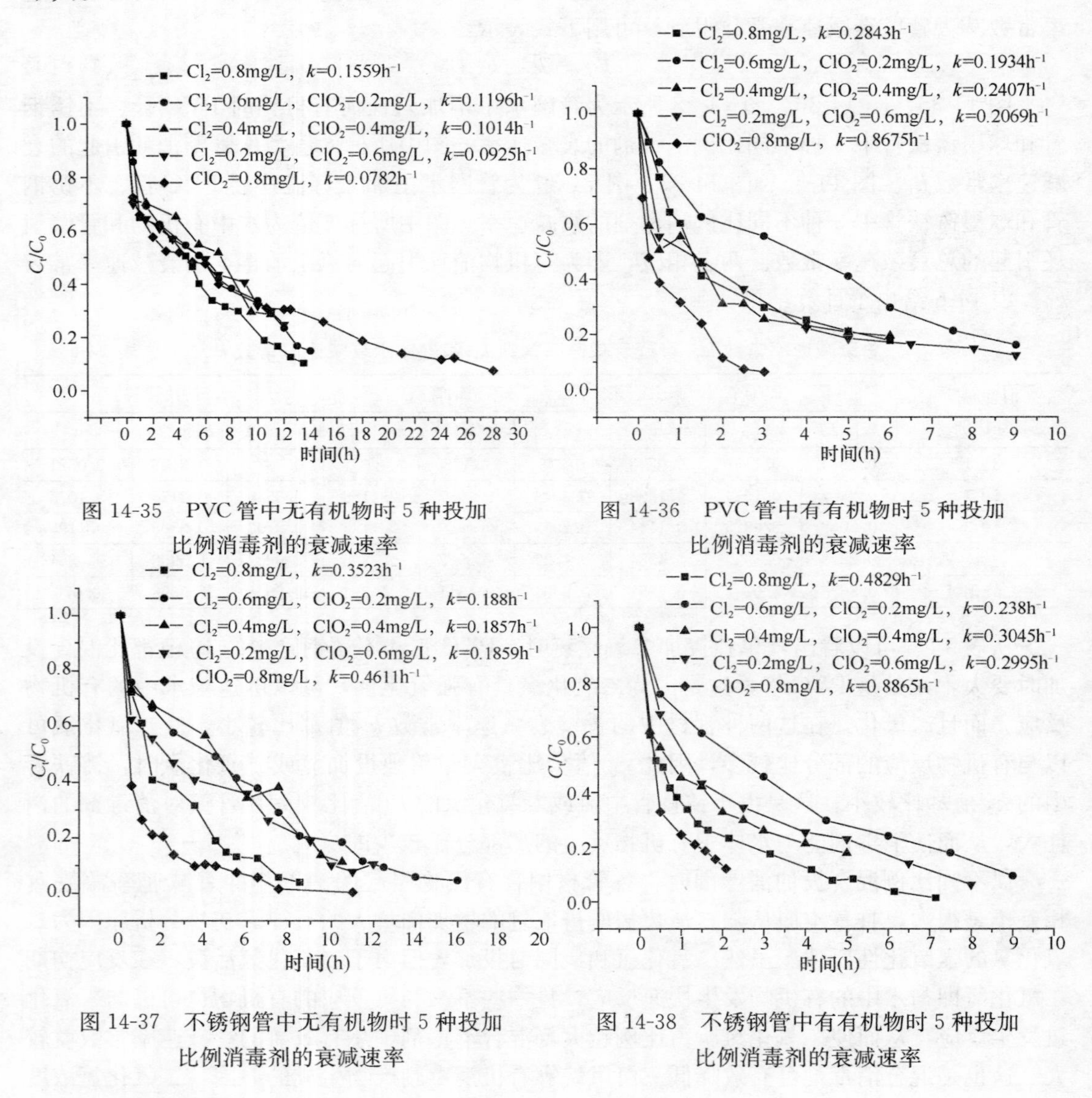

图14-35 PVC管中无有机物时5种投加比例消毒剂的衰减速率

图14-36 PVC管中有有机物时5种投加比例消毒剂的衰减速率

图14-37 不锈钢管中无有机物时5种投加比例消毒剂的衰减速率

图14-38 不锈钢管中有有机物时5种投加比例消毒剂的衰减速率

由上述试验得出以下几点结论：

（1）当同时投加ClO_2和Cl_2时，由于ClO_2活泼，在反应初期主要是ClO_2参与反应。当ClO_2浓度较大，而Cl_2浓度较小时，Cl_2与水中有机物反应的程度降低，因此可以有效降低三卤甲烷等DPBs。而且Cl_2与ClO_2^-反应新生成的ClO_2可以继续发挥消毒作用，从而增加了消毒的效果。

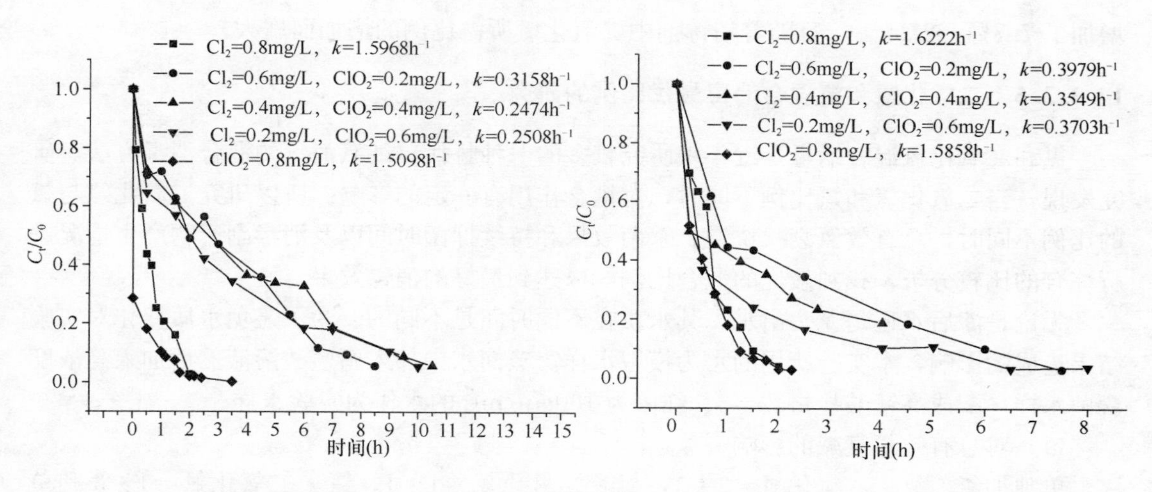

图 14-39　铸铁管中无有机物时 5 种投加比例消毒剂的衰减速率

图 14-40　铸铁管中有有机物时 5 种投加比例消毒剂的衰减速率

(2) 对实验所选的 5 种不同投加比例的氯系消毒剂进行研究，发现管材对氯系消毒剂衰减规律的影响整体上看来是一致的。管材对氯系消毒剂衰减的影响程度从大到小依次为：球墨铸铁管＞不锈钢管＞PVC 管。即氯系消毒剂在 PVC 管中的衰减最慢，在铸铁管中的衰减最快，在不锈钢管中的衰减速度介于两者之间。

(3) 5 种消毒剂投加比例情况下，$\ln C_0/C_t$ 与 t 之间的线性相关系数 R 均大于 0.95，说明各管材中消毒剂的衰减都可以看做是一级的。

(4) 对于 PVC 管，随着消毒剂中二氧化氯所占比例的增大，其衰减速率常数越来越小，而大于国家规定的管网末梢消毒剂最小余量的持续时间和半衰期也越长。

(5) 对于不锈钢管和铸铁管，无论是消毒剂衰减速率还是持续作用时间和半衰期，混合消毒剂比二氧化氯或氯单独作用消毒时的效果要好。

(6) 二氧化氯的强氧化性会使它跟金属管道中的铁及铁锈等物质快速反应而加快衰减。氯消毒剂的消毒效果没有混合消毒剂或二氧化氯消毒剂好。

(7) 不同管材中消毒剂衰减规律的差异，是因为各管材的腐蚀程度不同。实验所用 3 种管材的腐蚀程度从大到小依次为：球墨铸铁管＞不锈钢管＞PVC 管。它们对消毒剂的消耗从大到小也依次为：球墨铸铁管＞不锈钢管＞PVC 管。金属管道中氯系消毒剂的衰减较快，而塑料管材在保持氯系消毒剂余量上具有较大优势。

(8) 不同管材，不同消毒剂投加比例情况下，水中的有机物引起的消毒剂的衰减也都是一级的。因此，管网水中消毒剂的衰减整体上都可以看做是一级衰减。

(9) 铸铁管中氯或二氧化氯单独投加消毒时，消毒剂衰减速率相当快，两个小时左右就已达不到国家标准。针对我国目前很多城市的供水管网为使用年数较长的铸铁管这一情况，建议在进行二次消毒时，最好改用氯和二氧化氯混合消毒剂进行消毒。

(10) 单独投加氯或二氧化氯时，PVC 管和不锈钢管中的 k_b 值都比混合投加时大的多，铸铁管中的 k_b 值却比较小。而以不同比例混合投加消毒剂时，各管材中，有机物引起的消毒剂的衰减速率常数 k_b 随二氧化氯所占比例的增加而增大。

(11) 水中有机物的加入使消毒剂在反应最初的半小时里的总消耗率比不加有机物时

增加了7.7%～27.8%，且随着消毒剂中二氧化氯所占比例的增加而增大。

14.3.3.5 二氧化氯和氯混合消毒最优比例的研究

氯和二氧化氯混合消毒是近年来研究较多的一种替代单纯氯消毒的混合消毒方法。研究发现，当二氧化氯和氯比例不同时，对耦合作用有一定的影响。所以研究二氧化氯与氯的比例不同时，总有效氯衰减快慢、杀菌效果和持续抑菌时间以及消毒副产物产生情况进行综合的比较分析，找到最优的混合比例，以达到最好的消毒效果。

无论是滤后水还是龙头出水，其水质在不同时间是不同的。为了避免水质变化对实验结果造成的影响，本实验所用的水为模拟水样。蒸馏水中加入腐殖酸溶液然后加入高浓度含菌水样，配成高锰酸盐指数=3、细菌为100cfu/mL的水作为实验水样。

(1) 对总有效氯衰减的影响

单独加氯、氯∶二氧化氯=3∶1，氯∶二氧化氯=1∶1，氯∶二氧化氯=1∶3和单独加二氧化氯这5种情况下，PVC管中总有效氯的衰减速率依次为：0.2843、0.1934、0.2407、0.2069和0.8675；不锈钢管中总有效氯的衰减速率依次为：0.4829、0.238、0.3045、0.2995和0.8865；铸铁管中总有效氯的衰减速率依次为：1.6222、0.3979、0.3549、0.3703和1.5858。这5种情况下的消毒剂杀菌效果的持续时间依次为：PVC管9.9h，15.2h，10.6h，12.5h，3.1h；不锈钢管5.4h，12.2h，8.6h，9.4h和3h；铸铁管1.8h，7.2h，7.3h，6.4h，1.8h。

对上面的结果进行综合分析，发现PVC管中，单独加两种消毒剂的效果没有混合投加时好，而混合投加的效果依次为3∶1>1∶3>1∶1；不锈钢管中的情况跟PVC管相同；铸铁管中单独投加也没有混合投加时效果好，而混合投加比例有所不同，依次为1∶1>1∶3>3∶1。

(2) 对杀菌效果的影响

本实验中水样的初始含菌量为100cfu/mL，分别考察了不同管材中，不同消毒剂投加比例情况下，消毒剂作用时间分别为10min、30min和6h之后对的细菌灭活效果。表14-7列出了不同情况下细菌的灭活率。

不同管材、消毒剂投加比例和作用时间下细菌的灭活率　　表14-7

消毒剂投加比例（Cl_2∶ClO_2）	PVC管中灭活率			不锈钢管中灭活率			铸铁管中灭活率		
	10min	30min	6h	10min	30min	6h	10min	30min	6h
单独投Cl_2	91%	99%	100%	90%	100%	100%	87%	100%	98%
3∶1	93%	100%	100%	93%	100%	100%	92%	100%	100%
1∶1	94%	100%	100%	93%	100%	100%	91%	99%	100%
1∶3	94%	100%	100%	94%	100%	100%	94%	100%	100%
单独投ClO_2	95%	100%	100%	92%	100%	100%	93%	100%	100%

从上面的表中可以看到，5种投加比例条件下（投加剂量与第3章中研究的情况相同），消毒剂对水样作用10min后，除了铸铁管中单独投加Cl_2时灭活率为87%外，其他情况下水样中细菌的灭活率基本都能达到90%以上；反应30min后，各情况下，细菌总

数的灭活率基本可以达到100%；作用时间持续6h后，铸铁管中单独投加氯时，由于消毒剂的作用持续时间相对较短，仅为两小时左右，所以管道中有重新滋生细菌的危险。值得注意的时，虽然单独用二氧化氯消毒时，其作用持续时间也很短，但6h后其在各个管道中的灭菌率仍为100%，仍然有很高的抑菌作用。这是因为 ClO_2 投加到水中以后大部分转变成 ClO_2^-，ClO_2^- 也是强氧化剂，虽然其杀菌能力比 ClO_2 单体要弱得多，但依然有一定的抑菌能力，且亚氯酸根可以与氯反应重新生成杀菌能力极强的二氧化氯。这也可以看做是二氧化氯消毒优于氯消毒的一个原因。

对表14-7进行综合分析，发现PVC管中除了单独投氯消毒时，灭菌能力稍弱一些，灭菌率到达100%需要较长时间外，其余各情况均取得了满意效果，且随着消毒剂中二氧化氯所占比例的增加，消毒效果也越好。不锈钢管中，单独加两种消毒剂进行消毒没有混合投加两种消毒剂的灭菌效果好，且混合消毒剂中二氧化氯的比例越高，消毒效果越好。铸铁管中的情况跟不锈钢管差不多，只是单独加氯消毒时，其消毒效果和持续作用时间不是很理想，建议供水管网中多数管道为铸铁管的城市，在进行二次消毒时，尽量不要选择单独加氯消毒。但各种管材中，5种消毒剂的消毒效果均能达到国家规定的标准。

（3）对消毒副产物的影响

国内外大量研究表明，二氧化氯消毒可以有效减少有机消毒副产物生成。二氧化氯在水中与有机物的反应为氧化反应，而氯除了与有机物发生氧化反应外，还发生大量的氯化取代反应，因而氯消毒时在水中易与有机物反应形成有机卤代物，而二氧化氯则不会。

氯和二氧化氯混合消毒也在降低消毒副产物的产生量方面具有很大优势：与氯单独作用时相比，混合消毒可以有效降低有机消毒副产物的产生，因为二氧化氯投加后，原水中有机消毒副产物的前驱物质迅速被氧化，与氯反应的前驱物质减少；与二氧化氯单独作用时相比，混合消毒可以降低无机消毒副产物的量，因为二氧化氯的消毒副产物亚氯酸根可以与氯发生反应而重新生成二氧化氯。

本文针对不同管材，就之前提出的5种不同比例氯系消毒剂的消毒副产物产生情况进行了分别的实验研究。实验主要通过测定水中氯仿的含量，来表征有机消毒副产物的含量水平。

1）对氯仿形成的影响

3种管材中氯仿的生成情况基本呈现出相同的规律：随着消毒剂中二氧化氯所占比例的提高，产生的氯仿的量不断减少；同时，随着反应时间的延长，氯仿的产生量不断增加。从图14-41～图14-43还可以看到，混合消毒剂比单纯氯消毒产生的氯仿的量大大降低，降低率在17.9%～57.8%之间。而且，Cl_2/ClO_2 为1∶1时氯仿产生量的降低率与 Cl_2/ClO_2 为3∶1时的情况相差不是很大，直到 Cl_2/ClO_2 为1∶3时，氯仿的产生量才表现出非常明显的下降趋势。这与李君文等研究发现的二氧化氯-氯混合消毒剂在抑制THMs的形成时二氧化氯和氯的比例最好达到1以上的结论相同。黄君礼教授也在研究中发现当 ClO_2 的质量分数占25%，50%和75%时 $CHCl_3$ 生成量分别减少55%～65%，70%～86%和80%～93%；到 ClO_2 占90%时，$CHCl_3$ 降低率才达到95%～99%。

综上所述，3种管材中，单纯比较氯仿的产生量，二氧化氯占100%时，氯仿的产生量最低，为最优方案；其次是 Cl_2/ClO_2 为1∶3时的情况，氯仿生成量的平均降低率达为57.8%；再次是 Cl_2/ClO_2 为1∶1时的情况，氯仿产生量的降低率为38.5%；而 $Cl_2/$

ClO_2 为 3∶1 时，氯仿产生量的降低率为 17.7%；单纯加氯消毒时氯仿的生成量最大，3 种管材中平均为 53.5μg/L。不锈钢管中，反应时间到 8h 时甚至达到 59.2μg/L。而国家规定的饮用水卫生标准中，三氯甲烷的限值是 60μg/L，可以看出单纯氯消毒时氯仿的含量可能会超标。

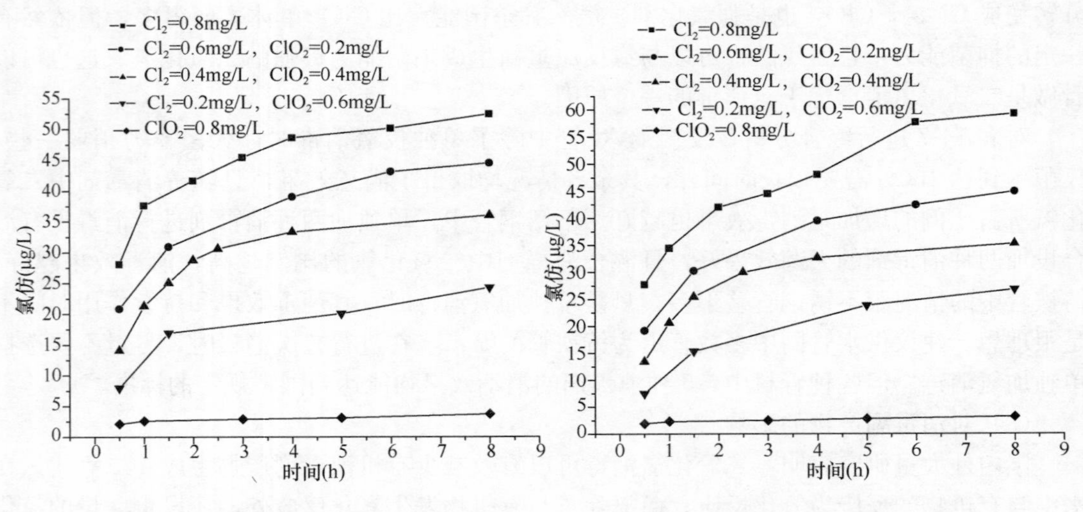

图 14-41 PVC 管中 5 种消毒剂情况下氯仿的生成量

图 14-42 不锈钢管中 5 种消毒剂情况下氯仿的生成量

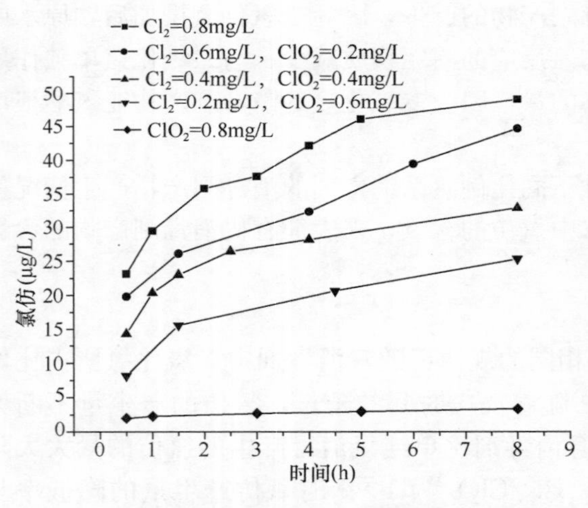

图 14-43 铸铁管中 5 种消毒剂情况下氯仿的生成量

2）对无机消毒副产物形成的影响

实验中单独用氯进行消毒时，水样中未检出 ClO_2^- 和 ClO_3^-，所以此种情况下可以看做没有无机消毒副产物产生。

其他 4 种氯系消毒剂投加情况下，实验每隔一段时间，取样测定 ClO_2^- 和 ClO_3^- 的含量。图 14-43～图 14-45 所示分别为 PVC 管、不锈钢管和铸铁管中这 3 种情况下的无机消毒副产物（亚氯酸根和氯酸根之和）的产生情况。

从图中可以看出，3 种管材中，单独用二氧化氯消毒时产生的无机消毒副产物最多，这一方面是因为投加的二氧化氯的剂量本身就比较大，另一方面也体现了混合消毒剂的优势。因为与 ClO_2 单独消毒相比，在投加氯和二氧化氯混合消毒剂的模拟水样中，ClO_2^- 和 ClO_3^- 的生成量减小了 10%～44.6%，且氯所占比例越高，减少率越大。这说明瞬时投加氯和二氧化氯混合消毒剂进行消毒，在反应过程中氯与亚氯酸盐反应生成二氧化氯，降低了亚氯酸盐的量。从图中还可以看出，此反应在最初的 1h 里表现得比较明显。在这一阶段，与单纯用 ClO_2 消毒时相比，亚氯酸盐的生成速率有所放缓。随着二氧化氯所占比例的减少，无机消毒副产物的生成量也在减少。其中，Cl_2/ClO_2 为 3∶1 时的情况最为明显，生成的消毒副产物的量非常少，比单纯用二氧化氯消毒时的产生量降低了44.6%；Cl_2/ClO_2 为1∶1时，消毒副产物的产生量降低了34.5%；而 Cl_2/ClO_2 为1∶3时，消毒副产物的产生量降低了10%。

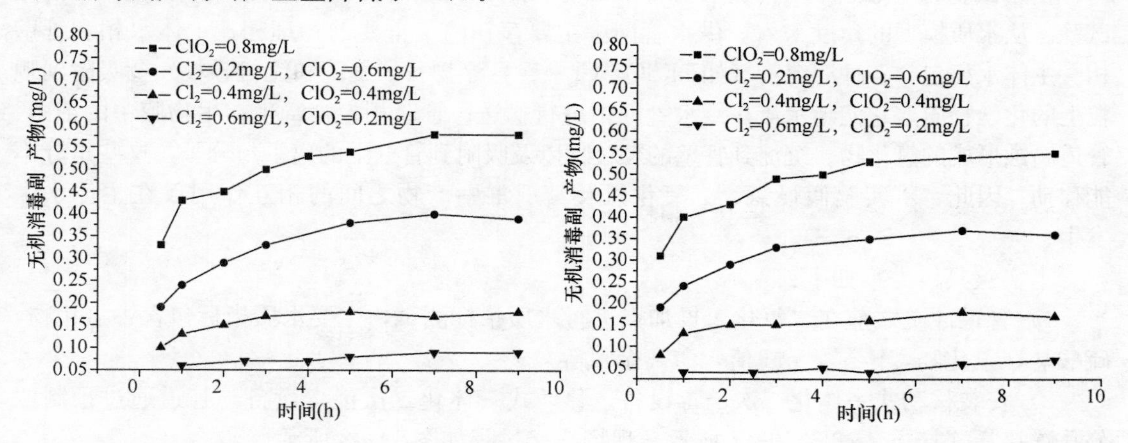

图 14-44 PVC 管中 5 种消毒剂情况下无机消毒副产物的生成量

图 14-45 不锈钢管中 5 种消毒剂情况下无机消毒副产物的生成量

对所得结果进行综合分析，可以看到，3 种管材中，5 种不同比例消毒剂的无机消毒副产物产生规律基本一致。若单纯比较无机消毒副产物的产量，则单纯用氯消毒为最佳方案，其后依次是 Cl_2/ClO_2 为 3∶1 时的情况、Cl_2/ClO_2 为 1∶1 时的情况和 Cl_2/ClO_2 为1∶3时的情况，单纯用二氧化氯消毒时产量最大。国家饮用水卫生标准中规定亚氯酸根和氯酸根的限值都为 0.7mg/L，此五种情况均未超出该限值。

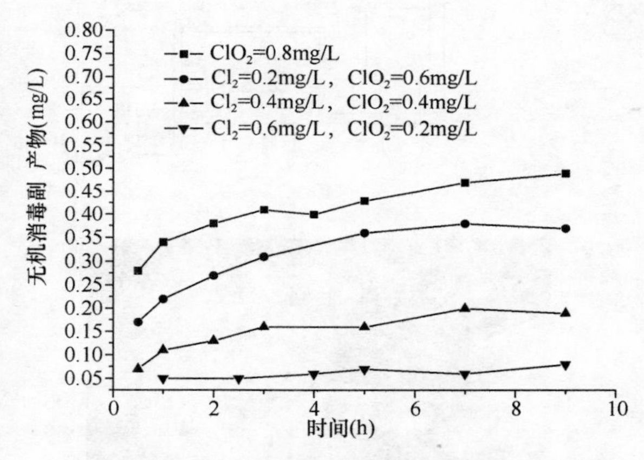

图 14-46 铸铁管中 5 种消毒剂情况下无机消毒副产物的生成量

氯仿对人体的危害比亚氯酸根和氯酸根的危害要大得多，所以氯仿产生量的多少很大程度上决定了消毒剂的优劣。而各管材中，5 种消毒剂的杀菌效果也相差不大，且都能达到满意效果。Cl_2/ClO_2 为 1∶3 时，消毒剂作用持续时间在有机玻璃管、不锈钢管和铸铁管中依次为 12.5h、9.4h 和 6.4h，跟持续时间的最大值 15.2h、12.2h 和 7.3h 相差不大。所以，对以上结果进行综合比较分析后可知，当 ClO_2 与 Cl_2 比例大于等于 3∶1 时，二氧化氯和氯耦合均能发挥出最大的作用，且消毒效果最好。

14.3.4 室外试验材料与设备

次氯酸钠溶液、二氧化氯溶液、移动式一体化二次消毒车、便携式余氯、二氧化化氯 5 种参数快速测定仪、250mL 量筒、150mL 烧杯、取样瓶若干。

14.3.4.1　试验方案

由于试验场地限制，本实验采用氯和二氧化氯同时投加方式进行氯和二氧化氯联合消毒试验。从水质模型的角度来看，供水管网中主要存在两个重要的物理相：主体水相和管壁相。主体水相包含各种溶解物（如 HClO，Cl^-）、悬浮物（如细菌和无机颗粒）及吸附到颗粒上的化学物质，它们随水流在供水管网中进行输送；管壁相包含寄生在生物膜中的细菌、管道腐蚀形成的氧化物、沉淀到管壁的颗粒物以及吸附到管壁上的离子与分子，这些组分不能移动。因此，本实验假设氯、二氧化氯及其消毒副产物之间的相互作用仅在主体水中发生。

本实验具体方案如下：

1）管道冲洗之前在二氧化氯投加点进行水质指标测试，主要水质指标包含：氯化物，硫酸盐，氟化物，Fe^{2+}，pH 值，游离余氯等。

2）安装移动式一体化二次消毒设备。移动式一体化二次消毒设备与管道通过预制四分孔连接，连接方法如图 14-47 所示。现场连接过程如图 14-48 所示。

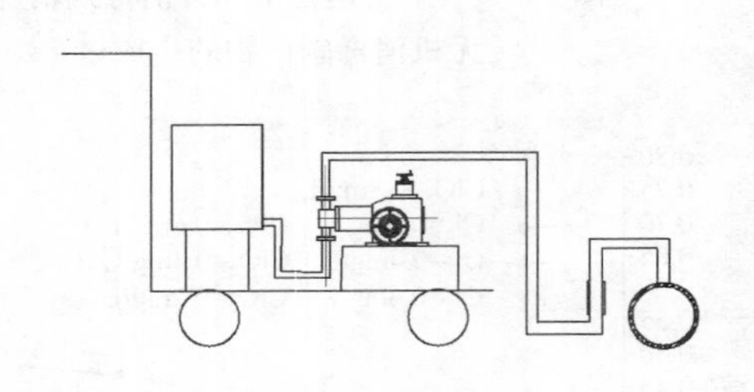

图 14-48　现场设备安装连接图

3）配置消毒剂。本实验按氯和二氧化氯质量浓度（有效氯）1∶3 配置，保证管道中总有效氯浓度为 0.8mg/L。计量泵投药计量方法如下：

界限流量表 表 14-8

管径（mm）	100	150	200	250	300	350	400	500	600	700	800
流量（L/s）	<9	9～15	15～28.5	28.5～45	45～68	68～96	96～130	130～237	237～355	355～490	490～685

计量泵投药量计算公式

$$q_0 = \frac{(C_d - C)q}{C_0} \tag{14-20}$$

$$q_0 = f(f_0) \tag{14-21}$$

可得，

$$f_0 = f^{-1}(q_0) \tag{14-22}$$

代入公式（14-20）得：

$$f_0 = f^{-1}(q_0) = f^{-1}\left(\frac{(C_d - C)q}{C_0}\right) \tag{14-23}$$

变量名称：

C——管网中测定余氯量，mg/L（以氯计）；

C_0——投加消毒剂中余氯量，mg/L（以氯计）；

C_d——投加消毒剂后管网中余氯量，mg/L（以氯计）；

q——管段流量，L/s（根据界限流量确定，如表 14-8）；

q_0——计量泵流量，L/s；

f_0——计量泵运转频率；

f——计量泵运转频率与投加量函数关系，根据计量泵特性确定。

本实验 C_d=0.8mg/L，q_0=500L/h=0.14L/s，由于该管网未采用任何消毒设备，所以 C=0mg/L，故配置消毒剂浓度为 51.5mg/L。

4）启动试验设备。打开所有阀门，启动发电机，运行计量泵，在管道末端开始检测消毒剂及消毒副产物。

设备启动过程如图 14-49 所示。

5）数据记录。待设备运行稳定后，开始测量进行数据测量与记录，每 15min 进行一次测试，并记录测试结果。数据测量记录如图 14-50 所示。

6）试验结束后，取下试验设备，连接管道冲洗设备，准备冲洗试验。

图 14-49 仪器设备启动过程

图 14-50 现场数据测试记录图

7）冲洗试验结束后重复上述试验 1）～3）。

14.3.4.2 结果与讨论

管道冲洗前生活饮用水水质如表 14-1 所示，由当地自来水公司进行水质检测：

现场实验过程中氯和二氧化氯联合消毒过程，消毒剂衰减及亚氯酸盐变化过程如图 14-51。

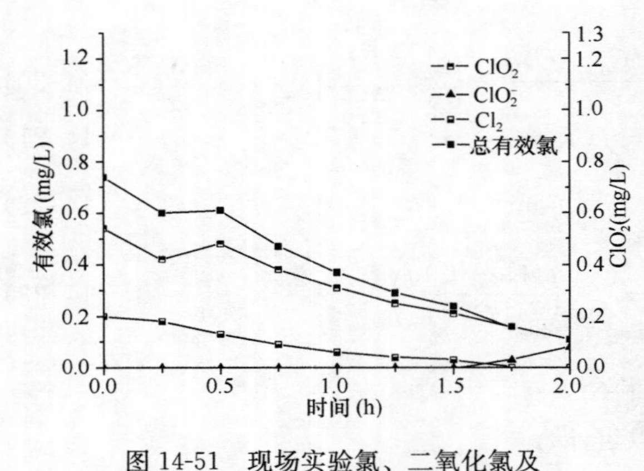

图 14-51 现场实验氯、二氧化氯及亚氯酸盐测试结果

由图 14-51 可知，现场实验过程中余氯衰减系数为 1.50h^{-1}，二氧化氯衰减系数为 0.93h^{-1}。由图 14-51 可以看出，在反应初期并未检测出亚氯酸盐，当生活饮用水中氯基本消耗殆尽时，饮用水中开始检测出亚氯酸盐。由此可推断在反应初期，二氧化氯反应生成的产物亚氯酸盐部分与氯反应生成二氧化氯，部分反应生成氯酸盐。由于测试管道中铁离子含量较大，二氧化氯与铁离子反应造成管道中二氧化氯消耗较大。另一方面，实测管道服务时间较长也是造成管道中消毒剂衰减较快的主要原因。

通过实验可知，在氯和二氧化氯联合消毒过程中消毒剂氯和二氧化氯消毒副产物亚氯酸盐在反应初期发生反应生成少量二氧化氯。

第 15 章 管网水质预警技术

饮用水水质安全问题成为影响公众身体健康、生活质量和社会安全的热点问题，同时，随着我国居民的生活水平的提高，对水质的要求越来越高。在这一背景下，迫切要求进一步提高水质和保障水质的安全。供水的安全性对于保障公众的生命安全和社会稳定具有重要作用，因此许多国家将供水安全纳入了国家安全的概念中。为进一步提高城市供水水质，保障人民群众的饮用水安全，建设部于 2005 年组织编写了《城市供水行业 2010 年技术进步发展规划及 2020 年远景目标》，提出了以保障安全供水、提高供水质量、优化供水成本、改善供水服务为总体目标的技术发展方向，提出要着重提高供水行业的信息化水平，掌握城市供水水质动态，提高科学决策能力和应急能力，提高供水管网水质管理与控制水平，建立城市供水水质污染预警和应急预案制度。

我国城市供水管网水质预警系统的建设仍处于起步阶段。尤其对于国内数量众多的中小城镇，管网中的水质监测仍以常规采样监测为主，在线监测系统的建立仍处于起步阶段。通过分析管网水质特征，研究小城镇管网水质变化规律，建立针对管网水质的分析和模拟技术手段，并针对管网水质污染等问题提出水质监测点优化布置和管网水质监测系统建设的技术途径，并最终建立完善的小城镇管网水质预警系统，对于指导我国广大小城镇地区的饮用水安全水平具有重要的意义。

15.1 国内外管网水质管理与预警现状

供水管网水质安全的影响因素，一是内源污染，主要是由于水在管网中的停留时间过长而发生的水质自然恶化现象；二是外源污染，管道由于破裂而导致污染物的进入或者是人为的蓄意污染。因此，供水企业应加强水质管理制度建设和水质信息化管理的软硬件建设，提高水质监测和水质模拟的水平。除了日常常规水质管理之外，同时也要防患突发水质污染事件，加强应对突发水质污染事件的处置能力建设。对管网水质实施信息化管理，是水质管理的发展方向，同时也是满足用户对水质不断提高的要求，提高我国居民的生活质量和身体健康水平的迫切要求。

15.1.1 供水管网水质安全影响因素

供水管网水质安全影响因素主要包括内源污染和外源污染。内源污染因素包括管材质量差和老化等、出厂水水质级别不高和稳定性差、在管道中水力停留时间长等；外源污染的入侵与管网日常运行、管理、维护有很大关系，如管道施工，爆管等原因，当然也不排除人为蓄意的污染事件。详述如下：

（1）管材的影响

管材是管网水质污染的重要影响因素。供水管材主要存在两方面问题：一是管材质量较差；二是部分管道因使用时间过长而老化。许多城市，尤其是老城区有相当部分管道是10多年以前铺设的，主要有灰口铸铁管、自应力管、镀锌钢管，这些管材都有明显的缺点，即化学稳定性、抗腐蚀性差，且使用寿命较低。再加以上管道埋设年代较长，管内结垢和锈蚀是管网水质变差的主要原因，因此严重影响了管网水的水质。

管内防腐处理未做或做得不好的铸铁和钢制管道，时间长了会产生锈蚀，造成管网水质恶化严重。材质差的管线容易发生爆管，既增加了管道的维修量，也很大程度上增加了管网水质被污染的几率。有研究表明，对于未作防腐处理的金属管道，当年限超过5～10年时，污垢就已达到了恶化水质的程度；对于防腐处理较低的金属管道，3～5年就开始出现腐蚀现象，管道使用年限越长，腐蚀越严重，水质状况越糟。管道里的结垢层是细菌孳生的场所，易形成生物膜。管道腐蚀会带来水的金属味、利于滞留病原微生物以及降低管道的输水能力，并最后导致管道泄漏或堵塞。

（2）出厂水的水质稳定性

出厂水的水质稳定性也是影响管网水质的主要因素。水质的稳定性通常包括化学稳定性和生物稳定性两个方面，化学性不稳定会腐蚀管道，生物性不稳定会使细菌繁殖。

水质化学稳定指标包括饱和指数 IL 和稳定指数 IR。饱和指数 IL 是指水的实测 pH（pH_0）和水的碳酸钙饱和平衡时的 pH（pH_S）的差值。当 $IL=0$ 时，水质稳定；当 $IL>0$ 时，碳酸盐处于过饱和，有结垢的倾向；当 $IL<0$ 时，碳酸盐未饱和，二氧化碳过量，水中 H^+ 浓度升高，水对管内壁具有腐蚀的倾向。当 $IR>7$ 时，不会形成碳酸钙结垢及腐蚀水；当 $IR<7$ 时形成结垢。

水质的生物稳定性是指不会引起细菌在水中生长的水质指标，主要是用AOC（生物可同化有机碳）指标来反映。如果AOC在不加氯时为10～20μg乙酸碳/L，加氯时为50～100μg乙酸碳/L，则水具有良好的生物稳定性。

（3）水力运行状况

水在管道中流速过于缓慢、在管网输送过程中停留时间过长或在水箱等二次供水设施中停留时间过长，则水体自身及水体与管网、水箱等设施所接触表面之间越可能发生各种物化和生化反应，最终导致水质恶化。武汉水务集团对其所属供水区域的管网水质进行调研工作后表明，正常情况下，出厂水在主干管运行了5km以后，浊度会提高0.2～0.5NTU；而在停留时间较长（低于经济流速）的管线，浊度提高可达1NTU以上。

造成管网水停留时间过长的原因主要有部分管道管径大导致流速偏低，以及局部供水管道呈枝状而未形成环状网结构。由于管网设计要考虑满足远期水量需求和消防的要求，因此管网系统无论是管道还是贮水构筑物在设计时的容量都会偏大。

（4）外源污染

管网因修理、降压供水等原因发生停水或管网产生负压时，管网周围、下水道的废水会通过管网的渗漏点渗透进入供水管网，从而污染水质。

在施工时，因不按照规范要求施工导致供水管网损坏的情况时有发生，直接造成了管网水质的污染。在施工和维修完工后，未进行必要的管道清洗和排污就急于供水、管网特别是管网末梢部位冲洗和排污效果不理想将影响管网水质。武汉水务集团对4年中所受理的水质投诉情况统计，发现有近1/3的管网水质问题都是因为管网施工和维修时启闭阀门造成管网水浑浊度升高引起的。

（5）蓄意污染事件

蓄意污染事件是指人为的向供水管网注入可能是化学物质、生物物质或是放射性物质的污染物质。它主要是指恐怖主义组织对供水系统进行的恶意攻击破坏。在传统的观念里，恐怖主义离我们很遥远。但是，发生在美国的"9.11"恐怖事件，给美国人民造成了巨大的人员伤亡和财产损失。因此，美国的科研人员加强了对一切安全领域的研究，对蓄意水质污染事件的预警响应系统的研究成为一大热点。

15.1.2　供水管网水质管理

管网水质管理是供水企业水质管理的一个重要环节，它是一个系统工程，需要有严密的管理制度、科学的管理方法，还需要有供水企业的大力投入和先进的计算机信息技术和管理手段作为支撑。

（1）对管材的改造升级

为满足供水管网安全可靠运行的要求，首先要发展及选用性能优良、耐腐蚀性能好的新型管材，限制和逐步淘汰不符合要求的旧管材；其次是对管道表面采取保护措施，如外部防腐和内部涂衬，以确保管网水质的安全。目前，我国城市供水管网中，铸铁管占80%以上，近几年逐渐淘汰了灰铸铁管，大量使用球墨铸铁管，球墨铸铁管成为城市供水管网的主要管材。目前迫切需要用新的管材（涂层）去装备新铺管线及更新已有管线。同时对老化陈旧的管线进行更新改造或刮管后重新涂装内衬，是预防和消除管网水质二次污染的根本措施。

（2）提高出厂水水质

提高出厂水水质，需要在控制浊度和提高水质稳定性两方面下功夫。

控制出厂水浊度，是管网水质安全保障的先决条件。资料表明，当水中的浊度为2.5NTU时，水中有机物去除了27.3%；浊度降至1.5NTU时，有机物去除了60%，浊度降至0.5NTU时，有机物去除了79.6%；浊度降至0.1NTU时，绝大多数有机物都被去除，致病微生物的含量也大大地降低。有机物含量降低，也减少了加氯消毒后消毒副产物的含量。

在提高出厂水水质稳定性方面，目前比较通行的做法是推行调整pH法，即水在出厂前投加稳定剂，把pH调整至7～8.5，提高水的化学稳定性。在生物稳定性方面，现在已有不少国家规定了出厂水中AOC、BDOC及高锰酸盐指数的上限值，以抑制管网中细菌的生长繁殖。管网水中AOC＜50μg/L时，细菌的生长就受到限制。美国建议标准为AOC＜50～100μg/L，我国建议的近期目标＜200μg/L，远期目标AOC＜100μg/L。

（3）加强对管网系统的冲洗

周期性冲洗管网对提高管网水质、恢复管道通水能力，以及抑制腐蚀发生等具有重要作用。通过冲洗，可降低颗粒物在管道内的净积累量，将管网水的浑浊度控制在标准值以内。冲洗过程中可适当增加消毒剂用量，以杀死冲洗后重新悬浮的微生物。在冲洗后投加腐蚀抑制剂，促进管道内表面保护膜的形成。特别需要对管网末端、消火栓或排水阀进行定期排水冲洗。对二次供水设施水箱等需定期进行消毒和冲洗，并减小水在其中的停留时间。

（4）加强对管网施工、维修及排污的管理

严格按照操作规程对管网施工建设，避免对供水管网的损伤，防止管外污染物质进入管网。加强对管网管线的巡查、探漏工作，发现漏点及时修理。防止在降或停水情况下管外污水进入污染水质。

如果管网施工及维修时能够做到启闭阀门后及时进行排污，将会使管网水质劣化情况明显减少。因此，有必要建立启闭阀门与排污作业相关联的操作规程。要及时解决在排污过程中可能会出现的闸门关闭不严以及操作困难等问题。在启闭阀门时应该充分使用专用的排污口进行排污，这样可以减少大部分的管网水质的人为污染，保障供水水质。

（5）供水企业应建立健全管网水质管理制度

为严格控制出厂水水质，水厂应建立起一套完善的水质检验和考核制度，为供水水质提供了充分的保障。成立水质管理中心，负责水质的统计、分析、抽查和督导等工作。加强水质管理的组织领导，建立健全水质管理网络体系，明确各单位部门在水质管理中的分工与职责，各司其职、各负其责，积极做好水质管理的监督、检查及检测等工作。因此，建立完善的水质管理制度并严格执行，是管网水质管理的重点。

（6）加强对管网水质的监测与模拟

目前，供水企业对水质监测的普遍情况是，由水质检测中心负责检测原水、出厂水和管网水，对测定项目及检验频率做了详细规定。各净水厂要随时监视自动化仪器仪表的浊度和余氯指标，当指标超出规定限值时，要及时调整工艺，确保出厂水质合格率100%。中心化验室负责每周检测管网末梢水常规项目，每季对原水、出厂水和2～3个有代表性的管网末梢水进行一次常规检验项目的全分析。

同时，少数城市的供水企业在供水管网上设置了远传水质在线监测仪，对管网水质进行在线监测，在管网设置余氯测定仪、浊度测定仪、细菌测定仪进行在线采样分析，根据余氯浓度、生物可降解有机物、细菌、pH、水温等参数，可掌握管网水质变化动态，并能及时发现和处理管网水质的异常情况。这种先进的管理手段是管网水质管理发展的方向，供水企业应加强硬件和软件建设，提高水质监测的水平。

通过水质监测和水质模拟，可全面掌握配水管网实时水质工况，是水质日常运行管理和应对水质污染突发事件的有效措施。通过水质监测数据，并结合水质模拟，可及时了解管网中水质不利状况，有针对性的采取改善水质的应对措施，如二次消毒、冲洗及管道排污等。因此需对管网水质实施信息化和网络化管理，提高水质管理水平和增强应对水质污染突发事件的能力。

（7）加强应对突发水质污染事件的处置能力建设

提高对突发供水水质污染事件的防范意识，落实各项防范措施，尽量杜绝因各种原因引起的供水水质污染事故的发生。对各类可能引发突发供水水质污染事件的情况要及时进行检测、分析及预警，做到早发现、早报告及早处置。

供水企业设立突发水质污染事件应急处置的统一领导和指挥机构（应急指挥部），负责领导、指挥协调突发供水水质污染事件的应急处置工作；并建立突发水质污染事件应急预案，明确各参与部门及各自职责。各部门按照相关法律、法规规章以及应急预案的规定，完善突发供水水质污染应急处置体系，对突发供水水质污染事件做出快速反应，及时、有效开展监测、报告和处置工作；设立日常管理机构，专职供水水质污染事件监测，负责日常定期监测水质情况、二次供水设施的安全巡查，预防水质污染事件发生，并在发生突发水质污染事件时，由该监测机构直接向应急指挥部汇报，并配合协调处理应急处置工作。

突发供水水质污染事件采取的措施包括：立即停止一切供水，封存保护供水现场，以便相关部门检测；监测机构立即向突发水质污染事件应急指挥部、卫生行政部门等报告突发事件情况；水质污染事件应急指挥部，指导、组织各部门及时配合卫生医疗部门救治因水质污染受害的病人；积极配合有关部门的检查、检测等工作，待水质污染事件有效控制后，在卫生行政部门指导下恢复供水。

供水企业平时应重视开展突发供水水质污染事件防范和处置的培训，对各部门员工广泛开展突发水质污染事件应急知识的普及和教育；水质污染事件应急指挥部不定期开展模拟突发供水水质污染事件应急演练，提高应急处理能力。

因此，加强对管网水质的管理需要多管齐下，供水企业既要在提高出厂水水质、推广应用新型管材及对老化陈旧的管线进行更新改造、完善对管网系统的冲洗、施工、维修及排污的管理等方面下功夫，又要从制度层面上保障水质安全，加强水质管理制度建设和水质信息化管理的软硬件建设，提高水质监测和水质模拟的能力和水平。同时，除了常规水质管理外，也要防患突发水质污染事件，加强应对突发水质污染事件的处置能力建设。对管网水质实施信息化和网络化的管理，是水质管理的发展方向，同时也是满足用户对水质的要求，提高我国居民的生活质量和身体健康水平的迫切现实要求。

15.1.3 水质模拟、监测点优化布置与污染源追踪

本文围绕供水管网中水质模拟、水质监测以及水质污染突发事件的污染源追踪等水质信息化管理的关键问题展开研究，以污染源追踪为主线和目的，水质模拟和基于污染源追踪的水质监测点优化布置为技术手段，最终形成供水管网水质监测及污染源追踪定位相集成的系统体系，开发相应软件，并在实际的管网中加以应用。下面介绍水质模拟、水质监测点优化布置和污染源追踪方面的国内外研究现状。

15.1.3.1 水质模拟研究现状

应用管网水质模型进行管网水质分析，是一种有效的管网水质管理手段，如优化余氯投加量，保证系统余氯量，同时使消毒副产物最少；追踪污染物质的传播混合情况，设计解决对策；借助水质模型，验证水质监测采样点布置的合理性。因此，对供水管网的水质模拟对提高水质、保证供水安全意义重大。对供水系统水质模拟和水质监测的结合是今后水质管理的最有效手段。

目前，国内外学者在供水管网水质模型方面的研究主要集中在两大方面：水质模型建立和水质模型求解方法研究。在水质模型建立方面，又可分为水质模型机理研究和水质模型形态研究。机理研究侧重于具体水质指标在给水管网传输过程中的变化规律，如余氯、消毒副产物和微生物；水质模型形态研究侧重于水质模型建立的基础，即水力工况，在不同水力条件下，建立不同的水质模型，包括稳态水质模型，准动态水质模型以及动态水质

模型。模型求解方法在空间上可分为欧拉法和拉格朗日法，在时间上可分为时间驱动和事件驱动。

国外方面，供水管网水质模型最早由研究泥浆流的Wood于1980年提出，其分析了稳态条件下管网中的水质分配问题，其他研究人员对稳态下的水质模型进行了扩充，模拟状态也由此经历了稳态、准动态到动态水质模型。

Clark等于1986年提出了“扩展时段模拟”（Extended Period Simulation，EPS）方法，能够在状态随时间变化的条件下模拟水质变化。由于它没有模拟由于流速变化造成的惯性影响，故实际上只是准动态模型。动态模型是在供水系统状态变化，如需水量等因素随时间变化的工况下，跟踪水质组分的变化。

Rossman等提出了利用离散体积元素法（DVEM）进行管网水质模拟，这种方法利用时间驱动水质模型来跟踪管网中物质的瞬间浓度。

2000年美国环保署（EPA）开发的EPANET2.0水力水质模拟软件，可以实现对水力和水质的延时模拟，在水质模拟方面可以模拟水厂出水的余氯的衰减、消毒副产物的增长、管网系统的水龄以及追踪管网系统有污染物进入之后的传播。由于模拟效果好、应用以及二次开发方便，得到了世界范围内水质模拟研究者们的认可。在EPANET水力水质模拟软件的基础上，2008年EPA又开发了水质模拟的扩展软件EPANET-MSX（Multi-Species Extension），它弥补了EPANET只能模拟单种物质变化的不足，通过在输入文件中描述多种物质之间相互反应的动力学方程式，实现了多种物质之间相互反应的模拟，从而使水质模拟更接近现实状况。

国内方面，赵洪宾教授在研究管道内壁结垢的基础上提出了“生长环”概念，并结合现场试验，建立了余氯在供水管网中的衰减模型。吴文燕于1999年将管网水力计算和水质模型结合，在水力模型的基础上，建立了水质模型，并提出了求解方法。李欣于1999年针对水中的余氯、三氯甲烷等物质的反应过程进行了研究。周建华提出了管道内余氯和有机物反应的二级衰减模型。李斌于2002年讨论了两种主要水质指标余氯和三卤甲烷在管网中变化的数学模型，并采用事件驱动模拟算法，对管网水质变化进行了动态模拟。徐洪福于2003年研究了供水管网系统水质变化规律与水质模型，建立了以余氯和三卤甲烷为水质指标的管网动态水质模型，并利用拉格朗日时间驱动法进行了求解。王阳于2005年研究了供水管网水质预测模型，建立了管网余氯监测点的多元统计回归模型和人工神经网络模型，并采用支持向量机算法进行求解，并结合地理信息系统设计了管网水质信息系统。董晓磊在余氯衰减数学模型中考虑了管网中余氯在管道水流中的反应过程、与管壁上微生物的反应过程，在管壁腐蚀过程中的消耗以及在主流和管壁之间的质量传输过程，选用拉格朗日时间驱动法，对管网水质变化进行动态模拟。

郑飞飞等人于2009年通过建立包含管网悬浮菌、管壁生物膜、营养基质（BDOC）以及消毒剂之间交互的细菌生长模型，使用EPANET-MSX求解，动态地模拟出细菌在供水管网主体水中和管壁上的生长情况，同时揭示了管网中悬浮菌、管壁生物膜、营养基质（BDOC）浓度和消毒剂浓度之间的相互作用机理，为管网水质决策提供依据。

孙傅等人基于EPANET-MSX工具包开发了多组分给水管网水质模型，模拟包括基质利用和微生物生长、微生物衰减和死亡、溶解性物质的液膜传质、不溶性物质的吸附和脱落、余氯与有机物的氧化和卤代反应以及管壁腐蚀消耗余氯等过程，模拟结果合理地反映了给水管网中余氯和浊度的动态变化特征。

通过上述研究人员的工作，供水管网水质模拟技术不断发展进步，模型精度日益增加，对管网中物质的反应变化机理的认识逐步加深，尤其是模拟管网中多种物质之间相互反应的模型 EPANET-MSX 的提出，使得模拟与实际情况更相符，本文将 EPANET-MSX 应用于多水源供水管网的余氯浓度的优化调度，并采用遗传优化算法求解优化调度模型，为多水源管网余氯调度提供决策方案。

同时，本文研究的污染源追踪定位技术以水质模拟和污染物注入传播模拟为技术基础，第 4 章水质监测点优化布置和第 5 章污染源追踪定位的研究过程中，需要对污染物在管网中传播过程进行模拟，就是通过对 EPANET 水质模拟功能的二次开发来实现的。

15.1.3.2 水质监测点优化布置研究现状

为了了解供水管网的运行状态，通过在管网中布置一定数量的可靠有效的水质传感器（水质监测仪表）对管网水质运行工况进行连续的实时监测，当发生水质自然恶化或事故性污染而导致水质超出可接受水平的状况时，及时发布预警信息，降低用户饮用被污染水的风险。由于城市管网分布范围大，管道数量多，不可能对所有管道进行实时监控，布置在线监测点（水质传感器）时，必须用优化分析的方法，在管网关键节点设置数量有限的监测点是保护供水系统水质安全的行之有效的方法。因此，水质监测点的优化布置是建立水质在线监测系统的基础性步骤。

同时，当管网发生水质污染事件时，通过监测点监测到的管网中污染物时间和空间的信息，可以利用这些信息，采用污染源追踪定位技术，对污染源的位置和注入属性进行识别。本文研究的水质监测点优化布置就是为了实现污染源的追踪定位而提供必要的污染监测信息。

供水管网水质监测点优化布置，要求监测点的选址具有代表性，能够反映整个管网的水质状况。很多学者针对基于各类不同目标的水质监测方法进行了研究，例如基于常规水质监测和污染预警系统等概念建立水质监测体系。

Lee 和 Deininger（1992）最早提出了稳态流状况下使覆盖水量（Demand Coverage）最大的监测点优化选址方法。Kessler 于 1998 年研究了污染事件被发现前所污染的水量，并提出了服务水平（Level of Service）和有效监测范围（Detected Domain）的概念。Kumar 等人较早研究了发生突发性外源污染情况下传感器的优化选址的问题。Watson 等人考虑了包括暴露人口、监测时间、消耗的污染水量、未能监测到的污染事件所占比例，以及以被污染的管段长度计的管网污染范围等不同优化目标的选址问题。Woo 等人在水质监测点优化选址目标函数中同时综合考虑了节点间的水量因素、节点滞留时间、管径以及节点余氯浓度等水质因素。Berry 等人提出了水质传感器优化布置方法，其目标函数是以暴露在污染风险中的服务人口最少，并采用整数规划方法进行优化求解。

Ostfeld and salomons 于 2005 年在早期预警监测系统（Early Warning and Monitoring System）中水质传感器的优化布置中考虑了传感器监测设备的延时灵敏度、用户用水量和污染物注入速率的随机性特点，使选址结果更加切合实际。

马力辉于 2007 年提出了基于灾害污染预警为目的和基于常规监测为目的的水质监测点优化布置方法。王鸿翔于 2009 年研究了基于水质模型校正的采样点优化布置。

以上水质监测点优化布置的研究针对不同的目的，提出了不同的方法。而本文水质监测点的优化布置，是为污染源追踪定位提供污染监测信息，与上述优化布置的目标不同，从而要求和算法的思想也不一样。

15.1.3.3 污染源追踪定位研究现状

当污染源在供水管网某点进入时，污染物会迅速传播。快速定位污染物进入位置和污染传播影响范围是采取应急措施的前提。但是由于管网的范围大，仅凭人工手段是很难判断的。监测点的监测结果能够提供污染物的时间和空间的部分信息，通过这些信息采取反向追踪方法可以确定污染源的位置和排放的时间、浓度等属性。污染源以及污染范围确定后，结合水质模型，模拟污染物质流向和浓度分布，那么就可以向下游的用户发出预警，以及对污染区域阀门关闭、受污染管网隔离以及管道排污处理等操作。

供水管网中污染源的定位方法，目前国内的相关研究很少。国外在环境领域污染源追踪定位方面的研究比较多，近几年在供水管网的污染源的定位问题上的研究逐渐增多，主要研究有：

Laird 于 2005 年提出了非线性化的程序方法直接求解逆水质问题，来估算配水管网中污染源的时间和地点。Laird 等人于 2006 年对该方法进行了改进，使该方法可以从非唯一的方案中选取出最可能的注入情景。

Jiabao 等人于 2006 年提出了模拟最优化方法（Simulation-Optimization Method）来解决供水系统中的非线性的污染源和释放历史问题。在模拟过程中，被研究的供水系统在假定的水力条件下运行，先指定位于管网中的任意节点的可能的污染源及其排放历史，再用 EPANET 作为模拟器来生成任意监测点的浓度。基于最优化分析，最优化模型设计成识别模拟结果与监测点实测数据之间的相似性，通过连续最优化预测修正算法来识别污染源及其释放历史。但是，在应用此方法时，管网中的所有节点，不管其复杂程度如何，都要被选作可能的污染源点和监测点，所以计算的成本比较高。

Cristiana 等人研究了应用污染矩阵来定位供水管网中的事故性污染的污染源位置的方法。首先选择一组可能是污染物侵入点的节点，在所选的节点中，通过最小化模拟值和测量值之间的差值来确定污染源。将污染源定位问题归纳为一个最优化问题，并通过应用水质比例矩阵来线性化。

这些方法由于计算过程复杂、步骤繁琐，误差随步骤的增多而增加，其精度和实际应用性受到限制，但是也存在一些可以吸取的有启发性的思想，如采用 EPANET 来模拟生成任意节点的浓度、求解逆水质问题等。

15.2 管网水质模拟技术研究

在供水管网的各项服务中，用户越来越多地开始注重管网的水质服务，各供水企业也对管网水质的控制倍加重视。水在管网内的停留时间、流速变化等管网水力特性是影响管网水质主要因素。水在管网中的停留时间是指水从水源节点流至各节点的流经时间，也被称为节点“水龄”。水龄的长短表明各节点上水的新鲜程度，成为该节点上水质安全性的重要参数。具体而言，如果水龄过长，就会使余氯量下降，水质无法保证；相反，如果水龄太短，又会引起水中余氯含量过高，饮水中的异味太重，进而导致用户对供水服务的满意度下降。因此，水龄可以作为评价管网水质的安全可靠性的重要依据。模拟计算管网中的水龄，是对管网水质实行动态实时模拟和评价的一种有效的途径和方法。针对水龄的定义，构造逐节点遍历简化算法计算水龄。通过建立模型、编写程序，快速、合理而又可靠地实现了管网中节点水龄的计算。水龄计算是城市供水管网水质模拟与计算的基础。传统的国内水龄计算方法采用寻求水流路径、广度优先搜索的方法求解，建模较为复杂，求解较慢；也有使用将最大水龄化分成若干小时段，长时间的不断重复计算，得到水龄近似解最终逼近真实值的算法，同样也存在计算次数太多的不足。而国外主流算法采用逐时段模拟的拉格朗日传输算法，将水龄当作水质的一种特例，动态划分管段为若干片段进行模拟，在单独进行水龄分析，尤其是针对大型管网时，导致计算冗余量大，而且其对于水龄特别长或特别短的特殊节点，模拟结果并不精确。本文直接从节点水龄定义入手，采用从已知到未知逐次求解的简化算法，求解结果精确，且遍历次数很少。从而大大提高了计算的速度，简化了计算的步骤，并提高了求解的准确性。通过工程实例，将计算结果与EPANET2.0运算结果比较，验证了其合理性与可靠性。因此可以运用其准确而快速的求出管网中的水龄，为进一步进行供水管网中的水质的安全性评价与动态实时模拟提供基础理论模型与算法参考。

15.2.1 管网节点水龄的简化算法

针对管网水龄计算问题，本研究提出了一种计算水龄的逐节点遍历简化算法。即从其定义入手，进行直接求解，应用逐次从已知到未知的方法进行遍历。该算法建立的模型简单明了，求解算法简单，整个过程的实现也很容易理解；同时其求解速度快，只需以很少的遍历次数就可以求出精度相当高的结果，可以运用它准确而快速地求出管网中各个节点的水龄。

(1) 模型建立

在供水管网中，节点的水龄等于流向该节点的所有水流水龄以流量为权的加权平均值，而流向该节点任一管段的末端（即流入该节点的那一端）水龄即等于其始端水龄与水流流经该管段所用的时间之和。故建立模型：

$$t_j=\begin{cases}0 & j\in MT\\ \dfrac{\sum\limits_{i\in S_j} q_{ij}\left(t_i+\dfrac{L_{ij}}{v_{ij}}\right)}{\sum\limits_{i\in S_j} q_{ij}} & j\in M\end{cases} \tag{15-1}$$

式中 MT——水源节点（定压节点）集合；

M——非水源节点（变压节点）集合；

S_j——与节点 j 相邻的流向节点 j 的所有节点集合（即使得 $q_{ij}>0$ 的所有节点 i）；

t_i，t_j——节点 i，j 的水龄，单位：s；

i——与节点 j 相邻的节点；

q_{ij}——节点 i 与 j 间的管段流量，单位：m^3/s；

L_{ij}——节点 i 与 j 间的管段管长，单位：m；

v_{ij}——节点 i 与 j 间的管段流速，单位：m/s。

(2) 模型的求解

在某一时刻，对于某一特定的管网运行工况，经过平差计算即可得出 q_{ij}、L_{ij}、v_{ij}，同时各个管段的流向也已知，于是 S_j 亦可知，故此时便可以利用已知的 t_i 求得未知的 t_j。因为水源点的水龄已知，则可以将其代入式（15-1)，顺次求出各个水龄未知节点的水龄值 t_j。

计算时为防止重复求解同一节点，对所有的节点赋予一属性 $solve$，用以区分水龄已知和未知节点，规定：若节点 j 水龄已知或已求解，则 $solvej=1$；否则，$solvej=0$。显然，在求解前即有：

$$solve_j=\begin{cases}1 & j\in MT\\0 & j\in M\end{cases}\tag{15-2}$$

将式（15-2）作为初始条件代入式（15-1），进行求解。每次只对于符合如下条件的节点利用式（15-1）进行求解：该节点水龄未知、且水流流向该节点的所有相邻节点的水龄已知。

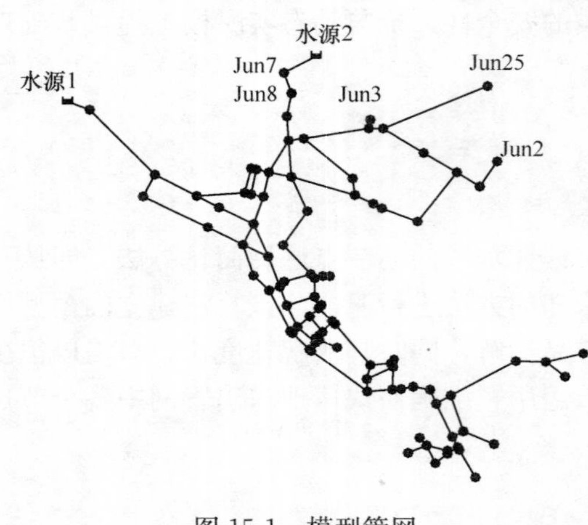

图 15-1 模型管网

一般第一轮求解，只可能对一部分节点求解，并且是从与水源相关联的节点开始的。而进行第二轮、第三轮求解时，求解出水龄的节点数迅速增加，一般只要经过很少的遍历次数，就可以遍历所有节点，求解出它们的水龄值。

(3) 算例分析

图 15-1 所示管网实例，共有 91 个节点，114 根管段。为双水源供水。采用节点方程法编写程序进行管网平差计算，为水龄计算提供水力计算结果，然后根据本算法流程进行水龄简化算法计算。由计算发现，本算法可有效克服传统算法计算过程中，由于各节点水龄最小值也要超过时间步长，导致对于真实水龄值小于时间步长的节点其模拟结果必定不准确的缺陷，可以直接求得节点水龄的精确解，从而准确模拟计算管网水龄。

此外，传统算法中各节点水龄最大值不会超过整个模拟的总时间间隔，由此造成的误差利用逐节点遍历的简化算法也可以通过本方法消除。例如该例中，整个管网模拟的时间步长是 0.01h，模拟的总时间间隔为 24h，所以利用式（15-1）结合水力计算结果进行水龄计算，可以证明 EPANET2.0 计算节点 7、8（太长）和 3（太短）的水龄值存在误差，而逐节点遍历的简化算法的计算结果达到了令人满意的程度。更准确的水龄计算可有助于更准确地判断管网中可能存在的死水区。

(4) 算法应用

对于目前南方地区城乡统筹的供水模式，由城市向远处乡镇供水一般采取水库增压模式，在保证水量安全可靠性的同时，通过二次投加消毒药剂的步骤可以保证增压泵站下游的水质，目前对于向周边乡镇供水的增压泵站，投加消毒剂的多少尚缺乏必要的依据。对于此类增压泵站，其消毒药剂的投加量应综合考虑进入清水池的水中消毒剂余量、在清水池的停留时间以及增压供水范围以及末梢所要求的消毒剂保证浓度。

以本研究的实例管网为例，管网中原有桃花坞、丁卯两大主要水库型增压泵站，随着城乡集约化供水的开展，新增丹徒、沿江路、大港3个向周边乡镇的增压供水泵站，由于需考虑未来用水量的增长，配套管网中的输水干管管径相对乡镇当前用水量而言往往偏大，导致管道中水流速偏低、水龄增大。考虑到管网水在进入增压泵站的清水池之前有一定的余氯量存在，因此，针对管网中上述5个增压泵站，建立了包含进水端水龄、清水池内停留时间和泵后管网末端水龄在内的综合供水水龄与加氯量的相关关系，并进行回归分析。通过分析，对于新建的沿江路、大港泵站，现状加氯量相对偏高，应基于所建立的综合水龄-二次加氯量的相关关系进行适当调整（图15-2），以使管网水中的余氯浓度更为合理，保证供水水质安全的同时，减小加氯量，同时减少消毒副产物的影响。

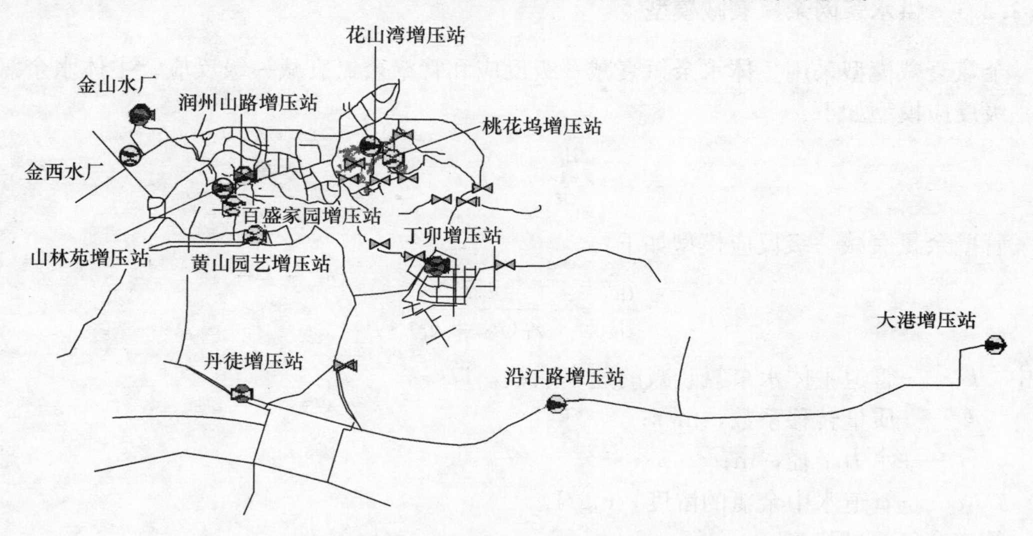

图15-2 实例管网及其调整布置

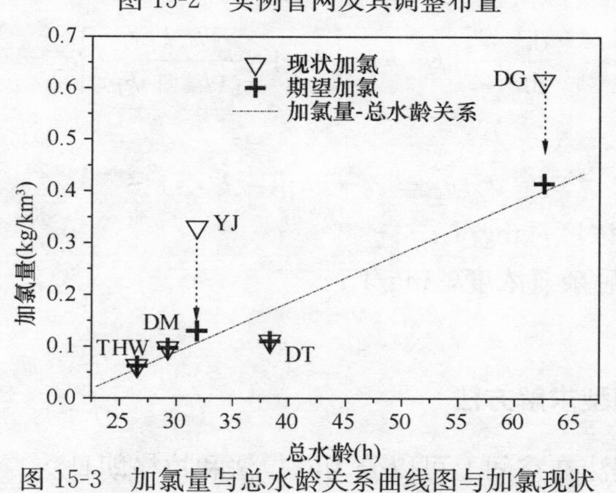

图15-3 加氯量与总水龄关系曲线图与加氯现状

15.2.2 管网余氯衰减模型及模拟方法

余氯是供水管网水质评价的一个主要指标，为了准确全面地了解管网水质变化情况，应建立管网余氯衰减模型，包括主体水余氯衰减模型和管壁余氯衰减模型，主体水余氯衰减模型包括一级动力学衰减模型和二级组合动力学衰减模型，n 级模型（$1<n<2$）、一级平行模型、一级限制模型等。管壁余氯衰减模型包括零级模型和一级衰减模型。余氯在水中的衰减是复杂反应，受到很多因素的影响，主体水余氯衰减系数（kb）受到温度、初始氯质量浓度、水中有机物质量浓度（TOC）等的影响，有研究认为在反应的不同阶段 kb 的数值也是不同的。

通过分析模拟结果可以掌握管网水质状况，但不够直观，动态绘制管网余氯等值图则可以直观全面地了解不同时刻管网各节点的水质变化。本研究使用拉格朗日时间驱动法建立管网余氯衰减一级微观模型，运用科学计算软件 MATLAB 和 ACCESS 软件实现该模型，经算例检验，实现了管网余氯衰减的动态模拟和余氯等值图动态绘制。

15.2.2.1 供水管网余氯衰减模型

余氯衰减模型采用主体水余氯衰减一级反应和管壁余氯衰减一级反应。主体水余氯衰减一级反应模型如下：

$$\frac{\mathrm{d}c}{\mathrm{d}t}=-k_{\mathrm{b}}c \tag{15-3}$$

管壁余氯衰减一级反应模型如下：

$$\frac{\mathrm{d}c}{\mathrm{d}t}=-\frac{k_{\mathrm{w}}k_{\mathrm{f}}}{r_{\mathrm{h}}(k_{\mathrm{w}}+k_{\mathrm{f}})}c \tag{15-4}$$

式中 k_{b}——管道主体水余氯衰减的速率系数，1/s；

k_{f}——质量转移系数，m/s；

r_{h}——水力半径，m；

c——管道水中余氯的浓度，mg/L。

管道余氯衰减模型：

$$\frac{\mathrm{d}c}{\mathrm{d}t}=-kc=-\left[k_{\mathrm{b}}+\frac{k_{\mathrm{w}}k_{\mathrm{f}}}{r_{\mathrm{h}}(k_{\mathrm{w}}+k_{\mathrm{f}})}\right]c \tag{15-5}$$

积分可得：

$$c_{\mathrm{t}}=c_0\cdot\exp(-k\cdot t) \tag{15-6}$$

式中 c_0——余氯初始浓度，mg/L；

c_{t}——经过 t 时后余氯浓度，mg/L；

t——时间，s。

15.2.2.2 余氯衰减模型求解方法

余氯衰减模型的解法在空间上可以分为欧拉法和拉格朗日法。欧拉法包括有限差分法和离散体积法，拉格朗日法包括时间驱动法和事件驱动法，时间驱动模型以固定的时间间隔来更新管网内水质状态，事件驱动模型通过事件变化次数来更新管网内水质状态。总体上看拉格朗日法在计算的时间和空间效率上更优，同时，拉格朗日时间驱动法不会出现任何数值发散的现象，所以选择拉格朗日时间驱动法进行余氯衰减模拟。

该方法追踪管网中每个管道中水流的浓度变化。由于水质步长明显短于水力步长，使得水流能在管道内发生反应。随着时间的推进，当水进入管道时大多数上游水流片段的体积将变大，而当水离开管道时下游水流片段的体积将变小，在它们之间的片段体积将不变。在每个水质时间步长的结尾时发生下列步骤：

(1) 每一水流片段的水质将被更新，以反映在这一个时间步长内发生的任何反应；

(2) 来自于管道的首个水流片段的水进入节点，在节点混合后产生新的水质值；

(3) 节点处、外部流入的水流也将影响水质。调蓄水池的水质更新取决于水池的混合模型；

(4) 水流从节点、水池、水库流出，如果流出管道末端水质与出流节点水质之差大于允许值，则在出流管道中产生新的水流片段。如果水质差异低于允许值，则在该时间步长后流出管道末端片段的水流体积将随着流入量的体积而不断增大。

在下一个水质步长内重复步骤(1)～(4)，直至该水力步长结束。下一个水力步长也重复这些步骤，直至整个模拟全部结束。

15.2.2.3 供水管网余氯等值线图和余氯等值面图的动态绘制

系统在余氯衰减模拟计算之后可以动态绘制余氯等值线图和余氯等值面图。通过和数据库连接，从数据库读取数据，首先绘出管网拓扑图，之后动态绘出所有时刻管网余氯等值线图和管网余氯等值面图。从而直观了解不同时刻管网各节点的余氯变化状态。

从数据库中读出所有节点余氯值，以一个矩阵表示，当需要绘出某水力步长余氯等值线或余氯等值面图时，从矩阵读取该步长的数据用于绘图，之后读取下一步长的数据并绘图，不断循环直至最后一个步长，从而实现了余氯等值线图的动态绘制。

具体步骤如下：

(1) 使用 griddata 函数将当前水力步长下的余氯计算数据格栅化；

(2) 使用 contour 函数绘出余氯等值线图，使用 clabel 函数绘出图例，text 函数绘出图名。

重复步骤 (1)、(2) 绘出下一水力步长余氯等值线图，直至最后一个水力步长。

15.2.2.4 算例分析

参数设置：水力时间步长采用 15min，水力模型解法采用线性化算法，水头损失公式采用黑曾-威廉公式，图 15-4 管道均考虑为旧铸铁管，黑曾-威廉系数 C 取 100。水质时间步长采用 1min，水源节点 15、16 出水余氯浓度取 1.00mg/L，其余节点初始浓度取 0mg/L，余氯衰减系数 K_b 的影响因素很多，取值差异很大，根据资料取 0.1/h，管壁反应速率系数根据下式计算：

$$k_w = F/C \tag{15-7}$$

式中 F——管道粗糙系数；

C——黑曾-威廉系数。

管道为旧铸铁，故 F 选取 0.014，C 取 100，求得 K_w＝0.00014m/s。计算结果如表 15-1 及表 15-2 所示，为了检测模拟系统计算的精确度，与美国环境署开发的 *EPANET*2 软件的计算结果进行比较。

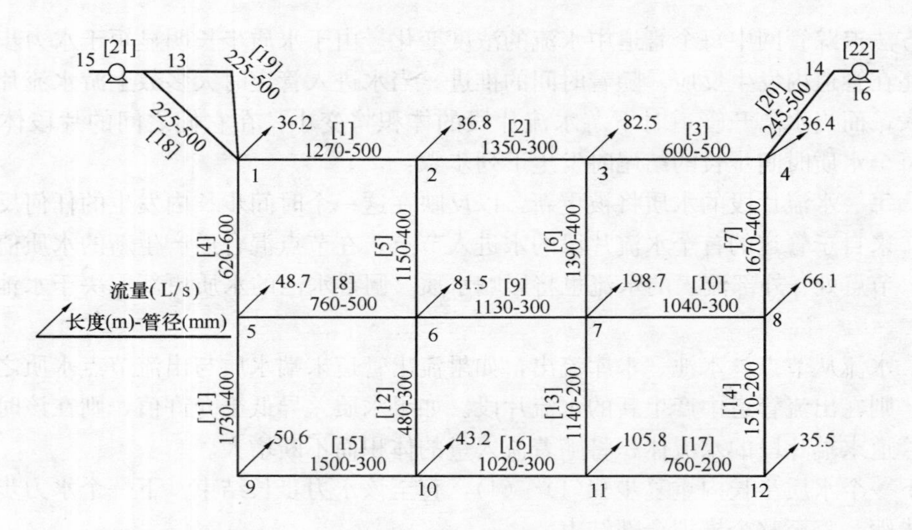

图 15-4 模拟管网

余氯衰减模型与EPANET2计算结果比较表 **表15-1**

J_Id	余氯衰减模型计算结果 C1 (mg/L)	EPANET2 计算结果 C2 (mg/L)	C1－C2 (mg/L)
1	0.977	0.99	－0.013
2	0.8704	0.85	0.0204
3	0.9392	0.97	－0.0308
4	0.9844	1.00	－0.0156
5	0.9291	0.97	－0.0409
6	0.5995	0.66	－0.0605
7	0.5968	0.64	－0.0432
8	0.8576	0.94	－0.0824
9	0	0	0
10	0.3622	0.44	－0.0778
11	0.2391	0.19	0.0491
12	0	0	0

模拟结果分析表 **表15-2**

评价方法	平均绝对差 (mg/L)	平均绝对相对差 (%)	均方差 (mg/L)
比较结果	0.0361	6.74	0.0449

余氯衰减模拟计算之后，以余氯等值线图为例，图15-5、图15-6为系统动态绘制的部分时刻下供水管网的余氯等值线和等值面图。

通过本部分研究，结论如下：

(1) 该模拟系统可以自由设置余氯衰减模型，如一级二级组合衰减模型等。

(2) 系统包含数据库，可以实现高效的数据输入输出、数据查询和数据分析。

(3) 系统通过动态绘制不同时刻供水管网的余氯等值线和等值面图，直观反映了管网各节点余氯值变化。通过对模拟结果以及余氯等值图进行分析，可以为管网水质监控、寻求提高管网水质的措施、寻求管网水质事故发生时间地点、管理管网水质等提供科学依据。

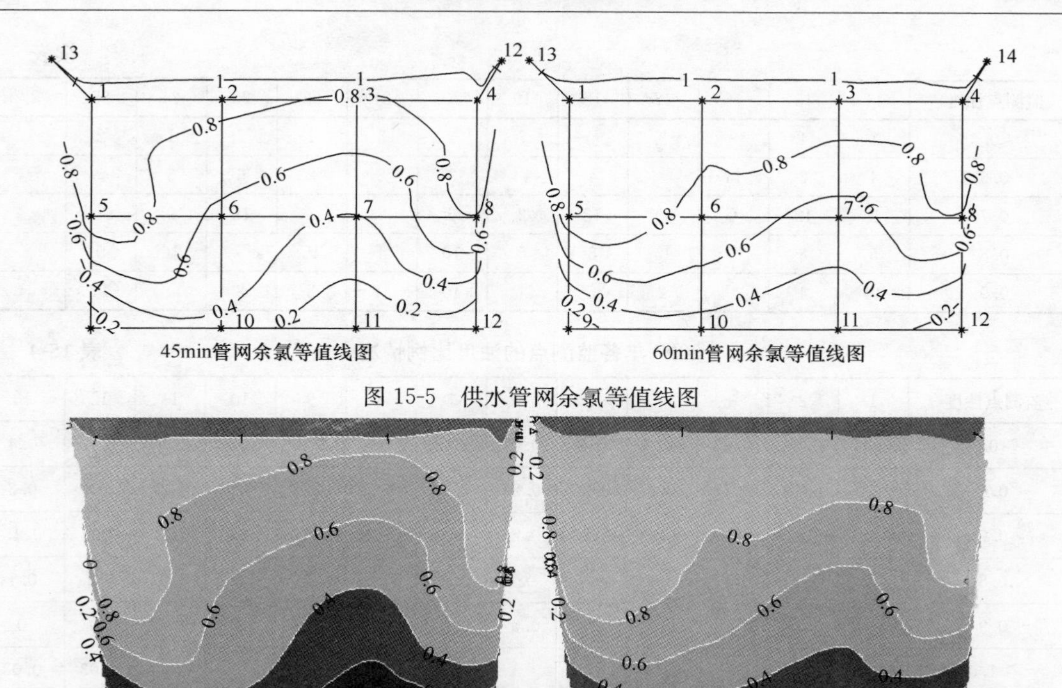

图 15-5 供水管网余氯等值线图

图 15-6 供水管网余氯等值面图

15.3 小城镇管网水质评价体系

15.3.1 管网水质监测数据分析与评价

由于小城镇管网管理水平相对较低，目前很少针对小城镇管网设置在线监测系统。常规检测是小城镇管网管理和管网水质水平的主要工具手段。限于监测能力和技术手段，小城镇管网的 106 项全分析检测尚无法实现，更多地根据原有国家生活饮用水卫生标准 GB 5749—85 涉及的指标（36 项）进行一定的检测频度（1～3 次/月），而一般情况下，浊度、余氯是管网水质检测的最具代表性的指标。针对管网余氯浓度、浊度这两个水质监测的代表性指标，本研究建立了基于模糊数学的管网水质安全综合评价方法，并选择实际管网进行了应用。

2007 年各监测点的浊度情况 **表 15-3**

监测点浊度	1	2	3	4	5	6	7	8	9	10	11	12	13
≤0.5	10	16	13	1	6	2	3		3	3	9	14	12
0.6	11	4	5	6	7	7	5	7	1	15	8	6	9
0.7	2	3	3	12	15	7	10	10	5	6	9	5	5
0.8	6	4	5	6	3	12	8	9	5	4	2	3	3
0.9		3	3	3	1	2	4	4	14	2	2	1	0
≥1.0	1		1	2	3				2			1	1
总计	30	30	30	30	30	30	30	30	30	30	30	30	30

续表

监测点浊度	14	15	16	17	18	19	20	21	22	23	24	25	
≤0.5	2	4	8	3		7	1	3	1	2	1	2	
0.6	4	2	11		4	14	3	2	2	6	3		
0.7	2	12	6	11	12	2	6	2	8	15	9	7	
0.8	5	8	5	14	8	5	10	4	15	5	16	9	
0.9	14	4		2	5	1	10	18	3	2		11	

2007年各监测点的浊度比例情况 **表15-4**

监测点浊度	1	2	3	4	5	6	7	8	9	10	11	12	13
≥0.5	0.33	0.53	0.43	0.03	0.2	0.07	0.1		0.1	0.1	0.3	0.47	0.4
0.6	0.37	0.13	0.17	0.2	0.23	0.23	0.17	0.23	0.03	0.5	0.27	0.2	0.3
0.7	0.07	0.1	0.1	0.2	0.33	0.23	0.33	0.33	0.17	0.2	0.3	0.17	0.15
0.8	0.2	0.13	0.17	0.2	0.1	0.4	0.27	0.3	0.17	0.13	0.07	0.1	0.1
0.9		0.1	0.1	0.1	0.03	0.07	0.13	0.13	0.46	0.07	0.07	0.03	0
≥1.0	0.03		0.1	0.07	0.1				0.07			0.03	0.03
监测点浊度	14	15	16	17	18	19	20	21	22	23	24	25	
≤0.5	0.07	0.13	0.27	0.1		0.23	0.03	3	0.03	0.07	0.03	0.07	
0.6	0.13	0.07	0.37		0.13	0.47	0.1	0.07	0.07	0.2	0.1		
0.7	0.07	0.4	0.2	0.37	0.4	0.07	0.2	0.07	0.27	0.5	0.3	0.23	
0.8	0.17	0.27	0.17	0.47	0.26	0.17	0.1	0.13	0.5	0.17	0.53	0.3	
0.9	0.47	0.13		0.03	0.17	0.03	0.33	18	0.1	0.07		0.37	

2007年各监测点的余氯情况统计 **表15-5**

监测点余氯	1	2	3	4	5	6	7	8	9	10	11	12	13
0.7	24	20	17	1	1	2	15		1	4	8	15	18
0.6	4	8	12	2		5	13	4	5	9	9	13	5
0.5	2	2	1	2	10	18		21	7	14	11	1	6
0.4				6	18	5		2	15	3	2	1	1
0.3				19	1		2	3	2				
总计	30	30	30	30	30	30	30	30	30	30	30	30	30
监测点余氯	14	15	16	17	18	19	20	21	22	23	24	25	
0.7	2		23	3		9			2	1		1	
0.6		22	5	3	4	18	1	1	6	22	4	2	
0.5	3	7		14	14	3	29	28	21	3	19	5	
0.4	9	1	1	10	12			1	1	4	7	18	
0.3	16		1									4	

2007 年各监测点余氯百分比统计　　表 15-6

监测点余氯	1	2	3	4	5	6	7	8	9	10	11	12	13
0.7	0.8	0.67	0.57	0.03	0.03	0.07	0.5		0.03	0.07	0.13	0.5	0.6
0.6	0.13	0.27	0.4	0.07		0.17	0.43	0.13	0.17	0.3	0.3	0.43	0.17
0.5	0.07	0.07	0.03	0.07	0.33	0.6		0.7	0.23	0.47	0.37	0.03	0.2
0.4				0.2	0.6	0.17		0.07	0.5	0.1	0.07	0.03	0.03
0.3				0.63	0.03		0.07	0.1	0.07				
监测点余氯	14	15	16	17	18	19	20	21	22	23	24	25	
0.7	0.07		0.77	0.1		0.3			0.07	0.03		0.03	
0.6		0.73	0.17	0.1	0.13	0.6	0.03	0.03	0.2	0.73	0.13	0.07	
0.5	0.1	0.23		0.47	0.47	0.1	0.97	0.93	0.7	0.1	0.63	0.17	
0.4	0.3	0.03	0.03	0.33	0.4			0.03	0.03	0.13	0.23	0.6	
0.3	0.53		0.03									0.13	

通过分析管网水水质数据，考虑到各项指标实测数据的有效性和可表达原则，选取以下指标作为评价体系的基本参数：色度、浑浊度、游离余氯、溶解性总固体、氯仿、氯化物、硝酸盐氮、硫酸盐、总有机碳、硬度、耗氧量和细菌总数。

- 检测结果中无超标项目时，按 Nemerow 水质指数法计算，即：

$$I=\sqrt{\frac{I_{av}^2+I_{max}^2}{2}} \tag{15-8}$$

式中　I_{max}^2——各项指数中最大值的平方；

$I_{av}^2=\left(\frac{1}{n}\sum_{i=1}^{n}\frac{C_i}{S_i}\right)^2$，即各项水质指数的均值的平方；

n——评价项目数，$n=12$；

C_i——第 i 项指标的实测值；

S_i——第 i 项指标的国标值。

- 当检测结果中有超标项目时，按改良 Nemerow 水质指标数法计算，即：

$$I=\sqrt{\frac{I_{av}^2+\varphi\Sigma I_t^2}{m+1}} \tag{15-9}$$

式中　I——总水质指数；

I_{av}^2 同式（15-8）；

$\Sigma I_t^2=\sum_{j=1}^{m}\left(\frac{C_j}{S_j}\right)^2$，即各项超标项目的平方和；

C_j——第 j 项指标的实测值；

S_j——第 j 项指标的国标值；

$\Phi=\sum_{j=1}^{m}\sqrt{\frac{W_j}{W_m}}$，$\Phi$ 为增补系数；

W_j——超标项目的加权指数；

W_m——最小加权指数，$W_m=0.04$；

m——超标项目数。

一些单项指数的计算：

- pH：由pH是否大于7分别计算pH的I值（I_{pH}）。

当pH≤7时，按$I_{pH}=\frac{2^{7/2}-2^{pH/2}}{2^{7/2}-2^{6.5/2}}$；

当pH>7时，按照下式计算

$$I_{pH}=\frac{2^{7/2}-2^{pH/2}}{2^{7/2}-2^{8.5/2}}$$

- 臭和味：按级数作为I值。
- 评价项目中小于检出限的I值以0计算。

结果评价：I值越小，说明水质越好。根据各种不同情况的水质的计算结果，将水质分为4个等级：I值小于0.7为清洁水，0.7～1.0为允许水，1.0～1.5为污染水，1.5以上为重污染水。

城市生活饮用水卫生标准（mg/L）　　表15-7

指　标	标　准	指　标	标　准
色度	15	氯仿	0.06
浑浊度	1NTU	氟化物	1
游离余氯	0.3	氯化物	250
溶解性总固体	1000	硝酸盐氮	10
铁	0.3	硫酸盐	250
锌	1	总有机碳	5
镉	0.003	硬度	450
汞	0.001	耗氧量	3
砷	0.01	细菌总数	80cfu/L

监测点2007年计算结果　　表15-8

监测点	07.01	07.02	07.03	07.04	07.05	07.06
1	0.448354	0.380135	0.383339	0.455804	0.447343	0.479748
2	0.390446	0.516546	0.446548	0.382141	0.38186	0.381507
3	0.375909	0.39811	0.653499	0.410839	0.3683	0.382424
4	0.385633	0.451566	0.585576	0.516469	0.520886	0.520561
5	0.523008	0.523934	0.449315	0.5236	0.521034	0.452342
6	0.380393	0.59108	0.454427	0.457858	0.586201	0.520833
7	0.584776	0.518042	0.588831	0.591323	0.444779	0.52038
8	0.516208	0.450325	0.518527	0.525675	0.514136	0.58927
9	0.517054	0.659328	0.657858	0.662618	0.654861	0.588849
10	0.657228	0.388515	0.446734	0.454818	0.448912	0.448499
11	0.450516	0.38461	0.384757	0.530842	0.450662	0.381429
12	0.518274	0.523894	0.454455	0.505197	0.657968	0.379147
13	0.380215	0.455187	0.389009	0.600413	0.383134	0.476788
14	0.367442	0.659794	0.658731	0.664451	0.590316	0.658299

续表

监测点	07.01	07.02	07.03	07.04	07.05	07.06
15	0.65477	0.388387	0.518448	0.525336	0.518626	0.588344
16	0.584596	0.457208	0.453066	0.709366	0.38729	0.451597
17	0.449341	0.588648	0.588367	0.61874	0.529444	0.58667
18	0.51716	0.524365	0.523981	0.591351	0.520262	0.520457
19	0.519513	0.457339	0.386223	0.593773	0.460066	0.453388
20	0.381096	0.659041	0.661673	0.66731	0.589654	0.585195
21	0.588762	0.591553	0.590141	0.673822	0.655692	0.659918
22	0.656743	0.658746	0.66281	0.665213	0.586431	0.591243
23	0.65501	0.520026	0.523216	0.661607	0.449581	0.593991
24	0.520387	0.521939	0.591455	0.710784	0.515926	0.518902
25	0.588448	0.59189	0.590517	0.665614	0.52209	0.661409
26	0.587436	0.655493	0.731689	0.739143	0.586415	0.592737
监测点	07.07	07.08	07.09	07.10	07.11	07.12
1	0.730801	0.59311	0.584371	0.584272	0.583163	0.446556
2	0.381373	0.513908	0.583332	0.517922	0.581915	0.447069
3	0.449885	0.583289	0.652736	0.520278	0.51127	0.516038
4	0.454243	0.653594	0.449627	0.447348	0.512808	0.378762
5	0.588217	0.723946	0.380063	0.51521	0.581629	0.445816
6	0.657793	0.445431	0.4483	0.445577	0.444126	0.447471
7	0.519299	0.513393	0.511717	0.380694	0.653036	0.655562
8	0.452325	0.51748	0.58605	0.449235	0.582128	0.347793
9	0.385089	0.724338	0.379301	0.51795	0.513983	0.51512
10	0.655458	0.58523	0.375995	0.379956	0.443739	0.454334
11	0.517351	0.653428	0.444214	0.382236	0.376487	0.450338
12	0.514244	0.511567	0.514182	0.309758	0.448805	0.587719
13	0.477557	0.583265	0.447024	0.446664	0.446324	0.448395
14	0.387399	0.588242	0.379025	0.583648	0.513344	0.448926
15	0.587738	1.432465	0.381151	0.514571	0.585104	0.656674
16	0.587623	0.516009	0.512472	0.447023	0.519487	0.5183
17	0.656451	0.587129	0.384049	0.378899	0.519397	0.454667
18	0.520014	0.733834	0.45001	0.332755	0.445511	0.520724
19	0.588665	0.723034	0.377741	0.339698	0.374724	0.452738
20	0.446675	0.583619	0.512504	0.449977	0.376395	0.452545
21	0.387201	0.724495	0.380507	0.518989	0.51621	0.452244
22	0.522203	0.519233	0.444822	0.451341	0.445996	0.589414
23	0.594177	0.659208	0.584731	0.44674	0.51321	0.588872
24	0.587543	0.586386	0.724208	0.381934	0.382333	0.592475
25	0.661905	0.652559	0.655952	0.378211	0.446504	0.448643
26	0.729821	0.589229	0.587083	0.516233	0.584718	0.589061

监测点2008年计算结果　　表15-9

监测点	08.01	08.02	08.03	08.04	08.05	08.06
1	0.333838	0.346563	0.474503	0.306973	0.37114	0.382532
2	0.345083	0.53752	0.537887	0.309316	0.577248	0.3061
3	0.328629	0.461585	0.465116	0.313109	0.286569	0.291757
4	0.343502	0.368063	0.358877	0.313909	0.27063	0.287891
5	0.349666	0.384544	0.357242	0.294968	0.326154	0.272717
6	0.335675	0.346291	0.345699	0.307939	0.439348	0.295548
7	0.350808	0.41197	0.410555	0.309839	0.269413	0.272394
8	0.380833	0.3636	0.351679	0.276377	0.440326	0.378021
9	0.384964	0.360755	0.295556	0.313331	0.396336	0.272481
10	0.333018	0.359064	0.386585	0.320176	0.286983	0.377993
11	0.386841	0.43146	0.370225	0.3147	0.326531	0.451
12	0.339138	0.370341	0.344362	0.377707	0.286071	0.308471
13	0.330543	0.346946	0.471472	0.45079	0.30515	0.313107
14	0.33902	0.368391	0.358078	0.314488	0.304196	0.361509
15	0.339985	0.384724	0.348288	0.313842	0.326853	0.268472
16	0.589065	0.373444	0.370738	0.314748	0.303491	0.276285
17	0.338435	0.359489	0.335061	0.348899	0.305719	0.307552
18	0.33444	0.380883	0.331891	0.349477	0.349135	0.307113
19	0.352161	0.341484	0.357639	0.330425	0.342053	0.378097
20	0.390377	0.347094	0.349809	0.311507	0.323383	0.32698
21	0.357791	0.395426	0.362403	0.313688	0.304933	0.309272
22	0.3863	0.36806	0.320547	0.346182	0.286679	0.314408
23	0.356115	0.377313	0.592367	0.328954	0.342213	0.296392
24	0.332472	0.387618	0.350702	0.378327	0.323717	0.274769
25	0.356687	0.351404	0.43189	0.473859	0.34907	0.267424
26	0.349361	0.358596	0.393671	0.311188	0.472591	0.305408
监测点	08.07	08.08	08.09	08.10	08.11	08.12
1	0.32218	0.402421	0.312494	0.309186	0.321372	0.321301
2	0.360335	0.29016	0.264877	0.384129	0.358283	0.351543
3	0.334923	0.363935	0.310027	0.382178	0.334304	0.522858
4	0.317387	0.374672	0.305881	0.398956	0.655804	0.565588
5	0.345359	0.44567	0.303786	0.338713	0.380489	0.260894
6	0.659257	0.323291	0.307172	0.32946	0.499542	0.31529
7	0.366735	0.298824	0.305622	0.313984	0.359887	0.41941
8	0.385395	0.29264	0.312324	0.291545	0.369609	0.291256
9	0.34589	0.382154	0.307577	0.42798	0.34174	0.319421
10	0.443573	0.337323	0.310684	0.313282	0.355601	0.293847
11	0.343995	0.306066	0.312605	0.312263	0.348005	0.288434
12	0.326315	0.292054	0.293952	0.287658	0.324045	0.324589

续表

监测点	08.07	08.08	08.09	08.10	08.11	08.12
13	0.493856	0.292322	0.31747	0.377565	0.328854	0.305777
14	0.308774	0.295506	0.268358	0.315512	0.308051	0.300023
15	0.372591	0.309519	0.287031	0.290739	0.326589	0.400283
16	0.356588	0.271083	0.299265	0.310107	0.354897	0.426804
17	0.361353	0.290926	0.31065	0.376559	0.365144	0.313019
18	0.334484	0.375504	0.308701	0.288971	0.32426	0.336254
19	0.319152	0.308557	0.277815	0.45031	0.37542	0.317028
20	0.51971	0.314608	0.333665	0.313242	0.424156	0.350847
21	0.329188	0.314428	0.312323	0.314707	0.53534	0.323805
22	0.355508	0.473029	0.28273	0.360755	0.353079	0.288652
23	0.3551	0.297218	0.306948	0.290454	0.353555	0.587327
24	0.33091	0.634265	0.300373	0.328042	0.568044	0.326672
25	0.318816	0.517247	0.316504	0.310281	0.403697	0.317003
26	0.348123	0.306725	0.291968	0.44805	0.346745	0.29783

2009年各监测点计算评价结果　　表15-10

监测点	2009.01	2009.02	2009.03	2009.04	2009.05	2009.06	2009年均值	2008年均值
1	0.3433	0.34835	0.341391	0.341391	0.341043	0.345731	0.430399	0.348095
2	0.326127	0.337463	0.380686	0.380686	0.34237	0.358953	0.463648	0.374931
3	0.332709	0.347326	0.355982	0.355982	0.359192	0.338842	0.444616	0.360279
4	0.36262	0.363634	0.366696	0.366696	0.353348	0.326806	0.456544	0.372276
5	0.323142	0.345462	0.351661	0.351661	0.348959	0.32539	0.445694	0.339249
6	0.33361	0.377824	0.346865	0.346865	0.373772	0.34424	0.429201	0.368205
7	0.321792	0.35541	0.334472	0.334472	0.363385	0.350925	0.439505	0.341661
8	0.324906	0.453306	0.369792	0.369792	0.353273	0.363035	0.455656	0.353762
9	0.321302	0.36458	0.386509	0.386509	0.543578	0.367587	0.474822	0.362125
10	0.31998	0.347379	0.355993	0.355993	0.351065	0.346551	0.412225	0.344172
11	0.355968	0.365683	0.369099	0.369099	0.355357	0.353969	0.407917	0.353406
12	0.325823	0.357258	0.343161	0.343161	0.356569	0.348391	0.391352	0.330504
13	0.325201	0.366857	0.351269	0.351269	0.363374	0.362547	0.406189	0.358576
14	0.324465	0.472191	0.351597	0.351597	0.347511	0.38869	0.477785	0.337664
15	0.325526	0.517868	0.371482	0.371482	0.375234	0.344352	0.462782	0.348603
16	0.342558	0.359998	0.351428	0.351428	0.366387	0.347263	0.429423	0.353643
17	0.343748	0.35562	0.360236	0.360236	0.366003	0.35669	0.4429	0.341963
18	0.322752	0.34859	0.370045	0.370045	0.370073	0.341406	0.446106	0.341335
19	0.325355	0.365847	0.584886	0.584886	0.360748	0.408277	0.432738	0.376674
20	0.340642	0.365913	0.356576	0.356576	0.355912	0.340751	0.456575	0.356764
21	0.335203	0.33918	0.358368	0.358368	0.365728	0.363923	0.467887	0.349671
22	0.342549	0.345509	0.379136	0.379136	0.369682	0.35019	0.459079	0.350118

续表

监测点	2009.01	2009.02	2009.03	2009.04	2009.05	2009.06	2009年均值	2008年均值
23	0.359414	0.397785	0.344991	0.344991	0.369892	0.542428	0.463147	0.380192
24	0.325367	0.480894	0.345964	0.345964	0.358637	0.339896	0.487353	0.374035
25	0.328982	0.348804	0.364098	0.364098	0.346673	0.346779	0.480164	0.361851
26	0.323896	0.350878	0.38417	0.38417	0.355159	0.340138	0.489403	0.353815

由图15-7和图15-8所示，随着时间的推移管网水水质逐步提高，从2007年到2008

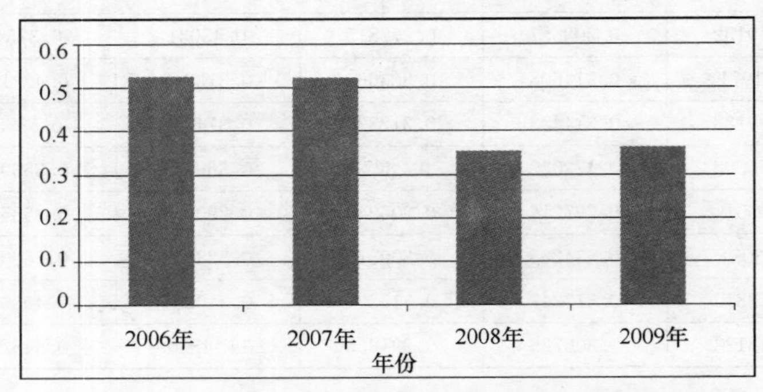

图 15-7　2006～2009 年所有监测点水质指数平均值

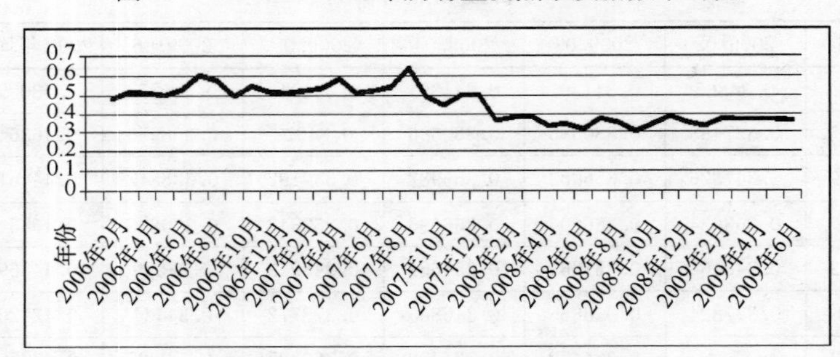

图 15-8　各月份所有监测点计算平均值

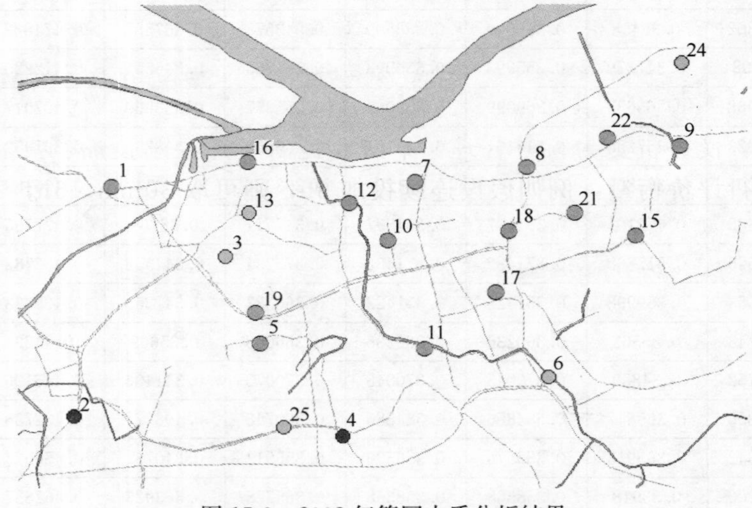

图 15-9　2008 年管网水质分析结果

年管网整体水质水平有较大程度的提高。

15.3.2 管网突发污染事故评价方法

通过本部分研究，提出事故污染危害性及脆弱性指标体系，建立了确定水质事故风险最大以及管网水质污染时脆弱性最高节点的方法，并在研究实例管网进行了应用。

由于水环境污染的加剧，以及人们对于健康意识的不断提高，城市供水管网中水质安全日益受到关注。供水管网往往庞大而且复杂，出厂水在管网中的停留时间长达数日，个别水力死角可达数十日，是供水二次污染的重要原因之一。此外，管网的异常事故状态也可能导致管网水发生二次污染，如管道停水施工及管道爆管抢修等情况。由于对于施工过程管理控制不够严格，管道存留的污水或者外界进入的污染物质未经冲洗排除及消毒处理，而是随着供水的恢复进入管网系统中，对管网局部甚至整个管网系统造成严重污染。对于管网中节点受到污染后对管网可能造成的影响进行评价，有助于建立对管网节点的重点监控，保证管网的用水安全。本文利用在管网节点向管网中注入化学污染物这一假想情形，评估管网节点分别对于管网水质的影响程度。

本研究提出危险指数和脆弱性作为评价供水管网水质突发事故风险水平的特征值。

15.3.2.1 危险指数和脆弱性

通常在管网中不同节点投加相同量的污染物质后，对于整个管网的危害程度大小并不相同，亦即说明不同节点投加所产生的危害风险大小不同，于是将这种可能的危害程度进行量化，称为节点发生管网污染的危险指数。

另一方面，在各种不同的投加情况下，某一节点所受到的危害程度总体而言可能比另一节点强或者弱，将这种不同定义节点承受管网污染的脆弱性。

15.3.2.2 危险指数计算

考虑到各种污染物质的危害机理不同，有的为急性致毒非常快且易于发现，有的则为毒性较轻且不易被发现。因此，对于不同类型的污染，应选择与之相应的典型评价时间范围，使评价更为科学合理。本研究提出一般在刚投加、投加完、已扩散的 3 个时刻进行评价衡量，例如假设连续投加 6h，则可取 30min，6h，24h 等 3 个时刻进行评价。

本研究提出节点危险指数由以下三方面因素构成。

● 用户吸收量：通常情况下，造成用户吸收污染物质越多，则节点的危险指数越高。

$$abs_{\mathrm{kt}'} = \sum_{i=1}^{i=N} \sum_{j=0}^{j=t'} C_{\mathrm{ijk}} Q_{\mathrm{ijk}} \Delta t \quad (15\text{-}10)$$

式中 $abs_{\mathrm{kt}'}$——在 k 节点投加污染物质，到 t' 时刻为止管网用户消耗的污染物质总量；

C_{ijk}——在 k 节点投加污染物质，i 节点 j 时刻的污染物质浓度；

Q_{ijk}——在 k 节点投加污染物质，i 节点 j 时刻的节点流量；

t'——节点投加风险性评价时刻，例如30min，6h，24h等；

N——管网总节点数。

● 扩散范围：一定时间内造成污染物扩散范围越大，则节点危险指数越高，扩散范围以可检出节点数计算。

$$ran_{kt'} = \sum_{i=1}^{i=N} R(k,i,C_0) \tag{15-11}$$

式中　$ran_{kt'}$——在 k 节点投加污染物质，t'时刻可检出的管网用户节点数量；

$R(k,i,C_0)$——给 k 节点投加污染物质，i 节点以 C_0 为检出水平的检出判断函数，如果 $C_i > C_0$，则 $R=1$，否则，$R=0$；

C_0——检出水平，例如0.001mg/min。

● 峰值浓度：认为造成管网中污染物峰值浓度越大，则节点危害指数越高。

$$pea_{kt'} = \sum_{i=1}^{i=N} S(P_{ikt'},C') \tag{15-12}$$

$$P_{ikt'} = \max_{j=1\to t'}(C_{ijk}Q_{ijk}) \tag{15-13}$$

式中　$pea_{kt'}$——在 k 节点投加污染物质，t'时刻峰值浓度指标；

$S(P_{ikt'},C')$——在 k 节点投加污染物质，i 节点以 C'为衡量水平的峰值判断函数，如果 $P_{ikt'} > C'$，则 $S=1$，否则，$S=0$；

C'——峰值衡量水平，例如1mg/min。

$P_{ikt'}$——在 k 节点投加污染物质，到 t'时刻为止，i 节点的峰值浓度。

考虑到各个指标的单位不一致，数值范围也不相同，为了构建风险性总体评价指标，对上述3项指标进行归一化后进行加权求和。其中，权重取值方法。例如可以取0.5，0.2，0.3，表示影响风险性最重要的因素是用户消耗量、其次是峰值浓度，再次是扩散范围，并使得其和为1，以保证总体评价指标值也在0～1之间。于是得出不同时刻的风险性总体评价指标：

$$dan_{kt'} = w_1 G[abs]_{kt'} + w_2 G[ran]_{kt'} + w_3 G[pea]_{kt'}$$

$$\sum_{i=1}^{i=3} w_i = 1 \text{ 且 } w_i > 0 \tag{15-14}$$

式中　$dan_{kt'}$——在 k 节点投加污染物质，t'时刻风险性总体评价指标；

ω_1、ω_2、ω_3——用户消耗量、扩散范围和峰值浓度因素的权重，取值在0到1之间；

$G\ [abs]_{kt'}$——用户消耗量因素归一化值，G 为线性归一化函数。

$$G[abs]_{kt'} = \frac{abs_{kt'} - \min\limits_{k=1\to N} abs_{kt'}}{\max\limits_{k=1\to N} abs_{kt'} - \min\limits_{k=1\to N} abs_{kt'}} \tag{15-15}$$

类似得出因素 $G[ran]_{kt'}$、$G[pea]_{kt'}$ 的归一化值。

由于不同时刻的风险性综合评价指标也有所不同，所以构造综合各时刻风险性总体评价指标：

$$dant_{\mathrm{k}} = \sum_{t'} dan_{\mathrm{kt'}} \tag{15-16}$$

式中 $dant_{\mathrm{k}}$——在 k 节点投加污染物质，综合时刻所得的风险性总体评价指标；

式（15-16）表示各评价时刻和综合各时刻的风险性总体评价指标。

15.3.2.3 空间要素脆弱性评价

类似风险性，对脆弱性亦确定评价时刻，同时考虑到对于学校、医院等人口聚集且存在易感人群的地方，给予一定的用户类型权重，例如普通节点为1、学校为2、医院为3。于是对于节点脆弱性指标体系也考虑以下两方面因素。

（1）峰值浓度：

反映在各种不同的投加情况下，各个节点的时间峰值超过峰值衡量水平的次数，从峰值方面反映脆弱性，定义如下：

$$vpk_{\mathrm{it'}} = \sum_{k=1}^{k=N} [\max_{k=1\to t'}(C_{\mathrm{ijk}} WT_{\mathrm{i}}) - C']Q_{\mathrm{ijk}} \tag{15-17}$$

式中 $vpkt_{\mathrm{it'}}$——i 节点在 t' 时刻各种投加情况下的污染物峰值浓度指标；

WT_{i}——i 节点的用户类型权重。

（2）累积污染物总量：在各种不同的投加情况下，各个节点的持续消耗量之和。

$$vac_{\mathrm{it'}} = \sum_{k=1}^{k=N} \sum_{j=0}^{j=t'} C_{\mathrm{ijk}} Q_{\mathrm{ijk}} \Delta t Q_{\mathrm{ijk}} WT_{\mathrm{i}} \tag{15-18}$$

式中 $vac_{\mathrm{it'}}$——i 节点 t' 时刻各种投加情况下的脆弱性消耗量指标。

类似风险性评价指标，在对各因素归一化后，得出脆弱性总体评价指标：

$$vul_{\mathrm{it'}} = h_1 G[vpk]_{\mathrm{it'}} + h_2 G[vac]_{\mathrm{it'}}$$

$$\sum_{i=1}^{i=2} h_i = 1 \text{ 且 } w_i > 0 \tag{15-19}$$

式中 $vul_{\mathrm{it'}}$——i 节点 t' 时刻脆弱性总体评价指标；

h_1、h_2——峰值浓度、累积浓度因素的权重，取值在0到1之间；

$G[vpk]_{\mathrm{it'}}$、$G[vac]_{\mathrm{it'}}$——各因素归一化值，计算类似于式（15-15）。

同理，构造综合各时刻脆弱性总体评价指标：

$$frat_{\mathrm{i}} = \sum_{t'} dan_{\mathrm{it'}} \tag{15-20}$$

式中 $frat_{\mathrm{i}}$——在 k 节点投加污染物质，综合时刻所得的脆弱性总体评价指标。

最终得到公式（15-19）、（15-20）表示的各评价时刻和综合各时刻的风险性总体评价指标。

采用所提出的风险性及脆弱性评价方法，对实例管网进行了应用。结果如下图。

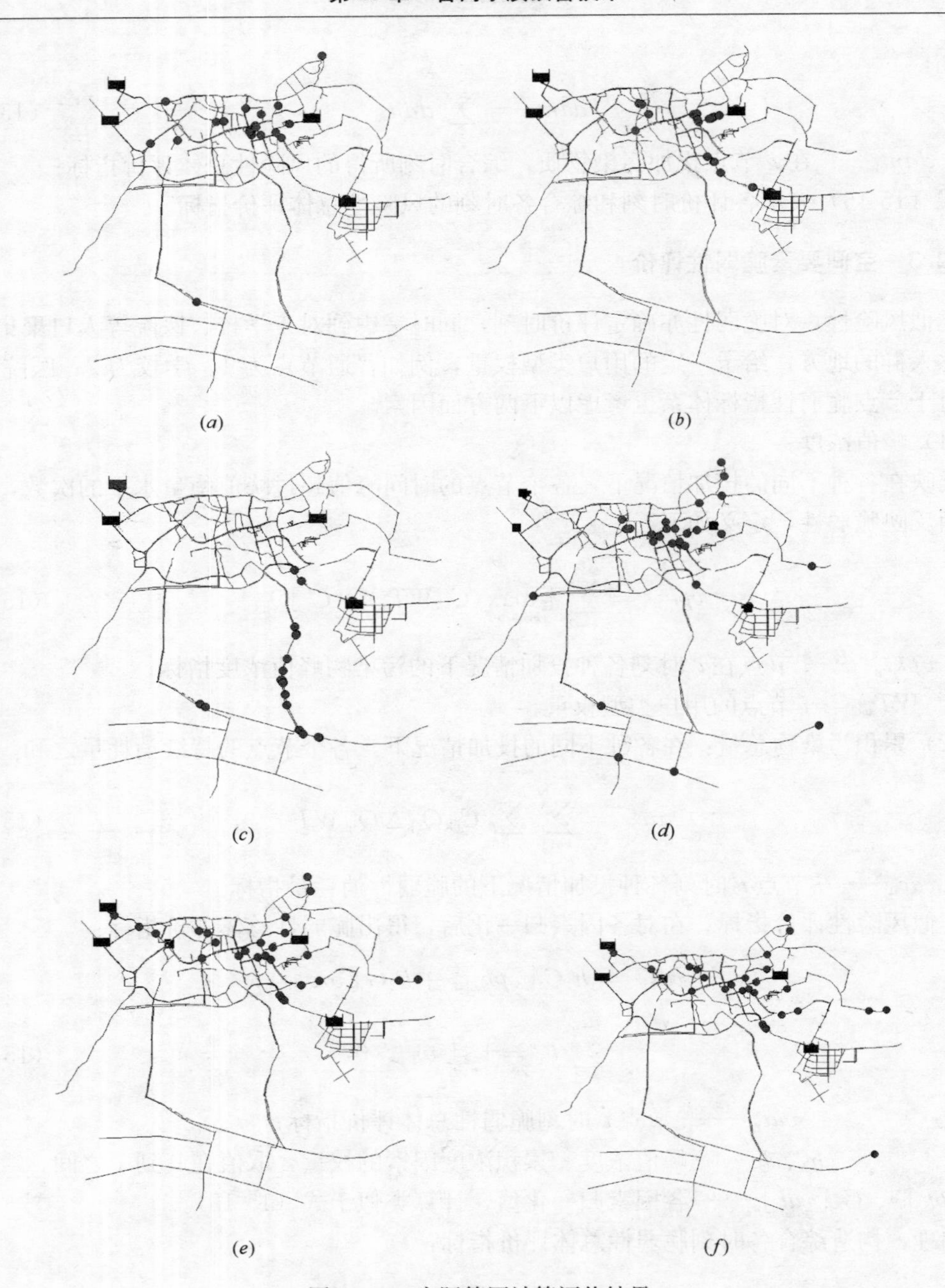

图 15-10　实际管网计算评价结果

(a)、(b) 风险指数最高的前30个节点分布 (Rt=30min、Rt=6hrs)；(c) 风险指数最高的前30个节点分布 (Rt=24 hrs)；(d) 脆弱性最高的30个节点分布（仅考虑 AAD 指标）；(e) 脆弱性最高的30个节点分布（仅考虑 PC 指标）；(f) 脆弱性最高的30个节点分布（同时考虑 AAD 指标和PC指标）

15.4　管网水质监测点综合优化布置

基于对管网污染风险及脆弱性的研究，进一步提出了基于污染事故预警和水龄约束的管网水质监测点综合优化布置方法。

由于供水水质的安全性问题备受关注，所以水质监测问题也成了一个热点话题。对于一个完善的供水水质监测系统，不仅应当包括水源水质监测系统、水厂水质监测系统，同时还应当包括一套完善的管网水质监测系统。一般而言，水在供水管网中的水质变化主要有两种，一种是水在管网中转输时自身发生变化而产生的管网水质恶化；另一种是遭受外部的突发污染而产生的管网水质恶化。针对第一种水质变化的监测为常规管网水质监测；针对第二种水质变化的监测为突发污染事故的水质监测。

鉴于目前的各种监测点布置方法都较为复杂，很难应用于实际中。美国环保署（EPA）提出的平均水龄法应用于已建立水力模型的管网中，该种布置方法适合于常规水质监测点布置。对于已建立模型的管网系统，EPA对模型的精确度提出了严格的要求，作为用于此种水质监测点布置的前提。

平均水龄法确定水质监测点的具体步骤如下，把多工况延时模拟出来的各个节点的平均水龄按从小到大的顺序排序，把落在某一区间内最多的节点水龄作为整个管网的平均水龄。EPA建议在具有平均水龄的节点处设置水质监测点较为合理。当具有平均水龄处的节点水质发生变化，说明整个管网的水质在很大程度上也会发生相应的变化。在建立了较为完善的管网模型后，这种设置监测点的方法较为简单易行。

EPA所提出的方法也存在不足。该方法没有把节点流量考虑在内，当节点流量在某处较为集中但节点数较少时，可能产生误差。另外，满足平均水龄的节点数很多，即使确定了管网的平均水龄，也很难决定水质监测点的具体位置。因此，本研究提出了一种考虑节点流量和水厂水质代表性的方法对其进行改进，具体的步骤为：

(1) 对已建模的管网进行水力水质计算，求出各节点的水龄。

(2) 确定每个节点的水龄系数。拥有较多节点的水龄区间赋予较大的水龄系数，在同一水龄区间内的节点有相同的水龄系数。

(3) 确定每个节点流量系数。把各节点按节点流量从小到大的次序排序，流量大的赋予较大流量系数，反之则赋予较小流量系数。

(4) 确定选址系数。选址系数等于节点的水龄权重系数和流量权重系数相乘，把节点按选址系数排序，选址系数较大者为较理想的水质监测点。

(5) 选址系数排在前几位的节点可能集中在某一区域，当管网为多水源供水时，为了能够充分体现节点对水厂水质的代表性，把选址系数排在前面的节点按所属水厂范围分类。通过水源追踪模拟的方法确定节点水量中来自于各水厂的来水百分比，百分比大的说明该节点对该水厂水质有较大的代表性。把选址系数较大且能较大程度代表某一水厂水质的节点作为水质监测点。

目前，国内大部分城市的供水管网较为复杂，水质监测点的建设较为落后。对于管网在线水质监测点的布置问题，大部分城市采用直接由经验确定的方法，并没有建立起一套可行的方法。所以，目前面临的课题之一就是建立一套切实可行的方法应用于供水管网水质监测点布置。本研究在对现有水质监测点布置方法总结的基础上，提出了一种较为简单实用的管网水质监测点布置方法。

由于管网规模一般较大，限于成本约束，监测设备的数目通常有限，对于小城镇管网，限于供水企业规模和技术经济能力，监测设备的数目更为有限。如何充分发挥数目有限的水质监测设备的最大效应，最快速地掌握供水管网水质的整体状况，这对水质监测点的位置选择的要求很高，特别是，针对污染源追踪的水质监测点布置应满足三点具体要求：

(1) 要求监测范围大，即布置尽可能少的水质监测装置，而了解整个管网尽可能多的水质信息，以尽量节省成本；

(2) 要求监测响应时间快，当管网中节点发生水质突发污染时，监测点必须在一定的时间内能够监测到污染；

(3) 要求监测重要位置，即在给定监测点数量的前提下，尽可能将监测点布置到重要区域。

本研究针对这三点要求，提出了优化的模型和水质监测点优化布置算法。

15.4.1 水质监测点优化布置算法

15.4.1.1 算法思想

选择最少的监测点节点，能覆盖整个管网，也就是当管网中任何一个用水节点有污染注入时都能被监测点有效监测到，满足要求（1)；且所有节点的监测相应总时间最短，符合要求（2)；可以给每个用水节点设置一个权值，以突出节点的重要程度，满足要求（3)。本文监测点优化布置算法是针对这三点要求提出的。这种优化布置方法既能用于常规掌控重要区域的供水水质状况，同时又能保证出现水质突发事件后较快确定污染事件的发生。

15.4.1.2 基本定义

(1) 监测时间限值：

某一污染事件发生后，污染物质在管网中传播过程中，监测点发现该污染事件的最大限定时间，当监测时间限值为3h，则3h内必须监测到污染产生。

(2) 监测浓度限值：

监测仪器能够监测到污染物质的最小浓度，可认为是仪器的精度。

(3) 有效监测：

设监测时间限值为3h，监测浓度限值为0.05mg/L，比如说当某点在8点钟开始持续2h注入1000mg/min污染物质，受污染的水必须在11点钟时到达监测节点且浓度大于0.05mg/L，才为有效监测。

(4) 有效监测矩阵 Monitor[135]：

当j节点发生污染事件后，在指定的监测时间限值和监测浓度限值的条件下，若i节点能够监测到污染物，则 Monitor[i][j]=1，否则 Monitor[i][j]=0。

设管网中节点数为 n，那么有效监测矩阵 $n\times n$，行的 n 个元素分别代表受污染节点，对应的列表示某一节点污染注入后，每个节点的有效监测情况，元素为1或0，1表示能有效监测，0表示不能有效监测。

(5) 最快监测到时间矩阵 Time：

Time[i][j]表示当j节点发生污染事件后，节点i最早能有效监测的时间，如果在指定的监测时间限值和监测浓度限值的条件下节点 i 不能有效监测到则设为无穷大。

（6）用水节点权值 w：

对每个用水节点设置的一个修正系数，降低一些集中用水（如工业用水）节点的重要程度，提高重要位置（如政府机关、学校、医院等公共设施）节点的重要程度，反映出节点的重要程度。

15.4.1.3　假设前提

（1）假定一次污染事件只有一个管网节点注入污染物质，即考虑单污染源情况；

（2）污染事件发生的时间任意；

（3）不考虑污染物在管网中发生反应；

（4）污染事件可能出现在管网中的任何一个用水节点，各个节点发生污染事件的概率相等。

15.4.2　算法分析与实现

算法实现过程的主要步骤如图 15-11。

结合管网模型实例阐明算法思想，并对算法 3 个主要步骤和编程实现过程进行分析如下。

图 15-12 为算例管网模型图，该管网有 12 个管段，9 个用水节点，1 个水源点和 1 个水塔构成。

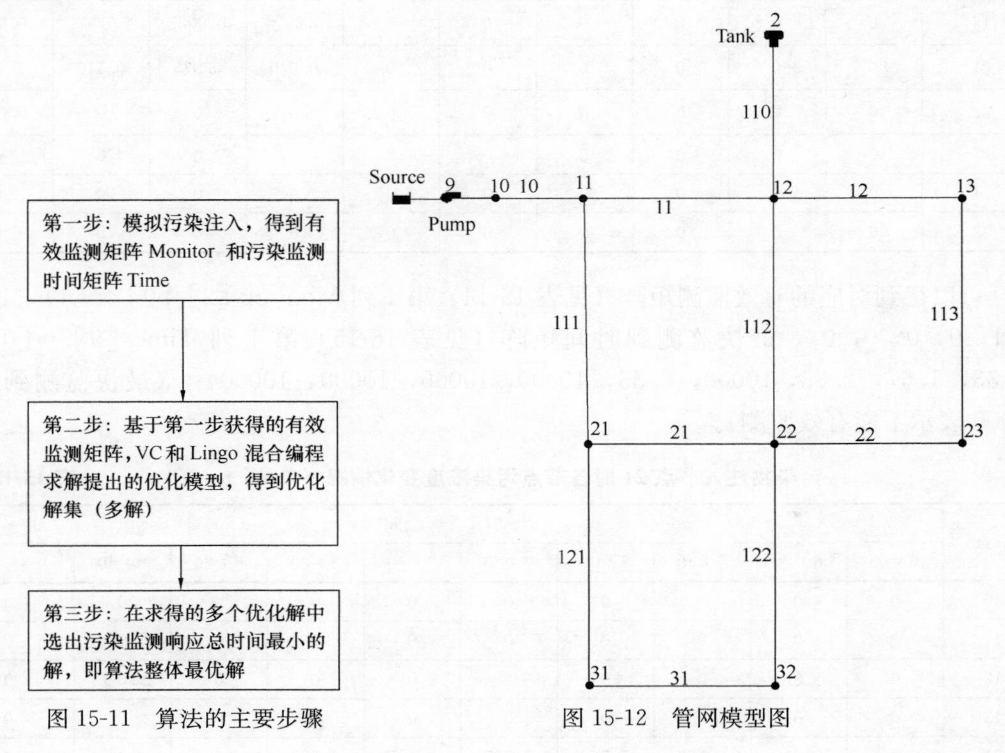

图 15-11　算法的主要步骤　　图 15-12　管网模型图

15.4.2.1 污染注入模拟

（1）污染注入情景：

管网系统的用水量高峰期出现在6点到8点之间，污染物质在此时注入，会对供水系统造成最大程度的破坏。所以假定污染事件发生时间为6点，也就是开始注入时间为6点，注入的质量速率为1000mg/min，持续时间为2h。

（2）有效监测矩阵和最快监测到时间矩阵的计算：

对每一个节点单独进行污染源注入模拟，获得所有节点在6点到9点时间段的污染浓度矩阵，根据有效监测的条件，可以知道所有节点对此污染能否有效监测，从而得到对应有效检测矩阵的其中一列。

以图15-12管网模型为例，分别对管网中每个节点进行了污染注入，下面详细给出模拟污染传播的过程中各节点在每个时间点的污染浓度值，见表15-11～表15-13。

污染物注入节点10时各节点污染浓度变化情况（单位：mg/L） 表15-11

节点	时间									
	6：00	6：20	6：40	7：00	7：20	7：40	8：00	8：20	8：40	9：00
10	0	0.146	0.146	0.146	0.146	0.148	0.148	0	0	0
11	0	0	0	0	0.019	0.130	0.124	0.121	0.131	0.126
12	0	0	0	0	0	0.005	0.045	0.117	0.113	0.109
13	0	0	0	0	0	0	0.0004	0.0003	0.0003	0.0003
21	0	0	0	0	0	0	0.010	0.075	0.110	0.104
22	0	0	0	0	0	0	0	0	0	0.0003
23	0	0	0	0	0	0	0	0	0	0
31	0	0	0	0	0	0	0	0	0	0
32	0	0	0	0	0	0	0	0	0	0

可以得到对应的有效监测矩阵（见表15-14）第1列Monitor［9］［0］＝{1，1，1，0，1，0，0，0，0}，最快监测到时间矩阵（见表15-15）第1列Time［9］ ［0］＝{0.33，1.67，2.33，10000，2.33，10000，10000，10000，10000} （最快监测到时间10000表示不能有效监测）。

污染物注入节点21时各节点污染浓度变化情况（单位：mg/L） 表15-12

节点	时间									
	6：00	6：20	6：40	7：00	7：20	7：40	8：00	8：20	8：40	9：00
10	0	0	0	0	0	0	0	0	0	0
11	0	0	0	0	0	0	0	0	0	0
12	0	0	0	0	0	0	0	0	0	0
13	0	0	0	0	0	0	0	0	0	0
21	0	0.563	0.563	0.563	0.587	0.587	0.587	0	0	0
22	0	0	0	0	0	0	0.128	0.409	0.421	0.080

续表

节点	时　间									
	6：00	6：20	6：40	7：00	7：20	7：40	8：00	8：20	8：40	9：00
23	0	0	0	0	0	0	0	0	0	0
31	0	0	0	0	0	0	0.287	0.378	0.370	0.369
32	0	0	0	0	0	0	0	0	0	0

同理，可以得到对应的有效监测矩阵第5列Monitor[9][4]={0，0，0，0，1，1，0，1，0}，最快监测到时间第5列Time[9][4]={10000，10000，10000，10000，0.33，2，10000，2，10000}。

污染物注入节点32时各节点污染浓度变化情况（单位：mg/L）　表15-13

节点	时　间									
	6：00	6：20	6：40	7：00	7：20	7：40	8：00	8：20	8：40	9：00
10	0	0	0	0	0	0	0	0	0	0
11	0	0	0	0	0	0	0	0	0	0
12	0	0	0	0	0	0	0	0	0	0
13	0	0	0	0	0	0	0	0	0	0
21	0	0	0	0	0	0	0	0	0	0
22	0	0	0	0	0	0	0	0	0	0
23	0	0	0	0	0	0	0	0	0	0
31	0	0	0	0	0	0	0	0	0	0
32	0	2.642	2.642	2.642	3.302	3.302	3.302	0	0	0

同理，可以得到对应的有效监测矩阵第9列Monitor[9][8]={0，0，0，0，0，0，0，0，1}，最快监测到时间第9列Time[9][8]={10000，10000，10000，10000，10000，10000，10000，10000，0.33}。

通过以上模拟过程，得到有效监测矩阵和最快监测到时间矩阵，分别是表15-14和表15-15。

有效监测矩阵　表15-14

Monitor	10	11	12	13	21	22	23	31	32
10	1	0	0	0	0	0	0	0	0
11	1	1	0	0	0	0	0	0	0
12	1	1	1	0	0	0	0	0	0
13	0	0	1	1	0	0	0	0	0
21	1	1	0	0	1	0	0	0	0
22	0	1	1	0	1	1	0	0	0
23	0	0	0	1	0	0	1	0	0
31	0	1	0	0	1	0	0	1	0
32	0	0	1	0	0	1	0	0	1

最快监测到时间矩阵 表 15-15

Time	10	11	12	13	21	22	23	31	32
10	0.33	10000	10000	10000	10000	10000	10000	10000	10000
11	1.67	0.33	10000	10000	10000	10000	10000	10000	10000
12	2.33	1	0.33	10000	10000	10000	10000	10000	10000
13	10000	10000	10000	0.33	10000	10000	10000	10000	10000
21	2.33	1	10000	10000	0.33	10000	10000	10000	10000
22	10000	2.67	1.67	10000	2	0.33	10000	10000	10000
23	10000	10000	10000	2.67	10000	10000	0.33	10000	10000
31	10000	3	10000	10000	2	10000	10000	0.33	10000
32	10000	10000	2.67	10000	10000	2.67	10000	10000	0.33

15.4.2.2 优化模型

监测点优化布置算法的目标是要用尽量少的监测点覆盖管网中所有的节点，并且污染被监测到的总时间最短，以权值系数突出重要的节点，确保任何节点受到污染时都能以最快的速度被监测到。这样布置的监测点，既能用于常规控制了解重要区域的供水水质状况，同时又能保证发生水质突发污染事件后较快监测到污染。

优化模型：

$$z_{\min} = \sum_{j=1}^{n} x(j)(j=1,2,\cdots,n) \tag{15-21}$$

$$\sum_{j=1}^{n} \mathrm{d}m[j,i] \cdot x(j) \geqslant 1 \quad (j=1,2,\cdots,n) \tag{15-22}$$

$$x(j)=\{0,1\} \quad (j=1,2,\cdots,n)$$

式中 $x(j)$——节点 j 是否为监测点，是则取 l，否则取 0；

n——管网的用水节点数；

$\mathrm{d}m[j,i]$——节点 j 是否能够对节点 i 有效监测，$\mathrm{d}m[i,j]=1$ 代表节点 i 能对节点 j 进行有效监测，$\mathrm{d}m[i,j]=0$ 代表节点 i 不能对节点 j 进行有效监测；

管网有效监测矩阵 DM 为：

$$DM=(dm[i,j])i=1,2,\cdots,n;\ j=1,2,\cdots,n \tag{15-23}$$

目标函数式（15-21）是最小化监测点节点个数。

式（15-22）中 $\sum_{j=1}^{n} \mathrm{d}m[j,i] \cdot x(j)$ 表示节点 i 能被监测点有效监测的次数，≥1 就是确保所有节点都能被监测到。

本研究采用 Lingo 和 VC 混合编程的方式求解式(15-21)中的优化模型。根据在污染注入模拟过程中得到的有效监测矩阵，程序求得一共有四个优化解 $x(j)(j=1,2,\cdots,9)$ 如下：

优化解 1： $x_1(j)=\{0\ 0\ 0\ 0\ 1\ 0\ 1\ 1\ 1\}$

优化解 2： $x_2(j)=\{0\ 0\ 1\ 0\ 0\ 0\ 1\ 1\ 1\}$

优化解 3： $x_3(j)=\{0\ 1\ 0\ 0\ 0\ 0\ 1\ 1\ 1\}$

优化解 4：
$$x_4(j)=\{1\ 0\ 0\ 0\ 0\ 0\ 1\ 1\ 1\} \tag{15-24}$$

本研究提出的优化模型的目标是满足能监测到管网中所有节点的条件下，监测点的数目最少，因此可能存在多个优化解。通过 VC 和 Lingo 的混合编程，可取得所有的优化解，从中选出既满足监测点数最少，同时监测的总时间又最少的解，就是算法的整体最优解。

污染物注入模拟步骤中得到最快监测到时间矩阵 $\mathrm{Time}[i,j](i=1,2,\cdots,n;j=1,2,\cdots,n)$；

Lingo 优化模型的所有解 $all[k,j](k=1,2,\cdots,num;j=1,2,\cdots,n)$；

监测到污染的最快总时间 $value[k](k=1,2,\cdots,num)$；

其中，n 为节点个数，num 为优化模型优化解个数($num\geqslant1$)。

最小的最快总时间对应的解就是整个算法的最优解。为了突出各用水节点的重要性，可以使用节点权值 $w[i]$，将监测到污染的最快总时间 $value[k]$ 相应改为 $value[k]=t\cdot w[i]$。

继续以图 15-12 中的管网模型为例，可以求得与式（15-24）中各优化解对应的监测到污染的最快总时间为：

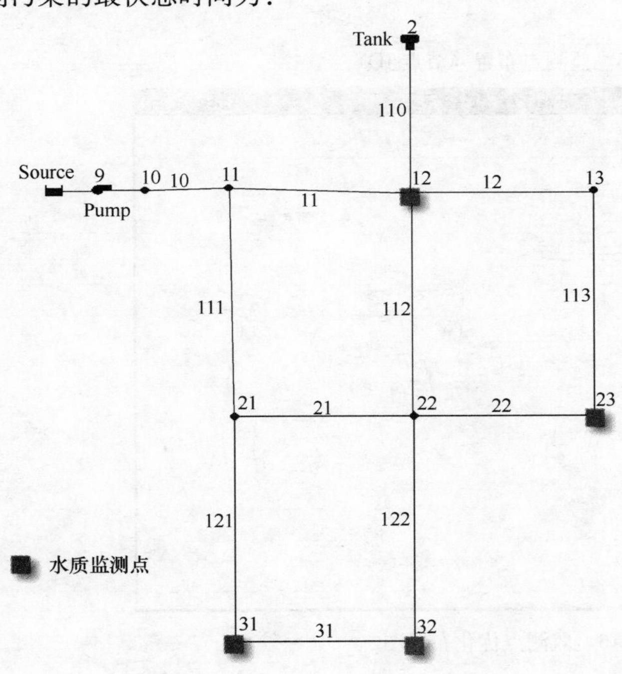

图 15-13　水质监测点布置图

$$\begin{aligned}\mathrm{Value}[1]&=14.33\\ \mathrm{Value}[2]&=11.99\\ \mathrm{Value}[3]&=11.99\\ \mathrm{Value}[4]&=11.99\end{aligned} \tag{15-25}$$

其中最小的最快总时间是 Value[2]，Value[3]和 Value[4]，均为 11.99，它们分别对应的解 $x(j)$ $(j=1,2,\cdots,9)$为：

$$\begin{aligned}x_1(j)&=\{0,0,1,0,0,0,1,1,1\}\\ x_2(j)&=\{0,1,0,0,0,0,1,1,1\}\\ x_3(j)&=\{1,0,0,0,0,0,1,1,1\}\end{aligned} \tag{15-26}$$

可选择其中一个，如 $x_1(j)$，作为算法的最优解，其对应节点 ID 为 12、23、31 和 32，将它们作为水质监测点，如图 15-13 所示。

根据以上研究所提出的管网水质监测点优化布置方法，以上海市奉贤管网为案例，针对突发污染事故的水质监测问题，提出了奉贤供水管网监测点优化布置的方案。

首先在系统软件中输入管网模型文件和报告文件，计算有效监测矩阵后，进行 Lingo 优化，得到的结果见图 15-14，最后从 Lingo 求得的所有解中找出算法的最优解，即监测点布置情况，结果见图 15-15。

最终求得管网中监测点布置的节点 *ID* 为：4，24，27，36，49，52，61，77，96，107，123，125，143，158，176，197，228，242，250，261，277，330，368，382，

406。各监测点位置如图 15-16 所示。

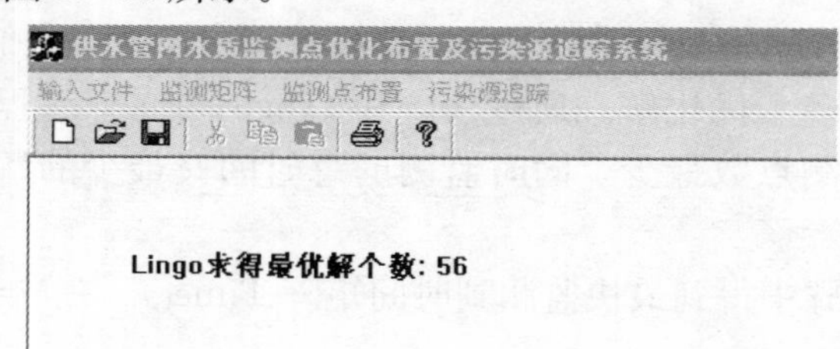

图 15-14　Lingo 求解优化模型结果

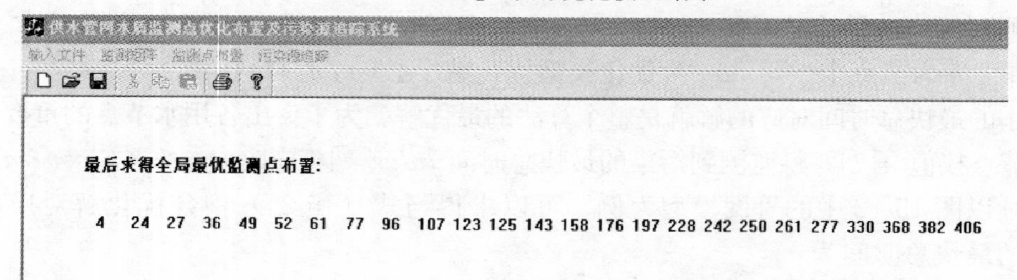

图 15-15　监测点布置（节点 ID）

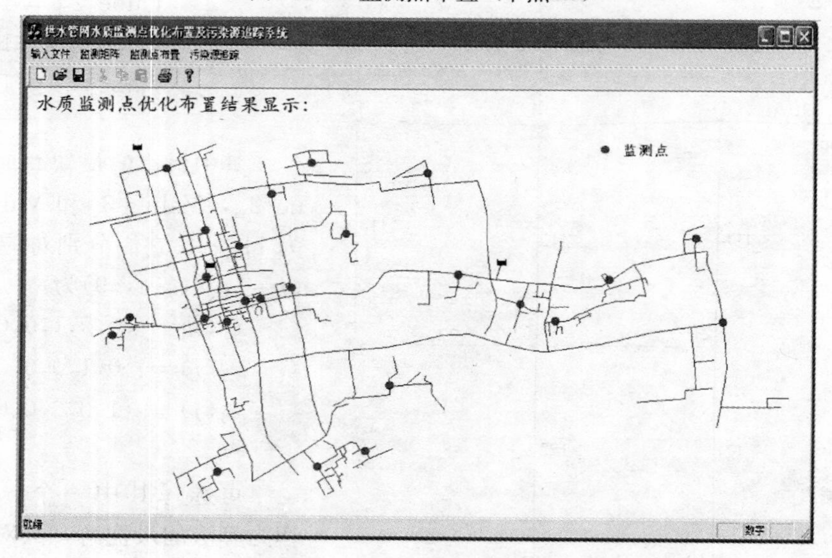

图 15-16　监测点优化布置图

15.5　管网突发事故的污染源识别

通过本部分内容的研究，基于水质模拟和最优化搜索技术，建立了管网突发事故时污染源辨识的基本方法。

15.5.1　算法基本思想

基于数据训练的方法，从经验数据集中找寻节点与其相关的所有上游节点的相关关系的规律，规律用关系树描述，每一棵关系树对应一个线性规则。由已知的节点污染物浓度（监测点监测到的污染物浓度），可以通过节点关系树的线性规则求出其相关上游节点的最大污染物浓度和最大污染物浓度出现的时间，这样逐步地求解下去，直到求出管网中所有节点的最大污染物浓度和其获得最大污染物浓度的时间，其中污染物浓度最大的节点便是污染物注入节点。

15.5.2 算法的基础

15.5.2.1 关系树的构造

在污染模拟过程中，需要构造节点关系树。若上游节点有水直接流向节点 i，即为与节点 i 相关的节点，节点 i 的关系树 RTi 给出了与节点 i 相邻并且相关的其他所有节点。

15.5.2.2 污染源的判定

污染源节点在所有节点中污染物浓度最大，并且其出现污染的时间最早。所以模拟一个节点污染物浓度最大注入时间最早的点被认为是污染物注入节点。

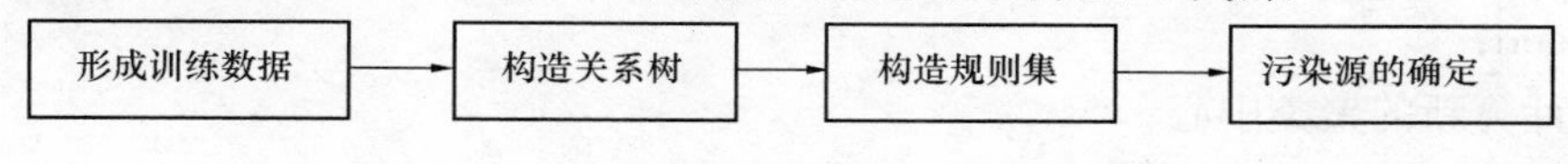

图 15-17 污染源识别算法流程图

15.5.3 算法的步骤

15.5.3.1 构造关系树

15.5.2.1 中已清楚地给出关系树的构造方法，此处不再赘述。

15.5.3.2 生成训练数据集

通过 EPANET 模拟污染注入，随机给定污染物注入节点，然后设定一定的污染物持续注入时间和模拟过程持续时间，给出注入污染物注入的浓度范围，得到训练数据集。在一次污染注入模拟过程中，记录所有节点能达到的最大污染浓度和获得最大污染浓度的时间，这样就组成了训练数据的一个样本。

15.5.3.3 数据聚类

采用 Kmeans 算法，把数据集划分成 k 个不相交的点集。采用每一组内的均值式（15-27）作为聚类中心并用欧氏距离式（15-28）定义输入点间距离 d，以聚类中心距离的平方和作为聚类的内差异式（15-29），通过使聚类内差异最小化来搜索测量值 x 在欧氏空间中的聚类 C。把聚类间差异定义为聚类中心间的距离式（15-30）。

$$R_{\mathrm{k}} = \Sigma\, x / n_{\mathrm{k}} \quad (x \in C_{\mathrm{k}}) \tag{15-27}$$

式中　R_k——聚类中心；

x——样本的值；

n_k——样本的个数。

$$d(x_1, x_2) = \sqrt{x_1^2 + x_2^2} \tag{15-28}$$

$$w_c(C) = w_c(C_k) = \sum [d(x, R_k)]^2 \quad (k = 1, \cdots, K; x \in C_k) \tag{15-29}$$

w_c——聚类内差异；

$d(x, R_k)$——样本点与聚类中心的欧氏距离。

$$bc(C) = \sum d(R_j, R_k) d(R_j, R_k) (1 \leqslant j < k \leqslant K) \tag{15-30}$$

$bc(C)$——聚类间差异。

具体算法如下，假定数据点 $D = \{x_1, \cdots, x_n\}$，任务是找到 K 个聚类 $\{C_1, \cdots, C_k\}$。

for $k=1, \cdots, K$ 开始 $r(k)$ 为从 D 中随机选取的一个点；

while 在聚类 Ck 中有变化发生 do

形成聚类：

for　$k=1, \cdots, K$　do

　　$C_k = \{x \in D \mid d(R_k, x) \leqslant d(R_j, x)$ 对所有 $j=1, \cdots, K, j \neq k\}$；

　end;

　计算新的聚类中心：

　for $k=1, \cdots, K$ do

　　$R_k = C_k$ 内点的均值向量

　end;

end;

15.5.3.4　构造规则集

对每一棵关系树，构造一个用来表示节点与其相关的上游节点之间的关系的线性规则，线性规则由可行域和线性回归公式两部分组成。

将规则转化成 If-Then 形式，If 部分是可行域，Then 部分是线性回归公式，可以利用此规则来预测目标值。

15.5.3.5　LP 问题的求解

给定一个输出值，反向求解输入值。

某节点污染物浓度值已知，根据线性规则（节点污染物浓度值满足规则条件），使用线性规划的求解方法——单纯形法，来求解上游相关节点的污染物浓度值。线性规则的 If 条件构成线性规划问题的约束条件，其目标函数是使规则的线性回归公式的预测值和实际值之间的差值最小。线性规划问题的表达式为：

$$\text{Min} \| a_1 x + b_1 y + c_1 - c \| \tag{15-31}$$
$$\text{s.t}: X_1 \leqslant x \leqslant X_2; Y_1 \leqslant y \leqslant Y$$

15.5.3.6　污染源的确定

在反推与节点相关的上游节点的污染浓度值时，根据线性规则的条件和该节点的浓度值，选取合适的规则进行线性规划求解。如果选取的规则求得无解，就在其他4个规则中另选合适的规则进行求解。如果5个规则都不满足求解条件或者求得无解，那么放弃由当前节点值求解其上游节点值，而利用下一个值已求得的节点求解，按此求解下去，直到所有节点的污染物值都被求得，其中污染浓度值最大的节点就是污染源注入节点。

15.5.4 污染源识别实例

选择了上海市奉贤地区DN300以上的供水主干管，建立模型来进行分析。模型中共有402个基本节点，3个水库和452根管道。其中3个水库代表了奉贤区的3个水厂，该3个水厂的总的平均供水量为3.58m^3/s。该实例管网模型的示意图如图15-18，样本的属性数据如表15-16水厂数据，表15-17节点用水模式，节点和管道属性数据略。

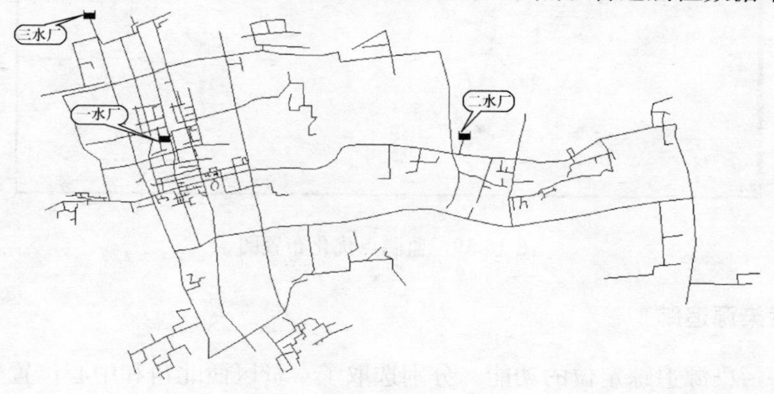

图15-18 奉贤区管网模型示意图

水厂数据 表15-16

水厂	出厂水水头（m）
第一水厂	38.92
第二水厂	35.48
第三水厂	25.6

节点的用水模式 表15-17

时间段	因子	时间段	因子
00：00—01：00	1	12：00—13：00	1.08
01：00—02：00	0.79	13：00—14：00	1.07
02：00—03：00	0.78	14：00—15：00	1.06
03：00—04：00	0.76	15：00—16：00	1.06
04：00—05：00	0.78	16：00—17：00	1.07
05：00—06：00	0.85	17：00—18：00	1.12
06：00—07：00	0.96	18：00—19：00	1.09
07：00—08：00	1	19：00—20：00	1.08
08：00—09：00	1.09	20：00—21：00	1.07
09：00—10：00	1.09	21：00—22：00	1.1
10：00—11：00	1.07	22：00—23：00	1.08
11：00—12：00	1.04	23：00—24：00	1

15.5.4.1　监测点优化布置

由监测点优化布置算法，可得到该管网水质监测优化布置点，见下图。

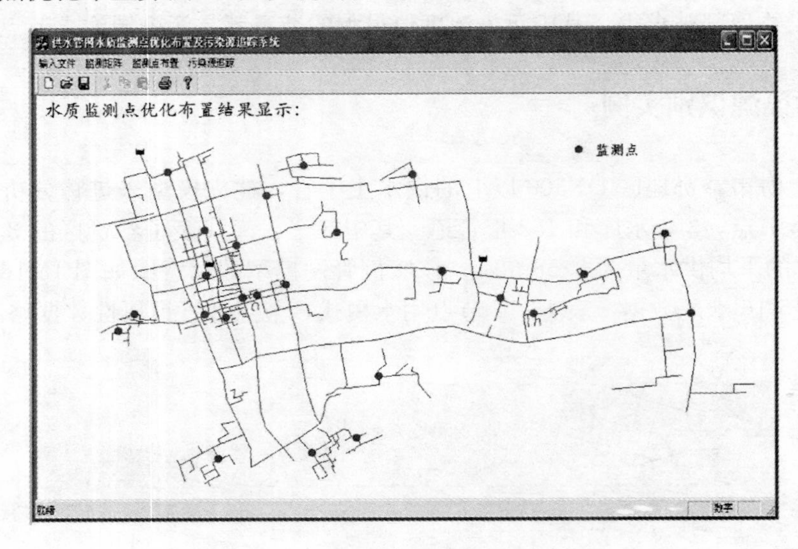

图 15-19　监测点优化布置图

15.5.4.2　污染源追踪

针对软件污染源追踪定位的功能，分别选取了奉贤区西北角和中心位置处两个区域管网，作为研究实例，应用此软件，确定污染源和污染范围。

1. 实例一

假设奉贤区管网中监测点节点 4 在 9h 监测到污染浓度 13.0mg/L。

由于节点 4 位于奉贤区的西北角，奉贤区其他区域没有受到污染影响，所以只需要对西北角的部分管网进行污染源追踪定位。根据各监测点的污染监测数据，在奉贤区西北角选择确定一个能覆盖污染区域并比污染范围大的区域的管网，如图 15-20 所示，作为污染源追踪定位算法的管网模型。区域在奉贤区整个管网上的位置是图 15-23 中西北角大圈包括的范围。

西北角管网所包含的节点、管道和水库如表 15-18。

西北角管网包含节点、管道及水库　　表 15-18

节点（ID 号）	4，5，6，7，8，9，10，11，12，13，14，15，16，17，19，73，83，1，2，74，76，85，86，87，88，89，90，91，92，93，94，366，367，371，372，382，388，389，390，391，392，393，394，395，396，397，398，400，401，402，404，405，406，407
管道（ID 号）	4，5，6，7，8，9，11，12，13，14，18，20，113，114，115，116，1，2，10，36，37，40，89，90，93，94，105，120，121，122，123，124，88，110，111，307，326，361，432，440，441，442，443，444，445，446，447，448，449，450，451，452，453，459，461，462，463，464，465，466，467
水库	3 号水库（即奉贤区的第三水厂）

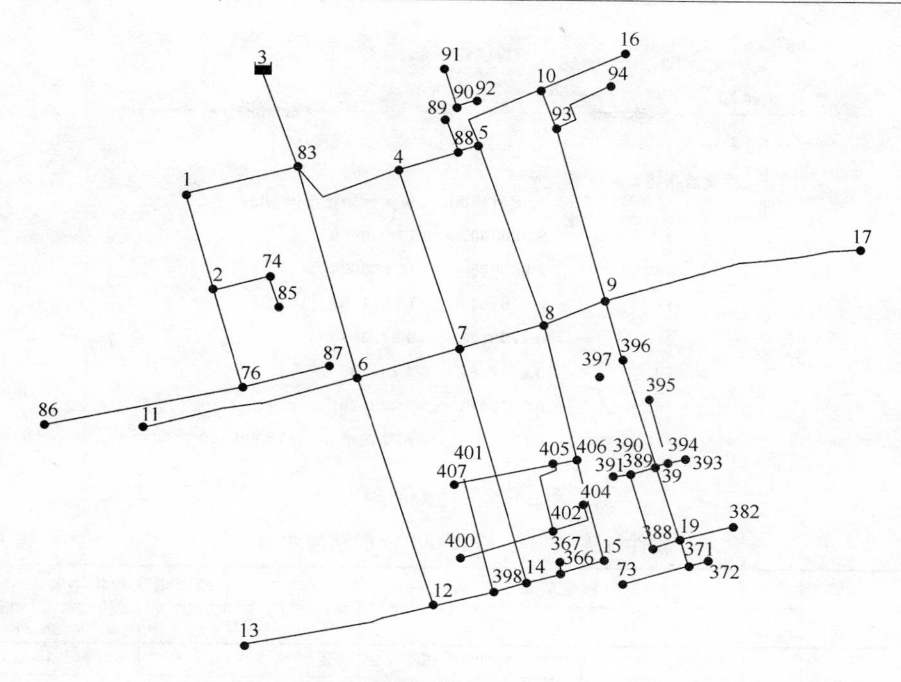

图 15-20 西北角管网模型（实例一）

污染源追踪定位的步骤依次是：

（1）首先输入模型的管网文件和报告文件；

（2）依次完成算法的 3 个核心步骤：训练数据的获得、节点关系树的生成和规则集的构造；

（3）输入污染监测数据，如图 15-21 所示；

（4）求得污染源节点、受污染节点及浓度值，如图 15-22 所示。

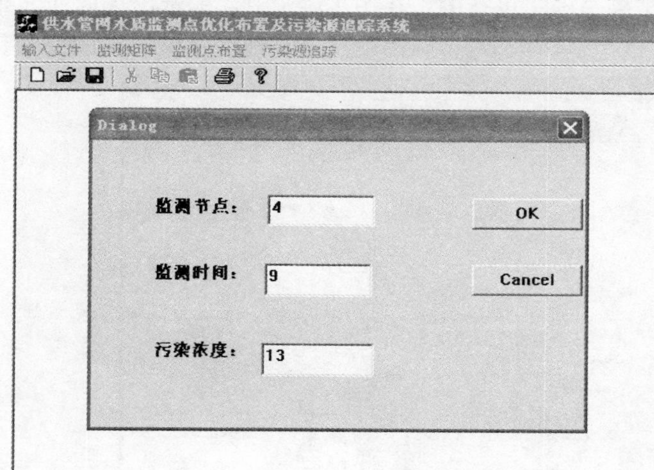

图 15-21 输入污染监测数据

在图 15-22 中，83 号节点污染物浓度值 15.6mg/L 最大，且监测时间最早，所以节点 83 为污染物注入点。节点 4，83，1，2，74，76 污染浓度值大于零，它们都是受到污染的节点。

EPANET 模拟节点 83 在 6h 开始持续一小时注入浓度为 15.6mg/L 的污染物质，监测点 4 在 9h 监测到污染时，管网中其他节点的最大污染物浓度和获得相应最大污染物浓度的时间见表 15-19，表中没有列出的其余节点的污染物浓度值均为 0。软件计算结果与 EPANET 模拟结果的对比见表 15-19。

污染源跟踪结果如下

节点号:	检测时间(h):	最大污染浓度(mg/L):
4	9.000000	13.000000
83	6.000000	15.600000
1	8.016182	12.611253
2	8.278912	9.872961
74	9.671256	3.781195
76	8.652687	9.889120

污染源节点:　83　　　污染浓度:　15.600000

图 15-22　污染源确定

软件计算结果与 EPANET 模拟结果对照表　　　　**表 15-19**

节点号	软件模拟结果		EPANET 模拟结果	
	Ti(h)	Ci(mg/L)	Ti(h)	Ci(mg/L)
4	9. 000000	13. 076001	9. 000000	13. 000000
83	6. 000000	15. 600000	6. 000000	15. 600000
1	7. 416667	13. 311685	8. 016182	12. 611253
2	7. 833333	10. 859522	8. 278912	9. 872961
74	9. 000000	1. 657169	9. 671256	3. 781195
76	8. 166667	9. 337523	8. 652687	9. 889120

比较表 15-19 中软件计算结果与用 EPANET 模拟结果，各节点的最大污染物浓度值和出现的时间均非常接近，虽然存在一些差异，却是在允许的范围之内，这与算法每一步实现精度有关。因此，软件计算的结果是确实可行的。在图 15-23 中，标示出了此西北角区域管网内的监测点(此监测点同时也是受污染节点)、污染源节点及受污染节点的位置。

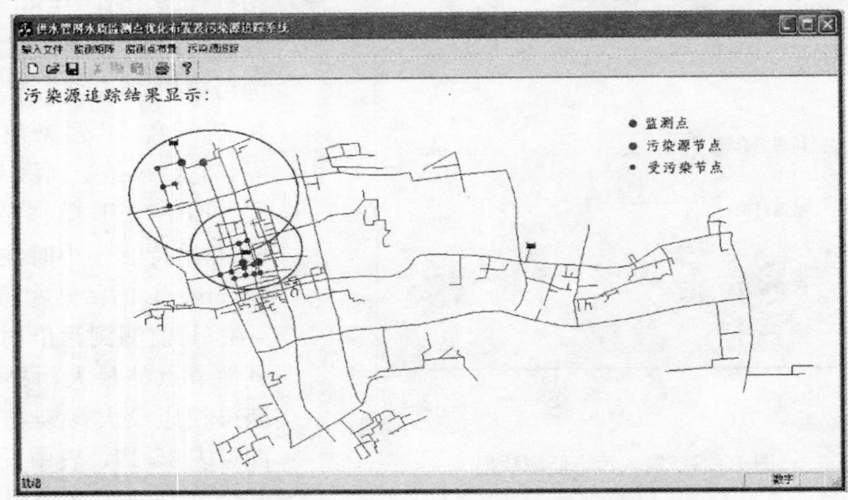

图 15-23　西北角和中心位置两区域管网监测点、污染源节点及受污染节点示意图

2. 实例二

假设监测点节点 368 在 11.75h 时监测到污染物质浓度 6.9mg/L。节点 368 靠近奉贤区的中心，根据周围监测点的污染监测数据，在中心部位确定一个覆盖污染范围的较大范围的区域，区域管网模型见图 15-24，其在整个奉贤区管网中的位置是图 15-23 的小圈包括的范围。

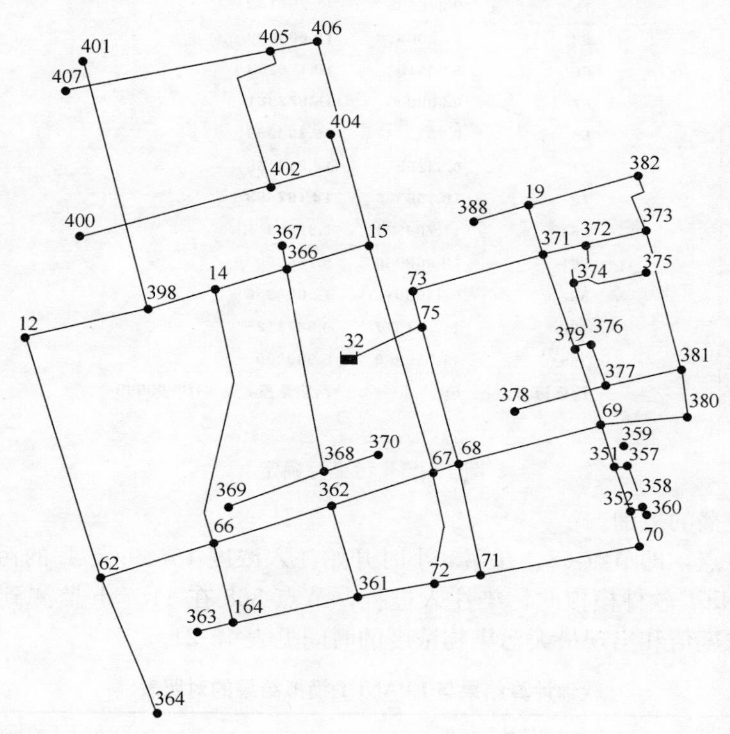

图 15-24 中心位置管网模型(实例二)

模型包含的节点、管道和水库如表 15-20。

西北角管网包含节点、管道及水库 表 15-20

节点(ID号)	12，14，15，19，62，66，67，68，69，70，71，72，73，75，355，356，357，358，359，360，164，361，362，363，364，366，367，368，369，370，371，372，373，374，375，376，377，378，379，380，381，382，388，398，400，401，402，404，405，406，407
管道(ID号)	78，79，80，82，83，84，85，86，91，92，107，108，109，415，416，417，418，419，420，421，422，59，63，68，69，70，71，88，110，111，112，246，282，307，326，361，367，387，388，393，404，423，424，425，426，427，429，430，431，432，434，440，452，453，459，461，462，463，464，465，466
水库	32 号水库(即奉贤区的第一水厂)

在获得训练数据、生成节点关系树和构造规则集之后，输入节点 368 的污染监测数据，进行污染源定位，结果见图 15-25。

经污染源追踪定位软件模拟后，由图 15-25 中可知，出现污染的所有节点中，节点 68 的浓度 16.799999mg/L 最大，且监测时间最早，所以它为污染源节点。节点 15，62，66，67，68，71，72，164，361，362，366，368 的污染浓度大于零，为受污染节点，它

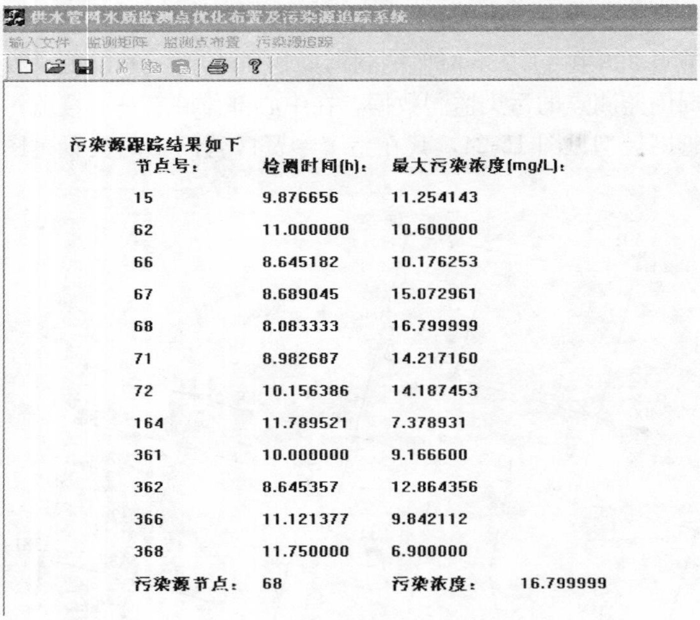

供水管网水质监测点优化布置及污染源追踪系统

输入文件　监测矩阵　监测点布置　污染源追踪

污染源跟踪结果如下

节点号：	检测时间(h)：	最大污染浓度(mg/L)：
15	9.876656	11.254143
62	11.000000	10.600000
66	8.645182	10.176253
67	8.689045	15.072961
68	8.083333	16.799999
71	8.982687	14.217160
72	10.156386	14.187453
164	11.789521	7.378931
361	10.000000	9.166600
362	8.645357	12.864356
366	11.121377	9.842112
368	11.750000	6.900000

污染源节点：　68　　　　污染浓度：　16.799999

图 15-25　污染源确定

们确定了污染传播的范围。

在污染源节点，即节点 68，在第 8 小时开始注入浓度 16.80mg/L 的污染，持续一小时，利用 EPANET 软件模拟此污染注入过程，节点 368 在 11.75h 监测到污染时各节点的最大污染物浓度值和出现最大污染物浓度的时间见表 15-21。

软件计算结果与 EPANET 模拟结果的对照表　　　　表 15-21

节点号	软件计算结果		EPANET 模拟结果	
	Ti(h)	Ci(mg/L)	Ti(h)	Ci(mg/L)
15	9.166667	12.083477	9.876656	11.254143
62	10.083333	10.302587	11.000000	10.600000
66	9.083333	11.626174	8.645182	10.176253
67	8.166667	14.411306	8.689045	15.072961
68	8.083333	16.799999	8.083333	16.800000
71	9.333333	14.950208	8.982687	14.217160
72	9.583333	14.259951	10.156386	14.187453
164	10.916667	8.340774	11.789521	7.378931
361	10.083333	10.683707	10.000000	9.166600
362	8.500000	13.587726	8.645357	12.864356
366	10.166667	10.485140	11.121377	9.842112
368	11.750000	6.841043	11.750000	6.900000

比较表 15-21 中软件计算结果与 EPANET 模拟结果，各节点的最大污染物浓度值和出现最大污染物浓度的时间吻合程度较好。因此，EPANET 的模拟结果可以验证污染源跟踪算法的可行性。在图 15-23 中，标示出了实例二管网（小圈的范围）的监测点、污染

源节点及受污染节点的位置。

通过以上随机选取的两个管网实例对软件污染源追踪定位功能的应用，可以确定污染源和受污染节点的位置，结果均得以验证，因此算法是可行的，并具有实际应用价值。

15.6　小城镇管网预警系统技术集成

15.6.1　管网水力水质模拟软件设计

基于对管网水龄、余氯浓度模拟等算法的研究和改进，本研究在原有管网水力模拟软件的基础上，开发了管网水质模拟分析模块，并与原有水力模拟软件进行了良好集成，形成了完善的管网水力水质模拟软件平台，为后续小城镇管网水质预警技术的研究奠定了技术基础。

管网水力水质分析软件设计实现下列功能：

- 与 GIS 和 SCADA 系统数据库建立接口；
- 各种报表及图形的输出功能；
- 开发语言用 VC++，VB6.0；

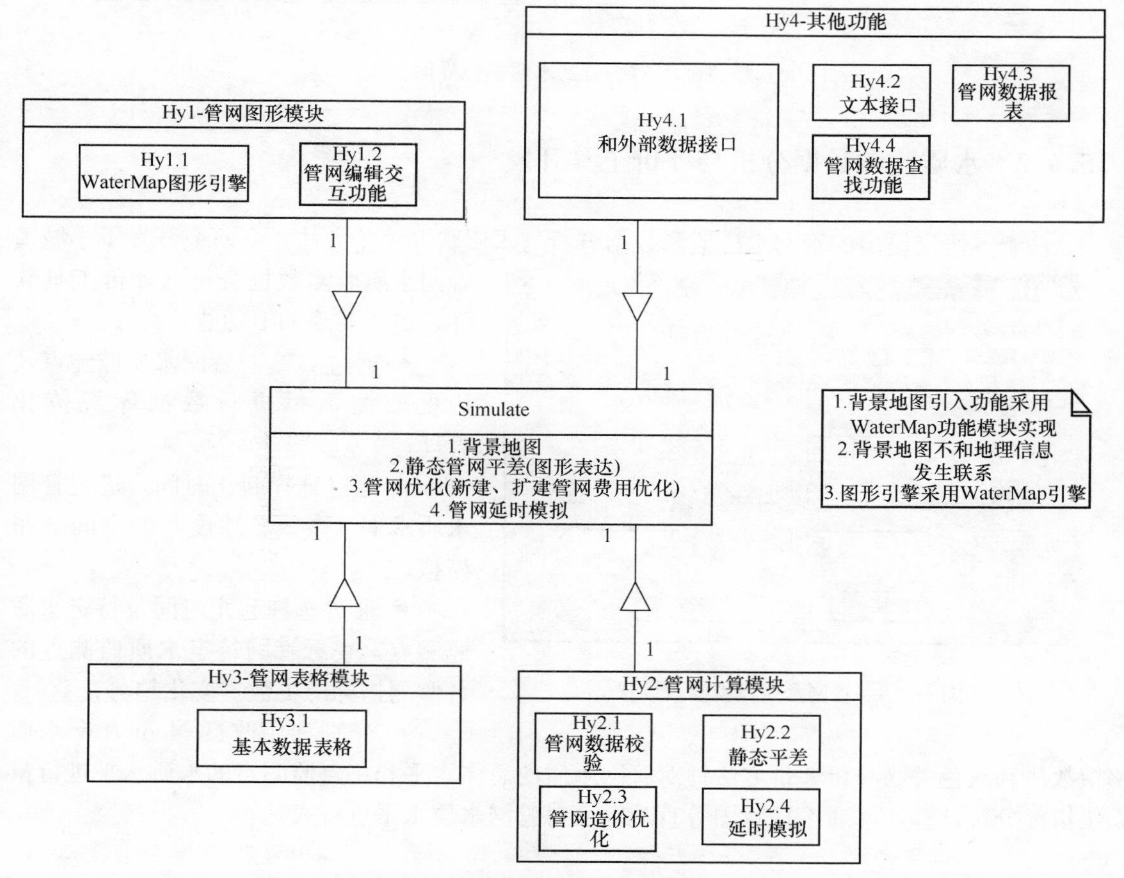

图 15-26　管网水力水质分析软件模块设计

- 中文版 Windows 操作系统；
- SQLServer 数据库。

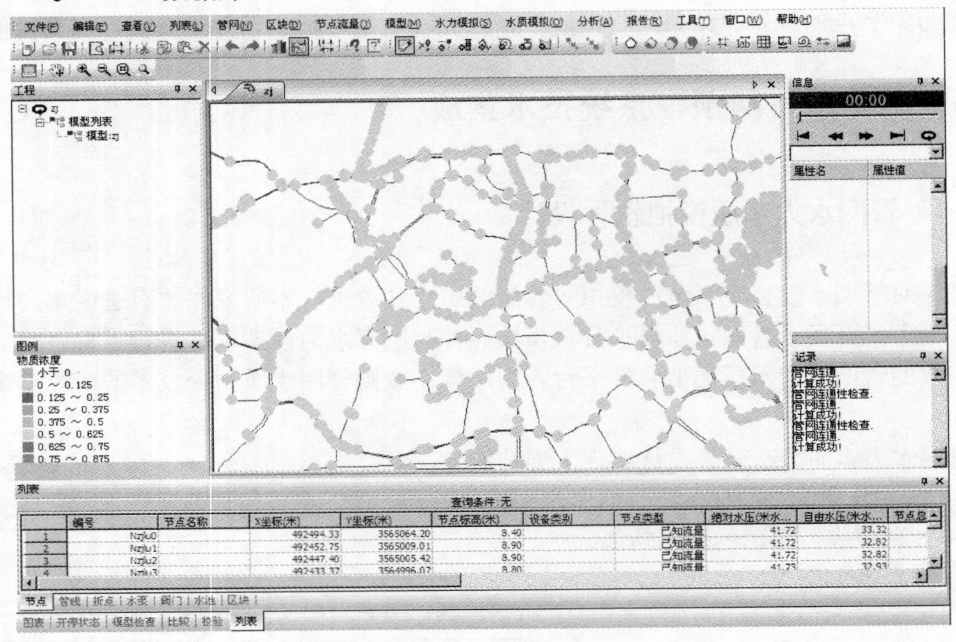

图 15-27　管网水质模拟界面

15.6.2　水质监测数据分析与评价工具开发

基于本研究提出的管网水质监测数据分析与水质状况评价方法，本研究开发了小城镇管网水质监测数据分析与评价工具软件，主要实现如下功能：

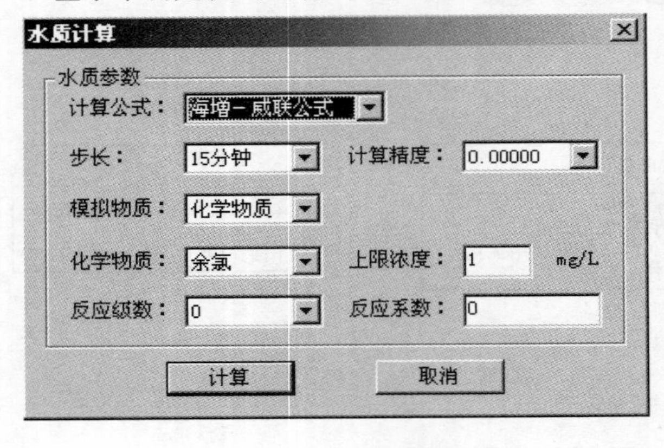

图 15-28　管网水质模拟参数设置

- 通过 GIS 对管网水质监测点及历史监测数据进行数据库规范化管理；
- 通过选择起止时间，进行管网水质水平（余氯、浊度）的空间分布模拟；
- 通过选择起止时间及特定水质监测点，查看管网特定水质监测点的各监测指标历史数据变化趋势；
- 分别利用改良 Nemerow 水质指数法和灰色关联分析评价方法针对管网水质的总体水平和特点监测点的水质水平进行量化指标分析计算，并通过柱状图等直观界面对管网水质水平进行表达。

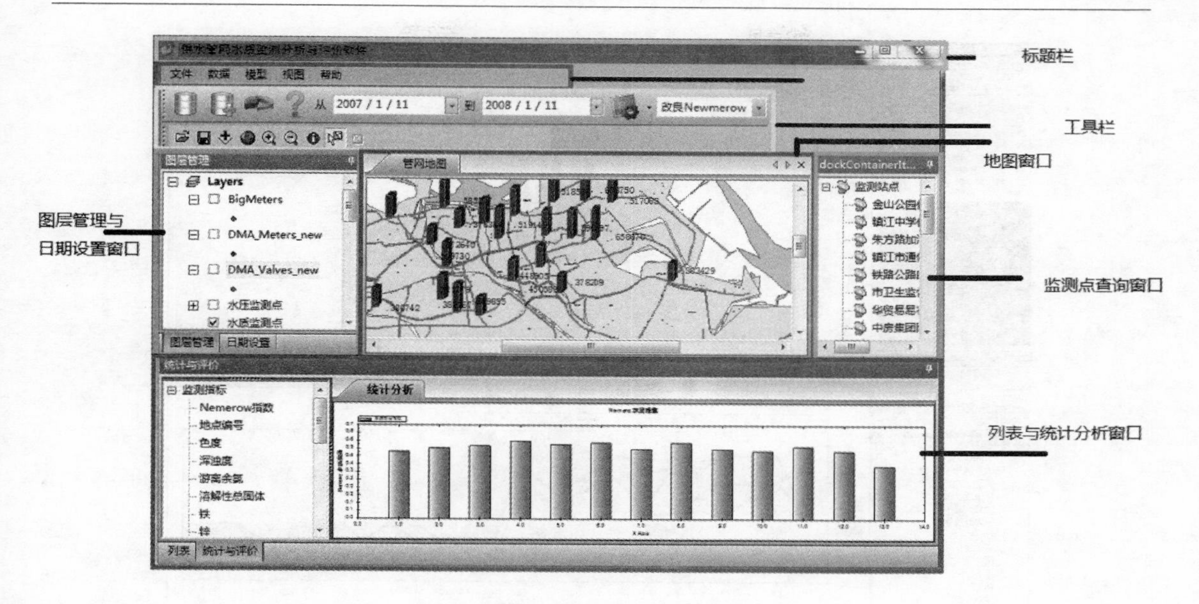

图 15-29 小城镇管网水质分析与评价软件（一）

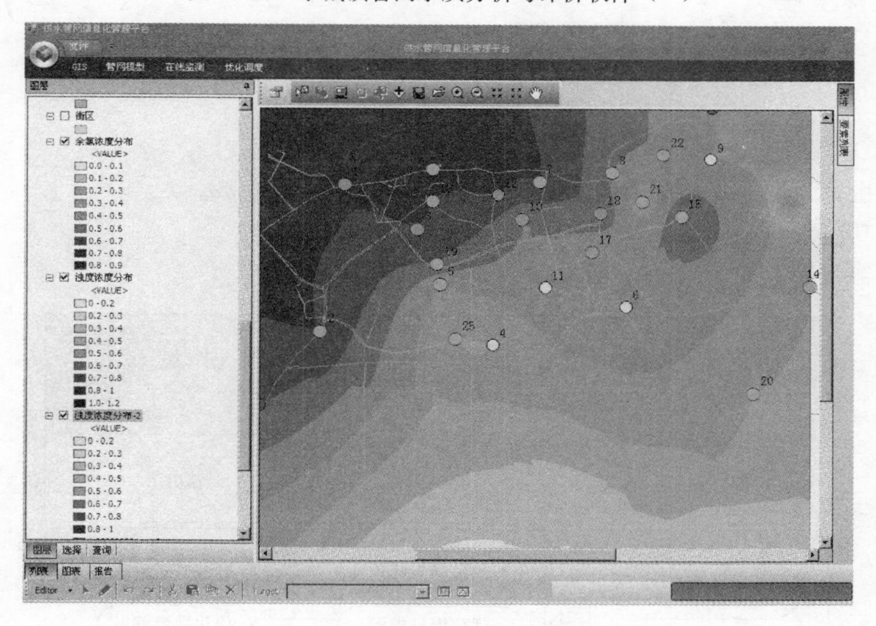

图 15-30 小城镇管网水质空间变化分布图

15.6.3 管网水质监测及污染源追踪软件

作为本子课题研究的重点内容，针对本研究的监测点优化布置算法和污染源追踪定位的算法，开发了供水管网水质监测及污染源追踪系统软件。系统软件是在 VC 环境下开发。其中监测点布置算法的优化模型由 Lingo 编写，通过调用 Lingo 提供的函数接口，实现 VC 和 Lingo 混合编程求解优化模型。该软件是一个 MFC AppWizard(exe)的工程。

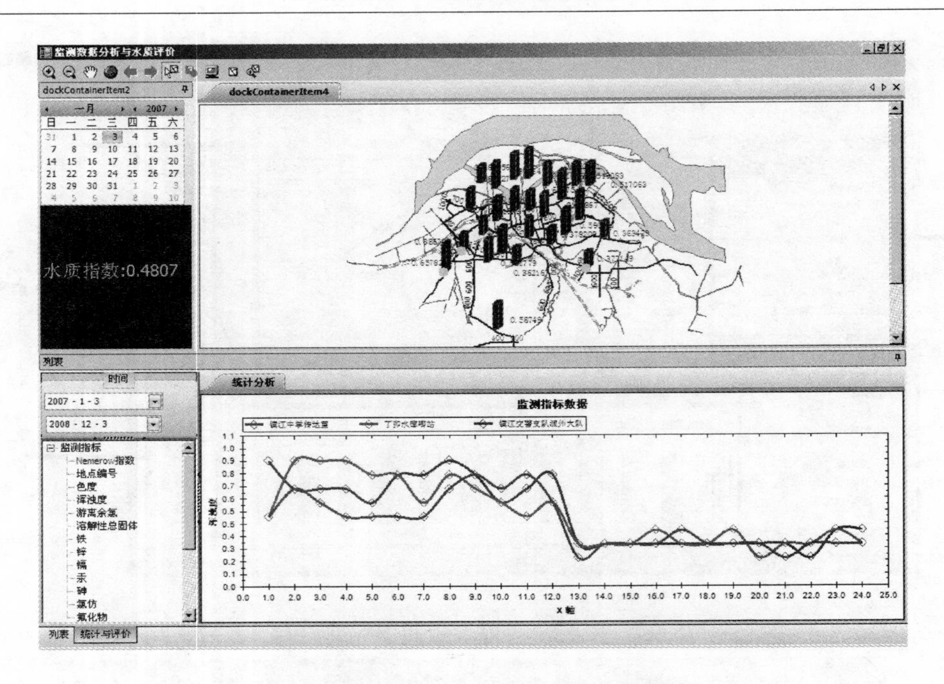

图 15-31 小城镇管网水质分析与评价软件（二）

15.6.3.1 总体设计

系统由输入层、计算层及输出层组成，总体结构见图 15-32。

模块功能设计说明如下：

（1）输入层：

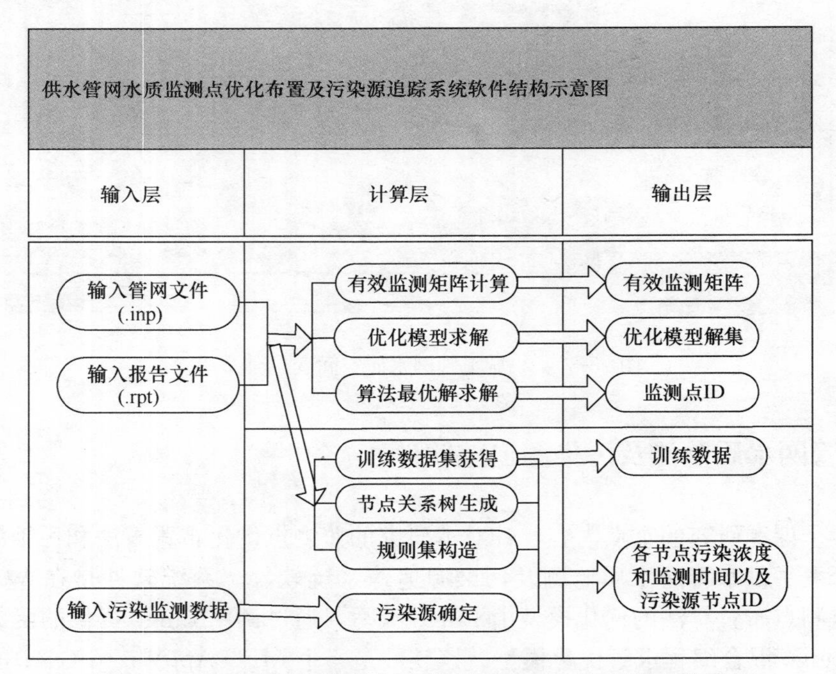

图 15-32 水质监测点优化布置及污染源追踪系统软件结构设计

输入文件：包括管网文件（.inp 后缀）和报告文件（.rpt 后缀），这两个文件是管网模型在 EPANET 中运行后导出的文件，监测点优化布置算法和污染源追踪定位算法的实现都需要两个文件的输入。

输入污染监测数据：在污染源追踪定位算法实现中需要输入污染监测数据，包括节点 ID，监测时间和污染浓度。基于这些数据，算法可以计算出管网模型中各节点污染浓度和时间，并找出污染源节点（污染源节点 ID，注入污染浓度和污染注入的时间）。

（2）计算层：

有效监测矩阵计算：利用 EPANET 提供的函数接口，在 VC 环境下模拟各节点污染注入，记录管网节点的有效监测污染情况，得到有效监测矩阵。

优化模型求解：Lingo 中编写模型求解代码，VC 中调用 Lingo 提供的函数接口，实现 Lingo 和 VC 混合编程求解优化模型。

算法最优解求解：由优化模型求得的多个优化解中，选出监测响应总时间最小的解，也就是算法最优解。

（3）输出层：

有效监测矩阵：输出计算得到的有效监测矩阵。

优化模型解集：输出 Lingo 和 VC 混合编程求解优化模型得到的多个最优解，输出结果由节点 ID 号表示。

监测点 ID：输出监测点优化布置算法最优解对应的节点 ID，即管网中监测点。

训练数据：输出污染源识别算法中得到的训练数据集到文件 sample.txt 中。

各节点污染浓度和监测时间以及污染源节点 ID：污染源追踪定位算法最终输出各节点的污染浓度和相应监测时间，污染源节点的 ID 号、污染浓度和时间。

15.6.3.2　软件数据结构

在程序实现过程中，编写了两个主要的 C++类 Location 和 Contamination，分别对应监测点优化布置算法和污染源追踪定位算法，将所有两个算法相关的变量和函数都封装在了相应的类中。软件数据结构见表 15-22～表 15-25。

类 Location 中数据结构　　表 15-22

变 量 名	数据类型	说　明
nnodes	int	管网中节点个数
num	int	优化模型最优解个数
w [50]	double	节点权值，表示节点用水重要性
NodeId [50] [10]	char	节点的 ID 号
all [50] [50]	int	优化模型所有的最优解
Time [50] [50]	float	最快污染监测时间矩阵
Monitor [50] [50]	int	有效监测矩阵

类 Contamination 中私有数据结构　　表 15-23

变 量 名	数据类型	说　明
Pattern [MAXPATTERN] [MAXVECTDIM+1]	double	节点关系树中节点的污染浓度和时间组成的样本数据

续表

变量名	数据类型	说明
Cluster [MAXCLUSTER]	aCluster 结构体	样本数据聚类结果
NumPatterns	int	样本数据总数
SizeVector	int	一个样本的数据维数
NumClusters	int	聚类个数
Rows	int	数据行数
Cols	int	数据列数
Data	double *	data [rows×cols] 二维数组
Answer	double *	回归系数数组
SquarePoor [4]	double	方差分析指标
Count	int	方程元素
a [100]	int	记录基础和非基础解的情况
indexe	int	剩余变量
indexl	int	松弛变量
indexg	int	人工变量
m	int	方程变量数
n	int	方程约束条件数
type	int	目标函数求最大值还是最小值
code [100]	int	约束方程符号标记
b [100]	float	方程右值
MAXVECTDIM	int	样本数据最大维数
MAXCLUSTER	int	最大聚类个数
MAXPATTERN	int	最大样本总数

类 Contamination 中公共数据结构 **表 15-24**

变量名	数据类型	说明
RuleTemp [MAXCLUSTER]	rule 结构体	构造的规则
SolveSign	int	单纯形法有无解标志
C [50×20] [50]	float	各节点最大浓度
T [50×20] [50]	float	最大浓度对应的时间
Tree [50] [5]	int	节点关系树
Upnodenum [50]	int	节点的上游节点个数
Rule [50] [10]	rule 结构体	每个节点的规则

续表

变量名	数据类型	说　明
nnodes	int	管网中节点个数
nlink	int	管网中管道个数
SolutionC [50]	float	算法求得各节点浓度值
SolutionT [50]	float	算法求得对应的监测时间
IsSolved [50]	int	求解标志
IsAdopted [50]	int	采用标志
Samplenum	int	训练样本总数

类 Contamination 中结构体变量　　表 15-25

结构体名	结构体中变量名	变量类型	说明
aCluster	Center[MAXVECTDIM]	double	每维的聚类中心
	Member[MAXPATTERN]	int	聚类的成员
	NumMembers	int	聚类成员个数
rule	bound[MAXVECTDIM]	double	每个元素的上下限
	a[MAXVECTDIM]	double	方程每项系数
	b	double	常数项系数

15.6.3.3 软件界面设计

供水管网水质监测及污染源追踪定位系统软件界面包含输入文件、有效监测矩阵、监测点布置和污染源识别 4 个菜单项。其中输入文件菜单项包含“输入管网模型文件（*.inp)”和“输入管网计算结果文件（*.rpt)”2 个子菜单；监测矩阵菜单项包含“计算有效监测矩阵”和“输出有效监测矩阵”两个子菜单；监测点布置菜单项包含“Lingo 优化”和“最优解”子菜单；污染源识别菜单项包含“训练数据集”、“关系树”、“规则集”、

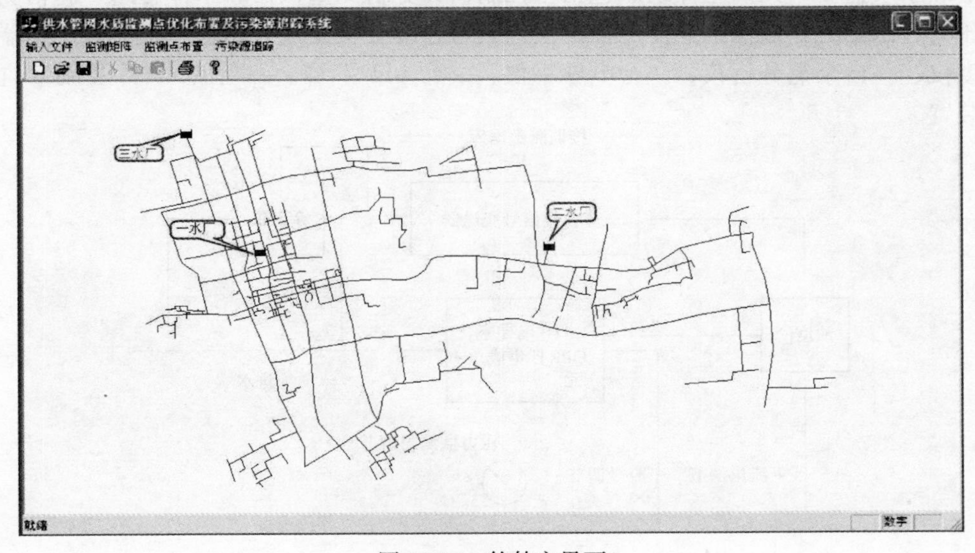

图 15-33　软件主界面

“监测输入”和“污染源确定”5个菜单，见图15-34。

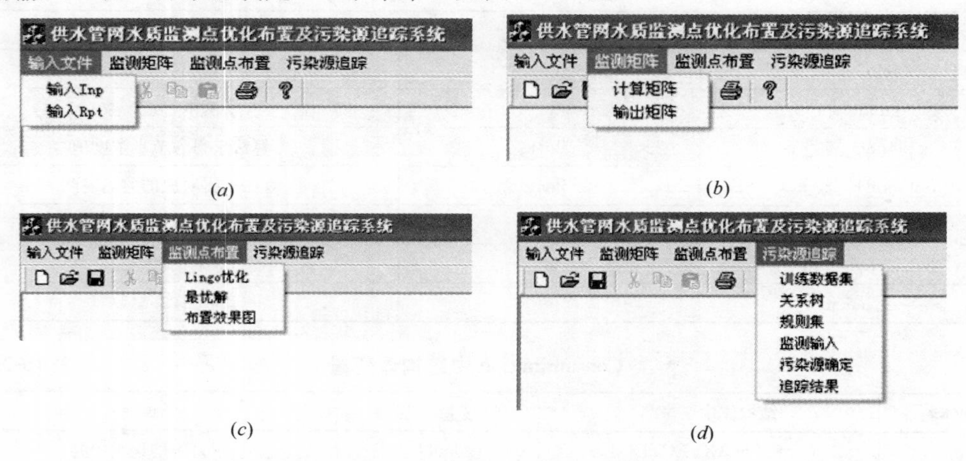

(a)　(b)

(c)　(d)

图15-34　软件菜单及子菜单

(a) 输入文件菜单及子菜单；(b) 监测矩阵菜单及子菜单

(c) 监测点布置菜单及子菜单；(d) 污染源识别菜单及子菜单

15.6.4　管网水质监测系统硬件

15.6.4.1　水质监测节点单元硬件

供水管网水质监测系统是一个完整的体系，其核心是分布于管网各个监测站点位置上的管网水质监测节点单元。因此，节点监测单元的结构设计是水质监测系统硬件设计的核心内容。

本研究基于以上水质监测评价体系、水质监测点布置等研究成果，结合对国内外管网水质监测系统的调研分析，提出了小城镇管网水质监测的节点单元结构。

节点水质监测单元的主体组成包括主控制器，分析测量仪器和水样管路，和精确的流量、压力控制单元，以保证采样的稳定性，其中在线分析测量仪器包括多参数控制器、一台浊度仪、一台余氯分析仪、一台电导率仪、一台pH/T计、一台ORP计及流量监测及控制装置。

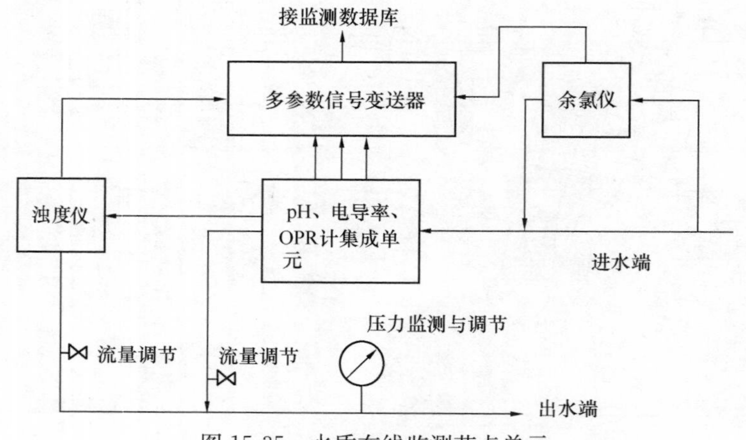

图15-35　水质在线监测节点单元

其中：主控制器配备有继电器，可进行编程设置，进行状态报警，可激活外部设备（比如：蜂鸣器、报警灯、24-瓶自动采样器-可选）；分析仪器与控制器之间的连线通过16路独立的数字信号通道，4路模拟信号实现快速连接；控制器可以屏幕显示每个分析仪器的测量结果，的4-20mA模拟输出信号；浊度和DPD余氯仪可自行输出模拟信号。供电230Vac，50Hz；整个系统的耗电量不超过500VA；IP65的防护等级。系统板上的所有设备均可以承受15～60psi的压力。

针对管网水质在线监测的要求，监测节点单元的各水质参数传感器应符合一定的技术性能要求。表15-26为部分水质参数传感器的参考技术性能指标。

水质参数传感器技术性能指标　表15-26

序号	传感器类型	技术指标
1	pH传感器	1. 测量范围：－2000～＋2000mV； 2. 灵敏度：≤0.5mV； 3. 稳定性：每24小时2mV，不累积； 4. 防护等级：IP68； 5. 电缆线长＞8米； 6. 安装方式：浸没式
2	电导率传感器	1. 传感器：无极非接触式，带PT1000温度传感器； 2. 温度范围：－10～200℃； 3. 测量范围：0～200uS/cm到0～2,000,000mS/cm； 4. 电缆线长：6米； 5. 防护等级：IP68； 6. 安装方式：浸没式或管道式
3	浊度传感器	1. 量程：0.0001－9.9999；10.000－99.999NTU；自动选择量程； 2. 准确度：10～40NTU时，读数的±2%或±0.02，取大者；40～100NTU时，读数的±5%； 3. 重现性：优于读数的±1.0%或±0.002，取大者； 4. 响应时间：步进响应，初始响应为1分钟，间隔响应15秒； 5. 信号平均：6，30，60，90秒用户可选；用户默认值为30秒； 6. 样品流速：200～750mL/min； 7. 工作温度：对于单传感器系统为0～50℃，对于双传感器系统为0～40℃； 8. 样品温度：0～50℃； 9. 模拟输出：0/4～20mA可选。在0～100NTU范围内可编程； 10. 继电器：3只SPDT，230VAC，5A；可设定点警报； 11. 电源要求：100～230VAC，50/60Hz，自动选择；40VA； 12. 进水管道：1/4″NPT内螺纹，1/4″压缩配件（提供）； 13. 排水管道：1/2″NPT内螺纹，1/2″软管； 14. 数字通信：MODBUS/RS485，MODBUS/RS232，LonWorks协议（可选）； 15. 标准方法：标准方法2130B，USEPA180.1，HACH方法8195； 16. 外壳：NEMA－4X/IP66控制器； 17. 尺寸：浊度仪：25.4×30.5×40.6cm
4	余氯传感器	1. 测量范围：0.005～20ppm（mg/L）HOCl； 2. 最小检出限：5ppb或0.05mg/L HOCl； 3. 准确度：2%或±10ppb HOCl； 4. 响应时间：90%少于90秒； 5. 样品流速：200～250mL/min自动可调； 6. 存储温度：－20～60℃； 7. 操作温度：0～45℃； 8. 样品温度：0～45℃； 9. 校正方法：实验室比对法校正间隔：一次/2个月； 10. 维护间隔：一般每六个月更换一次膜和电解液； 11. 进样连接：1/4-in. O. D. 12. 排放连接：1/2-in. I. D. 13. 防护等级：P-66/NEMA4X 14. 仪器尺寸：270×250mm

续表

序号	传感器类型	技术指标
5	ORP 在线分析仪	1. 电极形式：玻璃复合式电极； 2. 测量范围：－500～500mV； 3. 温度补偿：－20.0～130.0℃内自动温度补偿； 4. 精度：±0.01±1digit； 5. 分辨率：0.1； 6. 安装方式：流通式安装
6	电导率在线分析仪	1. 电极形式：双电极测量原理； 2. 测量范围：0～100ms/cm，传感器电极常数为 1.0； 3. 精度：±0.5%±1digit； 4. 分辨率：0.1； 5. 温度补偿：－20.0～130.0℃内自动温度补偿； 6. 安装方式：流通式安装

15.6.4.2 数据通信与数据安全

测点采集 pH、电导率、余氯和浊度仪的信号，转换为数字信号，进行数据存储。并且通过 GPRS 通信系统把管网各点压力及水质信号传送到供水监控中心。系统采用 GPRS 网络通信方式，多个管网水质监测站点和中控室进行通信。

数据安全性：通过无线测控终端从现场终端采集到的现场数据，通过加密协议进行数据打包，然后向数据中心发送数据。当服务器接到数据包后进行数据解析，将现场数据以 XML 的方式向上提供。

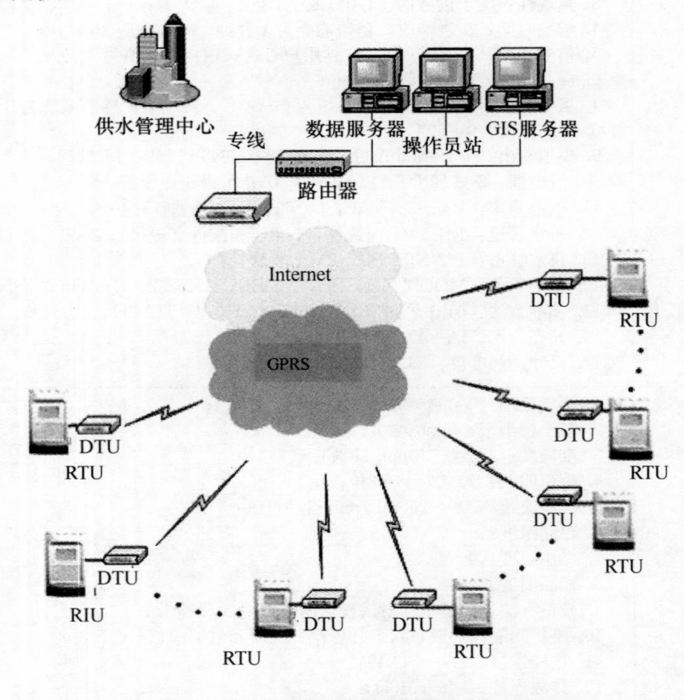

图 15-36 管网水质在线监测网络系统结构图

15.6.4.3 管网水质预警实验平台

根据以上设计思路，本研究在室内建立了管网水质预警实验室物理模型。可实现以下研究分析功能：

- 水质模型动力学参数实验。
- 管网水力水质软件仿真。
- 管网水质在线监测。
- 管网水质事故模拟与污染源追踪仿真。

供水管网物理模型

在线监测仪表装置

主体水反应系数测定装置

图 15-37 管网水质预警实验平台

15.6.5 管网水质预警系统集成设计

作为管网供水信息化管理的重要组成部分，管网水质预警系统并不是孤立存在的，而是由管网地理信息系统、在线监测系统（SCADA）、管网动态水力水质模拟系统、水质安全评价与分析系统、污染事故评价与污染源识别系统通过集成所形成的整体。

（1）管网地理信息系统（GIS）

供水管网地理系统主要用于管网各组成部分的静态信息管理，并提供相应的空间分析和属性查询等功能。地理信息系统是管网信息化管理体系框架的基础，包括在线监测、管网水力水质模拟、污染事故的报告、跟踪、预警等工作都需要基于准确的管网地理信息展开，同时管网地理信息系统所提供高效的空间分析和查询功能也为快速分析和解决管网运行中出现的问题提供了保障。

（2）管网在线监测系统（SCADA）

在线监测系统是为管网管理者提供运行过程中水量、水质、水压等实时信息的最直接手段。通过布置在管网中的水压、水量、水质监测设施，可以快速了解管网的工作状态，尤其是水质在线监测可为水质事故时污染物影响范围和影响程度提供关键性的参考。

（3）管网动态水力水质模拟系统

管网动态水力水质模拟系统是对管网进行现代化的计算机智能辅助管理的核心工具。作为管网在线监测系统的重要补充，水力水质模拟系统可以为管理决策者提供从全局到细节的全方位信息判断，从而为水质事故时的决策提供充分的依据和参考。

（4）管网水质监测分析与安全评价系统

基于本研究提出的管网水质监测分析与评价方法，所开发的监测分析与评价软件工具，可以对管网水质监测系统所提供的水质数据进行规律统计和趋势分析。更重要的是，可以结合监测的水质参数指标，为管网当前的整体水质水平、各个监测站点所代表的管网区域的水质水平作出科学和量化的评价，对于快速准确地判断管网水质水平以及水质事故的影响程度和范围具有重要的实用价值。

（5）管网水质事故评价与污染源识别系统

作为管网水质预警系统的核心模块，水质事故评价与污染源识别系统利用与GIS、SCADA、水力水质模拟系统、水质评价系统的数据结接口和通信，首先通过水质监测系统和水质评价系统对当前的水质事故进行数据获取和影响评价，结合地理信息系统和管网水力水质模拟系统，利用自身的事故评价、趋势分析和污染源识别模块，对当前水质事故的发生源、影响范围和发展趋势进行智能分析，提出进行事故控制和消除的决策方案和建议，利用相应的硬件实现管网水质预警的保障功能。

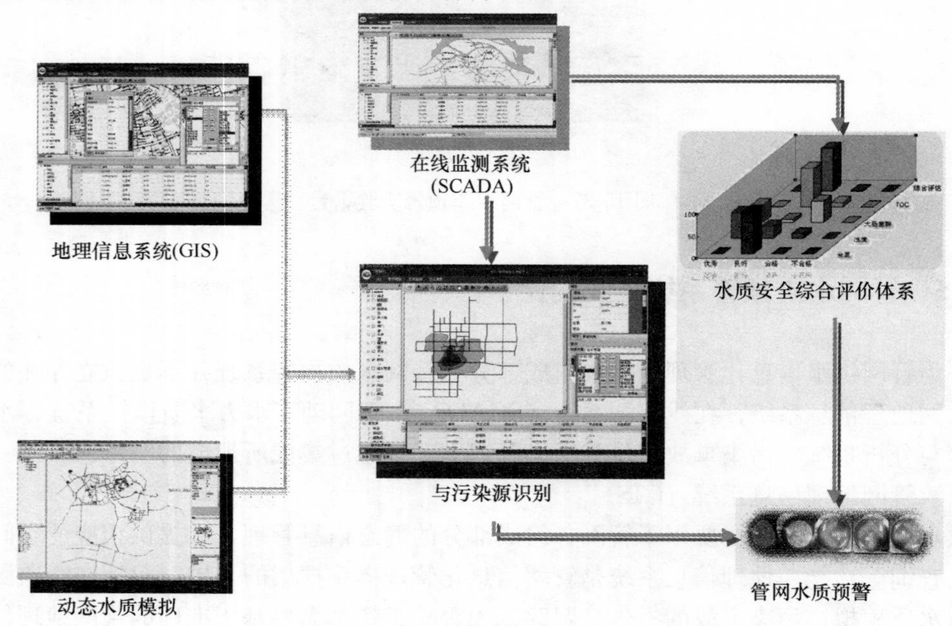

图15-38 管网水质预警系统集成设计

对于小城镇而言，信息化系统建设相对薄弱，但同时也为其提供了一个建设高度集成信息化管理平台的契机。以往城市供水管网管理信息系统往往由于建设过程过于分散和缺乏整体规划性，导致现有信息系统处于互相独立、数据交互和共享性差，难于集成等显著缺陷。随着社会经济和我国城市化进程的加快，饮用水安全成为国家战略高度的民生问题，而管网水质安全则是饮用水安全的重要组成部分，而且直接关系到人民的健康和生命安全。保障管网饮用水质安全，一个重要的手段就是目前越来越先进的管网监测手段，结合管网水质模拟、分析评价和事故预警的最新研究成果，建立管网水质管理和预警的现代化信息平台。因此，本研究提出的管网水质预警技术方法，所开发的管网水质模拟、分析、评价、预警等软件工具和模块，以及所提出管网水质预警系统集成设计方案将为我国小城镇管网水质安全保障提供有力的技术支撑。

第16章 管壁生物膜控制技术

16.1 管壁生物膜概述

16.1.1 生物膜的形成

管网中细菌生长包括在水中的悬浮生长和在管壁的附着生长两种形式。多数细菌可分泌胞外多糖使其具有亲水性，因而给水管道内的湍流效应对悬浮生长细菌不利。微生物的附着生长并形成生物膜是微生物在严苛、极度缺乏营养物的环境中（管网水中）的生存策略之一。“生物膜”是指水生环境中微生物以聚集状态附着生长于某一基础如管壁、管瘤或沉积物上，因此管壁生物膜是由管壁表面沉积、附着和生长的各种微生物、微生物分泌物和微生物碎屑等所构成的一个结构和功能的整体。

生物膜的形成是微生物首先在表面成功吸附并随后生长的结果，表面有机物质的不断积累，以及适宜的生长条件下，生物膜开始形成；由于多糖类物质的存在，使得生物膜具有黏滞的特性，并开始形成微群落。

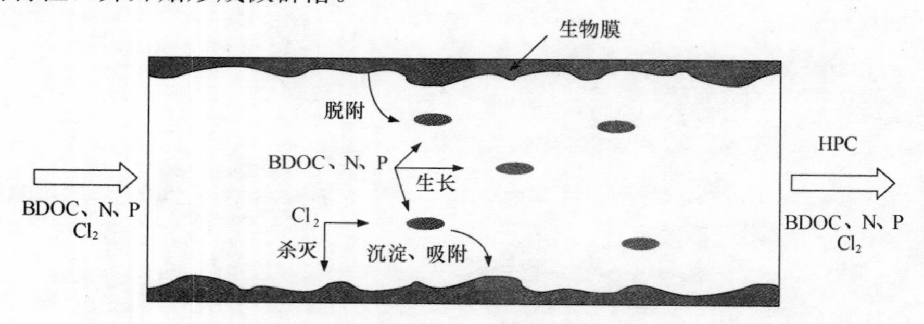

图16-1 供水管道管壁生物膜的形成

管网细菌在管壁上附着生长比悬浮生长更占优势，因为：(1) 大分子物质易在固－液界面沉积，构成营养比较丰富的微环境；(2) 高水流速能将较多营养物送达生物膜表面；(3) 胞外分泌物能为细菌生长摄取营养物；(4) 附着生长菌类能成功躲过管网余氯杀伤；(5) 边界效应会使管壁处水流冲刷作用减小。因此，研究认为管网中的微生物主要存在于生物膜内，即使是在较高余氯存在时，水相游离细菌数量极少，但生物膜细菌仍可以在管网系统内生长。

供水管道内生物膜的生长会导致一系列问题，如生物膜为一些致病菌和条件致病菌提供了栖息地和保护，避免了管网余氯的伤害，它们在管网内的生长可能会威胁到用户健康；同时，生物膜与管道腐蚀相互影响、相互促进，长期运行时导致严重的“生长环”现象，增加了管道维护费用，显著降低管道过水面积并增加配水能耗；另外，生物膜的脱落还会导致水质感官性能的恶化，导致色、味、臭等指标超标。

16.1.2 生物膜的性状

生物膜主要是由细菌及其胞外物质组成。胞外聚合物（EPS）是微生物代谢和分泌的产物，它们的化学结构取决于微生物的种类及其生长的环境。据报道，多糖－蛋白质复合物是细胞用以吸附在管壁表面并抵抗水流剪切力的重要物质。

在初期的研究中，包括在一些模拟生物膜生长的数学模型中（如PICCOBIO模型）都将生物膜视为一层均质的薄层。但研究者通过激光扫描共聚焦显微镜（CSLM）的观察，认为管壁生物膜并不是单一的结构，而是呈现多样性的群落结构。管壁生物的多样性结构对应形成了不同的微环境，并由此产生了多样的“微生境”。

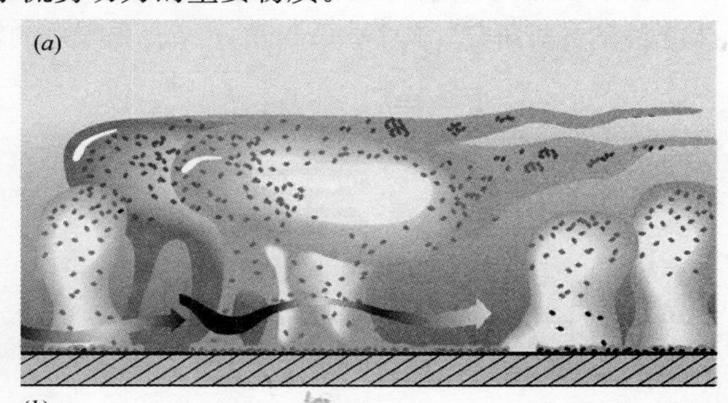

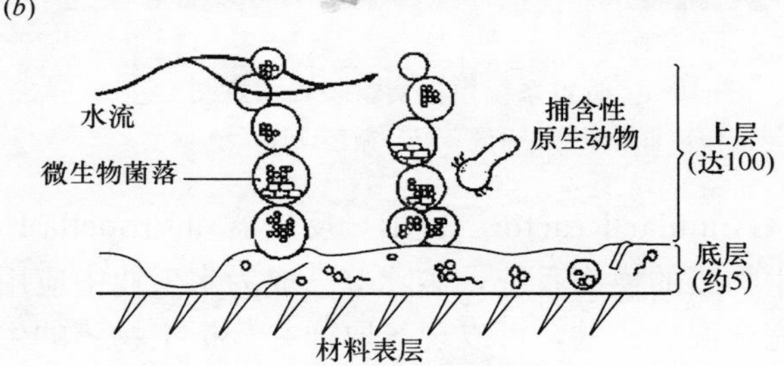

图 16-2 生物膜的两种概念图

图 16-2（a）中显示微生物通过胞外物质结合成“细胞簇”，这些群落呈蘑菇状，其中分布了大量的孔道。图 16-2（b）是另一种生物膜的概念图，生物膜由两层构成，稳定的底层及呈堆栈式的上层。生物膜的这种开放式结构有助于分子甚至是颗粒物向生物膜内部传递。

一般生物膜的结构取决于两个因素：营养物质的数量和脱附速率。当流速高时，水流剪切力大，生物膜脱附速率高生物膜呈现光滑的补丁状；而流速低时，生物膜呈现出多孔状的多样性结构。造成这种现象，可能是由于水流剪切力导致的脱附速率以及营养物传递速率的联合作用。

16.1.3 生物膜的实验研究技术

16.1.3.1 生物膜培养的实验装置

在实际管网中无法对水力工况和环境参数进行控制，因此研究管壁生物膜首先要选择合适的生物膜培养装置。为了实现对管壁生物膜生长过程和条件的控制，目前的研究手段可分为两类：一类是采用模拟实际管网的管道模拟系统，另一类为规模更小的反应器模拟系统。

管道模拟系统是一种简化的、比实际管网管道距离短，但是可模拟实际管网水力条件的试验规模的模拟系统。该系统一般有两种设计方法：非循环设计（Once-through Design）和循环设计（Recirculating Design），如图 16-3 所示。

非循环系统尽管比较接近实际管网情况，但是研究者认为它的缺点是如果系统没有足够的接触时间，水质发生的变化将很不显著，难以测定。而一般在管网中发生的化学和生物过程都是速度缓慢的，在设计此类系统时应充分考虑这一点。如有研究设计1.3km的管道模拟系统，使停留时间达到48h，就是为得到充足的接触时间以保证水质发生明显的变化。循环系统可以采取两种形式，一是直接用循环水泵连接，形成闭合的环路；二是设置一个蓄水箱，再用循环水泵连接，蓄水箱的作用类似于调节池。

在这种类型的管道模拟系统中一般采用特殊的装置用来培育生物膜，可方便采集生物膜样品和后续的分析研究。其中，Robbins device是采用的较为普遍的一种装置，如图16-4所示。

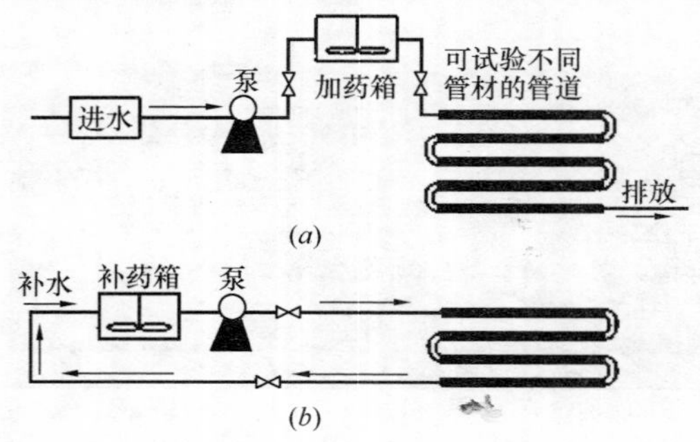

图16-3　管道系统模拟实验装置示意图
(*a*) 非循环设计系统；(*b*) 循环设计系统

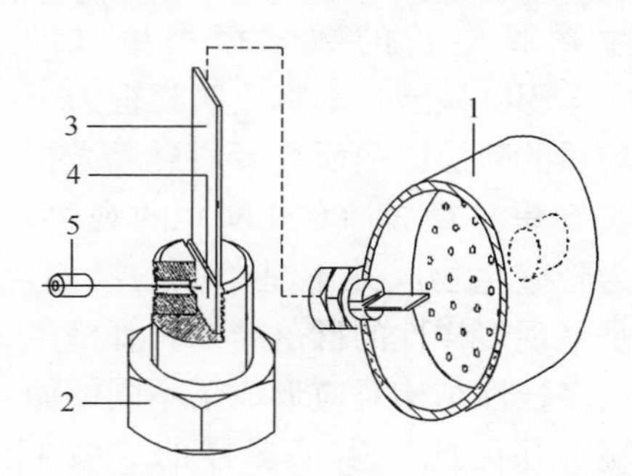

图16-4　Robbins device管道模拟装置示意图
1—试验管段；2—螺母；3—载片；
4—固定钢片；5—固定载片螺丝

Annular Reactors（AR）反应器和Propella Reactors反应器是应用最为广泛地用于研究生物膜的模型系统，实际上已成为水工业中应用的标准生物膜反应器。这两种反应器都是完全混合式的，可以现场取样并分析生物膜的生长。反应器的机理是：水流通过环形的缝隙流动，并在内部的搅拌作用下混合，通过控制搅拌速度来控制水流剪切力，控制进水的体积流量来独立控制水力停留时间。

AR反应器是由外部静止的圆筒和内部转筒构成的，内部转筒的转速设定为可提供与所研究的系统相同的液体/表面剪切力。AR反应器本质上为CSTR反应器，可将其视为管网的一部分。反应器转子上挂有载片以提供生物膜附着生长的表面。转子在电机的驱动下旋转，随着转子的旋转，载片与水体的交界面间产生剪切力，挂片表面的剪切力与液体黏度、挂片表面粗糙度及液体流速有关，可模拟管网中的水力条件，剪切力大小可通过调节电机转速控制。卸下电机后，整个反应器在试验前可进行高压灭菌。

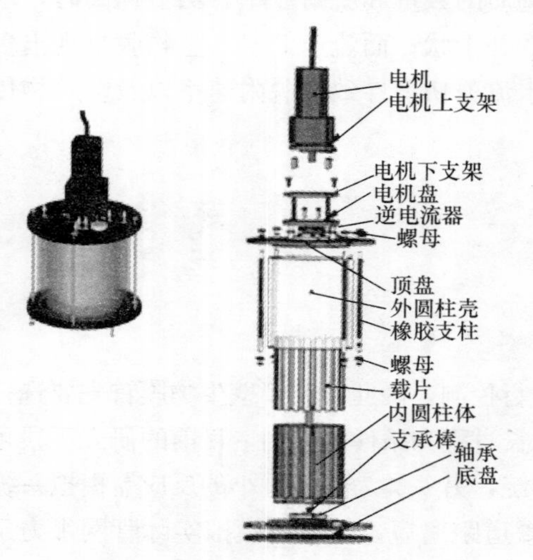

图16-5　AR反应器（1320 LS AR反应器）示意图

国外众多研究中采用的AR反应器为BioSurface Technologies Corporation公司的产品，AR反应器具体构造如图16-5所示。

AR和Propella反应器的优点是水力条

件简单，不同的研究结果之间具备可比性。但是Camper发现AR上检测出的生物膜HPC值高于管道模拟装置中的结果，达到10倍左右。可能是由于AR反应器比表面较大（$270m^{-1}$），而管道装置约$40m^{-1}$，比值接近7∶1。同时，AR反应器引入了“泰勒漩涡”，导致载片上的生物膜或沉积物呈“锥形”。通常在工艺决策时需要采用管道装置进行更具有代表性的研究。

对比管道模拟系统和反应器模拟系统，其优缺点如表16-1所示。

两种生物膜实验系统的对比　　表16-1

系统	流速	营养	取样	灭菌	基底	混合效果	用水量	运行费用	设备费用
管道模拟系统直通式设计	受限	可控	破坏性/方便＊	否	可换	推流	大	高	高
管道模拟系统循环设计	受限	可控	破坏性/方便＊	否	可换	搅拌	小	低	高
反应器模拟系统	可控	可控	方便	可	可换	搅拌紊流	小	低	较高

注：＊使用Robbins device

16.1.3.2 生物膜分离与样品制备

在上述生物膜培养装置运行一段时间后，需要采集生物膜样品进行分析。我们需要将附着在测试管段或载片（Coupon）上的生物膜分离出来，并分散到无菌水中形成悬浮菌液，再通过直接镜检、HPC或其他方法测定其中的微生物数量。因此，生物膜样品的获得过程可以分为两个步骤：（1）生物膜剥离；（2）附着菌的再悬浮。

Gagnon等对生物膜样品的分离制备方法进行了详细研究，载片上生物膜的剥离可采用的技术手段包括：刮刀刮拭、棉签擦拭和均质器（stomacher）分离；而分离后的样品再悬浮或再分散过程可采用的方法包括：组织研磨机（tissue blender）、vertex旋涡混合器（tertex）、均质器（stomacher）以及超声波装置。该研究中对比不同生物膜分离、制备方法的结果如图16-6所示。

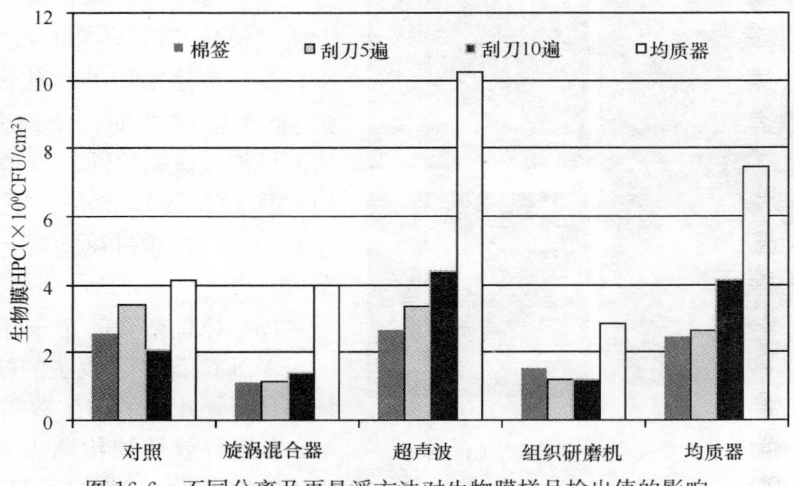

图16-6　不同分离及再悬浮方法对生物膜样品检出值的影响

可见，在生物膜剥离方法中，用刮刀刮拭和棉签擦拭的具有相近的分离效果；在再悬浮方法中，超声波分散法具有相对较好的再悬浮作用；而均质器（Stomacher）可实现同步分离和再悬浮获得样品，且细菌回收率较高。因此，该研究推荐采用均质器进行生物膜样品的采集与制备。

鲁巍等对棉签擦拭＋超声波分离生物膜样品的实验方法进行了研究，考察了超声波对悬浮菌的灭活作用和超声波对生物膜细菌的分离作用。研究认为，超声波对饮用水中的悬浮土著细菌及大肠杆菌的灭活作用随超声时间延长而有所增强，但是对土著细菌最大灭活率仅为11.1%，对大肠杆菌的最大灭活率仅为16.6%，且前20 min内基本无效果。因此，采用超声波分离生物膜或混匀悬浮液中的细菌，只要将作用时间控制在一定范围内基本不会造成生物量的损失。该方法使用实验室常规仪器，操作简单，生物膜样品回收率较高，本研究也采用该法进行生物膜样品的采集与制备。

16.1.3.3 生物膜细菌检测方法

（1）异养菌平板计数 HPC

传统的培养计数法可用来计量生物膜中的微生物量，一般研究中大多采用异养菌平板计数法（Heterogeneous Plate Count，HPC）。HPC是世界范围内应用最为广泛地用于饮用水卫生学指标的检测程序，测试条件中培养基、培养温度、培养时间等对检测结果影响最大。研究中采用的培养基通常包括琼脂和R2A两种。琼脂是富营养的培养基，不能很好地代表饮用水这样的贫营养环境，而R2A被认为是对饮用水中土著微生物最为敏感的培养基。

（2）表面荧光显微镜直接计数法

生物膜也可采用表面荧光显微镜直接计数法来测定其中的生物量，与传统培养计数法相区别的是，其结果中包含了那些不可被培养的细菌。最先采用吖啶橙（Acridine）作荧光染料，而目前更多地采用4,6-二醚基-2-苯基吲哚（DAPI），这种染料具有更加稳定的荧光效果。由于DAPI可以透过完整的细胞膜，快速进入活细胞中与DNA结合，可用于活细胞和固定细胞的染色，所以采用这种染料的表面荧光显微镜直接计数法不仅可以计量活细菌，也可以计量死细胞。

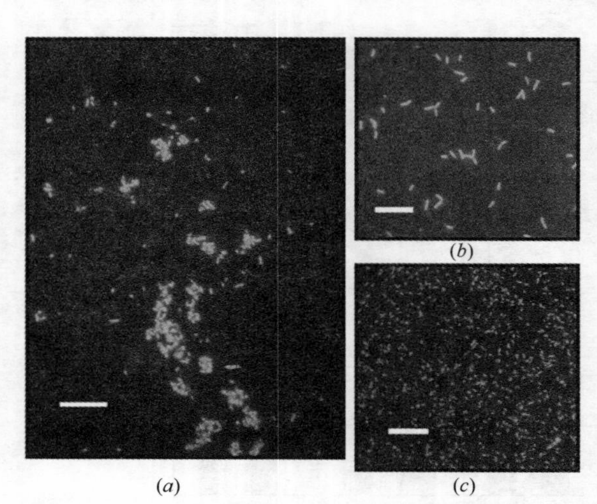

图16-7 DAPI染色荧光显微镜观察生物膜细菌
（*a*）20μm；（*b*）20μm；（*c*）100μm

通过显微镜直接计数检测活菌数的方法则包括DVC法和CTC法。DVC活菌直接计数法采用萘啶酸抗生素抑制细菌DNA复制功能，使细菌个体长大，从而可被显微镜检测；而CTC法则是利用CTC（5-氰基-2,3-二甲苯基氯化四唑）染色，再通过镜检红色菌体得到活菌数。

（3）原位杂交荧光分析技术 FISH

AODC直接计数法的缺点之一是灵敏度稍低，水中的细胞数需达到10^3个/mL才能有效地被检测出来；同时，它也无法对各种细菌进行辨别，针对这个问题，一种新检测技术——原位杂交荧光（Fluorescence Insitu Hybridization，FISH）得到了众多研究者的关注。FISH是一种物理图谱绘制方法，使用荧光素标记探针，以检测探针和分裂中期的染色体或分裂间期的染色质的杂交，可对待测DNA进行定性、定量或相对定位分析。目前已有研究者应用FISH对生物膜中特定的微生物进行定性定量分析。

原位杂交荧光分析技术对不同微生物的检测如图16-8所示。

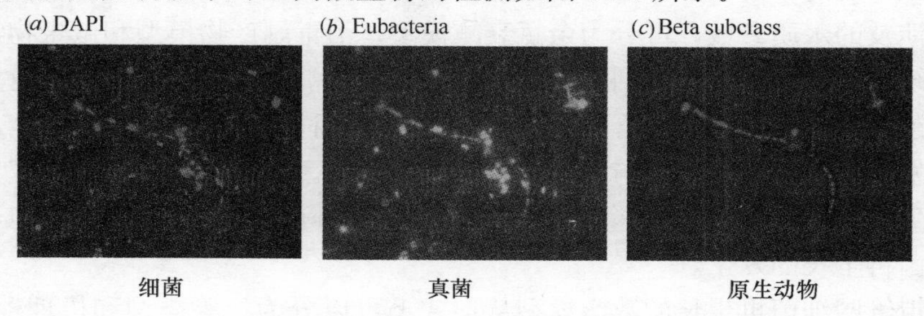

图16-8 原位杂交荧光分析技术检测不同微生物

(4) ATP检测法

ATP是所有活生物体内的能量分子，因此可通过检测ATP来估算水中的活菌数量。ATP的检测一般采用荧光素-荧光素酶，在ATP存在条件下，荧光素被荧光素酶催化氧化并发出光。ATP检测法具有检测快速（仅需1h就可获得结果）、方法简单、灵敏度高的优点。Van der Kooij等利用ATP检测法建立了一套生物膜生长速率（BFP）的测定方法，用于评价水质生物稳定性。此外，还有众多研究中采用ATP检测法来测定水中微生物数量。

(5) 流式细胞术

流式细胞术（Flow Cytometry，FCM）是一种在液流系统中，快速测定单个细胞或细胞器的生物学性质，并把特定的细胞或细胞器从群体中加以分类收集的技术。它集计算机技术、激光技术、流体力学、细胞化学、细胞免疫学于一体，同时具有分析和分选细胞功能，在血液学、免疫学、肿瘤学、药物学、分子生物学等学科广泛应用。

近年来，有研究将荧光染色技术与流式细胞术结合进行饮用水中微生物量的检测，FCM检测结果一般比HPC结果高1～2lg，具有简单、快速、灵敏度高等特点。

(6) 生物膜在线监测技术

很多原位非破坏性定性监测技术可用于在线监测生物膜，关键技术在于采用光学纤维作为探针安装在需监测的管道内。生物膜可在管壁生长，也可在光学纤维上生长，生长的生物膜的厚度不断发生变化，导致光信号的变化，监测器根据光信号的变化就实现了生物膜生长过程的在线监测。

16.2 生物膜生长规律

16.2.1 管壁生物膜数学模型

城市给水管网系统十分复杂、庞大，依靠布设有限的水质监测点进行水质监测，难以达到实时、全面地掌握管网系统的水质状况。采用计算机模拟技术，建立相应的管网水质数学模型，来推算出管网各节点的水质情况，是评估管网系统水质状况非常有效的工具。相比于研究和应用都较为成熟的，能很好预测管网系统水力工况变化情况的管网水力数学模型，管网水质模型的研究还不能满足实际需要，尚需要进一步的深入研究。

按照模拟系统的水力状态，配水系统水质模型可分为稳态水质模型和动态水质模型；按照模型所涉及的水质参数，可分为余氯衰减模型、消毒副产物模型和微生物学模型。

管网系统中的细菌再生长受到水中营养基质含量、消毒剂种类及管网余量、水温、管材及管道腐蚀情况、水力条件及管网水力停留时间等多种因素影响，且在主体水流和管壁生物膜中都发生细菌生长、繁殖与代谢，过程十分复杂。采用数学模型的研究方法来预测管网细菌再生长，有助于我们更深刻地理解管网中的实际过程，从而针对性地采取相应措施来控制细菌再生长的发生。

用于模拟管网细菌再生长的数学模型从形式上可以分为经验模型和机理模型两大类。经验模型不分析实际过程的机理，而是根据从实际得到的与过程有关的数据进行数理统计分析、按误差最小原则，归纳出该过程各参数和变量（如AOC/BDOC、余氯、水温等）之间的数学关系式；而机理模型则是基于管网细菌再生长的内在规律来建立相应的数学模型。目前研究报道中，主要的几种机理性管网细菌再生长模型包括SANCHO模型、PICCOBIO模型、BAM模型、RIGA模型等。

16.2.1.1　SANCHO模型

SANCHO模型是由Servais等提出的贫营养环境下细菌生长和基质利用的数学模型，是参照描述生物活性炭滤池（BAC）过滤过程的CHABROL模型来建立的，因为在管壁有附着细菌生长的管网系统中微生物生长情况可类比于BAC滤池中滤料上的微生物生长过程。

SANCHO模型主要包括以下过程：（1）细菌对溶解性有机物的酶催化水解；（2）悬浮细菌和附着细菌利用水解产物进行生长繁殖；（3）细菌死亡，并释放出有机物；（4）细菌在管壁处的可逆性吸附；（5）余氯的化学性消耗；（6）余氯对悬浮菌和附着菌的杀灭。该模型的原理如图16-9所示。

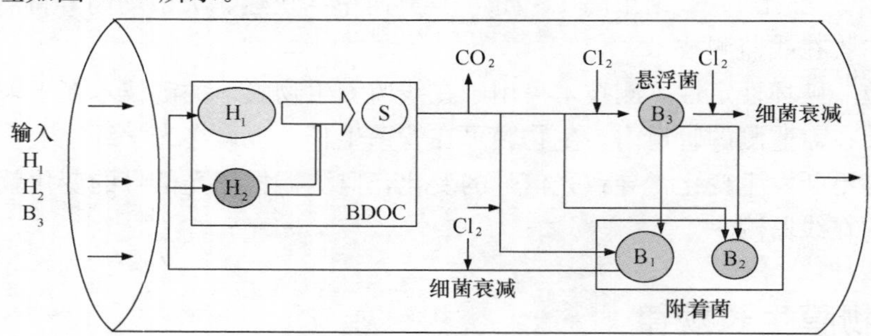

图16-9　SANCHO模型原理示意图

H_1：快速水解聚合物；H_2：慢速水解聚合物；S：可直接利用基质；

B_1：固着细菌；B_2：吸附细菌；B_3：悬浮细菌

SANCHO模型中，有机基质的利用采用生化反应动力学米一门公式；细菌衰减过程为一级反应，衰减系数 k_d 值为 0.03～0.06h^{-1}；生物膜中细菌被区分为两个部分：一为快速的可逆生物吸附过程，一为慢速不可逆的固着过程（依靠分泌多糖类物质）；生物吸附/脱附过程采用兰格缪尔吸附公式进行描述，并假设细菌在固体表面的吸附速率与主体水相的细菌浓度及固体表面的活性吸附位点数量成正比；附着菌的脱附过程为一级反应，脱附速率与附着菌浓度相关；余氯衰减速率遵循一级反应动力学，并与余氯浓度及总需氯量相关，总需氯量为 1～3mgCl_2/mgDOC。该模型认为，附着菌和悬浮菌对氯的耐受力区别不大（而其他很多研究中都认为生物膜具有更强的耐氯性）。

SANCHO 模型的主要缺陷包括以下 3 点：

（1）该模型没有与管网水力模型相结合，因此需要在运行模型之前先利用另外的管网水力模型计算出所关心节点的水力状况，并将计算结果作为 SANCHO 模型的输入变量来获得相应各点的水质情况。由于管网中水流流速和水质情况时刻变化，因此该模型不能实现动态模拟。

（2）该模型共需确定 19 个输入变量的数值。其中，仅有细菌死亡速率、固着细菌最大容量、细菌产率、初始基质浓度和基质最大利用速率等 5 个变量被认为是对预测结果具有显著影响的参数。

（3）该模型是专利产品，研究者和水厂需要购买模型，且运行模型需要专门的技术支持；模型基于的生化反应原理不具有可替换性，难以通过第三方对其进行进一步的深入研究。

16.2.1.2 PICCOBIO 模型

Dukan 等提出了另一个管网细菌再生长 PICCOBIO 模型。PICCOBIO 模型的主要参数包括：BDOC、温度、余氯、pH 和管道水力条件。与 SANCHO 模型相比，该模型结合了管网水力模型（PICCOLO），因此可实现动态模拟，即可预测各节点随时间变化的各水质参数数值；同时模型更加复杂，需要确定的参数数目更多。基于 PICCOLO 水力模型的可视化界面，能很容易地将管网中不同区域的细菌数量、余氯值和营养基质浓度以不同颜色模式在电脑屏幕上显示出来，能方便地定位最易发生细菌再生长的管道区域。同时，通过 PICCOBIO 模型的计算，得出容易导致管网细菌再生长问题的阈值为 BDOC＞0.25mg/L、水温＞16℃（这与本研究第 3 章提出的阈值接近）。

PICCOBIO 模型主要包括以下过程：（1）悬浮菌和附着菌的生长；（2）主流水相及生物膜中可利用基质的消耗；（3）余氯对悬浮菌和附着菌的灭活作用；（4）由于衰减及捕食导致的细菌死亡；（5）悬浮菌的沉积与生物膜细菌的脱附；（6）温度对细菌活性与余氯衰减的影响；（7）不同水力条件和管材条件下的余氯衰减动力学。PICCOBIO 模型的原理图如图 16-10 所示。

PICCOBIO 模型的基本假设包括：一维推流流态；无轴向及径向返混；节点处充分混合；物质与能量的累积，这些是水质模型中通常采用的假设条件。同时，生物膜细菌在该模型中被视为管壁表面均匀覆盖的一层，等价于一定厚度的 C；基于这样的假设，可将主流水相、水/生物膜界面、生物膜内的情况加以区分。该模型根据 pH 值将不同形态的氯（HClO/ClO^-）的灭活效率加以区分，且认为氯对悬浮菌和生物膜细菌具有不同的灭活作用，这主要通过引入氯在边界层及生物膜内的扩散过程来实现，因此生物膜内可分为有氯

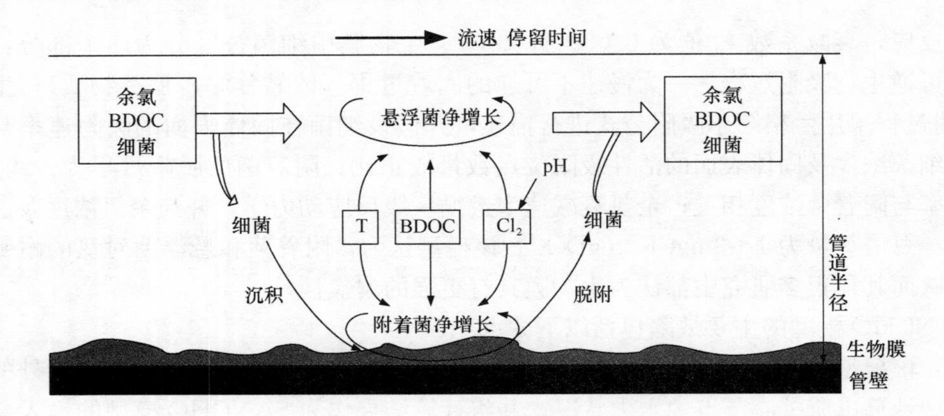

图 16-10　PICCOBIO 模型原理示意图

作用的一层和没有氯作用的一层。

研究者采用模拟管网系统试验对该模型进行了校核，结果显示管网细菌数量的模拟值与实测值之间的偏差小于10%；而对法国马赛市供水管网的模拟结果显示，模拟值具有相当的精度，$r^2=0.795$，$n=15$。

16.2.1.3　BAM 模型

在瑞士联邦理工学院开发的一个用于水和废水处理的传统生物膜模型 BIOSIM 的基础上，美国蒙大拿州立大学生物膜工程研究中心提出了 BAM（Biofilm Accumulation Model）模型，用以模拟管道中混合培养的生物膜生长情况。BAM 模型采用数据库的形式，可由用户指定输入变量和控制参数，如基质和余氯的化学反应速率表达式、颗粒物种类、细菌脱附公式等均可指定。BAM 模型没有结合管网水力模型，所以也难以模拟实际管网中的情况。

16.2.1.4　RIGA 模型

Zhang 等提出了一个模拟管道细菌再生长的数学模型，考虑了包括管道非稳定流和离散现象的水力计算部分，以及悬浮菌和生物膜细菌的生长、脱附、内源呼吸和余氯杀灭作用等过程。该模型研究者建议，应对 SANCHO 模型和 PICCOBIO 模型中关于生物生长、吸附/脱附及消毒过程的模拟进行简化处理，因为生物膜生长过程的机理尚不够明确，采用非常细致的描述反而可能不合理。

该模型中对生物化学过程的描述与其他几个模型基本相似。建模主要基于的假设是：(1) 只考虑轴向的对流弥散传输过程（不考虑径向的）；(2) 整个管网系统内离散系数保持恒定（分子扩散系数包含在其内），但离散系数随流速和管径变化也能较容易地考虑进去；(3) 生物膜细菌和水相悬浮菌，以及 BDOC 和余氯是两对相互影响的参数；(4) 悬浮菌可沉积吸附于生物膜上，生物膜细菌亦可脱附进入水相，两者可以相互转化；(5) 管壁上的吸附菌是一层均质的薄层生物膜，因此基质及余氯在生物膜内的扩散过程不是整个反应的速控步骤；(6) 细菌生长速率仅由 BDOC 浓度、温度及余氯值决定。

欧盟设立的一项针对饮用水系统的综合性研究项目（TECHNEAU）系列报告中提出了一个模拟管网细菌再生长的 RIGA 模型，是在上述 Zhang 等提出的模型基础上构建的，基本原理如图 16-11 所示。

16.2.1.5 经验模型

Le Puil 在美国佛罗里达州采用模拟管网系统中试装置考察了管壁生物膜生长过程，用水相细菌数 HPC、AOC、DOC、UV_{254}、钙、硫酸盐、硅、碱度、余氯、温度、管材和水力停留时间等参数对管壁生物膜量进行数值回归拟合，得出在置信度为 95%时，具有显著影响作用的参数为水相 HPC、余氯、温度、管材和水力停留时间，由此建立了管壁生物膜生长的经验模型如下：

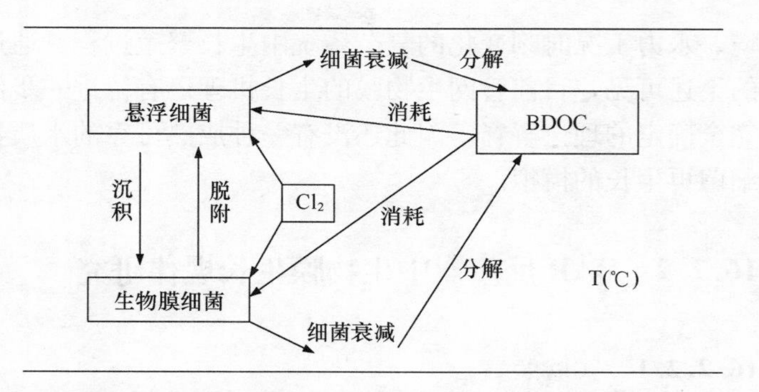

图 16-11 RIGA 模型原理示意图

$$\lg PEPA = (8.6966UCI + 8.3791LCI + 7.7651PVC + 8.3993G) \times \frac{1.0232^{Temp-20}}{Cl_{2-eff}^{0.0112}(\lg HPC)^{0.0292}HRT^{0.0271}}$$

式中管壁生物量采用 *PEPA* 指标来表示，*PEPA* 是测定微生物分解蛋白质的能力，可用以表征微生物的活性，即活菌数量；*UCI*、*LCI*、*PVC* 和 *G* 分别代表 4 种管材（无内衬铸铁管、有内衬铸铁管、*PVC* 管和不锈钢管），其值为 0、1 逻辑变量；*Temp* 为水温；Cl_{2-eff} 为出水余氯；*HPC* 为水相中的细菌数；*HRT* 为水力停留时间。

16.2.1.6 生物膜数学模型比较

表 16-2 总结了管网细菌再生长数学模型中常用的参数及变量，大量研究对这些参数和变量的取值进行了探讨，典型的取值情况也列入表中。

管网细菌再生长数学模型中常用参数与变量及其典型取值 **表 16-2**

参数与变量	符号	数值	单位
悬浮菌最大比增长速率	$\mu_{max,b}$	0.20	h^{-1}
附着菌最大比增长速率	$\mu_{max,a}$	0.20	h^{-1}
细菌生长最适温度	T_{opt}	25	℃
受影响温度	T_i	15	℃
余氯阈值（悬浮菌）	$Cl_{2,t,b}$	0.03	mg/L
余氯阈值（附着菌）	$Cl_{2,t,a}$	0.10	mg/L
Monod 半饱和系数	K_S	0.4	mgC/L
生物膜脱附一级反应系数	k_{det}	0.03	h^{-1}
细菌衰减系数	k_d	0.06	h^{-1}
细菌生长产率	Y_g	0.15	mg/mg
余氯一级衰减系数	k_b	0.03	h^{-1}
管壁余氯零级衰减系数	k_w	26	mg/（m^2·h）

对于生物膜数学模型的探讨，将促进我们深入理解微生物在管网系统这种贫营养环

境、水力工况时刻变化的复杂系统中生长繁殖过程。通过上述对现有几种生物膜数学模型的论述可见，目前管网生物膜的生长机理还有待进一步深入研究，一些生物过程还不具备完全确定的理论解释，因此还没有一种成熟可靠的水质数学模型可广泛适用于不同管网的细菌再生长的模拟。

16.2.2 BAR反应器中生物膜生长规律研究

16.2.2.1 实验装置

管道模拟系统设备投资高、占地大、用水量大，所以在本研究中采用AR反应器进行生物膜生长规律的研究。本研究采用的AR反应器是由清华大学代为设计加工的自制反应器，基本结构与上节所述进口AR反应器相似，如图16-12所示。

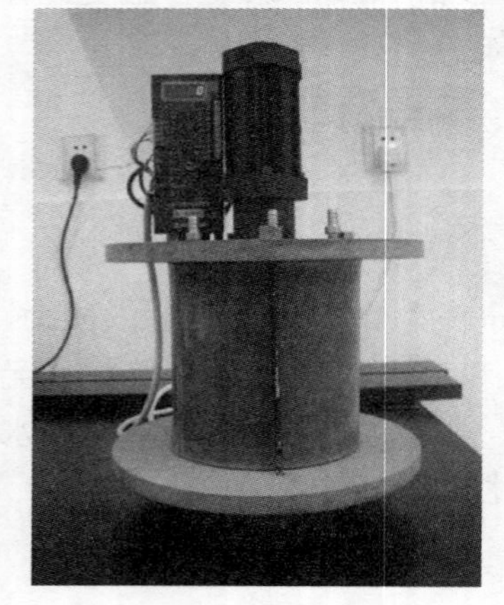

图16-12 本研究采用的自制AR反应器

AR反应器容积为1L；其中共有20片聚酯挂片安置于内筒转子上，用以培养生物膜样品，载片面积为13.3cm^2；通过调节进水流量来控制反应器系统的水力停留时间，调节转子转速来控制载片表面的水流剪切力，以模拟管网中的水力状况。

反应器载片表面剪切力（τ）可通过下式计算：

$$\tau = M/(RA)$$

式中 M——转筒扭矩；

R——转筒内径；

A——转筒表面积。

计算所得剪切力可等效换算为实际管道中流速，公式如下：

$$V = 8.972 \times 10^{-2} \sqrt{\tau} \lg \left[(e/D)/3.7\right] + 27.98 \times 10^{-6} / (D\sqrt{\tau})$$

式中 V——管道内流速；

e——管壁粗糙度；

D——管径。

16.2.2.2 实验内容与步骤

本研究在AR反应器中进行生物膜的培养实验，通过改变进水水质、流速及AR反应器内筒转速来控制营养基质浓度、水力停留时间和生物膜表面剪切力。具体实验内容如下：

（1）以实验室自来水为AR进水，根据其余氯值投加亚硫酸钠进行消氯处理。

（2）共有2台AR反应器进行此阶段的实验。开始实验前，将两个反应器用次氯酸钠溶液浸泡过夜，充分消毒后，将剩余次氯酸钠溶液充分冲洗出反应器。

（3）AR反应器运行工况如下：

反应器A：进水流量为8.3mL/min，即水力停留时间为2h；

反应器 B：间歇运行，每隔 7d 换水一次，水力停留时间为 7d；

调节两个反应器内筒转速，以模拟流速为 0.3m/s，管径为 100mm 的实际管道中管壁的剪切力。

（4）取样方案：AR 运行期间每天测定进水水温、DOC；每隔 7d 取出 2 个载片进行生物膜细菌密度检测，同时测定进水 BDOC。

16.2.2.3 生物膜样品分离与检测

采用棉签擦拭＋超声分离的方法来采集载片上的生物膜样品。方法如下：

（1）载片采集：在 AR 反应器运行一定时间后，暂停电机转动。用消毒后的长柄镊子小心夹出反应器内预先编号的载片（一般取 2 片，做平行样）；立即用高温灭菌后的自来水（无菌水）淋洗载片表面，以去除载片上未牢固附着的细菌。

（2）棉签擦拭：依次用 2 根灭菌后的棉签从上至下擦拭载片迎水面各 5 次，然后将棉签放入盛有 10mL 无菌食盐水的小试管中。

（3）超声分离：采用超声波清洗器，功率 40W，工作频率 50Hz。将有棉签的小试管放入超声波清洗器水槽中，超声振荡 15min。

（4）样品检测：从超声清洗后的小试管中用自动移液器吸取 100μL 混合液，进行平板涂布，以 R2A 为培养基，在 22℃下培养 7d 后计数，结果以 CFU/mL 计；再按照水样体积和载片面积换算为载片上的生物膜密度 CFU/cm^2。

16.2.2.4 结果与分析

（1）生物膜生长过程实验

反应器 A 从 2009 年 3 月 10 日至 5 月 6 日进行第一阶段的运行，共运行 57d。期间水温变化及进水 DOC 情况如图 16-13、图 16-14 所示。

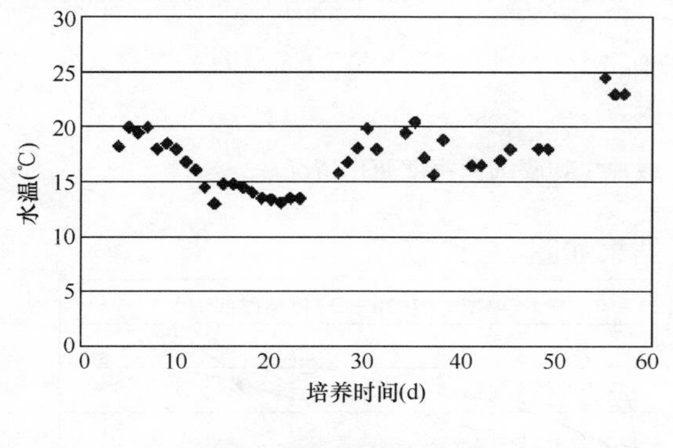

图 16-13 生物膜实验第一阶段进水水温变化情况

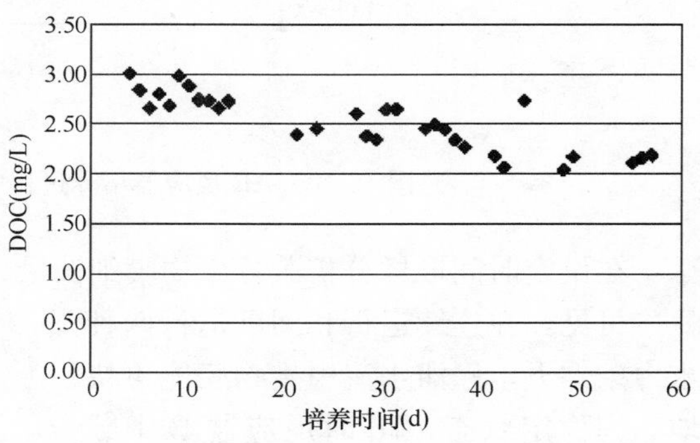

图 16-14 生物膜实验第一阶段进水 DOC 变化情况

在运行期间内，AR 反应器进水水温为 13.0～24.5℃，平均为 17.2℃；进水 DOC 为 2.04～3.00mg/L，平均为 2.51mg/L，且实验前期 DOC 相对较高，后期进水 DOC 降低。

一般认为，管壁生物膜的生长过程大致可以分为指数增长、线性增长和稳定期 3 个阶段，如图 16-15 所示。

按照取样方案采集生物膜样品，检测载片上生物膜细菌密度随培养时间的变化如图

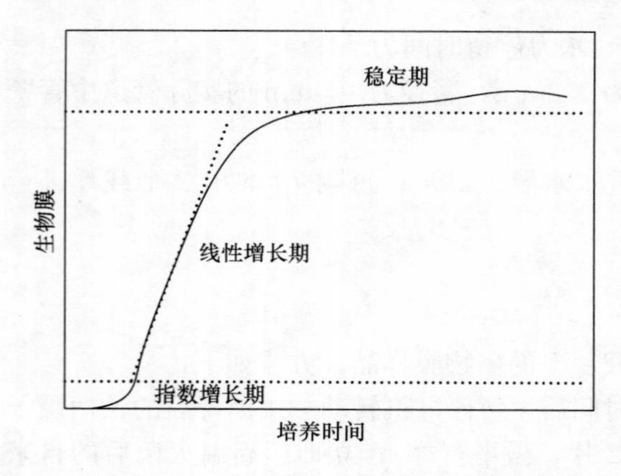

图 16-15　生物膜生长阶段的概念图示

16-16。

由图 16-16 可见，反应器内生物膜生长过程基本符合图 16-15 所示生长规律。当培养时间为 7d 时，AR 反应器内的生物膜已基本发育成熟，这与其他研究者的结论较为一致；随后生物膜密度保持较稳定的水平，载片生物量为 10^5～10^6CFU/cm^2 量级，至 35d 后，生物量有所降低，为 10^4～10^5CFU/cm^2 量级，可能与进水水质变化有关。

（2）水力停留时间的影响

从 2009 年 5 月 13 日至 7 月 15 日进行第二阶段的实验，同时运行反应器 A 和反应器 B，考察不同水力停留时间下生物膜的生长情况。此阶段共运行 63d，期间两个反应器进水水质相同，DOC 为 2.19～2.68mg/L，平均为 2.33mg/L；水温为 22.3～27.0℃，平均为 25.6℃。

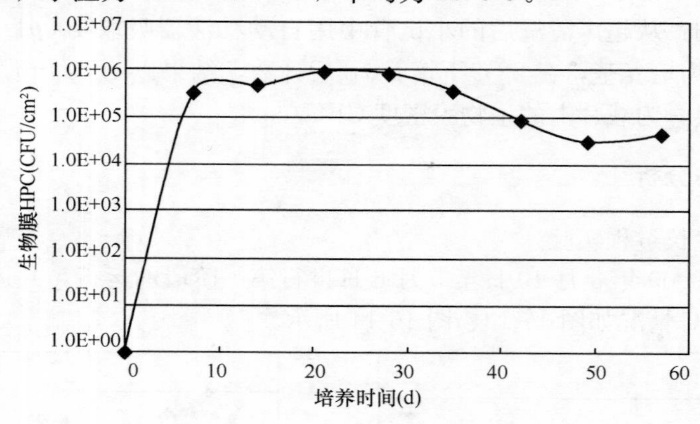

图 16-16　AR 反应器培养过程中载片生物膜细菌密度变化情况

在设定时间取样分析载片生物膜细菌量，结果如图 16-17 所示。

可见，在连续运行和间歇运行两种水力条件下，停滞水流中生物膜能更快地达到稳定状态，7d 时反应器 B 中载片生物膜密度已达 10^5CFU/cm^2 量级，而反应器 A 中载片生物膜量比之约低 1lg。在培养 20d 后，两个反应器内的生物膜基本发育成熟，对 20d 后的检测数据进行方差分析，考察两组实验数据的差异性（生物量以 lgHPC 值进行分析），方差分析结果如表 16-3 所示。

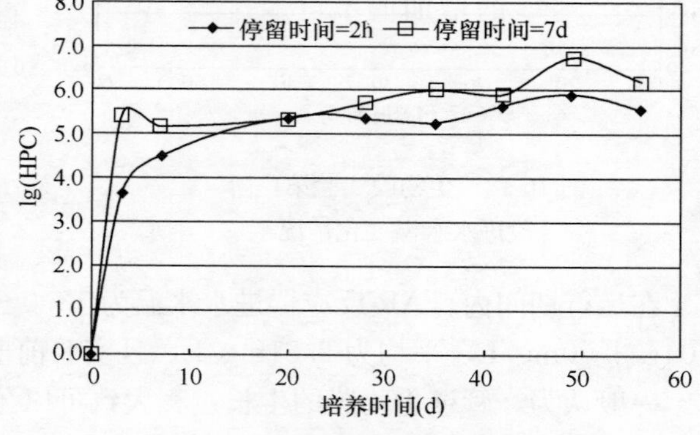

图 16-17　不同水力停留时间下生物膜生长情况对比

连续运行和间歇运行 AR 反应器内假稳态生物膜数量方差分析（$\alpha=0.05$） 表 16-3

差异源	离差平方和	自由度	均方差	F 值	P 值	$F_{0.05}$
组间	0.7635	1	0.7635	5.99	0.031	4.75
组内	1.5308	12	0.1276			

可见，在显著水平 0.05 上，两组数据 $F=5.99>F_{0.05}=4.75$。因此，达到假稳态时，两个反应器内生物膜数量具有统计意义上的显著差异，停滞水流条件下，载片生物膜数量更多（本实验水质条件下约高 1 个 lg 左右）。实验结果可以说明，在管网末端或“死水区”内，生物膜生长问题更为严重。

16.2.3 悬浮菌与生物膜的相关性

16.2.3.1 AR 反应器进出水 HPC 比较

在采用 AR 反应器进行生物膜培育的实验过程，同时检测进出水中的微生物量，考察在生物膜生长情况下，对水中悬浮细菌数量的影响。对反应器 A（水力停留时间＝2h，不加氯）的多次检测结果进行统计分析，得到进、出水中 HPC 结果如下箱式图所示（图 16-18）。

可见，在不加氯的情况下，AR 反应器出水细菌数比进水显著升高，在运行 57d 内，进水 HPC 均值为 4.72×10^3CFU/mL，出水 HPC 均值为 2.36×10^4 CFU/mL，约增加 1 个 lg。根据实验系统水力停留时间及管网细菌最大比增长速率可以推知，出水 HPC 的增加值不可能仅来自于悬浮细菌的净增长，而更主要是来自于反应器内生物膜的脱落。

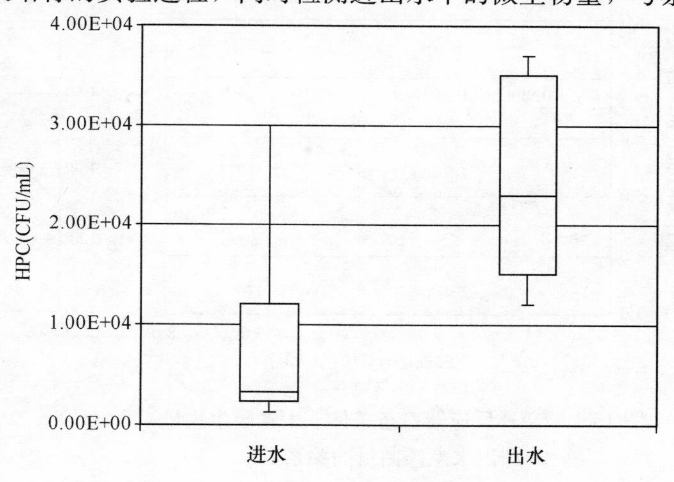

图 16-18 AR 反应器进出水 HPC 的比较

箱式图中上下一表示最大值和最小值，□表示上下 1/4 分位数，中间一表示数据中值

16.2.3.2 悬浮菌与生物膜的相关性

管网系统中的主流水体中的悬浮菌和管壁附着的生物膜细菌之间存在着相互依存、相互影响的关系。在 16.2.1 节所述的细菌再生长机理性模型中可知，水相的悬浮菌通过沉积、吸附及不可逆的附着而在管壁、管瘤及沉积物上定殖；而在管壁的生物膜细菌则会由于细胞死亡、水力冲击等因素而脱附，重新进入水体。因此，达到假稳态时，在悬浮菌和附着菌之间存在着一个吸附-解吸平衡。

张晓健等对 AR 反应器达到稳态后的细菌数量进行物料衡算得到附着菌与悬浮菌的关系式如下：

$$\lg(X_{fe}) = n \cdot \lg(X_a) + \lg(k_{bd}/(Q/A + k_{fa} \cdot R))$$

式中 X_{fe}——表示出水中的悬浮菌量（CFU/mL）；

Q——表示反应器进水量（mL/h）；

A——表示反应器中载片有效附着面积（cm^2）；

k_{fa}——表示悬浮菌附着速率常数；

R——表示反应器有效体积与生物膜有效附着面积的比值；

k_{bd}——表示生物膜的脱落速率常数；

X_a——生物膜生物量（CFU/cm^2）；

n——表示脱落过程为 n 级动力学过程。

该研究中对AR反应器出水悬浮菌数量和反应器中生物膜生物量的相关关系拟合如图16-19所示。

本研究在利用AR反应器研究生物膜生长规律时，也对出水悬浮菌数量与生物膜生物量进行了相关性拟合。结果如图16-20所示。

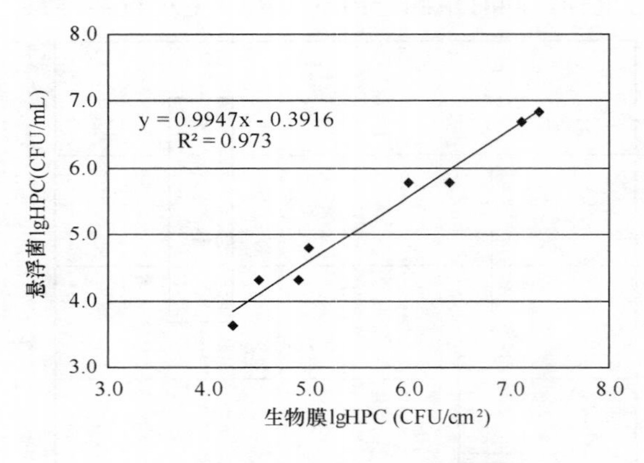

图16-19 AR反应器稳态条件下生物膜生物量与出水悬浮菌量的关系

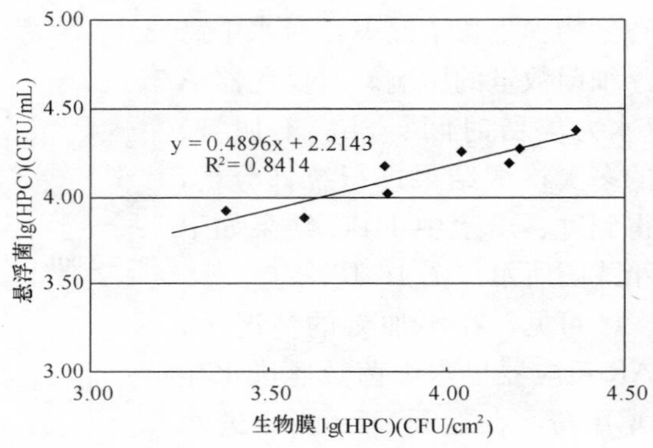

图16-20 稳态条件下生物膜与悬浮菌数量的关系

可见，本研究在AR反应器生物膜培育至稳定期时，检测所得出水悬浮菌数量与载片生物膜数量的对数值呈线性关系，基本规律与张晓健等研究结论类似，即生物膜的脱落符合一级动力学过程。但该研究中采用的是实验室配水（投加乙酸盐调节进水AOC浓度），因此，AR反应器中载片生物膜数量变化从4～7lg；而本研究此次实验采用的是中试实验工艺出水，水质变化较小且BDOC值较低，生物膜数量仅为3～4lg。因此实验所得拟合关系式与前述研究结果有一定的差异。

16.2.3.3 影响管网细菌分布的主要因素

管网细菌再生长可分为主体水流的悬浮菌和管壁附着的生物膜两部分。由于管道内水力湍流、消毒剂存在及营养基质浓度低等不利因素的影响，一般认为，管网系统中悬浮细菌数量所占比例要远小于生物膜细菌，即管网细菌再生长主要发生在管壁生物膜内。但有研究认为，这样的结论并不是在所有情况下都是成立的，管网细菌分布受到很多因素的影响，主要包括管径、消毒剂余量及管网水力停留时间等。

(1) 管径

管径对细菌分布的影响是显而易见的，主要与管道的比表面积有关。假设管壁生物膜密度为10^6CFU/cm^2，水中悬浮菌数量为10^4CFU/mL，则可计算得出：在管径500mm的管道中，悬浮菌数量所占比例为12.3%；而在管径为50mm的管道中，悬浮菌数量所占比例则为1.23%。因此，管网末梢管径小、比表面积大，同样的细菌浓度下，生物膜部分占主要部分。

(2) 消毒剂浓度

上述结果仅是理论计算所得，而针对管网中消毒剂浓度的考察会导致另外的结论。

Srinivasan S. 等通过模拟管道系统，考察了管网余氯对管网系统中细菌数量在水相和管壁上分布的影响。研究发现，在没有余氯存在的情况下，管网水相中的悬浮菌数量占系统所有细菌数量的81%，即只有19%的细菌是在生物膜内；而当余氯提高到0.2、0.5和0.7mg/L时，悬浮菌所占比例分别下降到37%、28%和31%。同时，该研究总结了其他的一些关于悬浮菌/生物膜细菌比例的研究结果，如图16-21所示。

可见，随着管网余氯量的增加，悬浮菌所占比例迅速降低，当余氯值大于0.5mg/L时，管网系统中基本以生物膜细菌为主。这是由于随着余氯的增加，管网水相中的悬浮菌和管壁生物膜细菌的生长都受到一定的抑制，但由于近管壁处层流层对物质传递的抑制，以及生物膜细菌对消毒剂较强的耐受能力，余氯增加对悬浮细菌的影响要远大于对生物膜细菌的影响。因此，在管网末梢或死水区等停留时间长的区域，水中余氯显著衰减，悬浮菌的数量将占主导地位，极大地威胁了饮水安全。因此，适当提高管网末梢的余氯水平和通过适当排放尾水等方式降低水力停滞区的停留时间，能够有效保障管网水的生物稳定性。

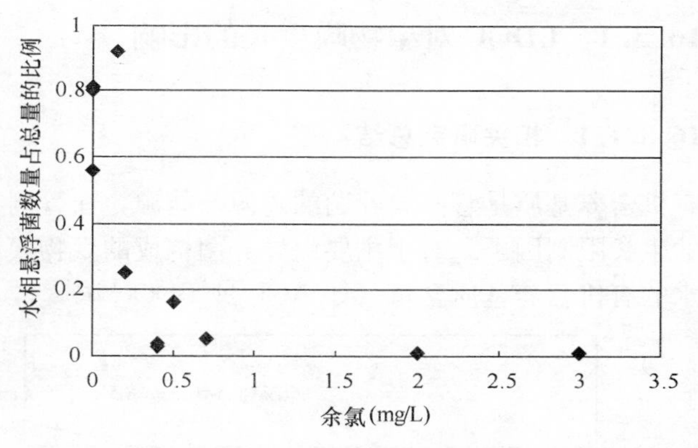

图16-21 余氯对管网水相中悬浮菌所占比例的影响

(3) 管网水力停留时间

除了余氯外，管网水力停留时间可能是影响悬浮菌/生物膜细菌比例的另一个重要因素。Srinivasan S. 等通过模拟管道系统研究了不同水力停留时间（8.2、12、24、48h）和余氯值对悬浮菌所占比例的影响，结果如图16-22所示。

可见，在无余氯的条件下（图16-22*a*），管网中悬浮菌所占比例非常高（>75%），且随着水力停留时间的增加，该比例基本无显著变化；而控制余氯值为0.2±0.1mg/L（图16-22*b*）时，管网悬浮菌比例相比于无余氯时显著降低，但随着水力停留时间的增加而该比例有增大趋势（数据波动较大）。因此，可认为在一般情况下（有余氯存在），管网水力停留时间的增加可能导致更多的悬浮细菌生长。

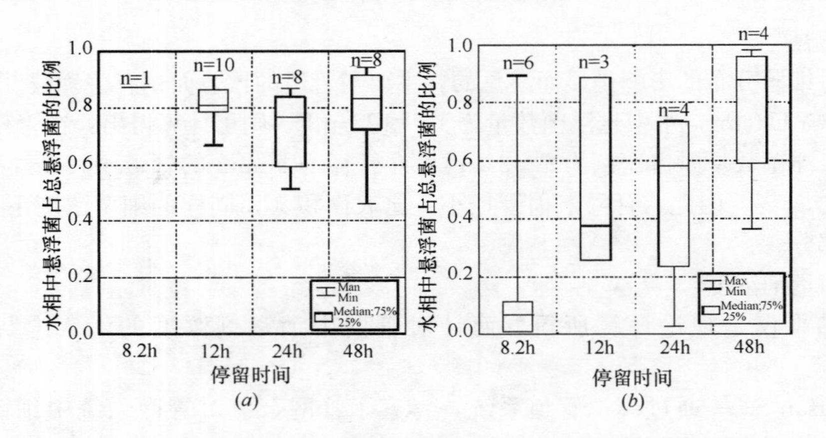

图 16-22　管网水力停留时间对悬浮菌所占比例的影响

16.3　营养基质浓度和余氯的影响

16.3.1　BDOC对生物膜生长的影响

16.3.1.1　相关研究总结

有机营养基质是管网异养菌的碳源与能源，在管网贫营养环境中，大多数情况下是微生物的生长限制因子，对于主要由异养菌构成的生物膜细菌而言，同样如此。因此，控制管网水的有机营养基质含量（如AOC或BDOC浓度），能有效抑制管壁生物膜的生长。

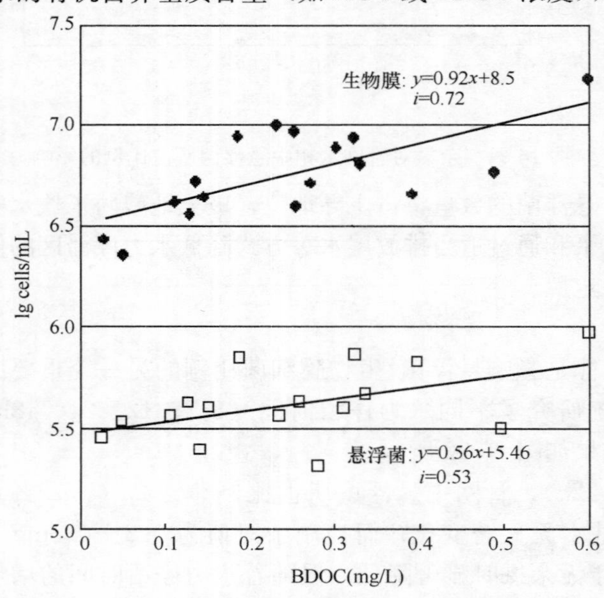

图 16-23　管网水BDOC与生物膜及游离细菌量的关系

（生物量采用荧光显微镜直接计数，管径100mm，水温20℃，无余氯）

Mathieu等对模拟管网水BDOC与管网微生物生长的相关性进行了考察，结果如图16-23所示。

由上图可见，在无余氯存在条件下，生物膜细菌和悬浮菌都与BDOC存在较好的相关性，微生物量随着管网水BDOC的增加而增加；在该研究中，生物膜细菌比悬浮菌的拟合直线斜率更大，即生物膜生长受BDOC的影响更大。

在上节中提到的Servais等的研究中，同时考察了BDOC对生物膜的影响，为避免余氯的影响，选择管网余氯低于0.1mg/L的水样检测其BDOC，利用铸铁挂片进行生物膜培养，达到稳定期时生物膜数量与BDOC，结果如图16-24所示。

生物膜细菌数量以 PEPA 指标表示（μgC/cm²）。可见，即使是管网余氯值较低（<0.1mg/L）时，保持管网水 BDOC 浓度在较低水平（如<0.2mg/L），亦可显著降低管道生物膜数量。根据图 16-24 结果，当 BDOC 从 0.40mg/L 降低到 0.20mg/L 时，生物膜生物量可减少 3 倍。

李欣等利用试验管段对 BDOC 和管壁细菌量进行了研究，连续培养 3 个月后检测管段内载片上生物膜数量（管壁微生物量测定采用带摄像系统的 BX51 显微镜），结果如图 16-25 所示。

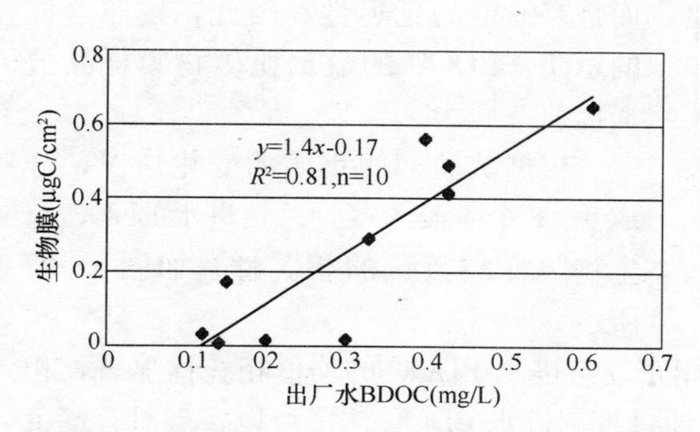

图 16-24 铸铁挂片上生物膜密度与出厂水 BDOC 的关系（取样点余氯<0.1mg/L）

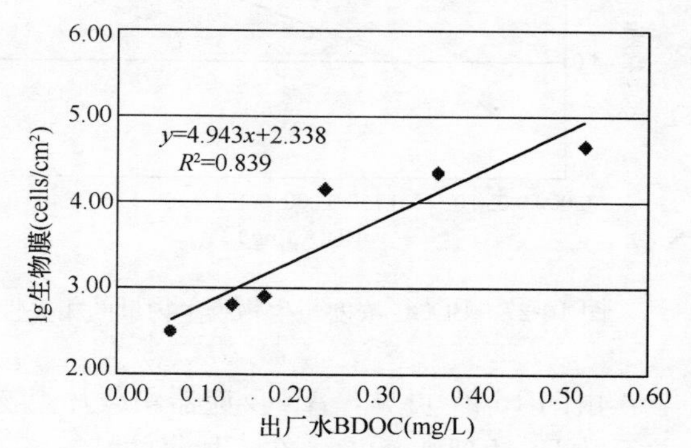

图 16-25 试验管段中生物膜细菌量与 BDOC 的相关性

图 16-25 结果显示，出厂水 BDOC > 0.234mg/L 时，生物膜数量有明显的增加；该研究认为，控制 BDOC 在 0.167～0.234mg/L 之间，可达到控制管网细菌生长的阈值。

16.3.1.2 实验研究结果

本研究在 AR 反应器中考察了进水 BDOC 对生物膜细菌生长的影响，实验内容如下：

◆ 第一阶段：

(1) AR 反应器采用实验室自来水（消毒后）连续进水，停留时间为 2h，模拟实际管道 100mm，流速 0.3m/s 的管网水力状况；研究时间为 2009 年 3 月 10 日～2009 年 5 月 6 日。

(2) 为避免单次取样造成的误差，根据进水水质的波动，分几个阶段统计各阶段的进水有机物（DOC）平均值及该阶段生物膜量的平均值，拟合如图 16-26 所示。

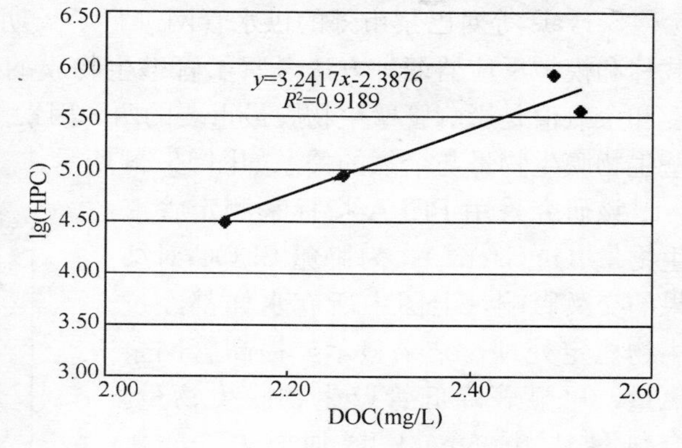

图 16-26 AR 反应器进水 DOC 与生物膜生物量的关系

可见，对于同一水源来说，采用 DOC 指标也能很好地反映水中有机基质的含量，进而与生物膜生长有较好的相关性。但由于实验时间所限及管网水质波动性较小，本研究只获得了 4 个阶段的数据均值，还需要进一步的研究以支持此结论。

◆ 第二阶段：

在生物膜生长成熟的AR反应器中，调节进水BDOC。调节方法是，采用中试试验不同工艺流程出水进行生物膜培养，考察稳定期生物膜量与进水BDOC的关系。试验时间为：2010年2月25日～2010年11月12日。

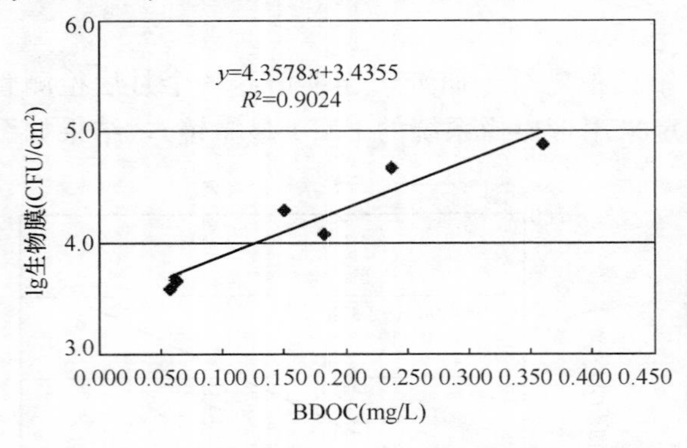

图16-27 BDOC浓度与生物膜生物量的相关性

与第一阶段类似，选择即时的进水BDOC值与生物膜数量进行相关性分析，将会导致一定的误差，因为水质变化引起的生物膜数量增减并不是即时发生的，而是有一定的延迟性。因此，按照这样的思路，BDOC的数据比生物膜样品数据提前一周。

根据试验期间水质的变化情况，分成5～6个阶段考察，总结进水BDOC与生物膜样品数量的相关性，如图16-27所示。

由图16-27可见，AR反应器中载片生物膜密度与进水BDOC的均值相关性显著，相关系数R^2达到0.9024。在不加氯的情况下，通过控制进水BDOC浓度可以实现对管壁生物膜细菌数的控制，但进水BDOC需低至0.10mg/L才能控制生物膜密度在10^3水平上；因此，需要结合消毒剂来联合控制生物膜生长。

16.3.2 余氯对生物膜生长的影响

16.3.2.1 相关研究总结

Servais等对巴黎市郊的供水管网进行了长期的现场考察，分别采用实际管道内布设载片和模拟反应器两种方法考察了管壁生物膜的生长情况。研究发现，管网水BDOC浓度和余氯值是影响管壁生物膜最重要的两个因素。针对巴黎市郊供水管网的研究发现，管壁生物膜生物量与余氯的关系如图16-28所示。

该研究采用PEPA指标来测定管壁生物量（ngC/cm²），为避免BDOC对结果的交叉影响，上图中所有水样都经过生物稳定处理。结果显示，提高管网余氯量，可显著降低管壁生物膜生物量。余氯量从0.05mg/L增加至0.3mg/L时，生物膜量可降低1lg（即从约0.1μgC/cm²降至约0.01μgC/cm²）。

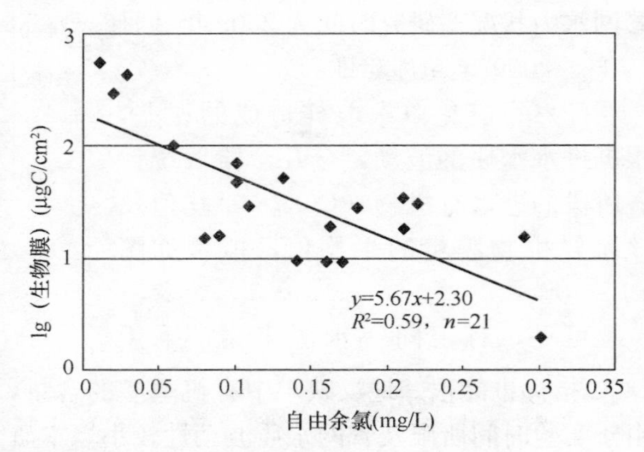

图16-28 巴黎市郊供水管网中余氯对生物膜生物量的影响

同样，张晓健等通过AR反应器研究发现，目前饮用水标准中规定的管网末梢余氯量0.05mg/L无法满足控制管壁生物膜生长的要求，与不投加消毒剂时的生物膜稳态生物量没有显著差异。随着余氯量的增加，稳态生物膜的生物量呈下降趋势。当AOC浓度低于150μg/L，余氯量控制在0.3～0.5mg/L时，生物膜稳态生物量基本低于10^3CFU/cm^2，可以实现有效控制。

16.3.2.2 实验研究结果

本研究通过AR反应器进行生物膜实验，考察了余氯对生物膜的控制作用，具体实验过程如下：

(1) 消毒剂：次氯酸钠溶液；控制投加量，分别为0、0.05、0.10和0.30mg/L，每个阶段待运行达到假稳态后取一定个数的数据，再调节至下一个反应条件。

(2) AR反应器：采用第五章所述的生物活性炭（BAC）出水作为AR反应器进水，整个试验期间，进水BDOC较稳定，为0.05～0.15mg/L，满足生物稳定性要求。

(3) AR反应器水力停留时间为1d；调节转速模拟实际管径为100mm的管道中，流速为0.3m/s的水流剪切力。

(4) 载片生物膜数量测定方法如16.2.2中所述。

实验结果如图16-29所示。

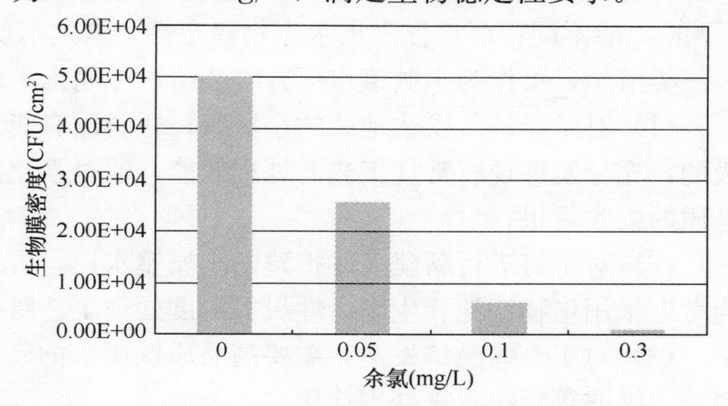

图16-29 余氯与生物膜数量的相关性

可见，在不加氯的情况下，即使进水BDOC较低，载片生物膜密度仍达到了4lg以上水平；而随着水中余氯值的增加，生物膜数量下降显著。但余氯为0.05mg/L时，生物膜密度仍在4lg以上；提高余氯值到0.1mg/L时，能控制生物膜密度在3～4lg水平；进一步增加余氯值至0.3mg/L，则可控制生物膜维持在3lg左右。

综上所述，采用BDOC和余氯联合控制的方法，能有效抑制管壁生物膜的生长。

16.4 管壁生物膜控制技术

管壁生物膜的生长会导致管网运行的诸多问题，尤其是威胁到管网水质安全。因此，控制和去除管壁生物膜，是保障饮用水输送系统水质安全的重要部分。

如前所述，管壁生物膜的生长受到多种因素的影响，因此，控制生物膜生长也需要多种技术手段，而不能仅仅依靠某一种“最佳”的方法，各种技术控制管壁生物膜的相对效果也是因地而异的，需要根据管网的实际情况来选择适合的方法。

综合而言，供水管道生物膜控制方法主要包括：

(1) 控制出厂水营养基质含量；

(2) 在整个管网系统中维持一定量的消毒剂余量；

(3) 管材及相关供水设备材质的优选；

(4) 管道腐蚀控制；

(5) 控制管道交叉连接和倒流防止；

(6) 控制和削弱供水系统的水力问题;

(7) 供水设施如管道、水箱等的更新与修缮。

16.4.1 出厂水生物稳定性控制

管网微生物再生长的内因是出厂水中营养基质的存在，因此，控制出厂水的生物稳定性，尽量降低水中营养基质含量是控制管壁生物膜最根本的办法，但往往也是难度较大的办法。

我国小城镇经济发展不均衡、水源水质状况差异也较大，需要根据自身的要求和能力来选择合适的方法提升水厂工艺水平。根据本研究的结果，针对不同的水源水质，强化混凝、生物预处理、生物活性炭深度处理、复合膜工艺、纳滤膜工艺等都可有效去除BDOC，能不同程度地保障出水生物稳定性。因此本研究第五章针对我国不同小城镇提出了三类措施，可作为小城镇水厂升级改造、控制出厂水生物稳定性的借鉴:

(1) 对于经济欠发达地区的小城镇，暂时没有能力对现有净水工艺进行大规模改造升级的，充分发挥现有常规工艺的处理效能，通过强化混凝、生物预处理等手段可提高营养基质的去除效果;

(2) 对于将进行新建、改扩建的小城镇水厂，可结合当地的经济条件和水源水质，适当考虑采用生物滤池、生物活性炭等深度处理工艺路线，可获得优质的生物稳定性出水;

(3) 对于一些经济发达，需要高品质饮用水的新建水厂则可采用臭氧－生物活性炭、超滤、纳滤等新技术来处理饮用水。

16.4.2 管网余氯控制

强化管网余氯的消毒能力是控制管壁生物膜的最常采用的方法，主要的措施包括:

(1) 选择合适的消毒剂和消毒工艺

氯是应用最为广泛的消毒剂，但控制管网细菌再生长不能仅依靠提高氯投加量，需要通过消毒工艺改进如加氯点选择、加氯方式优化、清水池结构设计等多种途径，提高消毒效率、保障水质生物稳定性。采用化合氯作为管网余氯形式，其衰减速率更慢，具有更强的控制生物膜效率，是比较适宜的替代消毒方案。

(2) 维持管网余氯在阈值水平之上

研究证明，管网余氯为0.05mg/L时对生物膜生长基本没有影响。因此，适当提高管网末梢余氯水平，是控制管网生物膜生长的有效手段。管网余氯阈值的确定还需要进一步的深入研究，要结合水质感官性质、健康风险、杀灭生物膜细菌能力等多方面因素综合考虑。在必要时，采取管网二次加氯，是控制管网细菌再生长的有效方法。

(3) 控制管网余氯衰减

控制管网余氯的衰减需要从多方面着手，包括降低出厂水中BDOC含量；控制管道腐蚀，减少边壁消耗；优化管网设计，降低管网水力停留时间；建立余氯衰减数学模型，科学预测不利管道区域等。

16.4.3 管网优化设计

优化管网设计就是合理地进行给水管网布置，目的是改善管网水力条件，增加管网安全供水能力。小城镇管网的优化设计，首先要尽量将管网连成环状，能保证不间断供水，同时可避免死水端的存在，因为水流停滞区更易发生细菌再生长；而且环状管网可保持水流持续流动，缩短了管网系统的水力停留时间，且不断地更新管网余氯，因此能有效控制微生物风险。

管网设计中还要避免管道交叉连接。生活饮用水管道与非生活饮用目的的管道的连接，称为交叉连接。由于市政自来水管网除了供应居民生活饮用之外，还需供应其他用途的用水如消防等，所以交叉连接现象不可避免。非生活饮用的用水管道，有的由于长期不用而发生水质变质（如消防管道）；有的配水管出口极易沾污（如游泳池、冷却塔、喷泉的补水管、绿化洒水管和工业用水管等）；它们对生活饮用水管网内的水质安全构成极大的威胁，当干管水压低于支管时，会发生倒流现象，则将导致管网水质的严重污染。在存在交叉连接的地方，可设置倒流防止装置，能有效控制污染进入管网系统的屏障。

16.4.4 管材选择与管道防腐

16.4.4.1 管材选择

管材对于管壁生物膜生长的主要影响包括以下三个方面：

（1）不同的管材的表面特性如光滑度不同，细菌与管壁的吸附能力差异会直接导致生物膜的附着生长情况；

（2）管材的化学性质会影响余氯在管壁的衰减速率；

（3）管材的腐蚀速率差异同样会导致生物膜生长速率的不同。

目前，供水管道常用管材可以分为金属管材和非金属管材两大类，包括铸铁管、球墨铸铁管、水泥砂浆管、预应力管、钢管、塑料管（PVC、PVC－U、PE、HDPE 管等），以及较老的石棉管和镀锌钢管等。

城镇供水管材的选择需要综合考虑管道输水能力、施工难易程度、工程造价等多方面的因素。根据工程实践，一般大口径管材选择球墨铸铁管较为经济，而小口径管材选择塑料管具有更多的优势。据统计，“十五”期间我国市政供水管平均每年增长管道长度约1.5 万公里，其中 80％左右为 DN400mm 管道；到 2005 年，塑料管道在全国各类管道中市场占有率达到 50％以上；其中，城市供水管道 20％采用塑料管，村镇供水管道 50％采用塑料管；预计到 2015 年全国新建工程中，塑料管道使用率将达 85％以上。

从控制管壁生物膜生长的角度来考虑管材选择，根据已有的研究可以得出：金属管及水泥砂浆管等内壁粗糙度大，微生物极易附着，并通过产生胞外聚合物（EPS）而吸附更多的细菌和营养物，从而形成生物膜；而塑料管内壁光滑度高，微生物相对不易在其上生长，尤其是如交联聚乙烯（PEX）管等新型管材，表面性能极佳，具有不滋生细菌的特点。

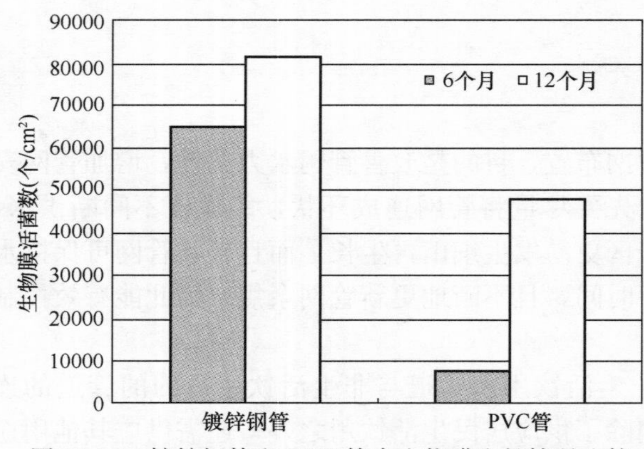

图16-30 镀锌钢管和PVC管内生物膜生长情况比较

李爽等利用模拟管道系统考察全新的PVC管和镀锌钢管内生物膜的生长情况，连续通水6个月及12个月取样检测结果如图16-30所示。

对于单独供水（不采用区域供水）的小城镇供水系统来说，大部分管道属于中小管径，选择塑料管具有造价低、易于施工、易于维护等优点，同时，对于控制管壁生物膜而言，也具有非常明显的优势。

16.4.4.2 管道腐蚀控制

金属管材（尤其是无内衬防腐）在长期使用过程中容易发生腐蚀，由于腐蚀造成的管壁粗糙度增加，也会促进微生物的附着；同时，生物膜中可能存在的铁细菌、硫酸盐还原菌等的生长又会导致微生物腐蚀（MIC）。因此，管道腐蚀与细菌再生长相互影响、相互促进，加速了管网的老化，增加了管网水质二次污染风险。

我国学者赵洪宾教授提出管道“生长环”概念，即是指给水管道在长年运行中，沿管道内壁由沉淀物、锈蚀物、黏垢及生物膜相互结合而成的环状混合体。生长环随通水时间增加而逐渐增厚，从疏松逐渐变为硬实，管道底部较厚，顶部较薄，内部为多孔结构。在老旧管道更新时，可以看到如图16-31所示的发展极为严重的“生长环”。

图16-31 管道生长环

管龄是影响管道腐蚀的一个重要参数，管道服役时间越长，腐蚀现象越严重。另外，如前面章节所述，管网水质化学稳定性是导致管道腐蚀与结垢的内在因素。

为控制管道腐蚀和结垢，国外很多水厂都根据水源水质特点采取软化、调节pH、脱CO_2或再矿化等不同手段调节出厂水的化学稳定性，而国内水厂这方面的经验还不足。另外，20世纪90年代，欧美等一些国家开始在管网运行中采用磷酸盐缓蚀剂以控制沉积结垢。同时，众多研究发现，磷酸盐也可有效控制铁管道的腐蚀。常用的磷酸盐缓蚀剂包括正磷酸盐、聚合磷酸盐、双金属（锌）磷酸盐等。然而到目前为止，对于采用磷酸盐控制管道结垢腐蚀，以及其对管网水质的综合影响还存在很多不确定的问题。

控制管道腐蚀，就是减少微生物可附着的位点，同时也可降低消毒剂在管壁上与腐蚀物反应的消耗量。因此，一些研究认为，管道腐蚀在某些情况下可能是影响生物膜生长的最主要因素。从这一点上说，为有效降低管道腐蚀、控制管壁生物膜生长，可采用的措施包括：提高出厂水化学稳定性、选用耐腐蚀管材（塑料管等）、对管道进行防腐处理（如加防腐内衬、刷防腐漆等）、加强管网运行维护（如管道冲洗、更新等）。

16.4.5 管道清洗及管垢清除

管道内生长生物膜及“生长环”后，按照一定周期进行管道清洗和管垢清除，可有效去除锈垢和附着微生物，不仅能恢复管道的输水能力、降低管道输水电耗，也可改善管道卫生状况，保障水质安全。国外很早就开始进行管道冲洗方面的研究和应用，相关的技术方法也已非常成熟，已成为供水企业一项日常必须的运行维护项目；而我国很多地方尤其是小城镇方面，对于管道清洗还不够重视，相关的实践比较少，亟需从技术规范上进行规定，并提供更多的技术支持。

常用的管道清洗及管垢清除方法包括：

（1）水力清洗法

水力清洗法是最为常见的一种管道清洗技术，通过一定水压的高速水流对管道进行冲洗，从消火栓处排放冲洗水，直至排放水质达到一定要求为止。流速是影响水力清洗效果最重要的参数，只有足够的流速才能将管壁锈垢、沉积物及生物膜冲掉。很多国家将管道清洗作为一项经常性的维护作业，因此管壁锈垢、生物膜等不会因长期发展而结成坚硬的管瘤，较易在强水流冲洗下清除，而且水力清洗法简单、易施行，所以该方法在国外应用较为普遍。但对于一些老旧管道，形成了非常坚固的“生长环”后，就难以通过水力清洗有效去除，必须采用其他方法清除管垢；而且水力清洗法对高流速的要求，在大管径管道中较难实现，同时存在耗水量大等问题。

（2）高压射流法

高压射流法是利用高压水泵、软管连接喷嘴将高压低速水流转变为低压高速水流，对管垢进行冲击，使其脱落并随水排出。喷嘴不用机械牵引前行，而是通过向后射出水流所产生的反作用力来推动。利用管道上的消火栓口、阀门等处，放入喷嘴进行除垢，可避免开挖作业。该法除垢效果好，相比于水力清洗法可降低水耗。

（3）气-水脉冲清洗法

气-水脉冲清洗法就是在管道内以脉冲射流形式通以高压气体，在管内形成间断的气-水流，随着气体的压缩与扩张，加剧管道紊流，增大水流剪切力，气-水流对垢层进行疲劳破坏，管垢被冲下并随水流流出。该法具有清洗效果好、冲洗距离长、耗水量小等优点，但也难以清除较坚硬的管垢。

（4）化学清洗法

城市给水管道采用化学药剂清除管垢难度较大，需要形成良好的封闭区间，否则药剂泄漏容易危及水质安全；且药液使用量大，清洗成本高，后续处理麻烦，可能带来环境污染。一般化学清洗法可用于局部清洗，作为其他清洗方式的补充。

（5）弹性清管器法（炮弹法，Pig）

用于清洗管道的清洗器头部为聚氨酯材料制成的有一定弹性的炮弹形的物体，故称炮弹法。清洗器直径略大于管内径，长度略小于2倍管径，表面带有钢针，对不太硬的管垢具有较好的清除效果。一般通过发射装置将清管器压入管内，利用有一定压力的水流或空气推动清管器向出口移动，通过接收装置取出。在管网末梢或低压区工作较困难，特别是难以通过弯头、闸门等管件。

（6）机械刮管法

管道内壁形成坚硬积垢可采用机械刮管法清除。机械刮管法的适用管径范围是75～1000mm，但对于大于450mm的管道应用不普遍。刮管器主要由切屑环、刮管环和钢丝绳等组成，形式多样。切屑环可在管垢上刻画深痕，刮管环把锈垢刮下，最后用钢丝来回拖动，清除管垢。一般采用机械刮管法需要断管和停水作业，较适于直管除垢，遇有管道附件时，施工困难；而且管垢被刮除过程中，会露出新的金属面，如果不立即进行管道内壁防腐处理，则新露出金属面会很快地再度发生更严重的腐蚀。

综上所述，对于新敷设管道，选择耐腐蚀管材，并制定合理的管道清洗计划、定期维护，管道沉积物、生物膜等一般呈较为松软、滑腻状的薄层物质附着在管壁上，不易结成硬质管垢，可通过水力清洗很好地清除；而对于腐蚀结垢严重，长有较厚"生长环"的管道，则需通过炮弹法、刮管法等来清除，同时做好后续防腐处理。因此，加强管道日常维护、科学合理地制定清洗计划并严格执行，是控制管壁生物膜的有效办法。

16.4.6 管网改造与更新

我国城镇的供水管道大都是在20世纪70、80年代以后开始敷设的，很多管龄仅为20～30年的管道都发生了较严重的老化问题。这是由于在建设初期很多采用的是石棉水泥管、自应力管、镀锌管、灰口铸铁管等材质差的管道，而且我国供水企业长期忽视对管道的运行维护，一般仅采取被动的维护操作，很多管道腐蚀结垢严重，出现锈垢、沉积物和微生物共同组成的"生长环"，导致输水能力降低、漏失严重、管网水质差等突出问题。因此，进行老旧管网改造更新，是保障我国城镇供水安全的一项重要举措。

近年来，一些大中城市根据当地实际情况制定管网改造规划，迎来了一轮管网改造高潮。对于小城镇而言，也需要根据自身的经济发展状况，有步骤分批进行老旧管网改造。管网更新改造需要投入较大资金和较长的时间，需要制定详细的管网改造规划，要根据管材使用寿命、配水管网实际运行状况和经济能力来合理确定管网改造率（年管网改造总长度/该年度输配水管网累计总长度）；并在充分考察了解管网现状和供水水质问题的情况下，合理选择改造对象。

管网改造分两大类型：非结构性更新及结构性更新。非结构性更新主要是对管道补作衬里，目的是保证输水水质；避免管道再结垢腐蚀，减少输水摩阻，恢复原输水能力；可堵塞轻微的穿孔，减少管道的漏水。主要涂衬方法有环氧树脂衬里和水泥砂浆衬里。结构性更新旧管主要方法有：（1）内衬软管；（2）内插较小口径管；（3）管道更换。

第 17 章　水质控制技术集成

提高和保障管网水质，要从水质保障和控制技术与对策以及管网水质管理两大方面着手。一方面，要采取技术与对策控制管网腐蚀，控制和保障管网水的化学稳定性、生物稳定性，控制和防止管网水二次污染；另一方面，加强管网水质管理。

17.1　小城镇管网水质稳定性评价指标体系

17.1.1　生物稳定性评价

1. 指标选取

本研究提出：管网水质生物稳定性是指管网水支持或抑制微生物生长繁殖的潜力，其描述的是管网系统中微生物再生长的最大潜力；管网水达到生物稳定时，水中微生物指标需符合生活饮用水卫生标准要求，且水中 HPC 应低于 500CFU/mL；当水中 HPC 增加一个量级，达到 10^4CFU/mL 及以上时，认为发生管网细菌再生长，亦即管网水质生物不稳定；而 HPC 在 500～10^4CFU/mL 之间是管网水质生物稳定向不稳定变化的过渡阶段。

为选择适合在我国小城镇供水行业中推广应用的管网水质生物稳定性评价指标，本课题对包括 AOC、BDOC、DOC、TP、MAP、BRP 及余氯等在内的各类指标进行了深入研究，根据评价指标与管网水质生物稳定性的相关性、检测方法的难易程度，以及提出目标值的可实现性，从我国小城镇供水系统的实际情况出发，从水质生物稳定性评价指标的推广应用前景考虑，本研究将 BDOC 作为首选评价指标，建议以 BDOC≤0.25mg/L 作为近期的控制目标；对于那些采用地下水源，水源水质较好的小城镇，以及东南部经济较发达的小城镇，以及如江苏等地采用大城市近郊联片供水的小城镇，水厂处理工艺较先进、管网运行管理较为完善，可适当将阈值标准提高至 0.20mg/L。在推荐 BDOC 指标的同时，本研究认为在充分了解水源特点的情况下，各水厂可确定适宜的出厂水 DOC 目标值，将 DOC 作为一项日常检测指标，结合每月 2～3 次的 BDOC 检测，既可反映出厂水有机基质含量、评价水质生物稳定性，又可降低工作量。

从综合控制管网水质生物稳定性和消毒副产物的角度出发，本研究认为现有标准中对管网末梢控制余氯≥0.05mg/L 难以保证有效的控制细菌再生长，可能导致用户端水质风险。适当提高管网末梢的余氯值是非常必要的，建议可将管网末梢余氯限值提高至≥0.1～0.2mg/L。

可将孔雀绿－磷钼杂多酸分光光度法作为检测出厂水 TP 的方法，只需使用紫外分光光度计等实验室常用仪器，检测方法简单、快速，非常适合在小城镇推广应用。控制出厂水 TP≤5μg/L，可作为饮用水生物稳定性评价体系中的一个补充指标。

2. 评价点

从系统工程的角度出发，选择水源水、出厂水、居民经常用水点和管网末梢点作为管网水质生物稳定性的评价点。

水源水：监测水源水DOC、BDOC、TP及氨氮等指标的数值及季节性变化情况，以确定原水的生物稳定性以及水厂工艺是否可以保障营养基质的有效去除。

出厂水：重点评价的指标为BDOC、DOC和TP。

居民经常用水点和管网末梢点：重点考察余氯值。

3. 综合评价方法

结合管网水温和我国小城镇当前的发展现状，推荐在我国小城镇采取管网水质生物稳定与安全性综合评价方法：

(1) 饮用水中DOC低于2mg/L、水源水中DOC低于4mg/L时，可以保证消毒副产物的量被控制在可接受的水平；否则要考虑优化生物处理工艺与消毒工艺以降低饮用水中消毒副产物的量；

(2) 管网水力停留时间＞3d，管网水温t＞15℃时，出厂水BDOC≤0.20mg/L、TP≤5.0μg/L，管网末梢余氯≥0.1mg/L，达到水质生物稳定；

(3) 管网水力停留时间＜3d，管网水温t≤15℃时，出厂水BDOC≤0.25mg/L，TP≤5.0μg/L，管网末梢余氯≥ 0.05mg/L，达到水质生物稳定。

17.1.2 化学稳定性评价

1. 影响因素研究

管网水质的化学稳定性是指水在管道输送过程中结垢或腐蚀的倾向。主要影响管网水质化学稳定性的因素有管网水的pH、碱度、硬度、氯化物及硫酸盐、溶解氧等指标。

出厂水pH偏酸性时，会对混凝土的管道和构筑物产生侵蚀作用，会溶解金属管道内壁碳酸钙保护摸，对金属产生腐蚀作用；而出厂水pH偏碱性时，会产生$CaCO_3$及$Mg(OH)_2$沉淀，在给水管内形成水垢。为了保证饮用水的化学稳定性，需将出厂水的pH调整至7.0～8.5。水的碱度是pH的一个缓冲容量，一定量的碱度可保持水的pH相对稳定。适当增加出厂水的碱度可以提高管网水的化学稳定性，降低水质腐蚀性；但过高的碱度会带来较重的“苏打”味、使皮肤易发干，也会导致管道结垢现象。水的硬度决定于水中钙、镁盐的含量，软水会增加对管道的腐蚀，但过高的硬度会导致热水系统结垢问题，且增加肥皂消耗。氯离子和硫酸根离子严重影响着铁制管材的腐蚀，水中这两种离子浓度较高时，会促进腐蚀现象。溶解氧作为水中重要的氧化剂，影响着管网管垢形成反应和铁释放反应。管网水温升高，碳酸钙在水中的溶解度增大，不易发生沉淀；而水温升高会加快氧和二价铁的扩散速度，加速腐蚀速率。水中的浊度也会加速管道腐蚀，加速管壁上“生长环”的形成。

2. 净水工艺对水质化学稳定性的影响

考察5种常用混凝剂（PAC、$Al_2(SO_4)_3$、$FeCl_3$、PFS和PAFC）在混凝过程中都会导致出水pH的降低，增加出水腐蚀性；pH降低幅度与混凝剂种类和投加量密切相关。建议通过优化混凝工艺、优选混凝剂、降低药剂消耗，来避免出水pH的大幅度降低，必要时采用投加碱剂（如石灰）保证混凝后水质的化学稳定性。消毒过程中采用不同的消毒剂对出水化学稳定性的影响不同，液氯会降低水体的 pH 和总碱度，而次氯酸钠会增加水体的 pH 和总碱度。

生物处理工艺，如曝气生物滤池和臭氧-生物活性炭工艺，由于生物硝化作用，会消耗水中的碱度，降低出水的 pH。对本研究"全生物流程 BAF-BAC 组合工艺"的考察结果显示：曝气生物滤池 BAF 的进出水 pH 变化不显著，可能是其中硝化作用不显著有关；而生物活性炭出水 pH 平均下降了 0.20。

低压膜（微滤、超滤）依靠筛分机理去除水中的悬浮物及部分胶体物质，但对出水 pH 和碱度的影响较小，而采用混凝作为膜预处理工艺时，混凝过程会引起 pH 和碱度的下降，这一点与常规工艺相同。纳滤、反渗透工艺对水中影响化学稳定性的无机离子如 Ca^{2+}、Mg^{2+} 等具有一定的去除率，会降低出水的化学稳定性。本研究采用低脱盐率的纳滤膜在高效去除有机物的同时，对出水 pH、碱度、硬度等的影响相对较小。因此，采用高有机物去除率、低脱盐率的纳滤膜可适合饮用水处理各方面的要求，既能保证出水生物稳定性，又对化学稳定性影响不大，后续处理中加碱调节量或脱 CO_2 的要求也会大大降低。

3. 评价指标与评价方法

本研究探讨了管网水质化学稳定性常用的几个评价指标，包括 LSI、RSI、CCPP、AI 和 LR。LSI 和 RSI 是我国规范中推荐的指数，在实际应用中还存在一些不足之处。CCPP 具有定量判别的作用；AI 特别适合于评价石棉管、水泥管以及采用水泥砂浆衬里的金属管；而 LR 综合考虑了氯化物和硫酸盐的腐蚀性能。因而，采用多指标综合评价的方法会获得较为准确的判断，并能更好地指导实践（如利用 CCPP 确定投加碱剂的量）。确定这 5 个评价指标所需的水质参数包括：pH、碱度，以及钙离子、氯离子、硫酸根离子和碳酸氢根离子含量，其中碱度、钙离子及碳酸氢根离子为非饮用水标准规定项目，但碱度和钙离子较易测定，而碳酸氢根离子的测定较复杂，需使用离子色谱法。此外，所需确定的参数还包括饱和 pHs、饱和 Ca_{eq} 离子浓度，可通过计算或图表法等获得。从技术可行性分析，优先推荐的指标是 LSI、RSI、CCPP 三种。

17.2 管网腐蚀控制

供水管网管道腐蚀控制要从管道输送的介质以及管道本身这两大方面来考虑。

17.2.1 控制出厂水水质

选择合理处理工艺或改进处理工艺，提高出厂水水质，尽量保证管道输送介质的化学稳定性，从而控制输配系统的腐蚀。同时，根据已使用管道管壁沉积物的特点，管网的水力条件，管段在使用期间的水质情况以及管网中不同管材的使用比例等，针对水质的确切不稳定性，以及影响水的腐蚀性指标，采取有针对性的技术和对策来控制管网的腐蚀。

17.2.1.1 处理工艺选择

水厂处理工艺对原水中不同物质的净化去除决定了出厂水的水质。为提高管网水质和控制管道腐蚀，要结合原水水质中的物质成分和使用的管材以及管道的运行环境，采取能降低出厂水腐蚀性和提高稳定性的处理工艺。对于已运行的水厂，针对管网腐蚀情况和出厂水的水质情况，必要情况下改进处理工艺，提高出厂水的稳定性和降低腐蚀性。

例如：某些有机物能阻碍二价铁的氧化，这些有机物特别是腐殖酸类。水中的腐殖酸能和二价铁形成复杂的有机化合物，这样将减缓二价铁离子的氧化速率。被管壁沉积物吸附存留的腐殖质将使三价铁转化为二价铁从而增加铁向管网水的释放。所以减少水中有机物特别是腐殖酸类物质，将有助于减少铁释放从而控制铁的稳定性和管道的腐蚀。采用合理的处理工艺，增加水厂处理单元对水中有机物的去除，将会在一定程度上控制管网的腐蚀。

17.2.1.2　出厂水调节

影响水的腐蚀性指标通常有 pH、碱度、硬度、DO 等。因此，根据出厂水情况，调节出厂水中的这些物质，来控制管网输配系统的腐蚀。

1. pH

在无溶解氧的水中，pH 决定腐蚀速率，高 pH 导致低的腐蚀速率。在 6.9～8.6 范围内，增加 pH 会引起腐蚀速率的增加。

出厂水的 pH 不同，管网中的腐蚀速率不同。因此，为了防止管网的腐蚀，在必要的情况下，应当对出厂水的 pH 进行调节，把 pH 调整至 7.0～8.5。调节 pH 一般采用投加石灰等物质进行调节。

2. 碱度和缓冲强度

水中的碱度会影响金属管的电化学腐蚀反应，它会随着碱度的增加而降低，适当提高出厂水的总碱度，能降低阴离子穿透管网内壁腐蚀瘤，引发“黄水”问题的风险。建议出厂水的碱度控制在 50～100mg/L 之间。

缓冲强度对腐蚀速率的影响主要是因为它减少了腐蚀反应造成的阴阳极之间的巨大 pH 变化。高缓冲强度将减缓铁的释放。当 pH 在 6.0～9.0 之间时，在碱度一定的条件下，增加水的缓冲强度可以降低碳钢管的腐蚀速率。在 pH 变化的情况下，增加碱度从而增加水的缓冲强度是不能减少腐蚀速率的，其原因是这样会使离子强度和电导率升高，从而将增加腐蚀速率。

3. 硬度

水中的硬度对电化学腐蚀也有一定的影响，随着水中钙离子和镁离子的增加，水中碳酸氢根离子减少，碱度降低，能够促使阴离子穿透管网内壁腐蚀瘤，引发“黄水”问题的风险。因此，对于硬度过高或过低的出厂水，应调节硬度，出厂水的硬度应该控制小于 250mg/L（以 CaO 计），最适宜为 80～180mg/L（以 CaO 计）之间。对于使用地下水为水源的地区，应增加降低水中硬度的措施。

4. 溶解氧和余氯

增加管网水中氧化剂的量可以减少铁的释放，从而控制管道的腐蚀。水中的氧化剂主要是溶解氧和消毒剂（氯和氯胺等），消毒剂随管网长度的增加衰减较快，不易控制，而溶解氧相对会比较容易控制，所以通过调节水中溶解氧的量来改善水质，使用曝气的方法来控制管网的腐蚀和控制管网水铁化学稳定性。曝气法可以增加水的 pH 并且带走水中

CO_2（减少水中溶解性无机碳），在一些情况下，曝气还可以带走 VOCs、氡，并去除水中的铁锰，特别适用于低 pH、高硬度以及 CO_2 含量较高的水源水。国外已将曝气法作为管网腐蚀控制技术用于中小型水厂以及人力物力资源相对紧张的水厂中，建议管网中溶解氧在 5～10mg/L 之间。

17.2.1.3 其他控制技术

1. 投加缓蚀剂

向水中投加少量的缓蚀剂可以减少腐蚀速率、金属的释放或者对两者都有减少。目前使用的缓蚀剂主要有磷酸盐和硅酸盐。正磷酸盐可以减少钢管的腐蚀速率以及铁释放速率，同时也可以控制镀锌钢管的腐蚀。正磷酸盐缓蚀剂在使用时水体的 pH 不能波动较大，应当控制 pH 在一定的范围内。多磷酸盐具有表面活性，能被旧管的沉积物吸附，是很好的钢管缓蚀剂，但是钙离子以及其他的多化合价的离子会影响缓蚀的效果。在水力条件滞留的情况下多磷酸盐的缓蚀效果不好，而紊流更容易使多磷酸盐在管壁表面形成保护层；硅酸钠作为暂时性控制出水色度以及由铁引起的浊度的药剂已被广泛使用。对于铸铁管，碱度在 30～40mg $CaCO_3$/L、pH 在 8.5～9.0 范围内，使用硅酸钠可以减少铁含量。

腐蚀速率受温度的影响较大，随着季节的变化投加缓蚀剂的浓度也不同，夏季所需要的缓蚀剂量要大于冬季的。

2. 电化学阴极保护

阴极保护是将所考虑的全部结构的组成部分转化为阴极，根据腐蚀电池原理，两个电极中只有阳极金属发生腐蚀，所以阴极保护的原理就是使金属成为阴极，以防止腐蚀。

17.2.2 改善管道卫生状况

保持管内水的经济流速可以有效地控制腐蚀的发生，应合理设计和布置管网，设法改造缓流区等易产生水质问题的区域，在全范围内均衡供水，在腐蚀严重区，应经常开展冲洗工作等。

17.2.2.1 合理布置管网

管网布置和设计的合理与否也会影响水在管道内的流速，从而影响管网腐蚀和水质，因而建立适宜的管网布置形式和设计合理的管道，会提高和改善管网水质，控制腐蚀。

树枝状管网只能向一个方向输送水，当管道过长时会使末端水滞留时间过长，管中的水流缓慢，甚至停滞不流动，加重腐蚀，且管网中任一段管线损坏时，在该管段以后的所有管线就会断水、停水。环状管网如同一个封闭的环，由一个封闭成环的管道组成，输送到某管段的水同时可由一条或几条管道供给，可缩短水在管道中的滞留时间，能较合理地控制均衡供水。

17.2.2.2 选用适宜管材

一、管材选择原则

小城镇供水管道管材选择应针对当地实际情况，如经济发展水平、管理技术水平、环境条件等，从管材本身性能、卫生安全、应用技术的成熟性、经济性、市场常备规格、运行环境等方面综合考虑，要考虑以下原则和因素：

1. 采用安全、无污染、无毒性的管材，保证供水符合饮用水的卫生要求。

所有在供水管道中使用的管材及其内防腐材料必须是无污染和无毒性的。

2. 从水质卫生上考虑，要求管道内壁既具耐腐蚀性，又不会向水中析出有害物质。

为满足供水管网安全可靠运行的要求，首先要选用性能优良、耐腐蚀、性能好的新型管材；其次是对管道表面采取保护措施，外部防腐和内部涂衬，以确保管网水质的安全。

3. 尽可能采用具有良好抗震性能的柔性接口，对刚性连接的接口在管网中应设置防震措施。

4. 整条供水管线应具有良好的耐腐蚀性能或采取可靠的防腐措施，以提高其使用寿命。

（1）球墨铸铁管

①必须对铸铁管的外表面和承口内表面进行喷锌处理；

②建议优先使用具有良好尺寸精度和表面光洁度的铸造工艺生产的管件，如消失模和树脂砂工艺；

③作为管道接口的主要配件如橡胶圈，应具有与良好防腐措施的铸铁管材相匹配的使用寿命（使用年限约70～100年），建议使用三元乙丙橡胶圈。

（2）塑料管道

系统必须很好地解决连接问题，连接要可靠，要能与管道系统各组成部分的使用寿命等同，整个管道系统各组成单元和连接质量都要以最少使用50年为基础来进行设计和施工。采用国际上通行的不可拆卸的焊接接头，即热熔和电熔连接方式。

5. 考虑环境因素，如输送水质、地下水及土壤的腐蚀性、是否处于地震区等。

6. 考虑运行管理方、设计、施工等对所选管材的实践经验，检修、换管、接管的方便性，以及工程投资综合造价，运行费用等。

7. 管材来源有保证，管件配套方便，运输费用低。

8. 施工机具解决及安装容易。

9. 使用年限长，维修工作量少。

二、管材选用策略

1. 常规选择

建议*DN*1200以上的管道采用加钢套筒的预应力钢筋混凝土管（简称PCCP）和普通预应力钢筋混凝土管，注意应选择三阶段法制造工艺生产的管子；*DN*400～1200采用球墨铸铁管，且球墨铸铁管应内衬水泥砂浆；*DN*100～400优先考虑采用PE（HDPE）管，其次是PVC-U管；*DN*50～100优先考虑PE（HDPE）管、PP-R管，其次是PVC-U管；*DN*50以下建议首选PE管，但小口径入户管道因多为明敷，宜选用抗紫外线强度较高的PVC-U管。

2. 特殊情况选择

（1）经常遭遇低温冻害的地区，应优先考虑选用保温节能型的PP-R管、钢管、球墨铸铁管、玻璃钢管、PE管；

（2）处在地震带的供水管道，应优先选用抗震性能强的管材，如球墨铸铁管（抗震接头)、钢管(焊接接头)、聚乙烯管(高密度、热熔接接头),并设置柔性接口。$DN \geqslant 1200$,可选用预应力钢筒混凝土管、钢管,$600 \leqslant DN < 1200$,球墨铸铁管、预应力钢筒混凝土管,$300 \leqslant DN \leqslant 600$,球墨铸铁管、高密度聚乙烯管(PE100),$DN < 300$,球墨铸铁管、承插式聚乙烯管(PE100);

(3) 管道穿越公路部位,采用焊接钢管外加套管,套管采用预应力钢筋混凝土顶管,接头形式采用圆形橡胶圈密封的钢制接头;

(4) 在拐弯和穿越河道冲刷较严重的部位,采用适应地基情况良好的焊接钢管。河道内球墨铸铁管为首选管材,在河道冲刷严重地段还可采用 TF 自锚式接口球墨铸铁管;

(5) 石山区不能埋管的地方宜选用钢管或热镀锌钢管;

(6) 桥管应使用钢管或球墨铸铁管;

(7) 特殊部位局部换管,如潜水泵出口至主管部分、检修阀及排水阀处采用焊接钢管。

阀门选型使用时应注意:

①阀体、上盖、配件应优先采用球墨铸铁,阀杆采用优质不锈钢;

②阀门内部、外部采取的防腐措施,应安全、无毒,符合环保标准。防腐层具有一定的抗冲击性,能长期有效;

③可考虑使用平底式弹性座封闸阀,解决阀门关闭不严、漏水问题;

④由于供水管网的特殊性,选择蝶阀时均要对双向密封提出要求,要求生产厂家能提供蝶阀调节性能曲线和阻力系数曲线。

17.2.2.3 加强管网改造

为控制和减缓管道腐蚀,除新建管道要考虑涂衬防腐外,对一些铺设年代较久的管道,要根据具体情况加大改造力度。

1. 修复

对于尚具有一定强度的旧管道,要修复,宜采用免开挖的修复技术使管道更新,恢复其通水能力,如反转内衬软管法、内衬管法、纤维布法等。

反转内衬软管法是用无毒的复合纤维布作内衬,利用反转原理把复合纤维布引入管内,并使之黏结在管的内壁;内衬管法是采用改性聚乙烯制成内衬管,对旧管道进行修复,此修复工艺操作简单、停水时间短、施工工期短,只需在被修复管段两端挖两个工作坑即可,不需要大面积开挖;纤维布法是采用国产材料制作的"非织造复合纤维膜"作内衬管材,这种方法无须开挖路面,只需在旧管道的两端挖两个工作坑即可对其进行修复,可大幅度减少开挖路面带来的困难,特别适合于铺设年代已久、腐蚀较严重又难于开挖的管段,如主要街道、重要建筑物下面的管段。

2. 清洗防腐

对于腐蚀严重的管道,先根据腐蚀情况和当地实际条件选用机械刮管、气压脉冲法、水击式清洗、Poly—Pig 清管法等方法中的适宜方法清除掉管内壁的附着物和积垢等,然后根据管材等实际情况再防腐。防腐必须采取无毒、无污染的防护涂料。

(1) 内防腐

内防腐一般采用水泥砂浆、环氧树脂或水泥砂浆和环氧树脂的复合涂层进行管道内涂衬。水泥砂浆涂衬一般用于 *DN*75 以上金属管道的内防护，环氧树脂涂衬主要用于铸铁管或钢管内壁防腐。要求环氧树脂涂衬的树脂应该是耐湿、不溶于水和苯乙醇。

（2）外防腐

球墨铸铁管外部要作喷锌防腐处理；阀门内外防腐可采用无毒热熔环氧树脂粉体涂装；中小口径钢管外防护材料可采用 3PE 缠绕保护层；埋地钢管可选用阴极保护等措施延缓腐蚀；水泵房等特制管件较多的地方，可采用二次安装工艺，将特制管件整体进行热熔环氧树脂粉体涂装处理，以确保其防腐性能。

3. 更新

对于超出使用年限的管段，根据当地经济水平、运行环境等实际情况，采用 PE 管、PVCU 管、有水泥砂浆衬里的球墨铸铁管以及塑料复合管等新型管材进行更换。

17.2.2.4　科学管理管网运行

1. 降低管网水力停留时间

小城镇供水系统由于其规模小，用水不均匀，用水高峰时几乎是户户用水，用水低峰（夜间）用水量很小，水在管网中的滞留时间比较长，而水力停留时间过长会加速管道的腐蚀以及腐蚀产物的释放速度，加大了供水管网出现“红水”问题的风险。因此，必须从技术和管理两方面着手，如建立供水管网水力模型，实时模拟供水管网水力工况，了解供水管网每条管道的压力、流量和流速等水力参数，采取有效措施改善缓流区域管道的水力工况，制定合理的管网冲洗排放计划等，尽量减少水在管网中的停留时间。

2. 末端排水阀及消火栓

从主管至消防栓一般都有 5～10m 左右的管道，而该段管内的“死水”往往影响水质。为了解决这个问题，就必须定期排放消防栓。

3. 定期清洗管网

根据管网水质情况和管网布置状况，合理制定管网冲洗计划，定期对管网进行冲洗，保证管网中的沉积物不会堆积得太厚，保证管壁的清洁。对小城镇供水管网内壁已发生锈蚀的，尤其是小口径管道、污染量增加较多的管道以及用户投诉“红水”较多的地区（需先分析排除用户支管的因素），要增加冲洗频率。冲洗间隔时间可通过小区试点摸索，如先定半年或一个季度，以后根据水质情况再作调整。

对于积垢较疏松的管道可采用水力清洗法进行定期清洗，对于生长环以及坚硬积垢，可根据具体情况采用高压射流法、气压脉冲法、水击式清洗法、机械刮管法、炮弹法等。高压射流法适用于直径小的管道，不需要断管，可以使用管道本身的一些附属设备进行除垢；气压脉冲法适用于较小管径的冲洗，排水及排水去向较困难；水击式清洗冲击力大，耗水量低，效果好，比较适用于小城镇供水管网的冲洗；机械刮管法较多用于清除具有坚硬积垢的给水管道，操作时需要断管和停水，遇有管道附件等，施工较困难，刮管后要立即涂衬；炮弹（pig）法适用于对不硬的生长环的清除，不适用于管网末端、低压区操作，特别是当清洗器要通过闸门、弯头等管件时很困难。

4. 加强管网水质监测

管网易受污染的地点及管网末梢，应设立水质分析取样点，定点定期进行水质分析，有条件的地区或区域在管网中设置一些可实时传送回余氯、浊度及 pH 等指标的在线监测点，随时监测管网水质及其变化情况，及时采取管网维护，确保用户的水质。随着供水调度自动化程度的提高，也可以建立管网水力学模型及水质模型，有助于水质管理。

5. 加强管网维护工作

由于管道局部停水，会引起管网水中的流向、流速突变，将影响管网水质。推行不停水作业；管网因更新、维修、扩展等原因须停水时，管网停水范围及时间应列计划，由有关部门审批后执行。

加强管网巡检及维护工作，减少水厂和管网事故的发生，尽量避免停水。恢复供水时要逐渐增大水量，管网中阀门启闭时，动作要缓慢，减少管道内流速、流向的剧变。要经常调研与控制管网的流态，减少低流速管段，消除死水管段。

17.3 化学稳定性控制

小城镇管网水质化学稳定性保障和控制技术主要包括三大方面，一方面是水厂工艺，包括混凝剂的选择，以及在常规工艺的基础上适当增加生物处理技术和膜处理技术增加出厂水的化学稳定性；第二方面是化学稳定性工艺，主要是指适合小城镇应用的加碱、曝气等工艺；三是管材的优选和管网的运行管理。

水质化学不稳定性主要表现为腐蚀性和结垢性两方面。腐蚀性主要表现为电化学腐蚀，结垢性主要表现为水中钙、镁离子的沉淀积垢。因此，管网水质化学稳定性的控制也就主要从腐蚀性和结垢性两方面着手。

17.3.1 腐蚀控制技术

目前，国内小城镇给水厂大多仍采用混凝/砂滤/氯消毒的常规处理方法，pH 6.9～7.0的原水经处理后，其出厂水的pH为6.4～6.7。出厂水的pH偏低会加快给水管网的电化学腐蚀速度，导致管道内壁的阻力系数增大，从而增加输水能耗，缩短管网使用寿命，并使出厂水的水质变差，色、臭、味和浊度增加。为提高出厂水的pH和减少管网的电化学腐蚀反应，采用加碱调节法、曝气法和使用耐腐、防腐管材等。

17.3.1.1 加碱调节法

加碱法适用于pH较低且达不到我国生活饮用水卫生标准中规定的出水pH（pH＝6.5～8.5）要求的饮用水。

调整水的pH和碱度一般有两种方法：一是投加碱性物质；二是在石灰石或高镁石灰石滤池中过滤。前者需要建设加药装置，是《室外给水设计规范》GB 50013—2006推荐的方法；后者由于运行费用低、操作简便，可用于一些水力条件符合的小型水厂。加碱调节可以选择碱剂石灰、NaOH、Na_2CO_3、$NaHCO_3$和NH_4OH，前三者在水厂中较为常用。石灰来源广泛、价格低廉，具有较好的调节pH和碱度的效果，也具有一定的助凝作用，在一般水厂应用中较为普遍；NaOH投加工艺，运行十分稳定、安全，易于实现自动控制，工作环境有很大改善；采用合适的泵体及管道材料，可有效避免堵塞、腐蚀现象并结合原料获得和价格等因素，在盐化工较为发达的地区（沿海城镇），烧碱NaOH作为盐化工的主要产品，产量丰富、价格相对较低，可作为水厂技术升级的推荐工艺。

实际应用中，加碱调节法的碱液最好选择在清水池末端投加，加在清水池末端不会影响氯消毒的效果。投加量的多少要根据出厂水的 pH 和目标 pH 来确定。采用石灰碱剂，其投加量可按下列公式估算：

$$[CaO]=3[a]-[x]+[\delta] \tag{17-1}$$

式中 [CaO]——纯石灰 CaO 投量，mmol/L；

[a]——混凝剂投量，mmol/L；

[x]——原水碱度，按 mmol/L，CaO 计；

[δ]——保证反应顺利进行的剩余的碱度，一般取 0.25～0.5mmol/L(CaO)。

17.3.1.2 曝气法

实践证明，曝气可使水的 pH 由 6.1～6.3 提高到 7.1～7.6，可有效地提高出厂水的 pH。但曝气法主要适用于 pH 略低且 CO_2 含量较高的水质。实际应用中可根据实际情况选用鼓风曝气或机械曝气，具体选用什么方式要取决于水厂的条件，同时也要通过试验来确定。

17.3.1.3 耐蚀管材和管道改造

为保障管网水的化学稳定性，要选用性能优良、耐腐蚀的管材，如塑料管材。采用金属管材的要采取适宜的措施外部防腐和内部涂衬。小城镇供水管网建议 *DN*400～1200 采用球墨铸铁管，且球墨铸铁管应内衬水泥砂浆；*DN*100～400 优先考虑采用 PE（HDPE）管，其次是 PVC-U 管；*DN*50～100 优先考虑 PE（HDPE）管、PP-R 管，其次是 PVC-U 管；*DN*50 以下建议首选 PE 管，但小口径入户管道因多为明敷，宜选用抗紫外线强度较高的 PVC-U 管。

除对新铺管道选用耐腐蚀管材外，还需要加大对旧管道特别是那些腐蚀严重管道的改造，对一些老旧管道进行防腐衬里修复，对腐蚀特别严重的管道进行更新替换等。

17.3.1.4 投加缓蚀剂

磷酸钠、磷酸锌被用于工业循环水系统、给水领域以减缓或控制管道腐蚀，国外一些水厂将出厂水 pH 调节至 7.0 左右，并投加 0.5mg/L 的磷酸锌，显著降低了管道腐蚀速率。常用的正磷酸盐缓蚀剂还包括 Na_2HPO_4 和 NaH_2PO_4，除正磷酸盐外，实际应用的磷系缓蚀剂还有聚磷酸盐。聚磷酸盐的缓蚀机理也是在管道内壁形成不溶性的保护层，阻止腐蚀水与金属的直接接触。但研究表明，在停滞水流条件下（死水区），聚磷酸盐的缓蚀效果较差，而在流动状态下缓蚀效果提高；同时，要获得较好的缓蚀效果，聚磷酸盐的投加量较大。

投加磷酸盐等缓蚀剂来控制管道腐蚀，所选用的缓蚀剂必须为无毒且达到食品级的缓蚀剂，不得增加水的富营养化成分，如磷等。投加缓蚀剂目前在国内应用很少。

17.3.1.5 保障出厂水化学稳定性

保持管网水的化学稳定性，降低饮用水在输送过程中水质发生变化的风险，除以上提出的加碱法、曝气法以及投加缓蚀剂等方法调节出厂水的化学腐蚀性外，还要从水厂处理工艺本身以及使用的混凝剂、助凝剂等方面加以控制。如，根据原水水质和出厂水水质要求，选用适宜的处理工艺或改进现有处理工艺。在混凝剂选用上，高分子混凝剂相对传统的铝盐和铁盐混凝剂对水的 pH 影响较小，为降低 pH 对水质化学稳定的影响可选用高分子混凝剂代替铝盐或铁盐混凝剂。

17.3.2 结垢控制技术

17.3.2.1 钙、镁离子的去除

结垢性的水主要为硬度较大的水。当水的硬度过大时，水中钙（Ca^{2+}）、镁（Mg^{2+}）离子浓度就会增加，易生成 $CaCO_3$ 及 $Mg(OH)_2$ 沉淀。这些沉淀物会沉积在管网中，形成不均匀且凹凸不平的垢层，长期积累下不断缩小过水面积，增加水流阻力，导致输水能耗升高。管道垢层的增加在水质变化或水力工况突变时，会增加用户水的浊度、色度，影响用户水质。对于这种结垢性、硬度较高的水，可采取的软化处理技术包括药剂软化法、离子交换法、电渗析法、纳滤法等，其中药剂软化法成本低、工艺简单，在饮用水处理中应用较多。

水的药剂软化法就是根据容度积原理，按需要向水中投加适当药剂，使之与钙、镁离子反应生成不溶性沉淀物 $CaCO_3$ 和 $Mg(OH)_2$。通常用的药剂有石灰、纯碱、苛性钠、磷酸三钠等，其中以石灰软化最为常用，石灰软化设备简单、操作方便、相对成本较低。石灰软化法适用于硬度较大的水，特别是碳酸盐硬度较高的情况。

使用石灰软化法处理地下水，有过量石灰法和分流处理软化法两种常规方法。过量石灰软化法，出水硬度含量低，但石灰用量大，产生的泥渣多，且必须有一套 CO_2 生产设备；而分流处理软化法，石灰用量少，但出水硬度较高，并且流量分配取决于原水中各离子的含量，若水质发生变化，则控制调节困难。在小城镇饮用水的软化处理中，可根据不同的水质条件，供水流量和供水规律选择不同的处理流程。

无论采用哪种石灰软化法，首先要根据原水水质特点以及在化验室所做的大量烧杯对比试验，确定石灰的投加量，在此基础上确定处理方案、进行给水厂设计，最后进行运行调试并正式投产。

17.3.2.2 铁、锰的去除

铁、锰在水中主要以 Fe^{2+} 和 Mn^{2+} 的形式存在，溶解在水中的 Fe^{2+} 和 Mn^{2+} 易被氧化为 $Fe(OH)_3$ 和 MnO_2 沉淀。当含有过量铁锰的饮用水流经管道时会引起管壁上积累铁锰沉淀物而降低输水能力。沉淀物剥落下来时，会发生“红水”或“黑水”的问题。当水中的铁、锰的含量超过生活饮用水卫生标准时，需除铁、锰。常用的除铁、锰方法有曝气自然氧化法、曝气接触氧化法和生物法。

曝气自然氧化法工艺流程较复杂、管理难度大、运行费用较高，效果不佳，尤其对锰的去除效果很差；生物除铁除锰具有较高的铁锰去除率，运行稳定，相比于传统的二级曝气接触氧化工艺，工艺流程简化，生物滤池工作周期长，反冲洗强度要求小、历时短，节

水节能；曝气生物接触氧化法流程简单，动力消耗较小，运行管理简便，易于实现自动化，对水中铁、锰有很好的去除率，对进水中铁锰浓度的变动适应性较强，出水水质好而稳定。

曝气接触氧化除原水中的铁锰主要是依靠滤料表面已生成的铁质和锰质活性滤膜的自催化反应完成铁锰的氧化截留过程。在工程实践中，一般先除铁后除锰，只有当原水中铁锰含量低时，方可在同一滤层中被去除。

对于铁锰超标的小城镇供水，具体要根据原水中铁锰含量、要求的去除程度以及当地实际情况，合理选用具体流程的曝气生物接触氧化法或生物法除铁锰。

17.4 生物稳定性控制

所谓管网水质生物稳定性，是指管网水支持或抑制微生物生长繁殖的潜力，其描述的是管网系统中微生物再生长的最大潜力。管网微生物大部分是异养菌，有机物的需求量是最大的，因而管网水质生物稳定性可定义为饮用水中可生物降解有机物支持异养细菌生长的潜力，即当有机物成为异养细菌生长的限制因素时，水中有机营养基质支持细菌生长的最大可能性。饮用水生物稳定性高，则表明水中细菌生长所需的有机营养物含量低，细菌不易在其中生长；反之，饮用水生物稳定性低，则表明水中细菌生长所需的有机营养物含量高，细菌容易在其中生长。

目前，被广泛接受的用来表示微生物可利用有机基质的指标有两种：一是可直接测定的可生物降解溶解性有机碳，即BDOC；二是利用生物法间接测定的可同化性有机碳，即AOC。水中AOC和BDOC的浓度与管网细菌再生长有着密切的关系，AOC或BDOC浓度越低，水的生物稳定性越好，反之，生物稳定性越差，越易引起微生物的生长。一般认为，在不加氯的情况下，AOC＜10μg乙酸碳/L时，细菌难以生长；而在加氯的条件下，AOC＜50～100μg乙酸碳/L被认为是细菌再生长的阈值；我国研究者根据国内水源水厂的特点，曾提出近期控制管网水AOC＜200μg乙酸碳/L，远期控制低于100μg乙酸碳/L的目标。

本课题从我国小城镇供水系统的实际情况出发，从水质生物稳定性评价指标的推广应用前景考虑，推荐将BDOC作为首选评价指标，建议以BDOC≤0.25mg/L作为近期的控制目标；对于那些采用地下水源，水源水质较好的小城镇，以及东南部经济较发达的小城镇和采用大城市近郊联片供水的小城镇，水厂处理工艺较先进、管网运行管理较为完善，可适当将阈值标准提高至0.20mg/L。

控制管网水质生物稳定性，即控制管网细菌再生长，主要的应对策略可以包括：出厂水中营养基质的去除、良好的消毒和管网余氯的保持、管材的选择、管道腐蚀控制、优化管网运行管理、管网改造与更新等多方面的措施。各种方法的成功应用也是因地而异的，必须根据当地管网的特点来选择一种或多种方法来控制管网细菌再生长问题。

17.4.1 出厂水营养基质去除

出厂水中的营养基质包括有机物、磷等的含量是影响水在管网中生物稳定性的根本原因。探讨营养基质在水处理过程中的变迁与去除规律，研究和选择经济高效的净水工艺，尽可能降低出厂水中可生物利用营养基质的含量，从而抑制微生物在管网中的再生长过程，是提高管网水质生物稳定性的关键和根本途径。

目前，以“混凝—沉淀—过滤—消毒”为主体的所谓常规工艺在世界范围内仍是饮用水处理的主要技术方法。混凝的主要去除对象为憎水性、大分子有机物如腐殖质等，而对小分子的糖类和碳氢化合物去除能力有限。研究认为，混凝对BDOC具有一定的去除率，主要取决于构成BDOC的有机物的分子量及性质，那些大分子的可生物降解物质，或是部分结合在大分子腐殖质上的BDOC可被混凝去除。因此，常规工艺对可生物利用有机基质的去除效果与水源水质、工艺参数等条件有关，在处理浓度较高的原水时，难以保障出水生物稳定性。对于经济欠发达地区的小城镇，暂时没有能力对现有净水工艺进行大规模改造升级的，建议优化完善现有的常规工艺，发掘强化工艺去除营养基质（包括有机物和磷）的潜力；通过强化工艺如提高混凝剂投加量、采取生物预氧化或高锰酸盐预氧化等手段可在一定程度上改善其处理效果。

生物处理工艺对水中有机污染物具有显著的去除效果，尤其是以臭氧-生物活性炭为主的深度处理工艺可有效去除AOC和BOC。本课题建立的中试试验研究表明，生物活性炭对BDOC的去除效果却较为稳定，平均去除率达到50%以上；不同工艺路线组合中，尽管进水BDOC差异较大，甚至超过阈值要求3倍以上，但BAC仍能保证最终出水BDOC<0.20～0.25mg/L的阈值要求，是保障水质生物稳定性的有效方法。采用“曝气生物滤池＋生物活性炭滤池”的生物处理组合工艺路线，可非常有效地去除水中的有机物，达到保障出水生物稳定性的目的。目前，该组合工艺正在专利申请过程中。对于将进行新建、改扩建的小城镇水厂，可结合当地的经济条件和水源水质考虑采用包含生物处理单元在内的深度处理工艺路线，来保障管网水质生物稳定性。

以微滤和超滤为代表的低压膜技术，可有效去除浊度和细菌等，是具有良好应用前景的新型水处理工艺；但UF和MF对溶解性有机物的去除效果有限，单独应用难以保障出水的生物稳定性，结合混凝、粉末活性炭等预处理工艺，可大大增强对有机物和磷的去除效果。本课题考察了混凝—微滤和在线混凝—超滤工艺，不仅可有效减缓膜污染速率，也能显著提高对DOC和BDOC的去除效果，在针对滦河水的试验中，两种复合膜处理工艺均可保障出水达到生物稳定性的要求。而纳滤膜工艺具有比微滤、超滤更强的截留有机污染物的能力，在一些发达国家已有成功应用的经验，出厂水有机物含量低、水质稳定，同时管网余氯消耗非常少，是水质稳定技术的新方向。本课题建立的纳滤中试试验表明，饮用水纳滤处理工艺中，纳滤膜的选择和预处理工艺是关键因素。采用高有机物去除率、低脱盐率的纳滤膜，可有效去除DOC、COD_{Mn}和BDOC，保障出水生物稳定性，同时对出水的pH改变较小，对硬度仅去除46%，保留了大量的有益矿化物，是生产高品质饮用水的最佳工艺选择之一；另外，采用生物活性炭预处理工艺对控制纳滤膜污染具有显著效果。对于那些经济较发达小城镇的新建水厂，纳滤工艺是较好的选择，同时也是未来水厂的一个发展方向。

本研究在北方某市自来水厂设立了试验基地，以水源水（属于滦河水）作为试验原水，开展了包括常规工艺及其强化工艺、化学预氧化、生物预氧化、生物活性炭、微滤、超滤、纳滤等基本包括目前常见的饮用水处理技术的试验，重点考察各种工艺对水中营养基质的去除能力，以及不同工艺单元之间的优化组合，以达到保障出水生物稳定性的目的。

（1）常规工艺对AOC、BDOC的去除效果与水源水质、工艺参数等条件有关，在处理浓度较高的原水时，难以保障出水生物稳定性；通过强化工艺如提高混凝剂投加量、采取高锰酸盐预氧化等手段可在一定程度上改善其处理效果；

（2）预氯化工艺会导致水中AOC、BDOC浓度的增加，同时会带来消毒副产物的困扰，应对其进行工艺优化或采取替代技术；

（3）生物预处理是改善水质生物稳定性的较好选择，具有工艺简单、运行费用省、处理效果好等优点。试验考察的曝气生物滤池可有效降低原水中的BDOC含量，有助于提高产水生物稳定性；

（4）生物活性炭技术可有效保障饮用水生物稳定性，与臭氧工艺联用可更好地去除有机污染物，在不同工艺组合中，均能保障出水的生物稳定性；

（5）微滤、超滤作为低压膜分离技术，是未来饮用水处理工艺的发展方向之一，具有相对可取的运行费用和较好的出水水质；单独使用微滤、超滤不仅会导致膜污染速度快，也难以达到对溶解性有机物的有效去除；与混凝工艺相结合，形成混凝－微滤、在线混凝－超滤组合工艺，可显著提高对BDOC的去除率，保障出水的生物稳定性；

（6）纳滤工艺对去除水中溶解性有机物的效果显著，出水有机物极低，是生产高品质饮用水的最佳选择。纳滤可显著去除水中BDOC含量，大大提高出水生物稳定性。

综合研究结果，对我国小城镇选择适合自身的饮用水生物稳定处理工艺提出如下建议：

（1）对于经济欠发达地区的小城镇，暂时没有能力对现有净水工艺进行大规模改造升级的，建议优化完善现有的常规工艺，发掘强化工艺去除营养基质（包括有机物和磷）的潜力，可采用的工艺路线包括：

1）原水——强化混凝-沉淀——过滤——消毒；

2）原水——高锰酸钾（盐）预氧化——混凝-沉淀——过滤——消毒；

3）原水——生物预氧化——混凝-沉淀——过滤——消毒。

（2）对于将进行新建、改扩建的小城镇水厂，可结合当地的经济条件和水源水质，选择上述工艺路线，或采用深度处理工艺路线，包括：

1）原水——混凝-沉淀——（臭氧）-生物活性炭——过滤——消毒；

2）原水——生物预氧化——混凝-沉淀——（臭氧）-生物活性炭——过滤——消毒。

（3）对于那些经济较发达，需要高品质饮用水的新建水厂，则推荐采用：

1）原水——混凝-沉淀——（臭氧）-生物活性炭——纳滤——消毒；

2）原水——混凝-微滤——消毒；

3）原水——在线混凝-超滤——消毒；

4）原水——微滤/超滤——纳滤——消毒。

17.4.2 优化消毒与余氯控制

目前我国大多数水厂都采用传统的氯化消毒工艺，即“预氯化＋清水池补氯”的消毒方案。在一些技术较落后的尤其是小城镇水厂的消毒工艺中还存在很多问题，主要包括氯投加量不合适；预氯化工艺对水质生物稳定性和消毒副产物的影响；投氯工艺较落后，氯水混合效果不好；清水池结构缺乏优化设计，消毒效率低；水厂的投氯系统自控水平低，出厂水余氯波动大、不稳定。

管网消毒剂余量控制是保障管网水质抵抗微生物污染的有效途径。优化消毒技术或称安全消毒技术要从提高消毒效果、强化管网余量持续抑制作用、降低消毒过程中可生物利用有机基质生成量和降低消毒副产物生成量等多目标来综合考虑。因此，优化消毒技术策略的内容包括：消毒剂种类的选择、消毒工艺过程的优化、管网余氯衰减因素控制、消毒副反应（包括氧化反应和DBPs生成反应）控制等。主要研究结论如下：

(1) 各种化学性消毒剂包括游离氯、氯胺、二氧化氯、臭氧等都具有氧化性，能氧化分解水中的有机物，导致水中可生物利用有机基质（AOC和BDOC）的增加，降低了出水的生物稳定性。不同消毒工艺对生物稳定性指标影响的程度与消毒剂的氧化能力有关，臭氧、二氧化氯和氯的氧化性较强，而氯胺相对较为温和。紫外线的消毒机理与化学消毒剂不同，一般情况下其对AOC和BDOC基本无较大影响。

(2) 余氯在管网与各种物质发生反应而衰减，可能导致管网局部区域余氯不合格。影响余氯衰减的主要因素包括：初始余氯值、温度、TOC及pH等。为强化管网消毒剂的持续灭菌能力，需对管网余氯衰减过程进行深入研究，利用水质模型模拟可较好地反映管网余氯衰减情况；强化处理工艺对有机物的去除、提高消毒效率、采用管网二次消毒，以及采用替代消毒工艺如氯胺消毒等方法可有效提高管网消毒剂对微生物再生长的持续控制作用。

(3) 采用氯胺消毒、氯和氯胺联合消毒，以及采用二氧化氯、臭氧（与生物处理工艺联用）、紫外线（与常规消毒剂联用）等新型消毒工艺是减少消毒剂消耗、降低BDOC、DBPs等副产物生成量、强化消毒效果的有效手段。消毒工艺的其他优化策略还包括消毒剂投加点的优化，如预氯化工艺的优化、加氯点后移等；采用新型混合设备的氯投加方式的优化；加氯过程自动控制；根据水力学原理进行清水池结构优化设计，包括优化池型、池内隔板和弯道数等。这些改进措施都可有效提高消毒效率、降低消毒剂消耗，从而达到本研究提出的多目标优化的目的。

从保障管网水质生物稳定性的角度出发，需要对预氧化工艺和消毒工艺进行整体的优化。根据本课题的研究，预氯化在除藻、助凝等方面具有很好的应用价值，但会增加水中AOC、BDOC浓度，导致水质生物不稳定性；还会生成大量消毒副产物，引起水质化学不安全性。可采取的改进措施包括降低氯投加量、多点投加、冬季时停止投氯，以及采用替代预氧化技术等。氯胺、高锰酸钾预氧化是较好的替代预氯化的选择，对水中BDOC浓度的影响较小，同时降低消毒副产物的生成量；而采用臭氧预氧化工艺，需要与生物处理单元联用，才可保障出水生物稳定性。

对主消毒工艺而言，采用氯胺消毒或氯与氯胺联合消毒，在对水质生物稳定性和消毒副产物的影响上都具有优于氯消毒的特点；同时，一些新型消毒剂，如二氧化氯、臭氧、紫外线等，对于小城镇的小型水处理设施也具有较好的效果。

在主消毒工艺中，适当将投氯点后移，对减少消毒副产物、降低加氯量、降低可生物降解营养基质的生成均具有重要意义。可选择的加氯点包括：滤前（沉淀池出水）、滤后

(滤池出水)、出厂水（二级提升泵之前）处分点投加，减少单次投加量，可降低氧化分解反应速率和副产物生成速率。另外，在水塔或水池等二次供水设施，以及其他余氯不达标节点进行二次加氯，是保障饮用水生物稳定性和水质安全的有效措施。

同时，优化投氯方式，改善氯水混合效果；进行投氯自动控制，使出水余氯稳定；对保障消毒效果、降低氯耗，并由此降低AOC、BDOC和副产物生成量都具有关键作用。而对清水池进行结构优化设计，增加池内隔板，提高有效水力停留时间，也是优化策略之一。

余氯在输配水系统中与各种物质发生反应而产生衰减，可以将其消耗过程分为主流水体中的衰减和与管壁生物膜及腐蚀垢层等发生反应而衰减两个部分。由于氯在管网中的复杂反应，导致管网沿程余氯浓度的不断降低，当余氯降低到一定程度时，对水中微生物的杀灭速率低于微生物生长速率，就很可能发生管网细菌再生长，导致管网水卫生学指标的恶化。考察余氯在管网中的衰减过程，研究影响余氯衰减的因素并在系统运行中加以合理控制，是保障管网水质生物稳定性的有效手段之一。管网余氯的衰减受到水温、初始氯浓度、有机物含量、pH等因素的影响。

为强化管网余氯的持续消毒作用，可采取的措施包括：(1) 优化水厂处理工艺，强化DOC / BDOC的去除效果，可有效降低管网余氯的衰减；(2) 采用氯胺消毒，由于氯胺较为温和的反应性质，在水中衰减速率相对较低，因而对管网细菌的抑制作用也更为持久；(3) 研究证明，管网余氯为0.05mg/L时对生物膜生长基本没有影响。因此，适当提高管网末梢余氯水平，是控制管网生物膜生长的有效手段。管网余氯阈值的确定还需要进一步的深入研究，要结合水质感官性质、健康风险、杀灭生物膜细菌能力等多方面因素综合考虑；(4) 借助于水质模型对管网余氯进行科学预测，明确管网系统中余氯不合格区域，有针对性地进行尾水排放、优化管线布置或采取二次消毒等措施，是保障管网水质生物稳定性的有效方法之一。

17.4.3　管材优选与腐蚀控制

目前，供水管道常用管材可以分为金属管材和非金属管材两大类，包括铸铁管、球墨铸铁管、水泥砂浆管、预应力管、钢管、塑料管（PVC、PVC-U、PE、HDPE管等），以及较老的石棉管和镀锌钢管等。由于不同管材的表面特性如光滑度不同，细菌与管壁的吸附能力差异会直接导致生物膜的附着生长情况，而管材的化学性质也会影响余氯在管壁的衰减速率；同时，管材的腐蚀速率差异同样会导致生物膜生长速率的不同。给水管道在长年运行中，沿管道内壁由沉淀物、锈蚀物、黏垢及生物膜相互结合而成的环状混合体，称为“生长环”。生长环是由管道腐蚀、结垢和生物膜生长共同形成的，因此有研究认为，管道腐蚀在某些情况下可能是影响生物膜生长的最主要因素。因为控制管道腐蚀，就是减少微生物可附着的位点，同时也可降低消毒剂在管壁上与腐蚀物反应的消耗量。因此，从控制管网水质生物稳定性、防止细菌再生长的角度出发，结合我国小城镇供水管网的特征，对供水管材的选择需要具备化学性能稳定、内表面光滑、耐腐蚀能力强，同时工程造价低等特点。

综合而言，小城镇选用供水管材，对$DN \leqslant 300$mm的小管径水管，宜采用塑料管

(其中，聚乙烯类管材优于PVC类管材)，具有造价低、耐腐蚀、节能等优点；对管径为*DN*300～*DN*1000的中管径水管，宜采用有防腐衬里的球墨铸铁管；而对*DN*＞1000的大管径水管，宜采用预应力钢筋混凝土管。

管道腐蚀的控制可采取的方法包括调节出厂水化学稳定性、选择耐蚀管材、优化管网运行管理及管网更新改造等。其中，对出厂水化学稳定性的控制，可采用加碱调节或曝气除CO_2的方法。给水处理可以选择的碱剂包括：石灰、NaOH、Na_2CO_3、$NaHCO_3$和NH_4OH，前三者在水厂中较为常用。石灰的来源广泛、价格低廉，具有较好的调节pH和碱度的效果，也具有一定的助凝作用，在一般水厂应用中较为普遍。烧碱NaOH调节出厂水pH具有更稳定和易控制的优点，在盐化工较为发达的地区（沿海城镇)，烧碱作为盐化工的主要产品，产量丰富、价格相对较低，可作为水厂技术升级的推荐工艺。当水中侵蚀性CO_2含量较高时，宜采用曝气法提高pH，或采取先曝气去除CO_2后投加碱剂调节pH的流程。敞口曝气法可去除侵蚀性二氧化碳，小水厂一般采用淋水曝气塔。

17.4.4 优化管网运行管理

针对保障管网水质生物稳定性、控制管网微生物再生长的目的，可采取的管网运行管理措施主要包括：

1. 管道冲洗和机械清洗

管道内生长生物膜及“生长环”后，按照一定周期进行管道清洗和管垢清除，可有效去除锈垢和附着微生物，不仅能恢复管道的输水能力、降低管道输水电耗，也可改善管道卫生状况，保障水质安全。国外很早就开始进行管道冲洗方面的研究和应用，相关的技术方法也已非常成熟，已成为供水企业一项日常必需的运行维护项目；而我国很多地方尤其是小城镇方面，对于管道清洗还不够重视，相关的实践比较少，亟需从技术规范上进行规定，并提供更多的技术支持。

可以采取的管道冲洗和机械清洗技术包括：水气混合冲洗、高压射流法、弹性清管器法、机械刮管法、化学清洗法等。

水力清洗法是最为常见的一种管道清洗技术，通过一定水压的高速水流对管道进行冲洗，从消火栓处排放冲洗水，直至排放水质达到一定要求为止。流速是影响水力清洗效果最重要的参数，只有足够的流速才能将管壁锈垢、沉积物及生物膜冲掉。很多国家将管道清洗作为一项经常性的维护作业，因此管壁锈垢、生物膜等不会因长期发展而结成坚硬的管瘤，较易在强水流冲洗下清除，而且水力清洗法简单、易施行，所以该方法在国外应用较为普遍。

高压射流法是利用高压水泵、软管连接喷嘴将高压低速水流转变为低压高速水流，对管垢进行冲击，使其脱落并随水排出。喷嘴不用机械牵引前行，而是通过向后射出水流所产生的反作用力来推动。利用管道上的消火栓口、阀门等处，放入喷嘴进行除垢，可避免开挖作业。该法除垢效果好，相比于水力清洗法可降低水耗。

气—水脉冲清洗法就是在管道内以脉冲射流形式通以高压气体，在管内形成间断的气—水流，随着气体的压缩与扩张，加剧管道紊流，增大水流剪切力，气-水流对垢层进行疲劳破坏，管垢被冲下并随水流流出。该法具有清洗效果好、冲洗距离长、耗水量小等优点，但也难以清除较坚硬的管垢。

弹性清管器法是采用头部类似炮弹形的聚氨酯材料制成的清洗器进行管道清洗，又称炮弹法。清洗器直径略大于管内径，长度略小于2倍管径，表面带有钢针，对不太硬的管垢具有较好的清除效果。一般通过发射装置将清管器压入管内，利用有一定压力的水流或空气推动清管器向出口移动，通过接收装置取出。在管网末梢或低压区工作较困难，特别是难以通过弯头、闸门等管件。

管道内壁形成坚硬积垢可采用机械法刮管法清除。机械刮管法的适用管径范围是75～1000mm，但对于大于450mm的管道应用不普遍。刮管器主要由切屑环、刮管环和钢丝绳等组成，形式多样。切屑环可在管垢上刻画深痕，刮管环把锈垢刮下，最后用钢丝来回拖动，清除管垢。

综上所述，对于新敷设管道，选择耐腐蚀管材，并制定合理的管道清洗计划、定期维护，管道沉积物、生物膜等一般呈较为松软、滑腻状的薄层物质附着在管壁上，不易结成硬质管垢，可通过水力清洗很好地清除；而对于腐蚀结垢严重，长有较厚“生长环”的管道，则需通过炮弹法、刮管法等来清除，同时做好后续防腐处理。因此，加强管道日常维护、科学合理地制定清洗计划并严格执行，是控制管壁生物膜的有效办法。

2. 二次供水设施的管理

二次供水设施主要包括屋顶水箱、水塔和地下水池等，目前二次供水设施普遍存在管理不到位、设施陈旧、水质污染严重等现象。由二次供水设施引入的外源性微生物污染的风险很大，但可以通过设施改造和加强管理来实现。可以采取的管理措施包括：

（1）建立二次供水设施管理档案，对所有屋顶水箱、水塔和地下水池进行统计注册，严防管理死角，完善现有的二次供水设施管理规范，各地根据实际情况建立健全二次供水设施检查监督管理制度。

（2）定期维护、清洗屋顶水箱、水塔和地下水池；检验水质；有条件的地方可设置二次消毒设施。

（3）优化二次供水设施的设计和建设。如采取有效的空气隔离措施；工艺结构避免了出现死水区；消防水池（箱）与生活水池（箱）须分开建设；选择不锈钢、玻璃钢、搪瓷钢板等材质作为水箱材质；同时做好材料防腐处理；设置倒流防止装置，避免倒流污染等。

17.4.5 管网改造与更新

我国城镇的供水管道大都是在20世纪70、80年代以后开始敷设的，很多管龄仅为20～30年的管道都发生了较严重的老化问题。这是由于在建设初期很多采用的是石棉水泥管、自应力管、镀锌管、灰口铸铁管等材质差的管道，而且我国供水企业长期忽视对管道的运行维护，一般仅采取被动的维护操作，很多管道腐蚀结垢严重，出现锈垢、沉积物和微生物共同组成的“生长环”，导致输水能力降低、漏失严重、管网水质差等突出问题。因此，进行老旧管网改造更新，是保障我国城镇供水安全的一项重要举措。

近年来，一些大中城市根据当地实际情况制定管网改造规划，迎来了一轮管网改造高潮。对于小城镇而言，也需要根据自身的经济发展状况，有步骤分批进行老旧管网改造。

管网更新改造需要投入较大资金和较长的时间，需要制定详细的管网改造规划，要根据管材使用寿命、配水管网实际运行状况和经济能力来合理确定管网改造率（年管网改造总长度/该年度输配水管网累计总长度）；并在充分考察了解管网现状和供水水质问题的情况下，合理选择改造对象。

管网改造分两大类型：非结构性更新及结构性更新。非结构性更新主要是对管道补作衬里，目的是保证输水水质；避免管道再结垢腐蚀，减少输水摩阻，恢复原输水能力；可堵塞轻微的穿孔，减少管道的漏水。主要涂衬方法有环氧树脂衬里和水泥砂浆衬里。结构性更新旧管主要方法有：(1) 内衬软管；(2) 内插较小口径管；(3) 管道更换。

17.5　管壁生物膜控制技术

供水管网管壁生物膜是微生物在贫营养条件下在管壁、管瘤及管道沉积物上附着生长的产物。生物膜为一些致病菌和条件致病菌提供了栖息地和保护，避免了管网余氯的伤害，它们在管网内的生长可能会威胁到用户健康；同时，生物膜与管道腐蚀相互影响、相互促进，长期运行时导致严重的“生长环”现象，增加了管道维护费用，显著降低管道过水面积并增加配水能耗；另外，生物膜的脱落还会导致水质感官性能的恶化，导致色、味、臭等指标超标。本研究通过对管壁生物膜生长机理和生长过程的研究分析，结合相关工程技术方法，提出了相应的控制技术策略。

多个管网微生物生长机理性模型认为，管网细菌的生长过程包括悬浮细菌和生物膜细菌的生长、基质利用、消毒剂的杀灭作用、细菌死亡、悬浮菌的沉积和附着菌的脱附等过程，但对于整个生物过程的详尽机理还没有最终的定论。本研究利用AR反应器模拟系统对生物膜生长过程进行了考察，发现在较短时间内（1周～3周），AR反应器载片上的生物膜数量达到“假稳态”，随后的细菌数变化与水质变化、运行工况等因素有关。同时，生物膜的生长和脱落直接导致了水中悬浮细菌数量的增加，两者的对数值呈正比关系。研究还表明，在余氯浓度较高时，生物膜细菌数量占主要比例，而在管网末梢等余氯浓度较低的区域，悬浮细菌生长迅速增加，是微生物风险控制的重点。

管壁生物膜的生长受到多种因素的影响，因此，控制生物膜生长也需要多种技术手段，而不能仅仅依靠某一种“最佳”的方法，各种技术控制管壁生物膜的相对效果也是因地而异的，需要根据管网的实际情况来选择适合的方法。主要控制技术手段包括：

(1) 控制出厂水营养基质含量

根据小城镇自身的要求和能力来选择合适的方法提升水厂工艺水平，如本研究考察的强化混凝、生物预处理、生物活性炭深度处理、复合膜工艺、纳滤膜工艺等都可有效去除BDOC，能不同程度地保障出水生物稳定性。本研究提出的两项用于保障水质生物稳定的深度处理工艺：BAF－BAC生物法组合工艺和膜－生物法组合工艺，已分别申报专利，对于水源水质较差，或对出水水质要求高的小城镇，推荐采用。

(2) 在整个管网系统中维持一定量的消毒剂余量

通过消毒工艺改进如加氯点选择、加氯方式优化、清水池结构设计等多种途径，提高消毒效率、保障水质生物稳定性。采用化合氯作为管网余氯形式，衰减速率更慢，具有更强的控制生物膜效率，是比较适宜的替代消毒方案。适当提高管网末梢余氯水平，是控制管网生物膜生长的有效手段。管网余氯阈值的确定还需要进一步的深入研究，要结合水质感官性质、健康风险、杀灭生物膜细菌能力等多方面因素综合考虑。在必要时，采取管网二次加氯，是控制管网细菌再生长的有效方法。同时，降低出厂水 BDOC 含量；控制管道腐蚀，减少边壁消耗；优化管网设计，降低管网水力停留时间；建立余氯衰减数学模型，科学预测不利管道区域等，可有效降低管网余氯消耗，提高持续消毒作用。

（3）管网优化设计

优化给水管网布置，改善管网水力条件，尽量将管网连成环状，可避免死水端的存在，保持水流持续流动，缩短了管网系统的水力停留时间，且不断地更新管网余氯，能有效控制微生物污染。同时，管网设计中要尽量避免管道交叉连接，在存在交叉连接的地方，可设置倒流防止装置，能有效控制污染进入管网系统的屏障。

（4）管材选择与管道防腐

管壁是生物膜生长的载体，直接影响管壁生物膜的生长环境。塑料管材具有相对光滑的表面，微生物较难附着，是中小管径供水管材的优选。另一方面，管道的腐蚀性质也对生物膜生长具有显著影响。控制管道腐蚀，可减少微生物附着的位点，同时降低消毒剂在管壁上与腐蚀物反应的消耗量。通过选择耐蚀管材、对管道进行防腐处理（如加防腐内衬、刷防腐漆等）、加强管网运行维护（如管道冲洗、更新等）可有效控制管道腐蚀，同时抑制生物膜生长。

（5）管道清洗与管垢清除

管道清洗与管垢清除是管网日常运行维护的首要内容之一。由于管道内腐蚀产物、结垢物、生物膜等相互交叉、共同生长，因此管道清洗与管垢清除不仅是控制生物膜的方法，也是管道腐蚀控制的方法。可采取的管道清洗技术包括：水力清洗法、高压射流法、气—水脉冲清洗法、弹性清管器法等。对于新敷设管道，选择耐腐蚀管材，并制定合理的管道清洗计划、定期维护，管道沉积物、生物膜等一般呈较为松软、滑腻状的薄层物质附着在管壁上，不易结成硬质管垢，可通过水力清洗很好地清除；而对于腐蚀结垢严重，长有较厚“生长环”的管道，则需通过炮弹法、刮管法等来清除，同时做好后续防腐处理。

（6）管网改造与更新

进行老旧管网改造更新，替换淘汰那些材质差、腐蚀结垢严重的管道，是改善供水安全、控制管壁生物膜的重要手段之一。我国小城镇应根据自身的经济发展状况，科学制定管网改造规划，有步骤分批进行老旧管网改造，采取管道除垢后敷设防腐内衬或直接替换新管的方法，彻底解决长时间积累的管网老化问题。但在管网改造与更新的同时，要加强管网运行维护，避免改造后的管网进入下一个“问题积累”期。

17.6　二次污染控制

市政自来水通过管网直接送至用户的供水方式称为直接供水；通过用户单位自建的水箱、水池、泵房等中间环节送到用户的供水方式称为二次供水。二次供水的目的是保证高于服务压力的各楼层用户均能用到水。二次供水的主要形式有：不设地下水池和不用水泵加压的二次供水，如屋顶水箱、水塔；设地下水池和水泵加压的二次供水，如加压后经屋顶水箱、气压罐、变频调速水泵的二次供水；不设地下水池，在管道上直接加压的二次供水。二次供水一般由物业公司、房产部门、建设单位等分散管理，目前我国极少数城镇交自来水公司管理。

二次供水水质的污染主要是由于地下贮水池、屋顶水箱、加压泵及附属的管道等二次供水设施在设计、施工、管理不当造成的，如水箱（池）容积与用水量不配套，导致生活用水存留时间过长；水箱（池）的材质、内壁涂料和内衬不合格等等。

17.6.1 二次供水方式

了解城镇供水压力的现状和规划发展，掌握供水高峰和低峰时所建地区压力的实际以及今后可能发生的变化，这是正确选择二次供水方式的首要条件。一般说来：

1. 管网水压可以完全满足的地区，采用直接供水是最简单和合理的。

2. 管网水压交替变化能在低峰时到达屋顶的地区，可以比较选用的二次供水方式有：

（1）屋顶水箱

3 层以下直接供水，4 层以上屋顶水箱供水。

（2）水池＋水泵

3 层以下直接供水，4 层以上的通过地下水池用普通水泵或变频调速水泵供水。

（3）直接加压

3 层以下直接供水，4 层以上的用全封闭无负压的变频调速水泵供水。

3. 在供水压力基本不能满足的地区，可以比较选用的二次供水方式有：

（1）水池＋普通水泵＋屋顶水箱

利用普通水泵加压至屋顶水箱，由屋顶水箱向住户配水。

（2）水池＋变频调速水泵

不采用屋顶水箱用水泵维持管网压力直接配水。

（3）直接加压

不采用地下水池与屋顶水箱，用全封闭无负压的稳流变频调速水泵供水。

城镇供水条件除了供水压力外，还要考虑周围的管网条件，特别是采用直接加压时，要进行必要的分析和测算。

对于不同规模的居住区或小城镇，可根据人口规模和需水量，以及当地实际情况，经比较合理选用二次供水方式：

1. 居住组团

一般居住 300～800 户，0.1～0.3 万人。规模较小，用水量尤其晚间用水时很小。

（1）在水压能交替满足达到屋顶水箱的地区，宜在屋顶水箱与直接加压的变频水泵中选用。

（2）在水压基本不能满足的地区，宜在水池＋变频或直接加压中比较选用。

2. 居住小区

一般居住 2000～3500 户，0.7～1.2 万人，供水规模不大。

（1）在水压能交替满足达到屋顶的地区，宜在屋顶水箱与水池加变频水泵或直接加压中选用。

（2）水压基本不能满足地区，宜在水池＋普通水泵、水池＋变频水泵或直接加压中选用。

3. 居住区

一般由7000～10000户，2.5～3.5万人，日供水能力在5000～7000m³/d之间。由于规模较大，目前一般在供水压力基本不能满足，城市边缘地区建设，可以选用的二次供水形式有：

（1）水池＋普通水泵（大小搭配）

（2）水池＋变频调速水泵

（3）直接加压

以上为不同管网压力等管网条件的小城镇或社区选用二次供水方式时一般要考虑或选用的。有条件的小城镇尽量不设置二次供水水池和水箱，采用一次供水系统，尽可能减少二次污染的条件和机会。有些地区属于区域性水压不足，而不是水量不足，这种情况可以采取取消生活水池和水箱，直接补压供水的二次供水方式。对于较小的二次供水系统，可以采用气压供水设备进行自动补压供水；对于较大的二次供水系统，可以变频调速供水设备进行自动补压供水。但这种供水方式不适合区域性水量不足或高峰时水量不足的地区。

17.6.2 设计管理控制

1. 凡需建造二次供水设施的用户，应先将有关工程的设计图纸和资料送达所在地二次供水行政主管部门、卫生行政主管部门提出申请，经审核批准后方可开工建设；

2. 设施设计要符合有关国家建筑给排水设计规范和卫生规范，如《二次供水设施卫生规范》GB 17051；

3. 二次供水系统设计应尽量减少二次供水设施，减少污染源，如采用变频调速泵直接供水从而取消屋顶水箱；

4. 二次供水设施建设时选址要恰当；

5. 水池（水箱）位置选择除考虑经济方便因素外，更重要的是要考虑卫生要求；二次供水设施不能设在周围存在生活垃圾、厕所、化粪池等污染源的地方，要考虑设施的卫生防护；

6. 二次供水设施必须与消防等设施分建。由于消防用水的不确定性，生活饮用水与消防用水合用水池势必导致贮水池体积增加，储水量增大，延长水的停留时间，致使水质恶化。有些设计中为了保证消防贮水量将出水管置于消防水位以上结果形成底部死水区，更是影响水质。新的《建筑给水排水设计规范》GB 50015—2003中规定，生活饮用水水池、水箱应与其他用水分开设置。把生活水箱和消防水箱完全分开，管路完全独立，无相互连接；

7. 二次供水设施必须有稳定可靠的消毒措施和防倒流污染的措施；

8. 严禁设计、建设地埋或半地埋式水箱；

9. 二次供水设施的材质，应优先选用无渗漏的不锈钢水箱和新型环保抗菌管材，严禁使用国家明令淘汰的器材。积极采用新型蓄水池体，新建水箱优先选用无污染的卫生级材料，如：食品卫生级不锈钢、食品卫生级玻璃钢材料、不增塑硬质聚氯乙烯（UPVC），减少池体本身的水质污染；

10. 供水管材及阀门等符合质量要求，以免锈蚀等原因造成水质的污染；

11. 贮水设备水箱（池）的容积设计应合理，水箱（池）容积偏大，导致水力停留时间过长造成水质下降，因此应在保证供水水量的基础上，尽量降低有效容积。控制蓄水时间，生活水箱（池）应为专用水箱，特殊情况与消防水箱合用时，应有措施保证水箱（池）中水体不产生死水层。水箱总有效容积不应超过48h的生活用水量；

12. 贮水设备设计时要注意其工艺结构，为保障蓄水装置水的活性，控制微生物繁殖，在蓄水装置中应防止死水区的存在，保证流动性。蓄水装置宜采用圆形或正方形，创造有利于水流旋转流动的条件，利用进水的能量与内设辅助旋流器相结合的方式使水体旋转流动；

13. 贮水设备的出水口和进水口位置设计要合理，不能导致贮水设备部分区域产生死角，不利于水的全面流动更新；

14. 贮水设备的配套要完善，如通气孔要有防污染措施，盖板密封要严密，埋地部分要有防渗措施，二次供水设施的检查口及透气管要防止蚊虫进入，溢水泄水管出口要有网罩等防护措施；

15. 贮水设备的进水管和出水管安装上要利用流体力学和虹吸原理，改变水的流动状态，减少死水部位；

16. 泄水管与下水管连接要合理，溢水、泄水管与下水管或雨水管不能直接联通。

17.6.3 验收严格把关

二次供水设施竣工后，建设单位应当组织卫生监督机构和供水企业进行检验。主要验收内容为是否按图纸设计施工，设施的涉水材料是否符合卫生要求，涉及饮用水安全的产品贮水设备、水处理设备（过滤、软化、净化、矿化、消毒等）、防腐涂料、供水管线等必须有省级以上（含省级）卫生部门的卫生许可批件，水处理设备和防腐涂料必须有省级以上（含省级）卫生部门颁发的“产品卫生安全性评价报告”，要求有设施密闭试验验收合格单，监理单位参加验收并签字等。

17.6.4 考评督查

二次供水设施投入使用后，由市政、卫生、执法等部门组成工作领导小组负责对二次供水设施单位进行不间断的考评、指导、督促。

1. 对新建二次供水设施，在竣工验收合格后将产权移交给专业二次供水管理单位。二次供水设施的管理单位应建立严格的管理制度，设专人管理，定期进行水质检验，定期清洗消毒。

2. 卫生监督部门要加强对二次供水单位的监督检查，经常对水质进行检测评价。

3. 卫生监督部门要加强卫生宣传，大力宣传、严格执行《生活饮用水卫生监督管理办法》是二次供水的安全保障。应利用媒体等各种形式开展对饮水卫生知识和卫生法规的宣传，提高居民的自我保健意识，主动配合有关部门做好对二次供水的监督管理工作。

4. 卫生部门应协助主管部门加强对二次供水单位管理人员和从业人员的法规、业务知识培训，提高法制意识和业务技术，培训内容包括二次供水设施要求、水质要求、有关法律法规等。在提高认识的基础上，建立、完善各项规章制度，使二次供水的管理持久化、科学化、规范化。

5. 有关部门负责对清洗队伍进行抽查督查，主要检查清洗人员健康证、清洗单位管理制度、清洗设备、清洗用消毒剂等。

17.6.5 加强日常管理

1. 加大管理力度，严格按照《生活饮用水二次供水管理规定》进行管理，责任落实到班组到个人。

2. 二次供水设施的管理单位应建立严格的管理制度，不断完善现有的二次供水设施管理规范，建议采用“五有、四无、三封闭、两齐全、一到位”的管理办法。“五有”即有清洗消毒时间、有清洗消毒人员姓名、有管理负责人姓名、有检查验收人员姓名、有清洗消毒人员健康证；“四无”即无污染、无灰尘、无积水、无杂物；“三封闭”即贮水池上有硬质材料封闭、贮水池上有塑料薄膜封闭、贮水池的房门和贮水池检查口上锁封闭；“两齐全”即管理机构齐全、管理制度齐全；“一到位”即专人管理到位。

3. 建立健全二次加压供水设施的卫生管理办法，制定相应的法规，使二次供水工作纳入法制化管理轨道。

4. 建立二次供水设施管理档案，对所有屋顶水箱、水塔和地下水池进行统计注册，严防管理死角；建立用户内部管线档案，健全周期检查监督管理制度。

5. 应规定二次供水设施由专业清洗单位按照规定制定相应的二次供水设施清洗行业管理办法、二次供水设施清洗操作规程、二次供水设施清洗质量验收标准等。要求清洗单位配备有相关专业人员，齐全的清洗设备、工具及安全防护器材，有相应的检测设备和仪器，并配有相应的通信设备和机动车辆。

6. 长期维护与定期清洗水塔、水池以及高位水箱，并检验其贮水水质，配合有关部门严格执行每年应监督用户对内部水箱、水池及水塔进行定期清洗及水质检查。水箱、水池最主要的是要定期清扫、消毒，根据具体实际情况每年至少1～2次清洗水箱。

7. 加强二次供水水质的监测，向居民定期公布水质监测的结果。发现问题，及时提出建议，采取措施，防患于未然。

8. 增加二次消毒设施。

对于建设年限早，卫生条件不能满足要求的二次供水设施，或对于因处于市政供水末梢或无法改造等原因，导致水质无法达标的现有部分二次供水系统，应进行必要的改造，应在贮水装置出水管处加设二次消毒设施。考虑到投资、环境、管理等因素，二次供水消毒应优先选择物理法，如电子水消毒器和紫外线消毒器等。在二次供水贮水设施前或其中建议采用电子水消毒器，在贮水设施后建议采用紫外线消毒器。电子水消毒器的微电解剂量应大于$200mA \cdot s/cm^2$。紫外线消毒器辐射剂量应大于$12000\mu W \cdot s/cm^2$，紫外线光源辐照强度较出厂标准下降30％视为失效，应更换新的紫外线光源。

17.6.6 加强政策配套

1. 相关部门要规定二次供水设施设计和建设技术标准：二次供水设施必须采取有效的防污染措施，并应有防冻、防曝晒、防雷击等有效的防护措施；

2. 相关部门要制定二次供水设施水质检测相关制度或规定：二次供水设施安装后要对全套设施进行清洗消毒，并进行水质检测，才能投入使用，要规定二次供水水质有色度、浑浊度、臭和味、肉眼可见物、pH、菌落总数、余氯、总大肠菌群共8项必检指标；

3. 加强和明确各部门的责任，包括行政主管单位、建设单位、清洗单位等。供水行政主管部门负责生活饮用水二次供水行政管理工作，指导开展工作，各级二次供水行政主管部门或其委托单位定期或不定期对设施进行检查，对二次供水的水质进行监督性检查，对水质不符合国家饮用水标准的，应责令限期清洗、消毒或暂停使用；各级卫生行政管理部门负责二次供水水质的卫生检测和卫生监督工作，对突发性二次供水污染事故和二次供水污染可能危及人体健康的事件进行调查，并采取控制措施；

4. 各级供水行政主管部门应加强二次供水设施管理，应建立健全二次供水设施的运行、清洗、消毒和安全保障管理制度，明确二次供水设施管理单位，确保水质安全；二次供水设施每半年应至少清洗消毒一次，并定期接受供水和卫生行政主管部门的水质检查。

17.6.7 应急管理

当发生二次供水污染事故或发现二次供水水质污染危及人体健康时，小城镇所在地的供水行政主管部门、卫生行政部门可以封存造成二次供水污染事故或可能造成污染事件的物品，责令设施单位立即停止供水并进行消毒，直至消除污染、水质检验合格后方可恢复供水。

17.7 管网水质管理

无论是从控制管网水的稳定性方面来说还是从单纯保障管网水质安全性方面来说，都需要加强管网水质管理，来提高和保障管网水的安全。管网水质管理的重点一方面要严防通过各种途径，使污染物进入配水系统；另一方面有重点地合理地做好管网定期冲洗工作；再者根据当地水中可生物降解有机物含量、管道的卫生状况、余氯在管网中的衰减规律等，确定出厂水及管网水合理的余氯量，使菌落总数、大肠菌群等微生物指标符合饮用水水质要求；还有就是要加强对管网水的水质监控和预警，采用水质监控结果实时反馈管网水的情况，实时采取合理措施指导管网的运行和保障管网水的水质安全。

17.7.1 建立管理制度规范

管网水质管理是小城镇供水的一个薄弱环节，要加强小城镇管网水质管理，确保供水安全，首先需要针对各地的小城镇供水实际情况建立一套完整的管网水水质管理制度或规范，具体涉及管网及其附属设施、设备的日常管理与维护、管网清洗、水质检测、管网水质污染应急等方面的相关内容，使小城镇供水管网水质管理走上法制化、规范化道路。

对水质检测来说，检测部门职责、监测人员要求与职责、检测程序、检测指标、监测频率等相关内容要有严格、明确的规定，例如，水质检验记录应完整清晰并存档，并上报上级供水管理部门；当监测指标超出规范规定时，立即重复测定，并增加监测频率。连续超标时，应查明原因，并采取有效措施，防止对人体健康造成危害；供水单位不能检验的项目应委托具有生活饮用水水质检验资质的单位进行检验等。

17.7.2　加强管网水质监督

除建立管网水质管理制度或规范、加强管网水质管理外，确保管网水安全的另一个不可或缺的手段就是要加强相关部门对管网水质的监督。在国家或地方层面上建立或设立管网水质监管机构，严格规定监管机构的监管职责、监管职权、监管内容、监管程序等，或委托现有各级卫生行政部门或其他机构行使监管权，定期对小城镇供水管网水质进行抽查、监督，对供水单位没有做到水质管理的或水质不合格的，采取严厉措施要求纠正或整改等。

17.7.3　外源污染物控制

外部污染物进入输配系统管网的可能途径有：管道、阀门井等渗漏引起被污染的水渗入管网；管网爆破等遭损坏时引起外部污染物进入管网系统；管网维修结束后没有及时清理或清洗干净管网再通水运行；管网施工结束后清洗、消毒处理没有达到要求或没有清洗、消毒就通水运行；二次供水设施水箱、水池等设计、维护不到位，外部污染物通过这些贮水设备进入输配系统等等。因此，控制外源污染物以防其进入输配系统，最好的办法就是从这些可能的途径入手，切断这些可能的途径：

1. 加强输配系统管网以及附属设施、设备的科学管理运行与维护；

2. 施工、管理维护与维修等严格按照规范要求执行；

3. 把好二次供水设施的设计、施工关，并加强科学管理与维护。

17.7.4　管网冲洗

加强管网水质管理，确保管网水水质安全，开展管网冲洗或清洗是一个重要的措施。

清洗规程如下：

1. 进行实地勘察，调查要进行管道清洗的地区的地质情况、水源情况、供水体制、管网分布情况、管网的水流情况、压力情况、管道接口形式、管道腐蚀情况等。

(1) 检查阀门工作状态，能否正常完全开关。

(2) 检查需要改造的冲洗阀门，能否正常安装。

(3) 冲洗现场下水道能否正常排泄冲洗废水。

(4) 调查待冲洗管段的实际情况，包括管长、管径、管龄、工作状态、承压、维修历史。

(5) 冲洗管段上所连接的支管及其检查井和用户情况，管段上腰闸情况。

(6) 实验管段上、下游的水质检测取样的位置选取及确定。

2. 水厂做调度水泵、阀门预案，调整管网运行压力。

3. 通知市民停水。

4. 放置管道工程施工警示牌。

5. 打开待冲洗管段两端检查井井盖，关闭阀门，进行阀门改造。

6. 根据采用的清洗方法，安装清洗设备。

7. 清洗步骤：

(1) 关闭待清洗管道两端阀门；

(2) 连接好进水管、进气管和清洗设备；

(3) 打开进水管上的阀门以及清洗设备进行管道清洗；

根据管道腐蚀情况及承压情况调整好空气压缩机的工作压力或进水量，设定好气压脉冲发生器的脉冲频率或水流冲击力进行管道清洗；打开相应的检查井的阀门，排水。根据冲洗效果，调整空压机工作压力和脉冲频率或水量和水流冲击力。

(4) 关闭清洗设备停止清洗。

8. 关闭上游阀门，卸除清洗设备。

9. 安装消毒设备。

10. 打开上游阀门，进行消毒。

11. 进行水质检测，直到水质达到饮用水水质标准。

12. 关闭上游阀门，卸除消毒设备。

13. 重新连接阀门。

14. 通水。

17.7.5 管网水质监测

选取供水管网中有代表性的点进行水质监测。通过水质监测点数量有限的水质情况，了解监测点附近区域的水质状况，掌握整个供水管网水质变化规律，保障供水管网的水质安全。特别是在线监测，可以实时地监测管网内的水质，及时掌握管网水质变化，实现管网动态管理。管网水质在线监测具有以下意义：

(1) 实现自动化、实时远程管网水水质监测，及时发现管网水质的恶化

管网水质在线监测系统的建立将取代传统、繁琐、人工供水管网水质巡查分析，克服管网水水质监测汇报反应时间长、滞后的不利影响。随着给水管网不断增加，供水面积越来越大，加上用户对于管网水质的要求越来越高，建立实时、远程、准确、自动的管网水质监测系统就更具有必要性和紧迫性。

(2) 指导管网运行

在管网中，由于各种原因，不可避免地会存在一些水质的不利点和不利区域。利用管

网水质在线监测系统所监测到的数据，可以对管网的运行提供指导。

例如：可以对管网中的水力死角，如各水厂管网交汇点和管网末梢的死水区及时排污，保证水质安全。而在这方面，过去的做法通常是根据用户投诉或者是定期进行排污。这样一来，前者会使自来水公司的工作非常被动，后者又导致了水产品的严重浪费。根据在线监测数据来进行排污，既能保证管网水质，又不至造成不必要的浪费。

(3) 使管网水质的管理更加科学与直观

通过管网水质在线监测系统，对管网中的水质数据进行采集、分析、传送和汇总至自来水公司调度部门，并像管网中的水力参数一样，反应在电子系统的大屏幕上，易于领导层进行分析和决策。

(4) 对于建立和维护给水管网水质模型具有十分重要的意义

建立管网动态水质模型，它可以模拟管网内全部节点的水质状况，并在此基础上，实现对于管网的水质工况的预测显示，可以为改善管网水质提供决策依据，为优化调度和管网的改扩建提供科学的依据。建立和维护管网水质模型，需要管网水质在线监测作为支撑。

(5) 应对突发事件，预防污染事故，保障公共卫生安全

供水安全关系到千家万户的健康，在复杂的城镇给水管网运行过程中，自动、实时的管网水质在线监测网可以有效地监测由于管道负压回流、管道施工、管道老化形成爆管、非法用水等造成的给水管网水质交叉污染和意外突发性污染事故，有力地保障广大人民的用水安全。而且可将其他一些可能引起对居民身体健康有重大影响的管网污染事故的危害降低到最低。

1. 确定监测点

管网水质监测点布置的基本指导思想是：以最少的监测点数来获取管网最大范围的水质情况。比较科学的方法，是通过对供水管网模型进行计算，通过设置合理的目标函数，采用一定的求解方法，最终得到合理的解，来设置水质监测点。对于没有条件建立管网模型的小城镇，选择或确定管网的水质监测点要遵循或考虑：

(1) 主要干管测得的数据有代表性

(2) 应尽量均衡的分布在管网中

(3) 考虑不同的水流路径，应能反映沿管网水力路径水质变化情况

(4) 考虑水质容易发生恶化的地区，余氯量低的地区

如用水量小、水龄过长的地区，可以指导管网的定期排污。

(5) 水质容易恶化或水质不利的管网末梢

在管网末梢，可以视为管网水质的控制点。管网水质的控制点相对于压力控制点来说可能是比较多。因此，应选择具代表性的点进行监测。

(6) 主要大用户接出处

某些重要用户，对于水质的要求比较高，用水量比较大，如医药和食品企业等，应设立监测点。

(7) 不同水源的供水分界线处

对多水厂供水的供水管网，在不同水源供水分界线的管道中，不同时段的水流方向可

能不同，因而水在该地区来回振荡，停留时间较长，往往水质容易恶化，需要加强监测。

(8) 用水比较集中的区域或一些重要地区设立监测点

如大规模的居民生活区、大学等一些重要地区，水质出现恶化，会造成更大的危害，应加大监测的力度。

(9) 在中间加氯点前设立监测点，以便合理确立中间加氯量

(10) 应覆盖没有涂衬的干管或管网系统陈旧部位

(11) 设立水质监测点亦应考虑电源、排水出路设备安装的可能及管理维护方便

对于管网水质在线监测点的选取，从经济和技术的角度考虑，希望所选择的一组监测点集合，能满足下列要求：

① 布置尽可能少的水质监测装置，而了解整个管网尽可能多的水质信息，以尽量节省水质在线监测系统的设备投资；

② 在给定的水质监测点数量的前提下，所选的这组监测点集合在某一确定的监测标准上所能代表的供水量在整个输配水系统供水量中所占的比例是可选的集合中最大的那一个；

③ 当供水管网中任一节点的水质发生事故性突变（如出现点污染源）时，所选的这组监测点集合必须能够捕捉到这一变化，并且应该是所能反映这一变化的可选集合中，在事故从发生到监测到这一事故的时间段中管网已供水量最小的那一个。

理论上还需要考虑的因素：地形；配水系统的年代；配水管网的水力特征；配水管网的管线密度；管网中污染物浓度的时空变化性；配水管网特定区域水的停留时间。一般来说，地形不规则、配水系统老化、管网密度大、污染物浓度时空变化性大及水的停留时间长时，就有必要增加监测点的数量。

对于已建模或有建模条件的小城镇，可按下列步骤来确定管网水质监测点位置：

(1) 对已建模的管网进行水力水质计算，求出各节点的水龄。

(2) 确定每个节点的水龄系数。拥有较多节点的水龄区间赋予较大的水龄系数，在同一水龄区间内的节点有相同的水龄系数。

(3) 确定每个节点流量系数。把各节点按节点流量从小到大的次序排序，流量大的赋予较大流量系数，反之则赋予较小流量系数。

(4) 确定选址系数。选址系数等于节点的水龄权重系数和流量权重系数相乘，把节点按选址系数排序，选址系数较大者为较理想的水质监测点。

(5) 选址系数排在前几位的节点可能集中在某一区域，当管网为多水源供水时，为了能够充分体现节点对水厂水质的代表性，把选址系数排在前面的节点按所属水厂范围分类。通过水源追踪模拟的方法确定节点水量中来自于各水厂的来水百分比，百分比大的说明该节点对该水厂水质有较大的代表性。把选址系数较大且能较大程度代表某一水厂水质的节点作为水质监测点。

对于城市，实际情况下的布点按面积均布原则，兼顾起点和末梢，兼顾市政管网和小区管网，管网水的采样点数，一般按供水人口每两万人设一个点计算，供水人口在20万以下、100万以上时，可酌量增减。对于小城镇，供水面积和供水人口没有城市大，特别是那些人口较少或人口不集中的区域，管网水的监测点设置不能完全按照城市的，要结合本地的实际。对于有建模条件或已经建模的小城镇，可按照以上提出的步骤，且考虑以上

布点原则和因素，合理确定管网水质监测点位置和数量；对于没有建模条件的小城镇，只有根据实际管网布置情况、管网水流、水力条件、出厂水水质情况以及管网使用年限等，在充分考虑以上布点原则和因素的基础上，结合当地的经济发展水平、测试化验技术水平等，来合理地确定管网水质监测点位置和数量。无论小城镇供水规模大小，水质容易恶化或水质不利的管网末梢一定要设至少一个水样采样点。

2. 确定监测指标

管网水质监测指标的确定要考虑到各项指标实测数据的有效性和可表达原则，以及对指导管网运行和保障管网水质安全性的指导性和重要性，一般要考虑：

(1) 所选指标为目前水体中可能危及居民终生饮用安全的指标；

(2) 所选指标考虑当前及今后一段时间内水处理工艺技术水平；

(3) 所选指标能否达标的投入及风险平衡；

(4) 不重复选择具有同一指示意义的指标；

(5) 检测能力及检测限的匹配问题。

管网水浊度的变化直接反映了供水水质是否受到了污染，通常浊度变化，必然伴随着无机物、有机物进入水中，也很可能有微生物、细菌、病原菌的入侵。设置在线连续浊度仪或采样监测浊度，可在第一时间掌握管网水质变化，及时处理可能出现的管网水质问题，把对用户的影响降低到最低程度；管网水中保持余氯可防止输水过程中微生物再生长，保持水的持续杀菌能力，降低微生物再污染的可能性，但是过多的余氯量也会造成一些负面影响：首先造成资源浪费，使水厂运营成本增加；其次余氯在管网中会与有机物发生反应，产生三卤甲烷等消毒副产物，增加饮用水的危险性；过多的余氯还可能与输水管道发生化学反应，加速管道腐蚀。因此，余氯也是保证供水安全性的一项重要指标，设置管网水质余氯在线监测或采样监测也是非常有必要的。综上，浊度和余氯是管网水质监测的两个不可或缺的常规指标。

除浊度和余氯外，是否还要监测其他指标，要根据各地小城镇的水源特点、处理工艺技术水平、管网卫生状况、管网使用年限，再结合当地的经济水平和测试技术等，合理确定。对于我国东部区域小城镇，特别是Ⅰ类小城镇，水源受到的氨氮和有机污染较为严重，因此，要增加氨氮和有机物 COD_{Mn} 的测定；对于中部区域的华北和西部区域的西北，有些小城镇水源为铁、锰或氟超标的水源，就需要增加铁、锰或氟的监测指标。

3. 确定监测频次

我国的《生活饮用水集中式供水单位卫生规范》、《城市供水水质标准》等都对管网末梢水的监测指标和监测频次有所规定，但主要是针对城市而言的。小城镇不同于城市，如供水规模、管网布置形式等，管网水监测指标和监测频次不能直接照搬城市的。目前在国家层面上只有《村镇供水单位资质标准》SL308 对管网末梢水的监测指标和监测频次有所规定。我国小城镇具有鲜明的地域性和区域性特点，不同地域不同空间位置的小城镇其特点不同，因此，小城镇管网水质监测的频率要根据当地的实际情况，如供水规模、管网卫生状况、管网水质情况、管网使用年限、管网运行管理维护水平、经济发展水平、测试技术水平等，结合城市管网水质监测频次等，来合理确定。

管网水质检测频次　表 17-1

水样	检测频次 检测项目	供水规模/m³/d				
		Q≥100,000	100,000>Q≥20,000	20,000>Q≥5,000	5,000>Q≥1,000	Q<1,000
管网水	浊度、余氯	1次/周	1次/周	1次/周	2次/月	2次/月
	色度、臭和味、pH、铁、锰	2次/月	2次/月	2次/月	1次/月	1次/月
	菌落总数、总大肠菌群	2次/月	2次/月	2次/月	2次/月	1次/月
	特殊指标	2次/月	2次/月	2次/月	2次/月	1次/月
	全分析	1次/月，非常规1次/季	1次/季，非常规1次/半年	1次/季，非常规1次/半年	1次/半年，非常规1次/年	1次/半年，非常规1次/年

注：1. 监测指标具体可根据当地水质情况来定；
2. 特殊指标是指水源中存在特征污染物，像有机污染严重的小城镇，管网水要定期监测 COD_{Mn}；
3. 加氯消毒时监测指标为余氯，氯胺消毒时为总氯，二氧化氯消毒时为二氧化氯余量；
4. 全年 2 次监测的，应为丰、枯水期各 1 次。

17.7.6　管网水质预警

管网水质预警系统是管网供水信息化管理的重要组成部分，它由管网地理信息系统、在线监测系统（SCADA）、管网动态水力水质模拟系统、水质安全评价与分析系统、污染事故评价与污染源识别系统通过集成形成一个整体。

17.7.6.1　管网地理信息系统（GIS）

供水管网地理信息系统主要用于管网各组成部分的静态信息管理，并提供相应的空间分析和属性查询等功能。地理信息系统是管网信息化管理体系框架的基础，包括在线监测、管网水力水质模拟、污染事故的报告、跟踪、预警等工作都需要基于准确的管网地理信息展开，同时管网地理信息系统所提供的高效的空间分析和查询功能也为快速分析和解决管网运行中出现的问题提供了保障。

17.7.6.2　管网在线监测系统（SCADA）

在线监测系统是为管网管理者提供运行过程中水量、水质、水压等实时信息的最直接手段。通过布置在管网中的水压、水量、水质监测设施，可以快速了解管网的工作状态，尤其是水质在线监测可为水质事故时污染物影响范围和影响程度提供关键性的参考。

17.7.6.3　动态水力水质模拟系统

管网动态水力水质模拟系统是对管网进行现代化的计算机智能辅助管理的核心工具。作为管网在线监测系统的重要补充，水力水质模拟系统可以为管理决策者提供从全局到细节的全方位信息判断，从而为水质事故时的决策提供充分的依据和参考。

17.7.6.4　水质监测分析与安全评价

利用管网水质监测分析与评价软件工具，可以对管网水质监测系统所提供的水质数据进行规律统计和趋势分析。更重要的是，可以结合监测的水质参数指标，为管网当前的整体水质水平、各个监测站点所代表的管网区域的水质水平作出科学和量化的评价，对于快速准确地判断管网水质水平以及水质事故的影响程度和范围具有重要的实用价值。

17.7.6.5 事故评价与污染源识别

作为管网水质预警系统的核心模块，水质事故评价与污染源识别系统利用与GIS、SCADA、水力水质模拟系统、水质评价系统的数据接口和通信，首先通过水质监测系统和水质评价系统对当前的水质事故进行数据获取和影响评价，结合地理信息系统和管网水力水质模拟系统，利用自身的事故评价、趋势分析和污染源识别模块，对当前水质事故的发生源、影响范围和发展趋势进行智能分析，提出进行事故控制和消除的决策方案和建议，利用相应的硬件实现管网水质预警的保障功能。

对于小城镇而言，信息化系统建设相对薄弱，但同时也为其提供了一个建设高度集成信息化管理平台的契机。随着社会经济和我国城镇化进程的加快，饮用水安全成为国家战略高度的民生问题，而管网水质安全则是饮用水安全的重要组成部分。保障管网饮用水质安全，一个重要的手段就是利用越来越先进的管网监测手段，结合管网水质模拟、分析评价和事故预警的最新研究成果，建立管网水质管理和预警的现代化信息平台。对于我国一区的发达小城镇，人口较集中，城镇化水平较高，对供水安全的要求也较高，有条件可发展和建立管网水质预警系统，以便更好地加强管网水质管理，保障供水安全；对于不发达没有条件的小城镇，可根据经济发展水平和城镇化水平，逐步推进管网水质管理的信息化和科学化，先健全管网水质监测制度。

17.7.7 二次加氯

给水管网中的余氯值，可以表征管道内的卫生状况，可认为是表征管内水质的主要指标。管网内的余氯受多种因素影响，水质、管材、管径、管道内的卫生状况（生长环、生物膜等）、管网的拓扑结构、流速、流量、用水变化规律、水在管道内滞留时间、季节和水温等。特别对于采用城市管网延伸供水的小城镇，供水管网末端离水厂较远，管线长，余氯消耗速度快，水在管线内的流动时间很长，很难满足管道末梢控制点的余氯达标要求，为此需要二次加氯。在管网中二次加氯，相对在出厂水一次加氯，能降低药耗，降低THMs的生成量，使管网中余氯浓度分布趋于均匀，减少消毒副产物造成的风险。同时二次加氯其投药量是变动的，可调节管网的余氯浓度，当管网遭到意外事故时，可起到水质保护作用。

不仅仅是采用城市管网延伸供水的小城镇往往需要在管网中二次加氯，保障水质安全，对于其他供水模式的小城镇，也要根据其管网布置形式、管网卫生状况，以及管网末梢控制点的余氯浓度，建立管网二次加氯点。有条件的小城镇，可采用管网水质模拟和管网水力模拟来预测以及在线监测，来控制和管理管网内余氯，当预测值和实测值两者的偏差值不在允许范围内时，采用投氯控制系统二次加氯。

管网二次加氯位置数量及加氯量可采用数学法、规划法或模拟法来确定，二次加氯点可考虑与中途加压泵站、区块化供水相结合。对于采用城市管网延伸区域供水以及联片集中供水的小城镇，管网二次加氯点可考虑与中途加压泵站合建，同时可充分利用乡镇原有水厂，将位置合适的水厂改造成二次加氯点等。

17.8 分区域水质控制策略

我国小城镇供水具有明显的地域性和区位性特点，不同地域小城镇供水发展、现状水平、安全风险等不同，因此要针对各自的水源特点、管网现状等实际情况提出有针对性的小城镇供水输配系统管网水质安全保障和控制策略。

17.8.1 东部区域（一区）

1. 控制营养基质

一区小城镇水源污染比较严重，水源污染是其最大的供水风险。管网水质安全控制和保障的最重要、首要策略就是从源头控制，选择去除营养基质有机物、磷等较佳的净化处理工艺，严格控制出厂水营养基质浓度。

水源有机污染、氨氮污染较严重的小城镇，在经济条件等允许的情况下采用生物预处理和生物活性炭深度处理或生物预处理和混凝一微滤/超滤工艺；经济发达且对水质要求相对较高的水厂，可采用常规混凝沉淀和生物活性炭、纳滤深度处理。

2. 加大管网改造力度

一区小城镇虽大多采用了区域供水，但管网改造力度跟不上，供水管道老化、腐蚀引起的管网水质风险较大。因此，管网水质安全控制和保障的第二个重要策略就是加大管网改造力度。

(1) 对于使用年代较长腐蚀很严重或超出使用年限的管段，根据当地经济水平、运行环境等实际情况，采用PE管、PVCU管、有水泥砂浆衬里的球墨铸铁管以及塑料复合管等新型管材进行更换；

(2) 对于尚具有一定强度的腐蚀旧管道，采用免开挖的修复技术使管道更新；

(3) 对于没有经防腐处理的已使用管道或腐蚀较重的管道，清洗要防腐处理；

(4) 地形条件、经济发展水平、管理技术水平等条件允许的小城镇，特别是Ⅰ类小城镇，将枝状管网逐步改造成环状管网，加强供水安全；对于暂时现有条件不允许完全改造成环状管网的小城镇，要根据当地的实际情况，环状和枝状相结合，逐步改造。

3. 加强管网清洗管理

一区小城镇管网相对水厂而言，管理较不到位，对管网管理重视程度不够，特别是管网的清洗，相当部分小城镇特别是Ⅱ、Ⅲ类，基本上不对管网进行定期冲洗和清洗。因此，管网水质安全保障和控制的第三个策略就是要加强管网清洗工作，制定管网冲洗和清洗的管理制度和规程，根据管网卫生状况定期对管网进行冲洗和清洗。

4. 加强水质监测预警

一区小城镇管网水缺乏定期监测，不少采用城市管网延伸区域供水的Ⅰ类、Ⅱ类小城镇，由于管理模式的原因等，供水单位往往很重视延伸管网前面水的水质监测，而对后面小城镇的管网水监测得很少。一区小城镇特别是Ⅰ类小城镇人口密集，供水规模较大，有利于建设管网预警系统，同时其水源污染程度也较大，从保障和控制管网水质安全角度，Ⅰ类和Ⅱ类小城镇有必要建立管网在线监测系统，发展和建设管网预警系统。

5. 加强管网水质监管

政府或相关机构缺乏对管网水质的监管，为保障和控制管网水质安全，需要加强相关部门的监管力度。

6. 加强运行调度管理

对于采用城市管网延伸供水或联片集中供水的小城镇，管网水质安全保障和控制的一个重要策略就是要加强不同区域管网运行的调度管理。同时，对于城市管网延伸区域供水的小城镇，大多采用二次加氯，要加强二次加氯的管理，根据管网水质情况和管网卫生状况等及时控制加氯量等。

17.8.2　中部区域（二区）

1. 加强管网规划和建设

二区小城镇普遍管网相对独立，原先建设的管网普遍老化和腐蚀，更新改造与新建跟不上，为保障管网的供水安全，最重要的、首要的保障和控制策略就是要加大管网规划和建设力度。根据区域经济水平、地形条件、水源条件等，从区域统筹角度出发，打破行政区划和区域分割，以一区实施区域供水的小城镇供水建设为样板，加强小城镇的供水规划，特别是管网规划；同时，根据现有管网实际情况，建设新的供水管道，改造和修复已老化和腐蚀管道。

2. 提高出厂水的稳定性

二区从北到南跨度较大，小城镇情况各异，不同区域的小城镇其供水水源特点也各异。为保障和控制管网水质，以防管道结垢或腐蚀等影响水质，需要针对水源特点，从源头加以控制，即采取必要的处理工艺或措施提高和保证出厂水的化学稳定性。

对于北方一些以高硬度地下水为水源的小城镇，要采用石灰等药剂软化法对出厂水进行软化处理；对于东北地区、长江中下游地区，黄河流域以铁、锰超标的地下水为水源的小城镇，要采用除铁锰的曝气接触氧化法等方法去除铁锰，满足水质标准要求；对于南方部分低pH、低矿化度、低碱度水源的小城镇，要加碱调节可有效提高出厂水pH和碱度。

3. 加强厂网管理

二区小城镇以独立集中供水为主，供水规模较小，受经济发展水平和技术水平等的影响，大多小城镇对水厂和管网的管理不够重视，特别是出厂水的水质监测管理和管网水的水质管理，这是影响管网水质安全的一个重要方面。因此，为保障和控制管网水的安全，必须要制定严格的水厂水质监测等管理制度和规程，加强对出厂水的监测；同时对管网水进行定期监测，至少要对余氯、浊度这两个指标进行监测。

4. 加强水质监管

二区小城镇的供水管理较分散，出厂水水质和管网水质都缺乏相应的监管，为保障和控制管网水质安全，在供水单位加强水质管理的同时，政府部门或相关监督部门必须加强监督管理，从制度方面完善和严格限定提高管网水安全性。

17.8.3 西部区域（三区）

1. 加大供水投入

三区小城镇供水设施建设不完善，现有供水设施简陋，缺乏相应的维护管理，供水设施难以持续良性运转，是其最大的供水风险。要保障和控制管网水质安全，目前最重要的、首要的控制策略就是要必须加大供水投入力度，完善和更新改造现有供水设施，加强运行管理和维护，维持现有供水设施的良性运转，先保障供水的基本安全性。

（1）完善和改造现有处理设施，针对水源特点采用经济、合理的处理工艺，提高出厂水水质

（2）完善和改造输配系统

三区小城镇输配系统建设较水厂不完善和滞后，管网质量不过关，敷设简陋，大多不符合规范，管道老化较严重。因此，要加大投入力度，改造和建设管网。对没有建设好的管段，要采用合适的管材按照相关标准规范加以建设；对已建设但管材质量等不过关的管段，要更换；对管道质量过关但腐蚀较重的管段，要进行修复或清洗防腐处理。

（3）加大供水设施的运行维护管理，培养“全才”式员工

在加大力度完善和改造供水设施的同时，也要加大对供水设施运行的维护管理，特别是被忽视的管网设施。因此，三区小城镇在重视资金投入的同时也要重视技术和管理。由于受地域、经济等的影响和限制，三区小城镇不可能像经济发达的一区小城镇那样，人才流动较大，高级技术人才较多，因此对于三区小城镇供水来说，目前不宜过分考虑员工的知识结构、专业结构，应培养“全才”式人才，这种员工既懂技术也懂管理，既工艺也懂电气，同时又懂自动化、机器维修等，即一个人可以从事几个不同工作岗位的工作。

2. 重视消毒控制

三区小城镇大多水厂规模小，处理工艺和设施简陋，再受技术和资金等影响，不大重视消毒环节，部分水厂根本就不消毒，部分水厂消毒但加氯量不严格控制，导致有的出厂水余氯量达不到标准要求，有的加氯量过大，也影响水质。因此，为保障管网水质安全，三区小城镇必须要重视消毒并严格控制不同消毒方法的余量。

3. 加强政府监管

三区小城镇供水处于全国落后水平，要保障供水安全，除国家和地方政府加大投入，供水单位加强供水设施、供水水质管理外，政府部门或相关机构还必须加强监管，只有各方都各尽其责，供水安全才能真正得到保障。

第 18 章　输配水系统设计与运行管理技术规程

18.1　设计要求

18.1.1　常规要求

18.1.1.1　输配水管渠线路

输配水管渠线路选择要考虑以下原则：

1. 输配水管渠应选择经济合理的线路。应尽量做到线路短、起伏小、土石方工程量少、减少跨（穿）越障碍次数、避免沿途重大拆迁、少占农田和不占农田。

2. 输配水管渠的走向和位置应符合城镇和工业企业的规划要求，并尽可能沿着现有道路或规划道路敷设，以利施工和维护。城镇配水干管宜尽量避开交通干道。

3. 输配水管渠应尽量避免穿越河谷、山脊、沼泽、重要铁路和泄洪地区，并注意避开地震断裂带、沉陷、滑坡、塌方以及易发生泥石流和高侵蚀性土壤地区。

4. 输配水管道应避免穿过毒物污染及腐蚀性等地区，必须穿过时应采取防护措施。

5. 输水管线应充分利用水位高差，结合沿线条件优先考虑重力输水。如因地形或管线系统布置所限必须加压输水时，应根据设备和管材选用情况，结合运行费用分析，通过技术经济比较，确定增压级数、方式和增压站点。

6. 输配水管路线的选择应考虑近远期结合和分期实施的可能。

7. 输配水管渠的走向与布置应考虑与城镇现状及规划的地下铁道、地下通道、人防工程等地下隐蔽性工程的协调与配合。

8. 当地形起伏较大时，采用压力输水的输水管线的竖向高程布置，一般要求在不同工况输水条件下，位于输水水力坡降线以下。

9. 在输配水管渠线路选择时，应尽量利用现有管道，减少工程投资。充分发挥现有设施作用。

18.1.1.2　输配水管渠布置

输配水管渠布置要考虑以下一般要求：

1. 承担输配水管网设计的单位及个人，应具有相应的资格；输配水管道及用水户支管的设计应遵照相应的规范、标准及规程。

2. 输配水管道所选用的管材、阀门等设备及内外防腐措施（包括必要的阴极防护措施）要符合相关的国家标准。

3. 设计过程中设计人员应按规范出图，并经常深入现场工地，对口径较小、占管网长度比例大的用户管道，因设计时间短、地下障碍多，应考虑相应的管道防腐及防护措施，减少抢修维修工作量。

4. 没有条件的小城镇配水管网可布置成树枝状；经济发达、规模较大的小城镇，有条件时，配水管网宜布置成环状或环、树结合。

5. 环状管网布置，有条件时输水管分别由环网两侧进入，管网末梢及偏远地区可以布置枝状管网。

6. 管网供水规模或管径的确定，要考虑到水在管道中的流速或停留时间，不能流速过小，停留时间过长，水在管道中流速在1～3m/s，常取1.5m/s。

7. 供水水压，应满足配水管网中用户接管点的最小服务水头；设计时，对很高或很远的个别用户所需的水压不宜为控制条件，可采取局部加压或设集中供水点等措施满足其用水需要；配水管网中用户接管点的最小服务水头，单层建筑物可为5～10m，两层建筑物为10～12m，二层以上每增高一层增加3.5～4.0m；当用户高于接管点时，尚应加上用户与接管点的地形高差；配水管网中，消火栓设置处的最小服务水头不应低于10m。

8. 对于城乡一体化供水的城市管网，为保障供水的可靠性，考虑设置城乡间的联络管用于水量的应急调度。主要分为乡镇向主城区应急调度和主城区向乡镇应急调度两种情况。城乡间的联络管承担应急时的水量调配作用，平时关闭其阀门。

9. 丘陵地区供水管网规划设计

(1) 管网布置时应充分考虑地形和城镇总体规划，采用分区供水，在地形高差较大时，应优先考虑重力供水方式以节省运行能耗，且对于划定的分区应通过管网水力计算进一步细化；

(2) 在选取控制点和最小服务水头时，应根据地形和城镇总体规划分类区别对待，以降低水厂扬程。对因此造成的低压区域可通过设置局部增压措施来保障供水压力需求，增压方式的选择应根据水量、水压要求和建造费用等因素来确定；

(3) 管网规划时应充分协调近期和远期的用水量变化对管径选择和管网压力的影响；

(4) 若城乡间有水量调度要求，应针对水量调度的要求和相应的约束条件进行模拟计算，确定联络管的直径，得出较优的调度方案；

(5) 重力流输水管道，地形高差超过60m并有富余水头时，应在适当位置设减压设施。

10. 处在地震带的供水管道

(1) 输水管道的连接环形化、配水区域的块状化是输配水系统的抗震化对策；

(2) 尽量将干线选择在稳固地基上，远离断层、滑坡及液状化地带，避免铺设在回填土上或河岸边、海湾、峭岩壁地段；

(3) 在软硬地基交界处，必须考虑不均匀下沉，设置柔性伸缩接头等；

(4) 当管道必须通过松软地带、液状化区、河岸边、滑坡弯时，每30～50m设置一个伸缩接头。必要时需用桩基，尤其对过河的倒虹吸管道，桩端应落在硬土层内；

(5) 在管道变向地区必须实施支墩加固措施，必要时加设柔性防脱接口；在管件上不得有水平或垂直的90°弯头；

(6) 有条件小城镇管网要布置成环状，有计划地多装调控阀门以便于分割和抢修；

(7) 管道进、出建筑物或构筑物时应设置穿墙套管，并在清水池进出管设置阀门以防止因管道被破坏而使池中的蓄水流失；

（8）位于液化、跨河及软弱场地的管道更容易遭到破坏。管线处于中等液化区的，其震害程度将增加20%～50%，所以在这些地区，应采取特殊措施来预防管道的脱离。

11. 对于采用城市管网延伸长距离供水的小城镇，管网上一般要采用调压井、水锤消除器、液控蝶阀、缓闭止回阀、旁通泄压阀等安全措施。

12. 对于压力水管，应分析出现水锤的可能，必要时需设置消除水锤的措施。

13. 在输水管道和配水管道隆起点和平直段的必要位置上，应装设排（进）气阀，以便及时排除管内空气，不使发生气阻，以及在放空管道或发生水锤时引入空气，防止管道产生负压。

14. 输配水管道的高点及长距离管道的相关位置，均按设计要求设有相应规格的空气阀门或真空破坏阀，且这些设备的节点要有防冻、防止二次污染的措施。

15. 在输配水管道的相应低点要设有放空阀门，临近河渠附近设有冲排阀门。

16. 长距离输水系统要设有防水锤等安全措施。

17. 输配水管道的架空管段要设有空气阀、伸缩节、支座，要考虑管道的防腐、防冻等相应措施。

18. 在输配水管道中，于倒虹管和管桥处均需设置排（进）气阀。排气阀一般设置于倒虹管上游和在平管桥下降段上游的相近直管段上。

19. 在输配水管渠的低凹处应设置泄水管和泄水阀。泄水阀应直接接至河沟和低洼处。当不能自流排出时。可设置集水井，用提水机具将水排出。泄水管直径一般为输水管直径的1/3。对大型管渠，泄水管口径应根据管渠具体布置以及提水机具设备，结合排水要求计算确定。

20. 在输配水管段倒虹穿越河道部位，河岸及河底防冲刷、抗浮及防抛锚等设施要完好。

21. 管网沿线按规范要求布置消火栓，配水管道上的消火栓形式、规格及安装位置要按国家有关规定和消防部门的要求确定。

22. 对小口径桥管和泄气阀及水表、用水管等都应采取保暖包扎措施。

23. 像西南等地区应适当提高给水工程预防低温冻害的设防标准。要从技术措施方面对低温冻害的影响予以充分考虑，并适当提高设防或防护标准。如管道的埋设深度，应根据中部地区的冰冻情况（参考历史记录），综合管道的外部荷载、管材性能、抗浮要求等因素来确定；设置在户外的管道也应有调节管道伸缩设施，并完善保证管道整体稳定的措施，还应根据需要提出防冻保温的具体措施。水表、闸阀、立管等户外设施，也宜避开北风面或背阴面，尽量布置在楼梯间等易保暖防冻的位置。管道有防冻要求的，应埋设在冰冻线以下，否则需做防冻处理。当在岩石、架空等不宜埋地敷设时，应采用相应的防冻和防护措施，如上埋覆土、保温包裹、外表防护等。

24. 管道上的法兰接口不宜直接埋在土中，应设置在检查井或地沟内。在特殊情况下，必须埋入土中时，应采取保护措施，以免螺栓锈蚀，影响维修及缩短使用寿命。

25. 在输配水管道布置中，应尽量采用小角度转折，并适当加大制作弯头的曲率半径，改善管道内水流状态，减少水头损失。

26. 输配水管道布置，应减少管道与其他管道的交叉。当竖向位置发生矛盾时，宜按下列规定处理：压力管线让重力管线；可弯曲管线让不易弯曲管线；分支管线让干管线；小管径管线让大管径管线；一般给水管在上，废、污水管在其下部通过。

27. 当输送水管道与铁路交叉时，应按《铁路工程技术规范》规定执行，并取得铁路管理部门同意。

28. 输水管渠的数量应根据给水系统的重要性、输水规模、系统布局、分期建设的安排以及是否设置有备用供水安全设施等因素进行全面考虑确定。

29. 不得间断供水的给水工程，输水管渠一般不宜少于两条。当有安全贮水池或其他安全供水措施时，也可建设一条输水管渠。对一些大镇或工业发展重镇，在用水量较大不能间断供水且贮水或蓄水设施不能满足间断供水需求时，可考虑建设双输水干管。

30. 对于多水源城镇供水工程，当某一水源中止供水，仍能保证整个供水区域达到事故设计供水能力时，该水源一般可设置一条输水管渠。

31. 输水管穿过河流时，可采用管桥或河底穿越等形式，一般宜设置两条，按一条停止运行。另一条仍能通过设计流量进行设计。过河管的根数，应根据管道系统布置进行确定。

32. 配水管网的布置应使干管尽可能以最短距离到达主要用水地区及管网中的调节构筑物。

33. 配水干管的位置，应尽可能布置在两侧均有较大用户的道路上，以减少配水支管的数量。

34. 配水干管之间应在适当间距处设置连接管以形成环网。连接管间距应按供水区重要性、街坊大小、地形等条件考虑，并通过断管时满足事故用水要求的计算确定。

35. 对于供水范围较大的配水管网或水厂远离供水区的管网，应对管网中是否设置水量调节设施的方案进行比较。

36. 负有消防任务的配水支管，其口径一般不应小于 $DN150$。消防栓的数量及布置必须遵守有关消防规定，并需取得当地消防管理部门的同意。

37. 生活饮用水管网严禁与非生活饮用水的管网连接。

38. 生活饮用水管网严禁与各单位自备的生活饮用水供水系统直接连接。如必须作为备用水源而连接时，应采取有效的安全隔断措施。

18.1.1.3 连通管及检修阀

连通管及检修阀布置设计一般要满足以下要求：

1. 两条以上的输水管一般应设连通管，连通管的根数可根据断管时满足事故用水量的要求，通过计算确定。

2. 连通管直径一般与输水管相同，或较输水管直径小 20%～30%，但应考虑任何一段输水管发生事故时仍能通过事故水量，城镇为设计水量的 70%。当输水管负有消防给水任务时，事故水量中还应包括消防水量。

3. 设有连通管的输水管道上，应设置必要的阀门，以保证任何管段发生事故或检修阀门时的切换。当输水管直径小于或等于 $DN400$ 时，阀门直径应与输水管直径相同；当管径大于 $DN500$ 时，可通过经济比较确定是否缩小阀门口径，但不得小于输水管直径的 80%。

4. 连通管及阀门的布置一般可以参照图 18-1 所示的方式选用。(*a*) 为常用布置形式；(*b*) 布置的阀门较少，但管道需立体交叉、配件较多，故较少采用；当供水要求安全度极高，包括检修任一阀门都不得中断供水时，可采用 (*c*) 布置，在连通管上增设阀门一只。

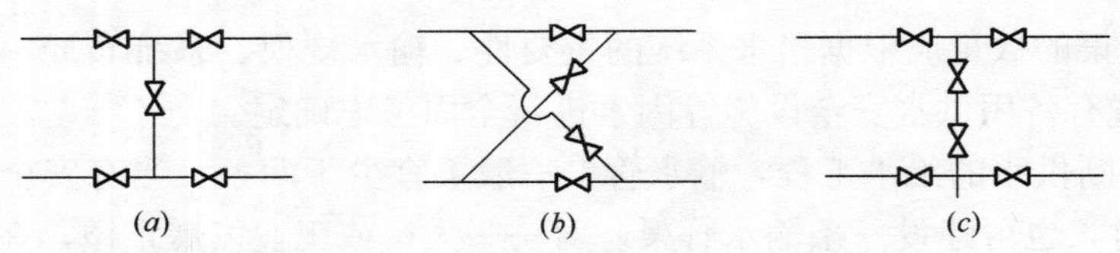

图 18-1　阀门及连通管布置

(*a*) 5 阀布置；(*b*) 4 阀布置；(*c*) 6 阀布置

5. 当小城镇向多个村镇输水时，分水点下游侧的干管和分水支管上均应设检修阀。

6. 输水管的检修阀门间距需根据事故抢修允许的排水时间确定。具体位置应结合地形起伏、穿越障碍及连通管位等综合考虑而定。对于可以停役检修的输水管，根据管道竖向高程布置，也可利用管桥作为管道抢修时的隔水措施，减少检修阀门数量。

18.1.1.4　其他阀门

1. 配水管网中的阀门布置，应能满足事故管段的切断需要。其位置可结合连接管以及重要供水支管的节点设置，干管上的阀门间距一般为 500～1000m，对于规模较小的小城镇，干管上的阀门间距应根据实际维修等需要适当缩短间距。

2. 一般情况下干管上的阀门可设在连接管的下游，以使阀门关闭时，尽可能少影响支管的供水。如设置对置水塔时，则应视具体情况考虑。

3. 支管与干管相接处，一般在支管上设置阀门，以使支管的检修不影响干管供水。干管上的阀门应根据配水管网分段、分区检修的需要设置。

4. 在城镇管网支、干管上的消火栓及工业企业重要水管上的消火栓，均应在消火栓前装设阀门。支、干管上阀门布置不应使相邻两阀门隔断 5 个以上的消火栓。

5. *DN*300 以上的阀门，必须在阀门井内加装伸缩器。

18.1.2　管材选择

小城镇输配系统在设计时要注意选用适宜的管材，要根据当地的经济发展水平、管理技术水平、运行环境条件等选择。根据技术经济性能综合比较，应该有以下考虑：

(1) 从性价比、市场常备规格及应用技术的成熟性等方面综合考虑，建议在水改工程中首选 PVC-U（无铅型）、PE（HDPE）、PP-R 三类管材管件。

(2) 不同口径的管道，改造时宜结合不同的施工、运行环境选用不同的管材。以下选择可供参考：*DN*100～400 优先考虑采用 PE（HDPE）管，其次是 PVC-U 管；*DN*50～100 优先考虑 PE（HDPE）管、PP-R 管，其次是 PVC-U 管；*DN*50 以下建议首选 PE 管，但小口径入户管道因多为明敷，宜选用抗紫外线强度较高的 PVC-U 管。

(3) 经常遭遇低温冻害的地区，应优先考虑选用保温节能型的 PP-R 管。这样虽然一次性投入相对较高，但降低了后期运行的维修维护成本。

（4）有条件的地方，也可适当选用市场价格较高的PB管、PEX管，有针对性地在施工安装及新型管材的应用与研究方面作些积累和探索。

18.1.3 加压泵站

加压泵站位置选择可根据下列要求确定：要使整个供水系统布置合理；应靠近用水负荷中心；放在城镇管网接水点附近；有良好的工程地质条件的地段；有良好的卫生环境，便于设防护地带；离供水区配电设施要近，接电要方便；要考虑加压泵站对周围环境的影响，必要时应采取隔振消声措施。

设计加压泵站要注意的事项为流量和扬程的合理确定以及供水区域内水量水压的变化。可采用定速泵和调速泵联合运行，定速泵与调速泵的配置应以充分发挥每台调速泵的调速特性和节能效果较高为原则。调速泵的流量应以定速泵工作流量的40%～50%为好。这样既可避免定速泵开停频繁，也可使调速泵经常处于较高效率下运行。备用泵为定速泵。多泵并联供水系统中，每台水泵的出口均设有止回阀。为使调速泵启动时能顺利打开止回阀，保证调速泵正常运行，调速泵扬程必须大于启动时系统扬程的1.1倍。另外，调速后如果水泵工况点的扬程等于调速泵的总扬程，则调速泵的流量为零，故调速泵扬程还应满足经常在高效区运行的要求。

18.1.4 二次供水

二次供水设施的设计需要做到：

1. 凡需建造二次供水设施的用户，应先将有关工程的设计图纸和资料送达所在地二次供水行政主管部门、卫生行政主管部门提出申请，经审核批准后方可开工建设；

2. 设施设计要符合有关国家建筑给排水设计规范和卫生规范，如《二次供水设施卫生规范》GB 17051；

3. 二次供水系统设计应尽量减少二次供水设施，减少污染源，如采用变频调速泵直接供水从而取消屋顶水箱；

4. 二次供水设施建设时选址要恰当；

5. 水池（水箱）位置选择除考虑经济方便因素外，更重要的是要考虑卫生要求；二次供水设施不能设在周围存在生活垃圾、厕所、化粪池等污染源的地方，要考虑设施的卫生防护；

6. 二次供水设施必须与消防等设施分建。由于消防用水的不确定性，生活饮用水与消防用水合用水池势必导致贮水池体积增加，水量增大，延长水的停留时间，致使水质恶化。有些设计中为了保证消防贮水量将出水管置于消防水位以上结果形成底部死水区，更是影响水质。新的《建筑给水排水设计规范》GB 50015—2003中规定，生活饮用水水池、水箱应与其他用水分开设置。把生活水箱和消防水箱完全分开，管路完全独立，无相互连接；

7. 二次供水设施必须有稳定可靠的消毒措施和防倒流污染的措施；

8. 严禁设计、建设地埋或半地埋式水箱；

9. 二次供水设施的材质，应优先选用无渗漏的不锈钢水箱和新型环保抗菌管材，严禁使用国家明令淘汰的器材；积极采用新型蓄水池体，新建水箱优先选用无污染的卫生级材料，如：食品卫生级不锈钢、食品卫生级玻璃钢材料、不增塑硬质聚氯乙烯（UPVC），减少池体本身的水质污染；

10. 供水管材及阀门等符合质量要求，以免锈蚀等原因造成水质的污染；

11. 贮水设备水箱（池）的容积设计应合理，水箱（池）容积偏大，导致水力停留时间过长造成水质下降，因此应在保证供水水量的基础上，尽量降低有效容积；控制蓄水时间，生活水箱（池）应为专用水箱，特殊情况与消防水箱合用时，应有措施保证水箱（池）中水体不产生死水层。水箱总有效容积不应超过 48 小时的生活用水量；

12. 贮水设备设计时要注意其工艺结构，为保障蓄水装置水的活性，控制微生物繁殖，在蓄水装置中应防止死水区的存在，保证流动性；蓄水装置宜采用圆形或正方形，创造有利于水流旋转流动的条件，利用进水的能量与内设辅助旋流器相结合的方式使水体旋转流动；

13. 贮水设备的出水口和进水口位置设计要合理，不能导致贮水设备部分区域产生死角，不利于水的全面流动更新；

14. 贮水设备的配套要完善，如通气孔要有防污染措施，盖板密封要严密，埋地部分要有防渗措施，二次供水设施的检查口及透气管要防止蚊虫进入，溢、泄水管出口要有网罩等防护措施；

15. 贮水设备的进水管和出水管安装上要利用流体力学和虹吸原理，改变水的流动状态，减少死水部位；

16. 泄水管与下水管连接要合理，溢、泄水管与下水管或雨水管不能直接联通。

18.2　运行管理

目前城镇供水管网的运行管理多为被动管理、无序管理以及粗放管理，随着经济水平、管理技术水平的提高以及人们对饮用水水质安全认识的提高，供水管网管理会逐步由被动管理转为主动管理，无序管理转为有序管理，粗放管理转为分块的效益管理。

18.2.1　常规要求

小城镇供水输配系统常规运行管理要符合以下要求：

1. 输配水管道、用水户支管及其附属设施的管理维护，应遵照国家或地方相应的规范、标准及规程等。

2. 输配水管道完工后的试压验收，要达到国家相关标准的要求。

3. 新建水处理设备、设施、管网投产前，及设备、设施、管网修复或维护更换后，必须严格冲洗、消毒，按相关标准实施，且经有资格的部门取水检验合格后方可正式通水。管网试运行前，应按以下要求作好管道冲洗和消毒：

（1）宜用流速不小于 1.0m/s 的水连续冲洗管道，直至进水和出水的浊度、色度相同为止。

(2) 管道消毒应采用含氯离子浓度不低于20mg/L的清洁水浸泡24h，再次冲洗，直至取样检验合格为止。

(3) 投入试运行72h后，应定点测量管网中的供水流量和水压，对管网末梢水进行一次全分析检验。当水量、水压、水质合格，设备运转正常后，方可进入试运行观察期。

4. 输配水管网运行管理与维护，首先要做到以下内容：

(1) 收集和保存有关输送系统的管网资料，建立完善的基础图文资料档案，以便日后充分利用其分析研究；

包括管线资料、泵站资料、附属设施资料、用户资料、运行历史资料、维护检修资料等，还包括相关的水处理系统资料、其他管线资料等，并不断完善有关爆管及其管道各种属性的基础资料，有条件的小城镇建立计算机资料录入、查询、分析系统。适当增加地面等周围地理情况、埋深、管基（或支墩）质地状况、管道竣工年限（管龄）等条目。

(2) 应有完整的输配水管网图，详细注明各类阀井的位置；

(3) 熟悉管网资料，包括管道布置、阀门、泵站等，对整个管网现状一目了然：

① 掌握管段的漏失率及内阻率；掌握管段运行负荷、节点自由水头及管网的高、低压区；了解管网中水质变化情况；

② 了解用水户的相关资料；

③ 掌握管道相近平行及立交的其他管线情况；

④ 对管道及附属设施进行主动、有序、分包的巡查管理、阀门管理、检漏管理、抢爆及维修管理、水表管理、抄表收费管理。

(4) 输配水管道上的相关阀门等设备，要建立设备技术参数、检验及运行操作记录的跟踪卡。有独立的管道敷设、拆除、添改的逐年台账，与上述管网的现状资料有机的结合，可以追查管网历年的变迁情况，有利于管网的维修管理。

(5) 搞好爆管分析、研究对策，健全事故记录制度。

(6) 制定各岗位严格的管理制度和操作规程，建立放水、清洗、消毒和检修制度及操作规程等。

(7) 建立健全各级人员的岗位责任制。

5. 输配水管道要建立定期巡线制度，加强对管线的巡检及养护监督。

定期巡查输配水管道的漏水、覆土、被占压和附属设施运转等情况，管线巡检过程中及时发现危险管道，做到事前预防，发现问题及时处理。特别要注意大、中型水管的侧向位移，一旦发现危险水管应及时采取措施，并严密监测管道的沉降情况。

6. 输配水管道的阀门启闭，要建立并执行操作制度；输配水管道的阀门要建立有周期性启闭活动的制度。

7. 输配水管道的空气阀，要建立周期性拆洗、维护的制度。

8. 输配水管道爆漏要按相关标准或规范规定的时间内完成止水和抢修。

9. 输配水管道要定期进行暗漏检测，加强检漏及修漏工作。

10. 加强日常的养护管理和检修操作，注意管道排气畅通，充水时需打开消火栓、排气阀；阀门启用严格按操作规程执行。

11. 低温冻害天气运行管理中应采取的应急措施：降压护管。采取降压供水，减少水头对管道的冲击，防止管网损伤扩大。

12. 要维持管网内正压力，运行中一旦发现管网交叉连接现象时，要改正，以免发生回流影响水质。

13. 控制管网流向和流速

（1）对于由多个水厂同时供水的城镇，要求调度部门较好地控制供水分界线处的流向和流速；

（2）在阀门检修、泵的开关和管网冲洗时，采用正确的步骤和方式，控制流向和流速的改变。

14. 各类贮水设备要定期清洗和消毒。

15. 管网末端排水阀和消火栓应定期排水、放水清洗。

树枝状配水管网末梢的泄水阀，每月至少应开启 1 次，排除滞水。

16. 应根据原水含砂量和输水管（渠）运行情况，及时清除输水管（渠）内的淤泥，特别是间断运行的输水管（渠），原水含砂量较高时，停水易出现泥砂沉积，影响系统正常工作。

17. 对管线中的进（排）气阀，每月至少应检查维护 1 次，及时更换变形的浮球

管道上的进（排）气阀是保证输水安全的重要设施，进（排）气阀的浮球多数为橡胶材料，多次工作后易产生变形引起漏水。

18. 定期对水表、阀门、消火栓进行检查保养，对淹没在水中的阀门、水表要及时清理，阀门要每隔一、二年人为地活动活动；每年应对管道附属设施检修一次，并对钢制外露部分涂刷一次防锈漆，对于运行环境较恶劣的地区，检修次数要提高。

19. 应定期观测配水管网中的测压点压力，每月至少 2 次。

20. 倘若发现管网水含砂应采取措施，沿受污染的管线分段冲洗。

18.2.2　管网清洗

为保障供水水质的安全性，供水管网要定期进行冲洗，如管网末端、消火栓等。对于结垢的管网或需要防腐修复的，要先清洗。对于管道积垢较疏松的可采用水力清洗法进行定期清洗，对于长有生长环以及坚硬积垢的，可根据具体情况采用高压射流法、气压脉冲法等方法进行清洗。

18.2.2.1　管网冲洗

在役的输配水管道要视水质情况开展专门冲洗，这种冲洗要求高流速、大流量，以清洗整条管段为目的。冲洗周期根据当地客观情况而定，但两年至少一次，对管网末端冲洗周期一年不少于一次。清洗工作可结合施工作业（更换阀门、分支开口等）同时进行。管网的冲洗主要包括传统冲洗法，单向冲洗法和持续排放法。

1. 传统冲洗方法

是指打开配水系统中指定位置的消火栓进行冲洗，直到出水的浊度、色度、余氯等指标达到饮用水水质标准规定的限值。传统冲洗方法中，打开消火栓是无序的，而且不关闭阀门控制流向和流速。这样，从消火栓排放出的水有可能是由几条管道供给的，管道内的

流速改变较小，冲洗效果不明显，无序的打开消火栓有可能使冲洗水进入已冲洗区域，降低冲洗效果。传统冲洗方法也可称为“点”冲洗，即在水质较差的区域进行消火栓排放，将水质较差的水排掉代之以水质较好的水，例如，管网末梢区域的死水区等。

2. 单向冲洗方法

单向冲洗方法是在传统冲洗方法上的改进，它有以下3个特点：一是通过关闭阀门使待冲洗区域的管道内水流单向流动，各冲洗区域互不影响；二是通过打开消火栓的数量和放水口的大小、个数控制管道内流速在1.8m/s以上，1.8m/s的流速被认为能够去除附着在管壁的生物膜、腐蚀副产物和其他的沉积物质；三是冲洗的顺序是从水厂逐渐到管网的外围，从大管径管道到小管径管道，水的流向一直是从已经冲洗的区域到未冲洗的区域。

3. 持续排放法

持续排放法是指将管网内水质差的水以较低的流速，通过消火栓或预留口，以类似于活塞式推流的方式排放出来，流速一般限制在0.3m/s以下。此种方法主要用在流速受到限制的腐蚀较严重的管网，或是冲洗区域内没有足够的消火栓来实现较大流速单向冲洗的管网。

以上3种冲洗方式各有特点，传统冲洗法简单，但是无序，例如，先打开下游的消火栓，然后打开上游的消火栓，这样就使得上游的冲洗水进入已经冲洗过的下游区域。管网冲洗水在排放过程中并不能控制完全被排出，这样可能会使饮用水浊度增大，出现“红水”和“黄水”现象。引起用户对饮用水水质问题的投诉。单向冲洗方法能显著的改善水质，但是需要较大的流速。为了保证冲洗的流速，相对于管径较大的管网冲洗时需要打开更多的消火栓以排出冲洗水，一般认为*DN*400以上的供水管不大适合采用单向冲洗法。持续排放法能够冲洗较低的流速且腐蚀较严重的管网，但是这种方法耗水量大并且不能彻底的改善水质。结合我国小城镇管网的特点，一般规模小，配水管输水管网的距离较短，多属中低压管道，水厂供水规模大都在5万t/d以下，输配水管径一般在*DN*75～*DN*400，推荐使用单向冲洗法进行管网冲洗。

18.2.2.2 水力清洗

水力清洗法使用一定水压的高速水流对管道进行冲洗，水力清洗的水从管段中流出，通常是从消火栓流出，这样就能产生足够的速度，可以将管壁上的沉积物和内壁生物膜清除掉。一般先关闭相应阀门以隔离管段，再按从起始管段到管网末梢、从大口径管到小口径管、从清洁管段到污浊管段的原则逐步开启消火栓，消火栓放水直到水质达到一定要求，比如水的颜色消失或减淡，或者水的浊度减小。水力清洗是最简单的管道清洗方法，流速是重要的参数。清洗所需的冲洗速度取决于沉积颗粒大小和相对密度。大多数小生物相对密度较小，大约为1，无机沉淀的相对密度能达到3。Stephenson提出了输送直径为0.2mm的疏松粒子所需的流量。

水力清洗法适用于给水管道内壁仅有松软的积垢，尚未形成较坚硬的生长环，对较坚硬的生长环冲洗效果不佳。对管径较大的管段清洗，效果也不理想且耗水。一般适用于管道保持经常性的清洗，使之不形成坚硬生长环。

采用水力清洗法进行管网清洗，清洗操作流程如图18-2。

干管中冲起和输送直径为 0.2mm 的疏松粒子所需的流量　　表 18-1

管径（mm）	相对密度为 1.5 时的流量（L/s）	相对密度为 3.0 时的流量（L/s）
50	1.5	2.7
75	3.8	7.2
100	7.6	15.0
150	20.0	41.0
200	42.0	83.0

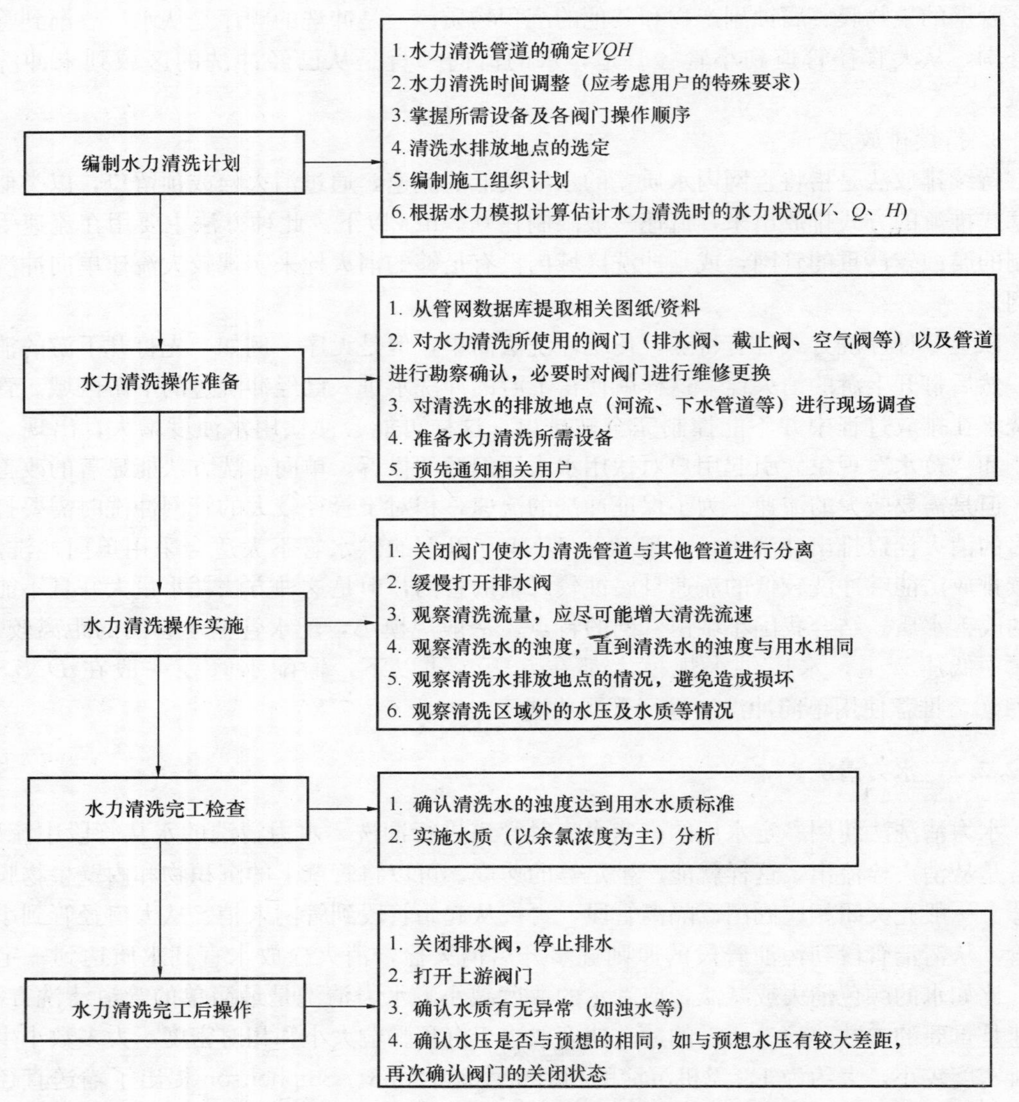

图 18-2

18.2.2.3　清洗规程

除水力清洗法外，还有高压射流法、气压脉冲法以及水击式清洗法等。高压射流法是用高压水泵和软管连接，通过特制的喷嘴喷射所清洗的管道，用高压泵提供的高压水，经高压胶管送至喷头，由喷头上的喷孔将高压低流速水流转变为低压高速射流，以射流冲击生长环，完成清洗的作业。这种方法适用于直径小的管道。它的特点是不需要断管，可以使用管道本身的一些附属设备进行除垢，使用的喷头直径较小，消耗水量少；气压脉冲法是利用空气的可压缩性，使高压气体以一定的频率进入管内，在管内形成间断的气－水流，随着空气的压缩和扩张，使管内的紊流加剧，水流的切应力增大，使管壁的生长环被冲下，并随着高速水气流排出。此方法耗水量较大，且排水及排水去向也比较困难。适用于较小管径的冲洗；水击式清洗是利用可控瞬变流发生器使进入清洗管道的水流产生水击，并附以气压脉冲发生器，形成强劲的水流，冲击“生长环”，在末端开口，水、气、渣一并排至循环水箱，固体泥渣沉底，上清水循环使用。其冲击力大，效果好，耗水量低。

不同清洗方法的管网清洗可总结为以下清洗规程：

1. 进行实地勘察，调查要进行管道清洗的地区的地质情况、水源情况、供水体制、管网分布情况、管网的水流情况、压力情况、管道接口形式、管道腐蚀情况等。

（1）检查阀门工作状态，能否正常完全开关。

（2）检查需要改造的冲洗阀门，能否正常安装。

（3）冲洗现场下水道能否正常排泄冲洗废水。

（4）调查待冲洗管段的实际情况，包括管长、管径、管龄、工作状态、承压、维修历史。

（5）冲洗管段上所连接的支管及其检查井和用户情况，管段上腰闸情况。

（6）实验管段上、下游的水质检测取样的位置选取及确定。

2. 水厂做调度水泵、阀门预案，调整管网运行压力。

3. 通知市民停水。

4. 放置管道工程施工警示牌。

5. 打开待冲洗管段两端检查井井盖，关闭阀门，进行阀门改造。

6. 根据采用的清洗方法，安装清洗设备。

7. 清洗步骤

（1）关闭待清洗管道两端阀门；

（2）连接好进水管、进气管和清洗设备；

（3）打开进水管上的阀门以及清洗设备进行管道清洗；

根据管道腐蚀情况及承压情况调整好空气压缩机的工作压力或进水量，设定好气压脉冲发生器的脉冲频率或水流冲击力进行管道清洗；打开相应的检查井的阀门，排水。

根据冲洗效果，调整空压机工作压力和脉冲频率或水量和水流冲击力。

（4）关闭清洗设备停止清洗。

8. 关闭上游阀门。卸除清洗设备。

9. 安装消毒设备。

10. 打开上游阀门，进行消毒。

11. 进行水质检测，直到水质达到饮用水水质标准。

12. 关闭上游阀门，卸除消毒设备。

13. 重新连接阀门。

14. 通水。

18.2.3 更新修复

要针对供水输配系统管道的不同状态采取相应的改造措施，加强对管网的日常管理。对于尚具有一定强度的旧管道，宜采用免开挖的修复技术使管道更新，恢复其通水能力；对于腐蚀严重的给水管道，先根据腐蚀情况和当地实际条件选用机械刮管、气压脉冲法、水击式清洗、Poly－Pig 清管法等方法中的适宜方法清除掉管内壁的附着物和积垢等，然后再防腐；对于超出使用年限的管段，根据当地经济水平、运行环境等实际情况，选用合适的管道进行更换。

18.2.3.1 管道修复

1. 反转法内衬软管

当修复的管道尚具有足够强度时，用无毒的复合纤维布作内衬，利用反转原理把复合纤维布引入管内，并使之黏结在管的内壁。

具体工艺流程是：用气压脉冲法冲洗管道→用清管器（或刮管器）清除硬垢→检查管内壁状况，达到要求后→用清水冲洗→烘干→将复合纤维布引入管内→将筒状的复合纤维布黏结在管壁→固定。

2. 内衬管法

采用改性聚乙烯制成内衬管，对旧管道进行修复，此修复工艺操作简单、停水时间短、施工工期短，只需在被修复管段两端挖两个工作坑即可，不需要大面积开挖。具体工艺流程：

(1) 勘察：首先实际了解被修复管段（母管）的管径、埋深、坡度、管段附件（如消火栓、阀门等）以及相关联管段、管线具有情况。判断管道的腐蚀程度以及漏失的状况。

(2) 断水：关闭与被修复管段相连接的阀门，使此管段处于断水状态。然后对被修复管段进行开口，用水泵将管段中剩余的水抽干；

(3) 清洗：采用适宜的清洗方法，清除被修复管段的生长环；

(4) 排渣：当清洗管段完成后，管段内必定残留着一定量的残渣，利用高压水泵将这些残渣清除；

(5) 干燥：当管道内的生长环及残渣被清除干净后，使管段自然通风干燥或利用空压机吹风干燥；

(6) 内衬：待被修复管段完全干燥后，在内衬管外壁均匀涂上适量的粘合剂，然后利用牵引机具把内衬管牵入母管，改性聚乙烯管外壁、铁管内壁之间有大量的空间（空气），加温、加压开始时，改性聚乙烯管逐渐鼓起时，两管夹层之间的气、水必须迅速排出；

(7) 连接：当改性聚乙烯管与母管结合紧密后开始泄压，然后将做好内衬的管段与其他管段重新连接好。最后，打开与之相连接的管段上的阀门，此管段即可投入正常运行之中。

3. 纤维布法

采用国产材料制作的“非织造复合纤维膜”作内衬管材，这种方法无须开挖路面，只需在旧管道的两端挖两个工作坑即可对其进行修复，可大幅度减少开挖路面带来的困难，这种方法特别适合于铺设年代已久、腐蚀较严重又难于开挖的管段，如主要街道、重要建筑物下面的管段。工艺流程如下：

（1）勘察：首先实际了解被修复管段（母管）的管径、埋深、坡度、管段附件（如消火栓、阀门等）以及相关联管段、管线具有情况。判断管道的腐蚀程度以及漏失的状况；

（2）断水：关闭与被修复管段相连接的阀门，使此管段处于断水状态。然后对被修复管段进行开口，用水泵将管段中剩余的水抽干；

（3）清洗：采用适宜的清洗方法，清除被修复管段的生长环；

（4）排渣：当清洗管段完成后，管段内必定残留着一定量的残渣，利用高压水泵将这些残渣清除；

（5）干燥：当管道内的生长环及残渣被清除干净后，使管段自然通风干燥或利用空压机吹风干燥；

（6）内衬：待被修复管段完全干燥后，在内衬复合纤维膜外壁均匀涂上适量的粘合剂，然后利用牵引机具把内衬复合纤维膜牵入母管，再利用空气压缩机对衬管充气一定时间，使衬管和母管黏结紧密；

（7）连接：当衬管与母管结合紧密后开始泄压，然后将做好内衬的管段与其他管段重新连接好。最后，打开与之相连接的管段上的阀门，此管段即可投入正常运行之中。

18.2.3.2 防腐

对于腐蚀严重的管道，应先根据腐蚀情况和当地实际条件选用机械刮管、气压脉冲法、水击式清洗、Poly-Pig 清管法等方法中的适宜方法清除掉管内壁的附着物和积垢等，然后根据管材等实际情况再防腐。防腐必须采取无毒、无污染的防护涂料。

（1）内防腐

内防腐一般采用水泥砂浆、环氧树脂或水泥砂浆和环氧树脂的复合涂层进行管道内涂衬。水泥砂浆涂衬一般用于 $DN75$ 以上金属管道的内防护，环氧树脂涂衬主要用于铸铁管或钢管内壁防腐。要求环氧树脂涂衬的树脂应该是耐湿、不溶于水和苯乙醇。

（2）外防腐

球墨铸铁管外部要作喷锌防腐处理；阀门内外防腐可采用无毒热熔环氧树脂粉体涂装；中小口径钢管外防护材料可采用 3PE 缠绕保护层；埋地钢管可选用阴极保护等措施延缓腐蚀；水泵房等特制管件较多的地方，可采用二次安装工艺，将特制管件整体进行热熔环氧树脂粉体涂装处理，以确保其防腐性能。

18.2.3.3 更换

对于超出使用年限的管段，根据当地经济水平、运行环境等实际情况，采用 PE 管、PVCU 管、有水泥砂浆衬里的球墨铸铁管以及塑料复合管等新型管材进行更换。

18.2.4 二次供水

有条件的小城镇尽量不设置二次供水水池和水箱，采用一次供水系统，尽可能减少二次污染的条件和机会。有些地区属于区域性水压不足，而不是水量不足，这种情况可以采取取消生活水池和水箱，直接补压供水的二次供水方式。对于较小的二次供水系统，可以采用气压供水设备进行自动补压供水；对于较大的二次供水系统，可以变频调速供水设备进行自动补压供水。

18.2.5 加压泵站

为随时满足加压供水区域内用水量和水压的变化，有条件的小城镇水泵应采用自动化控制，即根据用水量变化引起的管网中压力的变化，控制水泵的开停及调速泵的转速。对于定速泵来说，当压力达到要求的最大压力时，由压力继电器控制其停机，当压力达到最低工作压力时，定速泵开机。为减少定速泵开停机次数，对于调速泵来说，其转速可根据管网压力的变化通过压力继电器由调速装置调节水泵的转速，并控制调速泵的开停。水泵开停的次数不要过于频繁，一般控制在每小时6次以内。

18.2.6 水质管理

供水输配系统管网水质的管理需要从建立管理制度规范、加强管网水质监督、外源污染物控制、管网冲洗、管网水质监测、管网水质预警、二次加氯几方面入手。其重点一方面要严防通过各种途径，使污染物进入配水系统；另一方面要合理地做好管网定期冲洗工作；再者根据当地水中可生物降解有机物含量、管道的卫生状况、余氯在管网中的衰减规律等，确定出厂水及管网水合理的余氯量，使菌落总数、大肠菌群等微生物指标符合饮用水水质要求；还有就是要加强对管网水的水质监控和预警，采用水质监控结果实时反馈管网水的情况，实时采取合理措施指导管网的运行和保障管网水的水质安全。

参 考 文 献

刘志琪. 中国城镇供水排水协会赴日本考察访问情况介绍[J]. 给水排水，2007，33（4）：124-126.

李伟英，李富生，高乃云等. 日本最新饮用水水质标准及相关管理[J]. 中国给水排水，2004，20(5)：104-106.

赵新. 日本水务行业的管理现状[J]. 中国给水排水，2005，21(4)：105-106.

谭新华. 英国地下水资源的保护及对我国的启示[J]. 科教文汇，2008，7：193.

刘学锋. 荷兰水资源开发利用与管理[J]. 水利发展研究，2007，7(2)：3-60.

杜小洲，杨广欣，邓淑珍. 荷兰及欧洲供水的三种管理模式[J]. 中国农村水利水电，1998，6：31-33.

郝晓地，戴吉，陈新华. 实践中不断完善的美国水环境管理政策[J]. 中国给水排水，2006，22(22)：1-6.

刘强，王晓昌，李世俊等. 美国现行饮用水水质标准简介[J]. 给水排水，2006，32（11）：106-111.

张伟天. 加拿大流域水资源管理与水权制度[J]. 中国给水排水，2006，22(6)：99-101.

Ivey J L，de Lo，R C，K reutzwiser R D. Planning for source water protection in Ontario [J]. Applied Geography，2006，26(3-4)：192-209.

Ivey J L，de Lo R C，K reutzwiser R D. Ground water management by watershed agencies：an evaluation of the capacity of Ontario's conservation authorities [J]. J Environ Manage，2002，64(3)：311-331.

Davies JM，Mazumder A. Health and environmental policy issues in Canada：the role of watershed management in sustaining clean drinking water quality at surface sources[J]. J Environ Manage，2003，68 (3)：273-286.

车越，吴阿娜，杨凯. 加拿大保护饮用水源的策略及启示[J]. 中国给水排水，2007，23(8)：19-22.

孙雪涛. 加拿大联邦水资源管理体制改革及对我国的启示[J]. 中国水利，2005，21（8）：56-58.

de Loe R C，K reutzwiser R D. Closing the ground water protection implementation gap [J]. Geo forum，2005，36(2)：241-256.

潘涌璋. 澳大利亚公共水源管理现状及对我国的启示[J]. 中国环境管理，2004，2：31-32.

冯凯，徐志胜等. 小城镇基础设施防灾减灾决策支持系统的研究与开发[J]. 中国安全科学学报，2004，14(6)：74-77.

姜长云等. 当前小城镇发展的状况、问题与对策思路[J]. 中国农村经济，2003，1：45-52.

翟俊，何强等. 我国西部小城镇给水与污水处理技术需求分析[J]. 中国给水排水，2007，23(4)：11-14.

符礼建，罗宏翔. 论我国小城镇发展的特点和趋势[J]. 中国农村经济，2002. 11.

唐然，龙腾锐等. 西部小城镇集中式供水现状与存在的问题[J]. 中国给水排水，2006，22(24).

迟文涛，赵雪娜等. 小城镇供水排水基础设施建设与管理的探讨[J]. 城市管理与科技，2006，8(1).

许嘉炯，雷挺等. 嘉兴南郊水厂微污染河网水集成净水处理工艺选择与设计[J]. 给水排水，2008，34 (9).

徐兵等. 嘉兴平原河网原水水质特性与深度处理实践[J]. 城镇供水，2008，3：14-16.

裴永刚，田海涛. 北京市村镇供水工程管理机制探讨[J]. 中国农村水利水电，2007，5：39-42.

王玉太、张明君等. 农村小康饮水工程指标体系初步研究[J]. 中国农村水利水电，2004，8：38-40.

肖泰峰，李森等．山东省粮援项目乡镇供水协会管理模式[J]．中国农村水利水电，2003，5：18.
刘林岐、张虹．浅议西北地区农村集中供水的模式[J]．城镇供水，2008，2：84-86.
舒金扬．深化乡镇供水体制改革加快重庆农村城镇化进程[J]．水利发展研究，2004，10：32-34.
唐本富，何进等．盘县乡镇供水工程管理研究[J]．水利经济，2005，23(4)：17-18.
M. Edwards. Controlling corrosion in drinking water distribution systems：a grand challenge for the 21st century [J]. Water Science and Technology，2004，49(2)：1-7.
徐冰峰，胡跃峰，杨泽等．常用给水管网的选材分析[J]．有色金属设计，2004，31 (1)：60 -63.
何文杰、李伟光、张晓健．安全饮用水保障技术[M]．北京：中国建筑工业出版社，2006.
P. Sarin，V. L. Snoeyink，J. Bebee. Physico-chemical characteristics of corrosion scales in old iron pipes[J]. Water Research，2001，35(12)：2961-2969.
曾卓．武汉市饮水水质评价[J]．净水技术，1998，66 (4)：17 -20.
王家枢．水资源与国家安全[M]．北京：地震出版社，2002.
曾畅云，李贵宝，傅桦．水环境安全的研究进展[J]．水利发展研究，2004，(4)：20-23.
韩宇平，阮本清．区域水安全评价指标体系初步研究[J]．环境科学学报，2003，23 (2)：267-273.
聂湘平．多氯联苯的环境毒理研究动态[J]．生态科学，2003，2(2)：171-176.
刘锐平，李星，夏圣骥等．高锰酸钾强化三氯化铁共沉降法去除亚砷酸盐的效能与机理[J]．环境科学，2005，26(1)：72-75.
严煦世，范瑾初．给水工程(第四版)．北京：中国建筑工业出版社，2002.
张臻元．水中有机成分的分类、来源及其对饮用水水质的影响[J]．科技交流，2005，1：151-155.
潘金芳，张大年，前田等．腐植酸氯化过程中氯仿生成的基础研究[J]．环境科学，1996，17 (6)：32-36.
R Ribas，J. Frias，J. M. Huguet，et al. Efficiency of various water treatment processes in the removal of biodegradable and refractory organic matter[J]. Wat. Res.，1997，31 (3)：639 -649.
郑全兴，李军胜，谈银库．粉末活性炭在城市供水安全保障中的应用[J]．市政技术，2008，26(6)：530-531.
蒋峰，范瑾初．粉末活性炭应用研究[J]．中国给水排水，1995，11(5)：5-8.
陈蓓蓓，高乃云，刘成等．粉末活性炭去除原水中阿特拉津突发污染的研究[J]．给水排水，2007，33 (7)：9-13.
赵亮，李星，杨艳玲．臭氧预氧化技术在给水处理中的研究进展[J]．供水技术，2009，2 (4)：7-10.
顾平，张凤娥，邢国平．应用高锰酸钾降低水中三氯甲烷的研究[J]．环境科学学报，1998，18 (1)：104-107.
苑宝玲，李坤林，钱强等．高锰酸钾预氧化强化处理受污染的水库水[J]．安全与环境工程，2005，12 (3)：42-45.
袁志宇，李学强，张辉．高锰酸钾除臭技术的试验研究[J]．中国给水排水，2009，25 (15)：63-66.
Petrusevski B，Vlaski A，van Breeman A N，et a1. Influence of algae species and cultivation conditions on algal removal indirect filtration[J]. Wat. Sci. Techn.，1993，27(11)：211-220.
周云，戴婕，王占生等．曝气生物滤池在上海周家渡水厂的应用[J]．中国给水排水，2002，18(10)：6-8.
J. Y Hu，Z. S. Wang，W J. NG，et al. The Effect of Water Treatment Processes on the Biological Stability of Potable Water[J]. Wat. Res.，1999，33(11)：2587-2592.
吴红伟，刘文君，张淑琪等．提供生物稳定饮用水的最佳工艺[J]．环境科学，2000，21 (3) ：64-67.
李发站，陆建红，吕平光．跌水曝气生物氧化预处理微污染水源水[J]．水处理技术，2008，34(11)：50-53.

邱凌峰，黄志心，庞胜华．臭氧-生物活性炭深度处理饮用水[J]．水处理技术，2006，32(4)：77-80.

朱建文，许阳，代荣等．微滤膜用于饮用水处理的中试研究[J]．中国给水排水，2008，24 (21)：13-16.

Siddiqui，Amy G，Ryan J.，et al. Membranes for the control of natural organic matter from surface waters [J]. Wat. Res.，2000，34(13)：3355-3370.

Hung M T，Liu J C. Micro filtration for separation of green algae from water[J]. Colloids and Surfaces B：Biointerfaces，2006，51(2)：157-164.

Rositano J，Newcombe G，Nicholson B.，et a1. Ozonation of NOM and algal toxins in four treated waters [J]. Water Research，2001，35(1)：23-32.

Ritchelita P G，Aloysius U. B. Mitsumasa O. Transformation of dissolved organic matter during ozonation：efects on trihalomethane formation potential[J]. Water Research，2001，35 (9)：2201-2206.

Miltner R J，Shukairy H M，Summers R S. Disinfection by-product formation and control by ozonation and biotreatment[J]. J AWWA，1992，84(11)：53-62.

李圭白，林生，曲久辉．用高锰酸钾去除饮水中微量有机污染物[J]．给水排水，1989(6)：37-39.

李宝华．供水管网中出现黄水的原因及治理[J]．房材与应用，2003，(2)：33-34.

赵洪宾，李欣等．给水管道卫生学，北京：中国建筑工业出版社，2008.

蔡传义，陈杰，芦澍等．超滤工艺处理引黄水库高藻原水的中试研究[J]．供水技术，2009，3(2)：23-25.

董秉直，曹达文，刘遂庆等．超滤膜-活性炭用于优质饮用水生产工艺试验研究[J]．给水排水，2001，27(l)：15-21.

魏宏斌，杨庆娟，邹平等．纳滤膜用于直饮水生产的中试研究[J]．中国给水排水，2009，25 (7)：55-58.

施培俊，俞博，张明等．反渗透装置淡化苦咸水[J]．环境科学与技术，2009，32 (12)：318-319.

吴红伟，刘文君，贺北平等．配水管网中管垢的形成特点和防治措施[J]．中国给水排水，1998，14(3)：3 7-39.

高凌玲，俞国平．供水系统中软垢对管网水质的影响探讨[J]．城镇供水，2008，7：52-54.

张祥中．小城镇给水排水工程规划探讨[J]．给水排水，1999，25(1)：18-20.

王阿华．区域供水规则若干问题的思考[J]．城镇供水，2007，6：72-74.

顾军明．苏、锡、常区域供水问题讨论[J]．中国给水排水，2000，16(5)：23-25.

顾宇人，茅建祥．实施区域供水推进沿江开发[J]．城乡建设，2004，8：40-41.

吕存阵，信昆仑等．南方丘陵地区城乡一体化供水管网规划研究[J]．给水排水，2010，36(2)：107-110.

莫毅．浅谈村镇供水工程中水源的选择[J]．中国农村水利水电，2003，12：31-32.

刘连成．中国湖泊富营养化的现状分析[J]．灾害学，1997，12(3)：61-65.

舒诗湖，严敏，苏定江等．臭氧-生物活性炭对有机物分子量分布的影响[J]．中国环境科学，2007，27 (5)：638-641.

黄海真，王娜，陆少鸣．给水处理工艺中有机物选择性去除研究[J]．水处理技术，2009，35(9)：91-93.

LeChevallier，M. W.，Welch，N. J.，and Smith，D. B. Full-scale studies of factors related to coliform regrowth in drinking water[J]. Applied and Environmental Microbiology，1996，62(7)：2201-2211.

Volk，C. J.，Bell，K.，Ibahim，E.，et al. Impact of enhanced and optimized coagulation on removal of organic matter and its biodegradabale fraction in drinking water[J]. Water Research，2000，34(12)：3247-3257.

方华，吕锡武，陆继来等．可生物降解有机物在水厂净水工艺中的变化[J]．中国给水排水，2009，25 (23)：1-5.

姜登岭，徐丽丽，孙善利等．水源水中AOC和BDOC的去除[J]．工业用水与废水，2006，37(3)：20-23.
李爽，张晓健．优化混凝控制水中可生物降解有机物[J]．中国给水排水，2003，19(4)：39-41.
Volk，C. J.，and LeChevallier，M. W. Effects of conventional treatment on AOC and BDOC levels[J]. Journal of the American Water Works Association，2002，94(6)：112-123.
王丽花，张晓健，吴红伟等．国内饮用水生物稳定性的调查研究[J]．净水技术，2005，24(3)：45-47.
Liu，W.，Wu，H.，Wang，Z.，et al. Investigation of assimilable organic carbon (AOC) and bacterial regrowth in drinking water distribution system[J]. Water Research，2002，36(4)：891-898.
陈超，张晓健，何文杰等．常规工艺中消毒副产物季节变化研究[J]．给水排水，2006，32(7)：15-19.
方华，吕锡武，陆继来等．配水管网中生物稳定性和消毒副产物的变化及相关性[J]．环境科学，2007，28(9)：2030-2033.
陈志真，李伟光，乔铁军等．臭氧-生物活性炭工艺去除饮用水中AOC的研究[J]．中国给水排水，2008，24(3)：72-74，78.
李圭白，杨艳玲，李星．锰化合物净水技术[M]．北京：中国建筑工业出版社，2006.
黄晓东，吴为中，李德生．S市富营养化水源水化学预氧化试验研究及初步评价[J]．给水排水，2001，27(7)：20-23.
马军，石颖，陈忠林等．高锰酸盐复合药剂预氧化与预氯化除藻效能对比研究[J]．给水排水，2000，26(9)：25-27.
桑军强，张锡辉，周浩晖等．总磷作为饮用水生物稳定性控制指标的研究[J]．水科学进展，2003，14(6)：720-724.
李圭白，杨艳玲．超滤——第三代城市饮用水净化工艺的核心技术[J]．供水技术，2007，1(1)：1-3.
Laurent，P.，Servais，P.，Gatel，D.，et al. Microbiological quality before and after nanofiltration[J]. J AWWA，1999，91(10)：62-67.
吴一蘩，高乃云，乐林生．饮用水消毒技术[M]．北京：化学工业出版社，2006.
郭玲，陈玉成，罗鑫等．饮用水氯化消毒工艺现存问题及改进措施[J]．净水技术，2007，26(1)：70-73.
刘文君．给水处理消毒技术发展展望[J]．给水排水，2004，30(1)：2-5.
叶劲．成都市自来水的生物稳定性研究[J]．中国给水排水，2003，19(12)：45-47.
卢宁，高乃云，伍海辉等．从DOC、AOC的变化分析二氧化氯消毒工艺[J]．中国给水排水，2008，24(19)：84-86.
王丽花，周鸿，张晓健等．水源水中有机物特性及其氯化活性研究[J]．环境科学学报，2001，21(5)：573-576.
Polanska，M.，Huysman，K.，Chris van Keer. Investigation of assimilable organic carbon (AOC) in Flemish drinking water[J]. Water Research，2005，39：2259-2266.
Shaw，J. P.，Malley，J. P. J.，Willoughby，S. A. Effect of UV irradiation on organic matter[J]. J AWWA，2000，92(4)：157-167.
Sun，W. J.，Liu，W. J. Impact of the ultraviolet disinfection process on biofilm control in a model drinking water distribution system[J]. Environmental Engineering Science，2009，26(4)：809-816.
Dykstra，T. S.，O'Leary，K. C.，Chauret，C.，et al. Impact of UV and secondary disinfection on microbial control in a model distribution system[J]. Journal of Environmental Engineering Science，2007，6(2)：147-155.
Wricke，B.，Korth，A.，Petzoldt，H.，et al. Change of bacterial water quality in drinking water distribution systems working with or without chlorine residual[J]. Water Science and Technology：Water Supply，2002，2(3)：275-281.
陈超，张晓健，何文杰等．顺序氯化对微生物、副产物和生物稳定性的综合控制[J]．环境科学，2006，

27(1)：74-79.

邹启光，关小红．二氧化氯取代液氯消毒剂的可行性研究[J]．净水技术，2002，21(3)：13-16.

马力辉，刘遂庆，信昆仑．城市供水管网二次加氯研究进展[J]．环境污染与防治，2006，28(9)：693-697.

刘丽君，张金松，焦中志等．高速混合水射枪与水射器加氯混合效果比较[J]．给水排水，2004，30(8)：4-7.

许保玖，龙腾锐．当代给水与废水处理原理[M]．北京：高等教育出版社，2000.

刘文君，张金松，刘丽君等．清水池设计改进原理和应用[J]．给水排水，2004，30(5)：10-12.

金俊伟，刘文君，刘丽君等．影响清水池 t_{10}/T 值的因素试验研究[J]．给水排水，2004，30(12)：10-12.

张朝升．小城镇给水厂设计与运行管理[M]．北京：中国建筑工业出版社，2009.

王诤，付学起．饮用水消毒净化过程产生的副产物[J]．净水技术，2000，18 (3)：13-18.

任基成，费杰．臭氧活性炭工艺去除饮用水中 COD_{Mn} 的应用实验[J]．给水排水，2001，13 (4)：16-19.

李爽，张晓健，范晓军等．以 AOC 评价管网水中异养菌的生长潜力[J]．中国给水排水，2003，19(1)：46-49.

Lechevallier，M. W.，Schulz，W.，and Lee，R. G. Bacterial nutrients in drinking water[J]. Applied and Environmental Microbiology，1991，57(3)：857-862.

Paode，R. D.，and Amy，G. L. Predicting the formation of aldethydes and BOM[J]. J AWWA，1997，89(6)：79-93.

方华，吕锡武，吴今明．生物法测定饮用水中可同化有机碳(AOC)方法优化[J]．中国给水排水，2006，22(14)：75-79.

Lechevallier M. W.，Shaw，N. E.，Kaplan，L. A.，Bott，T. L. Development of a rapid assimilable organic carbon method for water[J]. Applied and Environmental Microbiology，1993，59(5)：1526-1531.

马从容．蚌埠市饮用水的生物稳定性研究[J]．工业用水与废水，2001，32(4)：16-17.

王丽花，周鸿，张晓健等．某市饮用水生物稳定性研究[J]．给水排水，2001，27(12)：23-25.

任明华，蔡云龙，高乃云等．长三角区域饮用水水源中可同化有机碳的研究[J]．净水技术，2006，25(6)：27-30.

鲁巍，姜登岭，张晓健．配水管网中 AOC 与细菌再生长的关系[J]．中国给水排水，2004，20(5)：5-8.

姜登岭，曹国凭，张晓健等．管网水中 AOC、MAP 与细菌再生长的关系研究[J]．中国给水排水，2006，22(7)：50-53.

吴红伟，刘文君，张淑琪等．水厂常规工艺去除可生物同化有机碳的研究[J]．中国给水排水，1999，15(9)：7-9.

Servais，P.，Anzil，A.，Ventresque，C. Simple method for determination of biodegradable dissolved organic carbon in water[J]. Applied and Environmental Microbiology，1989，55(10)：2732-2734.

方华，陆继来，吕锡武等．活性生物砂法测定可生物降解溶解性有机碳[J]．中国给水排水，2008，24(23)：40-43.

刘文君，李福志，王占生．动态循环法测定可生物降解溶解性有机碳[J]．中国给水排水，1998，14(6)：8-10.

Lehtola，M. J.，Miettinen，I. T.，Vartiainen，T.，et al. A new sensitive bioassay for determination of microbially available phosphorus in water[J]. Applied Environmental Microbiology，1999，65(5)：2032-2034.

姜登岭，鲁巍，张晓健．饮用水中微生物可利用磷(MAP)的测定方法研究[J]．给水排水，2004，30(4)：27-31.

姜登岭，张晓健．饮用水中磷与细菌再生长的关系[J]．环境科学，2004，25(5)：57-60.

Sathasivan, A., and Ohgaki, S. Application of new bacterial regrowth potential method for water distribution system -A clear evidence of phosphorus limitation[J]. Water Research, 1999, 33(1): 137-144.

叶林，于鑫，施旭等. 用细菌生长潜力(BGP)评价饮用水生物稳定性[J]. 给水排水，2007，33(11)：146-149.

Srinivasan, S., Harrington, G. W. Biostability analysis for drinking water distribution systems[J]. Water Research, 2007, 41: 2127-2138.

谈勇. 饮用净水管网余氯与细菌总数的相关性研究[J]. 中国给水排水，2009，25(13)：105-107.

姜登岭，倪国葳，薄国柱等. 供水管网枝状末端的水质变化规律研究[J]. 中国给水排水，2009，25(23)：55-56，60.

Niquette, P., Servais, P., and Savoir, R. Bacterial dynamics in the drinking water distribution system of Brussels[J]. Water Research, 2001, 35(3): 675-682.

Piriou, P., Dukan, S., and Kiene, L. Modelling bacteriological water quality in drinking water distribution systems[J]. Water Science and Technology, 1998, 38(8-9): 299-307.

Van der Kooij, D., Visser, A., and Hijnen, W. A. M. Determining the concentration of easily assimilable organic carbon in drinking water[J]. Journal of American Water Works Association, 1982, 74(10): 540-545.

Van der Kooij, D. Assimilable organic carbon as an indicator of bacterial regrowth[J]. Journal of American Water Works Association, 1992, 84(2): 57-65.

Servais, P., Billen, G., Laurent, P., et al. Studies of BDOC and bacterial dynamics in the drinking water distribution system of the northern Parisian suburbs[J]. Revue Des Sciences De L'eau, 1992, 5: 69-89.

Imran, S. A.., Dietz, J. D., Mutoti, G., et al. Red water release in drinking water distribution systems [J]. J. AWWA, 2005, 97(9): 93-100.

张晓健，牛璋彬. 给水管网中铁稳定性问题及其研究进展[J]. 中国给水排水，2006，22(2)：13-16.

董秉直，曹达文，范瑾初. 最佳混凝投加量和pH去除水中有机物的研究[J]. 工业水处理，2002，22(6)：29-31.

刘建广，张春阳，尹萌萌等. 低温下强化混凝去除微污染水源水中有机物的研究[J]. 中国农村水利水电，2008，7：52-55.

李杰. 关于水质稳定性问题的分析[J]. 城镇供水，2003，23 (1) ：12-13.

陆少鸣，杨立，陈艺韵等. 高速给水曝气生物滤池预处理微污染原水[J]. 中国给水排水，2009，25(18)：65-70.

北川睦夫编，丁瑞艺译. 活性炭处理水的技术与管理[M]. 北京：新时代出版社，1978：112-114.

岳舜琳. 活性炭在饮用水处理中的应用(一) [J]. 净水技术，2000，18(1)：37.

Snoeyink, V. L. 水化学[M]. 北京：中国建筑工业出版社，1990：297-298.

周彤. 污水的零费用脱氮[J]. 给水排水，2000，26(2)：37-39.

徐振良. 膜法水处理技术[M]. 北京：化学工业出版社，2001.

陈少洲，陈芳. 膜分离技术与食品加工[M]. 北京：化学工业出版社，2005.

康华，何文杰，韩宏大等. 中空纤维超滤膜处理滦河水中试研究[J]. 中国给水排水，2008，24(1)：5-8.

魏宏斌，杨庆娟，邹平等. 纳滤膜用于直饮水生产的中试研究[J]. 中国给水排水，2009，25(7)：55-58.

贾凤莲，黎泽华，王同春. 超滤-反渗透技术在慈东自来水厂的应用[J]. 水工业市场，2009，12：71-73.

Langelier, W. F. The Analytical Control of Anti-Corrosion Water Treatment[J]. J. AWWA, 1936, 28 (10): 1500-1505.

Ryznar, J. W. A new Index for Determining Amount of Calcium Carbonate Scale Formed by a Water[J]. J. AWWA, 1944, 36(4): 473-486.

崔小明. 水质稳定性指数判定法简析[J]. 净水技术，1998，64(2)：21-24.

杨文进，吴瑜红. 水厂水质的腐蚀性及防蚀处理[J]. 净水技术，2007，26(2)：7-10.

Merrill，D. T.，Sanks，R. L. Corrosion Control by Deposition of $CaCO_3$ Films：A partical approach for plant operators[J]. J. AWWA，1977，69(11)：592-599.

Schock，M. R.，Buelow，R. W. Behavior of asbestos-cement pipe under various water quality conditions：Part 2，theoretical considerations[J]. J. AWWA，1981，73(12)：636-651.

岳舜琳. 城市供水水质问题[J]. 中国给水排水，1997，13(增刊)：35-38.

邹一平，林之官，王磊等. 水厂加碱试验研究[J]. 给水排水(增刊)，2001，27(10)：11-17.

高华升，金一中，吴祖成等. 饮用水的"红水"现象与供水管网腐蚀控制的试验[J]. 水处理技术，2000，26(3)：183-187.

袁永钦，申石泉. 大型水厂烧碱投加工艺设计[J]. 给水排水，2003，29(12)：11-13.

潘海祥，陈士军. 石灰在自来水厂中的应用状况分析[J]. 中国给水排水，2009，25(24)：15-17.

黄文，李虹. 美国加州利用曝气控制供水设施的腐蚀[J]. 中国给水排水，2003，1(19)：105-106.

侯中华. 我国管材市场分析[J]. 混凝土与水泥制品，1994，32(4)：30-34.

李霞，宋存义，孙大钧等. 平衡模型在石灰软化处理中的应用[J]. 科学技术与工程，2007，7(5)：939-942.

李圭白. 地下水除铁除锰[M]. 北京：中国建筑工业出版社，1989.

陈正清，别东来，钟俊. 不同滤料除铁除锰效果研究[J]. 环境保护科学，2005，31 (129)：22-24.

张杰，李冬，陈立学等. 地下水除铁除锰机理与技术的变革[J]. 自然科学进展，2005，15(4)：433-438.

高洁，刘志雄，李碧清. 生物除铁除锰水厂的工艺设计与运行效果[J]. 给水排水，2003，29(11)：26-28.

Cristiana Di Cristo，Angelo Leopardi. Pollution source identification of accidental contamination in water distribution networks[J]. Journal of Water Resources Planning and Management，2008，134(2)：197-202.

Byoung Ho Lee，Rolf A. Deininger. Optimal location of monitoring stations in water distribution system [J]. Journal of Environmental Engineering，1992，118(1)：4-16.

Avner Kessler，Avi Ostfeld. Detecting accidental contaminations in municipal water networks[J]. Journal of Water Resources Planning and Management，1998，124(4)：192-198.

Jiabao Guan，Mustafa M. Aral. Identification of contaminant source in water distribution systems using simulation-optimization method：case study[J]. Journal of Water Resources Planning and Management，2006，132(4)：252-262.

Ami Preis，Avi Ostfeld. Contamination source identification in water systems：a hybrid model trees-linear programming scheme[J]. Journal of Water Resources Planning and Management，2006，132(4)：263-273.

Carl D. Laird，Lorenz T. Biegler. Contamination source determination for water networks[J]. Journal of Water Resources Planning and Management，2005，131(2)：125-134.

Carl D. Laird，Lorenz T. Biegler. Mixed-integer approach for obtaining unique solutions in source inversion of water networks[J]. Journal of Water Resources Planning and Management，2006，132(4)：242-251.

陶建科. 浅谈给水管网建模[J]. 城市公用事业，2008，Vol. 22(2)：35-37.

费孝通. 论中国小城镇的发展[J]. 中国农村经济，1996，3：3-5，10.

李龙云，李树平，张春杰等. 配水系统中水质监测点的优化布置[J]. 供水技术，2008，2(3)：47-50.

朱祥荣，吴建新. 一起生活饮用水管网污染引起的法律思考[J]. 预防医学论坛，2007，13(9)：855-857.

李长兴，赵彬彬，常爱敏．强化政府监督职能 全面提高城市供水水质[J]．水利发展研究，2004，4(6)：42-44.

卢兆曾，于峰．把城市供水安全提高到更高的水平：对松花江水污染影响哈尔滨市供水的思考[J]．水利经济，2006，24(6)：30-39.

王郑，王祝来，张勇等．城市供水安全应急保障体系研究[J]．灾害学，2006，21(2)：106-108.

雷景峰，陈忠，梁卓其等．中山市供水管网水力模型的建立与校验[J]．中国给水排水，2009，25(17)：49-53.

沙鲁生，蔡守华，闫冠宇．论加快小城镇供水发展的几个问题[J]．中国农村水利水电，1998，8：12-13.

肖绍雍．论城镇供水事业发展形势与展望[J]．给水排水，2001，27(1)：102-104.

杨传根．试论小城镇供水管网的漏水及防治[J]．给水排水，1995，21(6)：38-40.

孙博．加强政府监管力度 确保供水水质安全[J]．水工业市场，2008，1：10-11.

任伯帜，聂小保．城镇供水水质安全性及其保障措施[J]．中国安全科学学报，2006，16(6)：9-13.

鲁巍，唐峰，张晓健等．研究供水管壁生物膜的模拟系统[J]．中国给水排水，2005，21(1)：22-24.

Gagnon，G. A.，and Slawson，R. M. An efficient biofilm removal method for bacterial cells exposed to drinking water[J]. Journal of Microbiological Methods，1999，34(3)：203-214.

鲁巍，王云，张晓健．BAR反应器中生物膜的分离及定量[J]．中国给水排水，2005，21(2)：91-94.

Juhna，T.，Birzniece，D.，and Larsson，S.，et al. Detection of escherichia coli in biofilms from pipe samples and coupons in drinking water distribution networks[J]. Applied and Environmental Microbiology，2007，73(22)：7456-7464.

Van der Kooij，D.，Vrouwenvelder，J. S.，and Veenendaal，H. R. Elucidation and control of biofilm formation processes in water treatment and distribution using unified biofilm approach[J]. Water Science and Technology，2003，47(5)：83-90.

Boe-Hansen，R.，Albrechtsen，H. -J.，Arvin，E. and Jørgensen，C. Dynamics of biofilm formation in a model drinking water distribution system[J]. Journal of Water Supply：Research and Technology-AQUA，2002，51 (7)：399-406.

Yu，J.，Kim，D.，and Lee，T. Microbial diversity in biofilms on water distribution pipes of different materials[J]. Water Science and Technology，2010，61(1)：163-171.

Hammes，F.，Berney，M.，and Wang，Y.，et al. Flow-cytometric total bacterial cell counts as a descriptive microbiological parameter for drinking water treatment processes[J]. Water Research，2008，42(1-2)：269-277.

赵洪宾．给水管网系统理论与分析[M]．北京：中国建筑工业出版社，2003.

Dukan，S.，Levy，Y.，Piriou，P.，et al. Dynamic modeling of bacterial growth in drinking water networks [J]. Water Research，1996，30：1991-2002.

Piriou，P.，Dukan，S.，and Kiene，L. Modelling bacteriological water quality in drinking water distribution systems[J]. Water Science Technology，1998，38(8-9)：299-307.

Zhang，W.，Miller，C. T.，and DiGiano，F. A. Bacterial regrowth model for water distribution systems incorporating alternation split-operator solution technique[J]. Journal of Environmental Engineering，2004，130(9)：932-941.

张晓健，鲁巍．余氯量与AOC含量对配水管网管壁生物膜生长的影响[J]．中国给水排水，2006，22，增刊：58-61.

Srinivasan，S.，Harrington，G. W.，Xagoraraki，I.，et al. Factors affecting bulk to total bacteria ratio in drinking water distribution systems[J]. Water Research，2008，42(13)：3393-3404.

Servais, P., Anzil, A., Gatel, D., et al. Biofilm in the Parisian suburbs drinking water distribution system[J]. Journal of Water Supply: Research and Technology-AQUA., 53(5): 313-324.

Mathieu, L., Paquin, J. L., Block, J. C., et al. Parameters governing bacterial growth in water distribution systems[J]. Revue des Sciences de l'Eau, 1992, 5(special issue): 91-112.

李欣，袁一星，马建薇等. BDOC值对管网水生物稳定性的影响[J]. 中国给水排水，2004，20(8)：10-12.

李爽，张晓健. 给水管壁生物膜的生长发育及其影响因素[J]. 中国给水排水，2003，19(13)：49-52.

Volk, C. J., Dundore, E., Schiermann, J., et al. Practical evaluation of iron corrosion control in a drinking water distribution system[J]. Water Research, 2000, 34(6): 1967-1974.

李华成. 球墨铸铁管的抗震性能[J]. 城镇供水，2008，4：97-98.

安楚雄. 低温冻害天气对中部地区供水设施的影响及对策[J]. 城镇供水，2008，5：14-16.

中国城市供水协会. 城市供水行业2010年技术进步发展规划及2020年远景目标[M]. 北京：中国建筑工业出版社，2005.

Virginia Alejandra Pacini, Ana Maria Ingallinella, Graciela Sanguinetti. Removal of iron and manganese using biological roughing up flow filtration technology [J]. Water Research, 2005, 39(18): 4463-4475.

朴芬淑，傅金祥. 民用建筑中生活饮用水二次消毒方法[J]. 低温建筑技术，2004，103 (1)：98 -99.

方华. 高压水射流清洗技术在管道除垢中的应用[J]. 油气田地面工程，1996 (5)：41-42.

宋文，刘艳东，刘刚. 国内外管道修复技术的发展及应用[J]. 中国高新技术企业，2009，18：41-42.

罗岳平，邱振华，李宁. 输配水管道附生生物膜的研究进展[J]. 给水排水，1997，23 (8)：56～59.

AWWARF, DVGW2TZW. Internal Corrosion of Water Distribution Systems [M]. Denver: AWWARF, 1996.

陈宝贵，李国营，穆红. 蓄水池防水设计与案例分析[J]. 中国建筑防水，2008，8：28-31.

刘家春，白建国，单长河. 加压泵站水泵选型及控制[J]. 水泵技术，2004，2：44-46.

韩峰. 浅谈如何对二次供水设施的水质进行保护[J]. 中国集体经济，2007，7：16.

任基成，费杰. 城市供水管网系统二次污染及防治[M]. 北京：中国建筑工业出版社，2006.

李宝华. 供水管网中出现黄水的原因及治理[J]. 房材与应用，2003，2：33-34.

伊学农，任群，王国华等. 给水排水管网优化工程设计与运行管理[M]. 北京：化学工业出版社，2006.

J. Edward. Singley. The search for a corrosion index[J]. AWWA., 1981, 73(11): 579 -582.

朱云巧. 试论给水管道腐蚀的防治[J]. 中国科技信息，2005，18：114.

余国忠，王根凤，龙小庆等. 给水管网的细菌生长可能机制与防治对策[J]. 中国给水排水，2000，16 (8)：18～20.

肖绍雍. 地震对城市供水管网的破坏情况分析[J]. 中国给水排水，2004，20 (1)：34-35.

王素珍，卢燕. 基于GIS的城市供水管网抗震能力评价系统研究[J]. 中国给水排水，2007，23 (17)：91-94.

Papadimitrakis YA. Monitoring water quality in water supply and distribution systems[J]. Advances in Water Supply Management, 2003, 441-450.

程勇. 加强农村饮水工程运行管理保障农民群众长期受益[J]. 中国农村水利水电，2004，5：15-16.